“十三五”国家重点出版物出版规划项目
现代机械工程系列精品教材
普通高等教育“十一五”国家级规划教材

机 械 设 计

第 5 版

主　编　李建功
副主编　崔冰艳　张雪雁
参　编　王春雨　李　敬　蔡玉强　冯立艳
　　　　陈丽文　李德胜　周　征
主　审　吴宗泽

机 械 工 业 出 版 社

本书是在2007年第4版的基础上修订而成的。修订中仍以培养学生的机械设计能力为主要目标，着力突出机械零件的设计方法。依据教育部制订的《机械设计课程教学基本要求》，本着少而精、简而明的原则，对全书内容做了调整和改编。

全书共分十五章，有五部分：第一~三章为机械设计基础知识；第四~六章为机械中常用的连接；第七~十章为常用的机械传动；第十一~十四章为轴系零、部件；第十五章为弹簧。

本书主要作为高等工科院校机械类各专业机械设计课程的教材，适合课内学时为60~70学时。此外，也可供其他有关专业的师生及工程技术人员参考。

图书在版编目（CIP）数据

机械设计/李建功主编. —5版. —北京：机械工业出版社，2018.7（2024.8重印）

普通高等教育“十一五”国家级规划教材 “十三五”国家重点出版物出版规划项目 现代机械工程系列精品教材

ISBN 978-7-111-59728-5

Ⅰ.①机… Ⅱ.①李… Ⅲ.①机械设计-高等学校-教材 Ⅳ.①TH122

中国版本图书馆CIP数据核字（2018）第081566号

机械工业出版社（北京市百万庄大街22号 邮政编码100037）
策划编辑：刘小慧 责任编辑：刘小慧 李 超 任正一 赵亚敏
责任校对：郑 婕 封面设计：张 静
责任印制：邓 博
北京盛通数码印刷有限公司印刷
2024年8月第5版第7次印刷
184mm×260mm · 20.5印张 · 501千字
标准书号：ISBN 978-7-111-59728-5
定价：49.80元

电话服务	网络服务
客服电话：010-88361066	机 工 官 网：www.cmpbook.com
010-88379833	机 工 官 博：weibo.com/cmp1952
010-68326294	金 书 网：www.golden-book.com
封底无防伪标均为盗版	机工教育服务网：www.cmpedu.com

第5版前言

本书是在第4版的基础上，结合近几年来读者对教材的使用反馈意见和教学经验，按照教育部有关机械设计课程教学基本要求修订而成的。在进行新版修订时，始终坚持全面贯彻党的教育方针，落实立德树人根本任务，把“教育、科技、人才”作为全面建设社会主义现代化国家的基础性、战略性支撑；注重教育数字化建设，侧重于基础理论方法、创新能力素养和工程实践能力的培养。

在本次修订中，基本延续了第4版教材的内容体系和结构，仍着力突出机械零件的设计方法，贯彻少而精的原则，尽力做到论述简明、准确，插图清楚、合理，并适当地以二维码形式融入课程思政素材视频、动画和案例讲解视频等内容，以期更加便于师生在教与学中使用。

按照现行相关的最新国家标准，对书中的术语、图表、数据等进行了全面的更新和订正；删减了教学中很少涉及的部分内容；对“摩擦、磨损和润滑基础”“带传动的工作情况分析”“轴的结构设计”以及“联轴器”等章节进行了重编。

参加本次修订工作的有李建功（第一、二、四、六章）、崔冰艳、陈丽文（第三、十三章）、王春雨、李德胜（第五、十二章）、张雪雁（第七、十章）、李敬（第八章）、蔡玉强、周征（第九、十五章）、冯立艳（第十一、十四章）。全书由李建功担任主编，崔冰艳、张雪雁任副主编。

全书由清华大学吴宗泽教授主审，他提出了许多宝贵意见，在此对吴教授表示衷心的感谢。

殷切希望广大读者对书中的错误和不妥之处给予批评指正。反馈意见请寄至华北理工大学（原河北理工大学）机械工程学院。

编　者

第4版前言

本书是在1999年第3版的基础上，按照普通高等教育“十一五”国家级规划教材的要求修订而成的。

本次修订秉承了第3版的特色，同时，在符合原国家教委高教司批准的“机械设计课程教学基本要求”（1995年修订版）的前提下，对教材内容进行了精简和调整，本着以机械零件的设计为主线的基本思路，尽量突出零件的设计方法和相关的基本理论，并力求叙述简明准确，通俗易懂。

具体修订工作主要有以下几方面：

1. 整体上对“机械设计总论”和“齿轮传动”两章进行了重编，使之内容层次更加分明。

2. 考虑到机械设计课程学时大幅缩减的实际情况，删去了第3版中的“机械结构设计”一章。

3. 将第3版第七章中有关过盈连接的内容缩编为本书第六章中的一节，并增加了“铆接、焊接、粘接简介”一节。

4. 为了便于教学，各章均增加了思考题，并在涉及相关计算的各章增加了习题。

5. 为了尽量与多数同类教材及先修课程的教材保持一致，对有关的概念和符号进行了修正。

6. 对部分插图进行了调整、修改和更换，以使其更加协调和清晰。

参加本书修订工作的有：李建功（第一、二、四、六章），程秀芳（第三、十三章），王春雨（第五、十二章），彭伟（第七、十章），李静（第八章），蔡玉强（第九、十五章），冯立艳（第十一、十四章）。由李建功任主编，程秀芳、彭伟任副主编。

全书由河北理工大学黄永强教授、北京交通大学李德才教授任主审。他们对本书的修订提出了许多宝贵意见，在此表示衷心的感谢。

由于编者水平所限，书中难免存在错误和不妥之处，殷切希望广大读者批评指正。意见请寄至河北理工大学机械工程学院。

编　者

2007年5月

第 3 版前言

本书是根据原国家教委高教司批准的“机械设计课程教学基本要求”（机械类专业适用，1995 年修订版）的基本精神，在 1996 年第 2 版的基础上修订而成的。

在第 3 版的编写中，本着打好基础、利于教学的精神和删繁就简、少而精的原则，突出本门课程所必需的基本理论、基本知识和基本技能，精选编写内容，以符合当前教学改革的要求。

这次修订，主要在下列几方面做了较大变动：

1. 根据各校的实际教学情况及进一步缩短教学学时的教改要求，修订时删除了第 2 版中的“铆、焊、粘联接”及“摩擦轮传动”两章。但为了扩大学生的知识面，上述内容均在“联接综述”和“传动综述”中做了简介。

2. 加强了结构设计知识的介绍，增加了“机械结构设计”一章。

3. 考虑到近几年标准和设计方法的变化或为了方便教学，修改了一些设计公式、图表和数据。

4. 对原书文字、插图等也做了部分修改。

参加本书修订工作的有：董刚（第一、十二章），李建功（第二、五、六章），陈冠国（第三、十四章），潘凤章（第四、九章），刘国强（第七、十六章），项忠霞、郑启鸿（第八、十三章），程福安、董刚（第十、十五章），程福安（第十一章）。由董刚、李建功、潘凤章担任主编。

本版由卜炎教授主审，他对本书提出了许多宝贵意见，在此深致谢意。

河北理工学院的陆玉老师、李国柱老师以及天津大学的沈兆光工程师、林孟霞工程师在本书出版过程中均做了大量工作，在此一并致谢。

欢迎广大读者对书中的错误和不妥之处给予批评指正。

编　者

1998 年 7 月

第2版前言

根据两年来各校试用本书第1版的实践经验，以及师生们提出的问题和不妥之处，对第1版在内容上做了修改，并考虑到高等工程教育改革和发展的需要，凡涉及国家标准的内容，均进行了更新（采用1994年底前所颁布的标准），使之更好地满足教学需要。

参加本书修订工作的有：唐蓉城（第一、七章），李建功、董刚（第二、十四章），陈冠国（第三、十六章），郑启鸿、王凤礼（第四、十五章），陆玉（第五、六、八章），杨景蕙、佟延伟（第九、十、十八章），潘凤章、唐蓉城（第十一章），程福安（第十二、十三、十七章）。

河北理工学院的李国柱老师在本书出版过程中做了大量工作，在此表示衷心感谢。

欢迎各位老师和广大读者对书中的错误和不妥之处给予批评指正。

编　者

1995年12月

第1版前言

本书是天津大学和河北省机械设计教学研究会合编的机械设计系列教材之一。本系列教材有机械设计（机械类）、机械设计基础（近机类）、机械设计基础（非机类）、机械设计课程设计、机械设计习题集（与机械设计配套使用）五种。本系列教材是天津大学和河北省十余所高等学校多年来的教学经验总结。

本书符合1987年国家教委批准的教学基本要求。在编写过程中，注意在传统模式上做一定的改进。本书在一些主要章节中增加了设计计算流程图，这有利于学生综合所学内容，同时也为开展计算机辅助教学打下基础。为了便于教与学，书中插图做了适当的更新。改变了传统的“概述”的写法，突出各零件的设计计算和结构设计，为拓宽学生的知识面，适当增加了一些内容。对某些与先修课程有直接关联的内容，编写时不再重述，这样可促使学生温故知新，以达到学习的连贯性。凡涉及国家标准的内容，一律采用1991年底前所颁布的标准。

参加本书编写的有：唐蓉城（第一、七章和传动综述），常觉民（第二、十四章），王凤礼（第三、十七章），佟延伟（第四、九章），陆玉（第五、六、八章），杨景蕙（第十章），潘凤章、唐蓉城（第十一章），程福安（第十二、十三、十八章），陈冠国（第十五、十六章）。

全书由唐蓉城、陆玉主编，天津大学郭芝俊教授、河北工学院董阳照教授主审。唐山工程技术学院李国柱老师在本书出版过程中做了大量工作，在此表示衷心感谢。

由于编者水平所限，书中错误和不当之处希望广大读者给予指正。

编　者

1992年8月

目 录

第一章 机械设计总论

第一节 机械设计概述

物质生产是人类社会生存发展的基础。机械工业肩负着为人类的物质生产提供各种技术装备的重任。机械工业的生产水平是一个国家现代化建设的重要标志。近年来，我国的机械工业有了很大发展，机械设计和制造水平有了很大提高，在很多领域取得了令世人瞩目的成果，如实现载人航天壮举的“长征”系列运载火箭和“神州”系列飞船，“和谐号”和“复兴号”高速列车，以及国产航母和国产大飞机等。此外，机械行业为各行各业的生产、研发制造了大量性能优良的各种技术装备，有力保障了我国经济建设持续高速发展和综合国力的不断提高。

随着生产的发展、社会的进步，不断要求开发、制造新机器，并对原有机械产品进行更新换代，这些都需要先从机械设计工作开始。设计是生产产品的第一道工序，是产品具有良好性能的首要保证。要想生产出好的产品，首先要有好的设计。如果设计水平不高，即使有很强的加工制造能力，也不可能生产出性能良好的机械产品。可见，机械设计是一项不可缺少的重要技术工作，在机械工程中占有十分重要的地位。

一、机器的组成

机器的发展经历了一个由简单到复杂的过程。一部现代化的机器，除了有机械系统以外，还常包含电气、润滑、冷却、信号、检测等系统。概括起来，按功能的不同，一部完整的机器主要由五个部分组成，如图 1-1 所示。

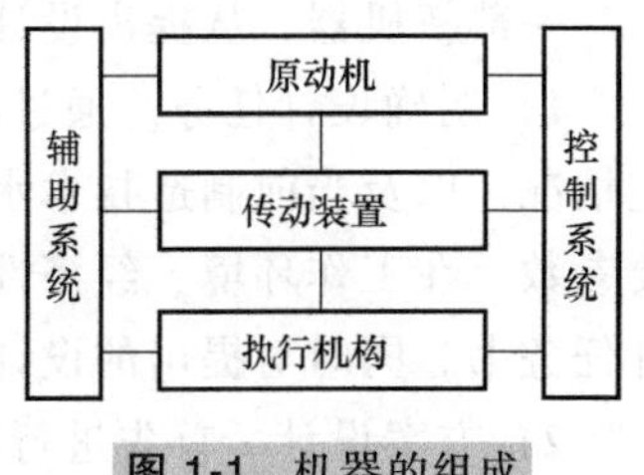

图 1-1 机器的组成

原动机是驱动整部机器完成预定功能的动力源。一部机器通常只有一个原动机，有些复杂的机器也可能有两个或两个以上的原动机。目前，各种机器中广泛使用的原动机主要有各种形式的电动机和内燃机，工作中它们输出的是回转运动和一定的转矩。此外，还有能够输出直线运动和一定推力（或拉力）的直线马达和作动筒等。

执行机构（也称工作机构）是机器中用于完成具体工作任务的部分。一部机器中可以只有一个执行机构，如轧钢机的轧辊；也可以有几个执行机构，如桥式起重机就有卷筒及吊钩、小车行走、大车行走等几个执行机构。不同类型机器的功能不同，执行机构的运动形式也不尽相同，可能是直线运动，也可能是回转运动或其他形式的复杂运动。

传动装置是机器中在原动机和执行机构之间转换并传递运动的装置。实际中的机器是多种多样的，其执行机构的运动形式、运动和动力参数也是多种多样的，而原动机的运动形式、运动和动力参数则是有限的。当两者不同时，需要传动装置将原动机的运动转换成执行机构所需要的运动，并传递给执行机构。常用的传动形式有机械传动、液压传动、气动和电动等，其中机械传动应用最广。

简单的机器通常只有上述三个组成部分。对于能够实现复杂功能的先进机器，除了以上三个部分以外，还会有控制系统和由润滑、照明装置等组成的辅助系统。

从制造的角度来讲，每部机器都由若干个零件组成，也都是以各个零件为基本单元加工制造的，所以说，零件是机器的制造单元。机械零件分为两大类：一类是在各种类型的机器中经常用到的零件，称为通用零件，如齿轮、带轮、轴、轴承、螺栓等；另一类是只在某种特定类型的机器中才用到的零件，称为专用零件，如内燃机中的曲轴及活塞、汽轮机中的叶片、飞机的螺旋桨等。此外，把为完成同一使命、彼此协同工作的一组零件所构成的组合体称为部件，如滚动轴承、联轴器、减速器等。

在本课程中，机械零件这一术语常用来泛指零件和部件。

二、机械设计的方法和基本程序

扫码看视频

机械设计的方法大体上分为以下三种：

1）内插式设计。内插式设计是指在现有的两个具有大小不等设计参数的设计方案之间所做的设计。这种设计可以借鉴成功的设计经验，认真做一些技术改进工作，通过少量试验研究就能有把握地设计出成功的产品。在设计一般机器时最常采用此方法。

2）外推式设计。外推式设计是指全部或部分设计参数超出现有设计范围时所做的设计。这种设计虽然有部分经验可以借鉴，但其外推部分处于未知领域，有可能出现意想不到的后果。因此，对外推部分的设计要进行必要的技术研究、理论探索和科学实验。

3）开发性设计。开发性设计是指为了开发具有新功能的新机器，应用新原理、新技术所做的设计。

机械设计是一项复杂、细致的工作。要想提供功能好、质量高、成本低、竞争力强、市场广的新机器，设计时不仅要考虑机器的功能，还要考虑机器的制造与装配、生产成本、生产周期、维修以及用后回收等产品生命周期全过程的各个方面。

一部新机器，从提出设计任务到形成定型产品，通常需要经过以下几个阶段（图 1-2）：

1）明确设计任务。通过深入的市场调查和研究，并综合考虑原材料和配套零部件的供应情况，以及当前制造技术水平和使用条件等方面的情况，确定机器产品的性能、规格及主要参数，在工作环境、经济性以及寿命等方面，提出全面的设计要求和设计条件，并形成设计任务书。同时对提出的设计任务进行可行性分析。

2）方案设计。首先进行机器功能分析，分析清楚应该实现哪些主要功能，多项功能之间有无矛盾，相互之间能否代替等。之后进行设计方案分析，根据所预期的功能，确定机器的工作原理及技术要求。通常应提出多种不同的设计方案，并对每种方案在经济、技术方面进行评价，选出其中最好的作为最终的设计方案。

本阶段是决定整个设计成败与否的关键。在这一阶段，设计工作中的创新性体现得最为充分。

3）技术设计。通过总体规划设计，确定机器的各主要组成部分以及各部分的总体布置方案，产生机器的总装配图。之后，进行零、部件设计，产生各主要部件的装配图和零件的工作图。同时，对关键零件进行必要的计算，形成计算说明书。

4）试制评价，定型投产。按技术设计产生的图样试制出样机并进行试验后，根据试验结果对样机进行全面的评价，以决定设计方案是否可用或是否需要修改。必要时修改设计（甚至重新设计）后，重新进行试验，直至达到预期目标为止。对于各方面指标都达到预期的设计，即可形成定型产品进行正式生产。

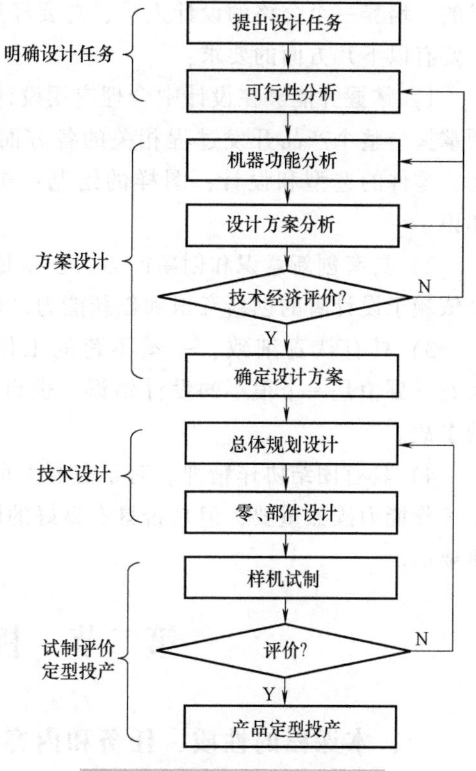

图 1-2　机械设计的基本程序

设计工作是一个综合的反复实践过程，往往需要经过多次修改设计方案和设计参数后，才能获得比较好的设计结果。这个过程实际上是一个宏观的逐步优化过程。

三、机械设计的基本要求

机械设计一般应满足以下几方面的要求：

1）功能要求。机械产品必须具有设计任务书中规定的功能。这就要求设计时必须正确确定机器的工作原理，并选用适当的执行机构、传动装置和原动机。必要时，还需要合理配置控制系统和辅助系统。

2）可靠性要求。在预期的使用期限内，能够安全可靠地工作，是对机械产品的基本要求之一。为满足此项要求，在设计阶段往往需要进行强度、刚度和寿命方面的计算。

3）经济性要求。机械产品的经济性体现在设计、制造和使用的全过程中。设计制造的经济性主要表现为低成本，使用中的经济性主要表现为生产效率高，能源、材料消耗少以及管理、维护费用低等方面。

4）社会性要求。主要指所设计的机械产品，在制造、使用和报废的整个寿命周期中，都不会对人、环境和社会造成不良影响。这就要求在产品设计中遵循绿色设计的思想，考虑节能减排、产品回收等问题，以符合国家在环境保护等方面的法律法规。

四、设计者应具备的基本素质

机械设计者是完成机械产品设计任务的关键，只有紧跟科学技术发展的步伐，才能适时地设计出满足时代要求的机械产品。设计者的能力是由各种知识、经验以及个人品质综合而成的。培养一个合格的设计人员，总要经历一个长期的实践过程。总的来讲，对机械设计者主要有以下几方面的要求：

1）掌握并能够在设计中合理应用设计机械所需的各种知识。作为一个机械设计师，必须掌握与整个产品开发过程相关的各方面的知识，主要包括：机构的运动、动力分析；机构、零件的选型和设计；图样的绘制；机械的加工制造过程以及工程材料等方面的基础知识。

2）具有创新意识和创新能力。创新是人类社会不断进步的源动力。机械产品的创新完全依赖于设计者的创新意识和创新能力。创新能力是一个设计者所必备的最重要的素质。

3）具有认真细致、一丝不苟的工作作风。设计是很细致的工作，来不得半点马虎大意。哪怕是一个很小的设计错误，也可能在制造中造成巨大的浪费，在使用中导致严重的事故。

4）具有团结协作精神。对于需要由很多人共同完成的大型设计任务，每个设计者的独立工作能力固然重要，但是否具有良好的团结协作精神，对顺利完成整个设计任务也是非常重要的。

第二节　机械设计课程简介

扫码看视频

一、本课程的性质、任务和内容

机械设计课程是研究机械装置和机械系统的设计问题，培养学生具有机械设计能力的一门技术基础课。通过本课程的学习，使学生在机械设计的基础知识、基本理论以及基本设计方法等各方面得到基本的训练和提高，为进一步学习专业课程打下坚实的基础。

本课程的主要任务是通过课堂理论学习、课程设计以及实验等教学环节，培养学生：

1）掌握通用机械零件的设计原理、方法和机械设计的一般规律，具有设计机械传动装置和简单机械的能力。

2）树立正确的设计思想和创新意识，具有一定的机械设计创新能力。

3）具有运用标准、规范、手册、图册和查阅相关技术资料的能力。

4）掌握典型机械零件的实验方法，获得实验技能的基本训练。

5）关注国家当前的有关技术政策，并对机械设计的新发展有所了解。

本课程的主要内容是，机械设计常用的一些基础理论和通用机械零件在常用参数范围内的基本设计方法。具体内容有以下五个部分：

1）基础理论部分。基础理论部分包括机械设计总论、机械零件的疲劳强度计算和摩擦学的基础知识等。

2）连接部分。连接部分包括螺纹连接、键连接、销连接、型面连接、过盈连接以及铆、焊、粘结等。

3）传动部分。传动部分包括螺旋传动、带传动、齿轮传动、蜗杆传动以及链传动。

4）轴系部分。轴系部分包括轴、滑动轴承、滚动轴承、联轴器和离合器等。

5）其他部分。其他部分包括弹簧等。

近几十年来，为使产品设计更科学、更完善、更符合时代的要求，逐渐发展形成了诸如优化设计、可靠性设计、计算机辅助设计（CAD）、模块化设计等新的设计方法。可以说，相对于这些新的设计方法，本课程介绍的是通用零件的传统的基本设计方法。本课程的内容是从事机械设计工作的基础，也是以后进一步学习各种新设计方法的基础。

二、本课程的特点和学习方法

和理论力学、材料力学、机械原理等先修课程相比，本课程具有以下特点：

1）与实际结合更紧密。课程内容更接近于工程实际，研究中考虑机械零件的实际形状和尺寸，以及实际工作条件。因此，在学习中，应注意联系工程实际，有机会多观察、多实践，逐步积累实践经验。

2）关系密切的先修课程多。本课程与机械制图、理论力学、材料力学、金属工艺学、金属材料及热处理、公差技术与测量、机械原理等先修课程有着密切的联系。学习中要经常复习、回顾、深化这些课程的有关内容。

3）典型通用零件的门类多。不同类型的通用零件，在工作原理、结构、设计方法等各方面都不尽相同。学习时，要注意对各种零件的工作原理、特点、适用场合以及设计方法等进行分析比较，找出各种零件在上述各方面的共性和特性，要善于总结某些普遍规律。

4）设计一个机械零件需要满足的要求多。对于所设计的机械零件，往往需要同时满足强度、刚度、工艺性、经济性、体积、重量等各方面的要求。学习中，必须善于对各方面的要求进行全面的分析比较，抓住重点，权衡轻重，区别对待，具体问题具体分析。

5）各种类型的公式多。课程内容中包含了大量的公式，对于大多数公式，不强调公式的推导和记忆，而着重于了解公式的来源和相应力学模型的简化，并能够正确地使用。但对于定义性的公式（如许用应力的定义式等），则要求在理解的基础上记住。

6）图形多、表格多。本课程的很多内容是以图形和表格的形式出现的，对各种图、表都首先要能够看懂。对于设计时用于选取参数（或系数）的图表，除了要会用以外，还要了解其适用的范围和相关参数（或系数）的变化规律。

在本课程的学习中，除了掌握各种零件的相关理论分析和计算方法以外，更要重视零件的材料选择、类型选择、参数选择以及结构设计等内容。材料、类型、参数的选择及结构设计是否合理，直接决定着一个机械零件设计的成败。

最后，在本课程的学习中还应注意两点：一是大部分零件的设计问题往往会有多种解答。因此，要学会从多种可能的解答中通过评价找出最佳答案；二是设计决不仅仅是计算，计算只是为进行结构设计时确定零件的尺寸参数提供一个依据。计算以及结构设计的结果，最终以零件工作图的形式表达出来。

第三节　机械零件的计算准则

机械零件由于某种原因不能正常工作称为失效。对此概念应注意以下两点：①失效并不仅指破坏，破坏只是失效的形式之一。实际机械零件可能的失效形式有很多，但归结起来，最为常见的是由于强度、刚度、耐磨性、温度及振动稳定性等方面的原因所引起的失效。②同一个机械零件可能产生的失效形式往往有数种，如高速旋转的轴可能会产生断裂、过大的塑性变形以及共振等几种不同的失效形式。

机械零件在一定条件下抵抗失效的能力称为工作能力。用载荷表示的工作能力称为承载能力。为防止发生某种失效而应满足的条件称为机械零件的计算准则。计算准则是设计机械零件的理论依据。不同失效形式所对应的计算准则也不相同。

通常，在保证所设计的零件不发生失效的前提下，希望其尺寸尽量小，重量尽量轻。为此，设计时需要以计算准则为依据进行必要的计算。计算方法（过程）有两种：根据零件可能的失效形式所对应的计算准则，通过计算确定满足该准则的零件尺寸，这样的计算称为设计计算；参照已有实物、图样或根据经验先确定零件尺寸，然后核算零件尺寸是否满足计算准则，这样的计算称为校核计算。校核计算时，如不满足计算准则，则应修改零件尺寸，重新计算，直到满足计算准则为止。虽然两种计算的过程不同，但都是为了防止所设计的零件在工作中发生失效。

与前述强度、刚度、耐磨性以及振动稳定性等方面的失效形式相对应，常用的计算准则主要有强度准则、刚度准则、摩擦学准则以及振动稳定性准则等。

一、强度准则

强度是指机械零件抵抗破坏（断裂或塑性变形）的能力。强度准则是防止零件发生破坏失效而应满足的条件，也称为强度条件。

工作中机械零件所受的正应力（拉压、弯曲）和切应力（剪切、扭切），通常都产生在零件材料的较大体积内，往往会导致零件的整体破坏，这种状态下的强度可称为整体强度；而对于工作中接触受压的两个零件，在接触面上产生的表面应力作用下，破坏通常发生在零件的接触面表层，这种状态下的强度可称为表面强度。表面强度分为表面接触强度（两零件之间理论上为点、线接触）和挤压强度（两零件之间理论上为面接触）。

在理想平稳工作条件下零件所受的载荷称为名义载荷。但实际中，由于冲击以及运动产生的惯性力等因素的影响，使机器及其零件受到各种附加载荷。另外，载荷在零件上的分布也往往是不均匀的。因此，机器在工作中实际受到的载荷通常会大于名义载荷。用载荷系数 K（只考虑工作情况的影响时，则为工作情况系数 K_A，简称工况系数）计入上述因素对载荷的影响。载荷系数与名义载荷的乘积称为计算载荷，它代表的是机器或零件实际所受的载荷。

按照是否随时间变化，载荷分为两类：不随时间变化或变化缓慢的载荷称为静载荷，如零件的自重、静水的压力等；随时间变化的载荷称为变载荷，如内燃机中活塞、弹簧以及汽车中齿轮等所受的载荷。

按照是否随时间变化，应力也分为两类：不随时间变化或变化缓慢的应力称为静应力；随时间变化的应力称为变应力。静应力只能在静载荷作用下产生；变应力由变载荷产生，也可由静载荷产生。例如：在不变的径向力作用下，旋转轴中产生的弯曲应力即为变应力。

（一）整体强度

1. 强度条件

强度条件可用应力表示，也可用安全系数表示。

1）用应力表示的强度条件为

$$\sigma \leqslant [\sigma], \quad \tau \leqslant [\tau] \tag{1-1}$$

式中 σ、τ——零件危险截面上的最大正应力和最大切应力，设计中按计算载荷求得；

$[\sigma]$、$[\tau]$——许用正应力和许用切应力，其定义式为

$$[\sigma]=\frac{\sigma_{\text{lim}}}{[S_\sigma]},\quad [\tau]=\frac{\tau_{\text{lim}}}{[S_\tau]} \tag{1-2}$$

式中　σ_{lim}、τ_{lim}——极限正应力和极限切应力。

$[S_\sigma]$、$[S_\tau]$——正应力和切应力的许用安全系数。通常，对塑性材料零件，$[S_\sigma]$、$[S_\tau]$取为1.5~2；对组织不均匀的脆性材料和组织均匀的低塑性材料，$[S_\sigma]$、$[S_\tau]$取为3~4。

2）用安全系数表示的强度条件为

$$S_\sigma \geqslant [S_\sigma],\quad S_\tau \geqslant [S_\tau] \tag{1-3}$$

式中　S_σ、S_τ——正应力和切应力的实际安全系数，由下式计算

$$S_\sigma=\frac{\sigma_{\text{lim}}}{\sigma},\quad S_\tau=\frac{\tau_{\text{lim}}}{\tau} \tag{1-4}$$

应当指出，式（1-1）和式（1-3）所表示的强度条件实质是相同的，只是表达形式不同而已。

2. 极限应力的确定

计算许用应力时，需根据零件材料的种类和应力的性质合理确定极限应力。

（1）静应力下的极限应力　零件受静应力时，需计算其静强度。如静强度不足，塑性材料零件的可能失效形式是产生塑性变形；脆性材料零件的可能失效形式是断裂。据此，可确定静应力下的极限应力如下：

1）塑性材料零件，以材料的屈服强度（R_{eL}，τ_s）作为极限应力，即

$$\sigma_{\text{lim}}=R_{\text{eL}},\quad \tau_{\text{lim}}=\tau_s \tag{1-5}$$

2）脆性材料零件，以材料的强度极限（R_m，τ_b）作为极限应力，即

$$\sigma_{\text{lim}}=R_m,\quad \tau_{\text{lim}}=\tau_b \tag{1-6}$$

需要说明的是：现行国家标准中，材料的屈服强度表示为R_{eL}，相当于旧标准中的σ_s；抗拉强度表示为R_m，相当于旧标准中的σ_b。

只受正应力或只受切应力时，按式（1-1）或式（1-3）进行强度计算即可。

同时受正应力和切应力时，按材料力学中的强度理论计算危险截面上的当量应力σ_e。通常，塑性材料零件按第三或第四强度理论计算；脆性材料零件按第一强度理论计算。此时的强度条件为：$\sigma_e \leqslant [\sigma]$。

另外，对于塑性材料零件，某处的局部应力达到屈服极限后，材料开始屈服流动，局部的最大应力将不再增大，也就不会导致零件整体破坏；对于组织不均匀的脆性材料（如灰铸铁），材料内部本来就存在的缺陷引起的应力集中，往往比零件形状和机械加工所引起的应力集中还大，所以，后者对材料的静强度无显著影响。因此，在计算静强度时，对塑性材料和组织不均匀的脆性材料，可不考虑应力集中的影响。但是，对组织均匀的低塑性材料（如低温回火的高强度钢），则应考虑集中应力。

（2）变应力下的极限应力　零件受变应力时，可能的失效形式是疲劳破坏，设计中需计算其疲劳强度。不论是静强度还是疲劳强度，强度条件的表达形式是相同的，只是极限应力有所不同。变应力作用下，应以疲劳极限作为极限应力。疲劳极限以及疲劳强度计算方法详见第二章。

（二）表面接触强度

对于理论上为点、线接触的高副零件，在载荷作用下材料发生弹性变形后，变为面接触，此时零件在接触部位产生的应力称为表面接触应力（简称接触应力）。在接触应力作用下的强度称为表面接触强度。最大接触应力 σ_H 发生在接触面的中心（或中线）上，如图 1-3 所示。

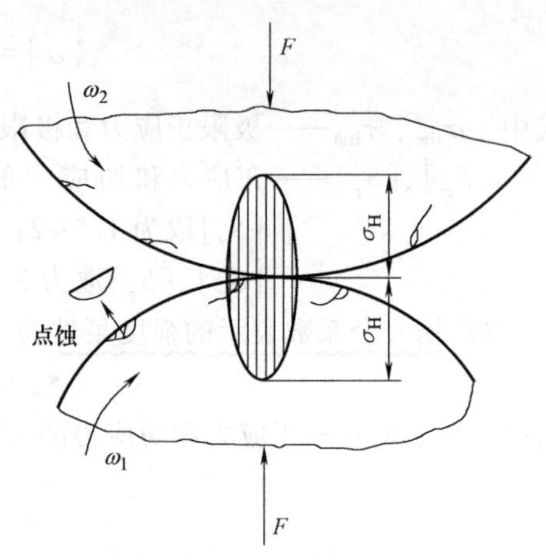

图 1-3　接触应力与疲劳点蚀

通常情况下，工作中高副零件的接触部位是周期性变化的，这导致零件的接触应力也周期性变化，如齿轮轮齿的接触、滚动轴承中滚动体与两个套圈的接触等。在接触变应力的反复作用下，首先在零件表层产生微裂纹，之后，裂纹沿着与表面呈锐角的方向扩展，到达一定深度后又越出零件表面，最后有小片的材料剥落下来，在零件表面形成小坑（图 1-3），这种现象称为疲劳点蚀（简称点蚀）。点蚀是接触变应力下的失效形式。

防止点蚀应满足的强度条件为

$$\sigma_H \leqslant [\sigma_H] \tag{1-7}$$

式中　σ_H——零件的最大接触应力（MPa）；

$[\sigma_H]$——许用接触应力（MPa）。

本课程中需计算的接触强度主要为线接触的情况，下面只给出线接触时 σ_H 的计算公式。

根据弹性力学理论，将理论上为线接触（接触处的曲率半径分别为 ρ_1、ρ_2）的两个零件简化为两个轴线平行的圆柱体接触的模型（图 1-4），按式（1-8）（称为赫兹公式）计算其最大接触应力。即

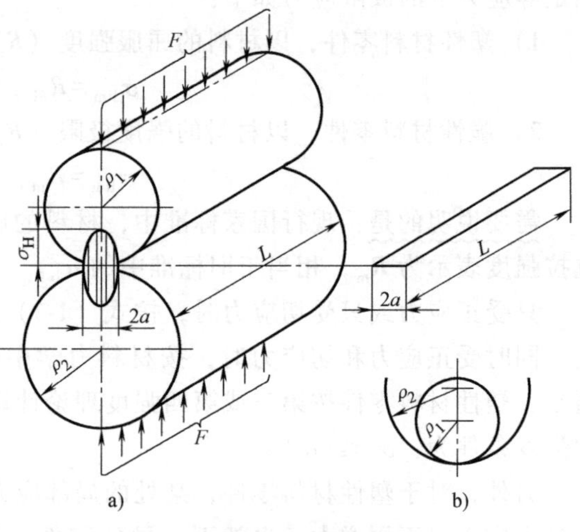

图 1-4　两圆柱体接触

a）外接触　b）内接触

$$\sigma_H = \sqrt{\frac{F}{\pi L}\frac{\frac{1}{\rho}}{\frac{1-\mu_1^2}{E_1}+\frac{1-\mu_2^2}{E_2}}} \tag{1-8}$$

式中　E_1、E_2——两接触体材料的弹性模量（MPa）；

μ_1、μ_2——两接触体材料的泊松比；

F——两接触体所受的载荷（N）；

ρ——综合曲率半径（mm），$\frac{1}{\rho}=\frac{1}{\rho_1}\pm\frac{1}{\rho_2}$，正号用于外接触，负号用于内接触；

L——接触宽度（mm）。

（三）挤压强度

理论上为面接触的两个零件，承载时在接触面上受到的压应力称为挤压应力，用σ_p表示。挤压应力作用下的强度称为挤压强度。挤压强度不足时的失效形式为压溃（表面断裂或表面塑性变形）。

防止压溃应满足的强度条件为

$$\sigma_p \leqslant [\sigma_p] \tag{1-9}$$

式中　σ_p——零件的挤压应力（MPa）；

$[\sigma_p]$——许用挤压应力（MPa）。

当接触面为曲面时，挤压应力在接触面上的分布往往比较复杂。通常，按接触面在载荷方向的投影面积计算挤压应力σ_p。

二、刚度准则

刚度是指机械零件在载荷作用下抵抗弹性变形的能力。如果机器中的某些零件刚度不足，工作时将会产生过大的弹性变形，从而影响机器的正常工作。例如：机床主轴刚度不足将会影响被加工工件的精度；内燃机配气系统中的凸轮轴刚度不足，将会导致阀门不能正常启闭。因此，对于某些零件，在设计时需要进行刚度计算。应满足的刚度条件为

$$x \leqslant [x] \tag{1-10}$$

式中　x——实际变形量，可通过计算或实际测量确定其大小，但在设计阶段只能由计算确定。根据受载形式的不同，x可以是拉压变形ΔL、挠度y、转角θ、扭角φ等，如图1-5所示；

$[x]$——许用变形量，是机器正常工作所允许的最大变形量。

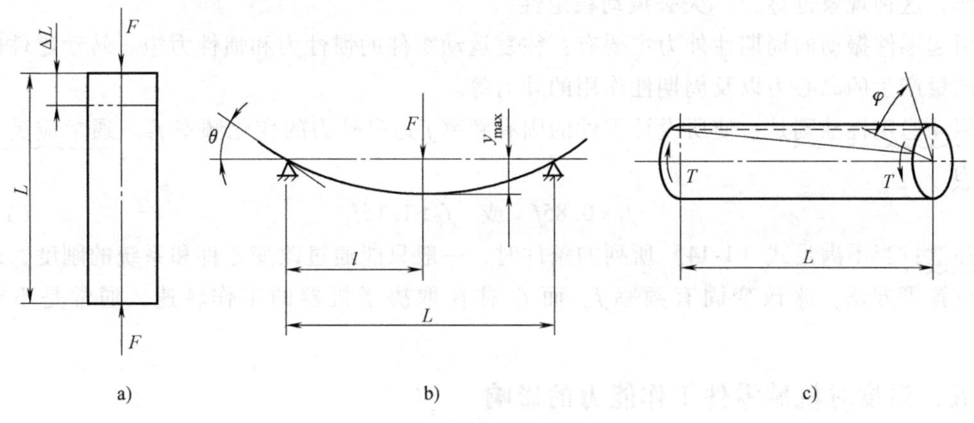

图1-5　变形形式

a）拉压变形　b）弯曲变形　c）扭转变形

通常，刚度计算得到的零件尺寸比强度计算得到的尺寸大，所以，满足刚度条件的零件往往也满足强度条件。但对于尺寸较大的零件，满足刚度条件，却不一定满足强度条件。

弹性模量E是表示材料刚度大小的性能指标，E越大则刚度越大。应当注意：合金钢的E值与碳钢相差不大，因此，在尺寸相同的条件下，用合金钢代替碳钢（可以提高强度）不能提高零件的刚度。

提高零件刚度的主要措施有：减小力臂和支点距离、增加辅助支承、选择合理的截面形状、加大截面积以及采用加强肋等。

三、摩擦学准则

摩擦学准则也称耐磨性准则。在滑动摩擦下工作的零件，常因过度磨损而失效。由于影响磨损的因素很多且比较复杂，因此，到目前为止尚无完善的磨损计算方法。通常采用条件性计算，通过限制影响磨损的主要因素（压强 p、滑动速度 v 和 pv 值）来防止产生过大的磨损。

滑动速度低、载荷大时，只需限制压强 p 不超过许用压强［p］，即

$$p \leqslant [p] \tag{1-11}$$

滑动速度较高时，往往由于摩擦生热，温度过高（使润滑油膜破坏），导致润滑失效。因此，除了限制压强以外，还需限制压强与滑动速度的乘积 pv（此乘积越大，在单位时间内，单位接触面上的摩擦功耗越大，温升越大）不超过许用值［pv］，即

$$pv \leqslant [pv] \tag{1-12}$$

高速时，往往由于滑动速度高而引起过快过大的磨损。所以，还需要限制滑动速度 v 不超过许用滑动速度［v］，即

$$v \leqslant [v] \tag{1-13}$$

四、振动稳定性准则

零件发生周期性弹性变形的现象称为振动。当零件所受外力的周期性变化频率等于或接近零件的固有频率时，便会发生共振。共振时，振幅急剧增大，导致零件破坏，机器不能正常工作，这种现象也称为“失去振动稳定性”。

引起零件振动的周期性外力主要有：往复运动零件的惯性力和惯性力矩、转动零件的不平衡质量产生的离心力以及周期性作用的外力等。

振动稳定性准则是：使所设计零件的固有频率 f 远离外力的变化频率 f_F。通常应满足的条件为

$$f_F < 0.85f \quad 或 \quad f_F > 1.15f \tag{1-14}$$

注意：当不满足式（1-14）所列的条件时，一般只能通过改变零件和系统的刚度、改变支承位置等方法，来改变固有频率 f。而 f_F 往往取决于机器的工作转速，通常是不能改变的。

五、温度对机械零件工作能力的影响

温度的变化会影响机器中润滑油的性能。温度过高会导致润滑失效，从而产生过大磨损或发生胶合现象。因此，在设计摩擦副零件时，需进行热平衡计算。通过计算求出达到热平衡时的工作温度 t，并判别其是否超过许用温度［t］，即

$$t \leqslant [t] \tag{1-15}$$

另外，当金属的温度超过某一数值（钢为 300~400℃，轻合金为 100~150℃）时，其强度将急剧下降。因此，在高温下工作的机械零件应采用耐高温材料制造，如耐热合金钢、金属陶瓷等。在低温下，钢的强度有所提高，但其韧性会明显降低而变脆，且对应力集中的

敏感性增大。而有色金属在低温下一般不会变脆，其强度和塑性还会有所提高。所以，低温设备常用有色金属材料制造。

第四节　机械设计中的标准化

标准化是我国现行的一项很重要的技术政策，是提高产品质量、加快发展新产品和降低产品成本的重要措施。所谓“标准”是指对重复性事物和概念所做的统一规定，作为共同遵守的准则。标准化则是指制定、发布和实施标准的活动。

机械设计领域非常广泛地实行了标准化。在机械制图、机械工程材料、机械零部件产品和机械零件的参数、尺寸公差配合及设计方法等各方面，已制定并实施了许多相关标准，供设计者共同遵守和选用。

在结构、尺寸、画法、标记等方面均已实行标准化，并由专门工厂生产的零部件称为标准件，如螺纹连接件、键、销、滚动轴承、V 带、联轴器等。在设计机械产品时，只需合理选择标准件的类型和规格，并合理使用。在机械制造中也只需按选好的型号采购即可。

机械设计中的标准化具有如下重要意义：

1）可减轻设计工作量，有利于提高设计质量并缩短设计周期。

2）便于组织标准件的专门化、规模化生产，有利于合理使用原材料，节约能源，缩短生产周期，降低制造成本，提高产品质量和生产率。

3）可提高互换性，便于维修，并有利于回收再利用。

4）便于改进和增加产品品种等。

按照适用范围的不同，我国的标准分为四个级别：国家标准、行业标准［如机械行业标准（代号为 JB）、化工行业标准（代号为 HG）］、地方标准和企业标准。其中国家标准级别最高，其他级别标准不得与其相抵触。按性质不同，国家标准分为强制性标准（GB）和推荐性标准（GB/T）。对于前者，国家要求必须执行；对于后者，国家鼓励自愿采用。

在世界范围内通用的是国际标准（ISO）。随着我国经济活动不断融入世界经济之中，我国的很多标准正在逐渐向国际标准靠拢。

第五节　机械零件常用材料及其选择原则

一、机械零件常用材料

机械零件常用材料有黑色金属、有色金属、非金属材料和各种复合材料。其中以黑色金属材料用得最多。

1. 黑色金属

常用的黑色金属材料有碳素结构钢、优质碳素结构钢、合金结构钢、弹簧钢、不锈钢、铸钢、合金铸钢、灰铸铁、球墨铸铁等。

(1) 碳钢与合金钢　这是机械制造中广泛应用的材料。其中碳钢产量大，价格较低，常被优先采用。对于受力不大，而且基本上承受静载荷的一般零件，均可选用碳素结构钢；当零件受力较大，而且受变应力或冲击载荷时，可选用优质碳素结构钢；当零件受力较大，工作情况复杂，热处理要求较高时，可选用合金结构钢。优质碳素结构钢和合金结构钢均可通过热处理的方法来改善其力学性能，可以更好地满足各种零件对不同力学性能的要求。常用的热处理方法有正火、调质、淬火、表面淬火、渗碳淬火、渗氮、液体碳氮共渗等。另外还可以通过强化处理提高材料的强度。

（2）铸钢 铸钢主要用于制造承受重载、形状复杂的大型零件。铸钢和锻钢的力学性能大体相近，与灰铸铁相比，其减振性较差，弹性模量、伸长率、熔点均较高，铸造收缩率大，容易形成气孔，铸造性能差。

（3）灰铸铁 灰铸铁成本低，铸造性能好，适用于制造形状复杂的零件。灰铸铁本身的抗压强度高于抗拉强度，故适用于制造在受压状态下工作的零件。但灰铸铁脆性很大，不宜承受冲击载荷。灰铸铁具有良好的减振性能。

（4）球墨铸铁 球墨铸铁的强度比灰铸铁高，和碳素结构钢相接近，其伸长率与耐磨性也较高，而减振性比钢好，因此广泛用于制造受冲击载荷的零件。

（5）可锻铸铁 可锻铸铁由一定成分的白口铸铁经过退火而得，强度和塑性比较高，“可锻”说明其塑性较好，并非真的可以锻造。当零件的尺寸小，且形状复杂不能用铸钢或锻钢制造，而灰铸铁又不能满足零件高强度和高伸长率的要求时，可采用可锻铸铁。

2. 有色金属

有色金属及其合金具有许多可贵特性，如减摩性、耐蚀性、耐热性、导电性等。在一般机械制造中，除铝合金用于制造承载零件外，其他有色金属主要用作耐磨材料、减摩材料、耐蚀材料和装饰材料等。

（1）铜合金 铜具有良好的导电性、导热性、低温力学性能、耐蚀性和延展性等。常用的铜合金有黄铜、青铜等。在机械工业中，铜合金是良好的耐蚀材料和减摩材料。

（2）铝合金 铝的密度小（约为钢的1/3），熔点低，导热导电性良好，塑性高。但纯铝的强度低。铝合金不耐磨，可用镀铬的方法提高其耐磨能力。铝合金的切削性能好，但铸造性能差。铝合金不产生电火花，故用于制造储存易燃、易爆物料的容器比较理想。

（3）钛合金 钛及钛合金的密度小，高低温性能好，并有良好的耐蚀性，在航空、造船、化工等工业中得到广泛应用。

有色金属及其合金的种类很多，除以上所述外，还有镁及镁合金、镍及镍合金、钨及钨合金等。

3. 非金属材料

（1）橡胶 橡胶除具有大的弹性和良好的绝缘性之外，还有耐磨、耐化学腐蚀、耐放射性等性能，用来制造弹簧、密封件、摩擦片等。

（2）塑料 塑料是以天然树脂或人造树脂为基础，加入填充剂、增塑剂、润滑剂等而制成的高分子有机物。塑料的突出优点是密度小，容易加工，可用注射成型方法制成各种形状复杂、尺寸精确的零件。

塑料的抗拉强度低，伸长率大，冲击韧度差，减振性好，导热能力差。塑料分热固性塑料（如酚醛）和热塑性塑料（如尼龙）。通常用作减摩、耐蚀、耐磨、绝缘、密封和减振材料。

4. 复合材料

复合材料是由两种或两种以上性质不同的金属材料或非金属材料组合而得到的新型材

料。复合材料有纤维复合材料、层叠复合材料、颗粒复合材料、骨架复合材料等。在机械工业中，用得最多的是纤维复合材料。这种材料主要用于制造薄壁压力容器。现在已较普遍地用在各种容器和汽车外壳的制造上。再如，在碳素结构钢板表面贴塑料或不锈钢，可以得到强度高而耐蚀性能好的塑料复合钢板或金属复合钢板。随着科学技术的发展，复合材料将会得到普遍的应用。

关于各种材料的力学性能、产品规格等，可参阅机械设计手册或工程材料手册。各种零件所用的具体材料在有关章节中介绍。

二、材料的选择原则

选择材料是机械零件设计程序中的一个重要环节。从诸多材料中选出合适的材料，要综合考虑各方面因素。同一零件若采用不同材料制造，则零件尺寸、结构、加工方法、工艺要求等都会有所不同。

选择材料主要应考虑使用要求、工艺要求和经济要求等。

1. 使用要求

使用要求一般包括：零件的载荷和工作情况，对零件尺寸和重量的限制，零件的重要程度等。按使用要求材料选择的一般原则是：

当零件尺寸取决于强度，且尺寸和重量又受到某些限制时，应选用强度较高的材料。

当零件尺寸取决于接触强度时，应选用表面强化处理材料，如调质钢、渗碳钢、渗氮钢等。

在滑动摩擦下工作的零件，应根据工作需要选择摩擦材料、减摩材料或耐磨材料。

在高温下工作的零件应选用耐热材料。

在腐蚀介质中工作的零件应选用耐蚀材料等。

2. 工艺要求

零件形状和尺寸对工艺和材料也有一定要求。形状复杂、尺寸较大的零件难以锻造，如果采用铸造或焊接，则其材料必须具有良好的锻造性能或焊接性能，这些性能即指铸造的液态流动性，产生缩孔或偏析的可能性，材料的焊接性和产生裂纹的倾向性等。选用铸造还是焊接，应按批量大小而定。对于锻件，也要视批量大小而决定采用模锻还是自由锻。大批量生产的零件应考虑所选材料的可加工性。

选择材料还必须考虑热处理工艺性能，如淬硬性、淬透性、变形开裂倾向性、回火脆性等，以满足所需力学性能的要求。

3. 经济性要求

经济性要求主要是指尽可能节约原材料，降低制造、维护成本。

在满足使用要求的前提下，宜选用价格相对低廉、利用率高、便于维护、供应情况好的材料；当只是对零件某些部位有特殊要求需采用贵重材料时，不同部位可选用不同的材料。例如，仅要求蜗轮轮齿具有良好的减摩、耐磨性能时，通常其齿圈材料可选用青铜合金，而轮芯材料选用价格低廉的铸铁。这样可大大节省贵重的青铜材料，降低材料费用。当然，也可通过改善局部品质的措施，满足零件局部的特殊要求，如表面淬火、渗氮、喷镀及碾压等。

实际上，根据批量大小确定零件毛坯采用铸造还是焊接，模锻还是自由锻，其出发点也是为了降低零件的制造成本。

思考题

1-1 一部现代化的机器主要由哪几部分组成？

1-2 开发一部新机器通常需要经过哪几个阶段？每个阶段的主要工作是什么？

1-3 作为一个设计者应具备哪些素质？

1-4 机械设计课程的性质、任务和内容是什么？

1-5 机械设计课程有哪些特点？学习中应注意哪些问题？

1-6 什么是失效？什么是机械零件的计算准则？常用的计算准则有哪些？

1-7 什么是校核计算？什么是设计计算？

1-8 什么是名义载荷？什么是计算载荷？为什么要引入载荷系数？

1-9 静应力由静载荷产生，那么变应力是否一定由变载荷产生？

1-10 什么是强度准则？对于零件的整体强度，分别用应力和安全系数表示的强度条件各是什么？

1-11 在计算许用应力时，如何选取极限应力？

1-12 什么是表面接触强度和挤压强度？这两种强度不足时，分别会发生怎样的失效？

1-13 刚度准则、摩擦学准则以及振动稳定性准则应满足的条件各是什么？这些准则得不到满足时，可能的失效形式是什么？

1-14 用合金钢代替碳钢可以提高零件的强度，是否也可以提高零件的刚度？

1-15 在机械设计中实行标准化有什么实际意义？

1-16 机械零件的常用材料有哪些？选择机械零件的材料时需遵循哪些原则？

第二章

机械零件的疲劳强度设计

第一节 概 述

一、疲劳破坏

很多机械零件在工作中承受变应力。即使所受变应力中的最大应力远低于零件材料的屈服强度，在变应力的作用下零件也不会立即破坏，但变应力的每次作用仍会对零件造成轻微的损伤。随应力作用次数（也称循环次数）的增加，当损伤累积到一定程度时，在零件的表面或内部将出现裂纹并扩展直至发生完全断裂，这种缓慢形成的破坏称为疲劳破坏。疲劳破坏是机械零件在变应力作用下的失效形式。

表面无缺陷的金属材料，其疲劳断裂过程大体分为两个阶段：第一阶段是零件表面上应力较大处的材料发生剪切滑移，导致产生初始裂纹，形成疲劳源。第二阶段是以疲劳源为中心，裂纹逐渐扩展，直至达到临界裂纹尺寸时发生突然断裂。实际中的机械零件，其内部的夹渣、微孔等铸造或锻造缺陷以及表面上的切削刀痕、划伤、腐蚀小坑等，都可能使零件在一开始就具有了初始裂纹。因此，实际零件的疲劳断裂过程往往不经历第一阶段而直接进入第二阶段。

与静应力作用下的破坏相比，疲劳断口具有以下特征：

1）断口通常没有显著的塑性变形，类似脆性断裂，即便是塑性良好的金属也是如此。

2）断口上明显地分为两个区：表面光滑的疲劳区和粗糙的脆性断裂区。图 2-1 所示为典型的疲劳断口示意图。疲劳区是在裂纹扩展过程中形成的，变应力的作用使裂纹周期性张开、闭合，致使表面呈光滑状态。在电子显微镜下，往往会看到在该区域有以疲劳源为中心的相互平行的纹线，称为疲劳纹，这也是在裂纹扩展时形成的。脆性断裂区则是在最终断裂时形成的，表面粗糙不平。

以上特征可以帮助我们判断实际零件断裂的性质。

扫码看视频

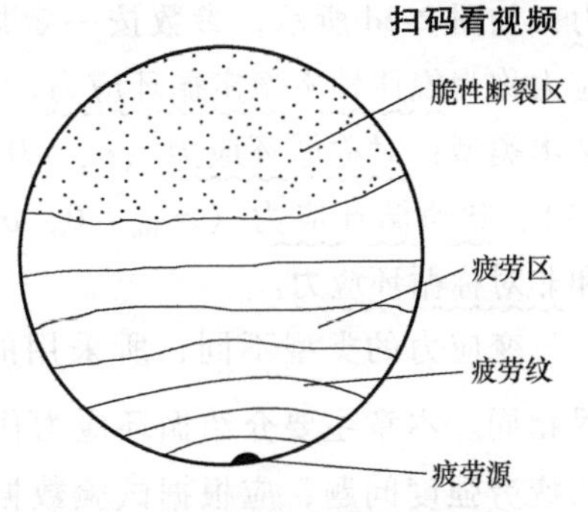

图 2-1 典型的疲劳断口示意图

二、变应力的类型

按照应力的变化是否具有周期性，变应力分为两类：周期性变化的应力称为循环应力（图 2-2）；随机变化的应力称为随机变应力（图 2-3）。循环应力具有五个特征参数：最大应力 σ_{max}、最小应力 σ_{min}、平均应力 σ_m、应力幅 σ_a（图 2-2c）和应力比 r（也称应力循环特性）。它们之间具有如下关系：

$$\sigma_m=\frac{\sigma_{max}+\sigma_{min}}{2},\quad \sigma_a=\frac{\sigma_{max}-\sigma_{min}}{2},\quad r=\frac{\sigma_{min}}{\sigma_{max}},\quad \sigma_{max}=\sigma_m+\sigma_a,\quad \sigma_{min}=\sigma_m-\sigma_a$$

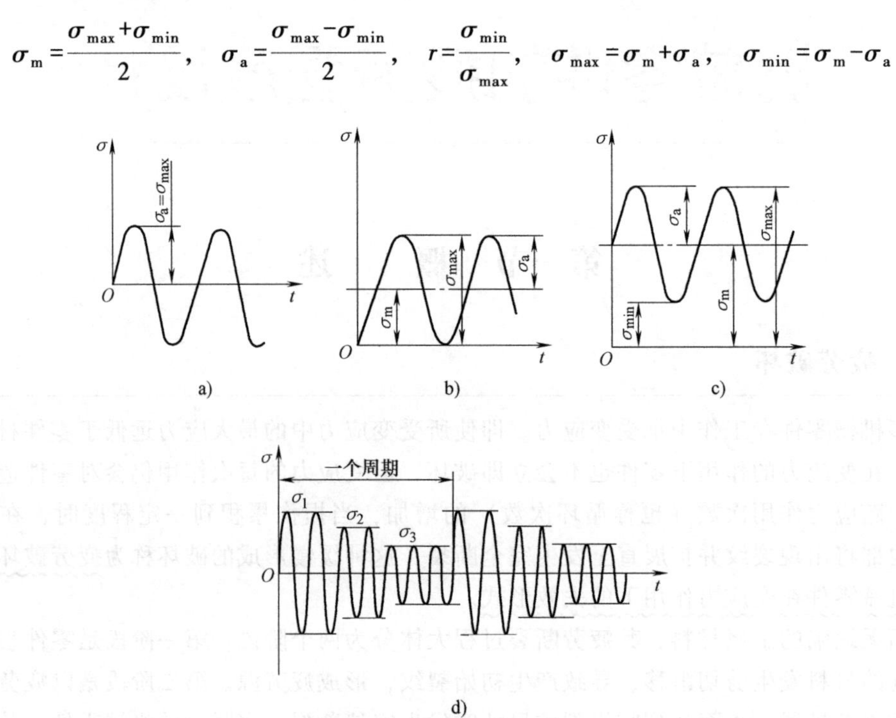

图 2-2　循环应力

a）对称循环应力　b）脉动循环应力　c）非对称循环应力　d）规律性不稳定循环应力

显然，在这五个参数中，只有两个是独立的。因此，用其中任意两个参数即可准确描述一个循环应力。循环应力又分为两种类型：如图 2-2a、b、c 所示，各参数不随时间变化的循环应力称为稳定循环应力；如图 2-2d 所示，参数按一定规律周期性变化的循环应力称为规律性不稳定循环应力。稳定循环应力又有三种基本类型：对称循环应力（$\sigma_m=0$，$\sigma_a=\sigma_{max}=-\sigma_{min}$，$r=-1$）、脉动循环应力（$\sigma_{min}=0$，$\sigma_m=\sigma_a=\sigma_{max}/2$，$r=0$）和非对称循环应力。

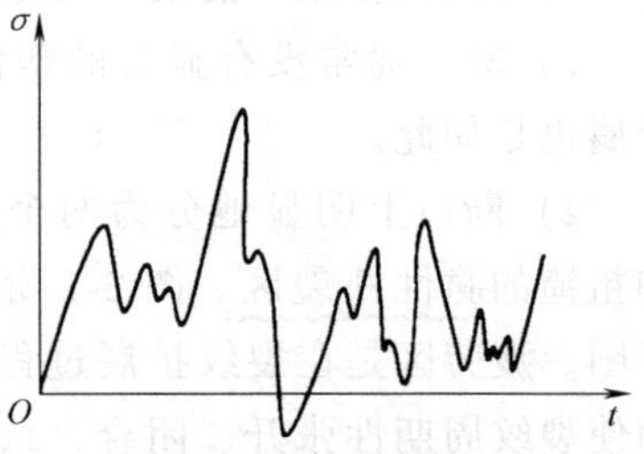

图 2-3　随机变应力

变应力的类型不同，所采用的疲劳强度设计方法不尽相同。本章主要介绍循环应力作用下的疲劳强度计算方法。而对于随机变应力作用下的疲劳强度问题，应根据试验数据用数理统计的方法加以解决，具体计算方法可查阅有关文献。

第二节　疲劳曲线和极限应力图

在应力比为 r 的循环应力作用下，应力循环 N 次后，材料不发生疲劳破坏时所能承受的最大应力（σ_{max}、τ_{max}）称为材料的疲劳极限，用 σ_{rN}、τ_{rN} 表示。材料疲劳失效以前所经历的应力循环次数称为疲劳寿命。不同应力比 r 和不同疲劳寿命 N 所对应的疲劳极限 σ_{rN} 不同。疲劳强度设计中，就以疲劳极限作为极限应力。

一、疲劳曲线（σ-N 曲线）

应力比 r 一定时，表示材料的疲劳极限 σ_{rN} 与循环次数 N 之间关系的曲线称为疲劳曲线（σ-N 曲线）。对于某种具体材料，须通过大量疲劳试验才能得到其疲劳曲线。典型的疲劳曲线如图 2-4 所示，曲线上某点的纵坐标为某个循环次数 N 下的疲劳极限 σ_{rN}。

从图中可以看出：材料的疲劳极限 σ_{rN} 随循环次数 N 的增大而降低。但是，当 N 超过某一次数（N_0）时，曲线趋于水平，即疲劳极限 σ_{rN} 不再随 N 的增大而减小，曲线与水平线交点的横坐标 N_0 称为循环基数。通常以 N_0 为界把曲线分为两个区段：

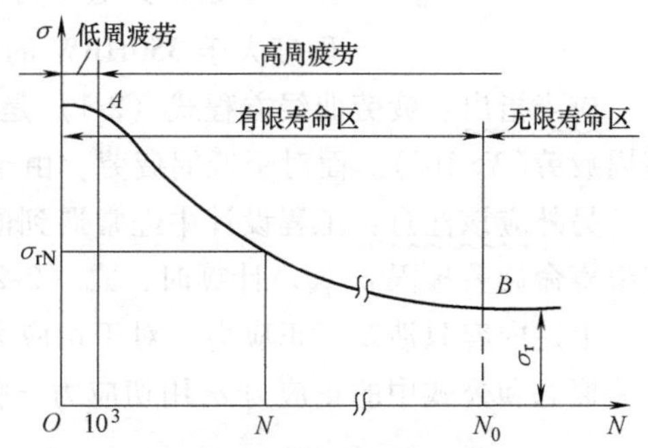

图 2-4　典型的疲劳曲线

（1）无限寿命区　当 $N \geqslant N_0$ 时，疲劳曲线为水平线，对应的疲劳极限为一定值，用 σ_r 表示。它是表征材料疲劳强度的重要指标，是疲劳强度设计的基本依据。其中最典型、最常用的是对称循环疲劳极限 σ_{-1}。在工程设计中，一般可以认为：当材料受到的应力不超过 σ_r 时，则可以经受无限次应力循环而不破坏，故将 σ_r 称为持久疲劳极限。

（2）有限寿命区　为了区别于 σ_r，把曲线上非水平段（$N<N_0$ 时）的疲劳极限 σ_{rN} 称为有限寿命疲劳极限。当材料受到的应力超过 σ_r 时，在发生疲劳破坏之前，只能经受有限次的应力循环。

当 $N<10^3$ 时，疲劳极限接近或超过屈服极限，不同循环次数 N 下的疲劳极限几乎没有变化，此类疲劳称为低周疲劳。其特点是：应力水平高，疲劳寿命低。将 $N>10^3$ 时的疲劳，称为高周疲劳。

大多数钢的疲劳曲线形状类似图 2-4。但是，高强度合金钢和有色金属的疲劳曲线没有水平线，不存在无限寿命区。因此，工程上常以某一循环次数 N_0 下的有限寿命疲劳极限（也记为 σ_r）作为表征材料疲劳强度的基本指标。在此，N_0 也称为循环基数。

要求零件在无限次（$N \geqslant N_0$）应力循环下不发生疲劳破坏的设计称为无限寿命设计，此时应以 σ_r 作为极限应力。要求零件在有限次（$N<N_0$）应力循环下不发生疲劳破坏的设计称为有限寿命设计，此时应以有限寿命疲劳极限 σ_{rN} 作为极限应力。

对于疲劳曲线，设计中经常用到的是有限寿命区的高周疲劳段（图 2-4 中 AB 段），利用该段曲线的方程可以求得某疲劳寿命 N 下的有限寿命疲劳极限 σ_{rN}，也可以求得某个循环应力下的疲劳寿命。式（2-1）即为其拟合方程，称为疲劳曲线方程，即

$$\sigma_{rN}^{m} N = C(常量) \tag{2-1}$$

显然有 $\sigma_{r}^{m} N_0 = C$，代入式（2-1）得

$$\sigma_{rN}^{m} N = \sigma_{r}^{m} N_0$$

则 N 次循环下的有限寿命疲劳极限与循环基数 N_0 下的疲劳极限之间的关系为

$$\sigma_{rN} = \sqrt[m]{\frac{N_0}{N}}\sigma_r = K_N \sigma_r \tag{2-2}$$

式中　$K_N = \sqrt[m]{\frac{N_0}{N}}$——寿命系数。计算 K_N 时，如果 $N>N_0$，则取 $N=N_0$。

m——寿命指数，其值与受载方式及材质有关。钢质试件在拉压、弯曲及扭应力下，取 $m=9$，在接触应力下，取 $m=6$；青铜试件在弯曲应力下，取 $m=9$，在接触应力下，取 $m=8$。

N_0——循环基数，其值与材质有关。对硬度小于 350HBW 的钢，$N_0=10^7$；对硬度大于 350HBW 的钢、铸铁及有色金属，通常取 $N_0=25\times10^7$。

应当指出：疲劳曲线方程式（2-1）是用于解决有限寿命疲劳问题的方程，但只适用于高周疲劳($N>10^3$)。而对于低周疲劳，由于循环次数少，一般可按静强度处理。

另外应该注意：工程设计中经常遇到的是用对称循环（$r=-1$）下的疲劳曲线方程计算有限寿命疲劳极限 σ_{-1N}。计算时，式（2-2）中的 σ_r 和 σ_{rN}分别写为 σ_{-1}和 σ_{-1N}。

上述内容只涉及了正应力，对于切应力的情况，完全可以仿照上述过程进行分析，把各有关概念和公式中的正应力 σ 用切应力 τ 代替即可。

二、σ_m-σ_a 极限应力图

疲劳寿命一定时，不同应力比 r 对应的材料疲劳极限 σ_{rN} 也不同，它们之间的关系可用极限应力图表示。图 2-5 所示为 σ_m-σ_a 极限应力图，它是极限应力图的表示形式之一，在疲劳强度设计中应用最多。

按使用目的不同，极限应力图还有其他形式，这里不做介绍。

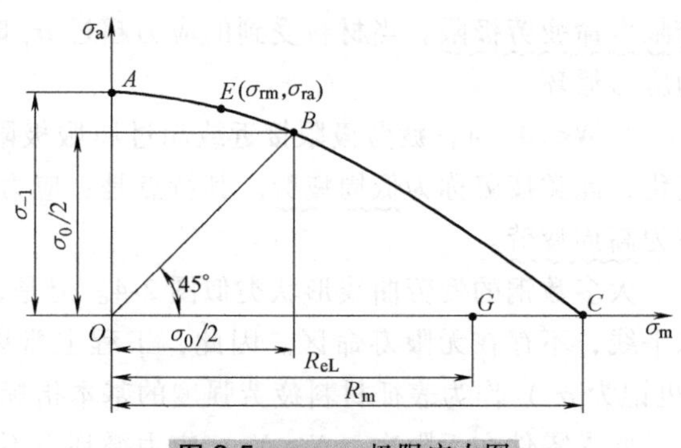

图 2-5　σ_m-σ_a 极限应力图

把疲劳试验测定的某一应力比 r 的持久疲劳极限 σ_r（亦即 σ_{max}）分解为极限平均应力 σ_{rm}和极限应力幅 σ_{ra}，即 $\sigma_r=\sigma_{rm}+\sigma_{ra}$。如图 2-5 所示，以 σ_{rm} 和 σ_{ra} 为横、纵坐标，在 σ_m-σ_a 坐标系中描得一个点（图中 E 点），称为极限应力点。把各不同 r 值下的极限应力点连成光滑曲线（图中曲线 AC），称为极限应力线。由于该曲线上各点表示的极限应力所对应的疲劳寿命都相等（均等于循环基数 N_0），故也称该曲线为等寿命曲线。极限应力线与 σ_m-σ_a 坐标轴围成的图形即为 σ_m-σ_a 极限应力图。图中曲线 AC 上各点横、纵坐标之和即为应力比 r 取 $-1\sim+1$ 之间各值时的疲劳极限 σ_r。纵坐标轴上各点均表示对称循环应力（$r=-1$）状态，点

$A(0,\ \sigma_{-1})$ 为对称循环极限应力点。45°线 OB 上各点均表示脉动循环应力（$r=0$）状态，点 $B(\sigma_0/2,\ \sigma_0/2)$ 为脉动循环极限应力点。横坐标轴上各点均表示静应力（$r=+1$）状态，点 $C(R_m,\ 0)$ 为静强度极限点。

通过试验方法获得极限应力图，试验工作量太大。为了减小试验量和便于计算，疲劳设计中常根据几个典型数据对材料的 σ_m-σ_a 极限应力图进行简化。简化方法有数种。

对高塑性钢，本书只介绍根据材料的 σ_{-1}、σ_0 和 R_{eL} 进行简化的方法，图 2-6a 表示了该方法的简化过程。从屈服强度角度考虑，不论是受循环应力还是受静应力，都不允许产生塑性变形。因此，所受最大应力（σ_{max}）均不得超过材料的下屈服强度 R_{eL}，故图中是从屈服极限点 G（R_{eL}，0）作与横轴夹角为 135°的直线，与 AB 连线的延长线交于 D 点，所得折线 ADG 即为材料的简化 σ_m-σ_a 极限应力线。其中线段 AD 称为疲劳强度线，其上每个点的横、纵坐标之和都近似等于某个应力比下的持久疲劳极限。线段 GD 称为屈服强度线，显然，其上每个点的横、纵坐标之和（即该点表示的极限应力）均等于材料的下屈服强度 R_{eL}。

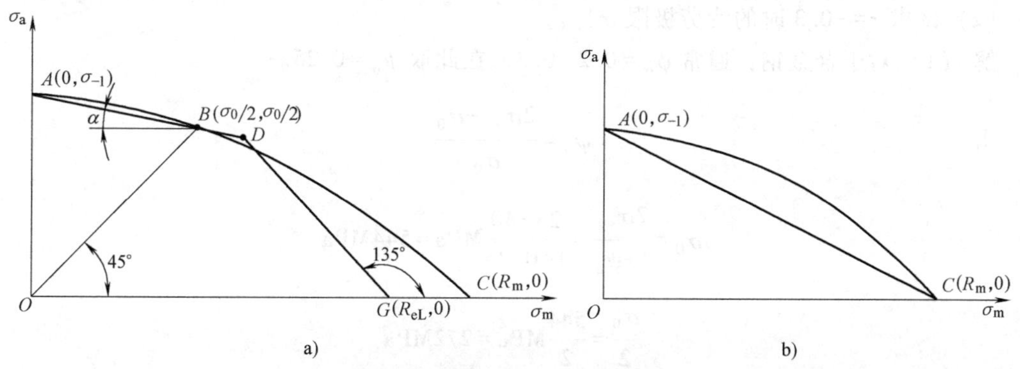

图 2-6　材料 σ_m-σ_a 图的简化

a）高塑性钢 σ_m-σ_a 图的简化　b）低塑性钢和铸铁 σ_m-σ_a 图的简化

如果材料承受的工作应力点落在折线 ADG 以内，最大应力既不超过疲劳极限又不超过 R_{eL}，则不会发生破坏，且工作应力点距折线越远越安全。如果工作应力点落在折线 ADG 以外，就会发生破坏。

由 A、B 两点坐标可建立直线 AD 的方程，为

$$\sigma_{-1}=\sigma_{ra}+\psi_\sigma\sigma_{rm} \tag{2-3}$$

$$\psi_\sigma=\frac{2\sigma_{-1}-\sigma_0}{\sigma_0}=\tan\alpha$$

式中　α——直线 AD 的倾斜角度，如图 2-6a 所示。

对于高塑性钢受切应力的情况，仿照式（2-3）用 τ 代替 σ，则得

$$\tau_{-1}=\tau_{ra}+\psi_\tau\tau_{rm} \tag{2-4}$$

$$\psi_\tau=\frac{2\tau_{-1}-\tau_0}{\tau_0}$$

上两式中，ψ_σ、ψ_τ 为将平均应力折算成应力幅的等效系数，其值与材料有关，对碳素钢：$\psi_\sigma\approx0.1\sim0.2$，$\psi_\tau\approx0.05\sim0.1$；对合金钢：$\psi_\sigma\approx0.2\sim0.3$，$\psi_\tau\approx0.1\sim0.15$。

图 2-6a 中直线 AD 上各点表示的极限应力所对应的疲劳寿命是相等的，都等于循环基数

N_0。从给材料造成损伤的角度考虑，这可以理解为：其上每个非对称循环极限应力与 A 点表示的对称循环极限应力（σ_{-1}）都是等效的。由此可以推论：任何一个非对称循环应力（σ_m，σ_a）也都可以找到一个与之等效的对称循环应力。如果该等效对称循环应力的应力幅用 σ_{ae} 表示，则仿照式（2-3）可得

$$\sigma_{ae}=\sigma_a+\psi_\sigma\sigma_m \tag{2-5}$$

通过这样的等效处理，可以把非对称循环疲劳问题转化为对称循环疲劳问题加以解决，从而使问题得到简化。可见，σ_m-σ_a 极限应力图是解决非对称循环应力下疲劳问题的工具。

对于低塑性钢或铸铁，通常只需根据材料的 σ_{-1} 和 R_m 按图 2-6b 所示进行简化。图中直线 AC 即为材料的简化 σ_m-σ_a 极限应力线，直线 AC 的方程为

$$\sigma_{-1}=\sigma_{ra}+\frac{\sigma_{-1}}{R_m}\sigma_{rm} \tag{2-6}$$

例 2-1 某合金钢 $\sigma_{-1}=340\text{MPa}$，$R_{eL}=550\text{MPa}$。（1）绘制材料的简化 σ_m-σ_a 极限应力图；（2）试求 $r=-0.3$ 时的疲劳极限 $\sigma_{-0.3}$。

解 （1）对于合金钢，通常 $\psi_\sigma=0.2\sim0.3$，在此取 $\psi_\sigma=0.25$。

由
$$\psi_\sigma=\frac{2\sigma_{-1}-\sigma_0}{\sigma_0}$$

得
$$\sigma_0=\frac{2\sigma_{-1}}{1+\psi_\sigma}=\frac{2\times340}{1+0.25}\text{MPa}=544\text{MPa}$$

则
$$\frac{\sigma_0}{2}=\frac{544}{2}\text{MPa}=272\text{MPa}$$

按照图 2-6a 即可作出材料的简化 σ_m-σ_a 极限应力图，如图 2-7 所示。

（2）将 $\sigma_{-1}=340\text{MPa}$ 和 $\psi_\sigma=0.25$ 代入式（2-3）得直线 AD 的方程为

$$340=\sigma_{ra}+0.25\sigma_{rm} \tag{a}$$

由
$$r=\frac{\sigma_{rm}-\sigma_{ra}}{\sigma_{rm}+\sigma_{ra}}$$

整理得
$$\frac{\sigma_{ra}}{\sigma_{rm}}=\frac{1-r}{1+r}=\frac{1-(-0.3)}{1+(-0.3)}=1.86$$

即 $\sigma_{ra}=1.86\sigma_{rm}$，代入式（a）解得

$$\begin{cases}\sigma_{rm}=161\text{MPa}\\ \sigma_{ra}=300\text{MPa}\end{cases}\text{（即图中 } P \text{ 点坐标）}$$

则
$$\sigma_{-0.3}=\sigma_{rm}+\sigma_{ra}=(161+300)\text{MPa}=461\text{MPa}$$

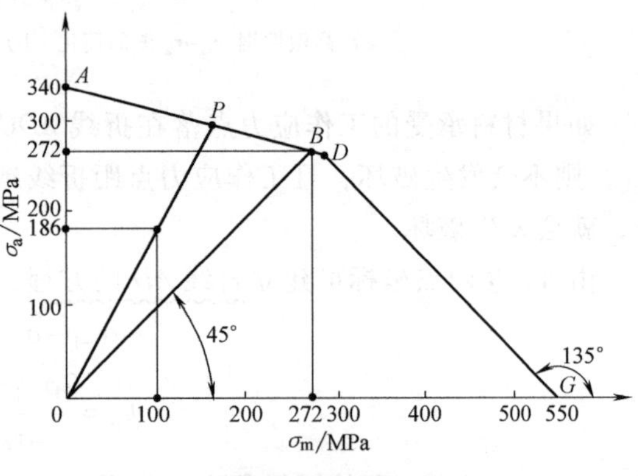

图 2-7 例 2-1 图

第三节 影响零件疲劳强度的主要因素

材料的各疲劳极限 $\sigma_{rN}(\tau_{rN})$、$\sigma_r(\tau_r)$、$\sigma_{-1}(\tau_{-1})$、$\sigma_0(\tau_0)$ 以及材料的极限应力图，都是

用标准试件通过疲劳试验测得的，是标准试件的疲劳强度指标。而工程设计中的各机械零件与标准试件之间，在形体、表面状态以及绝对尺寸等方面往往是有差异的。因此，实际机械零件的疲劳强度必然与材料的疲劳强度有所不同。

影响零件疲劳强度的主要因素有以下三个方面。

一、应力集中的影响

在零件几何形状突然变化的部位（如过渡圆角、键槽、小孔、螺纹）及过盈配合等处会产生应力集中，局部应力大于公称应力。应力集中会加快疲劳裂纹的形成和扩展，从而导致机械零件的疲劳强度下降。

在设计中，用疲劳缺口系数（有效应力集中系数）K_σ、K_τ 来定量计入应力集中对零件疲劳强度的影响。

$$K_\sigma=\frac{\sigma_{-1}}{\sigma_{-1K}},\quad K_\tau=\frac{\tau_{-1}}{\tau_{-1K}}$$

式中　σ_{-1}、τ_{-1}——无应力集中试件的对称循环疲劳极限；

σ_{-1K}、τ_{-1K}——有应力集中零件的对称循环疲劳极限。

K_σ、K_τ 是通过试验测得的，是大于 1 的数，其值不仅与零件的几何形状和相对尺寸有关，而且还与零件材料的内部组织结构有关。

注意：如果在同一个截面内有几个不同的应力集中源，则只取其中最大的疲劳缺口系数即可。

几种典型情况下的疲劳缺口系数 K_σ、K_τ 见表 2-1 和表 2-2。

表 2-1　圆角处的疲劳缺口系数 K_σ 和 K_τ

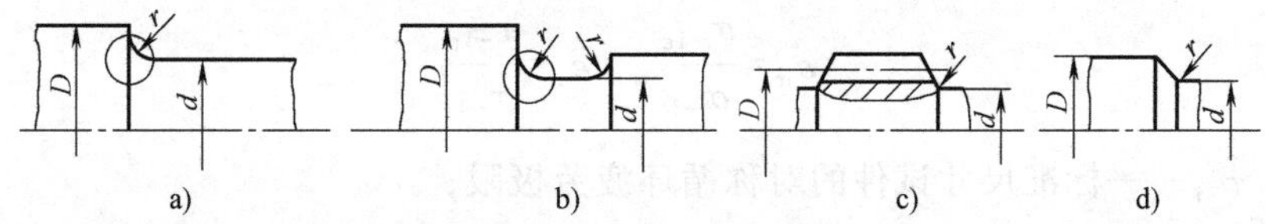

$(D-d)/r$	r/d	K_σ								K_τ							
		R_m/MPa															
		400	500	600	700	800	900	1000	1200	400	500	600	700	800	900	1000	1200
2	0.01	1.34	1.36	1.38	1.40	1.41	1.43	1.45	1.49	1.26	1.28	1.29	1.29	1.30	1.30	1.31	1.32
	0.02	1.41	1.44	1.47	1.49	1.52	1.54	1.57	1.62	1.33	1.35	1.36	1.37	1.37	1.38	1.39	1.42
	0.03	1.59	1.63	1.67	1.71	1.76	1.80	1.84	1.92	1.39	1.40	1.42	1.44	1.45	1.47	1.48	1.52
	0.05	1.54	1.59	1.64	1.69	1.73	1.78	1.83	1.93	1.42	1.43	1.44	1.46	1.47	1.50	1.51	1.54
	0.10	1.38	1.44	1.50	1.55	1.61	1.66	1.72	1.83	1.37	1.38	1.39	1.42	1.43	1.45	1.46	1.50
4	0.01	1.51	1.54	1.57	1.59	1.62	1.64	1.67	1.72	1.37	1.39	1.40	1.42	1.43	1.44	1.46	1.47
	0.02	1.76	1.81	1.86	1.91	1.96	2.01	2.06	2.16	1.53	1.55	1.58	1.59	1.61	1.62	1.65	1.68
	0.03	1.76	1.82	1.88	1.94	1.99	2.05	2.11	2.23	1.52	1.54	1.57	1.59	1.61	1.64	1.66	1.71
	0.05	1.70	1.76	1.82	1.88	1.95	2.01	2.07	2.19	1.50	1.53	1.57	1.59	1.62	1.65	1.68	1.74
6	0.01	1.86	1.90	1.94	1.99	2.03	2.08	2.12	2.21	1.54	1.57	1.59	1.61	1.64	1.66	1.68	1.73
	0.02	1.90	1.96	2.02	2.08	2.13	2.19	2.25	2.37	1.59	1.62	1.66	1.69	1.72	1.75	1.79	1.86
	0.03	1.89	1.96	2.03	2.10	2.16	2.23	2.30	2.44	1.61	1.65	1.68	1.72	1.74	1.77	1.81	1.88
10	0.01	2.07	2.12	2.17	2.23	2.28	2.34	2.39	2.50	2.12	2.18	2.24	2.30	2.37	2.42	2.48	2.60
	0.02	2.09	2.16	2.23	2.30	2.38	2.45	2.52	2.66	2.03	2.08	2.12	2.17	2.22	2.26	2.31	2.40

表 2-2 螺纹、键槽、花键、横孔及配合面边缘处的疲劳缺口系数 K_σ 和 K_τ

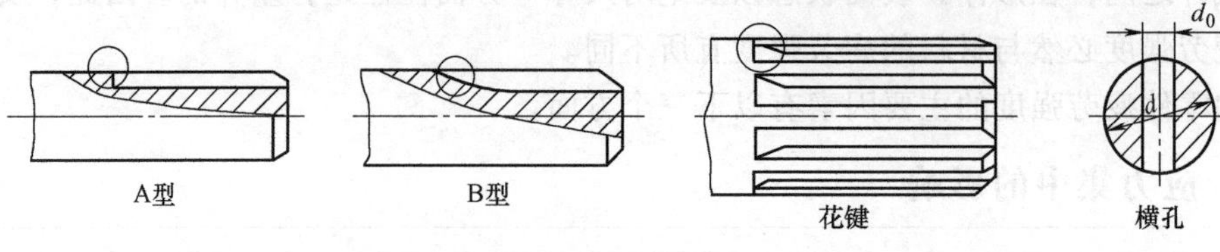

R_m / MPa	螺纹 ($K_\tau=1$) K_σ	键槽 K_σ A 型	键槽 K_σ B 型	键槽 K_τ A 型、B 型	花键 K_σ	花键 K_τ 矩形	花键 K_τ 渐开线形	横孔 K_σ $d_0/d=$ 0.05~0.15	横孔 K_σ $d_0/d=$ 0.15~0.25	横孔 K_τ $d_0/d=$ 0.05~0.25	H7/r6 K_σ	H7/r6 K_τ	H7/k6 K_σ	H7/k6 K_τ	H7/h6 K_σ	H7/h6 K_τ
400	1.45	1.51	1.30	1.20	1.35	2.10	1.40	1.90	1.70	1.70	2.05	1.55	1.55	1.25	1.33	1.14
500	1.78	1.64	1.38	1.37	1.45	2.25	1.43	1.95	1.75	1.75	2.30	1.69	1.72	1.36	1.49	1.23
600	1.96	1.76	1.46	1.54	1.55	2.35	1.46	2.00	1.80	1.80	2.52	1.82	1.89	1.46	1.64	1.31
700	2.20	1.89	1.54	1.71	1.60	2.45	1.49	2.05	1.85	1.80	2.73	1.96	2.05	1.56	1.77	1.40
800	2.32	2.01	1.62	1.88	1.65	2.55	1.52	2.10	1.90	1.85	2.96	2.09	2.22	1.65	1.92	1.49
900	2.47	2.14	1.69	2.05	1.70	2.65	1.55	2.15	1.95	1.90	3.18	2.22	2.39	1.76	2.08	1.57
1000	2.61	2.26	1.77	2.22	1.72	2.70	1.58	2.20	2.00	1.90	3.41	2.36	2.56	1.86	2.22	1.66
1200	2.90	2.50	1.92	2.39	1.75	2.80	1.60	2.30	2.10	2.00	3.87	2.62	2.90	2.05	2.50	1.83

注：1. 滚动轴承与轴的配合按 H7/r6 选择系数。

2. 蜗杆螺旋根部疲劳缺口系数可取 $K_\sigma=2.3\sim2.5$，$K_\tau=1.7\sim1.9$。

二、尺寸的影响

其他条件相同时，零件尺寸越大，其疲劳强度越低。这是因为尺寸大时，在各种冷、热加工中出现缺陷的概率增大了。

在设计中，用尺寸系数 ε_σ、ε_τ 来定量计入尺寸对零件疲劳强度的影响。

$$\varepsilon_\sigma=\frac{\sigma_{-1\varepsilon}}{\sigma_{-1}},\quad \varepsilon_\tau=\frac{\tau_{-1\varepsilon}}{\tau_{-1}}$$

式中 σ_{-1}、τ_{-1}——标准尺寸试件的对称循环疲劳极限；

$\sigma_{-1\varepsilon}$、$\tau_{-1\varepsilon}$——与试件应力集中情况相同的某种尺寸零件的对称循环疲劳极限。

通常，ε_σ、ε_τ 是小于 1 的数。

钢制零件的尺寸系数 ε_σ、ε_τ 见表 2-3。在缺乏试验数据时，可近似取 $\varepsilon_\tau\approx\varepsilon_\sigma$。

表 2-3 尺寸系数 ε_σ 和 ε_τ

直 径 d/mm		>20 ~ 30	>30 ~ 40	>40~ 50	>50 ~ 60	>60~ 70	>70 ~ 80	>80~ 100	>100~ 120	>120 ~ 150	>150 ~ 500
ε_σ	碳钢	0.91	0.88	0.84	0.81	0.78	0.75	0.73	0.70	0.68	0.60
	合金钢	0.83	0.77	0.73	0.70	0.68	0.66	0.64	0.62	0.60	0.54
ε_τ	各种钢	0.89	0.81	0.78	0.76	0.74	0.73	0.72	0.70	0.68	0.60

三、表面状态的影响

机械零件的表面状态是指其表面粗糙度、表面强化的工艺效果及工作环境。表面粗糙度 Ra 值越小，表面越光滑，疲劳强度越高。而表面强化工艺（如渗碳、渗氮、表面淬火、滚压、喷丸等）可显著提高零件的疲劳强度。在腐蚀性介质中工作将降低疲劳强度。

用表面状态系数（表面质量系数）β 表示对称循环疲劳极限对零件表面状态的影响。即

$$\beta=\frac{\sigma_{-1\beta}}{\sigma_{-1}}$$

式中　σ_{-1}——标准表面状态试件的对称循环疲劳极限；

$\sigma_{-1\beta}$——某种表面状态试件的对称循环疲劳极限。

各种表面状态下的 β 值见表 2-4~表 2-6。

在疲劳强度计算中，零件如在腐蚀性介质中工作，取 $\beta=\beta_2$；如经表面强化，取 $\beta=\beta_3$；否则，取 $\beta=\beta_1$。

表 2-4　轴表面不同粗糙度的表面状态系数 β_1

加工方法	轴表面粗糙度 Ra 值/μm	R_m/MPa		
		400	800	1200
磨削	0.4~0.2	1	1	1
车削	3.2~0.8	0.95	0.90	0.80
粗车	25 ~6.3	0.85	0.80	0.65
未加工表面		0.75	0.65	0.45

表 2-5　腐蚀环境下的表面状态系数 β_2

工作条件	抗拉强度 R_m/MPa										
	400	500	600	700	800	900	1000	1100	1200	1300	1400
淡水中,有应力集中	0.7	0.63	0.56	0.52	0.46	0.43	0.40	0.38	0.36	0.35	0.33
淡水中,无应力集中 海水中,有应力集中	0.58	0.50	0.44	0.37	0.33	0.28	0.25	0.23	0.21	0.20	0.19
海水中,无应力集中	0.37	0.30	0.26	0.23	0.21	0.18	0.16	0.14	0.13	0.12	0.12

表 2-6　各种强化处理的表面状态系数 β_3

强化方法	心部强度 R_m/MPa	β_3		
		光试件	$K_\sigma\leqslant1.5$	$K_\sigma\geqslant1.8\sim2$
高频感应淬火	600~800 800~1000	1.5~1.7 1.3~1.5	1.4~1.5	2.1~2.4
渗　氮	900~1200	1.1~1.25	1.5~1.7	1.7~2.1
渗　碳	400~600 700~800 1000~1200	1.8~2.0 1.4~1.5 1.2~1.3	3 2.3 2	3.5 2.7 2.3
喷丸强化	600~1500	1.1~1.25	1.5~1.6	1.7~2.1
滚压强化	600~1500	1.1~1.3	1.3~1.5	1.6~2.0

注：1. 高频感应淬火数据是根据直径为 10~20mm，有效淬硬厚度为（0.05~0.20）d 的试件试验求得的。对大尺寸试件，β_3 值会有所降低。
2. 渗氮层厚度为 0.01d 时用小值，在（0.03~0.04）d 时用大值。
3. 喷丸强化数据是根据厚度为 8~40mm 的试件试验求得的。喷丸速度低时用小值，高时用大值。
4. 滚压强化数据是根据直径为 17~130mm 的试件试验求得的。

四、综合影响系数

试验证明：应力集中、尺寸和表面状态都只对应力幅有影响，而对平均应力没有明显影响（亦即对静应力没有影响）。因此，在计算中，上述三个系数都只计在应力幅上，故可将这三个系数按它们的定义式组成一个综合影响系数。即

$$\left.\begin{aligned}K_{\sigma D}&=\frac{K_\sigma}{\beta\varepsilon_\sigma}\\K_{\tau D}&=\frac{K_\tau}{\beta\varepsilon_\tau}\end{aligned}\right\}\tag{2-7}$$

则零件的疲劳极限为

$$\sigma_{-1K}=\frac{\sigma_{-1}}{K_{\sigma D}},\quad \tau_{-1K}=\frac{\tau_{-1}}{K_{\tau D}}$$

第四节　受稳定循环应力时零件的疲劳强度

疲劳强度设计的主要内容之一是计算危险截面处的安全系数，以判断零件的安全程度，安全条件是 $S\geqslant[S]$。下面介绍稳定循环应力下安全系数的计算。

一、受单向应力时零件的安全系数

机械零件受单向应力是指只承受单向正应力或单向切应力。例如，只受单向拉压或弯曲，只受扭转等。

图 2-8 中折线 ADG 是材料的简化极限应力线。由于应力集中、尺寸和表面状态的影响，使大多数机械零件的疲劳强度有所降低。考虑到综合影响系数 $K_{\sigma D}$ 只对应力幅有影响，而对平均应力没有影响，所以，只在 A 点的纵坐标上计入 $K_{\sigma D}$，得到零件的对称循环疲劳极限点 $A_1(0,\ \sigma_{-1}/K_{\sigma D})$。对 B 点也只在其纵坐标上计入 $K_{\sigma D}$，而横坐标不变，可得点 $B_1(\sigma_0/2,\ \sigma_0/2K_{\sigma D})$。由于极限应力线上的 GD 段是按静强度考虑的，而静强度不受 $K_{\sigma D}$ 的影响，所以此段不需修正。这样，作直线 A_1B_1 并延长交 GD 于 D_1 点，则折线 A_1D_1G 为零件的简化极限应力线。其中 A_1D_1 为疲劳强度线，GD_1 为屈服强度线。

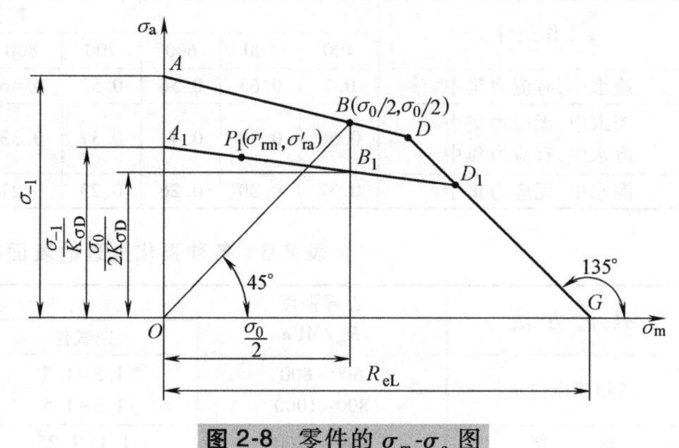

图 2-8　零件的 σ_m-σ_a 图

根据 A_1、B_1 两点坐标很容易建立直线 A_1D_1 的方程：

$$\sigma_{-1}=K_{\sigma D}\sigma'_{ra}+\psi_\sigma\sigma'_{rm}\tag{2-8}$$

式中　σ'_{rm}、σ'_{ra}——A_1D_1 上任意点 P_1 的坐标，即零件的极限平均应力和极限应力幅。

进行零件的疲劳强度设计时，应首先求出零件危险截面上的 σ_m 和 σ_a，据此在极限应力图中标出点 $N(\sigma_m,\ \sigma_a)$，可称为工作应力点。然后，在零件的极限应力线 A_1D_1G 上确定相应的极限应力点。根据该极限应力点表示的极限应力和零件的工作应力即可计算零件的安全系数。但是，应该怎样确定极限应力点呢？这要根据零件工作应力的可能增长规律（指工作应力随所受载荷的增大而增长的规律）确定。疲劳强度设计中，典型的应力增长规律通常有以下三种：

（1）$\sigma_a/\sigma_m=C$（常数） 首先，由于

$$r=\frac{\sigma_{\min}}{\sigma_{\max}}=\frac{\sigma_m-\sigma_a}{\sigma_m+\sigma_a}=\frac{1-\sigma_a/\sigma_m}{1+\sigma_a/\sigma_m}=\frac{1-C}{1+C}$$

所以 $\sigma_a/\sigma_m=C$，即应力比 r=常数。工程设计中，当难以确定零件工作应力增长规律时，一般可按 $\sigma_a/\sigma_m=C$ 的规律处理。在此规律下，对应的极限应力的 $\sigma_{ra}'/\sigma_{rm}'$ 应该与零件工作应力的 σ_a/σ_m 相等，即 $\sigma_{ra}'/\sigma_{rm}'=\sigma_a/\sigma_m$。

显然，图 2-9 中由坐标原点 O 引出的每条射线都代表 $\sigma_a/\sigma_m=C$ 的应力增长规律。其中过工作应力点 $N(\sigma_m, \sigma_a)$ 的射线与极限应力线 A_1D_1G 交于 N_1 点，则 ON_1 上每个点代表的应力都与工作应力具有相同的 σ_a/σ_m。N_1 点即为此规律下的极限应力点。图中分为两个区：OA_1D_1 区为疲劳强度区，OD_1G 区为屈服强度区。

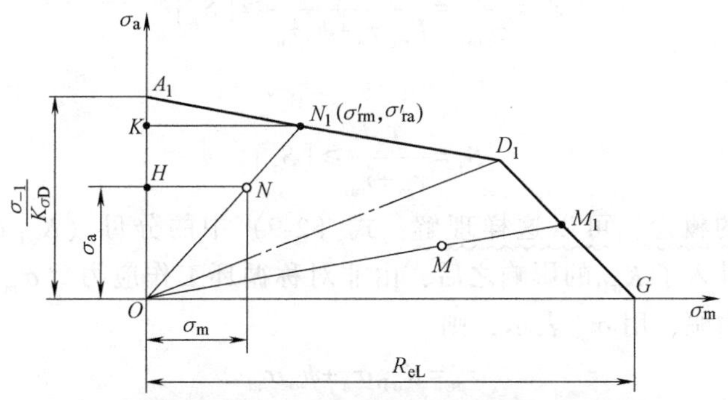

图 2-9 $\sigma_a/\sigma_m=C$ 规律下疲劳强度分析图

如果零件的工作应力点位于 OA_1D_1 区（如 N 点），则相应的极限应力点必然落在疲劳强度线 A_1D_1 上，极限应力 $\sigma_{\lim}$ 为疲劳极限 σ_r'。将应力增长规律线 ON_1 上的比例关系式（$\sigma_{ra}'/\sigma_{rm}'=\sigma_a/\sigma_m$）和直线 A_1D_1 的方程式（2-8）联立，可求出该零件的极限平均应力 σ_{rm}'和极限应力幅 σ_{ra}'，为

$$\sigma_{rm}'=\frac{\sigma_{-1}\sigma_m}{K_{\sigma D}\sigma_a+\psi_\sigma\sigma_m},\quad \sigma_{ra}'=\frac{\sigma_{-1}\sigma_a}{K_{\sigma D}\sigma_a+\psi_\sigma\sigma_m}$$

则零件的疲劳极限为

$$\sigma_r'=\sigma_{rm}'+\sigma_{ra}'=\frac{\sigma_{-1}(\sigma_m+\sigma_a)}{K_{\sigma D}\sigma_a+\psi_\sigma\sigma_m}$$

于是，按最大应力计算的安全系数 S_σ 及安全条件为

$$S_\sigma=\frac{\sigma_{\lim}}{\sigma_{\max}}=\frac{\sigma_r'}{\sigma_m+\sigma_a}=\frac{\sigma_{-1}}{K_{\sigma D}\sigma_a+\psi_\sigma\sigma_m}\geqslant[S_\sigma] \tag{2-9}$$

由图 2-9 中的几何关系不难推出

$$S_\sigma=\frac{\sigma_r'}{\sigma_{\max}}=\frac{ON_1}{ON}=\frac{OK}{OH}=\frac{\sigma_{ra}'}{\sigma_a}=S_{\sigma a}$$

上式表明：应力增长规律为 $\sigma_a/\sigma_m=C$ 时，零件按最大应力计算的安全系数与按应力幅

计算的安全系数（$S_{\sigma a}=\sigma_{ra}'/\sigma_a$）相等。

如果零件的工作应力点位于 OD_1G 区（M 点），则相应的极限应力点必然落在屈服强度线 GD_1 上，极限应力 σ_{lim} 为 R_{eL}。在该区，高塑性钢制零件的设计出发点是防止在最大应力 σ_{max} 作用下发生塑性变形，属于静强度设计范畴，其安全系数及安全条件为

$$S_\sigma=\frac{\sigma_{lim}}{\sigma_{max}}=\frac{R_{eL}}{\sigma_m+\sigma_a}\geqslant[S_\sigma] \tag{2-10}$$

实际设计时，常不易判断工作应力点落在哪个区，则应按式（2-9）和式（2-10）同时核算两种安全系数。

零件工作应力为切应力，且按 $\tau_a/\tau_m=C$ 规律增长时，仿照式（2-9）和式（2-10）可得出其安全系数及安全条件为：

位于 OA_1D_1 区时

$$S_\tau=\frac{\tau_r'}{\tau_{max}}=\frac{\tau_{-1}}{K_{\tau D}\tau_a+\psi_\tau\tau_m}\geqslant[S_\tau] \tag{2-11}$$

位于 OD_1G 区时

$$S_\tau=\frac{\tau_s}{\tau_m+\tau_a}\geqslant[S_\tau] \tag{2-12}$$

按照等效转化的概念，可以这样理解：式（2-9）中的分母（$K_{\sigma D}\sigma_a+\psi_\sigma\sigma_m$）是在式（2-5）的基础上又计入了 $K_{\sigma D}$ 的影响之后，由非对称循环工作应力（σ_m，σ_a）折算的等效对称循环应力的应力幅，用 σ_{ae}' 表示，则

$$\sigma_{ae}'=K_{\sigma D}\sigma_a+\psi_\sigma\sigma_m \tag{2-13}$$

同样，对式（2-11）的分母也可以这样理解。

扫码看视频

例 2-2 某零件危险截面上的工作应力：$\sigma_m=180\text{MPa}$，$\sigma_a=95\text{MPa}$。材料为合金钢，$\sigma_{-1}=400\text{MPa}$，$R_{eL}=520\text{MPa}$，疲劳缺口系数 $K_\sigma=1.55$，尺寸系数 $\varepsilon_\sigma=0.75$，表面状态系数 $\beta=0.9$，取许用安全系数 $[S_\sigma]=1.5$。用解析法和图解法求零件的安全系数，并判断其安全性。

解 题中没有指明零件的应力增长规律，则可按 $r=$ 常数的规律计算。

1）解析法求安全系数。

$$K_{\sigma D}=\frac{K_\sigma}{\varepsilon_\sigma\beta}=\frac{1.55}{0.75\times0.9}=2.3$$

材料为合金钢，取 $\psi_\sigma=0.25$，由式（2-9）计算安全系数为

$$S_\sigma=\frac{\sigma_{-1}}{K_{\sigma D}\sigma_a+\psi_\sigma\sigma_m}=\frac{400}{2.3\times95+0.25\times180}=1.52$$

2）图解法求安全系数。

由
$$\psi_\sigma=\frac{2\sigma_{-1}-\sigma_0}{\sigma_0}$$

得
$$\sigma_0=\frac{2\sigma_{-1}}{1+\psi_\sigma}=\frac{2\times400}{1+0.25}\text{MPa}=640\text{MPa}$$

则
$$\frac{\sigma_{-1}}{K_{\sigma D}}=\frac{400}{2.3}\text{MPa}=174\text{MPa},\quad \frac{\sigma_0}{2}=\frac{640}{2}\text{MPa}=320\text{MPa},\quad \frac{\sigma_0}{2K_{\sigma D}}=\frac{640}{2\times2.3}\text{MPa}=139\text{MPa}$$

由此，按图 2-8 作出零件的 σ_m-σ_a 图，如图 2-10 所示。在图中描出工作应力点 $N(180, 95)$，作射线 ON 交 A_1D_1 于 N_1 点。

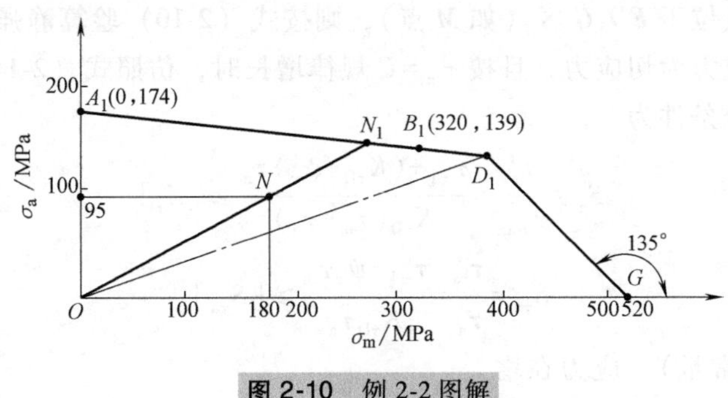

图 2-10　例 2-2 图解

由图上可直接量出线段 ON_1 和 ON 的长度，则零件的安全系数为

$$S_\sigma = S_{\sigma a} = \frac{\overline{ON_1}}{\overline{ON}} = 1.53$$

显然，满足安全条件 $S_\sigma \geqslant [S_\sigma] = 1.5$，所以零件是安全的。

（2）$\sigma_m = C$（常量）　应力在增长过程中，平均应力保持不变，如车辆的减振弹簧，平均应力由车的重力产生，振动又产生了对称循环应力。此规律下对应的零件的极限应力应该与工作应力具有相同的平均应力，即 $\sigma_{rm}' = \sigma_m$。

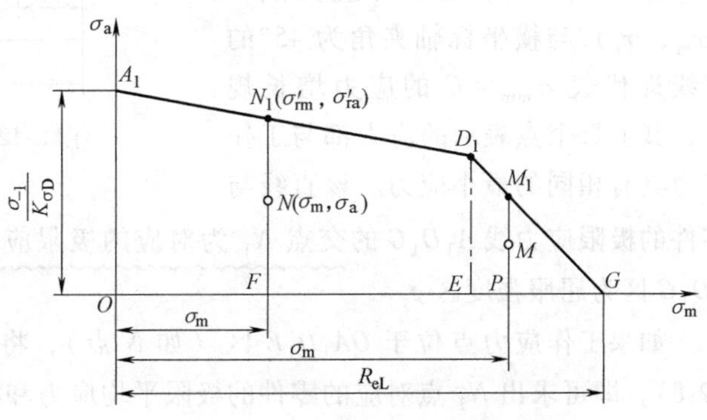

图 2-11　$\sigma_m = C$ 规律下疲劳强度分析图

图 2-11 中，过工作应力点 N 与横坐标（σ_m）轴垂直的直线即代表 $\sigma_m = C$ 的应力增长规律，其上每个点表示的应力都与工作应力具有相同的平均应力。该直线与零件的极限应力线 A_1D_1G 的交点 N_1 为对应的极限应力点。图中 OA_1D_1E 区为疲劳强度区，ED_1G 区为屈服强度区。

如果工作应力点位于 OA_1D_1E 区（如 N 点），那么将 $\sigma_{rm}' = \sigma_m$ 代入 A_1D_1 的方程式(2-8)，可求出零件的极限应力幅 σ_{ra}'，即

$$\sigma_{ra}' = \frac{\sigma_{-1} - \psi_\sigma \sigma_m}{K_{\sigma D}}$$

则按最大应力计算的安全系数及安全条件为

$$S_\sigma = \frac{\sigma_r'}{\sigma_{max}} = \frac{\sigma_{rm}' + \sigma_{ra}'}{\sigma_m + \sigma_a} = \frac{\sigma_{-1} + (K_{\sigma D} - \psi_\sigma)\sigma_m}{K_{\sigma D}(\sigma_m + \sigma_a)} \geqslant [S_\sigma] \tag{2-14}$$

按应力幅计算的安全系数及安全条件为

$$S_{\sigma a} = \frac{\sigma_{ra}'}{\sigma_a} = \frac{\sigma_{-1} - \psi_\sigma \sigma_m}{K_{\sigma D}\sigma_a} \geqslant [S_{\sigma a}] \tag{2-15}$$

应当指出：由于 S_σ 和 $S_{\sigma a}$ 不同，因此在设计中应按式（2-14）和式（2-15）同时验算两种安全系数。

如果工作应力点位于 ED_1G 区（如 M 点），则按式（2-10）验算静强度即可。

当零件的工作应力为切应力，且按 $\tau_m=C$ 规律增长时，仿照式（2-14）和式（2-15）可得出安全系数及安全条件为

$$S_\tau=\frac{\tau_r'}{\tau_{max}}=\frac{\tau_{-1}+(K_{\tau D}-\psi_\tau)\tau_m}{K_{\tau D}(\tau_m+\tau_a)}\geq[S_\tau] \tag{2-16}$$

$$S_{\tau a}=\frac{\tau_{ra}'}{\tau_a}=\frac{\tau_{-1}-\psi_\tau\tau_m}{K_{\tau D}\tau_a}\geq[S_{\tau a}] \tag{2-17}$$

（3）$\sigma_{min}=C$（常量） 应力在增长过程中最小应力保持不变。如气缸和液压缸上的连接螺栓，其最小应力由预紧力产生，保持不变。此规律下对应的极限应力应该与工作应力具有相同的最小应力，即 $\sigma_{rm}'-\sigma_{ra}'=\sigma_m-\sigma_a$。

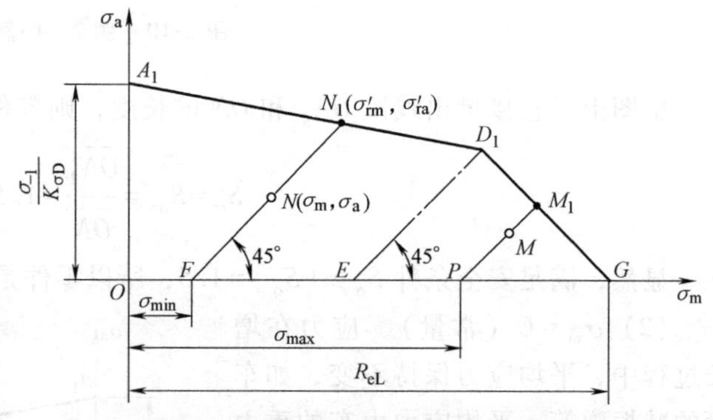

图 2-12 $\sigma_{min}=C$ 规律下疲劳强度分析图

在图 2-12 中，过工作应力点 N（σ_m，σ_a）与横坐标轴夹角为 45°的直线即代表 $\sigma_{min}=C$ 的应力增长规律，其上每个点表示的应力都与工作应力具有相同的最小应力。该直线与零件的极限应力线 A_1D_1G 的交点 N_1 为对应的极限应力点。图中 OA_1D_1E 区为疲劳强度区，ED_1G 区为屈服强度区。

如果工作应力点位于 OA_1D_1E 区（如 N 点），将 $\sigma_{rm}'-\sigma_{ra}'=\sigma_m-\sigma_a$ 代入 A_1D_1 的方程式（2-8），即可求出 N_1 点对应的零件的极限平均应力和极限应力幅为

$$\sigma_{rm}'=\frac{\sigma_{-1}+K_{\sigma D}\sigma_{min}}{K_{\sigma D}+\psi_\sigma},\quad \sigma_{ra}'=\frac{\sigma_{-1}-\psi_\sigma\sigma_{min}}{K_{\sigma D}+\psi_\sigma}$$

据此可推出分别按最大应力和应力幅计算的安全系数及安全条件（推导过程省略）为

$$S_\sigma=\frac{\sigma_r'}{\sigma_{max}}=\frac{\sigma_{rm}'+\sigma_{ra}'}{\sigma_m+\sigma_a}=\frac{2\sigma_{-1}+(K_{\sigma D}-\psi_\sigma)\sigma_{min}}{(K_{\sigma D}+\psi_\sigma)(2\sigma_a+\sigma_{min})}\geq[S_\sigma] \tag{2-18}$$

$$S_{\sigma a}=\frac{\sigma_{ra}'}{\sigma_a}=\frac{\sigma_{-1}-\psi_\sigma\sigma_{min}}{(K_{\sigma D}+\psi_\sigma)\sigma_a}\geq[S_{\sigma a}] \tag{2-19}$$

如果工作应力点位于 ED_1G 区（如 M 点），则按式（2-10）验算静强度即可。

当零件的工作应力为切应力，且按 $\tau_{min}=C$ 规律增长时，仿照式（2-18）和式（2-19）即可得出安全系数及安全条件为

$$S_\tau=\frac{\tau_r'}{\tau_{max}}=\frac{2\tau_{-1}+(K_{\tau D}-\psi_\tau)\tau_{min}}{(K_{\tau D}+\psi_\tau)(2\tau_a+\tau_{min})}\geq[S_\tau] \tag{2-20}$$

$$S_{\tau a}=\frac{\tau'_{ra}}{\tau_a}=\frac{\tau_{-1}-\psi_\tau\tau_{min}}{(K_{\tau D}+\psi_\tau)\tau_a}\geqslant[S_{\tau a}] \tag{2-21}$$

最后需要说明的是：以上三种应力增长规律下的安全系数计算均属无限寿命设计。如果是零件疲劳寿命在 $10^3<N<N_0$ 范围内的有限寿命设计，则上述分析过程和公式中用到的各 σ_{-1} 和 τ_{-1} 须换成 N 次循环下的有限寿命疲劳极限 $\sigma_{-1N}(=K_N\sigma_{-1})$ 和 $\tau_{-1N}(=K_N\tau_{-1})$，而其他的不变。

二、受复合应力时的安全系数

机械零件设计中，常见的复合应力状态有弯扭联合作用、拉扭联合作用等。目前来看，只有对称循环弯扭复合应力在同周期同相位状态下的疲劳强度理论比较成熟，且在工程设计中得到了广泛应用。这里只介绍这种复合应力状态下的安全系数计算。

1. 塑性材料的安全系数计算

塑性材料零件在对称循环弯扭复合应力状态下的疲劳强度问题也可用第三或第四强度理论化作单向应力状态加以解决。这两个理论在材料力学中已有论述，在此不做介绍。

试验研究表明：受对称循环弯扭复合应力作用的高塑性钢材料的 σ_a-τ_a 极限应力曲线（图 2-13 中的 AB 曲线）近似为一段椭圆曲线。与之类似，零件的 σ_a-τ_a 极限应力曲线（图 2-13 中 A_1B_1 曲线）也是一段椭圆曲线。只是由于受综合影响系数 $K_{\sigma D}$、$K_{\tau D}$ 的影响，大多数机械零件的疲劳极限往往低于材料的疲劳极限，所以，A_1B_1 椭圆曲线的两个半轴都短一些。A_1B_1 上任意点的坐标用（σ'_{ra}，τ'_{ra}）表示，则 A_1B_1 曲线的方程显然为一椭圆方程，为

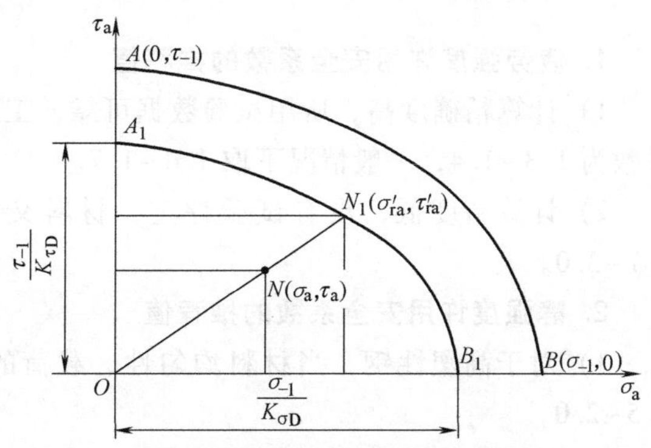

图 2-13 弯扭疲劳强度分析图

$$\left(\frac{\sigma'_{ra}}{\dfrac{\sigma_{-1}}{K_{\sigma D}}}\right)^2+\left(\frac{\tau'_{ra}}{\dfrac{\tau_{-1}}{K_{\tau D}}}\right)^2=1 \tag{2-22}$$

过工作应力点 $N(\sigma_a,\ \tau_a)$，由坐标原点 O 作射线与曲线 A_1B_1 交于点 N_1，N_1 点即为此复合应力状态下的极限应力点。由安全系数的定义和图中几何关系可知：

零件的安全系数为

$$S=\frac{\sigma'_{ra}}{\sigma_a}=\frac{\tau'_{ra}}{\tau_a}=\frac{\overline{ON_1}}{\overline{ON}}$$

将上式代入式（2-22）得

$$\left(\frac{S}{\dfrac{\sigma_{-1}}{K_{\sigma D}\sigma_a}}\right)^2+\left(\frac{S}{\dfrac{\tau_{-1}}{K_{\tau D}\tau_a}}\right)^2=1$$

由式（2-9）和式（2-11）可知，对称循环单向应力（$\sigma_m=0$，$\tau_m=0$）下的安全系数为：$S_\sigma=\sigma_{-1}/K_{\sigma D}\sigma_a$，$S_\tau=\tau_{-1}/K_{\tau D}\tau_a$，代入上式并整理，得安全系数及安全条件为

$$S=\frac{S_\sigma S_\tau}{\sqrt{S_\sigma^2+S_\tau^2}}\geqslant[S] \tag{2-23}$$

式中 S——弯扭复合应力状态下的安全系数；

S_σ、S_τ——单向稳定循环应力下的安全系数。

2. 低塑性和脆性材料的安全系数计算

安全系数及安全条件为

$$S=\frac{S_\sigma S_\tau}{S_\sigma+S_\tau}\geqslant[S] \tag{2-24}$$

应当指出：由于非对称循环应力可以折算成等效对称循环应力，所以式（2-23）和式（2-24）也可用于非对称循环复合应力状态下的安全系数计算。

三、许用安全系数

1. 疲劳强度许用安全系数的推荐值

1）计算精确度高，所用试验数据可靠，工艺质量和材料均匀性都很好时，取许用安全系数为1.3~1.4，一般情况下取1.4~1.7。

2）计算精度低，没有试验评定，材料又很不均匀，尤其是大型零件和铸件，应取1.7~3.0。

2. 静强度许用安全系数的推荐值

1）对于高塑性钢，当材料均匀性、载荷的准确性和计算精确性均属一般情况时，取1.5~2.0。

2）对于低塑性高强度钢及铸铁，由于其破坏形式为断裂，危害性更大，故许用安全系数应大些，一般取3~4，小值用于无应力集中的情况。

第五节 受规律性不稳定循环应力时零件的疲劳强度

一、Miner法则——疲劳损伤线性累积假说

如前所述，零件或材料的疲劳是在循环应力的反复作用下，损伤累积到一定程度时发生的。那么，损伤究竟累积到什么程度时才发生疲劳呢？受稳定循环应力作用时，可用所经受的总的应力循环次数表征损伤累积的程度，当所经受的总循环次数达到或超过疲劳寿命时，则会发生疲劳。疲劳寿命可由疲劳曲线确定。受规律性不稳定循环应力作用时，通常可按Miner法则进行疲劳强度计算。

如图2-14所示，由最大应力分别为σ_1、σ_2、σ_3的三个应力比相同的稳定循环应力构成规律性不稳定循环应力。其中第i个稳定循环应力σ_i的累积循环次数记为n_i，在σ_i的单独作用下材料的疲劳寿命记为N_i，则n_i/N_i称为σ_i的寿命损伤率。

Miner法则认为：受规律性不稳定循环应力作用时，材料在各应力作用下，损伤是独立

进行的，并可以线性地累积成总损伤，且当各应力的寿命损伤率之和等于 1 时，将发生疲劳破坏，即

$$\sum\frac{n_i}{N_i}=1 \tag{2-25}$$

式（2-25）即为 Miner 法则的数学表达式，亦即疲劳损伤线性累积假说。

应当指出：在应用式（2-25）计算时，可以认为小于 σ_r 的应力对疲劳寿命无影响。所以，在计算零件的疲劳强度时，对于考虑了综合影响系数和许用安全系数后，$(K_{\sigma D}\sigma_a+\psi_\sigma\sigma_m)[S_\sigma]$ 仍小于 σ_r 的应力可不予考虑。

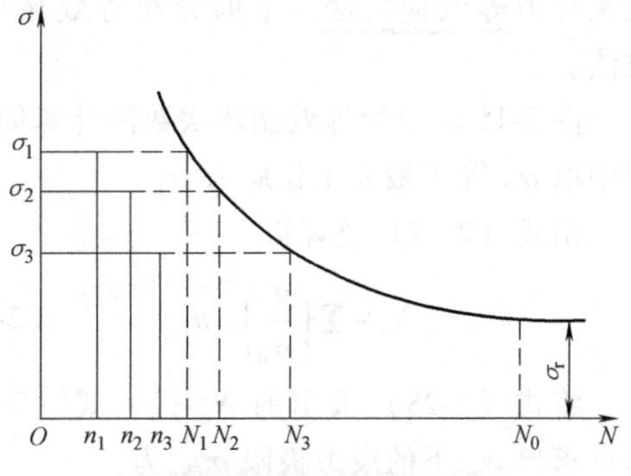

图 2-14　Miner 法则计算简图

试验表明，达到疲劳时，式（2-25）左侧表示的各应力的累积损伤率之和并不总是等于 1，有时大于 1，有时小于 1，通常在 0.7~2.2 之间。其值大小与各应力的作用顺序（先大后小或先小后大）以及表面残余应力的性质（是压应力还是拉应力）等因素有关，即各应力对材料的损伤不是独立进行的。显然 Miner 法则并不能准确反映实际情况。但是，对于一般的工程设计，其计算结果基本上能够满足要求，并且此法则形式简单，使用方便，所以，它仍然是粗略计算零件寿命及判断零件安全性的常用方法。

二、疲劳强度设计

根据 Miner 法则，可将规律性不稳定循环应力按损伤等效的原则折算成一个稳定循环应力，然后按该稳定循环应力确定零件的疲劳强度或判断其安全性。折算出的稳定循环应力称为等效应力。实际上该等效应力含有两个方面的因素：一个是等效应力的大小，用 σ_d 表示；另一个是等效应力的循环次数，可称为等效循环次数，用 N_e 表示。用 N_d 表示 σ_d 的疲劳寿命。在此，应力对材料的疲劳损伤程度可用寿命损伤率衡量。则损伤等效的含义为：等效应力 σ_d 的寿命损伤率 N_e/N_d 应该等于规律性不稳定循环应力中各应力的累积寿命损伤率之和，即

$$\frac{N_e}{N_d}=\sum\frac{n_i}{N_i} \tag{2-26}$$

将式（2-26）左端的分子、分母同乘以 σ_d^m，右端各项的分子、分母同乘以 σ_i^m 得

$$\frac{N_e\sigma_d^m}{N_d\sigma_d^m}=\sum\frac{n_i\sigma_i^m}{N_i\sigma_i^m}$$

由疲劳曲线方程可知，$N_d\sigma_d^m=C=N_i\sigma_i^m$，代入上式得

$$N_e\sigma_d^m=\sum n_i\sigma_i^m \tag{2-27}$$

显然，等效应力对材料的损伤程度取决于应力的大小 σ_d 和等效循环次数 N_e 这两个参数，只有这两个参数都确定时，等效应力对材料的损伤程度才是确定的。那么在计算等效应力时，可以先人为地取其中一个参数为某个定值，然后将其代入式（2-27）再计算另一个参数。计算方法有两种：其一为先取 σ_d 为某个定值，通常可以取 σ_d 为对零件寿命损伤起主要作用的应力，如最大应力或循环次数最多的应力，然后计算此应力下的等效循环次数 N_e，

此法称为等效循环次数法；其二为先取 $N_e=N_0$，然后计算此循环次数下的等效应力 σ_d，此法称为等效应力法。下面介绍等效循环次数法。

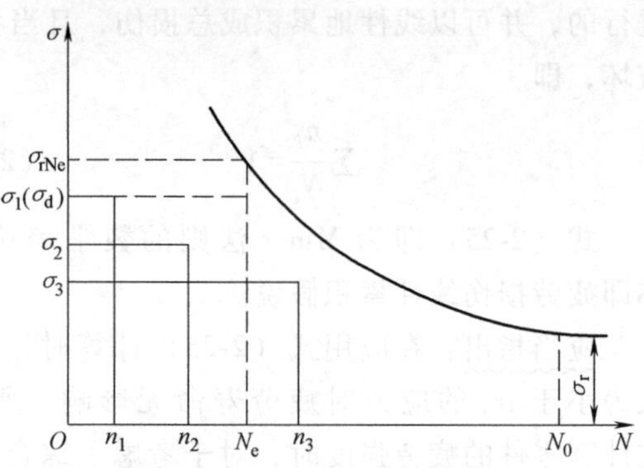

图 2-15 等效循环次数法计算简图

图 2-15 所示为等效循环次数法计算简图，图中取 σ_d 等于最大工作应力 σ_1。

由式（2-27）整理得

$$N_e=\sum\left(\frac{\sigma_i}{\sigma_d}\right)^m n_i \tag{2-28}$$

将式（2-28）求出的 N_e 代入式（2-2），即可求出 N_e 下的疲劳极限 σ_{rNe} 为

$$\sigma_{rNe}=\sqrt[m]{\frac{N_0}{N_e}}\sigma_r=K_N\sigma_r$$

式中 $K_N=\sqrt[m]{\frac{N_0}{N_e}}$——寿命系数。

于是得零件的安全系数及安全条件为：

当规律性不稳定循环应力中各应力为对称循环时

$$S_\sigma=\frac{K_N\sigma_{-1}}{K_{\sigma D}\sigma_d}\geqslant[S_\sigma] \tag{2-29}$$

当规律性不稳定循环应力中各应力为非对称循环时

$$S_\sigma=\frac{K_N\sigma_{-1}}{K_{\sigma D}\sigma_{ad}+\psi_\sigma\sigma_{md}}\geqslant[S_\sigma] \tag{2-30}$$

式中 σ_{ad}、σ_{md}——所取等效应力 σ_d 的应力幅和平均应力。

$[S_\sigma]$ 的取值见本章第四节。

对于受规律性不稳定循环切应力时零件的疲劳强度设计，只需将上述各公式中的正应力 σ 换成切应力 τ 即可。

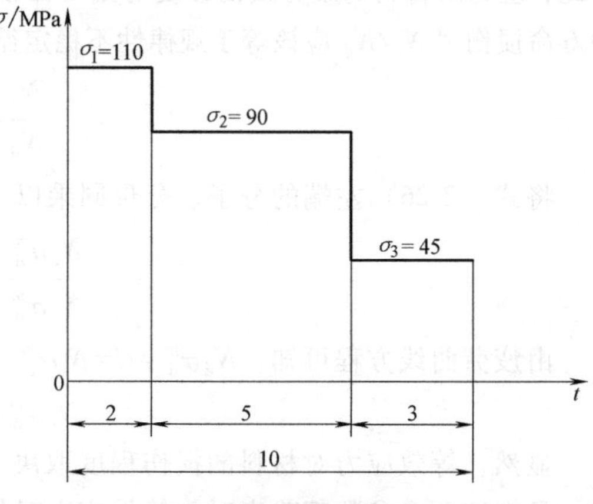

图 2-16 例 2-3 图

例 2-3 一转轴危险截面上的对称循环弯曲应力图谱如图 2-16 所示。总工作时间 $t=200$h，转速 $n=100$r/min。材料为 45 钢，调质处理，$\sigma_{-1}=300$MPa，$K_{\sigma D}=2.7$，$[S_\sigma]=1.4$。试计算该轴的安全系数并判断安全性。

解 由于 $K_{\sigma D}[S_\sigma]\sigma_3=2.7\times1.4\times45\text{MPa}=170.1\text{MPa}<\sigma_{-1}=300\text{MPa}$，所以，计算中可不考虑 σ_3。

各应力的循环次数为

$$n_1=60nt_1=60n\frac{2}{10}t=60\times100\times\frac{2}{10}\times200=2.4\times10^5$$

$$n_2=60nt_2=60n\,\frac{5}{10}t=60\times100\times\frac{5}{10}\times200=6\times10^5$$

选取 $\sigma_{\mathrm{d}}=\sigma_1=110\mathrm{MPa}$，因是弯曲应力，所以取 $m=9$，由式（2-28）得等效循环次数

$$N_{\mathrm{e}}=\sum\left(\frac{\sigma_i}{\sigma_{\mathrm{d}}}\right)^m n_i=\left(\frac{110}{110}\right)^9\times2.4\times10^5+\left(\frac{90}{110}\right)^9\times6\times10^5$$

$$=2.4\times10^5+0.986\times10^5=3.386\times10^5$$

则寿命系数为

$$K_{\mathrm{N}}=\sqrt[m]{\frac{N_0}{N_{\mathrm{e}}}}=\sqrt[9]{\frac{10^7}{3.386\times10^5}}=1.46$$

扫码看视频

由式（2-29），得安全系数

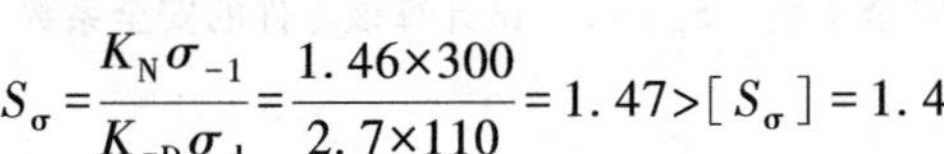

$$S_\sigma=\frac{K_{\mathrm{N}}\sigma_{-1}}{K_{\sigma\mathrm{D}}\sigma_{\mathrm{d}}}=\frac{1.46\times300}{2.7\times110}=1.47>[S_\sigma]=1.4$$

所以，是安全的。

思　考　题

2-1　什么是疲劳破坏？疲劳断口有哪些特征？

2-2　变应力有哪几种不同的类型？

2-3　什么是疲劳极限？什么是疲劳寿命？

2-4　什么是疲劳曲线？什么是极限应力图？用它们可以分别解决疲劳强度计算中的什么问题？

2-5　什么是有限寿命设计？什么是无限寿命设计？如何确定两者的极限应力？

2-6　塑性材料和脆性材料的简化 σ_{m}-σ_{a} 极限应力图应如何简化？

2-7　影响机械零件疲劳强度的三个主要因素是什么？它们是否对应力幅和平均应力均有影响？

2-8　如何根据几个特殊点绘出机械零件的简化 σ_{m}-σ_{a} 极限应力图？

2-9　机械零件受稳定循环应力时，可能的应力增长规律有哪几种？如何确定每种规律下的极限应力点？如何计算安全系数？

2-10　什么是 Miner 法则？用它可以解决疲劳强度计算中的什么问题？

2-11　如何计算机械零件受规律性不稳定循环应力时的安全系数？

习　　题

2-1　已知：45 钢的 $\sigma_{-1}=270\mathrm{MPa}$，寿命指数 $m=9$，循环基数 $N_0=10^7$。求：（1）循环次数分别为 8000 和 620000 次时的有限寿命疲劳极限 $\sigma_{-1\mathrm{N}}$；（2）应力幅为 330MPa 的对称循环应力作用下的疲劳寿命。

2-2　受弯矩作用的某轴局部结构如图 2-17 所示。已知：轴的材料为 45 钢，其抗拉强度 $R_{\mathrm{m}}=600\mathrm{MPa}$，屈服强度 $R_{\mathrm{eL}}=355\mathrm{MPa}$。试确定该轴直径变化处的综合影响系数 $K_{\sigma\mathrm{D}}$。

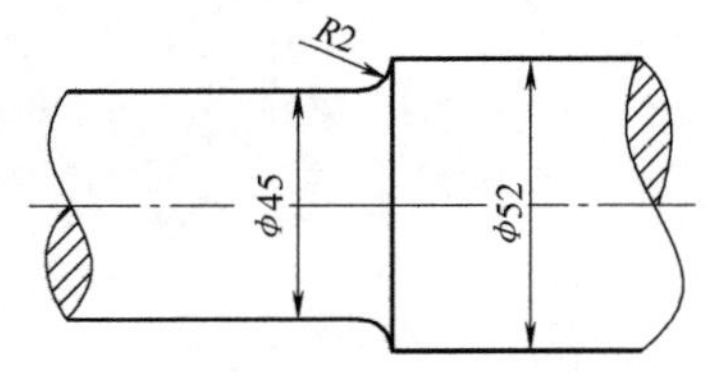

图 2-17　习题 2-2 图

2-3　一板状零件所受工作拉力 F 在 25～85kN 之间周期性变化，危险截面的面积 $A=320\mathrm{mm}^2$，疲劳缺口系数 $K_\sigma=1.45$，尺寸系数 $\varepsilon_\sigma=0.75$，表面状态系数 $\beta=0.9$。零件材料为 20CrMnTi，其力学性能为：

$R_{eL}=835MPa$，$\sigma_{-1}=345MPa$，$\sigma_0=615MPa$。试绘出该零件的简化 σ_m-σ_a 极限应力图，并用图解法和解析法求 $r=C$ 时的安全系数 S_σ。

2-4 一零件的材料为合金钢，其危险截面上的最大工作应力 $\sigma_{max}=250MPa$，最小工作应力 $\sigma_{min}=-50MPa$，疲劳缺口系数 $K_\sigma=1.32$，尺寸系数 $\varepsilon_\sigma=0.85$，表面状态系数 $\beta=0.9$。该材料的力学性能为：$R_m=900MPa$，$R_{eL}=800MPa$，$\sigma_{-1}=440MPa$，$\sigma_0=720MPa$。要求：(1) 按比例绘制零件的简化 σ_m-σ_a 极限应力图；(2) 分别按 $r=C$、$\sigma_m=C$ 和 $\sigma_{min}=C$ 计算该零件危险截面的安全系数 S_σ。

2-5 一零件在规律性不稳定对称循环弯曲应力下工作，已知零件材料的 $\sigma_{-1}=400MPa$，$N_0=10^7$。在 $\sigma_1=600MPa$ 的应力循环作用了 $n_1=1.5\times10^5$ 次以后，若该零件再受 $\sigma_2=450MPa$ 的应力作用，试用疲劳损伤线性累积假说估算 σ_2 循环多少次后零件会发生疲劳破坏。

2-6 某机械零件在一个工作周期 T 内的应力（均为对称循环）变化如图 2-18 所示。已知：该零件共需经历 50000 个工作周期，每个周期内，应力 σ_1 的作用次数为 6。零件材料的 $\sigma_{-1}=350MPa$，$N_0=10^7$，$m=9$，综合影响系数 $K_{\sigma D}=1.85$ 取许用安全系数 $[S_\sigma]=2$。试计算该零件的安全系数 S_σ。

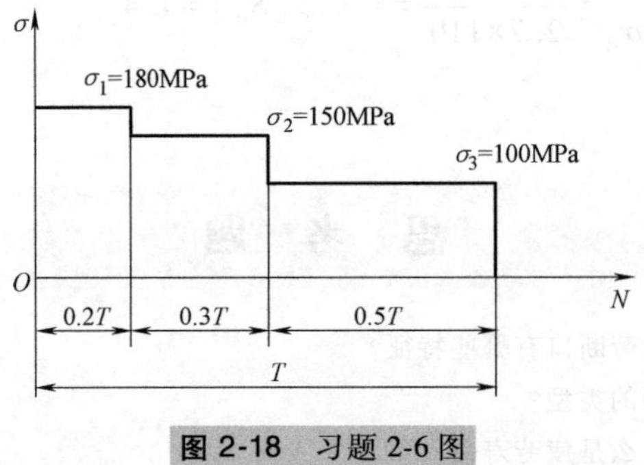

图 2-18 习题 2-6 图

第三章

摩擦、磨损和润滑基础

摩擦是不可避免的自然现象。摩擦导致机器的效率降低、温度升高、表面磨损、配合间隙增大，磨损严重时会引起振动和噪声，使机器性能下降，零件寿命缩短。据统计，全世界每年消耗的能源，大约有 1/3 用于克服各种形式的摩擦。磨损是摩擦的必然结果，一般机器中因磨损而报废的零件约占所有报废零件的 80%。润滑则是减小摩擦、减缓磨损最有效、最常用的方法。

由于摩擦、磨损和润滑三者有着极其密切的相互关系，几乎涉及现代工业生产领域的各个方面，因此必须对其由单学科到多学科、由定性到定量、由宏观到微观进行综合研究。20 世纪 60 年代中期，人们将摩擦、磨损和润滑的科学技术问题加以归并，建立起一门新学科，定名为摩擦学（Tribology）。它是以力学、流变学、表面物理和表面化学为主要理论基础，综合材料科学、工程热物理等学科，以数值计算和表面技术为主要手段的边缘学科。

现在，这门崭新的边缘学科已为各国普遍接受，为机械设计引入了新的概念和方法。随着机械向着高速、重载、大功率、自动化的方向发展，工作条件更加苛刻，对精度、节能和可靠性的要求越来越高，减小摩擦和磨损、加强润滑的问题就更加突出。依靠摩擦进行工作的带传动、摩擦离合器和制动器、连接螺栓等需要加大摩擦，利用磨损原理的磨合方法及锉削、磨削、研磨等必须增加磨损。因此，研究摩擦、磨损和润滑，弄清其现象、机理和影响因素，在设计阶段就采取有效措施，对摩擦和磨损加以控制或利用，已成为机械设计的基本任务之一。本章仅对有关摩擦学的基本知识做一简要介绍。

第一节　摩擦和磨损

一、摩擦

在外力作用下，相互接触的两物体做相对运动或有相对运动的趋势时，在其接触表面间产生的切向运动阻力称为摩擦阻力（简称摩擦力）。产生摩擦力的现象称为摩擦。

按运动状态不同，摩擦分为静摩擦和动摩擦；按相对运动形式的不同，摩擦又有滑动摩擦和滚动摩擦之分。除此之外，按润滑状态不同，摩擦分为干摩擦、边界摩擦、流体摩擦和混合摩擦。下边主要介绍这四种摩擦。

1. 干摩擦

干摩擦是指无外加润滑剂或保护膜，两摩擦表面直接接触时的摩擦。实际的摩擦表面在微观上是凹凸不平的，两表面之间只是它们的微观凸峰直接接触，如图 3-1 所示。和其他摩擦相比较，这种摩擦的摩擦力最大，磨损最严重。其摩擦因数 μ 通常在 0.5~1 之间，而金属间的 μ 值则在 0.3~1.5 之间。

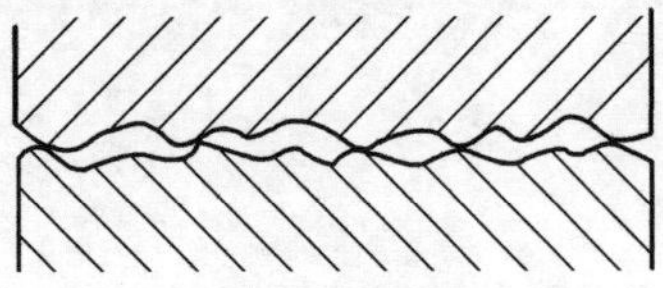

图 3-1 干摩擦表面的微观接触示意图

2. 边界摩擦

在摩擦副（通常指滑动摩擦状态下的运动副）中加入润滑剂，摩擦表面上将生成一层与润滑介质性质不同的薄膜，称之为边界膜。摩擦性质主要取决于边界膜及摩擦表面黏附性质的摩擦称为边界摩擦。由于边界膜很薄（厚度在 0.1μm 以下），故不能避免两摩擦表面的直接接触，不能避免磨损，但比干摩擦状态下的摩擦小，其摩擦因数一般为 0.1~0.5。

按照结构性质的不同，边界膜分为吸附膜和化学反应膜。

（1）吸附膜 润滑油中常含有少量的极性物质（脂肪酸），其长链型极性分子能够牢固地吸附在金属表面上，形成定向排列的单分子层或多分子层，如此形成的边界膜称为吸附膜，其模型如图 3-2 所示。按吸附性质的不同，吸附膜分为两种：极性分子靠分子之间的作用力（范德华力）吸附在金属表面形成的吸附膜称为物理吸附膜；靠化学键的结合吸附形成的吸附膜称为化学吸附膜。

极性分子的吸附能力随温度的升高而降低，当温度升高到一定程度时，会导致吸附膜破坏，润滑效果变差，摩擦和磨损将迅速增大。

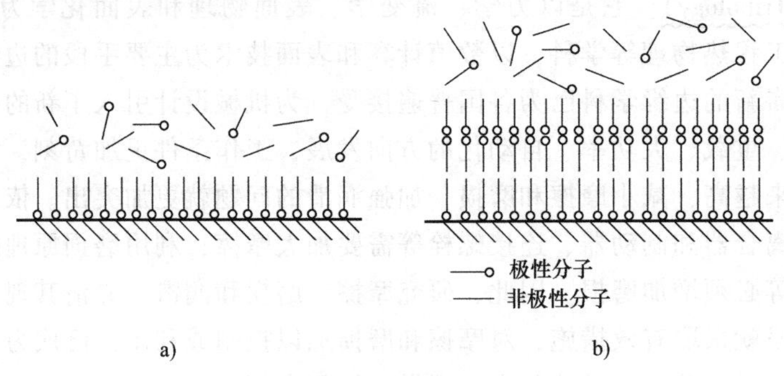

图 3-2 吸附膜模型

a）单分子层 b）多分子层

（2）化学反应膜 润滑油中的硫、磷、氯等活性成分与金属表面发生化学反应，在摩擦表面迅速生成的无机物膜称为化学反应膜。化学反应膜的熔点高，剪切强度低，与金属表面结合牢固，能够有效保护摩擦表面不发生粘着磨损。适应于高速、高温、重载场合，广泛应用于重载齿轮传动和蜗杆传动的润滑。

3. 流体摩擦

在一定条件下，两摩擦表面之间形成一薄层具有压力的流体（以下称为压力流体膜），靠其压力将两表面完全隔开，摩擦性质属于流体分子之间的内摩擦，这种摩擦状态称为流体摩擦。流体摩擦的阻力很小，摩擦因数一般为 0.001~0.01 或更小，摩擦表面几乎无磨损，是一种理想的摩擦状态。

4. 混合摩擦

混合摩擦是指边界摩擦和流体摩擦的混合状态。在摩擦表面上生成边界膜的同时，两表面之间也能形成压力流体膜，但其压力不足以将两表面完全隔开。两表面的有些微观凸峰仍会接触，故不能避免磨损，但相接触凸峰的数量比边界摩擦少。其摩擦阻力介于边界摩擦和流体摩擦之间，摩擦因数比边界摩擦要小得多。

由于边界摩擦、流体摩擦和混合摩擦都是在一定润滑条件下形成的，故又称为边界润滑、流体润滑和混合润滑。

摩擦副处于何种摩擦状态，主要与两摩擦表面的情况和性质、相对滑动速度、润滑油黏度及所受载荷等因素有关。图 3-3 所示为滑动轴承的摩擦特性曲线［斯特贝克（Stribeck）曲线］。它揭示了轴承的润滑状态及摩擦因数 μ 随摩擦特性系数 $\eta n/p$ 的变化规律，其中 η 为润滑油黏度，n 为轴承转速，p 为轴承平均压强。

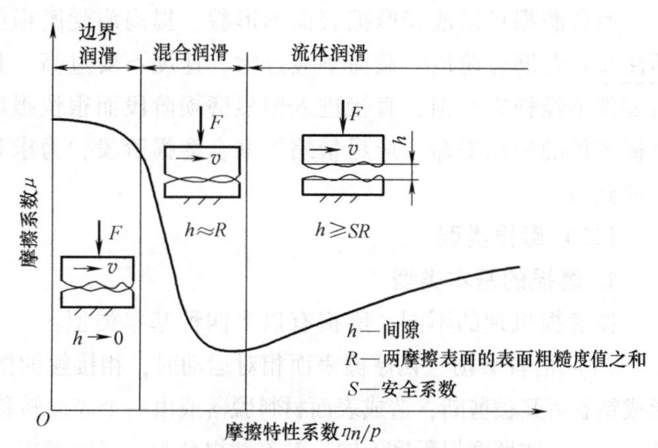

图 3-3 滑动轴承的摩擦特性曲线

当 $\eta n/p$ 较小时，由转动的轴带入两摩擦面之间的油量很少，两表面之间的润滑油几乎没有压力，此时轴承处于边界润滑状态，摩擦因数 μ 比较大。随着 $\eta n/p$ 逐渐增大，轴带入摩擦表面之间的油量越来越多，轴承中润滑油的压力越来越高，轴承进入混合摩擦状态，μ 逐渐减小。$\eta n/p$ 增大到一定程度时，轴承中润滑油压力提高到足以将两表面完全分开，轴承进入流体润滑状态。此状态下，μ 比较缓慢地逐渐增大，这是因为润滑油分子之间的内摩擦黏性阻力随 η 和两表面的相对滑动速度 v 的增大而增大。其作用机理可用牛顿黏性法则解释，详见本章第三节。

二、磨损

磨损是指由于机械作用间或伴有化学或电的作用，使摩擦表面的材料在相对运动中不断损失的过程。磨损造成的材料损失量称为磨损量，可以表示为厚度、体积或质量。单位时间的磨损量称为磨损率。磨损率的倒数称为耐磨性，用于表征材料抵抗磨损的能力。

磨损是一个具有多影响因素且又非常复杂的过程。研究它的目的在于弄清其机理和影响因素，寻找控制磨损和提高耐磨性的措施。

（一）机械零件的典型磨损过程

试验结果表明，机械零件的正常宏观磨损过程大致分为三个阶段，如图 3-4 所示。

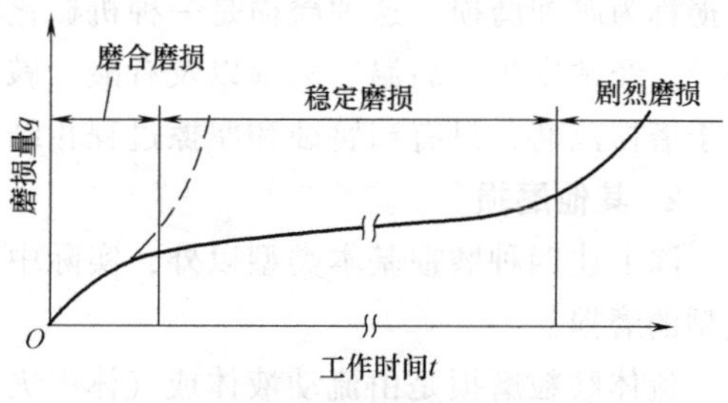

图 3-4 典型磨损过程

(1) 磨合磨损（跑和磨损）阶段　新摩擦表面的微观凸峰比较尖锐，两表面微观凸峰的真实接触面积很小，压强很大。所以，在这个阶段磨损率较大，磨损量增加较快。

(2) 稳定磨损阶段　经过磨合磨损后，表面微观凸峰被磨平，其高度下降，真实接触面积增大，且表面产生加工硬化，从而使磨损率减小并趋于稳定。由于磨损量增加得比较缓慢，故该阶段通常会持续比较长的时间，该持续时间的长短直接决定零件的使用寿命。

(3) 剧烈磨损阶段　经过较长时间的稳定磨损后，磨损量累积到一定程度，使摩擦副的间隙变大，冲击振动加剧，附加载荷增大，从而导致磨损急剧增大，机械效率下降，温度升高，精度丧失，最终零件报废。

磨合磨损可以改善摩擦表面的形貌，提高耐受磨损的性能，可说是一种有益的磨损。但须注意：在磨合阶段，载荷不应过大，速度不要过高，且要保证良好的润滑。否则，会使机械零件不经稳定磨损，直接进入剧烈磨损阶段而很快报废，如图 3-4 中虚线所示。为了延长机械零件的使用寿命，应尽量缩短磨合磨损阶段，力求延长稳定磨损阶段，推迟剧烈磨损阶段的到来。

(二) 磨损类型

1. 磨损的基本类型

扫码看视频

按磨损机理的不同，磨损有以下四种基本类型：

(1) 粘着磨损　两摩擦表面相对运动时，相接触的微观凸峰在一定条件下形成粘着后又被剪断，造成表面材料脱落或由一个表面转移到另一个表面，这样形成的磨损称为粘着磨损。按照磨损程度不同，粘着磨损分为：轻微磨损、涂抹、擦伤和胶合等。研究表明，粘着磨损的磨损量通常与法向载荷和滑动距离成正比，与较软材料的屈服强度或硬度成反比。

(2) 磨粒磨损　外界硬颗粒或表面上的硬突起物在摩擦过程中造成摩擦表面材料脱落，这样形成的磨损称为磨粒磨损。这种磨损非常普遍，据统计约占磨损总数的一半。磨粒磨损的形成过程实际上是磨粒对摩擦表面的微观切削（犁耕）过程。在摩擦表面形成沿滑动方向的划痕是这种磨损的主要特征。

磨粒与表面材料的相对硬度和载荷大小是影响磨粒磨损的主要因素。研究表明，当摩擦表面的硬度达到磨粒硬度的 1.3 倍或更高时，通常只会发生轻微的磨粒磨损。

(3) 表面疲劳磨损　对于相互滚动或滚动兼滑动的摩擦表面，由于表面接触应力超过材料的接触疲劳极限而引起的表面材料损失现象称为表面疲劳磨损。实际上就是第一章所述的“疲劳点蚀”现象，主要发生于凸轮、齿轮、滚动轴承等高副接触的零件。

影响疲劳磨损的主要因素是表面硬度，采用高硬度可有效提高抵抗疲劳磨损的能力。

(4) 腐蚀磨损　在摩擦过程中，表面材料与周围介质发生化学或电化学反应时造成的磨损称为腐蚀磨损。这种磨损是一种机械化学磨损，主要包括氧化磨损和特殊介质腐蚀磨损两种。经常发生于高温、潮湿以及有酸、碱、盐等特殊介质的场合。应注意，单纯的腐蚀不属于磨损范畴，只有当腐蚀和摩擦过程相结合时，才会形成腐蚀磨损。

2. 其他磨损

除上述四种磨损基本类型以外，实际中还有流体磨粒磨损、侵蚀磨损和微动磨损等其他类型的磨损。

流体磨粒磨损是由流动液体或气体中夹带的硬质物体或颗粒作用引起的磨损。例如用高压空气输送型砂，或用高压水输送碎矿石，输送管道内壁的磨损即为此种磨损。

侵蚀磨损是指由液流或气流的冲蚀作用引起的磨损。例如燃气涡轮机叶片的磨损、火箭发动机尾喷管的磨损就属于这种磨损。

微动磨损是指两个相互压紧的金属表面在相对微幅振动过程中产生的一种复合形式的磨损。研究表明，微动磨损是黏着磨损、腐蚀磨损和磨粒磨损复合作用的结果。经常发生在宏观相对静止的接触表面上，如过盈配合的接合面、螺纹连接及花键连接的接合面等。

三、改善摩擦副耐磨性的措施

影响磨损的因素很多，主要包括摩擦副材料、表面形态、润滑状况、环境条件以及滑动速度、载荷、工作温度等工况参数。有些因素设计者可以控制，如选择材料、润滑剂等；而有些因素则由于机器功能的要求，设计者无法选择，如滑动速度、载荷、机器工作寿命等。因此，耐磨性设计应该从以下几个方面进行。

(1) 合理选择摩擦副材料　由于相同金属比异种金属、单相金属比多相金属粘着倾向大，脆性材料比塑性材料抗粘着能力高，所以选择异种金属、多相金属、脆性材料有利于提高抗粘着磨损的能力。采用硬度高和韧性好的材料有益于抵抗磨粒磨损、疲劳磨损和腐蚀磨损。

(2) 合理选择润滑剂及添加剂　润滑是减小磨损的最有效手段。适当选用高黏度的润滑油、在润滑油中使用极压添加剂或采用固体润滑剂，可以提高耐疲劳磨损的能力。

(3) 合理采用表面强化技术　对摩擦表面进行热处理（表面淬火等)、化学处理（表面渗碳、渗氮等)、喷涂、镀层等可提高摩擦表面的耐磨性。

(4) 合理选用加工方法，控制表面几何形貌　表面几何形貌包括：形状偏差、波度偏差、表面粗糙度等。表面几何形貌对磨损有显著影响。提高表面的光洁程度、采用合理的磨合等手段，可以提高摩擦副的耐疲劳磨损能力。

(5) 合理采用过滤与密封技术　对进入摩擦副表面的润滑剂要过滤，以清除污染颗粒。密封是为了防止尘粒、水分等污染物质进入摩擦副以及防止润滑剂泄漏，从而达到减小磨损、防止润滑剂对环境污染等目的。

(6) 合理进行冷却，控制表面温度　表面温度过高易使油膜破坏，发生黏着，还容易加速化学磨损的进程。当表面温度超过150℃时，应该考虑采用适当的冷却措施来降低表面温度，以控制磨损。

(7) 合理的结构设计　在结构设计中，可以应用置换原理，即允许系统中一个零件磨损以保护另一个更重要的零件。

第二节　润　　滑

为了消除或减小摩擦和磨损造成的不良影响，实际中经常向摩擦副中加入能够减小摩擦和磨损的物质，将这种行为称为润滑，加入的能够减小摩擦的物质称为润滑剂。润滑的主要作用是减小摩擦和磨损，此外，还兼有散热降温、缓冲吸振、防锈、清洁污物和密封等作用。

一、润滑的分类

如前所述，按摩擦状态的不同，润滑分为边界润滑、流体润滑和混合润滑。实际中常将边界润滑和混合润滑统称为非流体润滑（或不完全流体润滑）。当润滑剂为液体（如润滑油）时，又有液体润滑和非液体润滑之称。

按照形成压力流体膜的机理不同，流体润滑主要有以下三种类型：

1. 流体动力润滑（流体动压润滑）

这种流体润滑是靠两摩擦表面间的相对运动，把流体润滑剂带入两表面之间，自行产生足够高的压力形成压力流体膜，将两表面完全分开实现流体润滑。当润滑剂为润滑油时，这样形成的压力流体膜称为动压油膜，相应的润滑状态称为液体动力润滑。

实现流体动力润滑需要满足一定条件，详见本章第三节。

2. 流体静力润滑

这种润滑状态完全靠外部供油设备将流体润滑剂以一定的压力打入两摩擦表面之间，强迫形成压力流体膜实现流体润滑。由于流体压力是由外部设备产生的，与两表面是否相对运动无关，因此，即使在静止状态下也能实现流体润滑。

3. 弹性流体动力润滑

上述流体动力润滑通常研究的是面接触的两摩擦表面之间的流体润滑问题，把零件摩擦表面视为刚体。对于理论上为点、线接触的摩擦副（高副），在两表面相对滚动或伴有滑动，且在接触部位产生显著弹性变形的情况下，两摩擦表面之间形成的流体动力润滑称为弹性流体动力润滑，其形成机理参见本章第四节。

二、润滑剂

（一）润滑剂的种类

润滑剂的种类繁多，按物质形态的不同分为以下四类。

（1）液体润滑剂　主要有动植物油、矿物油、合成油、水和液态金属等。

动植物油是最早使用的润滑剂，因含有较多的硬脂酸，故油性（吸附能力）好。但其稳定性差，易变质，来源有限。通常仅作为添加剂使用，以提高矿物油的油性。

矿物油主要是石油产品，由于种类多，黏度范围大，性能稳定，缓释性强，来源充足，价格低廉，因此应用相当广泛，但其油性差。

合成油是用化学方法人工合成的润滑油，能满足矿物油所不能满足的某些要求。由于合成油往往是为了满足某些特定需要而制备的，适应面较窄，且成本很高，故一般机械很少应用。

水和液态金属（钠等）通常只用于某些特殊场合。

（2）润滑脂（俗称黄油）　它是一种在液体润滑剂（基础油）中加入稠化剂混合而成的膏状润滑剂（从物质形态的角度属于半固体）。在实际应用中，常加入一些添加剂以提高其抗氧化性和油膜强度。具有稠度大、不易流失、密封容易、不需经常更换和添加，承载能力较大等优点。但其物理、化学性质不如润滑油稳定，且摩擦较大。主要用于不便加油、低速、重载、温度变化不大的场合，其应用仅次于润滑油。

（3）固体润滑剂　主要有无机化合物、有机化合物和金属，例如石墨、二硫化钼、聚四氟乙烯、尼龙、铅等。实际中常以粉末、薄膜或与其他材料复合等形式使用。主要用于极低温、高温、强辐射、太空、真空等特殊工况条件，以及不允许污染、不易维护、无法供油等场合。其减摩、抗磨效果一般不如润滑油和润滑脂。

(4) 气体润滑剂 空气、氢气、氦气、氮气、二氧化碳以及卤素化合物等都可作为气体润滑剂。由于空气不需专门制备且对环境无污染，故应用最广泛。气体润滑剂具有黏度低、摩擦阻力极小、温升很低等优点。但其气膜厚度和承载能力较小。特别适用于高速、轻载场合。由于气体黏度受温度变化的影响很小，故能在低温（-200℃）或高温（2000℃）的环境中应用。

（二）润滑油的主要性能指标

1. 黏度

黏度是表征流体内摩擦阻力大小的性能指标，是选择润滑油的主要依据。黏度越大，则流体的内摩擦阻力越大，流动性越差。为了便于不同场合及条件下的度量和应用，定义了三种黏度：动力黏度、运动黏度和相对黏度。

(1) 动力黏度（绝对黏度）η 如图 3-5 所示，两平行平板之间充满润滑油，使下板静止不动，上板以速度 v 沿两板平行的方向移动。吸附于下板表面的润滑油静止不动，吸附于上板表面的润滑油以速度 v 随之移动。在润滑油内摩擦力的作用下，上板带动两板之间的润滑油以层流状态流动，各油层的流动速度 u 呈直线分布（三角形分布）。

牛顿于 1687 年提出，流体的内摩擦切应力 τ 与流体的速度梯度成正比，这一结论称为牛顿黏性法则，其数学表达式为

$$\tau=-\eta\frac{\partial u}{\partial y} \tag{3-1}$$

式中 $\frac{\partial u}{\partial y}$——流体沿垂直于流动方向（图 3-5 中 y 轴方向）的速度梯度；

η——流体的动力黏度。“-”号表示 u 随 y 的增大而减小。

将遵循牛顿黏性法则的流体称为牛顿流体，否则称为非牛顿流体。大多数润滑油（特别是矿物油）在一般工况下都是牛顿流体。

动力黏度 η 的国际单位是 Pa·s，即 $\frac{\mathrm{N}}{\mathrm{m}^2}$·s。如图 3-6 所示，对于边长均为 1m 的液体立方体，使其上下表面发生速度为 1m/s 的相对滑动，若所需的切向力为 1N，则该液体的动力黏度即为 1Pa·s。

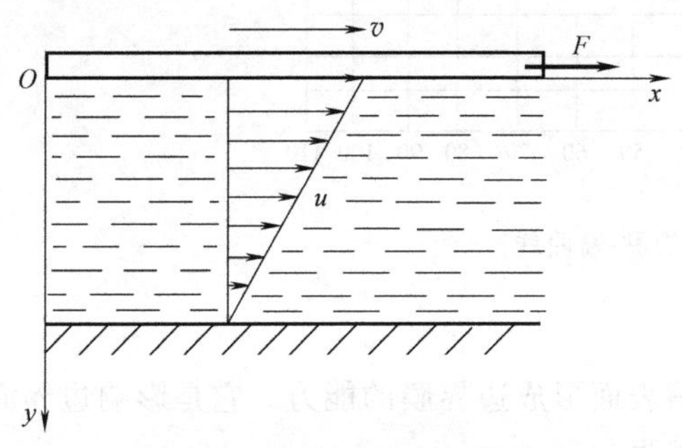

图 3-5 平板间流体的流动

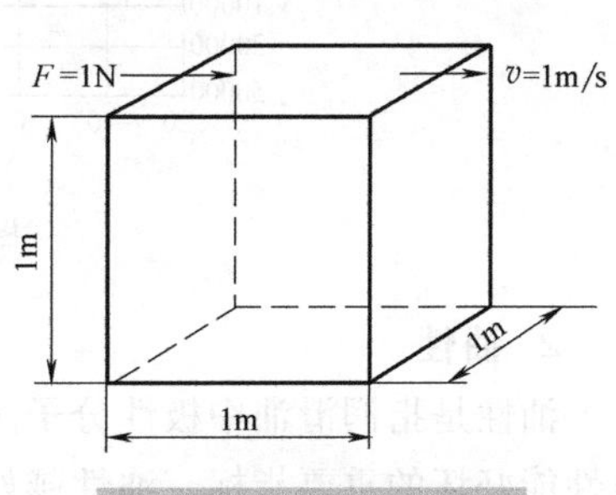

图 3-6 黏度单位的意义

(2) 运动黏度 ν 将流体的动力黏度 η 与同温度下其密度 ρ 之比称为运动黏度。即

$$\nu=\frac{\eta}{\rho}\quad 或\quad \eta=\nu\rho$$

运动黏度 ν 的国际单位是 m^2/s。这个单位太大，不便使用，实际中的常用单位是 mm^2/s。在我国的润滑油牌号中，末尾的数字表示油品在40℃下以 mm^2/s 为单位的运动黏度平均值。例如牌号为L-AN10的全损耗系统用油，在40℃下其运动黏度的平均值为 $10mm^2/s$。

（3）相对黏度　是在一定条件下利用某种规格的黏度计，通过测定润滑油穿过规定孔道的时间进行计量的黏度。我国常用的相对黏度是恩氏黏度。

润滑油的黏度受温度的影响很大，温度越高，润滑油的黏度越小。图3-7所示为常用润滑油的黏-温曲线。此外，压强对润滑油的黏度也有影响，当压强比较小时，影响很小，一般不予考虑。但是，当压强超过100MPa时，黏度随压强的升高而明显增大，这种影响在弹性流体动力润滑中尤为重要。

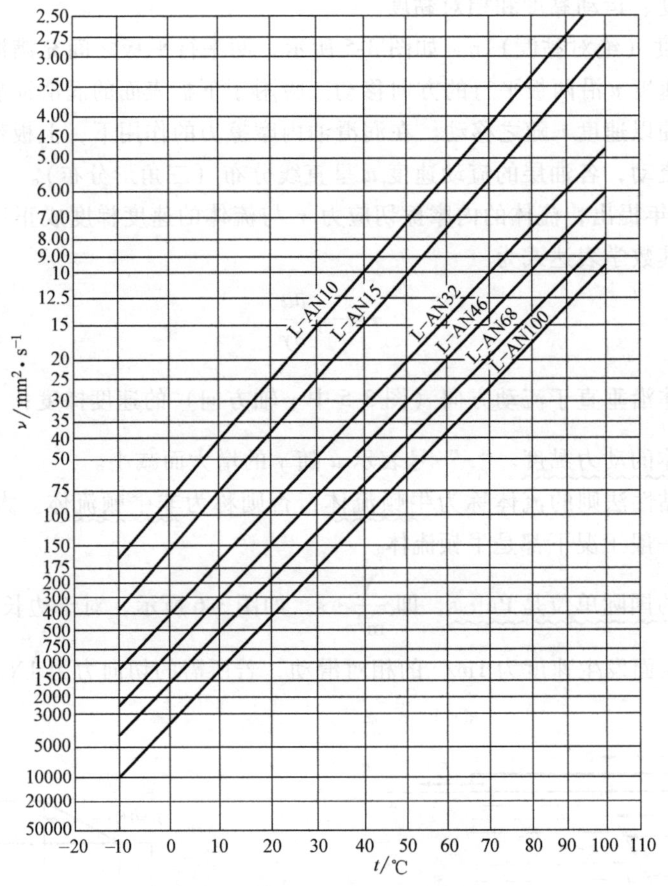

图3-7　常用润滑油的黏-温曲线

2. 油性

油性是指润滑油中极性分子湿润或吸附于摩擦表面形成边界膜的能力。它是影响边界润滑性能好坏的重要指标。油性越好，则吸附能力越强。

3. 极压性

极压性是指润滑油能够生成化学反应膜的能力。极压性好，则生成化学反应膜的能力强。极压性好的润滑油在重载、高速、高温条件下的润滑性能较高。

4. 闪点和燃点

润滑油蒸气在火焰下闪烁时的最低温度称为闪点。闪烁持续5s以上的最低温度称为燃点。它们是衡量润滑油高温性能的指标。在较高温度和易燃环境中，应选用闪点高于工作温度20~30℃的润滑油。

5. 倾点

倾点是指润滑油在规定条件下不能自由流动时的最高温度。它是润滑油在低温条件下工作的重要指标。低温润滑时应选用倾点低的润滑油。

（三）润滑脂的主要性能指标

1. 锥入度

在25℃下，将质量为150g的标准圆锥体置于润滑脂表面，经5s后其沉入脂内的深度（表示为0.1mm的倍数）称为锥入度。它是表征润滑脂稀稠程度的性能指标。

2. 滴点

滴点是指润滑脂在规定的加热条件下，从标准测量杯的孔口滴下第一滴液体时的温度。它用于表征润滑脂耐高温的能力。

三、添加剂

为了改善润滑剂在某些方面的性能，以满足在高速、重载、高温、低温、真空等特殊工况条件下的使用要求，在润滑剂中加入的各种具有独特性能的化学合成物称为添加剂。例如：为了提高润滑油的油性而加入的具有极性分子的脂肪酸等为油性添加剂；为了提高润滑油的极压性而加入的具有硫、磷、氯等活性元素的化合物为极压添加剂。此外，常用的还有抗凝剂、抗泡剂、增黏剂、抗氧抗腐剂等。

第三节　流体动力润滑的基本原理

本节主要借助图3-8a所示的流体流动模型，论述流体动力润滑的基本原理，分析形成稳定动压油膜的条件。图中下表面倾斜并静止不动，与上表面之间形成楔形间隙，间隙内充满润滑油。上表面以速度 v 水平移动，带着润滑油由楔形间隙的大口流向小口。

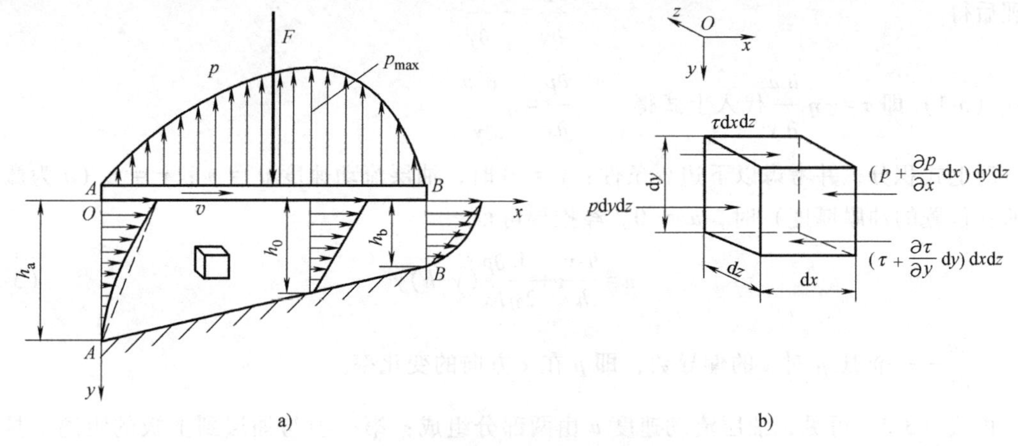

图3-8　流体动力润滑模型

在各油层流速呈直线分布（如图中虚线所示）的情况下，由间隙的左端（入口）流入间隙的润滑油单位宽度体积流量$q_A=\frac{1}{2}v\ h_a$，由右端（出口）流出的单位宽度体积流量$q_B=\frac{1}{2}v\ h_b$。因为$h_a>h_b$，故有$q_A>q_B$，这表明在相同的时间内流入间隙的油液多于流出间隙的油液。于是润滑油在两表面之间受到“挤压”，使得间隙内的油液产生压力形成动压油膜。当油膜压力足以抵抗外载荷 F 时，则可使两表面之间保持足够的油膜厚度，将两表面完全分开实现流体润滑。

实际上，油膜压力将使入口处各油层的流速减慢，而呈内凹形曲线分布，使出口处各油层流速加快而呈外凸形曲线分布。从而保证在相同时间内由入口流入间隙的油量，始终等于由出口流出的油量，以保持流动的连续性。

读者可以自行分析，在图 3-8a 所示的模型中，如果上表面向左运动，则间隙内的润滑油不仅不会产生压力，反而会产生负压；如果两表面之间形成的是平行间隙，则无论如何也不会使间隙内的润滑油产生压力。另外，当上表面的运动速度 v 较小，或是润滑油不够充足时，导致油膜压力不够高，不足以承受外载荷 F，则两表面将逐渐接近，直至直接接触，故而不能形成流体润滑。

综上所述，为了获得稳定的动压油膜，实现流体动力润滑，必须满足下列条件：

1）相对运动的两摩擦表面之间必须形成一个楔形间隙，并且能够带着润滑油从间隙的大口流向小口，即能形成收敛的楔形间隙。

2）两表面之间必须具有足够的相对运动速度。

3）两表面之间必须具有充足的具有一定黏度的润滑油。

在图 3-8a 所示的流动模型中，假设润滑油在 z 向（图中垂直于纸面的方向）没有流动。如图 3-8b 所示，从动压油膜中取出一微元体，沿 x 方向其表面作用着油压 p 和内摩擦切应力 τ。微元体沿 x 方向的受力平衡方程为

$$p\mathrm{d}y\mathrm{d}z+\tau\mathrm{d}x\mathrm{d}z-\left(p+\frac{\partial p}{\partial x}\mathrm{d}x\right)\mathrm{d}y\mathrm{d}z-\left(\tau+\frac{\partial \tau}{\partial y}\mathrm{d}y\right)\mathrm{d}x\mathrm{d}z=0$$

整理后得
$$\frac{\partial p}{\partial x}=-\frac{\partial \tau}{\partial y}$$

将式（3-1）即 $\tau=-\eta\frac{\partial u}{\partial y}$代入上式得
$$\frac{\partial p}{\partial x}=\eta\frac{\partial^2 u}{\partial y^2}$$

对上式积分，并考虑以下边界条件：$y=0$ 时，油层流动速度 $u=v$；$y=h$（h 为微元体所在位置的油膜厚度）时，$u=0$。经推导可得

$$u=\frac{h-y}{h}v+\frac{1}{2\eta}\frac{\partial p}{\partial x}(y-h)y \tag{3-2}$$

式中 $\frac{\partial p}{\partial x}$——油压 p 对 x 的偏导数，即 p 在 x 方向的变化率。

由式（3-2）可见，油层流动速度 u 由两部分组成：第一项与油层到上板的距离 y 具有线性关系，此项油层流速呈直线分布，这是由两表面的相对滑动速度 v 引起的速度流动；第

二项与 y 为二次方关系，油层流速呈抛物线分布，这是由$\frac{\partial p}{\partial x}$引起的压力流动。

油膜厚度为 h 的截面，沿 x 方向的单位宽度体积流量为

$$q_{Vx}=-\frac{1}{12\eta}\frac{\partial p}{\partial x}h^3+\frac{1}{2}vh$$

设油压最大处的油膜厚度为h_0，显然，当$h=h_0$时，$\frac{\partial p}{\partial x}=0$。在这一截面上则有

$$q_{Vx}=\frac{1}{2}vh_0$$

由液体的流量连续条件可知，上述两截面的单位宽度体积流量相等，即

$$q_{Vx}=\frac{1}{2}vh_0=-\frac{1}{12\eta}\frac{\partial p}{\partial x}h^3+\frac{1}{2}vh$$

由此得

$$\frac{\partial p}{\partial x}=6\eta v\frac{h-h_0}{h^3} \tag{3-3}$$

式中 η——润滑油的动力黏度；

v——两表面之间的相对滑动速度。

式（3-3）称为一维雷诺方程，揭示了动压油膜的油压 p 沿流动方向的分布情况。如图 3-8 所示，在油膜的两端油压均为零。从入口（A—A）到最大油压处的各截面上，由于油膜厚度 $h>h_0$，则 $\frac{\partial p}{\partial x}>0$，故油压 p 从入口开始沿 x 方向逐渐增大。过了最大油压截面后，各截面的油膜厚度 $h<h_0$，则 $\frac{\partial p}{\partial x}<0$，因此，油压 p 是逐渐减小的，直到出口处油压减小为零，整个动压油膜的油压分布如图 3-8a 所示。

利用一维雷诺方程也可解释形成动压油膜的条件，请读者思考。

第四节 弹性流体动力润滑简介

弹性流体动力润滑是研究在高副接触中弹性体间的流体动力润滑问题。

滑动轴承和导轨等低副接触能形成完全的流体动力润滑，可是在齿轮、滚动轴承和凸轮机构等高副接触中，是否能有流体动压油膜存在，曾是个有争议的问题。然而，在实践中确实有些重载齿轮的工作表面，经长期使用后仍保持原始加工刀痕而未被磨掉。这说明点线接触的运动副可以建立分隔表面的油膜，为此引起了人们对高副润滑研究的极大兴趣。

在高副接触中，名义上是点线接触，而实际上由于受载后接触处压力很高，产生弹性变形，接触区成为一个极窄小的区域。接触区内大的压强（比低副接触大 1000 倍左右）使其间的润滑油黏度大为增加。理论分析和实验研究证实，在一定条件下，接触区内可形成润滑油膜而将两表面完全分开。这种润滑理论与一般润滑理论相比有两个突出的特点：一是考虑了接触处的弹性变形对润滑的影响；二是考虑了润滑油的黏度随压力和温度变化对润滑的影响。把既考虑接触处弹性变形效应，又考虑变黏性的流体动力作用的润滑问题，称为弹性流体动力润滑，简称弹流润滑。

弹流润滑理论的研究和发展主要是在近几十年。20 世纪 50 年代末到 60 年代中期，由于测试和计算技术的高度发展，利用电子计算机和数值解法对润滑状态涉及的各种问题进行了相当精确的定量分析。图 3-9 所示是道森（D. Dowson）和希金森（G. R. Higginson）经过反复计算所得出的线接触油膜形状和油膜压力分布规律。由图可见，在入口区由于流体动压作用使压力增长很快，进入接触区后于某点开始与赫兹压力分布重合，但在出口附近出现了第二个压力峰值，而后压力又迅速下降。

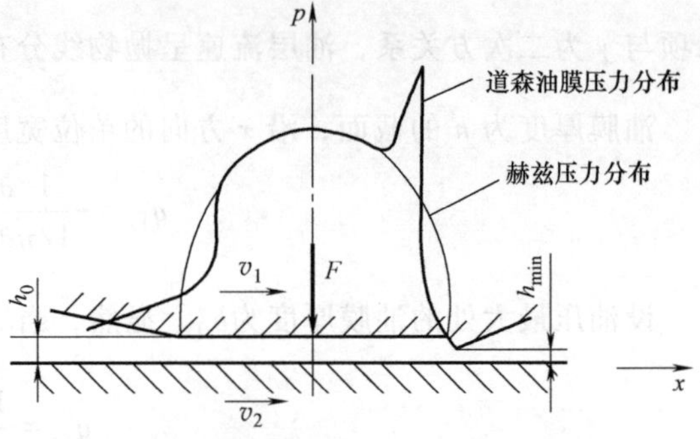

图 3-9 道森的线接触油膜形状和油膜压力分布

对应于上述压力分布，接触区的油膜形状基本上是平直的，但在出口处油膜有收缩，形成“缩颈”，此处的油膜厚度最小，其值大致是平直部分的 75%。

道森和希金森总结出了线接触最小油膜厚度的计算公式，需要时请查阅相关文献。

思 考 题

3-1 按照摩擦面间的润滑状态不同，滑动摩擦可分为哪几种？

3-2 什么是边界膜？边界膜的形成机理是什么？如何提高边界膜的强度？

3-3 零件的磨损过程大致可分为哪几个阶段？每个阶段的特征是什么？

3-4 根据磨损机理的不同，磨损通常分为哪几种类型？它们各有什么主要特点？

3-5 黏度的表示方法通常有哪几种？各种黏度的单位和换算关系是什么？

3-6 润滑油的主要性能指标有哪些？润滑脂的主要性能指标有哪些？

3-7 在润滑油和润滑脂中加入添加剂的作用是什么？

3-8 流体动力润滑和流体静力润滑的油膜形成原理有何不同？流体静力润滑的主要优缺点是什么？

3-9 流体动力润滑和弹性流体动力润滑两者间有何本质区别？所研究的对象有何不同？

3-10 试说明液体动压油膜形成的必要条件。

连接综述

连接是指使两个或两个以上的零部件相互固定的机械结构。为了便于制造、运输、检修维护、安装等，机器中广泛地使用着各种连接。从运动学的角度看，连接的实质就是限制被连接件之间的相对运动，使它们固连在一起。广义上讲，机构中的运动副也是一种连接，但它是机构中构件之间构成的可动连接。本章所述的连接主要是指工作中被连接件之间不产生相对运动的固定连接。

一、连接的类型

机器中的连接有多种不同的形式，有的借助于某些辅助零件实现连接，如键连接、销连接、螺栓连接等；有的则不需要辅助零件，只是被连接件之间通过一定方式直接连接在一起。连接中的辅助零件称为连接件（或紧固件），如螺栓、螺钉、螺母、键、销等。

按拆开时是否需要破坏连接中的零件，连接分为两大类：可拆连接和不可拆连接。

（1）可拆连接　是指拆开连接时不破坏连接中的零件，重新安装后仍可正常使用的连接。常用的可拆连接主要有螺纹连接、键连接、花键连接、销连接、弹性环连接和型面连接等。

键连接、花键连接、销连接主要用于轴毂连接。所谓轴毂连接是指将轴与轴上零件的轮毂（轮式零件上与轴配合连接的部分）沿圆周方向固定在一起的连接。若轴与轮毂沿轴向也固定在一起，则称为轴毂静连接；若轮毂能够在轴上沿轴向移动，则称为轴毂动连接，如变速箱中的滑移齿轮与轴的连接等。

（2）不可拆连接　是指连接后就不允许再拆开的连接。如非拆开不可，则必须破坏连接中的零件。常用的不可拆连接有铆接、焊接和粘接。

常用的连接方法及其简要说明见下表。

常用的连接方法及其简要说明

<table>
<tr><th colspan="2">类　型</th><th colspan="2">简 要 说 明</th></tr>
<tr><td rowspan="5">可拆连接</td><td>螺纹连接</td><td colspan="2">靠具有内螺纹与外螺纹的零件旋合在一起实现连接。按结构和受载的不同，螺纹连接有若干种类型。具有装拆方便、加工容易、成本低等优点，应用极为广泛</td></tr>
<tr><td>键连接</td><td colspan="2">键连接有若干种类型，有的适用于轴毂静连接，有的适用于轴毂动连接，应用十分广泛</td></tr>
<tr><td>花键连接</td><td colspan="2">既可用于轴毂静连接，也可用于轴毂动连接，应用比较广泛</td></tr>
<tr><td>销连接</td><td colspan="2">靠装配在被连接件销孔中的销钉实现连接。通常，可传递不大的载荷，主要用于固定零件之间的相对位置</td></tr>
<tr><td rowspan="2">过盈连接</td><td>过盈量小</td><td>过盈连接靠两个被连接件之间的过盈配合实现连接。若过盈量较小，拆开后再装配时，对承载能力的影响较小，还能正常工作，可划为可拆连接</td></tr>
<tr><td rowspan="2">不可拆连接</td><td>过盈量大</td><td>若过盈量较大，拆开后重新装配时，其承载能力会大大降低，往往不能再正常工作，则可划为不可拆连接</td></tr>
<tr><td>铆接</td><td colspan="2">这是利用铆钉实现的一种连接方式。优点有：受冲击载荷时工作比较可靠，接合质量易于检查等。缺点有：结构较为笨重，施铆时噪声大、劳动强度高等
目前，铆接的应用较少，但在轻金属结构（如飞机结构）中，由于焊接困难，铆接至今仍是主要的连接方式</td></tr>
</table>

（续）

类型		简要说明
不可拆连接	焊接	焊接是借助加热(有时还要加压)使被连接的金属零件在连接处熔化又冷却后,靠原子、分子之间的结合构成的连接。优点有:连接强度高,紧密性好,工艺简单,劳动强度较低,重量轻等。缺点有:焊接质量不易检查,会使零件产生变形和残余应力等 目前,在金属构架、容器壳体和机架等结构的制造中,焊接的应用比较广泛
	粘接	粘接是利用粘接剂将被连接件粘合在一起构成的连接。优点有:工艺简单,接头质量轻,不会产生变形和残余应力等。缺点有:连接质量难于检查,连接性能受环境因素(如温度、湿度、日光、化学介质等)的影响较大,容易老化等 粘接非常适用于微小零件、极薄零件以及不同材料零件之间的连接。实践表明,粘接与其他连接方法共同使用,能显著提高连接的强度,尤其是疲劳强度。因此,近年来粘接与铆接、螺纹连接等构成的组合连接形式得到了日益广泛的应用

二、连接的类型选择和要求

在设计被连接件时，就应同时决定连接类型。每种连接类型都有其自身的特点和适用场合，应该根据连接的具体工作情况和被连接件的材料、形状、尺寸等因素，选择适当的连接方式。例如：需要经常装拆的场合必须采用可拆连接；连接后不需要再拆开，并要求有良好的紧密性和足够强度的钢制零件之间的连接，可选择焊接；要求对中性（指轴和轮毂孔轴线的重合程度）好的轴毂动连接，可选择花键连接等。

显然，要想合理选择连接类型，了解各种连接方式的特点和适用场合是非常重要的。

对连接的基本要求是：连接牢固（不松脱）；连接中的各零件有足够的强度。除此以外，连接还应具有良好的工艺性和经济性，有时还要满足一些其他要求，如紧密性、对中性等。对于可拆连接，还要保证装拆方便并能多次重复使用。在可能的情况下，尽量使连接件的强度等于或接近于被连接件的强度，以便充分发挥被连接件的承载能力。

第四章

螺纹连接及螺旋传动

螺纹连接和螺旋传动都是利用螺纹零件工作的。螺纹连接是应用最广泛的可拆连接。螺旋传动则是一种变回转运动为直线运动的传动形式。尽管二者工作性质、技术要求和计算方法不同，但均与螺纹有关，故一并在本章内加以介绍。

第一节　螺　　纹

一、螺纹的形成与分类

如图 4-1 所示，使直角三角形的底边垂直于圆柱体的轴线，将直角三角形缠绕在圆柱体表面上，三角形的斜边在圆柱体表面形成的曲线为螺旋线。取一平面图形，使其一边与圆柱体的素线重合，让平面图形沿螺旋线运动，并且使图形平面始终通过圆柱体的轴线，平面图形的运动轨迹则形成了螺纹。

按形成螺纹时的母体形状不同，螺纹分为圆柱螺纹和圆锥螺纹。

在圆柱体（或圆锥体）外表面的螺纹为外螺纹，在圆柱孔（或圆锥孔）内的螺纹为内螺纹。内、外螺纹旋合在一起构成螺纹副（也称螺旋副）。

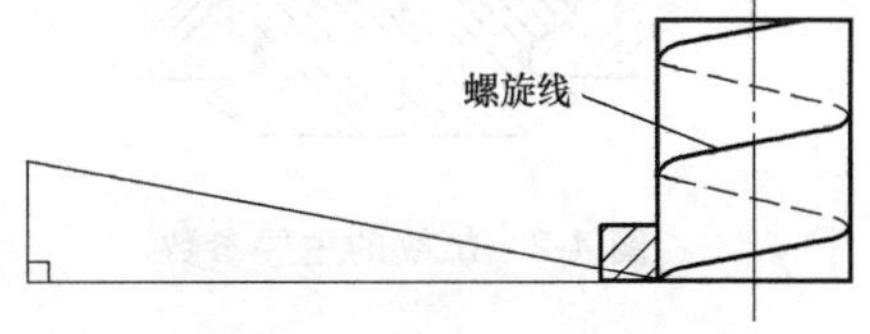

图 4-1　螺纹的形成

按螺旋线的旋绕方向不同，螺纹有右旋和左旋之分，常用右旋螺纹。

按用途不同，分为连接螺纹和传动螺纹。

按形成螺纹时的螺旋线数目不同，螺纹分为单线、双线和多线螺纹。

另外，常用的螺纹牙型有四种：普通螺纹（三角螺纹）、矩形螺纹、梯形螺纹和锯齿形螺纹。普通螺纹主要用于螺纹连接，其余三种螺纹则主要用于螺旋传动。锯齿形螺纹只能单侧面工作，承受一个方向的轴向力，其他三种螺纹则均可双侧面工作。

二、螺纹的主要参数

下边以圆柱螺纹为例介绍螺纹的主要参数。如图 4-2 所示，螺纹的主要参数有：

(1) 大径 d　螺纹的最大直径，是指外螺纹牙顶或内螺纹牙底所在圆柱面的直径。是螺纹的公称直径。

（2）小径 d_1 螺纹的最小直径，是指外螺纹的牙底或内螺纹的牙顶所在圆柱面的直径。计算螺杆的强度时，通常以小径 d_1 近似作为其危险截面直径。

（3）中径 d_2 一个介于大径与小径之间的假想圆柱面的直径，在该圆柱的素线上螺纹牙厚度等于牙间宽度。

注：为了与外螺纹相区别，内螺纹的大径、小径和中径可分别用 D、D_1 和 D_2 表示。

（4）螺纹线数 n 形成螺纹时的螺旋线数目，为了便于制造，一般 $n \leqslant 4$。

（5）螺距 P 相邻两螺纹牙上对应点之间的轴向距离。

（6）导程 P_h 螺纹上任意一点沿螺旋线绕行一周时在轴向移动的距离，$P_h = nP$。

（7）螺纹升角 ψ 特指螺纹中径圆柱面上螺旋线的切线与垂直于螺纹轴线的平面之间所夹的锐角。将中径圆柱面上的一圈螺旋线展开，得一直角三角形，如图 4-3 所示。三角形的斜边相当于一个斜面，该斜面的升角就等于螺纹升角 ψ。则有

$$\tan\psi = \frac{P_h}{\pi d_2} = \frac{nP}{\pi d_2} \tag{4-1}$$

（8）牙型角 α 含轴截面内螺纹牙两侧边之间的夹角。

（9）牙型斜角 β 含轴截面内螺纹牙一侧边与螺纹轴线的垂线之间的夹角。

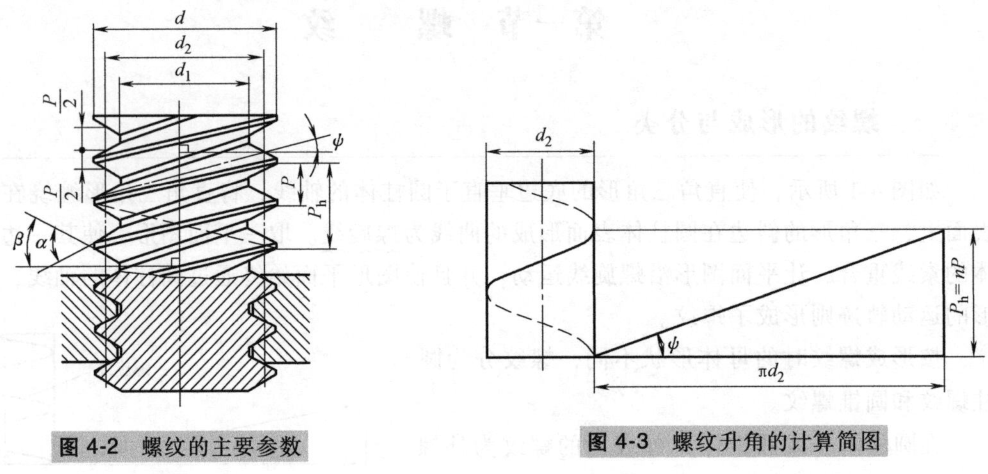

图 4-2 螺纹的主要参数

图 4-3 螺纹升角的计算简图

三、常用螺纹的特点和应用

常用螺纹的类型、特点和应用见表 4-1。除了矩形螺纹目前尚无标准外，其他螺纹均已标准化，使用时可查有关标准。

表 4-1 常用螺纹的类型、特点和应用

螺纹的类型		特点及应用
普通螺纹	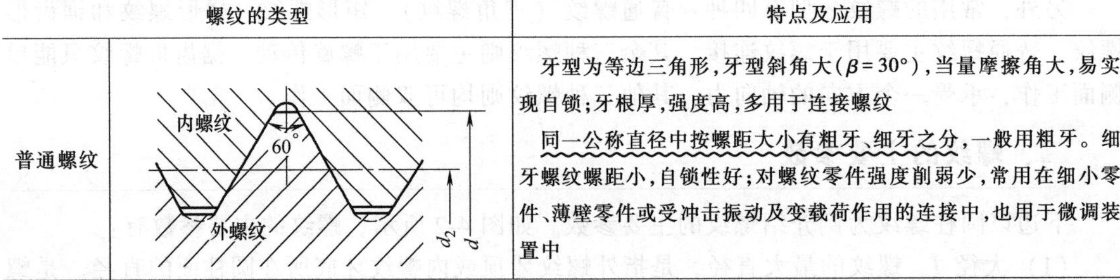	牙型为等边三角形，牙型斜角大（$\beta = 30°$），当量摩擦角大，易实现自锁；牙根厚，强度高，多用于连接螺纹 同一公称直径中按螺距大小有粗牙、细牙之分，一般用粗牙。细牙螺纹螺距小，自锁性好；对螺纹零件强度削弱少，常用在细小零件、薄壁零件或受冲击振动及变载荷作用的连接中，也用于微调装置中

（续）

螺纹的类型		特点及应用
管螺纹	内螺纹 55° 外螺纹	分为圆柱管螺纹和圆锥管螺纹两种。牙型也为三角形，常用55°牙型角细牙英制螺纹，有的也用60°牙型角米制螺纹。牙顶有较大圆角，内外螺纹标准牙型间没有间隙，紧密性较好。圆锥管螺纹旋紧时靠自身变形可保证紧密性。适用于管路系统的连接。管螺纹的公称直径近似于管子内径而不是螺纹大径
矩形螺纹	内螺纹 外螺纹	牙型为矩形，牙型斜角为0°，当量摩擦角小，传动效率高，但牙根强度低，对中精度低，螺纹副磨损后，间隙难以补偿或修复，且难于精确加工，故应用不如梯形螺纹多 矩形螺纹未标准化，设计时可取 $d=5d_1/4$，$P=d/4$
梯形螺纹	内螺纹 30° 外螺纹 D_2,d_2 d	与矩形螺纹相比工艺性好，牙根强度高、对中性好，如采用剖分螺母还可以调整间隙，所以在传动螺纹中应用广泛 牙型斜角（$\beta=15°$）较矩形螺纹大，传动效率略低
锯齿形螺纹	内螺纹 30° 3° 外螺纹	工作面牙型斜角为3°，非工作面牙型斜角为30°，兼有矩形螺纹效率高和梯形螺纹牙根强度高、对中性好、工艺性好的优点，适用于单向受力的传动螺纹

第二节　螺纹连接的类型、拧紧和防松

一、螺纹连接的基本类型

机械中的螺纹连接大多借助于螺栓、螺钉、螺母等螺纹连接件来实现。按照所用螺纹连接件的不同，螺纹连接有四种基本类型：螺栓连接、双头螺柱连接、螺钉连接和紧定螺钉连接。螺栓连接又分为受拉螺栓（也称普通螺栓）连接和受剪螺栓（也称加强杆螺栓或铰制孔用螺栓）连接。受剪螺栓杆与螺栓孔之间有配合关系，对两被连接件有定位作用。

本章以螺栓连接为代表，阐述螺纹连接的受力分析和强度计算。双头螺柱连接和螺钉连接的分析计算方法与受拉螺栓连接基本相同。

各种螺纹连接的结构、特点和应用见表4-2。

螺栓、双头螺柱、螺钉、螺母以及垫圈等螺纹连接件都已标准化，并由专门的厂家大批量生产。在设计螺纹连接时，只需根据强度计算的结果从有关标准中直接选用。

表 4-2 各种螺纹连接的结构、特点和应用

类型	结构	尺寸关系	特点、应用及简要说明
螺栓连接	受拉螺栓连接 受剪螺栓连接	螺纹余留长度 受拉螺栓 静载荷 $l_1 \geqslant (0.3\sim0.5)d$ 变载荷 $l_1 \geqslant 0.75d$ 冲击载荷或弯曲载荷 $l_1 \geqslant d$ 受剪螺栓 l_1 应尽可能小 螺纹伸出长度 $a=(0.2\sim0.3)d$ 螺栓轴线到边缘距离 $e=d+(3\sim6)\text{mm}$	将螺栓上具有螺纹的一端穿过被连接件上的光孔后拧上螺母，这样的连接方式即为螺栓连接 螺栓连接结构简单，装拆方便，主要用于被连接件厚度不大且能从两面装拆的场合 受拉螺栓连接，螺栓孔的直径比螺栓杆直径稍大，工作中螺栓本身只受拉力 受剪螺栓连接，螺栓杆与螺栓孔之间有配合关系，对螺栓孔的精度要求较高，通常需铰孔。工作中螺栓本身受剪切，同时螺栓杆与孔壁接触面受挤压
双头螺柱连接		拧入深度 H，对于带螺纹孔零件材料为： 钢或青铜 $H=d$ 铸铁 $H=(1.25\sim1.5)d$ 铝合金 $H=(1.5\sim2.5)d$ 螺纹孔深度 $H_1=H+(2\sim2.5)P$ 钻孔深度 $H_2=H_1+(0.5\sim1)P$ l_1,a,e 值同螺栓连接	主要用于连接一薄一厚两个零件，将双头螺柱的一端拧入较厚零件的螺纹孔中，另一端穿过较薄零件的光孔并拧上螺母 双头螺柱连接适用于两被连接件之一较厚且需经常装拆的场合
螺钉连接			也主要用于连接一薄一厚两个零件，将螺钉穿过较薄零件的光孔后，直接拧入较厚零件的螺纹孔中 螺钉连接不用螺母，经常装拆时，容易损坏被连接件上的螺纹孔，故主要用于两被连接件之一较厚且不需经常装拆的场合
紧定螺钉连接		$d=(0.2\sim0.3)d_s$ 转矩大时取大值	将紧定螺钉拧入一个零件上的螺纹孔中，并使其末端顶紧另一零件表面，固定两个零件的相对位置 紧定螺钉连接可传递的载荷较小，多用于轴上零件的固定

二、螺纹连接的拧紧

大多数螺纹连接在承受工作载荷之前，装配时就已经拧紧，称为预紧。预紧使螺栓、螺钉等所受的拉力称为预紧力。装配时预紧的螺栓连接称为紧螺栓连接；不预紧的螺栓连接称为松螺栓连接。预紧的目的是增强连接的刚性，提高紧密性和防止松脱。

适当的预紧力可以提高螺纹连接的可靠性和螺栓的疲劳强度，对于有紧密性要求的连接（如气缸盖、管路法兰等）更可以提高气密性。但是，过大的预紧力会导致连接件的损坏，因此对重要的螺纹连接，为了保证连接达到所需要的预紧力，又不使螺纹连接件过载，在装配时要控制预紧力。预紧力的控制可以通过控制拧紧力矩等方法来实现。

拧紧螺母时，需要克服螺纹副的螺纹阻力矩 T_1 和螺母支承面的摩擦力矩 T_2，则拧紧力矩 $T=T_1+T_2$。其中螺纹阻力矩为

$$T_1=\frac{F_t d_2}{2}=\frac{F' d_2}{2}\tan(\psi+\rho') \tag{4-2}$$

式中　F_t——螺纹中径处的切向力（N）；

F'——预紧力（N）；

ψ——螺纹升角；

ρ'——螺纹副的当量摩擦角。

螺母支承面（图 4-4）摩擦力矩为

$$T_2=\frac{\mu_e F'}{3}\frac{D_1^3-d_0^3}{D_1^2-d_0^2} \tag{4-3}$$

式中　μ_e——螺母（或钉头）支承面与被连接件之间的摩擦因数；

D_1——螺母支承面的外径，$D_1\approx 1.7d_2$；

d_0——钉孔直径，$d_0\approx d+(1\sim1.5)$ mm。

于是所需拧紧力矩

$$T=T_1+T_2=\frac{1}{2}\left[\frac{d_2}{d}\tan(\psi+\rho')+\frac{2\mu_e}{3d}\left(\frac{D_1^3-d_0^3}{D_1^2-d_0^2}\right)\right]F'd=K_t F'd \tag{4-4}$$

式中　K_t——拧紧力矩系数，$K_t=\frac{1}{2}\left[\frac{d_2}{d}\tan(\psi+\rho')+\frac{2\mu_e}{3d}\left(\frac{D_1^3-d_0^3}{D_1^2-d_0^2}\right)\right]$。$K_t$ 与螺栓尺寸、螺纹参数、螺纹副和支承面的摩擦因数等因素有关，其值在 0.1～0.3 之间，一般取 $K_t=0.2$。

当螺栓的公称直径 d 和预紧力 F' 确定后，可由式（4-4）计算所需的拧紧力矩。若标准扳手的长度 $L\approx 15d$，拧紧力为 F，则 $T=FL=0.2F'd$，即 $F'\approx 75F$。假设 $F=200$N，则 $F'=15000$N。如果按这个预紧力拧紧直径较小的普通螺栓，就有可能把螺栓拧断或滑扣。因此，对于重要的连接不宜采用小于 M12～M16 的螺栓，必须使用时应严格控制拧紧力矩。

生产中常用测力矩扳手（图 4-5a）或定力矩扳手（图 4-5b）控制拧紧力矩，操作简便，但准确性较差（因摩擦因数变动较大）。控制预紧力的另一种方法是控制螺栓的伸长量，所需的伸长量可依据预紧力的规定值计算。图 4-6 所示为测量螺栓伸长量的方法。

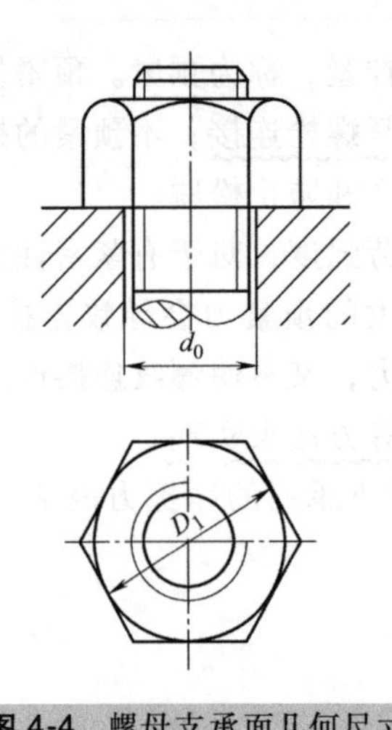

图 4-4 螺母支承面几何尺寸

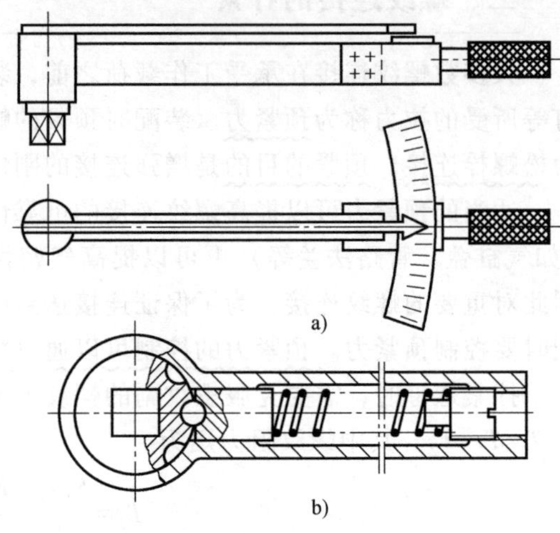

图 4-5 力矩扳手

a）测力矩扳手 b）定力矩扳手

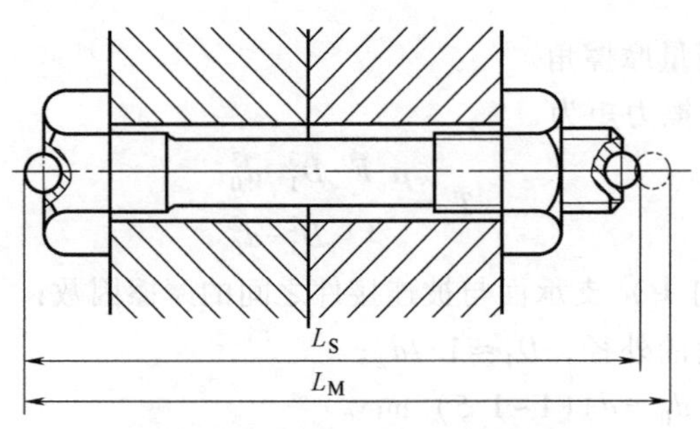

图 4-6 测量螺栓伸长量的方法

L_S—拧紧前长度 L_M—拧紧后长度

三、螺纹连接的防松

螺纹连接多采用单线普通螺纹。由于螺纹升角（$\psi=1°42'\sim3°2'$）小于螺纹副的当量摩擦角（$\rho'=6.5°\sim10.5°$），再加上拧紧后螺母（或钉头）支承面与被连接件之间存在着摩擦力，因此在静载和温度变化不大时都能保证连接自锁而不松脱。当螺纹连接受冲击振动或变载荷作用时，螺纹副之间和支承面之间的摩擦力会减小，时间长了会使连接松动甚至松脱，导致机器不能正常工作甚至发生严重事故。在高温或温度变化较大的情况下，由于螺纹连接件和被连接件的材料发生蠕变和应力松弛，也会使连接中的预紧力和摩擦力逐渐减小，导致连接松动。因此，为保证连接安全可靠，对螺纹连接必须采取有效的防松措施。

螺纹连接防松的实质，在于防止螺纹副的相对传动。具体的防松方法和防松装置很多，按工作原理可分为摩擦防松、机械防松和永久止动三类。表 4-3 列举了一些常用的防松方法，其中以双螺母、尼龙圈锁紧螺母和粘合法最为有效。

表 4-3　螺纹连接常用防松方法举例

防松原理		防松方法		
摩擦防松 使螺纹副中产生附加压力，从而始终有摩擦力矩存在，防止螺母相对螺栓转动	轴向压紧	双螺母 两螺母对顶拧紧使螺纹压紧，但双螺母增加了重量	弹簧垫圈 利用垫圈弹性变形使螺纹压紧，但螺杆会受附加弯矩	开缝螺母 用小螺钉拧紧螺母上的开缝压紧螺纹
	径向压紧	锁紧螺母 利用螺母末端椭圆口的弹性变形箍紧螺栓，径向压紧螺纹	尼龙圈锁紧螺母 利用螺母末端的尼龙圈箍紧螺栓，径向压紧螺纹	紧定螺钉固定 垫 用紧定螺钉径向顶紧螺纹，为避免损坏螺纹可加软垫
机械防松 利用一些简易的金属止动件直接防止螺纹副的相对转动		开口销防松 拧紧螺母后，将开口销穿过螺母上的径向槽和螺栓上的孔，借此限制螺纹副的相对转动	止动垫圈防松 将垫圈上的舌耳卡在被连接件上的小孔中，拧紧螺母后，再将垫圈折起贴在螺母的侧面上，借此限制螺母的转动	金属丝防松 用拉紧的钢丝将各螺栓串联起来，防止连接松动。应注意，钢丝须有正确的穿行方向，否则起不到防松作用

（续）

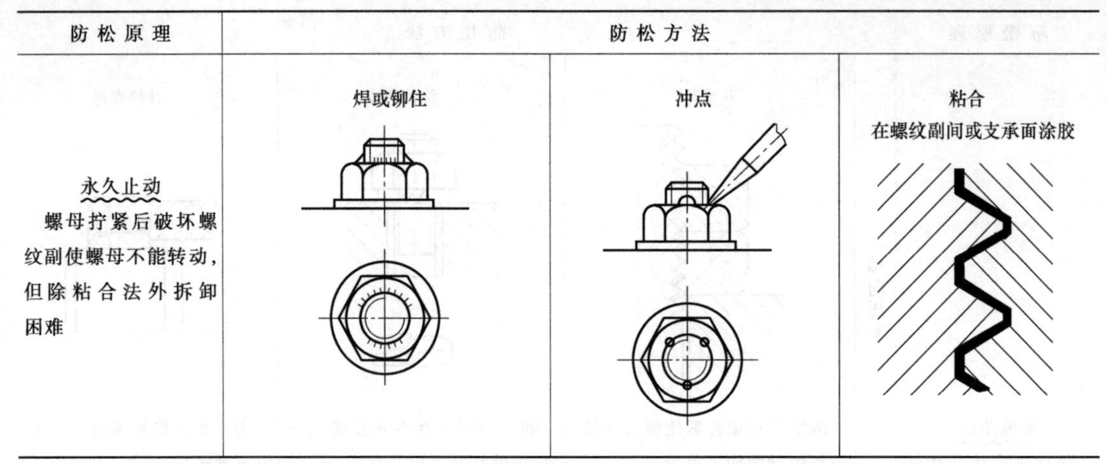

防松原理	防松方法		
永久止动 螺母拧紧后破坏螺纹副使螺母不能转动，但除粘合法外拆卸困难	焊或铆住	冲点	粘合 在螺纹副间或支承面涂胶

第三节　单个螺栓连接的强度计算

单个螺栓连接强度计算的目的，是确定保证连接正常工作所需的螺纹直径，进而据此选择标准螺纹连接件的尺寸规格。由于受拉螺栓连接、双头螺柱连接及螺钉连接的设计计算基本相同，故本节以螺栓连接为代表，讨论螺纹连接的强度计算问题。

在工程中，螺栓连接的受载形式基本上分为轴向载荷（外载荷沿螺栓轴线方向，图4-7）和横向载荷（外载荷垂直于螺栓轴线方向，图 4-8）两种。

承受横向载荷时，连接可用受拉螺栓（图 4-9a），也可用受剪螺栓（图 4-9b）。受拉螺栓连接由螺栓预紧力在被连接件接合面上产生的摩擦力来承受横向载荷，因此螺栓仅受预紧力。在受剪螺栓连接中，螺栓杆与铰制孔间是过渡配合，工作时螺栓在连接接合面处受剪切，并且螺栓杆和被连接件孔壁受挤压。

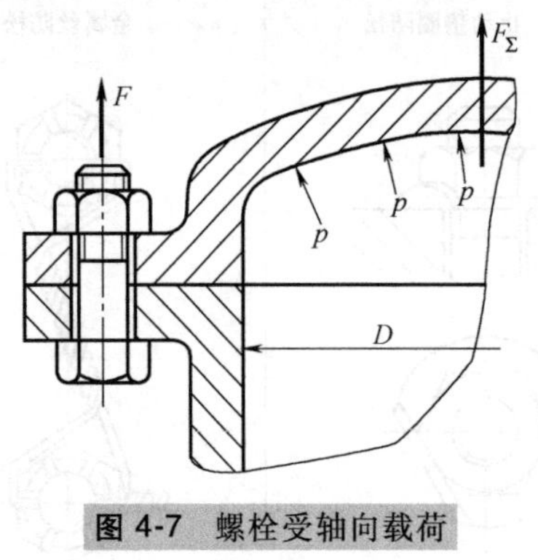

图 4-7　螺栓受轴向载荷

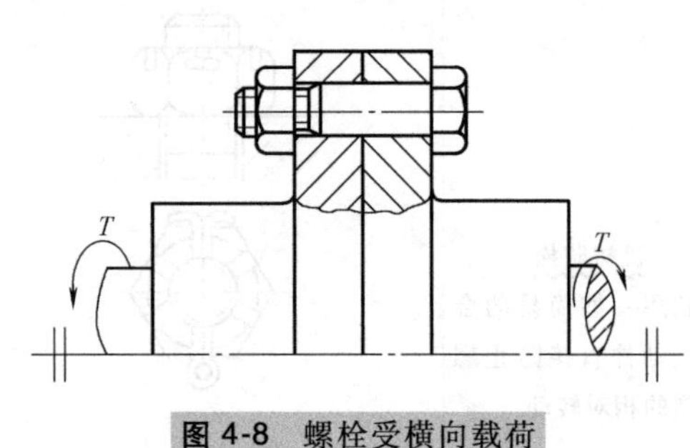

图 4-8　螺栓受横向载荷

螺栓连接承受轴向载荷时，应采用受拉螺栓，螺栓受轴向拉力。

下面按螺栓连接受力情况的不同，分别讨论其强度计算方法。

一、受剪螺栓（加强杆螺栓）连接的强度计算

受剪螺栓连接（图 4-9b）的主要失效形式有两种：①螺栓被剪断；②螺栓或孔壁被压

溃。因此需进行抗剪强度和抗挤压强度计算。此种连接的预紧力和接合面间的摩擦力均较小，强度计算时可忽略不计。

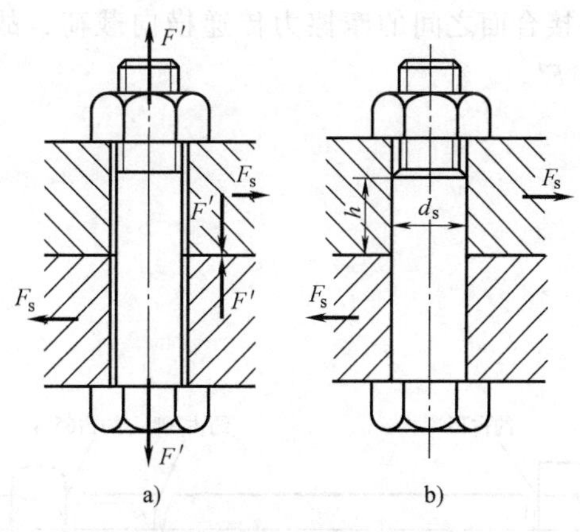

图 4-9　受横向载荷的连接

a）受拉螺栓连接　b）受剪螺栓连接

1. 螺栓杆的抗剪强度条件

$$\tau=\frac{4F_s}{\pi d_s^2 m}\leqslant[\tau] \tag{4-5}$$

式中　F_s——螺栓所受的工作剪力（N）；

m——螺栓受剪切面数；

d_s——螺栓受剪切面直径，即受剪螺栓的配合直径（mm）；

$[\tau]$——螺栓材料的许用切应力（MPa），见表 4-8。

2. 螺栓杆与孔壁间的抗挤压强度条件

$$\sigma_p=\frac{F_s}{d_s h}\leqslant[\sigma_p] \tag{4-6}$$

式中　h——计算对象的受挤压高度（mm）（图 4-9b）；

$[\sigma_p]$——计算对象材料的许用挤压应力（MPa），见表 4-8。

考虑到各零件的材料和受挤压高度可能不同，应以 $h[\sigma_p]$ 乘积小者为计算对象。

二、受拉螺栓（普通螺栓）连接的强度计算

受拉螺栓在静载荷作用下，螺栓的失效多为螺纹部分的塑性变形和断裂。在变载荷作用下，螺栓的失效多为螺杆部分的疲劳断裂，常发生在螺纹根部及有应力集中的部位，主要是在螺纹的第一承力圈处（图 4-10）。螺纹精度低或连接经常装拆时，也可能发生螺纹牙的剪切（俗称滑扣）。受拉螺栓连接的强度计算，主要是根据螺栓的抗拉强度条件确定或验算螺栓螺纹部分危险截面的尺寸。螺栓其他部分（螺纹牙、螺栓头、螺栓杆）和螺母、垫圈的结构尺寸，是根据等强度条件及使用经验设计的，一般无需进行强度计算，可按螺栓的公称直径从有关标准中查取。

1. 松螺栓连接的强度计算

装配松螺栓连接时，不需拧紧螺母，连接受载时，螺栓只承受工作拉力 F 而不受预紧力，例如图 4-11 所示的起重滑轮螺栓连接。螺栓螺纹部分的抗拉强度条件为

$$\sigma=\frac{4F}{\pi d_1^2}\leqslant[\sigma] \tag{4-7}$$

设计式为

$$d_1\geqslant\sqrt{\frac{4F}{\pi[\sigma]}} \tag{4-8}$$

式中　F——作用在螺栓上的轴向工作拉力（N）；

$[\sigma]$——螺栓的许用拉应力（MPa）见表 4-9；

d_1——螺纹小径，近似等于螺栓螺纹部分危险截面的当量直径（mm）。

2. 只受预紧力的紧螺栓连接强度计算

例如，图 4-9a 所示的承受横向载荷 F_s 的受拉螺栓连接即属此种类型。由于是靠被连接

件接合面之间的摩擦力传递横向载荷，故不论连接是否承受 F_s，螺栓本身都只承受预紧力 F'。

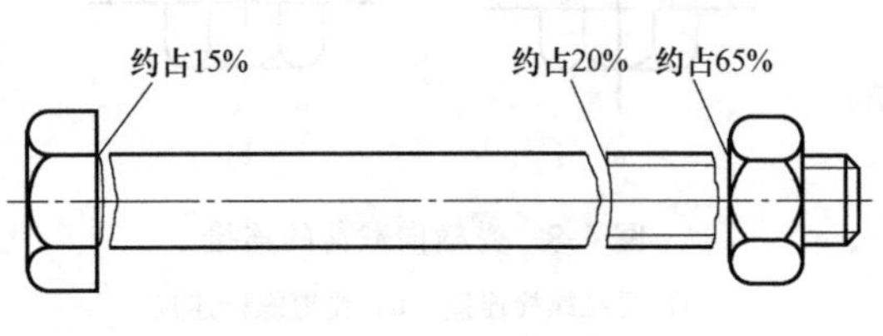

图 4-10　变载螺栓损坏部位示意图

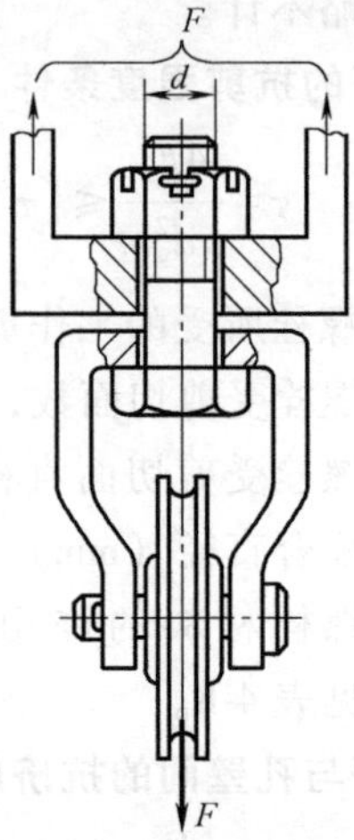

图 4-11　松螺栓连接示例

显然，在设计机械零件时，都应按最危险的情况和状态计算其强度。对于只受预紧力的受拉螺栓，最危险状态出现在装配时拧紧的过程中。在拧紧螺栓连接时，螺栓除了承受预紧力 F' 产生的正应力 σ 以外，同时还将承受拧紧力矩 T_1 产生的切应力 τ。

$$\sigma=\frac{4F'}{\pi d_1^2},\tau=\frac{T_1}{W_T}=\frac{F'\tan(\psi+\rho')\dfrac{d_2}{2}}{\pi d_1^3/16}=\frac{\tan\psi+\tan\rho'}{1-\tan\psi\tan\rho'}\frac{2d_2}{d_1}\frac{4F'}{\pi d_1^2}$$

对于 M10~M68 的普通螺纹的钢制螺栓，可取 $\tan\rho'\approx 0.17$，$d_2/d_1=1.03\sim1.05$，$\tan\psi=0.05$，则有 $\tau\approx0.5\sigma$。通常，可按第四强度理论计算螺栓的当量应力 σ_e，即

$$\sigma_e=\sqrt{\sigma^2+3\tau_T^2}\approx\sqrt{\sigma^2+3\times(0.5\alpha)^2}\approx1.3\sigma=\frac{4\times1.3F'}{\pi d_1^2}$$

则螺栓的抗拉强度条件为

$$\sigma_e=\frac{4\times1.3F'}{\pi d_1^2}\leqslant[\sigma] \tag{4-9}$$

设计式为

$$d_1\geqslant\sqrt{\frac{4\times1.3F'}{\pi[\sigma]}} \tag{4-10}$$

式中各参数的含义及单位同前。

式中的“1.3”相当于是将螺栓的预紧力 F' 加大了 30%，以计入拧紧力矩对螺栓强度的影响。

3. 受轴向静载荷的紧螺栓连接强度计算

图 4-7 所示压力容器的螺栓连接即属此种类型。装配时每个螺栓连接都必须预紧，螺栓承受预紧力 F'，工作时充入高压液体或气体后，又承受不变的轴向工作载荷 F。在计算这种螺栓连接的强度之前，需先计算螺栓所受的总拉力 F_0。下面利用图 4-12 分析连接的受力情况。

图 4-12a 表示螺母刚与被连接件接触但尚未拧紧的状态，此时各零件都不受力。

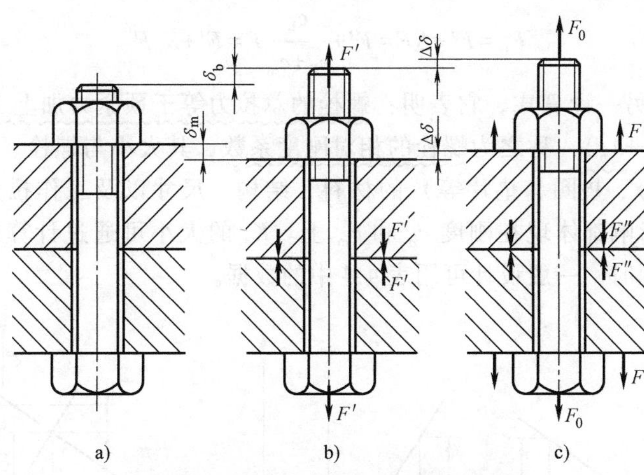

图 4-12　螺栓和被连接件的受力和变形

图 4-12b 表示预紧状态。拧紧螺母后，螺栓受预紧力 F'，其拉伸变形量为 δ_b；同时，被连接件受压，其所受压力（接合面间压紧力）大小等于预紧力 F'，压缩变形量为 δ_m。

图 4-12c 表示承受轴向工作载荷 F 以后的状态。螺栓的拉力由 F'增大为 F_0，其拉伸变形量相应增加了 $\Delta\delta$，此时螺栓的拉伸变形量为 $\delta_b+\Delta\delta$。在接合面未出现缝隙的情况下，由变形协调条件可知，被连接件随螺栓被进一步拉长而回弹，其压缩变形量将相应减小 $\Delta\delta$。此时被连接件的压缩变形量为 $\delta_m-\Delta\delta$，其所受压力（结合面间压紧力）由预紧时的 F'减小为 F''，称F''为剩余预紧力。

分析连接中一个被连接件的受力情况，由其静力平衡条件可得

$$F_0=F''+F \tag{4-11}$$

式（4-11）表明，螺栓的总拉力等于剩余预紧力与轴向工作载荷之和。

当螺栓和被连接件的变形都在弹性范围内时，其受力与变形之间的关系可用图 4-13 所示的载荷-变形线来表示，其中图 4-13a、b 所示分别为螺栓和被连接件的载荷-变形线。令螺栓和被连接件的刚度分别为 c_b 和 c_m，则 $F'=c_b\delta_b=c_m\delta_m$，$c_b=\tan\theta_b$，$c_m=\tan\theta_m$（$\theta_b$、$\theta_m$ 见图4-13）。为了便于分析，将图 4-13a 和 b 合并成图 4-13c。图 4-13c 中两条载荷-变形线的交点表示预紧状态。承受工作拉力 F 时，螺栓和被连接件之间的受力与变形关系如图 4-13c 所示。从图中几何关系可以看出：$F_0=F'+c_b\Delta\delta$，$F''=F'-c_m\Delta\delta$。由这两个式子再考虑式（4-11）则得

$$\Delta\delta=\frac{F_0-F'}{c_b}=\frac{F''+F-F'}{c_b}=\frac{F'-F''}{c_m}$$

对上式进行整理得

$$F''=F'-\frac{c_m}{c_b+c_m}F \tag{4-12}$$

则

$$F'=F''+\frac{c_m}{c_b+c_m}F \tag{4-13}$$

由图 4-13c 不难导出

$$\Delta F=\frac{c_b}{c_b+c_m}F$$

则螺栓的总拉力
$$F_0=F'+\Delta F=F'+\frac{c_b}{c_b+c_m}F=F'+K_cF \tag{4-14}$$

式（4-14）是 F_0 的另一计算式，它表明：螺栓的总拉力等于预紧力加上工作载荷的一部分。

式中 $K_c=c_b/(c_b+c_m)$，称之为螺栓的相对刚度系数，其大小与螺栓、被连接件及连接中的其他零件（如螺母、垫圈、垫片等）的材料、结构、尺寸以及工作拉力作用点的位置等有关，这些因素的影响都体现在刚度 c_b 和 c_m 上。K_c 的大小可通过计算或实测求出。螺栓和被连接件均为钢制时，一般设计可用表 4-4 中的数据。

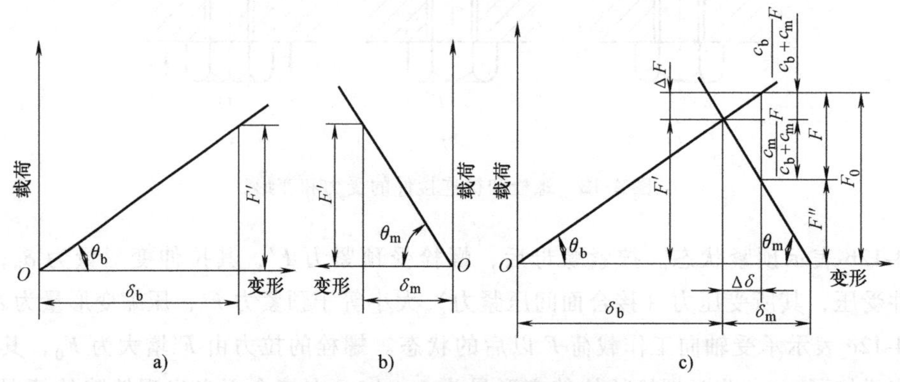

图 4-13　螺栓连接的受力变形关系图

表 4-4　螺栓的相对刚度系数 K_c

垫片材料	金属垫片或不用垫片	皮革垫片	铜皮石棉垫片	橡胶垫片
K_c	0.2~0.3	0.7	0.8	0.9

由式（4-12）可见，当工作载荷 F 增大到一定程度时，剩余预紧力将减小为零。这时如继续增大 F，被连接件接合面之间就会出现缝隙。为了保证连接的紧密性，必须维持一定的剩余预紧力。通常可根据工作载荷的性质选取剩余预紧力 F''，见表 4-5。

表 4-5　剩余预紧力的选取

工作情况		剩余预紧力 F''
无紧密性要求	工作载荷无变化	$F''=(0.2\sim0.6)F$
	工作载荷有变化	$F''=(0.6\sim1.0)F$
有紧密性要求（如压力容器的紧密连接等）		$F''=(1.5\sim1.8)F$
地脚螺栓		$F''=F$

在已知工作载荷 F 的前提下，选定 F'' 以后即可按式（4-13）计算满足紧密性要求所需的预紧力 F'，进而由式（4-11）或式（4-14）计算螺栓的总拉力 F_0。已知 F 和 F' 时，则可按式（4-12）验算接合面上的压紧力 F'' 是否满足紧密性要求。

总拉力为 F_0 时，螺栓螺纹部分拉应力 $\sigma=4F_0/\pi d_1^2$。考虑到螺栓连接在总拉力 F_0 的作用下可能需要补充拧紧，仿照式（4-9），计算时将总拉力 F_0 增加 30% 以考虑拧紧力矩产生的切应力 τ 的影响，故螺栓的抗拉强度条件为

$$\sigma_e=\frac{4\times1.3F_0}{\pi d_1^2}\leqslant[\sigma] \tag{4-15}$$

设计式为

$$d_1 \geqslant \sqrt{\frac{4\times1.3F_0}{\pi[\sigma]}} \tag{4-16}$$

式中各参数的意义同前。

4. 受轴向变载荷的紧螺栓连接强度计算

对于承受轴向稳定变载荷的螺栓连接，除用式(4-15)或式（4-16）按最大应力进行静强度计算外，还需按螺栓的应力幅进行疲劳强度计算。当工作载荷在 0 到 F 之间变化时，螺栓中总拉力在 F'和 F_0 之间变化，螺栓所受拉力变化幅度为$(F_0-F')/2=\left(\frac{c_b}{c_b+c_m}F\right)/2=\frac{K_cF}{2}$，如图 4-14 所示。故螺栓的疲劳强度条件为

$$\sigma_a=\frac{2K_cF}{\pi d_1^2}\leqslant[\sigma_a] \tag{4-17}$$

式中　$[\sigma_a]$——许用应力幅，按式（4-18）计算。

由式（4-17）可知：在相同变载荷下，垫片越硬螺栓应力幅越小。

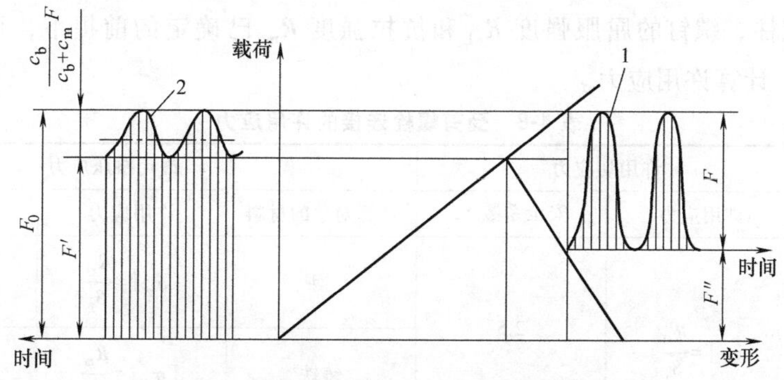

图 4-14　工作拉力变化时螺栓总拉力的变化

1—工作拉力变化　2—螺栓总拉力变化

三、螺纹连接件的许用应力

1. 性能等级和产品等级

对于螺栓、螺柱、螺钉及螺母等标准螺纹连接件，国家标准中按力学性能的不同为它们规定了性能等级。螺栓、螺柱、螺钉的性能等级见表 4-6。螺母的性能等级见表 4-7。

螺栓、螺柱、螺钉性能等级中的整数部分乘以 100 即为螺栓的公称抗拉强度 R_m，小数部分为屈强比 R_{eL}/R_m。例如：6.8 级螺栓的公称抗拉强度 R_m =600MPa，屈强比 R_{eL}/R_m = 0.8，则螺栓的公称屈服强度 $R_{eL}=0.8R_m=0.8\times600\text{MPa}=480\text{MPa}$。

需指出：规定性能等级的螺栓、螺母在图样上只注出性能等级，不应标出材料牌号。

另外，国家标准为螺纹连接件的产品按公差大小规定了 A、B、C 三种产品等级。并对每个产品等级的标准螺纹连接件都规定了具体的性能等级。例如，A、B 级六角头螺栓的性能等级为 8.8 级；C 级六角头螺栓的性能等级为 4.6 或 4.8 级。A 级的精度和性能等级最

高，用于要求配合精确、有冲击振动等重要场合的连接；B 级居中，多用于受载较大、经常装拆或调整的连接；C 级的精度和性能等级较低，多用于不重要的连接。

表 4-6 螺栓、螺柱、螺钉的性能等级（摘自 GB/T 3098.1—2010）

性能等级	4.6	4.8	5.6	5.8	6.8	8.8	9.8	10.9	12.9
抗拉强度 R_{mmin}/MPa	400	420	500	520	600	800	900	1040	1220
屈服强度 R_{eLmin}/MPa	240	340	300	420	480	640	720	940	1100

表 4-7 螺母的性能等级（摘自 GB/T 3098.2—2015）

螺母性能等级	5	6	8	10	12
相配螺栓、螺柱、螺钉的最高性能等级	5.8	6.8	8.8	10.9	12.9

注：螺母性能等级用与其相配的螺栓中最高性能等级的整数部分数字表示。

2. 许用应力

在螺栓、螺柱、螺钉的屈服强度 R_{eL} 和抗拉强度 R_m 已确定的前提下，可按表 4-8、表 4-9和式（4-18）计算许用应力。

表 4-8 受剪螺栓连接的许用应力

载荷性质	许用切应力		许用挤压应力		
	许用应力	安全系数 S_τ	计算对象的材料	许用应力	安全系数 S_p
静载荷	$[\tau]=\frac{R_{eL}}{S_\tau}$	2.5	钢	$[\sigma_p]=\frac{R_{eL}}{S_p}$	1.25
			铸铁	$[\sigma_p]=\frac{R_m}{S_p}$	2~2.5
变载荷		3.5~5	按静载荷的许用应力降低 20%~30%		

表 4-9 受拉螺栓的静强度计算许用应力

许用拉应力	安全系数						
		不控制预紧力时的安全系数 S					控制预紧力时的安全系数 S
		载荷性质	性能等级	M6~M16	M16~M30	M30~M60	
$[\sigma]=\frac{R_{eL}}{S}$	紧螺栓连接	静载荷	8.8 级以下	5~4	4~2.5	2.5~2	1.2~1.5
			8.8 级及以上	5.7~5	5~3.4	3.4~3	
		变载荷	8.8 级以下	12.5~8.5	8.5	8.5~12.5	
			8.8 级及以上	10~6.8	6.8	6.8~10	
	松螺栓连接：未经淬火的钢 $S=1.2$；经淬火的钢 $S=1.6$						

受轴向变载荷的紧螺栓连接，许用应力幅按下式计算

$$[\sigma_a]=\frac{\varepsilon_\sigma \sigma_{-1}}{K_\sigma S_a} \tag{4-18}$$

式中 ε_σ——螺栓的尺寸系数，见表 4-10；

σ_{-1}——螺栓材料在对称循环下的疲劳极限（MPa）；可用经验公式 $\sigma_{-1}=0.32R_m$ 近似计算；

K_σ——螺纹疲劳缺口系数，见表 4-10；

S_a——应力幅安全系数，控制预紧力时，$S_a=1.5\sim2.5$；不控制预紧力时，$S_a=2.5\sim4$。

表 4-10　螺纹疲劳缺口系数 K_σ，尺寸系数 ε_σ

螺栓直径 d/mm	≤12	16	20	24	28	32
螺栓尺寸系数 ε_σ	1.0	0.87	0.81	0.76	0.71	0.68

螺栓抗拉强度 R_m/MPa		400	600	800	1000
螺纹的疲劳缺口系数 K_σ	车制螺纹	3.0	3.9	4.8	5.2
	辗压螺纹	较上值减小 20%			

例 4-1　一钢制液压缸如图 4-15 所示，工作压力在 0~2.2MPa 之间变化，缸径 $D=160$mm，接合面间采用铜皮石棉垫片，试设计其缸盖的螺栓连接。

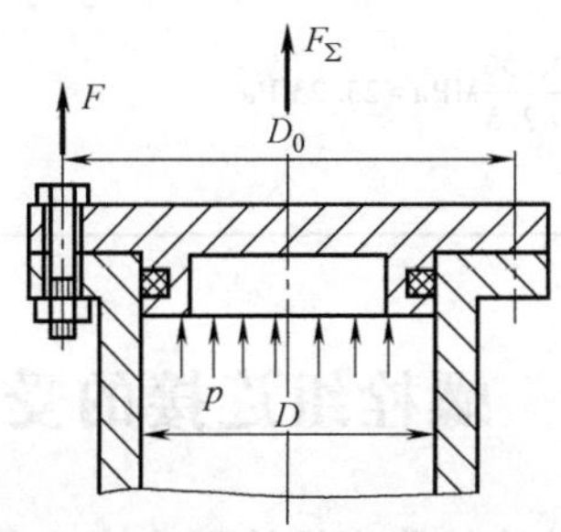

图 4-15　液压缸缸盖的螺栓连接

解

计算说明	主要结果
液压缸缸盖的螺栓连接属于受轴向变载荷的紧螺栓连接，按控制预紧力设计	
1. 计算螺栓最大工作拉力 F_{max}	
取螺栓数目 $z=6$，液压缸具有对称结构，各螺栓所受工作拉力相等	$z=6$
$F_{max}=\dfrac{p\pi D^2}{4z}=\dfrac{2.2\times3.14\times160^2}{4\times6}\text{N}=7.37\times10^3\text{N}$	$F_{max}=7.37\times10^3\text{N}$
2. 计算螺栓总拉力 F_{0max}	
由表 4-5 取剩余预紧力 $F''=1.8F_{max}$，由式（4-11）得	
$F_{0max}=F''+F=2.8F_{max}=2.8\times7.37\times10^3\text{N}=20.64\times10^3\text{N}$	$F_{0max}=20.64\times10^3\text{N}$
3. 按静强度计算螺栓直径	
选用 A 级六角头螺栓，性能等级为 8.8 级，$R_m=800$MPa，$R_{eL}=640$MPa，由表 4-9 取安全系数 $S=1.5$，则许用应力为	
$[\sigma]=\dfrac{R_{eL}}{S}=\dfrac{640}{1.5}\text{MPa}=426.7\text{MPa}$	
由式（4-16）得　$d_1\geqslant\sqrt{\dfrac{4\times1.3F_0}{\pi[\sigma]}}=\sqrt{\dfrac{4\times1.3\times20.64\times10^3}{3.14\times426.7}}\text{mm}=8.95\text{mm}$	

（续）

计算说明	主要结果
由手册查得 M12 螺栓 $d_1=10.106\text{mm}$，暂选取 M12 螺栓 4. 校核疲劳强度 查表 4-4 得，铜皮石棉垫片 $K_c=0.8$； 查表 4-10 得 $\varepsilon_\sigma=1$，$K_\sigma=4.8\times0.8=3.84$（商品螺栓均为碾压螺纹） 取安全系数 $S_\sigma=2.5$，$\sigma_{-1}=0.32R_m=0.32\times800\text{MPa}=256\text{MPa}$ 由式(4-17)得 $\sigma_a=\dfrac{2K_cF}{\pi d_1^2}=\dfrac{2\times0.8\times7.37\times10^3}{3.14\times10.106^2}\text{MPa}=36.75\text{MPa}$ 由式(4-18)得 $[\sigma_a]=\dfrac{\varepsilon_\sigma\sigma_{-1}}{K_\sigma S_a}=\dfrac{1\times256}{3.84\times2.5}\text{MPa}=26.67\text{MPa}$	初选 M12 螺栓 $\sigma_a>[\sigma_a]$ 不安全，M12 螺栓不可用
查手册再选 M16 螺栓，$d_1=13.835\text{mm}$。查表 4-10 得，$\varepsilon_\sigma=0.87$ $\sigma_a=\dfrac{2K_cF}{\pi d_1^2}=\dfrac{2\times0.8\times7.37\times10^3}{3.14\times13.835^2}\text{MPa}=19.16\text{MPa}$ $[\sigma_a]=\dfrac{\varepsilon_\sigma\sigma_{-1}}{K_\sigma S_a}=\dfrac{0.87\times256}{3.84\times2.5}\text{MPa}=23.2\text{MPa}$ 结果：选 6 个 M16 螺栓	 $\sigma_a<[\sigma_a]$ 安全

第四节　螺栓组连接的受力分析

由两个或两个以上螺栓组成的连接称为螺栓组连接，在机器上，多数情况下螺栓连接是成组使用的。为了便于加工和装配，设计螺栓组连接时，通常需遵循以下原则：①被连接件接合面的形状应尽量简单，常设计成圆形、矩形等对称的几何形状；②螺栓要均匀布置，且尽可能使螺栓组形心与被连接件接合面的形心重合；③全组应采用相同尺寸规格的螺栓；④对均布于同一圆周上的螺栓组连接，螺栓数目应取为便于等分圆周的数字，如 3、4、6、8、12 等；⑤相邻螺栓之间应有适当的间距。

对螺栓组连接进行受力分析与计算的目的，在于找出螺栓组中受力最大的螺栓，并计算其所受的工作载荷或所需的预紧力，以便据此计算螺栓组中单个螺栓的强度，进而确定螺栓的直径。

分析时假定：①被连接件为刚体；②各螺栓的拉伸刚度或剪切刚度（即螺栓的材质、直径和长度）及预紧力相同；③螺栓的变形在弹性范围之内。

下面讨论几种典型载荷作用下螺栓组连接的受力分析与计算。

一、承受轴向载荷 F_Σ

如图 4-7 所示，当所受轴向载荷 F_Σ 通过螺栓组形心时，螺栓组中各螺栓承受的轴向工作拉力 F 相等，则

$$F=\frac{F_\Sigma}{z} \tag{4-19}$$

式中　z——螺栓数。

如所受轴向载荷 F_{Σ} 不通过螺栓组形心，则应将其平移到螺栓组形心后，再按式(4-19）进行计算，但同时螺栓组连接受到一个倾覆力矩。

二、承受横向载荷 $F_{s\Sigma}$

图 4-16 所示为受横向载荷的螺栓组连接，其中图 4-16a 所示为采用受拉螺栓，图 4-16b 所示为采用受剪螺栓。当所受横向力作用于被连接件接合面上，且通过螺栓组形心时，螺栓组连接的受力计算如下：

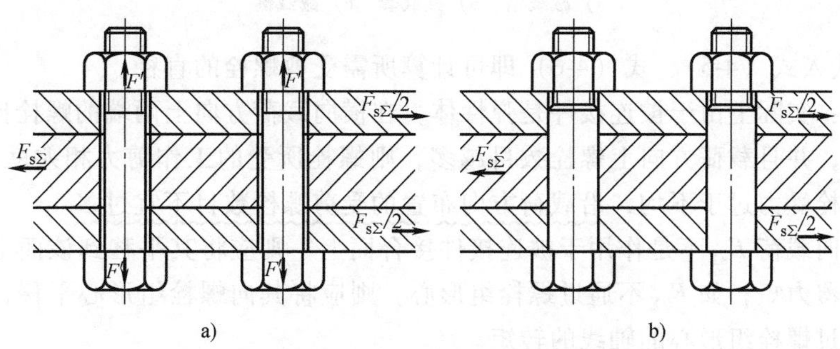

图 4-16　受横向载荷的螺栓组连接

a）用受拉螺栓　b）用受剪螺栓

1）采用受拉螺栓时，在各螺栓预紧力相同的假定下，如两被连接件之间的接合面数为 m，则螺栓组中所有 z 个螺栓产生的总摩擦力为 $zF'\mu_s m$。要保证两被连接件不产生相对滑动，应满足如下条件：

$$F'\mu_s mz \geqslant KF_{s\Sigma}$$

由此可得每个螺栓所需的预紧力为

$$F' \geqslant \frac{KF_{s\Sigma}}{z\mu_s m} \tag{4-20}$$

式中　K——可靠性系数，用于考虑摩擦传力不可靠对连接的影响，一般取 $K=1.1\sim1.3$；

μ_s——接合面的摩擦因数。对于钢或铸铁，干燥的接合面，$\mu_s=0.10\sim0.15$，沾有油污的接合面，$\mu_s=0.09\sim0.10$；对于未加工的钢构件表面 $\mu_s=0.3$。

由式（4-20）求得预紧力 F'后，再用式（4-10）计算所需螺栓的直径。

用受拉螺栓构成螺栓组连接，承受横向外载荷时，具有构造简单、装配方便等优点，但它要求施加很大的预紧力（如 $\mu_s=0.15$、$m=1$、$z=1$ 时，取 $K=1.2$，则 $F'=8F_s$），必将导致螺栓组的结构尺寸过大。为了避免上述缺点，可采用减载装置，即在连接结构上增设减载零件，如减载销、减载套、减载键（图 4-17），或者采用受剪螺栓连接（图 4-16b）。

2）采用受剪螺栓时，在被连接件为刚体和各螺栓剪切刚度相同的假设下，每个螺栓所承受的工作剪力 F_s 相等，则

$$F_s = \frac{F_{s\Sigma}}{z} \tag{4-21}$$

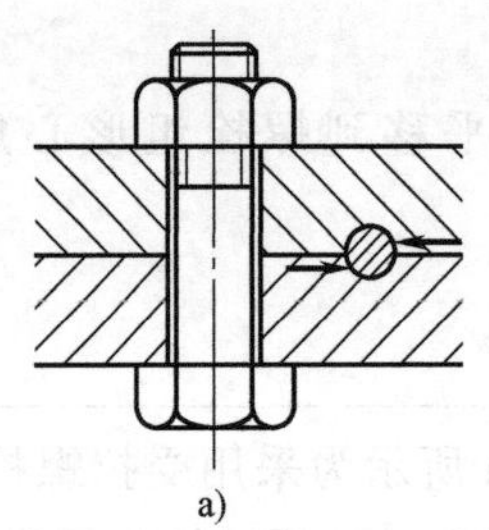
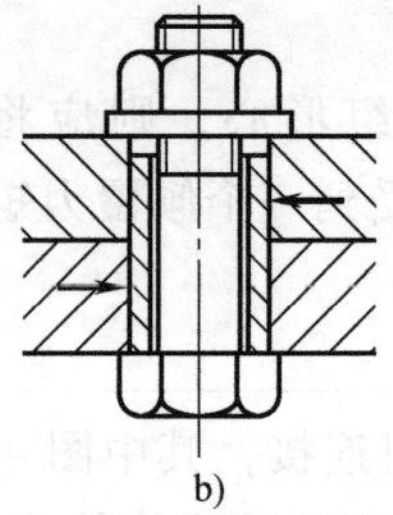
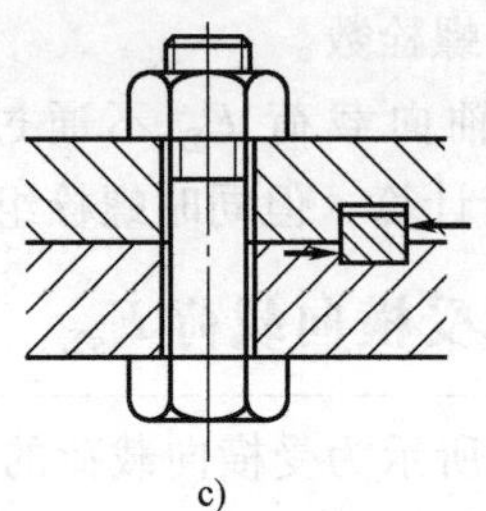

a) b) c)

图 4-17 减载装置

a）减载销 b）减载套 c）减载键

求得 F_s 后，代入式（4-5）、式（4-6）即可计算所需受剪螺栓的直径。

应当指出：实际上由于被连接件是弹性体，在横向载荷方向上两端的螺栓比中间螺栓所受工作剪力大，并且载荷方向上螺栓数目越多，则螺栓所受的工作剪力相差就越大。所以，为了避免各螺栓受力过于不均，沿载荷方向布置的受剪螺栓数目不宜过多。

如所受横向载荷 $F_{s\Sigma}$ 不是作用于被连接件接合面上，则应将其平移到该面上，但同时会派生出一个倾覆力矩；如 $F_{s\Sigma}$ 不通过螺栓组形心，则应将其向螺栓组形心平移，但同时会派生出一个绕通过螺栓组形心的轴线的转矩。

三、承受转矩 T

如图 4-18 所示，螺栓组连接在转矩 T 的作用下，被连接件的底板有绕通过螺栓组形心的轴线 $O—O$ 转动的趋势。螺栓组中各螺栓连接都将承受横向力。

1）采用受拉螺栓时，如图 4-18b 所示，转矩由连接预紧后在接合面间产生的摩擦力矩来传递。由于假定各螺栓预紧力相同，则各螺栓连接处产生的摩擦力均为 $F'\mu_s$。在 T 的作用下，假设每个螺栓处的摩擦力集中作用于螺栓中心，且垂直于螺栓中心与螺栓组形心的连线。那么，要保证底板在 T 作用下不转动，须满足

$$\mu_s F' r_1 + \mu_s F' r_2 + \cdots + \mu_s F' r_z \geqslant KT$$

由此得所需的螺栓预紧力为

$$F' \geqslant \frac{KT}{\mu_s(r_1 + r_2 + \cdots + r_z)} \tag{4-22}$$

式中 r_1，r_2，…，r_z——各螺栓中心到底板中心的距离（mm）；

K，μ_s——同前述。

求出所需 F'后，代入式（4-10）即可计算所需螺栓的直径。

2）当采用受剪螺栓时，如图 4-18c 所示。根据被连接件为刚体的假定，可知螺栓的变形协调条件为：各螺栓的剪切变形量与螺栓中心至底板中心的距离 r_i 成正比。又由于假定各螺栓的剪切刚度相同，所以各螺栓所受的工作剪力 F_{si}也与 r_i 成正比，即

$$\frac{F_{s1}}{r_1} = \frac{F_{s2}}{r_2} = \cdots = \frac{F_{sz}}{r_z}$$

如图 4-18c 所示，在 T 的作用下，各螺栓所受的工作剪力 F_{si}必然垂直于 r_i。如忽略接合面间的摩擦力，则根据底板的静力平衡条件得

$$F_{s1} r_1 + F_{s2} r_2 + \cdots + F_{sz} r_z = T$$

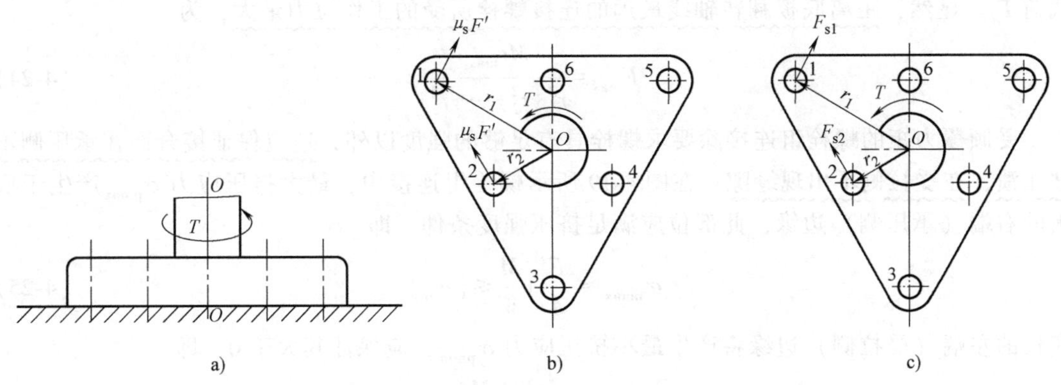

图 4-18 承受转矩的螺栓组

a）连接受转矩 T b）用受拉螺栓连接 c）用受剪螺栓连接

由上述两式可得到，距离底板中心最远的螺栓所受的工作剪力最大，为

$$F_{smax}=\frac{Tr_{max}}{r_1^2+r_2^2+\cdots+r_z^2} \tag{4-23}$$

将式（4-23）计算的 F_{smax} 代入式（4-5）、式（4-6）即可计算所需螺栓的直径。

四、承受倾覆力矩 M

图 4-19 所示为承受倾覆力矩 M 的螺栓组连接，安装时各螺栓连接需要预紧。在 M 作用下，底板有绕通过螺栓组形心的轴线 $O—O$ 翻转的趋势。由于 M 的作用，底板在各连接螺栓处所受的载荷如图 4-19 所示。$O—O$ 轴线左侧各螺栓承受轴向工作拉力；$O—O$ 轴线右侧底板接合面承受工作压力，这对于 $O—O$ 轴线右侧各螺栓来讲，相当于承受了负的轴向工作拉力。由式（4-12）和式（4-14）可知，承受负的轴向工作拉力时，接合面间的压紧力将大于预紧时的压紧力 F'，而螺栓所受的拉力 F_0 将小于预紧力 F'。

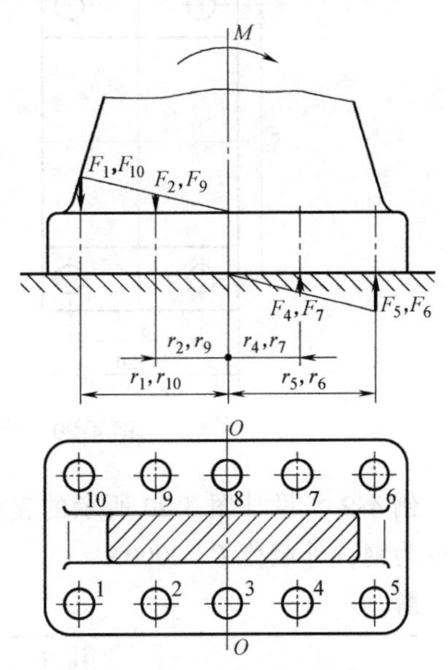

图 4-19 受倾覆力矩的螺栓组

为简化计算，假设：受 M 作用时有翻转趋势的被连接件（底板）为刚体，而另一被连接件（基座）为弹性体。

在上述假设下，各螺栓的拉伸变形量与螺栓中心到底板翻转轴线的距离 r_i 成正比。又由于各螺栓的拉伸刚度相同，所以，各螺栓所受的轴向工作载荷 F_i 也与 r_i 成正比。即

$$\frac{F_1}{r_1}=\frac{F_2}{r_2}=\cdots=\frac{F_z}{r_z}$$

由底板的静力平衡条件得

$$F_1r_1+F_2r_2+\cdots+F_zr_z=M$$

联立上述两式可求得每个连接螺栓所承受的轴向工作

载荷 F_i。显然，距离底板翻转轴线最远的连接螺栓所受的工作拉力最大，为

$$F_{\max}=\frac{Mr_{\max}}{r_1^2+r_2^2+\cdots+r_z^2} \tag{4-24}$$

受倾覆力矩的螺栓组连接除要求螺栓具有足够的强度以外，还应保证接合面在承压侧不被压溃，在受拉侧不出现缝隙。在图 4-19 所示螺栓组连接中，最大挤压应力 σ_{pmax} 产生于底板的右端（承压侧）边缘，此部位应满足挤压强度条件，即

$$\sigma_{\text{pmax}}\approx\frac{zF'}{A}+\frac{M}{W}\leqslant[\sigma_{\text{p}}] \tag{4-25}$$

底板的左端（受拉侧）边缘将产生最小挤压应力 σ_{pmin}，应保证其大于 0，即

$$\sigma_{\text{pmin}}\approx\frac{zF'}{A}-\frac{M}{W}>0 \tag{4-26}$$

式中 F'——螺栓的预紧力（N）；

z——螺栓数；

A——接合面的面积（mm^2）；

W——接合面的抗弯截面系数（mm^3）；

$[\sigma_{\text{p}}]$——两被连接件中较弱者的许用挤压应力（MPa），见表 4-8。

应当指出：受转矩 T 和倾覆力矩 M 作用的螺栓组，螺栓布置尽量远离回转中心或翻转轴线，更能发挥螺栓的工作能力。

以上介绍了螺栓组连接的基本受载形式。在工程实际中，螺栓组连接所承受的外载荷往往可以简化为几种基本受载形式的组合。例如：图 4-20 所示的螺栓组连接，工作时所受外载荷只有 F。但将其分解并向螺栓组形心和底板接合面平移后，F 可转化为轴向载荷 F_{H}、横向载荷 F_{V} 和倾覆力矩 M 三种基本受载形式的组合。

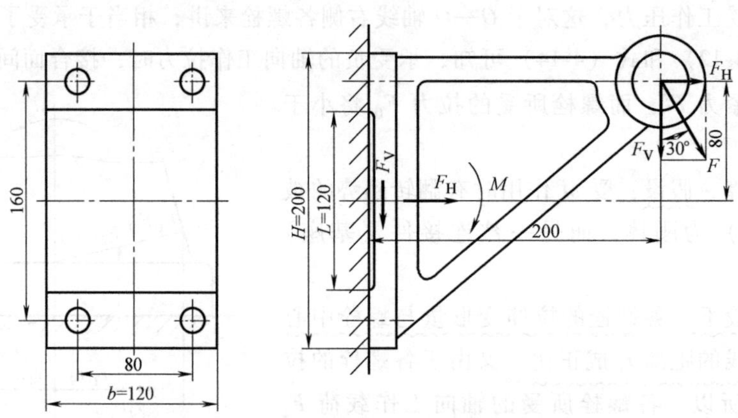

图 4-20 受一斜力的支架底板螺栓组受力分析

例 4-2 设计图 4-20 所示的支架底板螺栓组连接。支架材料为 HT200，立柱为钢，外载荷 $F=2000\text{N}$。

扫码看视频

解

计算与说明	主要结果
采用受拉螺栓，螺栓数 $z=4$	$z=4$

（续）

计算与说明	主要结果
1. 载荷分析	
外载荷 F 可分解为	
轴向载荷 $F_H=F\sin30°=2000\times0.5\text{N}=1000\text{N}$	$F_H=1000\text{N}$
横向载荷 $F_V=F\cos30°=2000\times0.866\text{N}=1732\text{N}$	$F_V=1732\text{N}$
倾覆力矩 $M=F_H\times80+F_V\times200=(1000\times80+1732\times200)\text{N}\cdot\text{mm}=4.26\times10^5\text{N}\cdot\text{mm}$	$M=4.26\times10^5\text{N}\cdot\text{mm}$
2. 计算螺栓的工作拉力	
由 F_H 产生的工作拉力 $F_1=\frac{F_H}{z}=\frac{1000}{4}\text{N}=250\text{N}$	
由式（4-24）计算 M 产生的工作拉力 $F_2=\frac{M\times80}{4\times80^2}=\frac{4.26\times10^5\times80}{4\times80^2}\text{N}=1331\text{N}$	
受力最大螺栓的总工作拉力 $F=F_1+F_2=(250+1331)\text{N}=1581\text{N}$	$F=1581\text{N}$
3. 计算每个螺栓所需的预紧力	
横向载荷 F_V 将使底板下滑，采用受拉螺栓时靠摩擦力来承受；F_H 将抵消一部分预紧力，所以靠剩余预紧力产生摩擦力来承受 F_V。M 对摩擦力无影响，因为在 M 的作用下，上半部的压力减小，但下半部压力将增大，两者相互抵消。所以保证不下滑的条件是 $$z\mu_s F''\geqslant KF_V$$	
则 $$F''\geqslant\frac{KF_V}{z\mu_s}$$	
由式（4-12）知 $$F''=F'-\frac{c_m}{c_b+c_m}\frac{F_H}{z}$$	
则 $$F'\geqslant\left(\frac{KF_V}{\mu_s}+\frac{c_m}{c_b+c_m}F_H\right)\Big/z$$	
取 $K=1.2$，$K_c=0.3$，即 $\frac{c_m}{c_b+c_m}=1-0.3=0.7$，$\mu_s=0.3$，则 $$F'\geqslant\left[\left(\frac{1.2\times1732}{0.3}+0.7\times1000\right)\Big/4\right]\text{N}=1907\text{N}$$	
取 $F'=2000\text{N}$。	$F'=2000\text{N}$
4. 计算螺栓直径	
由式（4-14）得受力最大螺栓总拉力 $$F_0=F'+K_cF=(2000+0.3\times1581)\text{N}=2474\text{N}$$	$F_0=2474\text{N}$
选 4.6 级六角头螺栓，查表 4-6 得 $R_{eL}=240\text{MPa}$，不控制预紧力，初估直径 $d=12\text{mm}$，查表 4-9 取安全系数 $S=4.4$，则 $[\sigma]=240/4.4\text{MPa}=54.5\text{MPa}$。	
螺纹部分危险截面直径 $d_1\geqslant\sqrt{\frac{4\times1.3F_0}{\pi[\sigma]}}=\sqrt{\frac{4\times1.3\times2474}{\pi\times54.5}}\text{mm}=8.67\text{mm}$	
查设计手册，选 M12mm，$d_1=10.106\text{mm}>8.67\text{mm}$，满足要求且与初估相符。	选 4.6 级 M12 螺栓
5. 校核铸铁底座下缘是否压溃	
预紧时结合面上挤压应力 $\sigma_{F'}=\frac{zF'}{A}=\frac{4\times2000}{120\times80}\text{MPa}=0.83\text{MPa}$	
因 F_H 作用使挤压应力减小，得 $\sigma_{FH}=\frac{c_m}{c_b+c_m}F_H/A=\frac{0.7\times1000}{120\times80}\text{MPa}=0.07\text{MPa}$	

（续）

计算与说明	主要结果
因 M 作用使底座上缘挤压应力减小，下缘挤压应力增大，由 M 产生的挤压应力 σ_M 可近似按弯曲应力计算 结合面抗弯截面系数 $W=\frac{b}{6H}(H^3-L^3)=\frac{120}{6\times200}(200^3-120^3)\ mm^3=6.27\times10^5 mm^3$ $\sigma_M=\frac{M}{W}=\frac{4.26\times10^5}{6.27\times10^5}MPa=0.68MPa$	
下缘挤压应力 $\sigma_{pmax}=\sigma_{F'}-\sigma_{FH}+\sigma_M=(0.83-0.07+0.68)\ MPa=1.44\ MPa$	$\sigma_{pmax}=1.44MPa$
铸铁许用挤压应力查表 4-8，取安全系数 $S_p=2$。 $[\sigma_p]=R_m/S_p=(200/2)MPa=100MPa\gg1.44MPa$	$[\sigma_p]=100MPa$ 安全
6. 校核底座上缘是否开缝 $\sigma_{pmin}=\sigma_{F'}-\sigma_{FH}-\sigma_M=(0.83-0.07-0.68)MPa=0.08MPa>0$	$\sigma_{pmin}=0.08MPa$ 底座承载后不会开缝

第五节　提高螺栓连接强度的措施

螺栓连接的强度主要决定于螺栓的强度，因此，深入分析影响螺栓强度的因素和提高螺栓强度的措施，对提高连接的承载能力十分重要。影响螺栓强度的因素很多，除了前面已经涉及的材质和尺寸参数外，还有螺纹牙载荷分布、应力幅、应力集中和附加应力等。

一、改善螺纹牙载荷分布不均现象

螺栓连接承载后，载荷是通过螺栓和螺母的螺纹牙面来传递的。由于螺栓和螺母的刚度和变形性质不同，旋合的各圈螺纹牙的载荷分布是不均匀的。如图 4-21 所示，螺杆受拉伸，螺距增大；螺母受压缩，螺距减小。而两者螺纹始终是旋合贴紧的，因此，这种螺距变化差主要靠旋合各圈螺纹牙的变形来补偿。由图可见，螺距变化差以旋合的第一圈螺纹最大，显然螺纹牙的受力也以此圈为最大，占全部载荷的 30% 以上。以后各圈递减，到第 8~10 圈以后螺纹牙几乎不受力。所以说采用厚螺母、过多增加旋合圈数对提高连接强度的作用不大。

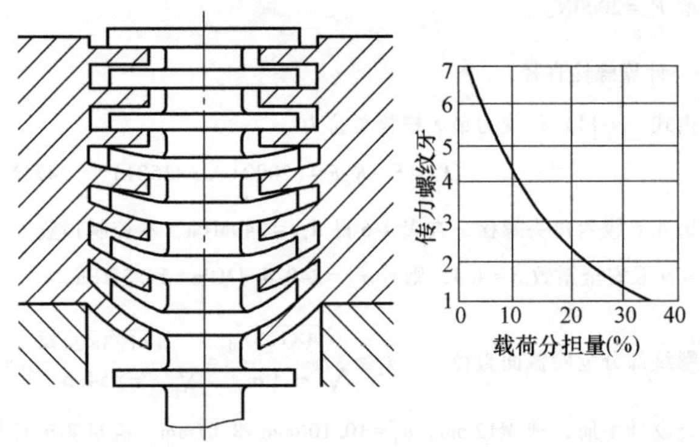

图 4-21　螺杆和螺母的螺纹牙受力和变形示意图

为了使各圈螺纹牙受载均匀，可采用如下方法：

（1）采用悬置螺母（图 4-22a）　悬置螺母的旋合部位与螺栓的变形性质相同（均为受拉），从而减小了两者的螺距变化差，因此改善了各旋合螺纹牙间的载荷分布，可提高螺栓疲劳强度约 40%。自行车辐条上的螺母即为悬置螺母的实例。采用环槽螺母（图 4-22b）可使螺母上靠近支承面处与螺栓的变形性质相同，且因该处螺母柔性增大，易于变形，从而使各圈螺纹受载比较均匀。

（2）采用内斜螺母（图 4-22c） 将螺母旋入端受力大的几圈螺纹切去一部分，制成 20°～30°的内锥，使螺栓旋合段原来受力最大的几圈螺纹牙的受力点逐渐外移，刚度逐渐变小，因此使螺栓旋合段下部螺纹牙的载荷分布趋于均匀，可使螺栓疲劳强度提高约 20%。采用弹性模量较低的材料制造螺母，与钢制螺栓相配时也有类似的作用。

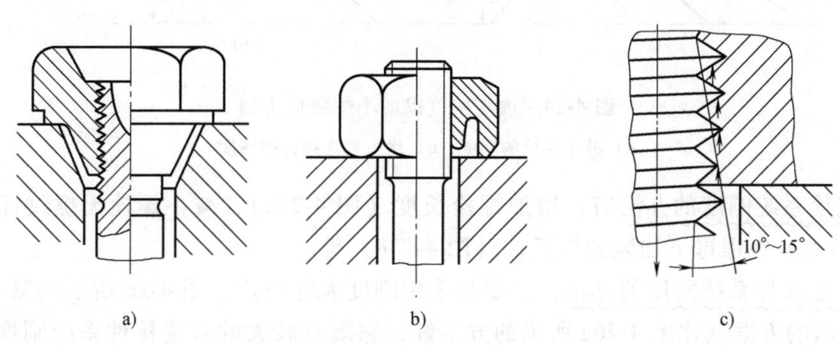

图 4-22 均载螺母

a）悬置螺母 b）环槽螺母 c）内斜螺母

（3）采用钢丝螺套（图 4-23） 用菱形截面的钢丝绕成的类似螺旋弹簧的钢丝螺套旋入螺纹孔中，可以减轻螺纹牙受力不均，并具有缓冲减振作用，可提高连接的疲劳强度约 30%。若旋入有色金属材料的螺纹孔中，可大大提高有色金属螺纹孔的强度。锁紧型钢丝螺套还有防松作用。钢丝螺套上的安装柄用于螺套安装，在螺套装妥后，将其从缺口处折断。

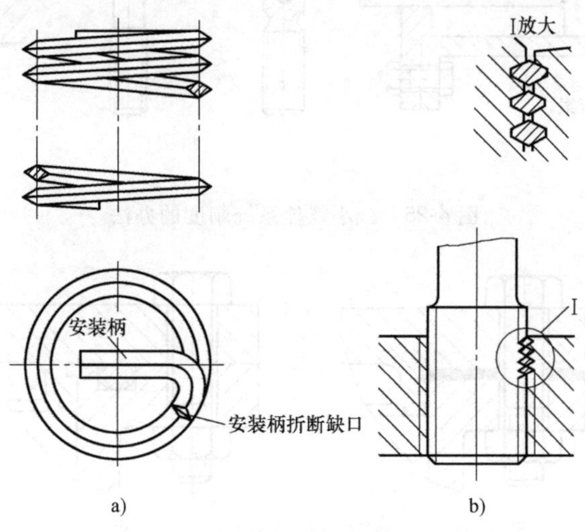

图 4-23 钢丝螺套

二、减小螺栓的应力幅

理论与实践证明，螺栓最大应力一定时，应力幅越小，螺栓越不容易发生疲劳。在工作拉力和剩余预紧力不变的情况下，减小螺栓系统刚度 c_b 或增大被连接件系统的刚度 c_m 都能使螺栓应力幅减小（图 4-24），但是，这将导致保证紧密性所需的预紧力相应增大。

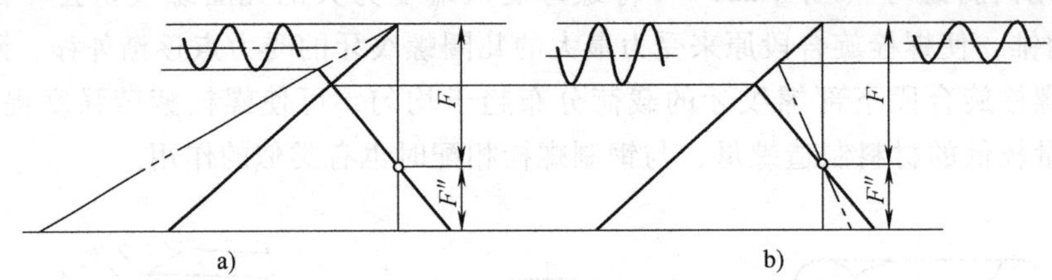

图 4-24 改变刚度以减小螺栓应力幅

a）减小螺栓的刚度 b）增大被连接件的刚度

减小螺栓系统刚度的办法有：增加螺栓长度（图 4-25a），减小螺栓无螺纹部分的截面积（图 4-25b），在螺母下加装弹性元件（图 4-25c）等。

增大被连接件系统刚度的办法，主要是采用刚度大的垫片。图 4-26 所示的紧密连接中，图 4-26b 所示的方案就比图 4-26a 所示的方案好，它既有较大的被连接件系统刚度，又有较好的密封性。但也应指出，采用刚度较低的垫片可以减小保证紧密性所需的预紧力，在静载时仍多用软垫片。

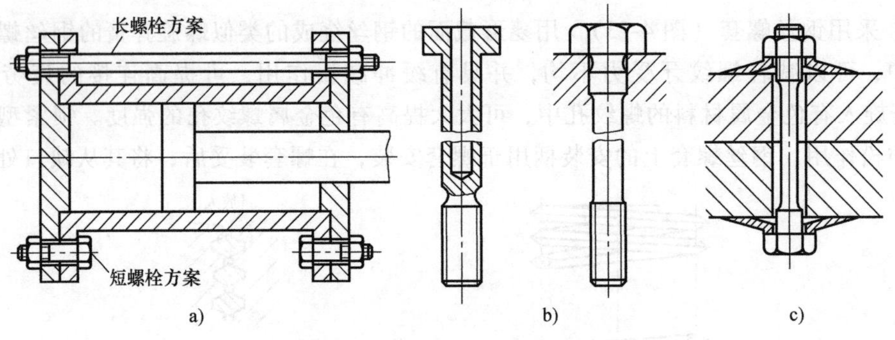

图 4-25 减小螺栓系统刚度的办法

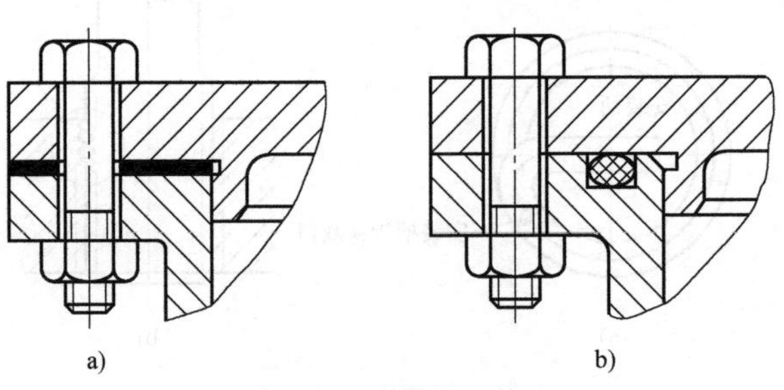

图 4-26 两种密封方案

三、减少附加弯曲应力

螺栓的附加应力主要是由偏载引起的弯曲应力。螺纹牙根对弯曲很敏感，所以弯曲应力是引起螺栓断裂的主要因素。

产生弯曲应力的原因很多，如被连接件、螺母或螺栓头部的支承面粗糙不平或倾斜（图 4-27a、b），被连接件因刚度不够而弯曲（图 4-27c）等。图 4-28 所示的钩头螺栓是典型的受偏心载荷螺栓，偏载所引起的附加弯曲应力 $\sigma_W=Fe/(\pi d_1^3/32)=[F/(\pi d_1^2/4)](8e/d_1)$，若 $e=d_1$，则 $\sigma_W=8\sigma$，即附加弯曲应力为 F 产生的拉应力的 8 倍。由此可见，应当尽量避免偏载的产生，钩头螺栓应尽量少用。

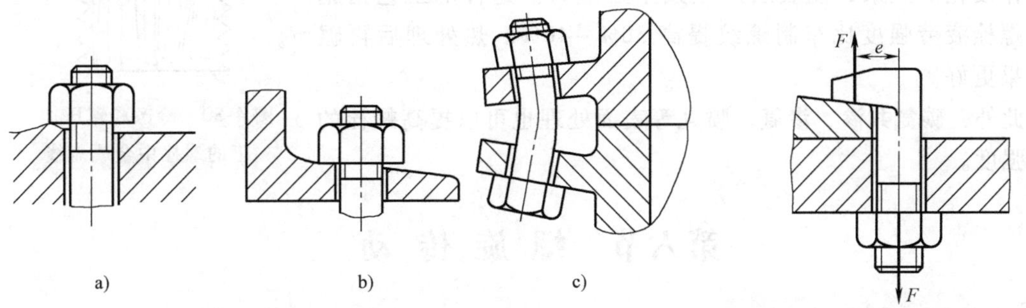

图 4-27 螺栓附加弯曲应力的产生

图 4-28 钩头螺栓受偏心载荷情况

几种减小或避免弯曲应力的结构措施如图 4-29 所示，主要是从工艺上保证被连接件上螺母或螺栓头的支承面与螺栓孔的轴线相垂直。

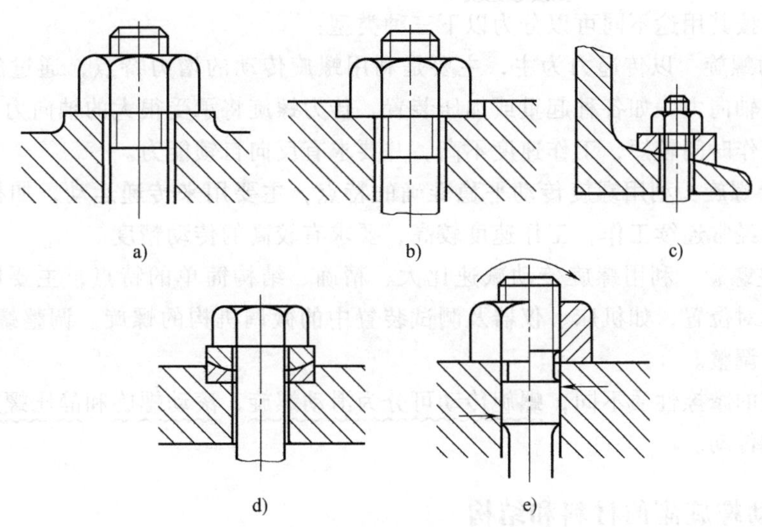

图 4-29 减小螺栓弯曲应力的措施

a）铸出凸台后锪平 b）加工出沉头座 c）采用斜垫圈
d）采用球面垫圈 e）带有腰环的螺栓

四、其他措施

减小应力集中可以提高螺栓的疲劳强度，如在螺栓头和螺栓杆的过渡处加大圆角半径、设置卸载槽等。但应注意，采用特殊结构的非标准螺栓会增加制造成本，因此，对于一般用途的连接不宜采用。

采用合理的制造工艺，不仅可以提高螺栓强度，还可以提高生产率、降低成本、节约钢材。例如，采用冷镦法制造螺栓头部和辗压加工螺纹，除可降低应力集中外，冷镦和辗压工艺将使材料纤维不被切断，金属流线走向合理（图4-30），而且有冷作硬化的效果，使表层产生残余压应力。这样的工艺措施可使螺栓疲劳强度比车制螺纹提高30%～40%。热处理后再辗压效果更好。

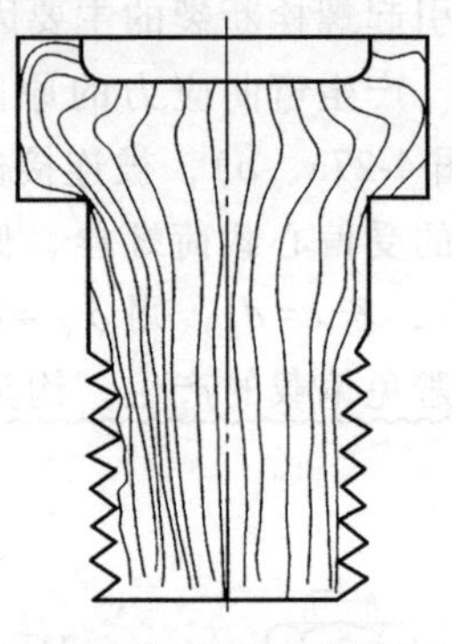

图4-30 冷镦和辗压加工的螺栓中金属流线

此外，碳氮共渗、渗氮、喷丸等表面处理也可以提高螺栓的疲劳强度。

第六节 螺旋传动

螺旋传动利用螺杆和螺母组成的螺旋副来实现传动要求，主要用来把回转运动变为直线运动，同时传递动力。

螺旋传动具有以下特点：在主动件上作用一较小的力矩时，可使从动件得到很大的轴向力；螺杆转一周，螺母只移动一个导程，可以得到大的减速比；传动均匀准确，可以得到较高的传动精度；传动易于实现反向自锁；传动平稳，结构简单等。

螺旋传动按其用途不同可以分为以下三种类型：

（1）传力螺旋　以传递力为主，主要是利用螺旋传动的增力特点，通过施加较小的转矩产生较大的轴向力，如各种起重或加压装置。传力螺旋将承受很大的轴向力，一般为间歇工作，每次工作时间较短，工作速度不高，并要求有反向自锁能力。

（2）传导螺旋　利用螺旋传动平稳准确的特点，主要用来传递运动，如机床的进给丝杠。这种螺旋经常连续工作，工作速度较高，要求有较高的传动精度。

（3）调整螺旋　利用螺旋传动减速比大、精确、结构简单的特点，主要用于调整、固定零部件的相对位置，如机床、仪器及测试装置中的微调机构的螺旋。调整螺旋不常转动，一般在空载下调整。

按螺纹间的摩擦性质不同，螺旋传动可分为滑动螺旋、滚动螺旋和静压螺旋。本节重点介绍滑动螺旋传动。

一、滑动螺旋副的材料和结构

螺杆的材料应具有足够的强度和耐磨性，良好的可加工性，对于精密传动螺旋，还要求在热处理后有较高的尺寸稳定性。螺母的材料除要求具有足够的强度外，还要求与螺杆配合传动时摩擦因数小，耐磨性好，抗胶合能力高。滑动螺旋传动常用材料见表4-11。

滑动螺旋传动采用梯形、矩形或锯齿形螺纹。螺母结构有整体螺母和开合螺母两种。螺旋副间一般总存在间隙，磨损后间隙加大，当螺杆反向运动时将产生空程。所以，对精度要求高的螺旋，应采取消除间隙的措施。开合螺母能在径向或轴向调整间隙（图4-31），并能方便地与螺杆脱开和接合。图4-32a、b分别为用圆螺母定期调节轴向间隙和用弹簧张紧而自动消除间隙的螺母结构。

表 4-11　滑动螺旋传动常用材料

螺旋传动件	工作条件	常用材料
螺杆	一般传动	Q275、Y40Mn、40、50
	重要丝杠	T10、T12、65Mn、40Cr、40MnB、20CrMnTi
	精密丝杠	9Mn2V、CrWMn、38CrMoAl
螺母	一般传动	ZCuSn10P1、ZCuSn5Pb5Zn5
	低速重载	ZCuAl10Fe3、ZCuZn25Al6Fe3Mn3
	低速轻载	耐磨铸铁、灰铸铁

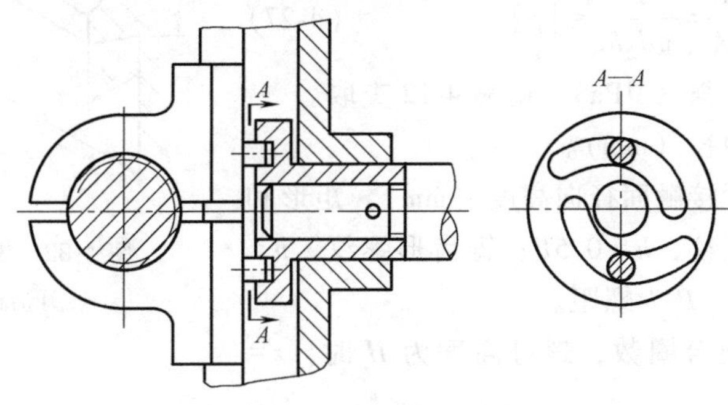

图 4-31　开合螺母

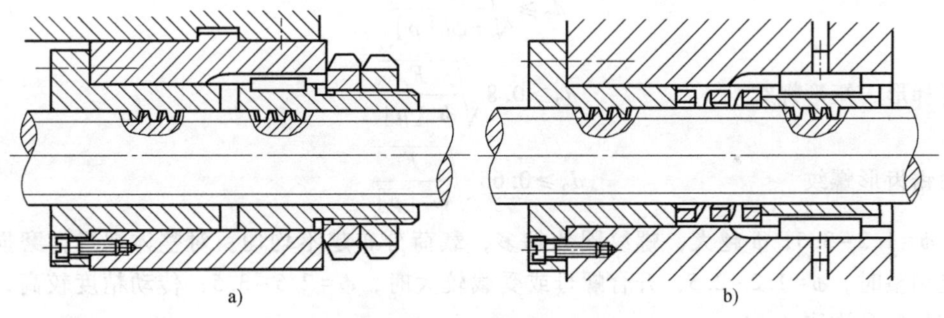

图 4-32　轴向可消除间隙的螺母

a）用螺母定期调节螺纹间隙　b）用弹簧自动消除螺纹间隙

二、滑动螺旋传动的计算

设计螺旋传动所需已知条件包括轴向载荷、运动速度和运动范围等。滑动螺旋传动的失效形式多为螺纹牙磨损，因此，螺杆直径和螺母高度通常由耐磨性计算确定。传力较大时，应当验算螺杆危险截面的强度和螺纹牙的强度。要求自锁时，应校核螺旋副的自锁条件。要求运动精确时，还应校核螺杆的刚度，此时螺杆直径往往由刚度决定。对于长径比很大的受压螺杆，应校核其稳定性。

考虑到螺杆受力情况复杂并有刚度和稳定性问题，计算其螺纹部分的强度和刚度时，截面积和惯性矩等可按螺纹小径 d_1 计算。

1. 耐磨性计算

由于螺母的材料一般比螺杆的材料软，所以磨损主要发生在螺母的螺纹牙表面。滑动螺旋的磨损与螺纹牙工作面上的压强、滑动速度、螺纹牙表面粗糙度以及润滑状态等因素有关。其中最主要的是螺纹牙工作面上的压强，其他因素的影响尚无完善的计算方法。所以，耐磨性计算主要是限制螺纹牙工作面的压强不超过许用值，即$p \leqslant [p]$。

假定轴向载荷 F 均匀分布在旋合的每一圈螺纹牙工作表面上（图 4-33），则其表面压强的校核式为

$$p=\frac{F}{A}=\frac{F}{\pi d_2 hz}\leqslant [p] \tag{4-27}$$

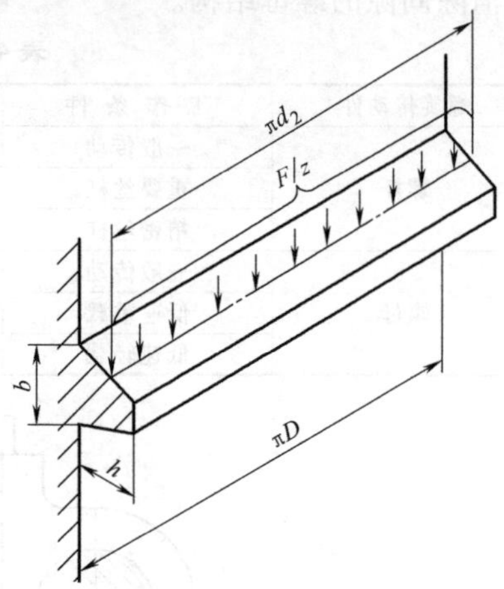

图 4-33 螺母上一圈螺纹展开后的受力分析

式中 $[p]$——许用压强（MPa），由表 4-12 查取。

d_2——螺纹中径（mm）。

h——螺纹牙接触面径向高度（mm）。矩形和梯形螺纹，$h=0.5P$；锯齿形螺纹，$h=0.75P$，P 为螺距。

z——螺纹旋合圈数，螺母高度为 H 时，$z=H/P$。

引入 $H=\phi d_2$ 和 $z=H/P$，式（4-27）可转化为设计式，即

$$d_2 \geqslant \sqrt{\frac{FP}{\pi\phi h[p]}} \tag{4-28}$$

对梯形、矩形螺纹 $$d_2 \geqslant 0.8\sqrt{\frac{F}{\phi\ [p]}}$$

对锯齿形螺纹 $$d_2 \geqslant 0.65\sqrt{\frac{F}{\phi\ [p]}}$$

式中，$\phi=1.2\sim3.5$，ϕ 越大，螺纹圈数越多，载荷分布越不均匀。对整体螺母，磨损后间隙不能调整时，$\phi=1.2\sim2.5$；开合螺母或受载较大时，$\phi=2.5\sim3.5$；传动精度较高，要求寿命较长时允许取 $\phi=4$。

表 4-12 滑动螺旋材料的许用压强 [p]

材料		滑动速度/m·s^{-1}	[p]/MPa
螺杆	螺母		
淬火钢	青铜	0.1~0.2	10~13
钢	青铜	低速或手动	18~25
		<0.05	10~18
		0.1~0.2	6~10
		>0.25	1~2
	耐磨铸铁	0.1~0.2	6~8
	铸铁	<0.04	13~18
		0.1~0.2	4~7
	钢	低速或手动	7.5~13

由式（4-28）求得 d_2 后应圆整成标准值，依此确定相应的螺矩 P、公称直径 d 等。旋合圈数多时载荷分布不均，故工作圈数 z 值不宜大于 10。螺母高度 $H=\phi d_2$ 需圆整成整数，螺纹圈数 $z=H/P$ 不需圆整。

2. 螺母螺纹牙的强度计算

螺纹牙的剪切和弯曲破坏多发生在螺母。可将螺母的一圈螺纹牙展开后的受力状况视为悬臂梁（图4-33），在载荷 F/z 作用下，螺纹牙根部受弯曲和剪切作用，其抗剪强度校核式为

$$\tau=\frac{F/z}{\pi Db}\leqslant[\tau] \tag{4-29}$$

抗弯强度校核式为

$$\sigma_W=\frac{\frac{F}{z}\ \frac{h}{2}}{\frac{1}{6}\pi Db^2}=\frac{3Fh}{\pi Db^2z}\leqslant[\sigma_W] \tag{4-30}$$

式中　D——螺纹大径（mm）；

b——螺纹牙根部厚度（mm），梯形螺纹 $b=0.65P$，矩形螺纹 $b=0.5P$，锯齿形螺纹 $b=0.74P$；

$[\tau]$、$[\sigma_W]$——许用切应力和许用弯曲应力（MPa），查表4-13。

表4-13　螺杆和螺母的许用应力　（MPa）

材料		许用应力		
		$[\sigma]$	$[\tau]$	$[\sigma_W]$
螺杆	钢	$\frac{R_{eL}}{3\sim5}$		
螺母	青铜		30~40	40~60
	耐磨铸铁		40	50~60
	灰铸铁		40	45~55
	钢		$0.6[\sigma]$	$(1\sim1.2)[\sigma]$

3. 螺杆的强度计算

螺杆工作时承受拉力（或压力）F 和转矩 T 的联合作用。根据第四强度理论，螺纹部分的强度条件为

$$\sigma_e=\sqrt{\sigma^2+3\tau^2}=\sqrt{\left(\frac{4F}{\pi d_1^2}\right)^2+3\left(\frac{T}{0.2d_1^3}\right)^2}\leqslant[\sigma] \tag{4-31}$$

式中，许用应力可由表4-13查得。螺杆上危险截面承受的轴向力 F 和转矩 T 的大小需根据具体情况分析确定。图4-34举出三种螺旋传动的实例简图和它们的轴向力 F 图、转矩 T 图。

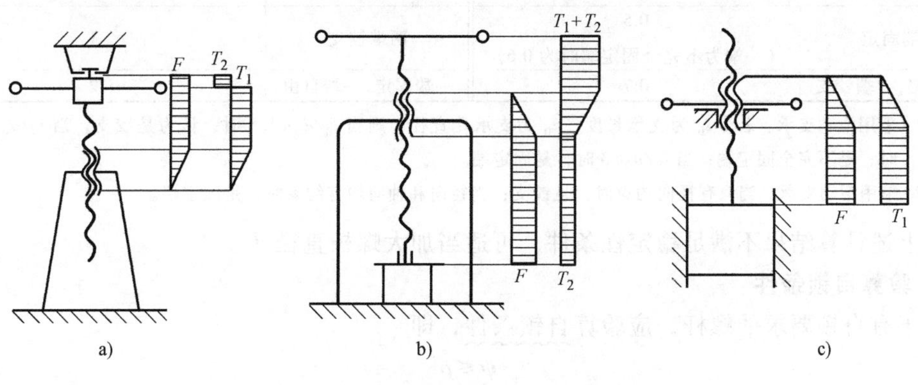

图4-34　螺杆受轴向力和转矩图

a）千斤顶　b）压力机　c）闸门

图中T_1为克服螺纹阻力所需转矩，$T_1=Fd_2\tan(\psi+\rho')/2$，$\psi$为螺纹升角，$\rho'$为当量摩擦角，$\rho'=\arctan(\mu/\cos\beta)$，摩擦因数$\mu$可查表4-14；$\beta$为牙型斜角。图中$T_2$为克服支承面摩擦所需转矩。

表 4-14 摩擦因数（定期润滑）

螺旋副材料	μ	螺旋副材料	μ
淬火钢-青铜	0.06~0.08	钢-铸铁	0.12~0.15
钢-青铜	0.08~0.10	钢-钢	0.11~0.17
钢-耐磨铸铁	0.10~0.12		

注：起动时为大值，运转中为小值。

4. 螺杆的稳定性计算

对于细长的受压螺杆，当轴向压力F超过某一临界值时，螺杆就会突然发生侧向弯曲而失稳，因此需要进行稳定性计算。

螺杆稳定性条件为

$$\frac{F_c}{F}\geqslant 2.5\sim4 \tag{4-32}$$

式中 F_c——螺杆的临界压力，其值根据螺杆柔度λ值的大小选用不同的计算公式，见表4-15。

表 4-15 螺杆临界压力 F_c

螺杆材料	$\lambda=\frac{4\beta l}{d_1}$	F_c的计算公式	说 明
	<40	不会失稳，不需验算	
淬火钢	<85	$F_c=\frac{480}{1+0.0002\lambda^2}\frac{\pi d_1^2}{4}$	式中 β——螺杆长度系数，见表4-16； l——螺杆最大受压长度(mm)； d_1——螺纹小径(mm)； I——螺杆危险截面惯性矩(mm^4)，$I=\pi d_1^4/64$； E——弹性模量(MPa)，钢：2.1×10^5MPa。
	≥85	$F_c=\frac{\pi^2EI}{(\beta l)^2}$	
未淬火钢	<90	$F_c=\frac{340}{1+0.00013\lambda^2}\frac{\pi d_1^2}{4}$	
	≥90	$F_c=\frac{\pi^2EI}{(\beta l)^2}$	

表 4-16 长度系数β

螺杆端部结构	β	螺杆端部结构	β
两端固定	0.5 （一端为不完全固定端时为0.6）	两端铰支	1
一端固定，一端铰支	0.7	一端固定，一端自由	2

注：1. 采用滑动支承。若令l_0为支承长度，d_0为支承孔直径，则当$l_0/d_0<1.5$时，认为是铰支；当$l_0/d_0=1.5\sim3$时，是不完全固定端；当$l_0/d_0>3$时，是固定端。

2. 采用滚动支承。当只有径向约束时，是铰支；当径向和轴向均有约束时，是固定端。

若上述计算结果不满足稳定性条件，可适当加大螺杆直径d_1。

5. 验算自锁条件

对于有自锁要求的螺杆，应验算自锁条件，即

$$\psi\leqslant\rho' \tag{4-33}$$

6. 螺杆刚度计算

对传动精度要求高的精密螺旋，还应进行螺杆刚度计算，以免由于螺杆受力变形致使螺

距变化而影响运动精度。

轴向载荷 F 使螺距增大或减小，螺距变形量为

$$\Delta P_{\mathrm{F}}=\pm\frac{FP}{EA}=\pm\frac{4FP}{\pi d_1^2 E} \tag{4-34}$$

式中　P——螺距（mm）；

E——螺杆材料的弹性模量（MPa）；

A——螺杆危险截面面积（mm^2）。

转矩 T 使螺杆扭转，在一个螺距长度内扭转角为

$$\varphi=\frac{TP}{GI_{\mathrm{p}}}=\frac{32TP}{\pi d_1^4 G} \tag{4-35}$$

式中　G——螺杆材料的切变模量（MPa）；

I_{p}——螺杆危险截面的极惯性矩（mm^4），$I_{\mathrm{p}}=\pi d_1^4/32$。

由此产生的螺距变形量为

$$\Delta P_{\mathrm{T}}=\pm\frac{\varphi}{2\pi}P=\pm\frac{16TP^2}{\pi^2 d_1^4 G} \tag{4-36}$$

因螺杆承受轴向力和转矩的综合作用，故螺距的总变形量为

$$\Delta P=\Delta P_{\mathrm{F}}+\Delta P_{\mathrm{T}}=\frac{4FP}{\pi d_1^2 E}+\frac{16TP^2}{\pi^2 d_1^4 G} \tag{4-37}$$

刚度条件为

$$\Delta P\leqslant[\Delta P] \tag{4-38}$$

许用值［ΔP］根据螺旋传动精度要求决定，机床用螺旋传动，可参考表 4-17。

表 4-17　螺旋螺距许用变形量　（单位：μm/mm）

螺纹精度等级	5	6	7	8	9
［ΔP］/P	1	1.5	3	5.5	11

三、滚动螺旋传动简介

滚动螺旋是将螺杆和螺母的螺纹做成螺旋滚道，滚道中填满钢球，当螺杆（或螺母）旋转时，钢球沿螺旋滚道滚动并带动螺母（或螺杆）做直线运动，形成滚动螺旋传动。钢球是靠返回通道在滚道中实现运动循环的（图 4-35）。

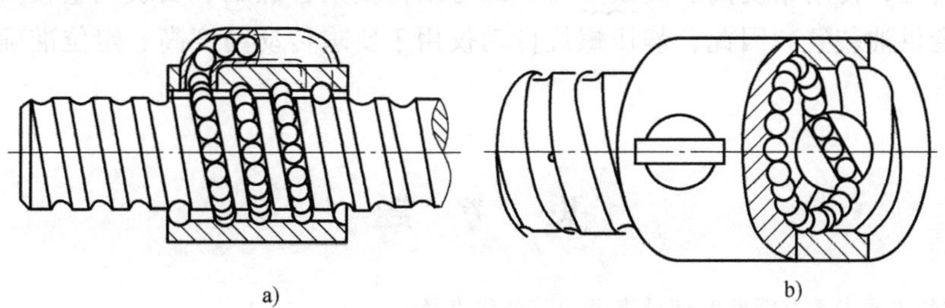

图 4-35　滚动螺旋传动

a）外循环　b）内循环

钢球的循环分外循环式（图 4-35a）和内循环式（图 4-35b）两种。外循环是在螺母外表面上装有一螺旋形弯管，管的两端与螺旋的进出滚道相通，形成钢球返回通道。内循环是在螺母上开有侧孔，孔内装有反向器，将相邻螺旋滚道连接起来形成回路。外循环加工方便，但径向尺寸较大。螺母螺纹以 3～5 圈为宜，过多时受力不均，并不能提高承载能力。

滚动螺旋传动优点是：摩擦阻力小、效率比滑动螺旋传动高 1 倍左右；传动平稳、灵敏度高；磨损小，精度易保证，寿命长；通过预紧消除螺旋副轴向间隙后，可得到较高的轴向刚度；具有运动的可逆性。缺点是：不能自锁，结构和制造工艺均较复杂，成本高。

四、静压螺旋传动简介

静压螺旋传动的结构和工作原理类似于多环静压推力轴承，如图 4-36 所示。螺杆为普通的梯形螺纹螺杆，在螺母的每圈螺纹牙两侧面的中径处，各均匀分布三个液压腔，将同侧液压腔分别连接起来，由节流器控制。液压泵提供的压力油经节流器分别进入各液压腔，形成静压油膜，使摩擦因数大大降低。

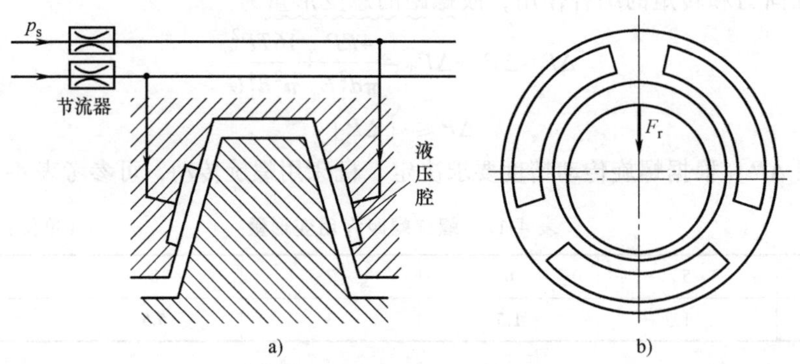

图 4-36 静压螺旋传动示意图

a）螺纹轴截面油路示意图 b）螺母轴向视图

静压螺旋传动的优点为：液体摩擦因数小，起动力矩小，机械效率高，寿命长；在螺旋副间隙中存在压力油膜，因此具有良好的消振性；承载能力高，传动平稳；能正反向工作，换向时无空行程，传动精度高。其缺点为：螺母结构复杂，加工、安装调整较困难；不能自锁；需要一套供油装置。因此，静压螺旋传动仅用于要求传动精度高、定位准确和要求传动效率高的场合。

思 考 题

4-1 螺纹的主要参数有哪些？何处直径为其公称直径？

4-2 常用螺纹牙型有哪几种？哪些主要用于连接？哪些主要用于传动？

4-3 螺纹连接有哪几种基本类型？它们各自有何特点？各自适用于什么场合？

4-4 何谓螺纹连接的预紧？预紧的目的是什么？怎样控制预紧力？

4-5　螺纹连接防松的实质是什么？常用防松方法有哪些？

4-6　受剪螺栓连接的可能失效形式有哪些？设计中需计算何种强度？

4-7　单个受拉螺栓连接有哪几种不同的受力情况？每种受力情况下的强度计算有何相同之处？又有何差异？

4-8　对于承受预紧力和轴向工作拉力的螺栓连接，设计时应如何确定所需的剩余预紧力 F''和预紧力 F'？如何计算螺栓的总拉力 F_0？

4-9　国家标准中对螺栓、螺钉和螺柱的性能等级是如何规定的？

4-10　螺栓组连接受力分析和计算的目的是什么？螺栓组连接有哪几种典型的基本受载形式？每种受载形式下，应如何进行受力分析与计算？

4-11　提高螺纹连接强度的措施有哪些？

4-12　按用途不同，螺旋传动分为哪几种？滑动螺旋传动的螺杆和螺母分别常用什么材料？

4-13　设计滑动螺旋传动时，通常需要计算哪些内容？如何确定螺纹的公称直径和螺距？

4-14　在图 4-37 所示的铣刀盘夹紧装置中，为保证轴端螺纹连接不松动，应如何选择其旋向？

习　　题

4-1　铣刀盘的夹紧装置如图 4-37 所示。拧紧轴上的螺母后，铣刀 1 被夹紧在两个夹紧盘 2 之间，并随主轴转动。已知：最大切削力 $F=4\text{kN}$，夹紧盘与铣刀之间的摩擦因数 $\mu_s=0.1$，轴的材料为 45 钢，其 $\sigma_s=360\text{MPa}$。试设计轴端螺纹的直径（装配时不控制预紧力）。

4-2　某螺栓连接中，螺栓的刚度 $c_b=100\text{N/mm}$，被连接件的刚度 $c_m=400\text{N/mm}$，预紧力 F'和轴向工作拉力 F 均为 500N。（1）试问工作中被连接件结合面是否会开缝？（2）如果 F 在 100～500N 之间变化，试按比例绘出连接的载荷-变形图，并标出各力以及螺栓总拉力的变化范围。

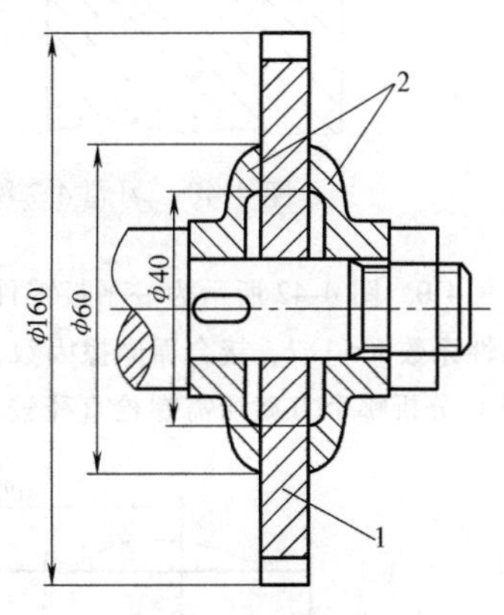

图 4-37　习题 4-1 图

1—铣刀　2—夹紧盘

4-3　一钢制压力容器的螺栓组连接如图 4-7 所示。内径 $D=500\text{mm}$，蒸汽压力 $p=1.2\text{MPa}$，螺栓分布圆直径 $D_0=640\text{mm}$，为保证气密性要求，螺栓间距不得大于 150mm，安装时控制预紧力。试设计此连接。

4-4　图 4-38 所示为边板 1 用 3 个 M16×70mm（其螺纹部分的长度为 28mm）的受剪螺栓与机架 2 相连接。已知边板厚度为 20mm，机架的连接厚度为 30mm，所受载荷 $F_R=900\text{N}$，$L=300\text{mm}$，$a=100\text{mm}$，边板和机架的材料均为 Q235，螺栓的性能等级为 4.6 级。要求：（1）按 1∶1的比例画出一个螺栓连接的结构图；（2）分析螺栓组中各螺栓的受力，找出受力最大的螺栓并校核其强度。

4-5　图 4-39 所示为齿轮与卷筒之间的螺栓组连接，8 个性能等级为 6.6 级的螺栓，均布于直径 $D_0=500\text{mm}$ 的圆周上。若卷筒上钢丝绳的拉力 $F=50\text{kN}$，卷筒直径 $D=400\text{mm}$，齿轮与卷筒之间的摩擦因数 $\mu_s=0.12$，装配时不控制预紧力，试确定螺栓的直径，并列出螺栓的标准代号。

4-6　在习题 4-5 中，保持其他条件不变，改用受剪螺栓连接（图 4-39b），试确定螺栓的直径。

4-7　图 4-40 所示为用两个 M10 的螺钉固定的牵曳环，螺钉的性能等级为 4.6 级，装配时控制预紧力，接合面的摩擦因数 $\mu_s=0.3$，取可靠性系数 $K=1.2$。求所允许的牵曳力 F_R。

4-8　图 4-41 所示的方形盖板用 4 个性能等级为 6.6 级的 M16 螺钉与箱体连接。工作中盖板上的吊环承受通过盖板中心 O 点的工作载荷 $F_Q=20\text{kN}$，取剩余预紧力 $F''=0.6F$（F 为单个螺栓的工作拉力），装配时不控制预紧力。要求：（1）校核螺钉的强度；（2）由于制造误差使吊环偏移，导致 F_Q 由 O 点移至对角

线上的 O' 点，$\overline{OO'}=5\sqrt{2}$mm，求此时受力最大的螺钉所受的工作拉力，并校核其强度。

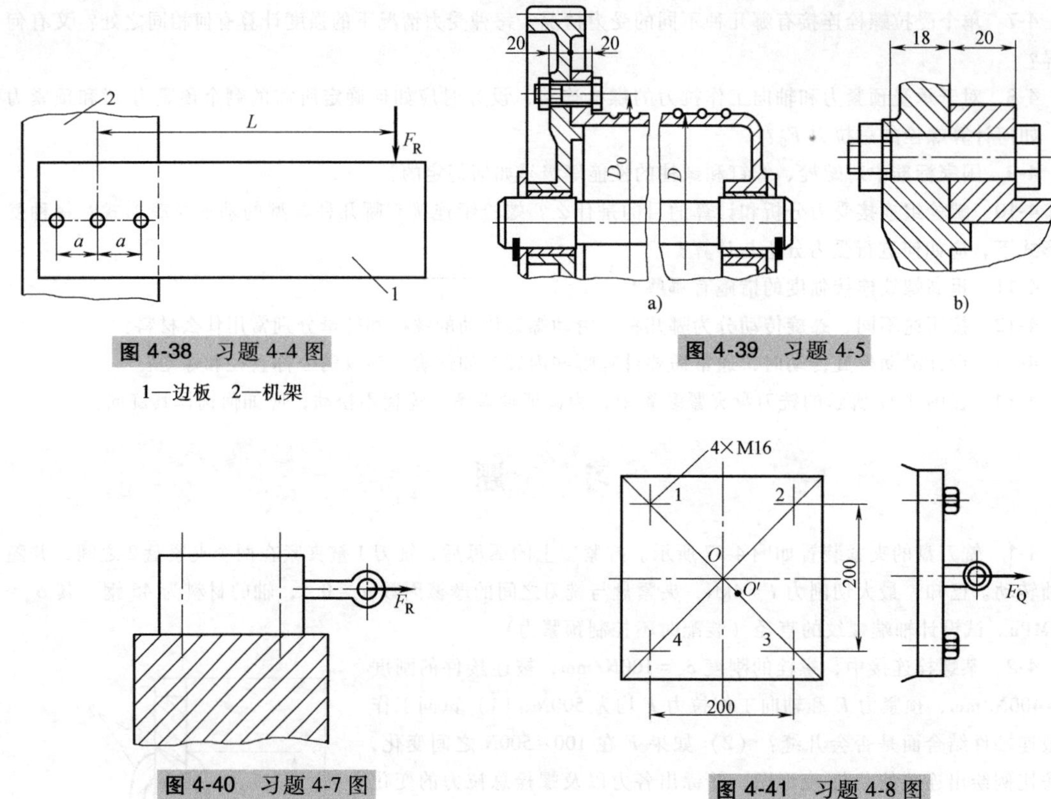

图 4-38 习题 4-4 图

1—边板 2—机架

图 4-39 习题 4-5

图 4-40 习题 4-7 图

图 4-41 习题 4-8 图

4-9 图 4-42 所示为一平板零件 2 用螺栓组连接固定在机架 1 上。工作中所受载荷 $F_\Sigma=1000$N，取可靠性系数 $K=1.2$，接合面摩擦因数 $\mu_s=0.15$。图中给出了由 6 个螺栓构成的螺栓组的两个布置方案。要求：(1) 分析哪个方案所需螺栓直径较小；(2) 计算方案Ⅰ中螺栓所需的预紧力。

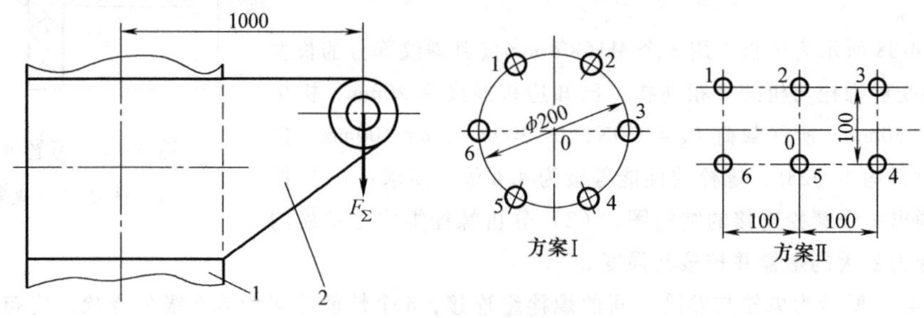

图 4-42 习题 4-9 图

1—机架 2—平板零件

4-10 图 4-43 所示为一铸铁支架，用四个性能等级为 6.6 级的 M16 受拉螺栓固定在混凝土立柱上。已知载荷 $F=8$kN，接合面之间的摩擦因数 $\mu_s=0.3$，混凝土的许用挤压应力 $[\sigma_p]=2.5$MPa，接合面的承载面积 $A=4\times10^4$mm^2，其抗弯截面系数 $W=5\times10^6$mm^3，取可靠性系数 $K=1.2$，安全系数 $S=3$，取预紧力 $F'=9$kN。要求：(1) 校核是否能保证支架不下滑；(2) 校核螺栓的强度；(3) 校核是否能保证连接的接合面既不会开缝也不会被压溃。

4-11　图 4-44 所示为常用的螺纹连接。指出图中的结构错误，并画出正确结构图。

4-12　试设计螺旋千斤顶（运动简图如图 4-34a）的螺杆和螺母的主要尺寸。最大起重量为 35kN，最大起重高度为 180mm，材料自选。

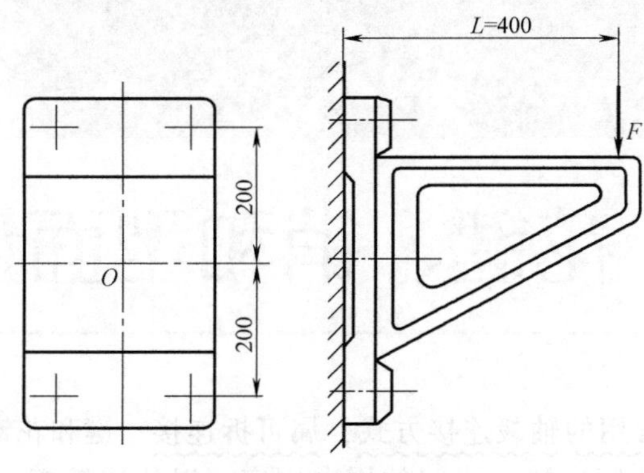

图 4-43　习题 4-10 图

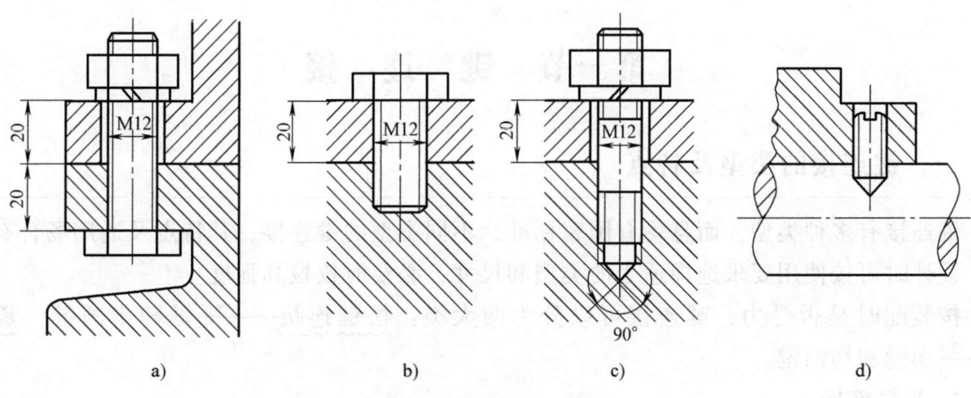

图 4-44　习题 4-11 图

a）普通螺栓连接　b）螺钉连接　c）双头螺柱连接　d）紧定螺钉连接

第五章

键、花键、销和型面连接

键和花键连接是最常用的轴毂连接方式，属可拆连接。键和花键的功用是实现轴与轴上回转零件（如齿轮、带轮等）轮毂之间的周向固定，以传递转矩，其中有的还能实现轴向固定和传递轴向力。销连接除用作轴毂连接外，还常用来确定零件间的相互位置（定位销）或作为安全装置（安全销）。

第一节 键 连 接

一、键连接的类型及特点

键连接有多种类型，而且均有国家标准，不同类型的键连接，其特点及适用场合有所不同。设计时可按使用要求选择适当的类型和尺寸，必要时校核其强度。

按装配时是否受力，键连接可以分为两大类：松键连接——平键和半圆键；紧键连接——楔键和切向键。

1. 平键连接

根据用途的不同，平键分为普通型平键、导向型平键和滑键。其中普通平键用于轴毂静连接，导向平键和滑键用于轴毂动连接。

如图 5-1a 所示，平键的横截面为矩形，键的两个侧面是工作面（接触受压传力的面），

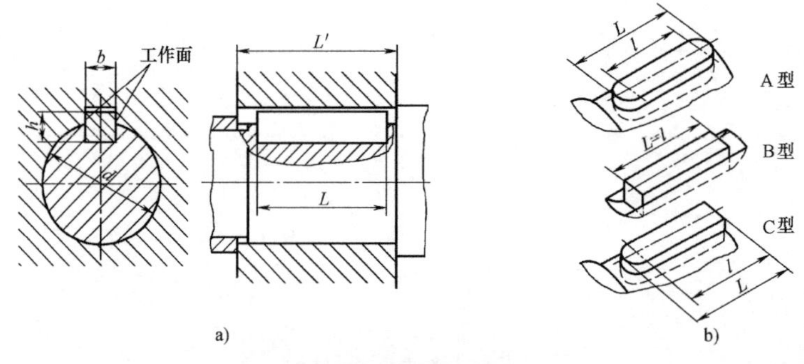

图 5-1 普通平键连接

与键槽有配合关系，工作时，靠键与键槽侧面的挤压和键受剪切来传递转矩。键的上、下表

面互相平行，普通平键和导向平键的顶面与轮毂键槽的底面之间留有间隙，故不影响轮毂与轴的对中。

平键连接结构简单、装拆方便、对中性好，因而应用十分广泛。但不能承受轴向力，不能限制轮毂的轴向移动，必须采用其他结构措施实现轮毂的轴向固定。

图 5-1 所示为普通平键连接。按端部形状不同，普通平键有三种类型（图 5-1b）：圆头平键（A 型）、平头平键（B 型）和单圆头平键（C 型）。对于 A 型和 C 型平键，轴上的键槽通常在铣床上用指状铣刀加工，B 型平键的键槽常用盘状铣刀加工。A 型平键在轴上的键槽中固定良好，既可用于轴端，也可用于中部各轴段，实际中应用最广。C 型平键只适用于轴端，B 型平键则较少应用。

对于轴上零件需沿轴向移动的轴毂动连接（如变速箱中的滑移齿轮），可采用导向平键（图 5-2a）或滑键（图 5-2b）。零件的移动距离较短时，常采用导向平键。由于导向平键较长，需用螺钉将其固定在轴上的键槽中。为了便于拆卸，键上制有起键螺孔。

当零件移动距离较大时，因所需的导向平键过长，制造困难，则应采用滑键。滑键固定在轮毂上，其长度与轮毂宽度基本相等，工作时随轴上零件在轴上的键槽中滑动。当零件（轮毂）的移动距离较长时，只需在轴上铣出足够长的键槽即可。

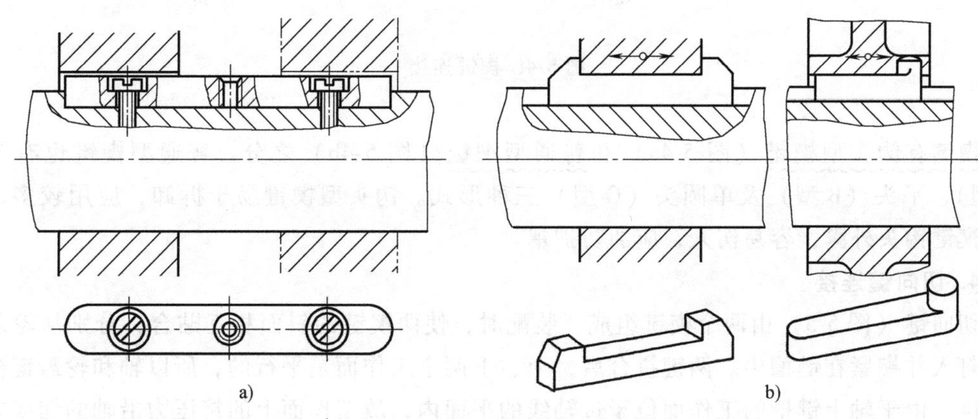

图 5-2　导向平键和滑键连接

a）导向平键连接　b）滑键连接

2. 半圆键连接

半圆键（图 5-3）也是以两侧面为工作面，工作原理同平键。

半圆键和键槽均为半圆形，键可以在键槽中摆动，因而可以自动适应轮毂上键槽底面的斜度，安装极为方便，尤其适用于圆锥面配合的轴毂连接。但轴上键槽较深，对轴的强度削弱较大，所以半圆键一般只适用于轻载轴毂连接中。

半圆键可用圆钢切制，轴上的键槽用半径和厚度与键相同的盘铣刀铣出，加工较容易。

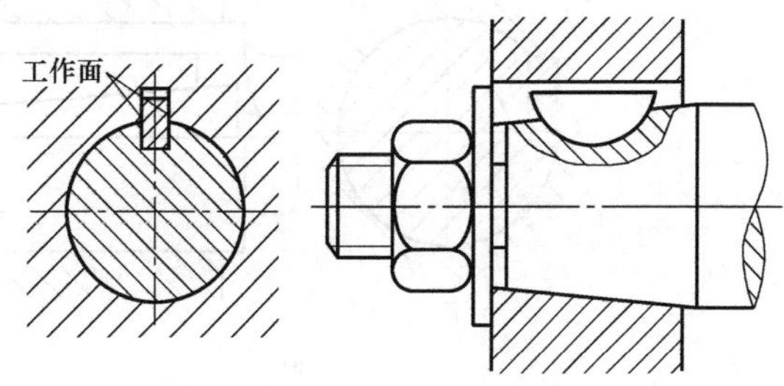

图 5-3　半圆键连接

3. 楔键（斜键）连接

楔键（图5-4）的上、下表面是工作面，键的上表面和轮毂键槽的底面均有1∶100的斜度，装配时将键楔入键槽，键的上、下表面与轮毂和轴之间产生正压力。工作时，靠键、轴、轮毂之间的摩擦力来传递转矩。同时，还能承受单方向的轴向力。但在楔紧时将导致轮毂与轴的偏心，故不宜用于对中性要求较高（如齿轮）、高速、精密传动的场合。由于楔键结构简单、装拆方便，还兼有轴向固定和承受单向轴向力的作用，所以在低速、轻载和对中性要求不高的连接中仍有应用。

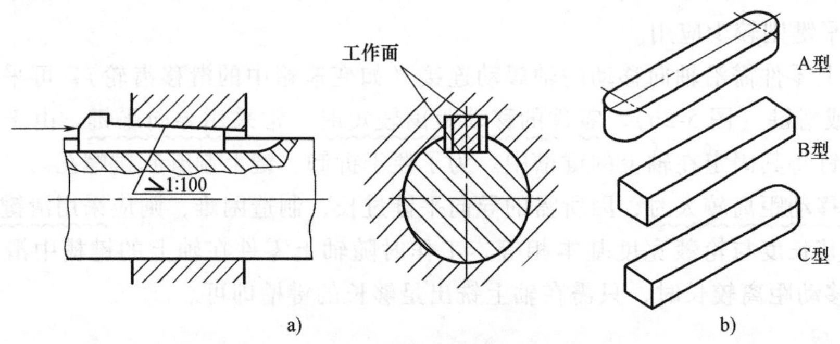

图5-4 楔键连接

楔键有钩头型楔键（图5-4a）和普通型楔键（图5-4b）之分。普通型楔键也有圆头（A型）、平头（B型）及单圆头（C型）三种形式。钩头型楔键易于拆卸，应用较多，但轴端楔键钩头外露，容易伤人，应加防护罩。

4. 切向键连接

切向键（图5-5）由两个楔键组成，装配时，使两楔键的斜面相互贴合，分别从轮毂的两端打入并楔紧在键槽中。两键拼合后，上、下两个工作面是平行的，所以轴和轮毂键槽并无斜度。由于轴上键槽的工作面位于过轴线的平面内，故工作面上的挤压力沿轴的切线方向作用，工作时靠挤压力和轴与轮毂间产生的摩擦力传递转矩。

一对切向键只能传递单向转矩。如需传递双向转矩，应采用两对切向键（图5-5b）。为了避免严重削弱轴的强度，并使受力尽量均衡，两键槽通常相隔120°～135°。

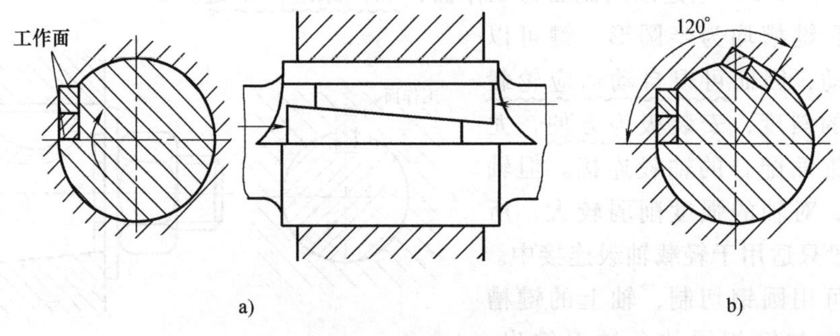

图5-5 切向键连接

切向键的承载能力很大，适于传递大的转矩。但由于键槽对轴的强度削弱较大，故常用于直径大于 100mm 的重型机械的轴上。切向键会引起轴上零件与轴的配合偏心，因而只能用于轴上零件对中性要求不高的场合。

二、键连接的设计

1. 键的选择

（1）类型选择　应根据使用要求、工作条件和各种键连接的特点，选择适当的键连接类型。例如，齿轮与轴的对中性要求较高，则它们之间可采用平键连接。若齿轮沿轴向不移动且位于轴的中部，应选 A 型普通平键，齿轮位于轴端时，则可选 A 型也可选 C 型普通平键；若齿轮需沿轴向移动且移动距离较短，可选导向平键；若移动距离较长，应选用滑键。

（2）尺寸选择　键的主要尺寸包括横截面尺寸（键宽 $b\times$键高 h）和键长 L，均需从国家标准中选取。普通平键的主要尺寸见表 5-1，需说明：现行国家标准 GB/T 1095—2003 中并没有给出相应的轴径，表中“轴的直径 d”一栏摘自旧国标，供选键时参考。设计时可参照旧标准根据键连接所在轴段的直径 d 选择键的截面尺寸 $b\times h$。

普通平键的长度 L 一般略短于轮毂的宽度 L'［通常取 $L'=(1.2\sim2)d$］，并应符合标准中规定的长度系列。导向平键的长度应略短于轮毂宽度与其滑动距离之和。

应注意，轴和轮毂上键槽的尺寸也需按照相应的国家标准设计。

表 5-1　普通平键的主要尺寸（摘自 GB/T 1095，1096—2003）　（单位：mm）

轴的直径 d	6~8	>8~10	>10~12	>12~17	>17~22	>22~30	>30~38	>38~44
键宽 $b\times$键高 h	2×2	3×3	4×4	5×5	6×6	8×7	10×8	12×8
轴的直径 d	>44~50	>50~58	>58~65	>65~75	>75~85	>85~95	>95~110	>110~130
键宽 $b\times$键高 h	14×9	16×10	18×11	20×12	22×14	25×14	28×16	32×18
键的长度系列	6，8，10，12，14，16，18，20，22，25，28，32，36，40，45，50，56，63，70，80，90，100，110，125，140，160，180，200，220，250，……							

2. 键连接的校核计算

初步选定键的尺寸之后，需对键连接进行校核计算。

（1）平键连接的校核计算　平键连接传递转矩时，其受力情况如图 5-6 所示。

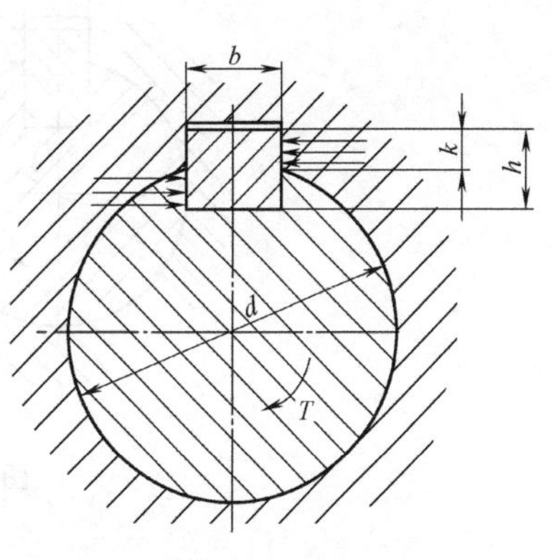

图 5-6　平键连接的受力简图

普通平键连接（静连接）的主要失效形式为键、轴和轮毂三者中较弱者（通常为轮毂）的工作表面被压溃；导向平键和滑键连接（动连接）的主要失效形式为工作面的过度磨损。虽然平键在工作中也受剪切，但除非有严重过载，键一般不会被剪断。因此，平键连接通常只需进行挤压强度或耐磨性计算。

在工程设计中，假定压力沿键长和键高方向均匀分布，可按工作面平均挤压应力或平均压强进行挤压强度或耐磨性的条件性计算，即普通平键连接（挤压强度） $\sigma_p = \dfrac{2T}{kld} \leqslant [\sigma_p]$ (5-1)

导向平键、滑键连接（耐磨性计算） $p = \dfrac{2T}{kld} \leqslant [p]$ (5-2)

式中 T——传递的转矩（N·mm）；

d——轴的直径（mm）；

k——键与键槽的工作高度（mm），一般可以取 $k \approx h/2$；

l——键的工作长度（mm），如图 5-1b 所示，圆头平键 $l=L-b$；平头平键 $l=L$；单圆头平键 $l=L-b/2$；

$[\sigma_p]$——许用挤压应力（MPa），见表 5-2；

$[p]$——许用压强（MPa），见表 5-2。

表 5-2 键连接的许用挤压应力 $[\sigma_p]$ 和许用压强 $[p]$ （单位：MPa）

连接的工作方式	连接中较弱零件的材料	$[\sigma_p]$或$[p]$		
		静载荷	轻微冲击载荷	冲击载荷
静连接$[\sigma_p]$	钢	125~150	100~120	60~90
	铸铁	70~80	50~60	30~45
动连接$[p]$	钢	50	40	30

如果使用一个平键不能满足强度要求，可采用两个平键，两键应相隔 180°布置。考虑载荷分布的不均匀性，双键连接的强度按 1.5 个键计算。

（2）半圆键连接的强度计算 半圆键连接的受力情况与平键连接相似（图 5-7）。计算方法与普通平键连接相同，挤压强度条件为

$$\sigma_p = \frac{2T}{kld} \leqslant [\sigma_p] \tag{5-3}$$

式中各参数含义同平键，但 k 和 l 的确定需参考半圆键的国家标准。

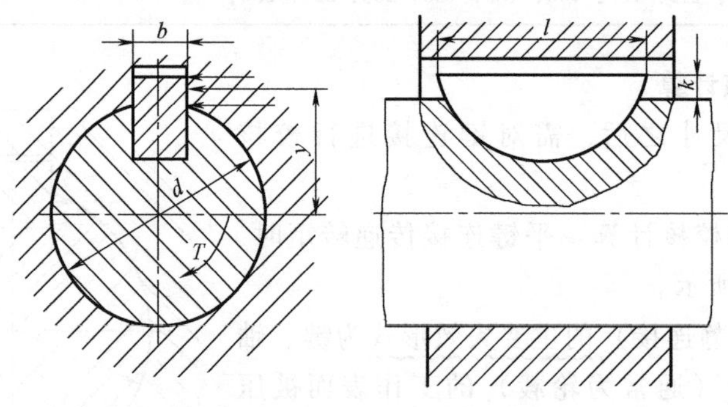

图 5-7 半圆键连接的受力简图

（3）楔键和切向键连接的强度校核 楔键和切向键连接的可能失效形式均为键或键槽工作面的压溃，设计中也都需计算工作面的挤压强度，具体计算方法查阅相关资料。

3. 键的材料

因为压溃和磨损是键连接的主要失效形式，所以键的材料要有足够的硬度。国家标准规

定，键用抗拉强度不低于 600MPa 的钢制造，如 45、Q275 等。大批量生产时，键的材料可采用精拔中碳钢。若轮毂为非铁金属或非金属材料，则可用 20、Q235 等牌号的钢。

例 5-1 选择并校核蜗轮与轴的键连接。已知蜗轮轴传递功率 $P=7.2\text{kW}$，转速 $n=105$ r/min，轻微冲击。轴径 $d=60\text{mm}$，轮毂长 $L'=100\text{mm}$，轮毂材料为铸铁，轴材料为 45 钢。

解

计算与说明	主要结果
(1) 选择键的类型　因蜗轮工作时对中性要求较高，故选 A 型普通平键	选 A 型普通平键
(2) 确定键的尺寸　根据题意，由表 5-1 查得：键宽 $b=18\text{mm}$，键高 $h=11\text{mm}$，键长 $L=90\text{mm}$	$b=18\text{mm}$，$h=11\text{mm}$，$L=90\text{mm}$
(3) 校核挤压强度　由表 5-2 查得，许用挤压应力 $[\sigma_p]=60\text{MPa}$	$[\sigma_p]=60\text{MPa}$
转矩　$T=9.55\times10^6P/n=(9.55\times10^6\times7.2/105)\ \text{N}\cdot\text{mm}=6.55\times10^5\text{N}\cdot\text{mm}$	$T=6.55\times10^5\text{N}\cdot\text{mm}$
键工作长度　$l=L-b=(90-18)\ \text{mm}=72\text{mm}$	
键与键槽的工作高度　$k=h/2=11/2\text{mm}=5.5\text{mm}$	
挤压应力　由式 (5-1) 得 $\sigma_p=\dfrac{2T}{kld}=\dfrac{2\times6.55\times10^5}{5.5\times72\times60}\text{MPa}=55.13\text{MPa}<[\sigma_p]=60\text{MPa}$	$\sigma_p<[\sigma_p]$
结论：键连接满足强度条件	

第二节　花键连接

花键连接由外花键和内花键组成（图 5-8）。外花键是具有多个纵向键齿的轴，内花键则是具有多个键槽的毂孔。因此可将花键视为由多个平键组成，键齿侧面为工作面，工作中靠键齿侧面的相互挤压传递转矩。花键连接可用于轴毂静连接，也可用于轴毂动连接。

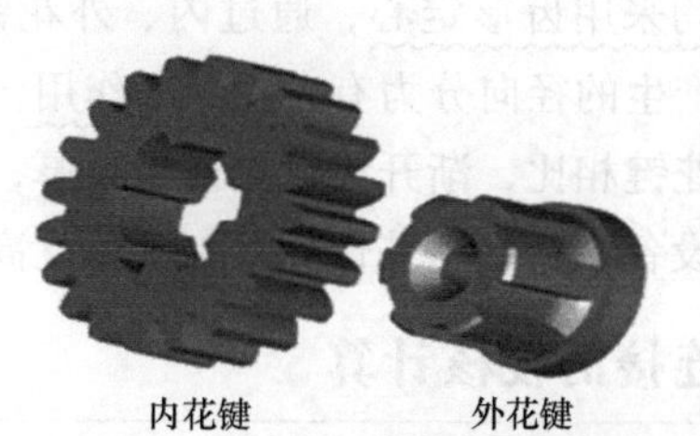

图 5-8　花键连接

一、花键连接的特点

花键连接的优点有：键齿多，总接触面积大，因而承载能力大；键齿与轴为一体，键槽较浅，齿根处应力集中较小，故对轴的强度削弱较小；键齿对称分布，受力均匀，轴上零件与轴的对中性好，导向性好，特别适用于轴毂动连接。因此，在实际中得到了广泛应用。

花键连接的缺点是：因其结构的原因，需用专门的刀具和设备进行加工，成本较高。

二、花键连接的分类

花键已标准化，按其齿形不同，分为矩形花键和渐开线花键两种。

1. 矩形花键

矩形花键（图 5-9）键齿的两侧面为平行的平面，形状较为简单，加工方便，可用磨削方法获得较高精度，应用广泛。

按键齿高度的不同，矩形花键分为轻、中两个系列。轻系列多用于轻载和静连接；中系列用于中等载荷的连接。

国家标准规定矩形花键采用小径定心，以内、外花键的小径 d 为配合面（图 5-9）保证两者的轴线重合。这是因为内、外花键的小径定心面均可进行磨削，定心精度高。

2. 渐开线花键

渐开线花键（图 5-10）的齿廓为渐开线，其分度圆压力角 α_D 的标准值有三种：30°、37. 5°和 45°。前两种压力角对应的模数为 0. 5～10mm。45°压力角渐开线花键也称为三角形花键，对应的模数为 0. 25～2. 5mm。由于其模数小，齿数较多，故多用于轻载和直径小的静连接，尤其适用于轴与薄壁零件的连接。

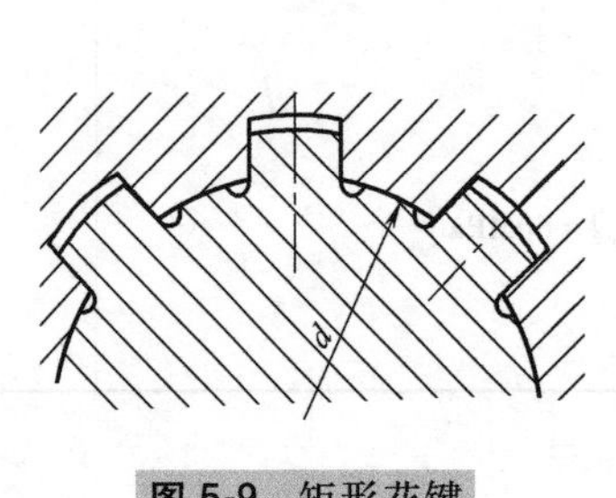

图 5-9　矩形花键

图 5-10　渐开线花键

D—分度圆直径　D_b—基圆直径

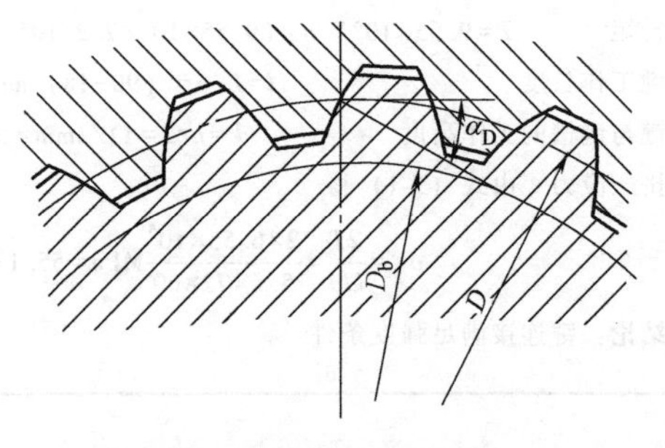

渐开线花键均采用齿形定心，通过内、外花键键齿两侧齿廓曲面的配合保证两者轴线重合。键齿受力时产生的径向分力有自动定心作用，特别是轴毂动连接的间隙较大时，定心精度易保证。与矩形花键相比，渐开线花键齿根较厚，强度较高，承载能力大，寿命长。渐开线花键可用齿轮加工设备制造，工艺性好，加工精度高。因此，渐开线花键的应用日渐广泛。

三、花键连接的校核计算

花键连接的校核计算与平键连接类似。设计时，首先选择花键的类型和尺寸，然后进行必要的校核计算。花键连接的受力情况如图 5-11 所示，对于静连接，其主要失效形式为齿面被压溃；对于动连接，其主要失效形式为工作面的过度磨损。因此，一般只对花键连接进行挤压强度或耐磨性计算。

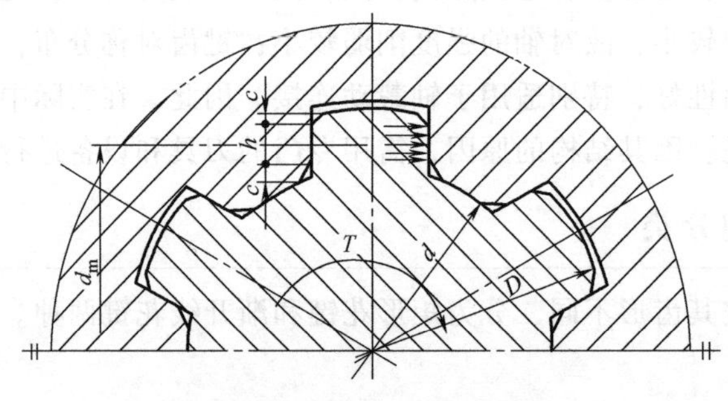

图 5-11　花键连接的受力简图

假设压力在齿侧接触面上均匀分布，各齿压力的合力作用在平均直径 d_m 处，则应满足的条件为

静连接（挤压强度）
$$\sigma_p=\frac{2T}{\psi zhld_m}\leqslant[\sigma_p] \tag{5-4}$$

动连接（耐磨性计算）
$$p=\frac{2T}{\psi zhld_m}\leqslant[p] \tag{5-5}$$

式中　T——传递的转矩（N·mm）；

ψ——载荷分布不均匀系数，一般取 $\psi=0.7\sim0.8$；

z——花键的齿数；

h——键齿的工作高度（mm），矩形花键 $h=0.5(D-d)-2c$（c 为键齿顶部倒角尺寸），渐开线花键 $h=m$（m 为模数）；

l——键齿的接触长度（mm）；

d_m——平均直径（mm），矩形花键 $d_m=0.5(D+d)$，渐开线花键 $d_m=D$（D 为分度圆直径）；

$[\sigma_p]$、$[p]$——许用挤压应力和许用压强，见表 5-3。

表 5-3　花键连接的许用挤压应力 $[\sigma_p]$ 和许用压强 $[p]$　　（单位：MPa）

连接方式	使用和制造情况	$[\sigma_p]$,$[p]$	
		齿面未经热处理	齿面经热处理
静连接	不良	35~50	40~70
	中等	60~100	100~140
	良好	80~120	120~200
不在载荷作用下移动的动连接	不良	15~20	20~35
	中等	20~30	30~60
	良好	25~40	40~70
在载荷作用下移动的动连接	不良		3~10
	中等		5~15
	良好		10~20

注：1. 使用和制造情况“不良”，是指受变载、有双向冲击、振动频率高和振幅大、润滑不好（对动连接）、材料硬度不高和精度不高等。

2. 同一种情况下，$[\sigma_p]$和$[p]$的较小值用于工作时间长和较重要的场合。

3. 材料：内、外花键用抗拉强度不低于 600MPa 的钢制造。

第三节　销　连　接

按用途的不同，销连接分为定位销、连接销和安全销等不同的类型。定位销（图 5-12）主要用于固定零件之间相对位置，是组合加工和装配时的重要辅助零件；连接销（图 5-13）多用于轴和轮毂的连接，通常只传递不大的载荷；安全销（图 5-14）作为安全装置中的过载剪断元件，对机械系统起到过载保护作用。

为了满足不同的工作需要，销有圆柱销（图 5-15a）、圆锥销（图 5-15b）、圆柱槽销（图 5-15c）、圆锥槽销（图 5-15d）、开口销（图 5-15e）和弹性圆柱销（图 5-15f）等结构形式，且均已标准化。

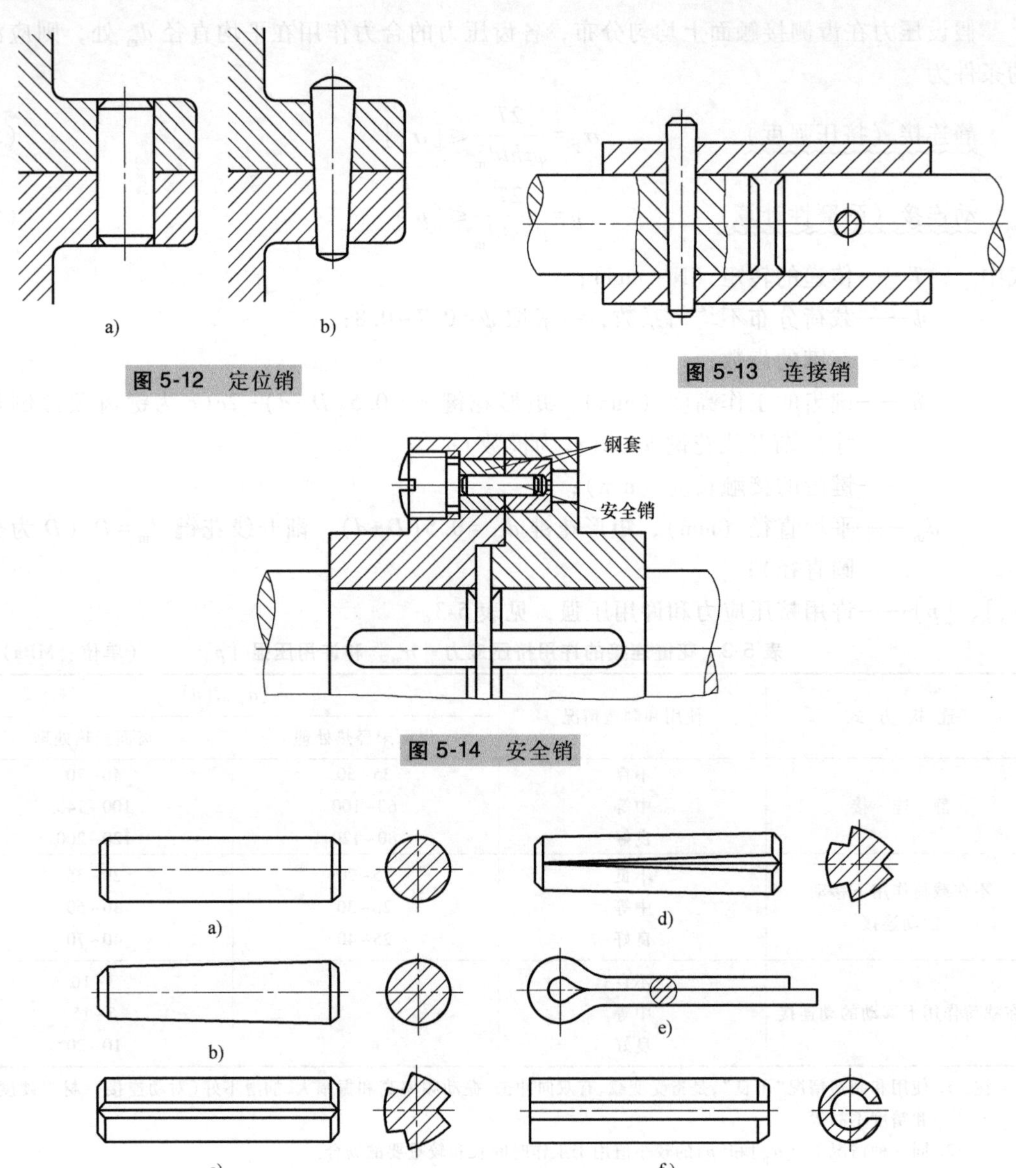

图 5-12 定位销

图 5-13 连接销

图 5-14 安全销

图 5-15 销的结构形式

圆柱销靠微量过盈固定在铰光的销孔中，多次装拆后，会导致连接的可靠性和定位精度降低。

圆锥销具有 1∶50 的锥度，在受横向力时能可靠地自锁。圆锥销安装方便，定位精度高，且多次装拆对定位精确的影响很小，故应用广泛。不通孔或在拆卸困难的场合，可用尾部有螺纹（内螺纹或外螺纹）的销（图 5-16）。为了防止在冲击振动、变载荷或高速工况下松脱，可采用小端有螺纹或开槽的圆锥销（图 5-17）。

槽销是沿圆柱或圆锥的素线方向开有沟槽的销，通常开三条沟槽，用滚压或模锻的方法制出。槽销压入销孔后被压缩变形，故可借材料的弹性而固定在销孔中，安装槽销的孔不需精确加工。槽销近来应用较为普遍，适用于受振动载荷的连接。

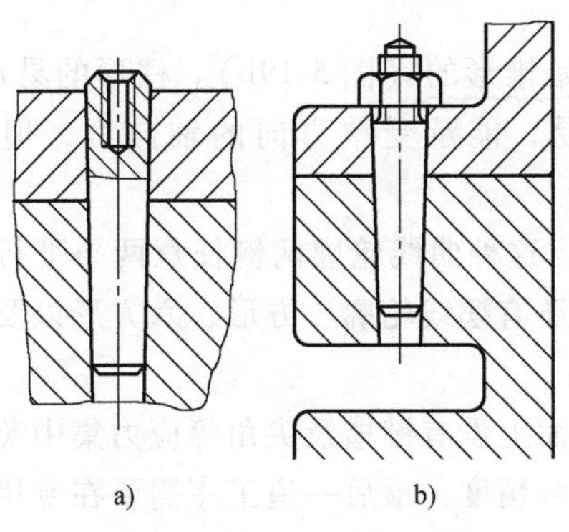

图 5-16　螺纹圆锥销的应用

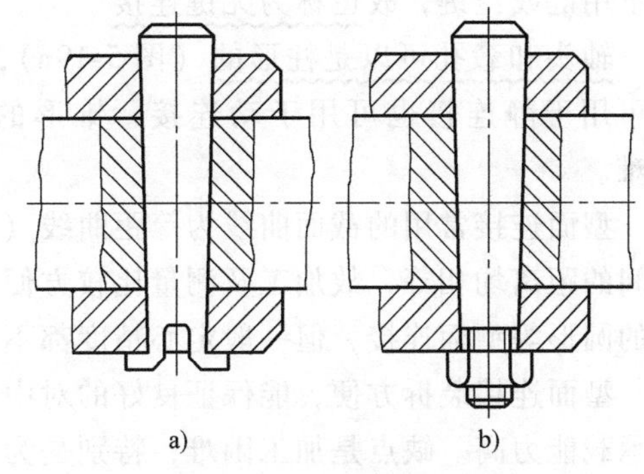

图 5-17　圆锥销的防松

a）开尾圆锥销　b）小端有螺纹的圆锥销

弹性圆柱销是用弹簧钢带卷成并经淬火的纵向开缝的圆管，依靠良好的弹性均匀地挤紧在销孔中，即使在冲击载荷下，仍能保持较大的紧固力。用这种销时无须铰孔，可多次装拆。但因其刚性较差，不适用于高精度定位。弹性圆柱销还可作为螺栓的抗剪套筒（图 5-18）。

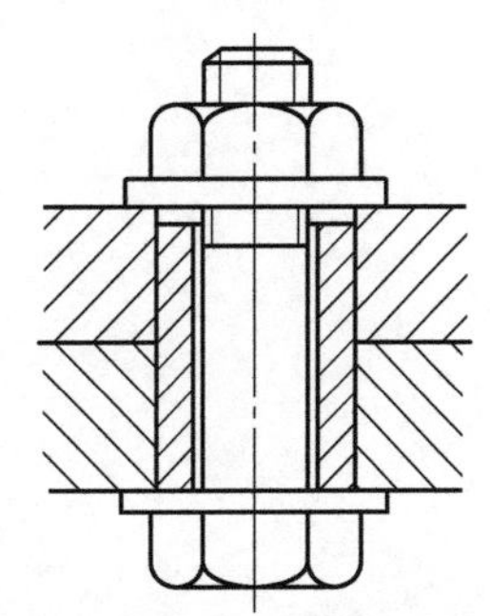

图 5-18　弹性圆柱销作为螺栓的抗剪套筒

开口销装入销孔后，将尾部分开，以防脱出。开口销除与销轴配用外，还常用于螺纹连接的防松装置。

连接销工作时主要受挤压和剪切，设计时可先选定销的类型和尺寸，必要时进行强度校核。安全销的尺寸应按过载时被剪断的条件确定。

定位销通常不受载荷或只受很小的载荷，其直径可按结构由经验确定，同一接合平面上的定位销数目一般为两个。

销的常用材料为 35、45 钢。

第四节　型面连接

型面连接是利用非圆截面的轴与型面相同的毂孔所构成的轴毂连接（图 5-19）。这种连

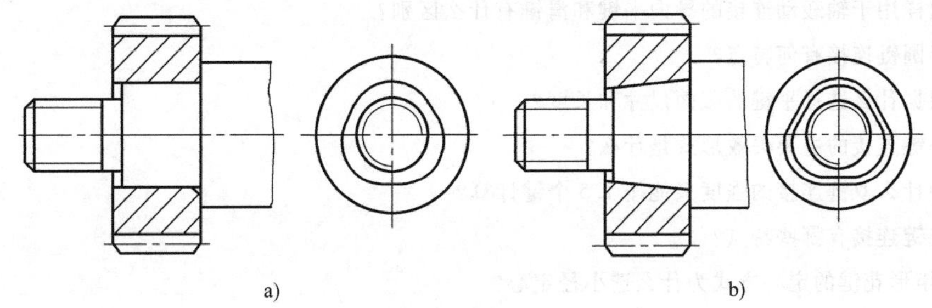

图 5-19　型面连接

a）柱形　b）锥形

接不用键或花键，故也称为无键连接。

轴头和毂孔可以是柱形的（图5-19a），也可以是锥形的（图5-19b）。柱形的易加工，既可用于静连接也可用于动连接；锥形的装拆容易，能承受单方向的轴向力，但加工困难。

型面连接常用的截面曲线为等距曲线（图5-20）。这种曲线轮廓两侧任意两条平行切线之间的距离均相等，故加工及测量比较方便。此外，还有摆线轮廓、方形、六方形以及带切口的圆形等型面连接，但一般定心精度都不高。

型面连接装拆方便，能保证良好的对中性；连接面上没有键槽及尖角等应力集中源，因而承载能力高。缺点是加工困难，特别是为了保证配合精度，最后一道工序需要在专用机床上进行加工，因而限制了这种连接的推广。

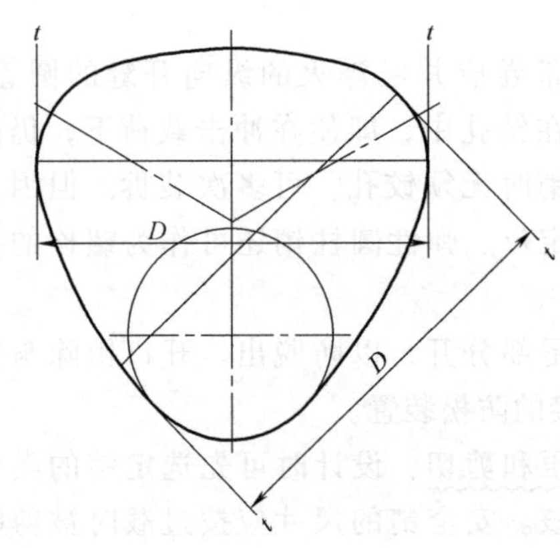

图5-20 等距曲线

思 考 题

5-1 键连接的功用是什么？

5-2 松键连接和紧键连接在工作原理上有什么不同？比较它们的特点和各自的适用场合。

5-3 A、B、C型三种普通平键在轴上的键槽怎样加工？它们的应用情况如何？

5-4 同样用于轴毂动连接的导向平键和滑键有什么区别？

5-5 半圆键连接有何特点？

5-6 根据什么选择平键的截面尺寸和长度？

5-7 平键连接的主要失效形式是什么？

5-8 为什么双键连接的强度只能按1.5个键计算？

5-9 花键连接有哪些特点？

5-10 矩形花键的定心方式为什么选小径定心？

5-11 渐开线花键与矩形花键比较有何优点？其中45°压力角渐开线花键主要用于什么场合？

5-12 花键连接的主要失效形式有哪些？

5-13 销连接有哪些主要用途？

习　　题

5-1　有一直径 $d=80\text{mm}$ 的轴端，安装一钢制直齿圆柱齿轮（图5-21），轮毂宽度 $L'=1.5d$，工作时有轻微冲击。试确定平键连接的尺寸，并计算其允许传递的最大转矩。

5-2　图5-22所示为减速器的低速轴。轴端装有凸缘联轴器，两轴承之间装有圆柱齿轮，它们分别用键与轴相连。已知传递的转矩 $T=1000\text{N}\cdot\text{m}$，轴的材料为45钢，齿轮的材料为锻钢，联轴器的材料为灰铸铁，工作时有轻微冲击。试选择两处键的类型和尺寸，并校核键连接强度。

5-3　图5-23所示为变速箱中的双联滑移齿轮，传递的额定功率 $P=4\text{kW}$，转速 $n=250\text{r/min}$。齿轮在空载下移动，工作情况良好。试选择花键的类型和尺寸，并校核其花键连接强度。

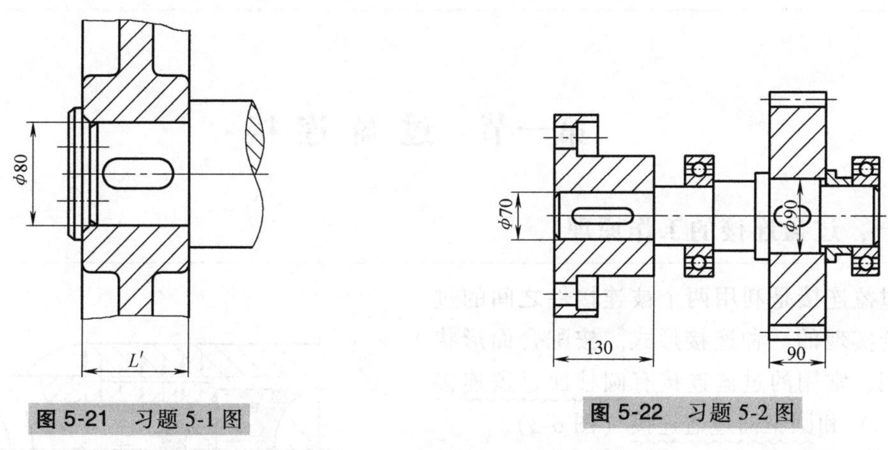

图5-21　习题5-1图

图5-22　习题5-2图

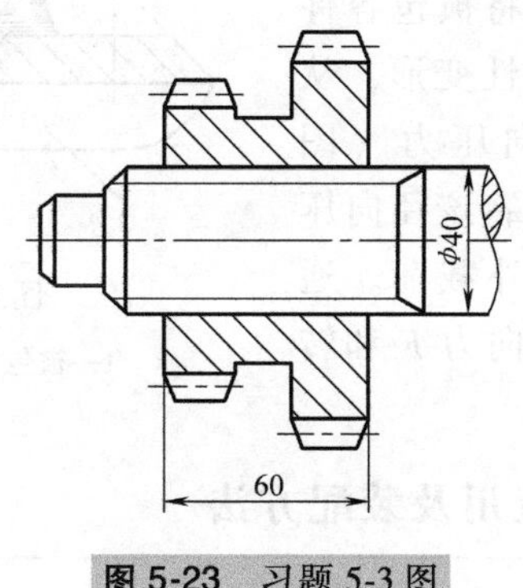

图5-23　习题5-3图

第六章 过盈连接、弹性环连接及铆、焊、粘接

第一节 过盈连接

一、过盈连接的工作原理

过盈连接是利用两个被连接件之间的过盈配合实现的一种连接形式。按配合面形状的不同，常用的过盈连接有圆柱面过盈连接（图 6-1）和圆锥面过盈连接（图 6-3）。

由于配合面之间具有过盈，将被包容件装入包容件之后，两零件产生弹性变形，从而使配合面上产生一定的径向压力（图 6-1）。当连接承受外载荷时，依靠该径向压力所产生的摩擦力抵抗和传递外载荷。通常，过盈连接所承受的载荷有轴向力 F 和转矩 T，或两者的组合。

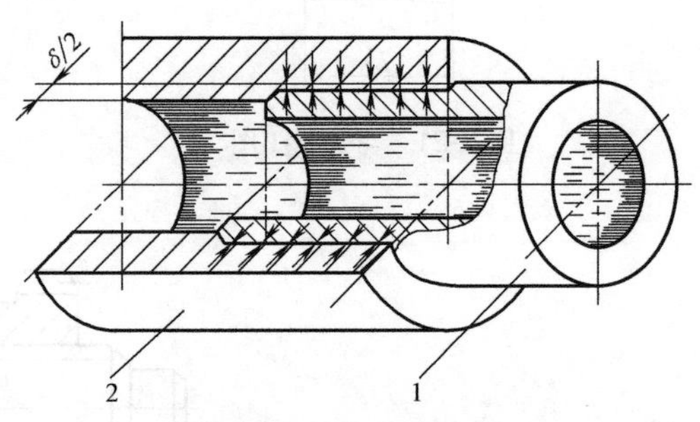

图 6-1　圆柱面过盈连接

1—被包容件　2—包容件　δ—过盈量

二、过盈连接的特点、应用及装配方法

过盈连接的特点是结构简单、对中性好、承载能力大、在振动下能可靠工作，但对配合面的加工精度要求较高。

过盈连接主要用于轴与轮毂的连接，蜗轮、齿轮的齿圈与轮芯的连接，机车车轮的轮箍与轮芯的连接以及滚动轴承与轴的连接等场合。

圆柱面过盈连接常用的装配方法主要有压入法和胀缩法（也称温差法）。

压入法是在常温下利用压力机将被包容件压入包容件中。在压入过程中，配合面的微观波峰被擦平，装配后的过盈量比装配前

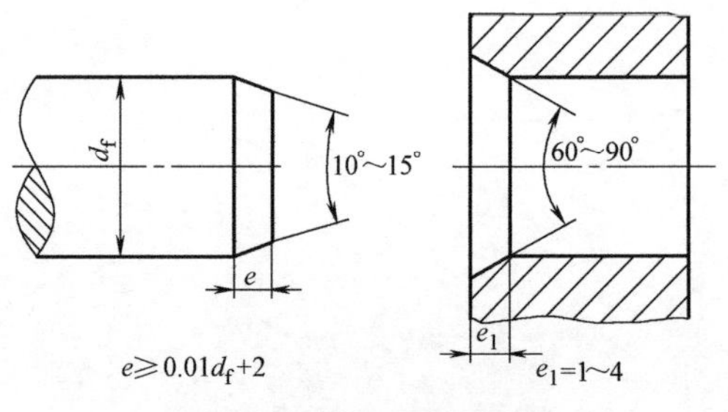

图 6-2　压入端的导锥结构

有所减小，从而降低连接的紧固性。为了减轻上述不良影响，可在被连接件上采用图 6-2 所示的导锥结构，并在装配时对配合面进行适当润滑。过盈量较小时，常采用此装配方法。

胀缩法是通过加热包容件或（和）冷却被包容件使配合面形成间隙后，将被包容件装入包容件中，待自然冷却恢复常温时形成过盈连接。这种方法不会擦平配合面的微观波峰，也就不会使装配后的过盈量有所减小。

在其他条件相同时，胀缩法装配过盈连接的承载能力高于压入法装配。

图 6-3 所示为用液压方法装拆的圆锥面过盈连接。装配时将高压油打入连接的配合面之间，使包容件内径胀大，使被包容件外径缩小，同时施加一定的轴向力将两被连接件压到预定位置后，放出高压油即可形成过盈连接。需要拆开时，再打入高压油，两被连接件即可分离。这种装配方法不会擦伤配合面，并且多次装拆后仍具有良好的紧固性。

圆柱面过盈连接也可用液压方法装拆。

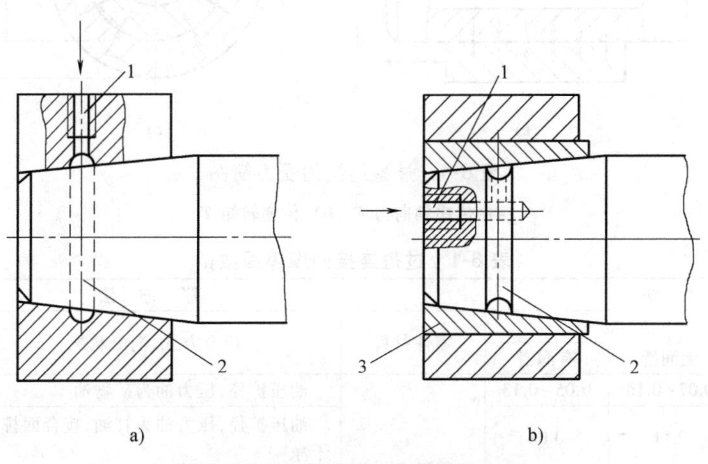

图 6-3　液压装拆的圆锥面过盈连接

1—油孔　2—油沟　3—中间套

三、圆柱面过盈连接的设计计算

过盈量的大小是影响过盈连接能否正常工作的主要因素。一方面，如过盈量过小，在配合面上产生的径向压力小，连接的承载能力低，在承受外载荷时连接会松动；另一方面，如过盈量过大，被连接件会在装配应力的作用下发生破坏。

通常，在设计过盈连接之前，已经确定了连接所受的载荷以及被连接件的材料、结构和尺寸。设计过盈连接就是在这些已确定的条件下，通过计算解决两个主要问题：一是确定传递载荷时连接不松动所需的最小过盈量，并据此选择配合公差；二是计算被连接件在所选配合形成最大过盈量时的强度。此外，还要决定装配方法，提出装配要求（装拆压力或装配温度等）。

计算时假设：零件的应变在弹性范围内；被连接件是两个等长的厚壁圆筒，其配合面上的压力均匀分布。

（1）传递载荷所需的最小径向压力　圆柱面过盈连接传递轴向力 F 和转矩 T 时的受力简图如图 6-4 所示。

1）只传递轴向力时，保证连接不松动，应使配合面上所能产生的轴向摩擦力大于或等

于轴向力 F，即

$$\pi dlp\mu \geqslant F \tag{6-1}$$

式中 d——配合面直径（mm）；

l——配合长度（mm）；

p——配合面间的径向压力（MPa）；

μ——配合面的摩擦因数，见表 6-1。

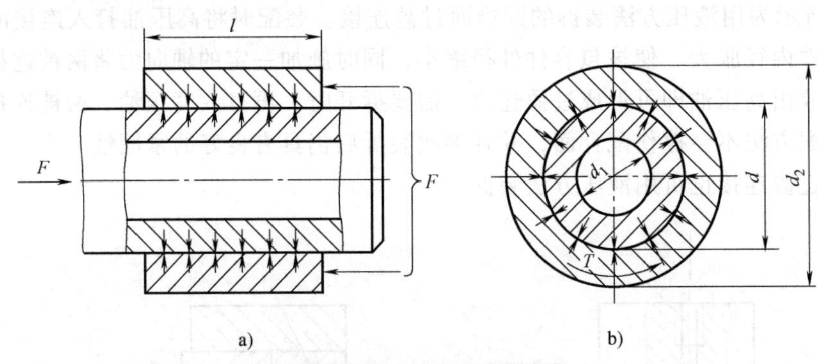

图 6-4 过盈连接的受力简图

a）传递轴向力 F b）传递转矩 T

表 6-1 过盈连接的摩擦因数μ

压入法			胀缩法		
零件材料	μ 无润滑	μ 有润滑	零件材料	接合方式、润滑状况	μ
钢-钢	0.07~0.16	0.05~0.13	钢-钢	油压扩径，压力油为矿物油	0.125
钢-铸钢	0.11	0.08	钢-钢	油压扩径，压力油为甘油，接合面排油干净	0.18
钢-结构钢	0.1	0.07	钢-钢	在电炉中加热包容件至 300℃	0.14
钢-优质结构钢	0.11	0.08	钢-钢	在电炉中加热包容件至 300℃后，接合面脱脂	0.2
钢-青铜	0.15~0.2	0.03~0.06	钢-铸铁	油压扩径，压力油为矿物油	0.1
钢-铸铁	0.12~0.15	0.05~0.1	钢-铝镁合金	无润滑	0.1~0.15
铸铁-铸铁	0.15~0.25	0.05~0.1			

由式（6-1）可得传递轴向力 F 所需的最小径向压力为

$$p_{\min}=\frac{F}{\pi dl\mu} \tag{6-2}$$

2）只传递转矩时，保证连接不松动，应使配合面上所能产生的摩擦力矩大于或等于转矩 T，即

$$\pi dlp\mu\frac{d}{2}\geqslant T \tag{6-3}$$

传递转矩 T 所需最小径向压力为

$$p_{\min}=\frac{2T}{\pi d^2 l\mu} \tag{6-4}$$

3）同时传递轴向力和转矩时，可将转矩 T 转化为作用于接合面上的切向力（$=2T/d$），那么，保证连接不松动，应使配合面上所能产生的摩擦力大于或等于轴向力 F 与该切向力的合力，即

$$\pi dlp\mu \geqslant \sqrt{F^2+\left(\frac{2T}{d}\right)^2} \tag{6-5}$$

同时传递 F 和 T 所需最小径向压力为 $p_{\min}=\frac{\sqrt{F^2+(2T/d)^2}}{\pi dl\mu}$ (6-6)

（2）传递载荷所需的最小过盈量　由材料力学中有关厚壁圆筒的计算理论可知，过盈连接的实际过盈量与配合面上产生的径向压力之间的关系为

$$\delta=pd\left(\frac{C_1}{E_1}+\frac{C_2}{E_2}\right)\times10^3 \tag{6-7}$$

式中　δ——过盈连接的实际过盈量（μm）；

p——配合面间的径向压力（MPa）；

d——配合面的公称直径（mm）；

E_1、E_2——被包容件和包容件材料的弹性模量（MPa），见表 6-2；

C_1、C_2——被包容件和包容件的刚性系数，即

$$C_1=\frac{d^2+d_1^2}{d^2-d_1^2}-\mu_1,\quad C_2=\frac{d_2^2+d^2}{d_2^2-d^2}+\mu_2 \tag{6-8}$$

式中　d_1、d_2——被包容件的内径和包容件的外径（mm），如图 6-4 所示；

μ_1、μ_2——被包容件和包容件材料的泊松比，见表 6-2。

表 6-2　常用材料的弹性模量、泊松比和线膨胀系数

材　料	弹性模量 E/MPa	泊松比 μ	线膨胀系数 α/($\times10^{-6}$·℃$^{-1}$)	
			加　热	冷　却
碳钢、低合金钢、合金结构钢	$(2\sim2.35)\times10^5$	0.3~0.31	11	-8.5
HT150、HT200	$(7\sim8)\times10^4$	0.24~0.25	10	-8
HT250、HT300	$(1.05\sim1.3)\times10^5$	0.24~0.26	10	-8
可锻铸铁	$(9\sim10)\times10^4$	0.25	10	-8
球墨铸铁	$(1.6\sim1.8)\times10^5$	0.28~0.29	10	-8
青铜	8.5×10^4	0.35	17	-15
黄铜	8×10^4	0.36~0.37	18	-16
铝合金	6.9×10^4	0.32~0.36	21	-20
镁合金	4×10^4	0.25~0.3	25.5	-25

将由式（6-2）、式（6-4）和式（6-6）计算得到的所需最小径向压力 $p_{\min}$ 代入式（6-7）即可计算传递载荷所需的最小实际过盈量 δ_{emin}，即

$$\delta_{\text{emin}}=p_{\min}d\left(\frac{C_1}{E_1}+\frac{C_2}{E_2}\right)\times10^3 \tag{6-9}$$

采用压入法装配时，由于配合表面的微观波峰被擦平，使装配后的实际过盈量（用 δ_e 表示）比装配前的过盈量（可称为理论过盈量 δ）有所减小，如图 6-5 所示。研究表明，实际过盈量 δ_e 比理论过盈量 δ 约减小 $3.2(Ra_1+Ra_2)$。因此，所需最小理论过盈量 $\delta_{\min}$ 应为

$$\delta_{\min}=\delta_{\text{emin}}+3.2(Ra_1+Ra_2) \tag{6-10}$$

式中　Ra_1、Ra_2——被包容件与包容件配合表面粗糙度轮廓算术平均偏差（μm）。

采用胀缩法装配时，过盈量基本不会减小，所以 $\delta_{min}=\delta_{emin}$。

（3）选择标准配合　设所选标准过盈配合的最小过盈量为 Δ_{min}，显然，应满足

$$\Delta_{min}\geqslant\delta_{min} \tag{6-11}$$

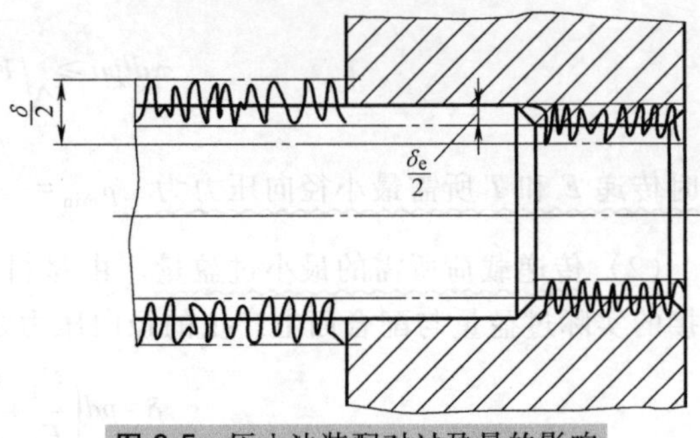

图 6-5　压入法装配对过盈量的影响

δ—理论过盈量　δ_e—实际过盈量

按上述要求选定标准配合后，首先计算所选配合可能形成的最大理论过盈量 Δ_{max}。之后，按装配方法的不同确定最大实际过盈量 δ_{emax}。

$$\left.\begin{array}{ll}\text{采用压入法装配时} & \delta_{emax}=\Delta_{max}-3.2(Ra_1+Ra_2)\\ \text{采用胀缩法装配时} & \delta_{emax}=\Delta_{max}\end{array}\right\} \tag{6-12}$$

由于实际过盈量 δ_e 与所产生的径向压力 p 成正比，故可按下式计算所选配合可能产生的最大径向压力 p_{max}，即

$$p_{max}=\frac{\delta_{emax}}{\delta_{emin}}p_{min} \tag{6-13}$$

（4）被连接件的强度计算　由厚壁圆筒的应力分析理论可知，在径向压力 p 作用下，被包容件上将产生径向压应力 σ_{r1} 和周向压应力 σ_{t1}；包容件上将产生径向压应力 σ_{r2} 和周向拉应力 σ_{t2}，应力分布如图6-6所示。

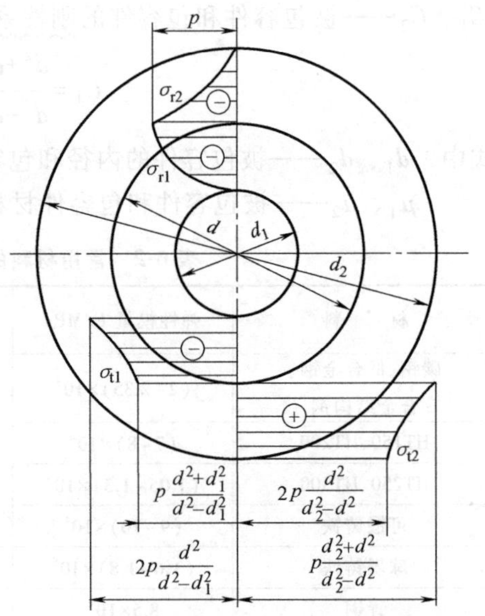

图 6-6　圆柱面过盈连接的应力分布

包容件和被包容件的危险应力均发生在内表面处。被连接件为塑性材料时，按第四强度理论确定防止发生塑性变形应满足的强度条件；被连接件为脆性材料时，按第一强度理论确定防止断裂应满足的强度条件。

在所选配合可能产生的最大径向压力 p_{max} 作用下，两被连接件的强度条件如下所述：

$$\left.\begin{array}{ll}\text{被包容件为塑性材料时} & \dfrac{2d^2}{d^2-d_1^2}p_{max}\leqslant R_{eL1}\\ \text{被包容件为脆性材料时} & \dfrac{2d^2}{d^2-d_1^2}p_{max}\leqslant\dfrac{R_{m1}}{S}\end{array}\right\} \tag{6-14}$$

式中　R_{eL1}、R_{m1}——被包容件材料的屈服强度和抗拉强度（MPa）；

S——安全系数，可取为 2~3。

应当指出：当被包容件为实心轴时，沿径向和周向产生的压应力均等于配合面的径向压力 p。由第一或第四强度理论可知，危险应力发生在轴的配合面上，其大小等于 p。

$$\left.\begin{aligned}&\text{包容件为塑性材料时}\quad \frac{\sqrt{3d_2^4+d^4}}{d_2^2-d^2}p_{\max}\leqslant R_{\mathrm{eL2}}\\&\text{包容件为脆性材料时}\quad \frac{d_2^2+d^2}{d_2^2-d^2}p_{\max}\leqslant\frac{R_{\mathrm{m2}}}{S}\end{aligned}\right\}\tag{6-15}$$

式中　R_{eL2}、R_{m2}——包容件材料的屈服强度和抗拉强度（MPa）；

S——安全系数，可取为2~3。

如不满足上述强度条件，则须重新选择配合公差，直到满足强度条件为止。

（5）装拆压力和装配温度

1）采用压入法装配时，需计算所需的最大装拆压力，以便选择合适的压力机。

最大压入力
$$F_{\mathrm{i}}=\mu\pi dlp_{\max}\tag{6-16}$$

最大压出力
$$F_{\mathrm{o}}=(1.3\sim1.5)F_{\mathrm{i}}\tag{6-17}$$

2）采用胀缩法装配时，需计算装配时的加热（或冷却）温度。

被包容件的冷却温度
$$t_1=t_0-\frac{\Delta_{\max}+\Delta_0}{\alpha_1 d\times10^3}\tag{6-18}$$

包容件的加热温度
$$t_2=t_0+\frac{\Delta_{\max}+\Delta_0}{\alpha_2 d\times10^3}\tag{6-19}$$

式中　t_0——装配环境的温度（℃）；

Δ_0——为了便于装配所需的最小装配间隙（μm），通常取为H7/g6配合的最小间隙；

d——配合面的公称直径（mm）；

α_1、α_2——被包容件和包容件材料的线膨胀系数，查表6-2。

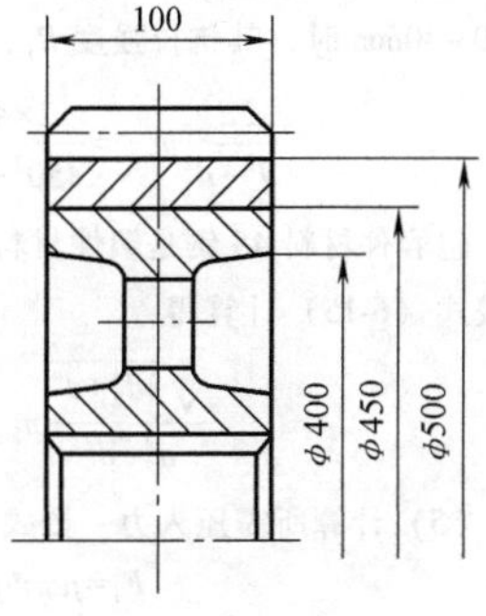

图6-7　例6-1图

例6-1　设计组合式齿轮中轮缘与轮芯之间的过盈连接，尺寸如图6-7所示。已知：轮缘材料为45钢，轮芯材料为HT200，常温下工作，传递的最大转矩$T=8000\text{N}\cdot\text{m}$，轮缘和轮芯配合面的表面粗糙度$Ra$值均为1.6μm，采用压入法装配。

解

计算与说明	主要结果
（1）计算所需最小径向压力$p_{\min}$　由图6-7可知，配合面直径$d=450\text{mm}$，配合长度$l=100\text{mm}$。查表6-1，按无润滑取摩擦系数$\mu=0.13$。 按式(6-4)计算得 $p_{\min}=\dfrac{2T}{\pi d^2 l\mu}=\dfrac{2\times8000\times10^3}{3.14\times450^2\times100\times0.132}\text{MPa}=1.93\text{MPa}$	$p_{\min}=1.93\text{MPa}$
（2）计算所需最小过盈量　查表6-2可知，$E_1=7.5\times10^4\text{MPa}$，$E_2=2.1\times10^5\text{MPa}$，$\mu_1=0.25$，$\mu_2=0.3$。由图6-7近似取被包容件内径$d_1=400\text{mm}$，包容件外径$d_2=500\text{mm}$。 按式(6-8)计算刚性系数 $C_1=\dfrac{d^2+d_1^2}{d^2-d_1^2}-\mu_1=\dfrac{450^2+400^2}{450^2-400^2}-0.25=8.279$ $C_2=\dfrac{d_2^2+d^2}{d_2^2-d^2}+\mu_2=\dfrac{500^2+450^2}{500^2-450^2}+0.3=9.826$	

（续）

计 算 与 说 明	主 要 结 果
按式(6-9)计算所需最小实际过盈量 $$\delta_{emin}=p_{min}d\left(\frac{C_1}{E_1}+\frac{C_2}{E_2}\right)\times10^3$$ $$=1.93\times450\times\left(\frac{8.279}{7.5\times10^4}+\frac{9.826}{2.1\times10^4}\right)\times10^3\ \mu m=137\mu m$$	$\delta_{emin}=137\mu m$
由式(6-10)可知，采用压入法装配，所需最小理论过盈量为 $$\delta_{min}=\delta_{emin}+3.2(Ra_1+Ra_2)=137+3.2\times(1.6+1.6)\ \mu m=147\mu m$$	$\delta_{min}=147\mu m$
（3）选择配合　查设计手册，选择基孔制配合 H7/t6，包容件内径为 $\phi450^{+0.063}_{0}$mm，被包容件外径为 $\phi450^{+0.370}_{+0.330}$mm，其可能产生的最小过盈量为 $$\Delta_{min}=(0.330-0.063)\,mm=0.267mm=267\mu m>\delta_{min}$$ 所以，H7/t6 配合能保证连接在受载时不松动	$\Delta_{min}=267\mu m$
可能产生的最大理论过盈量　$\Delta_{max}=(0.370-0)\,mm=0.370mm=370\mu m$ 由式（6-12）可知，可能的最大实际过盈量为 $$\delta_{emax}=\Delta_{max}-3.2(Ra_1+Ra_2)=[370-3.2\times(1.6+1.6)]\ \mu m=360\mu m$$	$\delta_{emax}=360\mu m$
按式（6-13）计算所选配合可能产生的最大径向压力为 $$p_{max}=\frac{\delta_{emax}}{\delta_{emin}}p_{min}=\frac{360}{137}\times1.93MPa=5.07MPa$$	$P_{max}=5.07MPa$
（4）计算被连接件的强度　被包容件材料 HT200 是脆性材料，查手册可知，零件壁厚为 20~40mm 时，其抗拉强度 $R_{m1}=155MPa$，取安全系数 $S=2.5$，按式（6-14）计算得 $$\frac{2d^2}{d^2-d_1^2}p_{max}=\frac{2\times450^2}{450^2-400^2}\times5.07MPa=48.31MPa<\frac{R_{m1}}{S}=\frac{155}{2.5}MPa=62MPa$$	被包容件的强度足够
包容件材料 45 钢是塑性材料，查手册可知其屈服点 $R_{eL2}=355MPa$ 按式（6-15）计算得 $$\frac{\sqrt{3d_2^4+d^4}}{d_2^2-d^2}p_{max}=\frac{\sqrt{3\times500^4+450^4}}{500^2-450^2}\times5.07MPa=51.02MPa<R_{eL2}$$	包容件的强度足够
（5）计算所需压入力　按式（6-17）计算得 $$F_i=\mu\pi dlp_{max}=0.13\times3.14\times450\times100\times5.07N=93130N$$	$F_i=93130N$

第二节　弹性环连接

弹性环连接是靠具有圆锥形结合面的内、外弹性钢环挤紧在轴与轮毂之间构成的连接（图 6-8）。装配时，通过拧紧螺纹连接产生的轴向力，使内、外弹性环的圆锥形接合面相互压紧并产生压力。在该压力作用下，内环收缩包紧在轴上，外环被撑大胀紧在轮毂孔中，同时在内环与轴、外环与轮毂孔的接合面上均产生径向压力。工作中，靠各接合面上产生的摩擦力传递外载荷（轴向力或转矩）。

弹性环连接和过盈连接都是靠摩擦力传递外载荷。两者相比较，弹性环连接具有如下优点：装配时接合面无过盈，装拆容易，装配中不会损伤接合面，可多次重复使用；对轴和轮毂孔接合面的加工精度要求低。但也具有结构比较复杂，沿轴向和径向占用的空间较大，有时会因结构的限制而不能使用等缺点。

弹性环（图 6-8a）是标准件。在设计弹性环连接中的轴和轮毂时，要符合有关的标准。另外，需根据轴和轮毂的结构及弹性环的对数等情况，确定采用单向压紧（图 6-8b）还是采用双向压紧（图 6-8c）。

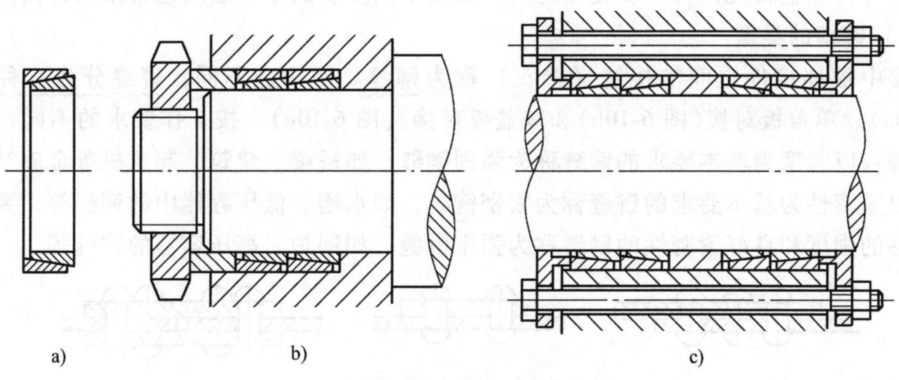

图 6-8　弹性环连接

a）弹性环　b）单向压紧　c）双向压紧

设计时，通常根据载荷的大小确定弹性环的对数。采用多对弹性环时，从压紧端起，各对弹性环产生的轴向压力和径向压力将依次减小，从而使所传递的载荷也依次减小。因此，弹性环的串联对数不宜过多，单向压紧一般不超过 4 对，双向压紧一般不超过 8 对。当载荷较小时，可只用一对弹性环。

第三节　铆接、焊接、粘接简介

铆接、焊接和粘接是常用的不可拆连接。本节主要从类型、特点以及应用等方面，对它们进行简要介绍。至于强度计算等更多内容可查阅有关资料。

一、铆接

铆接是利用铆钉将被连接件固定在一起的连接方式。铆钉（图 6-9）是标准件，其材料为塑性较好的金属，一端有头，一端无头。施铆时，将铆钉穿入被连接件上预先制好的孔中，利用工具在另一端制出钉头后，即实现了铆接。

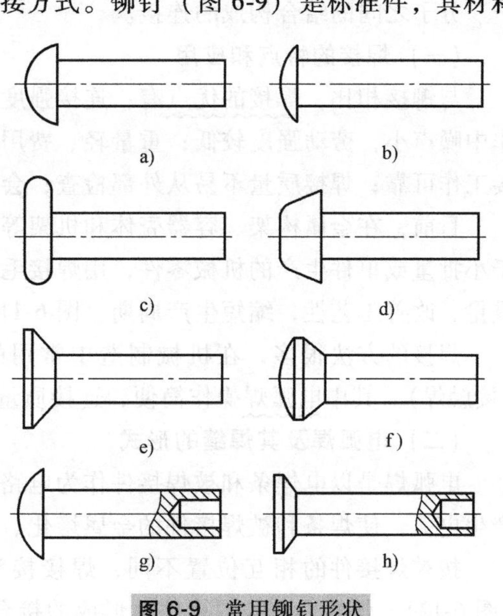

图 6-9　常用铆钉形状

（一）铆接的特点和应用

铆接的主要优点有：在承受冲击载荷时，工作比较可靠，对应力集中的敏感性低；接合质量易于检查等。主要缺点有：结构较为笨重；被连接件因钻孔而受到削弱；施铆时噪声大、劳动强度大等。

近几十年来，由于焊接和高强度螺栓连接的发展，铆接的应用已逐渐减少。但在少数受严重冲击载荷或振动载荷的金属结构中，还常用铆接。尤其是在轻金属结构（如飞机结构）中，由于焊接困难，铆接至今仍是主要的连接方式。另外，非金属元件与金属元件之间，以及不同金属的零件之间也常采用铆接。

（二）铆缝的类型

铆接中被连接件之间的接缝（接头）称为铆缝。按构造不同，铆缝分为三种：搭接（图 6-10a）、单盖板对接（图 6-10b）和双盖板对接（图 6-10c）。按工作要求的不同，铆缝也分为三种：以强度为基本要求的铆缝称为强固铆缝，如桥梁、建筑、起重机等金属结构上的铆缝；以紧密性为基本要求的铆缝称为紧密铆缝，如水槽、低压容器中的铆缝等；要求同时具有足够的强度和良好紧密性的铆缝称为强密铆缝，如锅炉、高压容器的铆缝等。

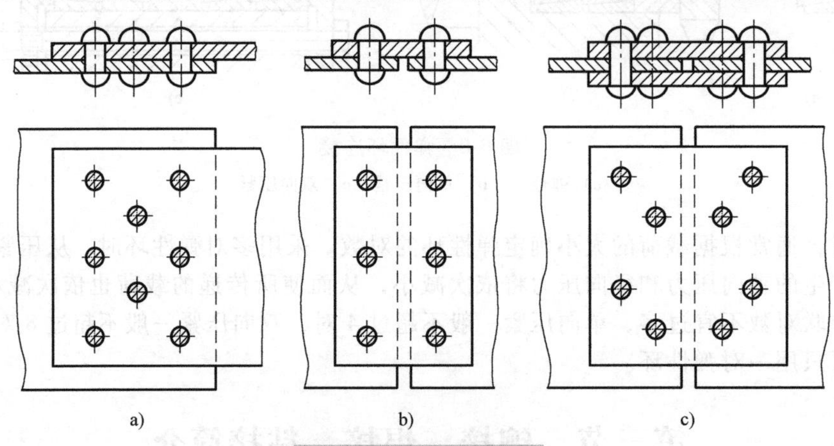

图 6-10 常用铆缝形式

a）搭接 b）单盖板对接 c）双盖板对接

二、焊接

焊接是借助加热（有时还要加压）使被连接的金属零件在连接处熔化又冷却后，靠原子、分子之间的结合构成的连接。

（一）焊接的特点和应用

与铆接相比，焊接的优点有：连接强度高，容易保证紧密性；工艺简单，操作方便；操作中噪声小，劳动强度较低；重量轻、费用低等。但也有如下缺点：承受冲击载荷时不如铆接工作可靠；焊接质量不易从外部检查；会使零件产生变形和残余应力等。

目前，在金属构架、容器壳体和机架等结构的制造中，焊接的应用比较广泛。另外，对于小批量或单件生产的机械零件，用焊接毛坯代替铸造、锻造毛坯往往可以降低成本，减轻重量，改善工艺性，缩短生产周期。图 6-11 所示为采用焊接方法制造的机械零件示例。

焊接的方法很多，在机械制造中常用的有电焊和气焊。电焊又分为电弧焊和电阻焊（接触焊）。其中电弧焊操作简便，连接质量好，应用非常广泛。下面只简单介绍电弧焊。

（二）电弧焊及其焊缝的形式

电弧焊是以电焊条和被焊接件作为电路的两个电极，利用电焊机的低压电流在两极之间产生电弧，使焊条和被焊接件的金属熔化、混合并填充接缝而构成的焊接。

按被焊接件的相互位置不同，焊接接头有对接接头、搭接接头和正交接头三种形式（图 6-12）。焊接后在被焊接件上形成的接合部分称为焊缝。电弧焊常用的焊缝形式主要有两种：对接接头中的焊缝称为对接焊缝（图 6-12a）；搭接接头和正交接头中的焊缝称为角

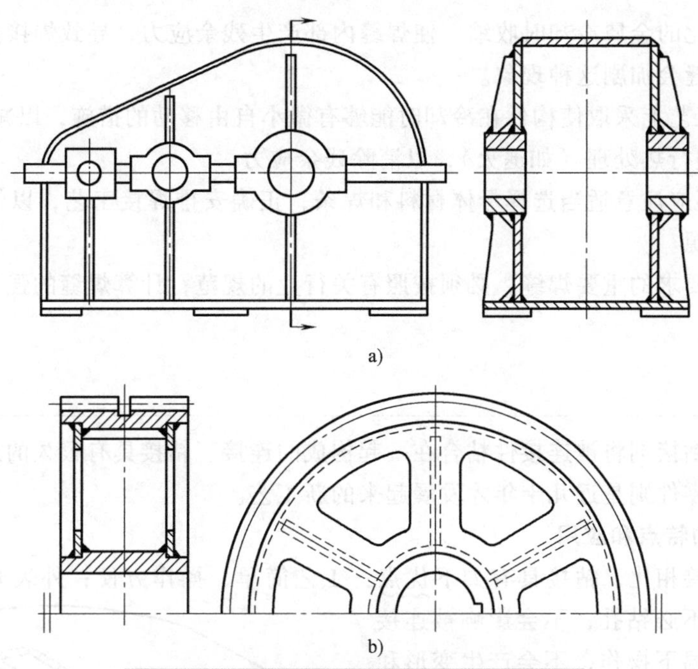

图 6-11 采用焊接方法制造的机械零件示例

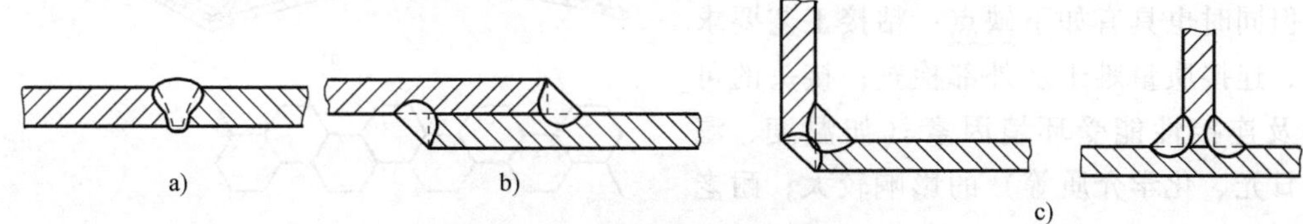

图 6-12 焊接接头及焊缝形式

a) 对接接头 b) 搭接接头 c) 正交接头

焊缝（图 6-12b、c）。

对于被焊接件较厚的对接接头，为了保证能够焊透，需在接头处开坡口（图 6-13）。单面焊时开 V 形或 U 形口；双面焊时开 X 形或 K 形口。

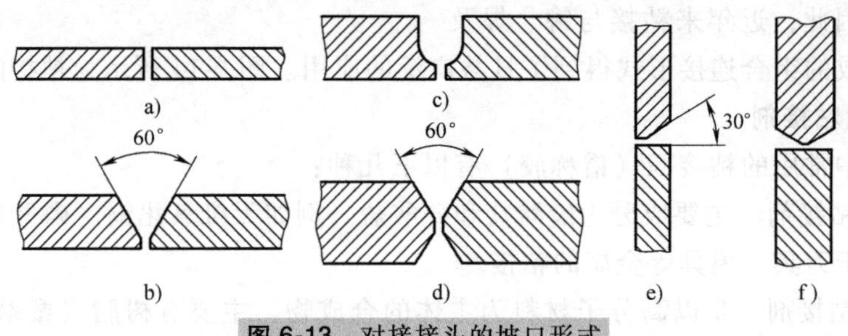

图 6-13 对接接头的坡口形式

a) 无坡口 b) V 形坡口 c) U 形坡口 d) X 形坡口

e) V 形不对称坡口 f) K 形坡口

在设计焊接结构时，应注意以下几个要点：

1）在满足强度条件的情况下，尽量采用较短的焊缝或采用分段焊，并避免焊缝交叉。

这主要是因为熔化的金属冷却时收缩，使焊缝内部产生残余应力，导致焊接件翘曲变形。而交叉焊缝和长焊缝会加剧这种现象。

2）在焊接工艺上采取使构件在冷却时能够有微小自由移动的措施，以减小残余应力。

3）焊后应进行热处理（如退火），以消除残余应力。

4）此外，还应注意适当选择母体材料和焊条，正确安排焊接工艺，以便于施工，并避免产生残余应力源。

对于有强度要求的重要焊缝，必须按照有关行业的规范，计算焊缝的强度。计算方法请查阅有关资料。

三、粘接

粘接是利用粘接剂将被连接件粘合在一起构成的连接。粘接具有很久的历史，但在机械制造中粘接金属零件则是近几十年才发展起来的新工艺。

（一）粘接的特点和应用

与铆接、焊接相比，粘接具有如下优点：工艺简单，操作方便；外表光整，接头重量轻；被连接件上不必钻孔，不会影响被连接件的强度；在常温下操作，不会产生变形和残余应力；胶层具有密封、绝缘和防锈作用等。但同时也具有如下缺点：粘接工艺要求严格，连接质量难于从外部检查；接头的可靠性及连接性能受环境因素（如温度、湿度、日光、化学介质等）的影响较大；耐老化性能较差等。

粘接非常适用于微小零件、极薄零件以及不同材料零件之间的连接，例如飞机机翼蒙皮与型材的连接以及机翼上的蜂窝结构均采用了粘接。实践表明，粘接与其他连接方法共同使用，能显著提高连接的强度，尤其是疲劳强度。因此，近年来粘接与铆、焊及螺纹连接等构成的组合连接形式得到了日益广泛的应用。图6-14所示为粘接的应用示例。

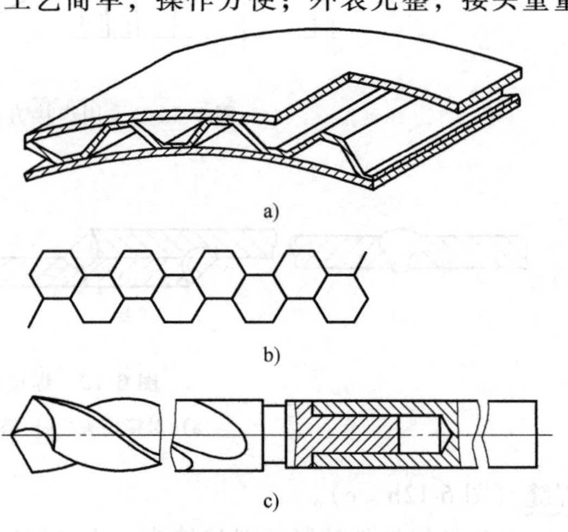

图6-14 粘接应用示例

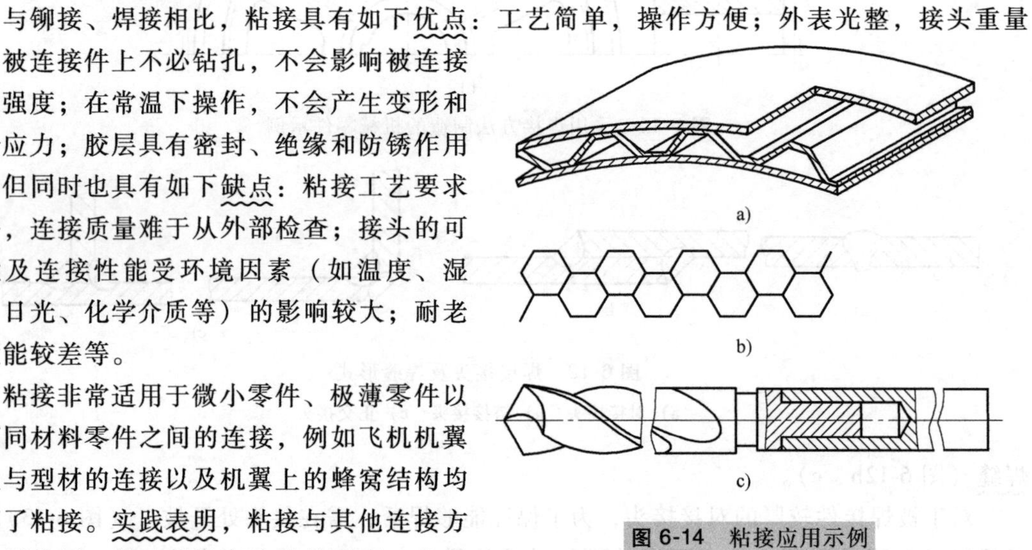

a）飞机机翼蒙皮 b）蜂窝结构 c）钻头接杆

（二）常用粘接剂

机械制造中常用的粘接剂（俗称胶）有以下几种：

（1）无机粘接剂 主要成分为磷酸盐和硅酸盐。例如无机氧化铜（磷酸胶），具有较高的强度，可用于刀具、模具等金属的粘接。

（2）有机粘接剂 是以高分子材料为主体的合成物，主要有树脂（酚醛树脂、环氧树脂等）、橡胶以及它们的混合体等。有机胶种类繁多，性能差异也很大。常用的有酚醛—缩醛—有机硅胶、环氧—酚醛胶等。

粘接剂的主要性能有强度（耐热性、耐介质性、耐老化性）、固化条件（温度、压力、保持时间）、工艺性（涂布性、流动性、有效储存期）以及其他特殊性能（如防锈、导电等）。其中，粘接强度和粘接剂的力学性能，与粘接件的材料、环境温度、固化情况、胶层厚度、工艺水平、工作时间等有关。粘接时，需要考虑上述几方面因素，选择适当的粘接剂。

（三）粘接接头的结构形式和设计要点

粘接接头的典型结构形式如图 6-15 所示。

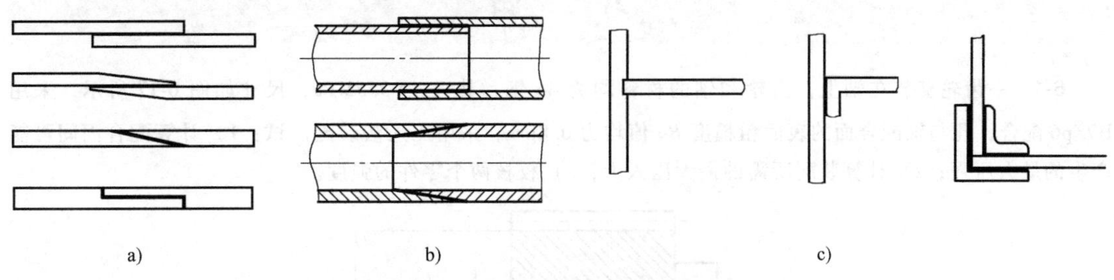

图 6-15　粘接接头的典型结构形式

a）板接　b）管接　c）角接

设计粘接时需注意以下要点：

1）粘接面抗剪切、抗拉能力较强，而抗剥离和扯离（图 6-16）的能力较差。因此，设计时尽量使胶层受剪切或受拉，而避免受剥离和扯离。必要时，可采取防止粘接面受剥离和扯离的结构措施，如加紧固件、边缘卷边、加大粘接面积等。

2）由于胶层的强度一般总是低于被粘接件的强度。所以，尽量采用搭接、套接，以便增大粘接面积，而尽量不要采用对接。

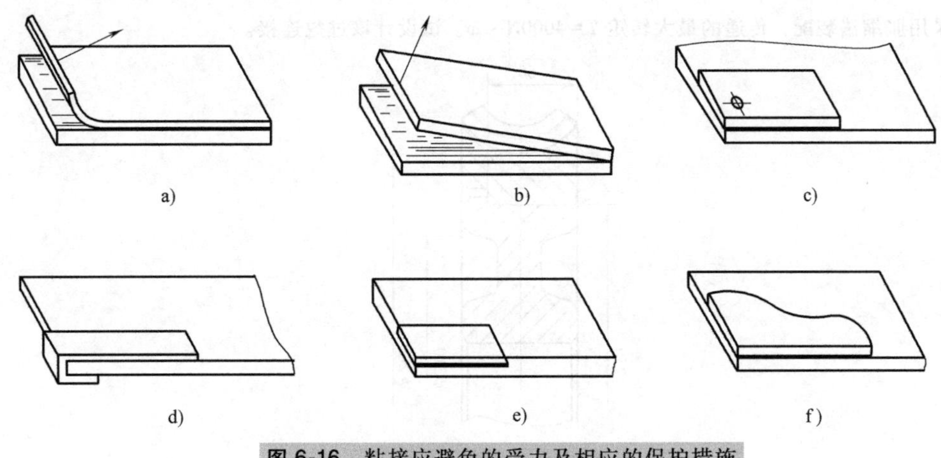

图 6-16　粘接应避免的受力及相应的保护措施

a）剥离　b）扯离　c）加紧固件　d）卷边　e）凹座　f）加大粘接面积

思　考　题

6-1　过盈连接是怎样承受并传递外载荷的？其有何特点？主要应用于什么场合？

6-2　过盈连接有哪几种装配方法？每种装配方法有何优缺点？

6-3　在圆柱面过盈连接的设计中，需解决的两个主要问题是什么？如何确定连接所需的最小过盈量？如何选择配合公差？如何计算被连接件的强度？

6-4 弹性环连接是如何实现的？有何特点？

6-5 铆接、焊接和粘接各自有哪些特点？各自适用于什么场合？

6-6 铆缝和焊缝各自有哪几种结构形式？

习　题

6-1 一齿轮套装在轴上，齿轮和轴的材料均为 45 钢，其 $R_{eL}=355\text{MPa}$，尺寸如图 6-17 所示，采用 H7/p6 配合，孔与轴配合面的表面粗糙度 Ra 值均为 0.8μm，采用压入法装配。试：1）计算配合面间可能产生的最大压强；2）计算装配所需的最大压入力；3）校核两个零件的强度。

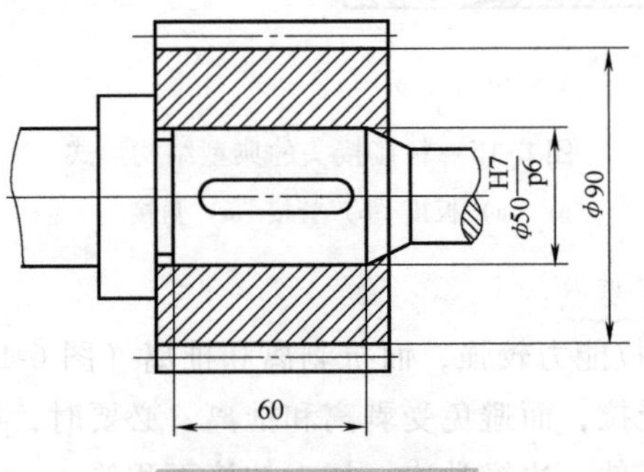

图 6-17 习题 6-1 图

6-2 如图 6-18 所示的组合式蜗轮，轮芯和齿圈采用过盈连接。轮芯材料为 HT200，其 $R_m=155\text{MPa}$，齿圈材料为锡青铜 ZCuSn10P1，其 $R_{eL}=200\text{MPa}$，轮芯配合面和齿圈配合面的表面粗糙度 Ra 值均为 1.6μm，采用胀缩法装配，传递的最大转矩 $T=4000\text{N}\cdot\text{m}$。试设计该过盈连接。

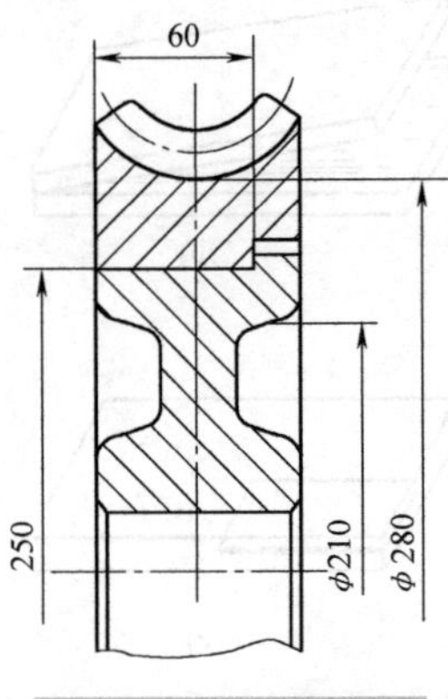

图 6-18 习题 6-2 图

传动综述

在一部机器中，传动装置的主要任务是在原动机与执行机构之间转换运动方式并传递运动，同时还具有传递动力，改变运动、动力参数，进行能量转换的功能。

传动装置是机器的重要组成部分，也往往是影响机器性能的核心因素。因此，机器的传动装置设计是否合理，工作是否安全可靠，对于提高、改进机器的性能是至关重要的。

各种机器中的传动形式归纳起来主要有机械传动、液压传动、气压传动和电传动等。在此主要讨论机械传动。

一、机械传动的类型

按工作原理的不同，机械传动分为两大类：

(1) 摩擦传动　工作中靠传动件之间的摩擦力传递运动和动力。属于此类传动形式的有摩擦带传动和摩擦轮传动。摩擦传动的主要优点有：传动件结构简单、制造容易，传动平稳；过载时传动打滑，对整个机械系统可起到安全保护作用。主要缺点有：传动的外廓尺寸较大；由于靠摩擦力工作，因而不能保持恒定的传动比。

(2) 啮合传动　靠传动件之间相互啮合传递运动和动力。此类传动主要有齿轮传动、蜗杆传动、链传动、同步带传动和螺旋传动等。啮合传动具有外廓尺寸小、传动比恒定、工作可靠、传递功率范围大等优点。但也有对制造精度要求高、制造成本较高等缺点。

各种常用机械传动的性能概略比较见下表。

各种常用机械传动的性能概略比较

传动类型		传动比范围	传递功率 P/kW		效率 η	外廓尺寸
			最大	常用		
齿轮传动	圆柱齿轮	$i \leqslant 6 \sim 8$	60000	—	闭式：0.96~0.99 开式：0.92~0.95	小
	直齿锥齿轮	$i \leqslant 3 \sim 5$				
	曲齿锥齿轮	$i \leqslant 10$				
蜗杆传动	不自锁	$8 \leqslant i \leqslant 80$	800	50 以下	0.60~0.92	小
	反行程自锁				0.40~0.45	
链传动		$i \leqslant 7 \sim 10$	5000	100 以下	0.90~0.97	大
同步带传动		$i \leqslant 10$	300	10 以下	0.98	大
摩擦带传动	平带	$i \leqslant 5$	3500	30 以下	0.94~0.98	大
	V 带	$i \leqslant 7$	700	100 以下	0.92~0.97	大
摩擦轮传动		$i \leqslant 7$	200	20 以下	0.90~0.97	较大

另外，机械传动又分为传动比可调和传动比不可调两种类型。传动比可调的传动，在主动轴转速不变的情况下，可使从动轴得到不同的转速，这称为调速（或变速）。

若从动轴的转速和传动比只在有限的几个数值之间跳跃变化，称为有级调速。在各种机器中，主要是通过轮系实现有级调速，如汽车的变速器、车床的主轴箱等。若传动比能在一定范围内连续变化，称为无级调速。以往主要靠摩擦轮传动等机械装置实现无级调速。但是，近些年来在需要无级调速的场合，变频调速技术（通过改变电源频率调节交流电动机的转速）已经基本取代了机械式调速装置。

由于摩擦轮传动在实际中已经很少应用，故后续几章主要讨论带传动、齿轮传动、蜗杆传动、链传动以及它们的设计方法。

二、机械传动类型的选择

机械传动类型有多种，在设计机器的传动部分时，首先遇到的就是选型问题。选择具体的传动类型时，通常需考虑以下几方面因素：

（1）效率和功率　从节约能源的角度考虑，传动的效率越低，其所能传递的功率应该越小。各种常用机械传动的效率和传递功率见上表。一般来讲，传递功率大时，应选择效率高的传动类型。传递功率较小或很小时，传动效率相对低一些也是可行的。

（2）传动比和外廓尺寸　每种传动类型（单级）都有其适用的传动比范围（见上表）。如果传动比超出了单级传动的适用范围，则可采用多级传动。另外，在传动比和传递功率相同的情况下，不同传动类型的外廓尺寸各不相同。一般情况下要求结构紧凑时，可选择齿轮传动、蜗杆传动等外廓尺寸小的传动类型。

（3）实际工作条件和传动特点　设计时，应结合所设计机器的实际工作条件和各种传动类型的特点，选择适当的传动类型。例如：链传动、齿轮传动、蜗杆传动等可用于高温、潮湿、粉尘等恶劣的工作环境；要求反行程自锁时，选择蜗杆传动或螺旋传动；要求传动本身具有过载保护作用时，选择摩擦传动；要求主、从动轴的轴线相交时，应选锥齿轮传动等。

（4）制造成本和运行费用　传动装置具有较低的制造成本和运行费用，也是选型时必须考虑的很重要的一个方面。

第七章

带 传 动

第一节　带传动的类型、特点及应用

一、带传动的类型

带传动是一种利用挠性带传递运动和动力的机械传动形式，在各种机械中得到了广泛的应用。带传动主要由主动带轮、从动带轮和张紧在两轮上的封闭环形带组成，如图 7-1 所示。

按照工作原理不同，带传动分为摩擦带传动和啮合带传动。

对于摩擦带传动，安装时将带张紧在带轮上，使带与带轮互相压紧。当主动轮转动时，依靠带与带轮接触弧面间的摩擦力，将主动轮的运动和动力传递给从动带轮。按照横截面形状不同，摩擦带传动分为平带、V 带、多楔带和圆带（图 7-2a～d）。

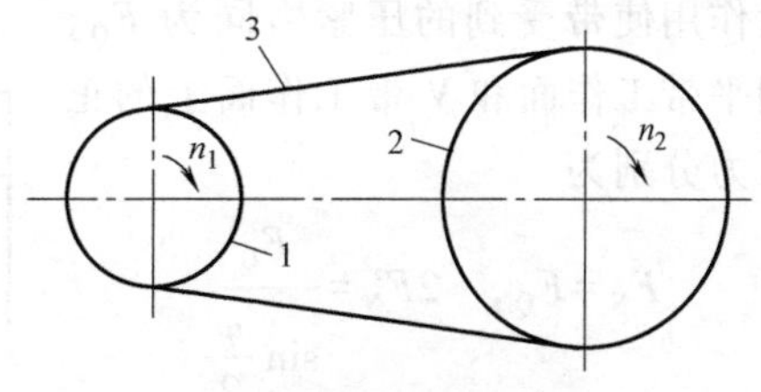

图 7-1　带传动简图

1—主动带轮　2—从动带轮　3—封闭环形带

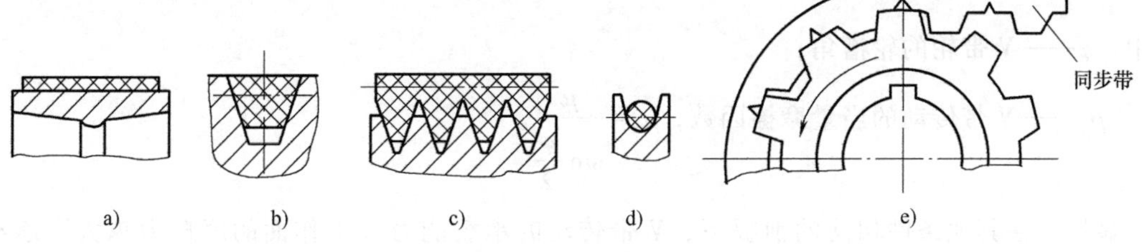

图 7-2　带的类型

a）平带　b）V 带　c）多楔带　d）圆带　e）同步带

（1）平带传动　平带的横截面为扁平矩形，其内侧面为工作面。平带传动结构简单，带长可根据需要剪截后用接头接成封闭环形。但由于承载能力比较低，在实际中应用不是很广泛。

平带传动的安装形式有：开口传动（图 7-1）、交叉传动（图 7-3a）和半交叉传动（图 7-3b）。开口传动的两带轮轴线平行、转向相同；交叉传动的两带轮轴线平行、转向相反；半交叉传动的两带轮轴线空间交错，交错角通常为 90°。

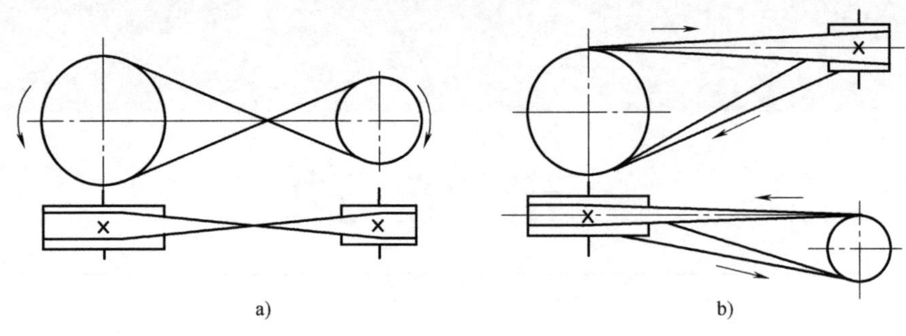

图 7-3 交叉传动和半交叉传动

（2）V 带传动 V 带的横截面为等腰梯形，与带轮轮槽相接触的两侧面为其工作面，带与轮槽槽底不接触。

在摩擦因数 μ 及张紧程度等其他条件相同的情况下，V 带传动与平带传动受力情况的比较如图 7-4 所示。假设由于带的张紧作用使带受到的压紧力同为 F_Q，则平带工作面和 V 带工作面上的正压力分别为

$$F_N = F_Q, \quad 2F'_N = \frac{F_Q}{\sin\dfrac{\varphi}{2}}$$

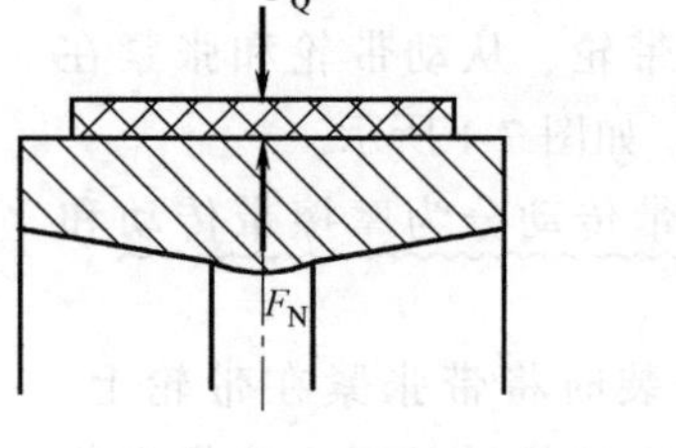

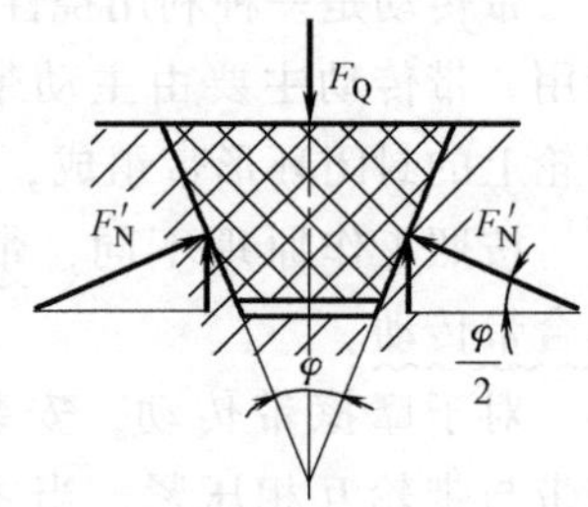

图 7-4 平带传动与 V 带传动受力比较

工作时，平带传动和 V 带传动在工作面上产生的摩擦力分别为

$$F_\mu = \mu F_N = \mu F_Q, \quad F'_\mu = 2\mu F'_N = \frac{\mu}{\sin\dfrac{\varphi}{2}} F_Q = \mu_v F_Q$$

式中 φ——V 带轮的轮槽角；

μ_v——V 带传动的当量摩擦因数，$\mu_v = \dfrac{\mu}{\sin\dfrac{\varphi}{2}}$。

显然，在其他条件相同的前提下，V 带传动的承载能力（工作面的摩擦力越大则承载能力越大）比平带传动大，而且 V 带可以多根带并用。所以，在传递相同功率时，V 带传动的结构要紧凑得多。与其他带传动相比，V 带传动应用最广泛，但只能用于开口传动。

V 带有普通 V 带、窄 V 带、宽 V 带、齿形 V 带、大楔角 V 带、联组 V 带等多种类型，其中普通 V 带应用最广。

（3）多楔带传动 多楔带是在平带基体下制出多根纵向楔体而成，楔体侧面为工作面，每个楔体就相当于一个小 V 带。多楔带传动适用于传递动力大且要求结构紧凑的场合，但

制造精度要求较高，也只能用于开口传动。

(4) 圆带传动　圆带的横截面为圆形，仅用于轻载机械及仪表等装置中。

啮合带传动也称为同步带传动（图 7-2e），靠带上的齿和带轮上的齿相互啮合传递运动和动力，能够保证主动轮和从动轮的圆周速度始终相等，因而具有准确的传动比，但对制造与安装的精度要求较高，成本较高。

二、带传动的特点及应用

摩擦带传动的主要优点有：①结构简单，制造维护方便，成本低；②带具有良好的弹性，可以缓冲、吸振，尤其 V 带没有接头，传动平稳，噪声小；③过载时，带与带轮之间会自动打滑，对整个机器可以起到安全保护作用；④适用于中心距较大的传动。其主要缺点有：①外廓尺寸较大，结构不紧凑；②工作时带与带轮之间将产生微小的相对滑动（弹性滑动），不能保证准确的传动比；③带的寿命较短，传动效率较低（一般 $\eta=0.90\sim0.96$），传递的功率不能太大；④需要张紧装置，作用在轴及轴承上的载荷较大。

根据上述特点，带传动多用于两轴中心距较大、传动比要求不严格的机械中。一般情况下，带传动的传动比 $i\leqslant7$，特殊情况可达 10；传递功率 $P\leqslant50\text{kW}$，最大可达 700kW；带的速度 $v=5\sim25\text{m/s}$，高速带传动可达 60~100m/s。

本章主要讨论摩擦带传动的工作情况以及普通 V 带传动的设计与安装维护。对于其他带传动请查阅相关文献。

第二节　普通 V 带和 V 带轮

一、普通 V 带

普通 V 带是标准件，被制成无接头的环形，截面形状为等腰梯形。如图 7-5 所示，其构造由顶胶、芯绳、底胶和包布等组成，带所受拉力主要由芯绳承受。

如图 7-6 所示，当 V 带绕在带轮上时，带中保持原有长度不变的周线称为节线。由全部节线构成的面称为节面（实际上就是带向内弯曲时的中性层）。带的节面宽度称为节宽，用 b_p 表示。带向内弯曲时，节宽保持不变。

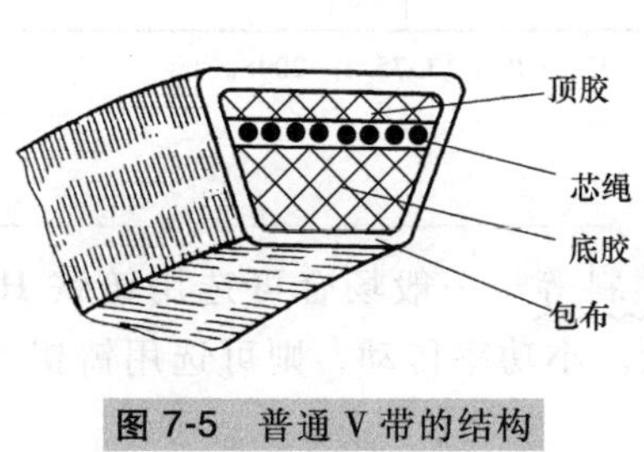

图 7-5　普通 V 带的结构

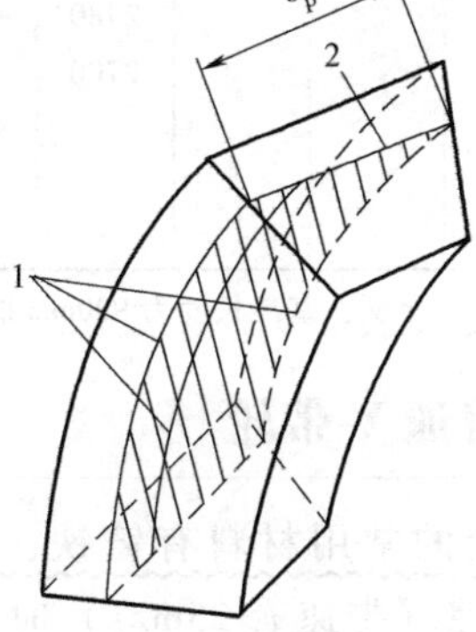

图 7-6　普通 V 带节线与节面

1—节线　2—节面

按照横截面尺寸由小到大排列，普通 V 带分为 Y、Z、A、B、C、D、E 七种截型。表 7-1 给出了各种截型普通 V 带的基本参数和尺寸。

普通 V 带的相对高度 $h/b_p \approx 0.7$（h 为 V 带高度），楔角 $\varphi_0 = 40°$。

V 带的节线长度称为基准长度，用L_d 表示。国家标准给每种截型的普通 V 带都规定了基准长度系列，以满足不同中心距的需要。各种截型普通 V 带的基准长度见表 7-2。

表 7-1　各种截型普通 V 带的基本参数和尺寸（摘自 GB/T 11544—2012）

V 带参数 \ V 带截型	Y	Z	A	B	C	D	E
顶宽 b/mm	6.0	10.0	13.0	17.0	22.0	32.0	38.0
节宽 b_p/mm	5.3	8.5	11.0	14.0	19.0	27.0	32.0
高度 h/mm	4.0	6.0	8.0	11.0	14.0	19.0	23.0
楔角 φ_0	40°						
每米带长的质量 q/kg·m^{-1}	0.02	0.06	0.10	0.17	0.30	0.63	0.92

表 7-2　各种截型普通 V 带的基准长度 L_d及带长修正系数 K_L（摘自 GB/T 13575.1—2008）

Y		Z		A		B		C		D		E	
L_d/mm	K_L	L_d/mm	K_L	L_d/mm	K_L	L_d/mm	K_L	L_d/mm	K_L	L_d/mm	K_L	L_d/mm	K_L
200	0.81	405	0.87	630	0.81	930	0.83	1565	0.82	2740	0.82	4660	0.91
224	0.82	475	0.90	700	0.83	1000	0.84	1760	0.85	3100	0.86	5040	0.92
250	0.84	530	0.93	790	0.85	1100	0.86	1950	0.87	3330	0.87	5420	0.94
280	0.87	625	0.96	890	0.87	1210	0.87	2195	0.90	3730	0.90	6100	0.96
315	0.89	700	0.99	990	0.89	1370	0.90	2420	0.92	4080	0.91	6850	0.99
355	0.92	780	1.00	1100	0.91	1560	0.92	2715	0.94	4620	0.94	7650	1.01
400	0.96	920	1.04	1250	0.93	1760	0.94	2880	0.95	5400	0.97	9150	1.05
450	1.00	1080	1.07	1430	0.96	1950	0.97	3080	0.97	6100	0.99	12230	1.11
500	1.02	1330	1.13	1550	0.98	2180	0.99	3520	0.99	6840	1.02	13750	1.15
		1420	1.14	1640	0.99	2300	1.01	4060	1.02	7620	1.05	15280	1.17
		1540	1.54	1750	1.00	2500	1.03	4600	1.05	9140	1.08	16800	1.19
				1940	1.02	2700	1.04	5380	1.08	10700	1.13		
				2050	1.04	2870	1.05	6100	1.11	12200	1.16		
				2200	1.06	3200	1.07	6815	1.14	13700	1.19		
				2300	1.07	3600	1.09	7600	1.17	15200	1.21		
				2480	1.09	4060	1.13	9100	1.21				
				2700	1.10	4430	1.15	10700	1.24				
						4820	1.17						
						5370	1.20						
						6070	1.24						

注：V 带标记示例：基准长度为 990mm 的 A 型普通 V 带标记为 A 990　GB/T 13575.1—2008。

二、普通 V 带轮

V 带轮的常用材料有铸铁、钢、铸铝和工程塑料等。一般场合可选用铸铁 HT150、HT200。高速（带速 $v>25$m/s）时宜选用钢制 V 带轮。小功率传动，则可选用铸铝或工程塑料。

普通 V 带轮一般由轮缘、腹板（或轮辐）和轮毂三部分组成（图 7-7）。在轮缘上有与

V 带截型相匹配的轮槽，各种截型普通 V 带轮轮缘的基本参数和尺寸见表 7-3。应当指出：各种截型普通 V 带的楔角 φ_0 均为 40°。但 V 带在不同直径的带轮上弯曲时，其截面变形，顶胶层受拉变窄，底胶层受压变宽，楔角变小。为使 V 带的两侧面与轮槽两侧面能够均匀接触，应使带轮轮槽角 φ 尽可能等于变形后的 V 带楔角，故规定 φ 小于 40°，且应随带轮直径的减小而减小，见表 7-3。

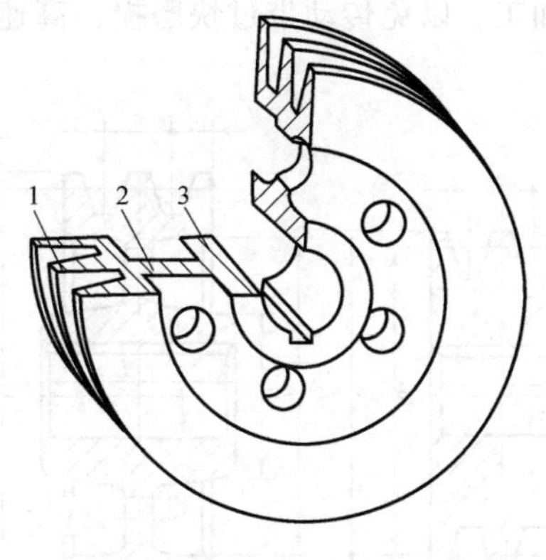

图 7-7 V 带轮（腹板式）的结构

1—轮缘 2—腹板 3—轮毂

普通 V 带轮上与配用 V 带的节宽 b_p 相等的轮槽宽度称为基准宽度 b_d。轮槽基准宽度 b_d 处的直径称为 V 带轮的基准直径 d_d。国家标准规定了 V 带轮的基准直径系列，见表 7-4。

表 7-3 各种截型普通 V 带轮轮缘的基本参数和尺寸

（摘自 GB/T 13575.1—2008） （单位：mm）

带轮参数 \ V带截型			Y	Z	A	B	C	D	E
基准宽度 b_d			5.3	8.5	11.0	14.0	19.0	27.0	32.0
基准线上槽深 h_{amin}			1.6	2.0	2.75	3.5	4.8	8.1	9.6
基准线下槽深 h_{fmax}			4.7	7.0	8.7	10.8	14.3	19.9	23.4
槽间距 e			8 ±0.3	12 ±0.3	15 ±0.3	19 ±0.4	25.5 ±0.5	37 ±0.6	44.5 ±0.7
第一槽对称面至带轮端面的距离 f_{min}			7±1	8±1	10^{+2}_{-1}	12.5^{+2}_{-1}	17^{+2}_{-1}	23^{+3}_{-1}	29^{+4}_{-1}
轮缘厚度 δ_{min}			5	5.5	6	7.5	10	12	15
轮缘宽度 B			$B=(z-1)e+2f$（z 为轮槽数）						
带轮的外径 d_a			$d_a=d_d+2h_a$						
轮槽角 ϕ	32°	相应的基准直径 d_d	≤60	—	—	—	—	—	—
	34°		—	≤80	≤118	≤190	≤315	—	—
	36°		>60	—	—	—	—	≤475	≤600
	38°		—	>80	>118	>190	>315	>475	>600
	极限偏差		±1°				±30′		

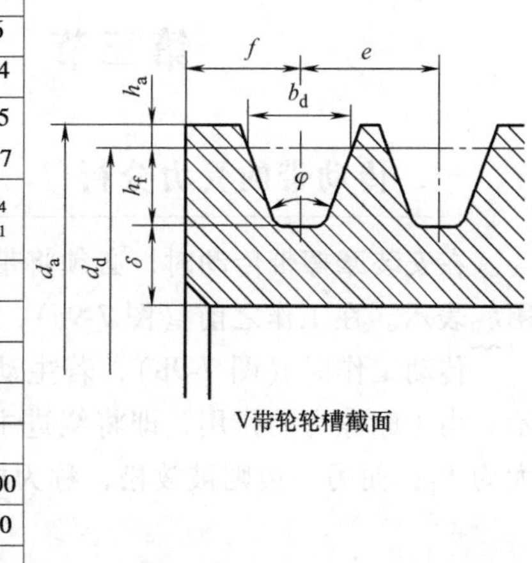

V带轮轮槽截面

表 7-4 V 带轮的基准直径系列（摘自 GB/T 10412—2002） （单位：mm）

28	31.5	35.5	40	45	50	56	63	71	75	80	85	90	95	100	106	112	118
125	132	140	150	160	170	180	200	212	224	236	250	265	280	300	315	335	355
375	400	425	450	475	500	530	560	600	630	670	710	750	800	850	900	950	
1000	1060	1120	1250	1400	1500	1600	1800	1900	2000								

按直径大小不同，V 带轮可设计为实心式、腹板式或轮辐式等结构形式（图 7-8）。当带轮基准直径 $d_d \leqslant (2.5 \sim 3)\ d$（$d$ 为轴的直径）时，一般采用实心式结构；当 $3d<d_d \leqslant$ 300mm 时，常采用腹板式结构，其中 $d_2-d_1 \geqslant 100$mm 时，为了便于安装起吊和减轻重量，可在腹板上开孔；当 $d_d>300$ mm 时，多采用轮辐式结构。

V 带轮的主要结构尺寸可按下列经验公式确定，或查阅机械设计手册。

$$d_1=(1.8 \sim 2)d, d_2=d_d-2(h_f+\delta), L=(1.5 \sim 2)d$$

为便于制造，带轮的结构应尽量简单，应避免产生过大的铸造内应力；带轮工作面应精细加工，以免传动带过快磨损；高速（v>25m/s）V带轮应进行动平衡校正。

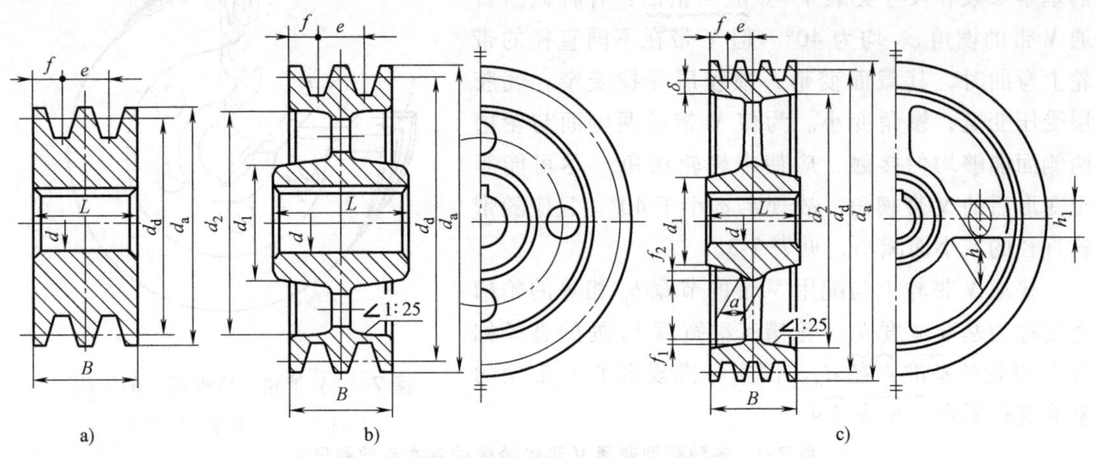

图7-8 V带轮的结构形式

a）实心式 b）腹板式 c）轮辐式

第三节 带传动的工作情况分析

一、传动带的受力分析

在安装摩擦带传动时，必须将带张紧在带轮上。由于张紧使带所受的拉力称为初拉力，用F_0表示。在工作之前（图7-9a），带的全长所受拉力均为F_0。

传动工作时（图7-9b），若主动轮1顺时针方向转动，则带所受的摩擦力方向如图所示。由于摩擦力的作用，即将绕进主动轮的一边被进一步拉紧，称为紧边，其拉力由F_0增大为F_1；而另一边则被放松，称为松边，其拉力由F_0减小为F_2。

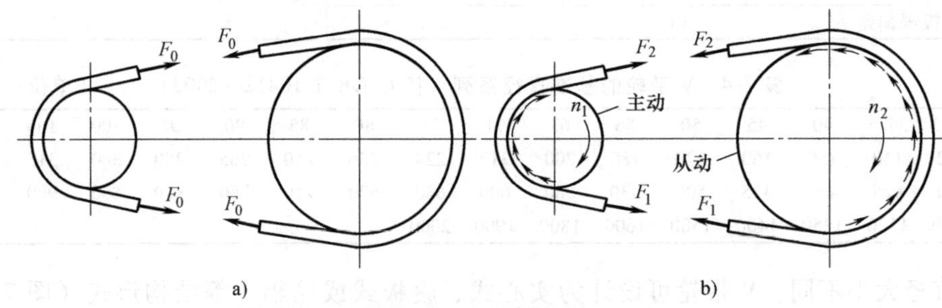

图7-9 带的受力分析之一

a）工作前受力 b）工作时受力

设环形带在工作前后的总长度保持不变，则紧边拉力的增加量等于松边拉力的减小量，即

$$F_1-F_0=F_0-F_2$$

所以

$$F_1+F_2=2F_0 \tag{7-1}$$

紧边拉力 F_1 与松边拉力 F_2 之差称为有效拉力，用 F 表示，则

$$F=F_1-F_2 \tag{7-2}$$

有效拉力 F、带速 v 与传递功率 P 之间关系为

$$P=\frac{Fv}{1000} \tag{7-3}$$

式中各参数的单位：P：kW；F：N；v：m/s。

实际上，有效拉力 F 是需由带与带轮之间的摩擦力传递的工作载荷。正常工作时，带与带轮之间的摩擦为静摩擦，而静摩擦均有极限摩擦力。当传递的功率 P 增大到使有效拉力 F 超过接触面上的极限摩擦力时，带与带轮之间就会发生全面显著的相对滑动，这种现象称为打滑。打滑时，带传动不能正常工作，而且会造成带的严重磨损，因此打滑是带传动的一种失效形式。由于小带轮与带的接触面积较小，产生的摩擦力较小，故打滑总是发生在小带轮上。

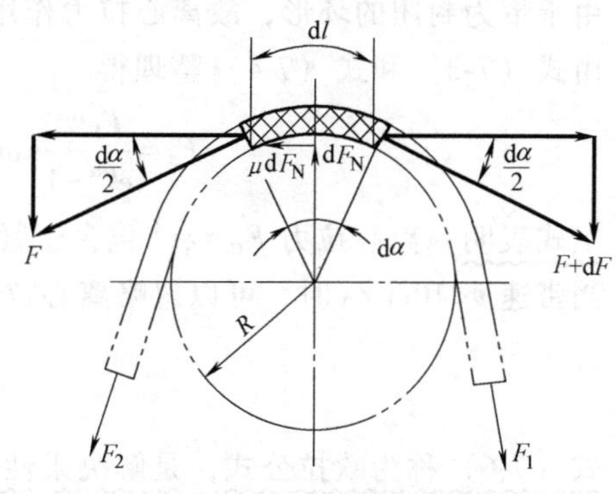

图 7-10　带的受力分析之二

在即将打滑的状态下，带传动所能传递的有效拉力达到最大，下边分析此状态下带的受力情况。如图 7-10 所示，在与带轮接触区域取一微段带 dl，根据牛顿第二定律，该微段带所受各力的平衡条件为

$$\left.\begin{aligned}&\text{垂直方向}\quad F\sin\frac{d\alpha}{2}+(F+dF)\sin\frac{d\alpha}{2}-dF_N=qdl\frac{v^2}{R}\\&\text{水平方向}\quad (F+dF)\cos\frac{d\alpha}{2}-F\cos\frac{d\alpha}{2}-\mu dF_N=0\end{aligned}\right\}$$

式中　$d\alpha$——微段带 dl 对应的中心角（rad）；

dF——紧边拉力增量（N）；

dF_N——带轮给微段带的正压力（N）；

q——每米带长的质量（kg/m），见表 7-1；

R——带轮半径（mm）；

μ——带与带轮间的摩擦因数。

取 $\sin\frac{d\alpha}{2}\approx\frac{d\alpha}{2}$、$\cos\frac{d\alpha}{2}\approx1$，并略去二阶无穷小量 $dF\cdot d\alpha$，代入上式整理可得

$$\frac{dF}{F-qv^2}=\mu d\alpha$$

在极限摩擦力状态下对上式积分，得

$$\int_{F_2}^{F_1}\frac{dF}{F-qv^2}=\int_0^{\alpha}\mu d\alpha$$

$$\frac{F_1-qv^2}{F_2-qv^2}=e^{\mu\alpha} \tag{7-4}$$

式中 e——自然对数的底，e=2.718；

α——带轮包角（rad），即带与带轮接触弧所对的中心角。

式（7-4）揭示了即将打滑时紧边拉力 F_1 与松边拉力 F_2 之间的关系。式中 qv^2 实际上是由于绕在带轮上的那两段带（做圆周运动）的离心力所引起的拉力，称为离心拉力，用 F_C表示，即

$$F_C=qv^2 \tag{7-5}$$

由于带为封闭的环形，故离心拉力作用于带的全长，且处处相等。

由式（7-3）和式（7-4）整理得

$$F_1=\frac{Fe^{\mu\alpha}}{e^{\mu\alpha}-1}+qv^2,\quad F_2=\frac{F}{e^{\mu\alpha}-1}+qv^2$$

上式表明：离心拉力 $F_C=qv^2$ 包含于紧边拉力 F_1和松边拉力 F_2之中。

当带速 $v<10\text{m/s}$ 时，可以忽略离心拉力，则式（7-4）可简化为

$$\frac{F_1}{F_2}=e^{\mu\alpha} \tag{7-6}$$

式（7-6）称为欧拉公式，是解决柔性体摩擦的基本公式。

在即将打滑的临界状态下，带传动的有效拉力达到最大。由式（7-2）和式（7-4）可得带的最大有效拉力

$$F_{max}=(F_1-qv^2)\left(1-\frac{1}{e^{\mu\alpha}}\right) \tag{7-7}$$

另外，由式（7-1）、式（7-2）和式（7-4）整理可得

$$F_{max}=2(F_0-qv^2)\left(1-\frac{2}{e^{\mu\alpha}+1}\right) \tag{7-8}$$

需注意：对于V带传动，上述各式中的 μ 应代以当量摩擦因数 $\mu_v=\dfrac{\mu}{\sin\dfrac{\varphi}{2}}$；当两带轮直径不相等时，由于打滑总是发生在小轮上，故 α 应代以小轮包角 α_1。

由式（7-8）可见：通过增大初拉力 F_0、小轮包角 α_1 和摩擦因数 μ，可提高带传动的最大有效拉力 F_{max}，进而提高带传动的承载能力。另外，随带速 v 的增大，F_{max} 会有所减小，这主要是因为绕在带轮上的带做圆周运动，其离心力使带与带轮之间的正压力及摩擦力减小。

二、带的应力分析

带传动工作时，带中将产生以下三种应力：

（1）紧边拉应力 σ_1 和松边拉应力 σ_2 由紧边拉力 F_1（N）和松边拉力 F_2（N）产生。

$$\sigma_1=\frac{F_1}{A},\quad \sigma_2=\frac{F_2}{A} \tag{7-9}$$

式中 A——带的截面面积（mm^2）。

（2）离心拉应力 σ_C　由离心拉力 F_C（N）产生。

$$\sigma_C=\frac{F_C}{A}=\frac{qv^2}{A} \tag{7-10}$$

显然，离心拉应力 σ_C 也作用于带的全长，并且包含在 σ_1 和 σ_2 之中。

（3）弯曲应力　带绕在带轮上时，在其最外层产生的弯曲应力最大，可由下式计算：

$$\sigma_b=E\frac{2y}{d}$$

式中　E——带的弹性模量（MPa）；

y——带的最外层到中性层的距离（mm）；

d——带轮的直径（mm），对 V 带传动，应是 V 带轮的基准直径 d_d。

若带传动中的两带轮直径不同，则绕在小带轮上时产生的弯曲应力较大。

图 7-11 所示为带传动工作时带的应力分布情况，其中小带轮为主动轮。显然，在运转中，带承受变应力作用，最大应力 σ_{max} 发生在紧边刚刚绕上小带轮的那个截面上，显然有

$$\sigma_{max}=\sigma_1+\sigma_{b1} \tag{7-11}$$

在变应力作用下，带将产生疲劳破坏（脱层、断裂），这是带传动的另一种失效形式。

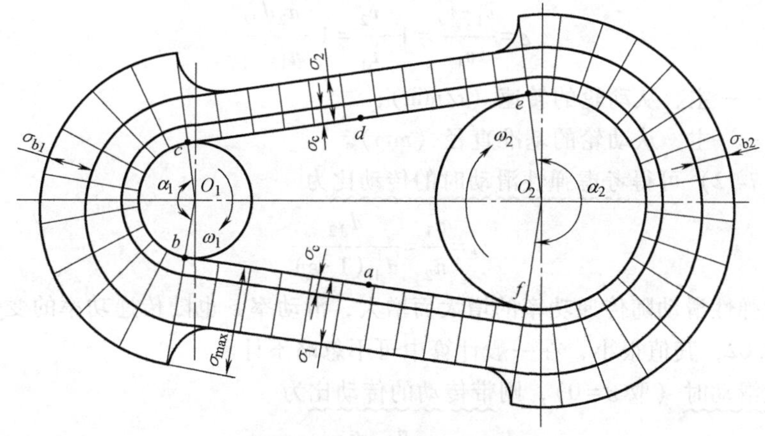

图 7-11　带的应力分布图

三、带传动的弹性滑动和打滑

1. 弹性滑动

由于带是弹性体，受力不同时，伸长量不等。如图 7-12（图中以径向网格分布线定性表示带各点处的伸长量）所示，小带轮为主动轮，带自 b 点绕上主动轮时，带的速度和主动轮圆周速度相等。当带由 b 点转到 c 点时，带的拉力由 F_1 逐渐减小到 F_2，与此同时，带的拉伸变形量也随之逐渐减小，从而导致带沿带轮轮面向后亦即向拉力较大的紧边方向（由 c 向 b 方向）产生相对滑动，这种由于带的弹性变形引起的带在带轮上的微小滑动，称为带的弹性滑动。同理，带自 e 点绕上从动轮时，带的速度与从动轮的圆周速度相等。当带由 e 点

转到f点时，带的拉力由F_2逐渐增大到F_1，带的拉伸变形量也随之逐渐增大，导致带沿带轮轮面向前亦即向拉力较大的紧边方向（由e向f方向）产生弹性滑动。

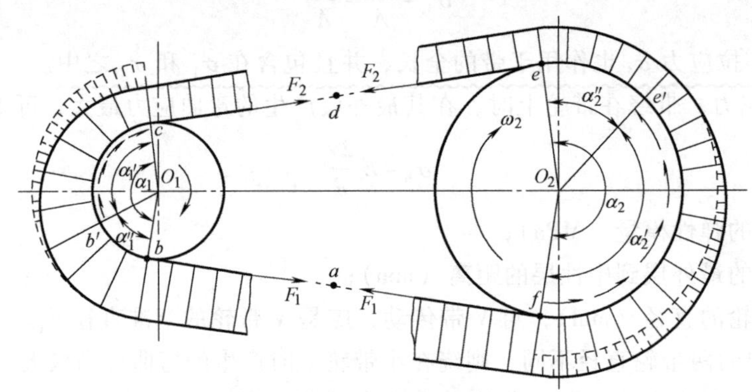

图 7-12 带传动中的弹性滑动

在主动轮上弹性滑动的直接后果是使带速v滞后于主动轮的圆周速度v_1，在从动轮上则是使从动轮的圆周速度v_2滞后于带速v，故有$v_2<v_1$。常用滑动率ε（从动轮圆周速度的降低率）表示弹性滑动的程度，则

$$\varepsilon=\frac{v_1-v_2}{v_1}=1-\frac{v_2}{v_1}=1-\frac{n_2 d_{d2}}{n_1 d_{d1}} \tag{7-12}$$

式中 n_1、n_2——主、从动轮的转速（r/min）；

d_{d1}、d_{d2}——主、从动轮的基准直径（mm）。

整理式（7-12）可得考虑弹性滑动时的传动比为

$$i=\frac{n_1}{n_2}=\frac{d_{d2}}{d_{d1}(1-\varepsilon)} \tag{7-13}$$

带传动的弹性滑动随传递功率的增大而增大，滑动率ε也随传递功率的变化而变化。通常$\varepsilon=0.01\sim0.02$，其值很小，在一般计算中可不忽略不计。

忽略弹性滑动时（取$\varepsilon=0$），则带传动的传动比为

$$i=\frac{n_1}{n_2}=\frac{d_{d2}}{d_{d1}} \tag{7-14}$$

弹性滑动是导致摩擦带传动传动比不准确及传动效率较低的根本原因。

2. 打滑

实践表明，弹性滑动并不是发生在整个接触弧，而是只发生在带离开带轮以前的部分接触弧上（图 7-12 中$\widehat{b'c}$和$\widehat{e'f}$）。发生弹性滑动的接触弧段称为动弧，而未发生弹性滑动的接触弧段称为静弧（图 7-12 中$\widehat{bb'}$和$\widehat{ee'}$），动弧和静弧所对应的中心角分别称为动角α'和静角α''。

带传动不传递载荷时，动角为零。随着载荷的增加，动角α'逐渐增大，而静角α''则逐渐减小。当静角α''减小为零，在整个接触弧上均发生弹性滑动时，就将开始产生打滑现象。

应当指出：带的弹性滑动和打滑是两个完全不同的概念。弹性滑动是由于带的弹性以及

在工作时紧、松两边存在拉力差引起的，是带传动中不可避免的现象。而打滑则是由于过载引起的传动失效。打滑会造成带的严重磨损，而且使带传动的运行处于极不稳定状态，所以在带传动正常工作时应该避免打滑。

第四节　普通 V 带传动的设计

一、带传动的设计准则

根据前面的分析，带传动的主要失效形式是打滑和带的疲劳破坏。因此，带传动的设计准则为：保证传动不打滑，并且带具有一定的疲劳强度和使用寿命。

对于 V 带传动，将式（7-7）代入式（7-3），并用当量摩擦因数 μ_v 替换摩擦因数 μ，可得单根 V 带在不打滑的前提下所能传递的功率 P_1，即

$$P_1=\frac{F_{max}v}{1000}=\frac{(F_1-qv^2)\left(1-\frac{1}{e^{\mu_v\alpha}}\right)v}{1000} \tag{7-15}$$

为保证带具有一定的疲劳强度，应使带的最大应力 σ_{max} 不超过许用值，即

$$\sigma_{max}=\sigma_1+\sigma_{b1}\leqslant[\sigma] \tag{7-16}$$

式中　$[\sigma]$——由疲劳寿命决定的带的许用应力（MPa），其值由疲劳试验得出。

将 $\sigma_1=[\sigma]-\sigma_{b1}$ 代入 $F_1=\sigma_1 A$，并和 $qv^2=\sigma_c A$ 一起代入式（7-15），可得在满足设计准则的前提下，单根 V 带所能传递的最大功率 P_1，称为单根 V 带的基本额定功率。即

$$P_1=\frac{([\sigma]-\sigma_{b1}-\sigma_c)A\left(1-\frac{1}{e^{\mu_v\alpha}}\right)v}{1000} \tag{7-17}$$

式（7-17）可见，影响带传动承载能力的因素主要有：带的截型（影响 A）、带速 v、小轮包角 α_1 和当量摩擦因数 μ_v 等。

二、普通 V 带传动的设计计算

普通 V 带传动设计计算的目的，是确定 V 带的截型、基准长度 L_d 和根数 z，以及带轮的基准直径 d_{d1}、d_{d2} 和传动的中心距 a 等主要参数和尺寸。设计之前需确定以下内容：①传动的用途、工作情况及原动机的类型、起动方式；②传递的功率 P；③小带轮转速 n_1 及传动比 i（或大带轮转速 n_2）等。

普通 V 带传动的一般设计步骤如下：

（一）确定 V 带截型和带轮基准直径

1. 计算设计功率 P_d

$$P_d=K_A P \tag{7-18}$$

式中　P_d、P——带传动的设计功率和名义功率（kW）；

　　K_A——工况系数，见表 7-5。

表 7-5 工况系数 K_A（摘自 GB/T 13575.1—2008）

工作机载荷性质		原动机					
		空、轻载起动			负载起动		
		每天工作时间/h					
		<10	10~16	>16	<10	10~16	>16
载荷平稳或变化微小	液体搅拌机；通风机或鼓风机（$P \leqslant$ 7.5kW）；离心式水泵或压缩机；轻型输送机等	1.0	1.1	1.2	1.1	1.2	1.3
载荷变化较小	带式输送机（不均匀负载）；通风机（$P>$ 7.5kW）；旋转式水泵或压缩机（非离心式）；发电机；金属切削机床；印刷机；旋转筛；木工机械等	1.1	1.2	1.3	1.2	1.3	1.4
载荷变化较大	制砖机；斗式提升机；往复式水泵或压缩机；起重机；磨粉机；冲剪机床；橡胶机械；振动筛；纺织机械；重载输送机等	1.2	1.3	1.4	1.4	1.5	1.6
载荷变化很大	挖掘机；破碎机（旋转式、颚式）；磨碎机（球磨、棒磨、管磨）等	1.3	1.4	1.5	1.5	1.6	1.8

注：1. 空、轻载起动是指原动机为交流电动机、并励直流电动机、四缸以上的内燃机、装有离心式离合器或液力联轴器的动力机等。

2. 负载起动是指原动机为联机起动的交流电动机、高起动转矩和高滑差率电动机、复励或串励直流电动机、四缸以下内燃机。

2. 确定 V 带截型

V 带的截型根据设计功率 P_d 和小带轮的转速 n_1 由图 7-13 确定。若以 P_d 和 n_1 为坐标确定的点靠近两种截型区域的交界处，可先按两种截型分别计算，最后对设计结果进行分析比较，决定取舍。如选用较小的截型，可使传动结构较紧凑且带的弯曲应力较小，但所需带的

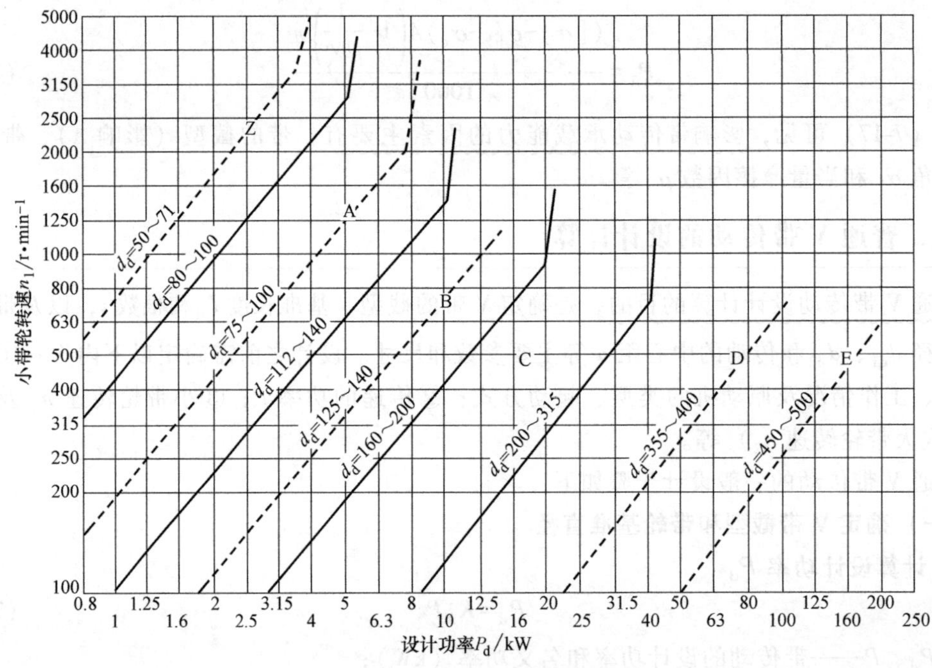

图 7-13 普通 V 带截型图

根数将会较多；如选用较大的截型，可减少带的根数，但会使传动的结构尺寸增大。

3. 确定带轮的基准直径 d_{d1}、d_{d2}

为了减小带的弯曲应力，应尽可能选用较大的带轮直径，但这样会加大传动的外廓尺寸，故应根据实际情况选取适当的带轮直径。对于图 7-13 中各区域内列出的带轮直径范围，其下限值实际上是相应截型 V 带的最小带轮直径 d_{dmin}。应使小带轮直径 $d_{d1} \geqslant d_{dmin}$，以免带的弯曲应力过大。

通常，根据选定的 V 带截型，按照图 7-13 中相应区域的直径范围，从表 7-4 列出的系列尺寸中选择小带轮基准直径 d_{d1}；大带轮基准直径按式（7-19）计算，并从表 7-4 中选取与计算值接近的直径。

$$d_{d2}=id_{d1}=\frac{n_1}{n_2}d_{d1} \tag{7-19}$$

从表 7-4 中选取的直径与计算值往往不相等，从而导致传动比误差。对于一般的工程计算，通常允许传动比 i 有不超过±5%的误差。如误差过大或需精确计算，可重新选择带轮直径。在多级传动中，也可通过调整其他传动的传动比来补偿带传动的传动比误差。

4. 验算带速 v

由式（7-3）可知，带速 v 越大，则带传动的承载能力就越大。但是，若带速过高，离心力过大，将大大减小带与带轮之间的正压力及摩擦力，反而导致传动的承载能力下降；反之，在传递功率一定的情况下，过低的带速会使所需带的根数较多。通常，应使带速 $v=5\sim25\mathrm{m/s}$。一般可按式（7-20）计算带速，即

$$v=\frac{\pi d_{d1}n_1}{60\times1000} \tag{7-20}$$

式中各参数的单位：v：m/s；d_{d1}：mm；n_1：r/min。

推论：多级传动中，在带速不致过大的前提下，宜将带传动布置在高速级。

（二）确定中心距和 V 带基准长度

1. 初选中心距

V 带传动的中心距应适宜。如中心距过大，则带的长度增加，传动中带容易产生振颤；若中心距过小，除了导致小轮包角减小以外，当带速一定时，单位时间内带绕经带轮的次数增多，使带更容易发生疲劳破坏。一般可在下列范围内初选中心距 a_0，即

$$a_0=(0.7\sim2)(d_{d1}+d_{d2}) \tag{7-21}$$

2. 确定 V 带基准长度 L_d

先根据初选的 a_0 和两带轮的基准直径 d_{d1}、d_{d2}，按下式计算所需的 V 带长度 L_{d0}：

$$L_{d0}=2a_0+\frac{\pi}{2}(d_{d1}+d_{d2})+\frac{1}{4a_0}(d_{d2}-d_{d1})^2 \tag{7-22}$$

然后从表 7-2 中选取与 L_{d0} 相接近的 V 带基准长度 L_d。

3. 计算实际中心距 a

可根据选定的基准长度 L_d 计算带传动的实际中心距 a，即

$$a=\frac{2L_d-\pi(d_{d1}+d_{d2})+\sqrt{[2L_d-\pi(d_{d1}+d_{d2})]^2-8(d_{d2}-d_{d1})^2}}{8} \tag{7-23}$$

也可按式（7-24）近似计算：

$$a \approx a_0 + \frac{L_d - L_{d0}}{2} \tag{7-24}$$

考虑安装调整和补偿张紧的需要，通常将带传动设计成中心距可调的结构，通常，调整范围为（$a-0.015L_d$）~（$a+0.03L_d$）。

4. 验算小带轮包角α_1

当小带轮包角 α_1 过小时，不能充分发挥带传动的工作能力，工作中容易打滑。一般要求 $\alpha_1 \geq 120°$，个别情况下 α_1 可小到 90°。小带轮包角计算式为

$$\alpha_1 = 180° - \frac{d_{d2} - d_{d1}}{a} \times 57.3° \tag{7-25}$$

通过适当增大中心距或减小传动比，可增大小带轮包角。

（三）确定 V 带的根数

1. 单根 V 带的基本额定功率

基本额定功率是指在满足设计准则的前提下，单根 V 带所能传递的最大功率。在包角 $\alpha_1 = \alpha_2 = 180°$（即 $i=1$）、L_d为某一特定值、载荷平稳的特定条件下，各种截型普通 V 带的基本额定功率 P_1 见表 7-6。

2. 计算 V 带的根数 z

V 带的根数 z 应等于设计功率 P_d（需传递的总功率）除以单根 V 带在实际工作条件下的基本额定功率。当实际工作条件与表 7-6 所列的特定条件不同时，应对表 7-6 中的 P_1 进行修正，则带的根数计算式为

$$z = \frac{P_d}{(P_1 + \Delta P_1) K_\alpha K_L} \tag{7-26}$$

式中 P_1——单根普通 V 带的基本额定功率（kW），见表 7-6；

ΔP_1——单根普通 V 带 $i \neq 1$ 时的额定功率增量（kW），见表 7-7；

K_α——小带轮包角修正系数，见表 7-8；

K_L——带长修正系数，见表 7-2。

带的根数越多，导致带轮越宽，各根带受载越不均匀，故通常控制带的根数 $z \leq 10$。

表 7-6 单根普通 V 带的基本额定功率 P_1（$\alpha_1 = \alpha_2 = 180°$，特定带长，载荷平稳）

（摘自 GB/T 13575.1—2008）（单位：kW）

截型	小带轮基准直径 d_{d1}/mm	小带轮转速 n_1/(r/min)											
		200	300	400	500	600	730	800	980	1200	1460	1600	1800
Y	20	—	—	—	—	—	—	—	0.01	0.02	0.02	0.03	—
	28	—	—	—	—	—	—	0.03	0.04	0.04	0.04	0.05	—
	31.5	—	—	—	—	—	0.03	0.04	0.04	0.05	0.06	0.06	—
	40	—	—	—	—	—	0.04	0.05	0.06	0.07	0.08	0.09	—
	50	—	—	0.05	—	—	0.06	0.07	0.08	0.09	0.11	0.12	—

（续）

截型	小带轮基准直径 d_{d1}/mm	小带轮转速 n_1/(r/min)											
		200	300	400	500	600	730	800	980	1200	1460	1600	1800
Z	50	—	—	0.06	—	—	0.09	0.10	0.12	0.14	0.16	0.17	—
	63	—	—	0.08	—	—	0.13	0.15	0.18	0.22	0.25	0.27	—
	71	—	—	0.09	—	—	0.17	0.20	0.23	0.27	0.31	0.33	—
	80	—	—	0.14	—	—	0.20	0.22	0.26	0.30	0.36	0.39	—
	90	—	—	0.14	—	—	0.22	0.24	0.28	0.33	0.37	0.40	—
A	75	0.16	—	0.27	—	—	0.42	0.45	0.52	0.60	0.68	0.73	—
	90	0.22	—	0.39	—	—	0.63	0.68	0.79	0.93	1.07	1.15	—
	100	0.26	—	0.47	—	—	0.77	0.83	0.97	1.14	1.32	1.42	—
	125	0.37	—	0.67	—	—	1.11	1.19	1.40	1.66	1.93	2.07	—
	160	0.51	—	0.94	—	—	1.56	1.69	2.00	2.36	2.74	2.94	—
B	125	0.48	—	0.84	—	—	1.34	1.44	1.67	1.93	2.20	2.33	—
	160	0.74	—	1.32	—	—	2.16	2.32	2.72	3.17	3.64	3.86	—
	200	1.02	—	1.85	—	—	3.06	3.30	3.86	4.50	5.15	5.46	—
	250	1.37	—	2.50	—	—	4.14	4.46	5.22	6.04	6.85	7.20	—
	280	1.58	—	2.89	—	—	4.77	5.13	5.93	6.90	7.78	8.13	—
C	200	1.39	1.92	2.41	2.87	3.30	3.80	4.07	4.66	5.29	5.86	6.07	6.28
	250	2.03	2.85	3.62	4.33	5.00	5.82	6.23	7.18	8.21	9.06	9.38	9.63
	315	2.86	4.04	5.14	6.17	7.14	8.34	8.92	10.23	11.53	12.48	12.72	12.67
	400	3.91	5.54	7.06	8.52	9.82	11.52	12.10	13.67	15.04	15.51	15.24	14.08
	450	4.51	6.40	8.20	9.81	11.29	12.98	13.80	15.39	16.59	16.41	15.57	13.29
D	355	5.31	7.35	9.24	10.90	12.39	14.04	14.83	16.30	17.25	16.70	15.63	12.97
	450	7.90	11.02	13.85	16.40	18.67	21.12	22.25	24.16	24.84	22.42	19.59	13.34
	560	10.76	15.07	18.95	22.38	25.32	28.28	29.55	31.00	29.67	22.08	15.13	—
	710	14.55	20.35	25.45	29.76	33.18	35.97	36.87	35.58	27.88	—	—	—
	800	16.76	23.39	29.08	33.72	37.13	39.26	39.55	35.26	21.32	—	—	—
E	500	10.86	14.96	18.55	21.65	24.21	26.62	27.57	28.52	25.53	16.25	—	—
	630	15.65	21.69	26.95	31.36	34.83	37.64	38.52	37.14	29.17	—	—	—
	800	21.70	30.05	37.05	42.53	46.26	47.79	47.38	39.08	16.46	—	—	—
	900	25.15	34.71	42.49	48.20	51.48	51.13	49.21	34.01	—	—	—	—
	1000	28.52	39.17	47.52	53.12	55.45	52.26	48.19	—	—	—	—	—

表 7-7 单根普通 V 带 $i\neq1$ 时的额定功率增量 ΔP_1（摘自 GB/T 13575.1—2008）

（单位：kW）

截型	传动比 i	小带轮转速 n_1/(r/min)											
		200	300	400	500	600	730	800	980	1200	1460	1600	1800
Y	1.35~1.51	—	—	0.00	—	—	0.00	0.00	0.01	0.01	0.01	0.01	—
	1.52~1.99	—	—	0.00	—	—	0.00	0.00	0.01	0.01	0.01	0.01	—
	≥2	—	—	0.00	—	—	0.00	0.00	0.01	0.01	0.01	0.01	—
Z	1.35~1.51	—	—	0.01	—	—	0.01	0.01	0.02	0.02	0.02	0.02	—
	1.52~1.99	—	—	0.01	—	—	0.01	0.02	0.02	0.02	0.02	0.03	—
	≥2	—	—	0.01	—	—	0.02	0.02	0.02	0.03	0.03	0.03	—
A	1.35~1.51	0.02	—	0.04	—	—	0.07	0.08	0.08	0.11	0.13	0.15	—
	1.52~1.99	0.02	—	0.04	—	—	0.08	0.09	0.10	0.13	0.15	0.17	—
	≥2	0.03	—	0.05	—	—	0.09	0.10	0.11	0.15	0.17	0.19	—
B	1.35~1.51	0.05	—	0.10	—	—	0.17	0.20	0.23	0.30	0.36	0.39	0.44
	1.52~1.99	0.06	—	0.11	—	—	0.20	0.23	0.26	0.34	0.40	0.45	0.51
	≥2	0.06	—	0.13	—	—	0.22	0.25	0.30	0.38	0.46	0.51	0.57

（续）

截型	传动比 i	小带轮转速 n_1/(r/min)											
		200	300	400	500	600	730	800	980	1200	1460	1600	1800
C	1.35~1.51	0.14	0.21	0.27	0.34	0.41	0.48	0.55	0.65	0.82	0.99	1.10	1.23
	1.52~1.99	0.16	0.24	0.31	0.39	0.47	0.55	0.63	0.74	0.94	1.14	1.25	1.41
	≥2	0.18	0.26	0.35	0.44	0.53	0.62	0.71	0.83	1.06	1.27	1.14	1.59
D	1.35~1.51	0.49	0.73	0.97	1.22	1.46	1.70	1.95	2.31	2.92	3.52	3.89	4.98
	1.52~1.99	0.56	0.83	1.11	1.39	1.67	1.95	2.22	2.64	3.34	4.03	4.45	5.01
	≥2	0.63	0.94	1.25	1.56	1.88	2.19	2.50	2.97	3.75	4.53	5.00	5.62
E	1.35~1.51	0.96	1.45	1.93	2.41	2.89	3.38	3.86	4.58	5.61	6.83	—	—
	1.52~1.99	1.10	1.65	2.20	2.76	3.31	3.86	4.41	5.23	6.41	7.80	—	—
	≥2	1.24	1.86	2.48	3.10	3.72	4.34	4.96	5.89	7.21	8.78	—	—

表 7-8 小带轮包角修正系数 K_α（摘自 GB/T 13575.1—2008）

α_1/(°)	180	170	160	150	140	130	120	110	100	90
K_α	1.00	0.98	0.95	0.92	0.89	0.86	0.82	0.78	0.74	0.69

（四）计算作用在轴上的载荷

1. 计算初拉力 F_0

为了保证带传动的正常工作，初拉力要适当。若初拉力不足，则传动易打滑，不能充分发挥带传动的工作能力；若初拉力过大，将会降低带的寿命，增大轴与轴承的受力。单根 V 带适宜的初拉力 F_0 可由下式计算：

$$F_0 = 500\frac{P_d}{zv}\left(\frac{2.5}{K_\alpha}-1\right)+qv^2 \tag{7-27}$$

式中各参数的单位：F_0：N；P_d：kW；q：kg/m；v：m/s。

2. 计算作用在轴上的载荷 F_Q

为设计轴和轴承做准备，需计算带传动作用在轴上的载荷 F_Q，通常按带两边初拉力的合力（图 7-14）近似计算，即

$$F_Q = 2F_0 z\sin\frac{\alpha_1}{2} \tag{7-28}$$

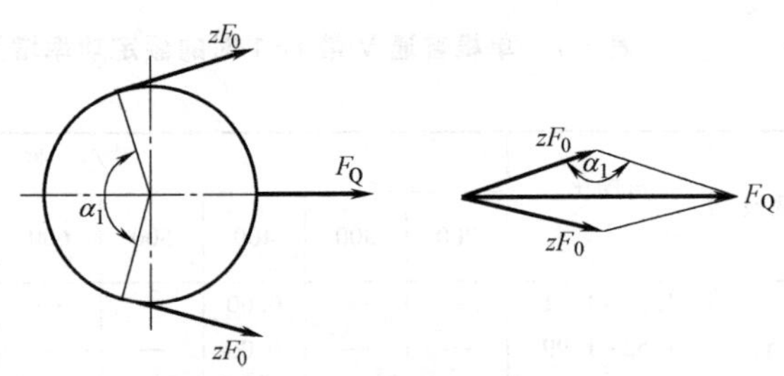

图 7-14 带传动作用在轴上的载荷

经过上述设计计算确定出带传动的主要参数和尺寸以后，还需绘制带轮的零件图，V 带轮的各部结构尺寸参见第二节和有关机械设计手册。

例 7-1 设计一电动机与减速器之间的普通 V 带传动。已知：电动机功率 $P=5$kW，转速 $n_1=1460$r/min，减速器输入轴转速 $n_2=320$r/min，载荷变动微小，负载起动，每天工作 16h，要求结构紧凑。

解

计算与说明		主要结果
1. 确定V带截型		
工况系数	由表7-5取 $K_A=1.2$	
设计功率	$P_d=K_AP=1.2\times5\text{kW}=6\text{kW}$	$P_d=6\text{kW}$
V带截型	由图7-13选A型	A型
2. 确定V带轮的基准直径		
小带轮基准直径	由图7-13及表7-4取 $d_{d1}=100\text{mm}$	$d_{d1}=100\text{mm}$
验算带速	$v=\frac{\pi d_{d1}n_1}{60\times1000}=\frac{3.14\times100\times1460}{60\times1000}\text{m/s}=7.64\text{m/s}$	$v=7.64\text{m/s}$
		在允许范围内
大带轮基准直径	$d_{d2}=d_{d1}\frac{n_1}{n_2}=100\text{mm}\times\frac{1460}{320}=456\text{mm}$	
由表7-4取	$d_{d2}=450\text{mm}$	$d_{d2}=450\text{mm}$
传动比	$i=\frac{d_{d2}}{d_{d1}}=\frac{450}{100}=4.5$	$i=4.5$
3. 确定中心距及V带的基准长度		
初定中心距	由 $a_0=(0.7\sim2)(d_{d1}+d_{d2})$ 得 $a_0=385\sim1100\text{mm}$	
要求结构紧凑，初取中心距 $a_0=600\text{mm}$		
初定V带基准长度	$L_{d0}=2a_0+\frac{\pi}{2}(d_{d1}+d_{d2})+\frac{1}{4a_0}(d_{d2}-d_{d1})^2$ $=\left[2\times600+\frac{3.14}{2}\times(450+100)+\frac{(450-100)^2}{4\times600}\right]\text{mm}$ $=2115\text{mm}$	
V带基准长度	由表7-2取 $L_d=2050\text{mm}$	$L_d=2050\text{mm}$
中心距	$a\approx a_0+\frac{L_d-L_{d0}}{2}=\left(600+\frac{2050-2115}{2}\right)\text{mm}=567.5\text{mm}$	$a=567.5\text{mm}$
小带轮包角	$\alpha_1=180°-57.3°\times\frac{d_{d2}-d_{d1}}{a}$ $=180°-57.3°\times\frac{450-100}{567.5}=144.7°$	$\alpha_1=144.7°$ 满足要求
4. 确定V带根数		
基本额定功率	由表7-6查得 $P_1=1.32\text{kW}$	
额定功率增量	由表7-7查得 $\Delta P_1=0.17\text{kW}$	
小带轮包角修正系数	由表7-8查得 $K_\alpha=0.90$	
带长修正系数	由表7-2查得 $K_L=1.04$	
V带根数	$z=\frac{P_d}{(P_1+\Delta P_1)K_\alpha K_L}=\frac{6}{(1.32+0.17)\times0.90\times1.04}=4.3$	
	取 $z=5$	$z=5$
5. 计算作用在轴上的载荷		
每米带长的质量	由表7-1查得 $q=0.1\text{kg/m}$	
初拉力	$F_0=500\frac{P_d}{zv}\left(\frac{2.5}{K_\alpha}-1\right)+qv^2$ $=\left[500\times\frac{6}{5\times7.64}\times\left(\frac{2.5}{0.90}-1\right)+0.1\times7.64^2\right]\text{N}$ $=145\text{N}$	$F_0=145\text{N}$
作用在轴上的载荷	$F_Q=2F_0z\sin\frac{\alpha_1}{2}=\left(2\times145\times5\times\sin\frac{144.7°}{2}\right)\text{N}$ $=1382\text{N}$	$F_Q=1382\text{N}$

第五节 带传动的张紧装置及使用维护

一、带传动的张紧装置

摩擦型带传动只能在张紧（即带保持一定初拉力）状态下才能传递载荷，而且带工作一段时间后会因塑性变形而松弛，导致初拉力降低，影响正常传动。为了使带产生并保持一定的初拉力，带传动应设置张紧装置。

带传动的张紧装置形式很多，但张紧原理不外乎两种：一是调节带传动的中心距（图7-15a、b和图7-16a、b），二是采用张紧轮（图7-15c）。

按带传动张紧的具体实施方式可分为定期张紧装置和自动张紧装置两类。

1. 定期张紧装置

图7-15所示为常用的定期张紧装置。电动机安装在滑轨（图7-15a）或摆动架上（图7-15b），通过定期旋转调节螺钉或与调节螺杆旋合相配的螺母，改变两带轮的相对位置，从而实现初拉力的调节；也可采用张紧轮装置（图7-15c），通过定期调节张紧轮的上下位置实现初拉力的调节。为避免反向弯曲应力降低带的寿命，同时又不能使小带轮上的包角α_1减小太多，应将张紧轮置于松边内侧靠近大带轮处。

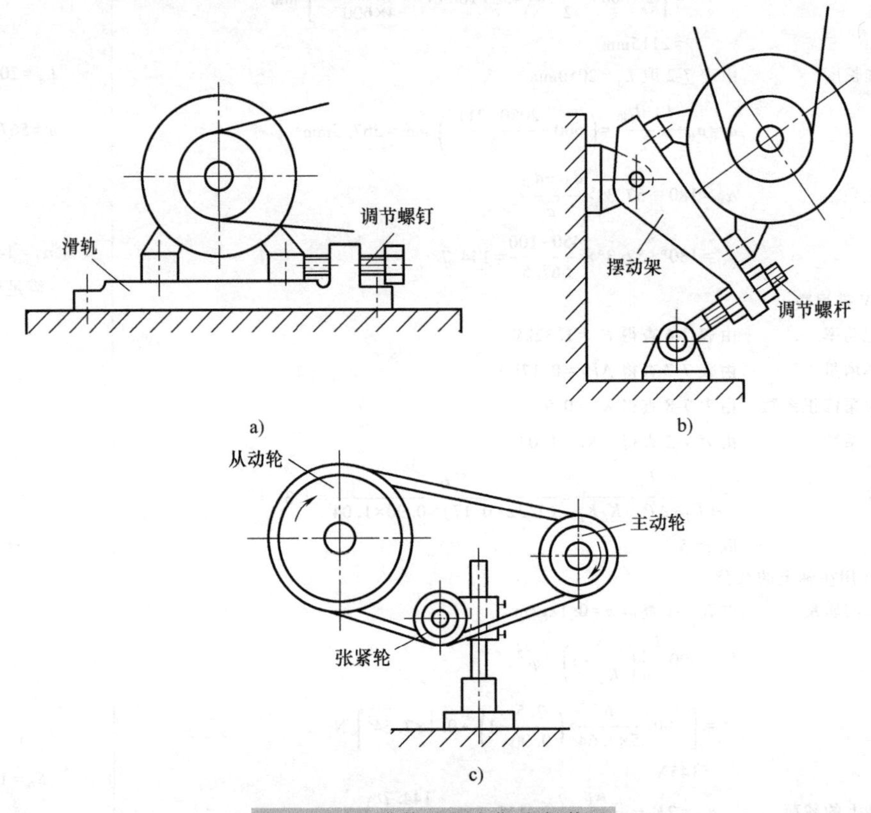

图7-15 V带传动的定期张紧装置

a）滑轨和调节螺钉 b）摆动架和调节螺杆 c）张紧轮

2. 自动张紧装置

自动张紧装置常用于中小功率的带传动。如图 7-16a 所示，电动机安装在浮动架上，利用电动机和浮动架自重产生的偏心转矩使带始终保持一定的初拉力。图 7-16b 所示的浮动齿轮装置可根据负载大小自动调节初拉力大小，带轮与浮动的齿轮 2 做成一体支承于系杆 H 上，电动机通过齿轮 1、2 的啮合驱动带轮转动（主运动），同时作用在齿轮 2 上的切向力 F_{t2} 驱使带轮连同系杆 H 绕齿轮 1 沿 ω 方向摆动，从而使带张紧；F_{t2} 随传递功率的增大而增大，带的张紧程度也相应提高；反之亦反之。

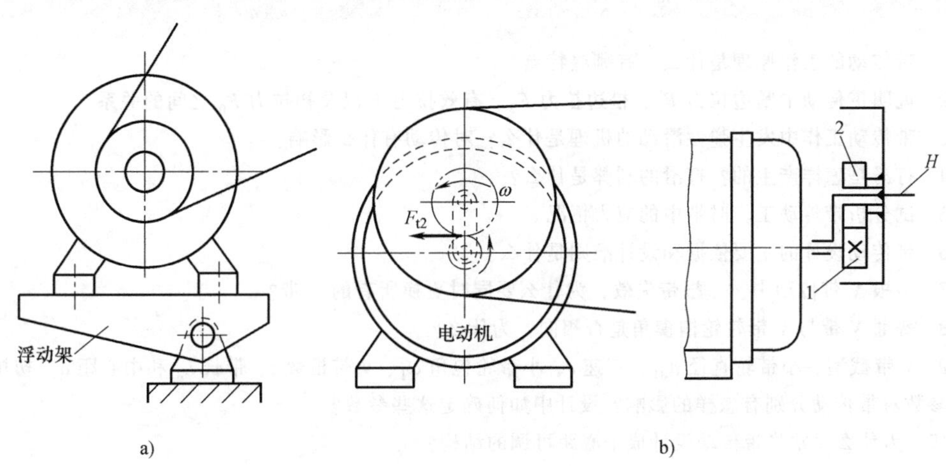

图 7-16 V 带传动的自动张紧装置

a）浮动架 b）浮动齿轮

1、2—齿轮

二、普通 V 带传动的使用与维护

在 V 带传动的安装与使用过程中应注意以下几个问题：

1）普通 V 带环形封闭，没有接头，为便于装拆，带轮宜悬臂装于轴端。

2）普通 V 带只能用于开口传动，在两带轮轴线呈水平或接近水平布置时，一般应使带的紧边在下，松边在上，以便借助带的自重加大带轮包角。

3）安装时两带轮轴线必须平行，两轮轮槽中线必须对正，以减轻带的磨损。

4）安装时应首先缩小中心距或松开张紧轮，将带套入轮槽后再调整到合适的张紧程度。不可将带强行撬入，以免带被损坏。

5）为了保证安全，带传动一般应安装防护罩，并在使用过程中定期检查、调整带的张紧程度。

6）为避免腐蚀及快速老化，应避免带与酸、碱、油类介质接触，工作温度一般不应超过 60°C。

7）多根带并用时，为避免各根带承载不均，应选用相同配组代号的 V 带。若其中一根带松弛或损坏，应同时更换，以免因新带短、旧带长而加速新带的磨损。

扫码看视频

思 考 题

7-1 带传动的工作原理是什么？有哪些特点？

7-2 说明带传动中紧边拉力 F_1、松边拉力 F_2、有效拉力 F 以及初拉力 F_0 之间的关系。

7-3 带传动工作中发生弹性滑动的机理是什么？对传动有什么影响？

7-4 打滑是怎样产生的？打滑的利弊是什么？

7-5 试分析带传动工作时带中的应力情况。

7-6 带传动设计的主要依据和设计准则是什么？

7-7 多根 V 带传动中，一根带失效，为什么要同时更换所有的 V 带？

7-8 普通 V 带与 V 带轮轮槽楔角是否相同？为什么？

7-9 V 带截型、小带轮直径 d_{d1}、带速 v、小带轮包角 α_1、V 带根数 z、带长 L_d 和中心距 a、初拉力 F_0 等主要参数对带传动分别有怎样的影响？设计中如何确定这些参数？

7-10 为什么通常将带传动设计成中心距可调的结构？

7-11 带传动在使用中应注意哪些问题？

习 题

7-1 已知一带传动，传递功率 $P=10\text{kW}$，带速 $v=12.5\text{m/s}$，现测得初拉力 $F_0=700\text{N}$。试求紧边拉力 F_1 和松边拉力 F_2。

7-2 试设计某鼓风机用的普通 V 带传动。已知传递功率 $P=7.5\text{kW}$，小带轮转速 $n_1=1460\text{r/min}$，鼓风机主轴转速 $n_2=700\text{r/min}$，每天工作 16h，由交流电动机驱动。要求传动中心距 $a\leqslant 800\text{mm}$。

7-3 试设计一牛头刨床中的普通 V 带传动。已知传递功率 $P=4\text{kW}$，小带轮转速 $n_1=1440\text{r/min}$，要求传动比 $i=3.5$，每天工作 16h，由交流电动机驱动。由于结构限制，要求大带轮基准直径 d_{d2} 不超过 450mm。

7-4 试设计某旋转式水泵用的普通 V 带传动。已知采用交流电动机驱动，电动机额定功率 $P=11\text{kW}$，电动机转速 $n_1=1460\text{r/min}$，水泵轴转速 $n_2=400\text{r/min}$，中心距约为 1500mm，每天工作 24h。

第八章

齿轮传动

对于齿轮传动，必须解决两个基本问题——传动平稳和足够的承载能力。有关齿轮传动平稳方面的问题，在《机械原理》中已论述。本章则着重讨论最常用的渐开线齿轮传动的承载能力方面的问题。

第一节　概　述

扫码看视频

一、齿轮传动的特点

齿轮传动是最重要的机械传动形式之一，其主要优点是工作可靠，寿命长，结构紧凑，传动比准确，传动效率较高，速度和功率的适用范围广。其主要缺点是对制造和安装精度要求较高，制造成本较高，不宜用于轴间距很大的传动，精度较低或高速运行时振动或噪声较大，无过载保护作用。

二、齿轮传动的类型

齿轮传动的类型很多，除了机械原理课程中所述的按两齿轮轴线的相对位置和轮齿齿向的分类方法以外，在设计过程中，还常将齿轮传动做如下分类：

按工作条件的不同，齿轮传动可分为闭式齿轮传动和开式齿轮传动两种。闭式齿轮传动（齿轮箱）的齿轮装在经过精确加工的封闭严密的箱体内，能保证良好的润滑和工作条件，各轴的安装精度及系统的刚度比较高，能保证较好的啮合条件。重要的齿轮传动都采用闭式传动。开式齿轮传动的齿轮完全暴露在外边或仅装有简单的防护罩，不能保证良好的润滑，而且易落入灰尘、异物等，轮齿齿面容易磨损，但制造成本低。开式齿轮传动往往用于低速、不是很重要或尺寸过大不易封闭严密的场合。

齿轮按齿面硬度分为软齿面（≤350HBW）齿轮和硬齿面（>350HBW）齿轮。当啮合传动的一对齿轮中至少有一个为软齿面齿轮时，则称为软齿面齿轮传动；两齿轮均为硬齿面齿轮时，则称为硬齿面齿轮传动。

两者相比较，软齿面齿轮（不需要磨齿）加工工艺简单，但承载能力低，常用于强度、速度及精度都要求不高的传动中。硬齿面齿轮通常需要淬火处理，而淬火会使轮齿产生变形，因此淬火后还需对齿面进行磨削加工，以提高轮齿精度，故硬齿面齿轮加工工艺比较复杂。但其承载能力高，结构紧凑，常用于高速、重载、要求尺寸紧凑及精密机器中。

齿轮传动的设计，主要是通过合理选择齿轮的材料及热处理方法，并通过必要的强度计算确定满足强度条件的齿轮参数和尺寸，进而设计出具有足够承载能力的齿轮传动。

第二节 齿轮传动的失效形式和设计准则

一、齿轮传动的失效形式

机械零件在工作中的可能的失效形式是拟定其设计准则的依据。正常情况下，齿轮传动的失效主要发生在轮齿上。轮齿的失效形式很多，但归结起来可分为齿体损伤失效（如轮齿折断）和齿面损伤失效（如点蚀、胶合、磨粒磨损、塑性变形）两大类。

1. 轮齿折断

就损伤机理来说，轮齿折断分为疲劳折断和过载折断两种。轮齿工作时相当于一个悬臂梁，齿根处产生的弯曲变应力最大，再加上齿根过渡部分的截面突变及加工刀痕等引起的应力集中作用，当轮齿重复受载后，其弯曲应力超过弯曲疲劳极限时，齿根受拉一侧将产生微小的疲劳裂纹。随着变应力的反复作用，裂纹不断扩展，最终将引起轮齿折断，这种折断称为疲劳折断。由于冲击载荷过大或短时严重过载，或轮齿磨损严重减薄，导致静强度不足而引起的轮齿折断，称为过载折断。

从形态上看，轮齿折断有整体折断和局部折断。直齿轮的轮齿一般发生整体折断（图 8-1a）。接触线倾斜的斜齿轮和人字齿轮，以及齿宽较大而载荷沿齿向分布不均的直齿轮，多发生轮齿局部折断（图 8-1b）。

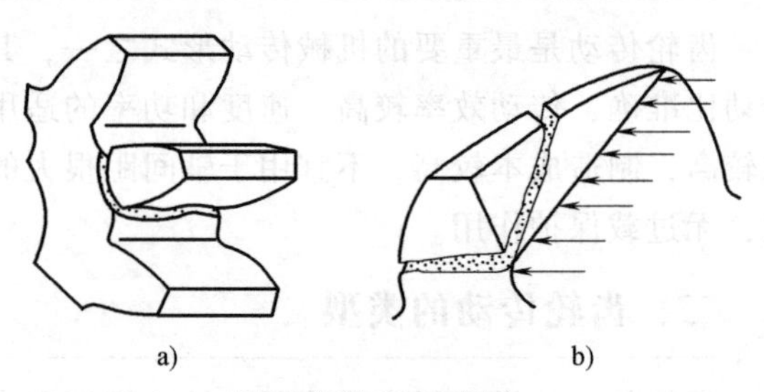

图 8-1 轮齿折断

a）整体折断 b）局部折断

增大齿根过渡圆角半径、降低表面粗糙度值、齿面进行强化处理、减轻齿面加工损伤等，均有利于提高轮齿抗疲劳折断能力。而增大轴及支承的刚性，尽可能消除载荷的分布不均匀现象，则有利于避免轮齿的局部折断。

为防止轮齿的疲劳折断和过载折断，在设计中，需分别计算轮齿齿根的弯曲疲劳强度和静强度。

2. 齿面点蚀

轮齿工作时，其工作表面上任一点处所产生的接触应力是按脉动循环变化的。齿面长时间在这种应力作用下，将导致齿面金属以甲壳状的小片微粒剥落，这种现象称为齿面点蚀。齿面点蚀将使轮齿失去正确的齿形，传动的振动和噪声变大，最终导致齿轮的报废。

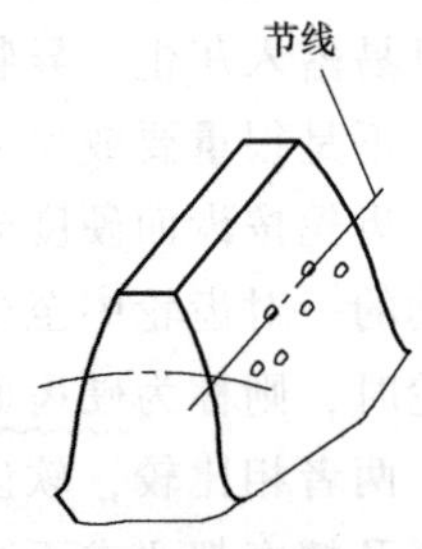

图 8-2 齿面点蚀

实践证明，点蚀多发生在轮齿节线附近靠齿根的一侧（图 8-2）。这主要是由于一对齿廓在节线（对应的啮合点在节点处）

附近啮合时，两齿轮之间通常只有一对轮齿啮合，齿面接触应力较高的缘故。

齿面点蚀通常发生在润滑良好的闭式齿轮传动中。在开式传动中，由于齿面磨损较快，点蚀还来不及出现或扩展即被磨掉，所以一般看不到点蚀现象。

提高齿面硬度、降低齿面的表面粗糙度值、采用合理的变位、采用黏度较高的润滑油及减小动载荷等，都能防止或减轻点蚀的发生。

为了防止出现齿面点蚀，在设计中，需进行齿面接触疲劳强度计算。

3. 齿面胶合

胶合是相啮合齿面的金属在一定压力的作用下直接接触发生粘着，同时随着齿面的相对运动使相粘接的金属从齿面上撕脱，在轮齿表面沿滑动方向形成沟痕的现象。齿轮传动中，齿面上瞬时温度越高、滑动系数越大的地方，越容易发生胶合，通常在轮齿顶部胶合最为明显（图 8-3）。

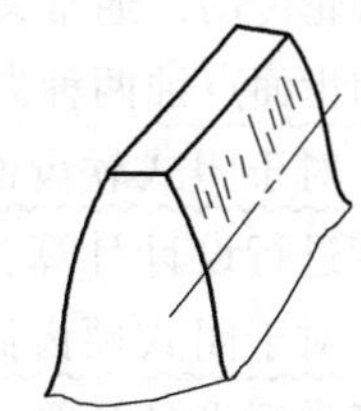

图 8-3 齿面胶合

一般来说，胶合总是在重载条件下发生的。按其形成的条件不同，可分为热胶合和冷胶合。热胶合发生于高速重载齿轮传动中，由于齿面的相对滑动速度高，导致啮合区温度升高，使齿面润滑油膜破裂，造成两齿面金属直接接触而发生胶合。冷胶合发生于低速重载的齿轮传动中，虽然齿面的瞬时温度并无明显增高，但是由于齿面接触处局部压力过大，且齿面的相对滑动速度低，不易形成润滑油膜，使两齿面金属直接接触而发生胶合。

提高齿面硬度，降低齿面的表面粗糙度值，对于低速齿轮传动采用黏度较大的润滑油，高速传动采用抗胶合能力强的润滑油等，均可防止或减轻齿面胶合。

为了防止胶合，对于高速重载的齿轮传动，需进行胶合承载能力计算。

4. 齿面磨粒磨损

在开式齿轮传动中，由于灰尘、硬屑粒等进入齿面之间而引起齿面的磨粒磨损。磨粒磨损不仅导致轮齿失去正确的齿形（图 8-4），而且还会由于齿厚不断减小而最终引起断齿。

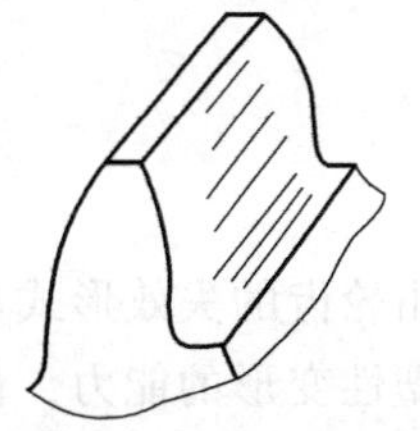

图 8-4 齿面过度磨损

在闭式齿轮传动中，只要经常更换和清洁润滑油，一般不会发生磨粒磨损。

采用闭式齿轮传动是避免齿面磨粒磨损最有效的方法。提高齿面硬度，降低齿面粗糙度值，保持良好润滑，可大大减轻齿面磨粒磨损。

5. 齿面塑性变形

对于用硬度较低的钢或其他较软材料制造的齿轮，当承受重载荷时，在摩擦力的作用下，齿面材料将沿摩擦力方向产生塑性流动，从而导致齿面产生塑性变形。由于齿轮工作时主动轮齿面受到的摩擦力方向背离节圆，从动轮齿面受到的摩擦力方向指向节圆，所以在主动轮轮齿上的节线位置将被碾出沟槽，而在从动轮轮齿上的节线位置被挤出凸棱（图 8-5），从而破坏原有的正确齿形。这种失效形式多发生在低速、重载和起动频繁的传动中。

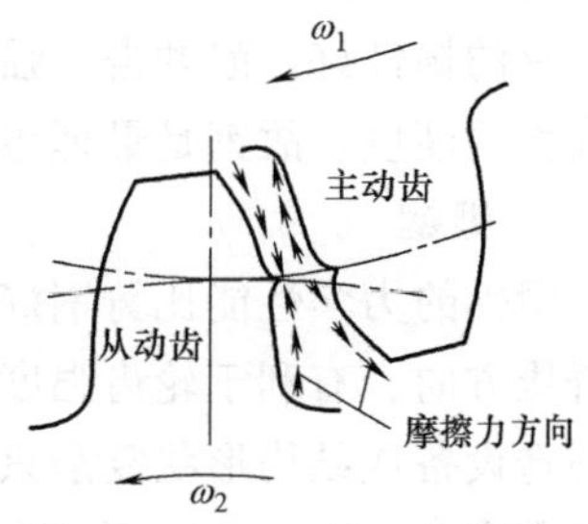

图 8-5 齿面的塑性变形

提高轮齿齿面硬度，采用高黏度的或加有极压添加剂的润滑油，均有利于减缓或防止齿面塑性变形。

二、齿轮传动的设计准则

扫码看视频

齿轮传动的不同失效形式，对应于不同的设计准则。因此，设计齿轮传动时，应根据具体的工作条件，在分析其主要失效形式的前提下，选用相应的设计准则，进行相应的计算。

由于目前对于轮齿的齿面磨损、塑性变形尚未建立起实用、完整的计算方法，而对于一般的齿轮传动，通常又不会发生胶合失效，所以设计一般的闭式齿轮传动时，针对轮齿的疲劳折断和齿面点蚀两种失效形式，通常主要计算轮齿的齿根弯曲疲劳强度和齿面接触疲劳强度。

对于闭式软齿面齿轮传动，其最可能的失效形式为齿面点蚀，故通常先按齿面接触疲劳强度进行设计计算，确定出齿轮传动的主要参数和尺寸，然后校核齿根弯曲疲劳强度。

对于闭式硬齿面齿轮传动，其最可能的失效形式为轮齿折断，故通常先按齿根弯曲疲劳强度进行设计计算，确定出主要参数和尺寸，然后校核齿面接触疲劳强度。

对于开式齿轮传动，其主要失效形式是齿面磨损和因磨损导致的轮齿折断。通常只进行齿根弯曲疲劳强度计算。考虑到磨损对齿厚的影响，一般采用降低轮齿许用弯曲应力的办法（如将闭式传动的许用应力乘以 0.7～0.8）或将计算出来的模数适当增大（增大 10%～15%）的方法来解决。

如果齿轮传动在工作时有偶然过载或短期尖峰载荷出现，为避免轮齿过载折断或塑性变形，应当进行轮齿的静强度计算。

对于按设计手册中给出的经验公式设计的齿轮轮毂、轮辐、轮缘等部位，通常不会发生破坏，因此不必进行强度计算。

第三节 齿轮的常用材料

由轮齿的失效形式可知，设计齿轮传动时，为使齿面有较高的抗点蚀、抗胶合、抗磨损及抗塑性变形的能力，齿面应有足够的硬度；为使齿体有较高的抗折断的能力，轮齿心部应有足够的强度和韧性。因此，理想的齿轮材料应具有齿面硬度高、齿心韧性好的特点。

齿轮的材料最常用的是钢，其次是铸铁，还有有色金属和非金属材料等。

一、齿轮常用钢及其热处理

钢的韧性好，耐冲击、强度高，还可通过适当的热处理或化学处理改善其力学性能及提高齿面的硬度，故钢是最理想的齿轮材料。

1. 锻钢

锻钢的力学性能比铸钢好。毛坯经锻造加工后，可以改善材料性能，使其内部形成有利的纤维方向，有利于轮齿强度的提高。除尺寸较大（顶圆直径 d_a>400～600mm）又没有大型锻造设备或结构形状复杂只宜铸造外，一般都用锻钢制造齿轮。常用的锻钢主要是碳的质量分数在 0.15%～0.6%的碳钢和合金钢。

软齿面齿轮毛坯经过正火或调质处理后切齿，加工比较容易，生产效率较高，易于磨合，不需磨齿等设备。调质钢在强度、硬度和韧性等各项力学性能方面均优于正火钢，但切削性能不如正火钢。一般来说，合金钢的切削性能不如碳钢。

硬齿面齿轮毛坯经调质或正火处理后切齿，再经表面硬化（表面淬火、渗碳淬火、渗氮等）处理后，进行磨齿等精加工，精度可达 5 级或 4 级。

2. 铸钢

铸钢的耐磨性及强度均较好，但切齿前需经过退火、正火处理，必要时也可进行调质。铸钢常用于尺寸较大或结构形状复杂的齿轮。

另外，尺寸较小而又要求不高的齿轮，可选用圆钢。单件或小批量生产的大直径齿轮，为缩短生产周期且降低齿轮的制造成本，往往采用焊接方法制作毛坯。

齿轮常用钢及其力学性能见表 8-1。常用热处理方法、适用钢种、主要特点和适用场合等见表 8-2。

表 8-1 齿轮常用钢及其力学性能

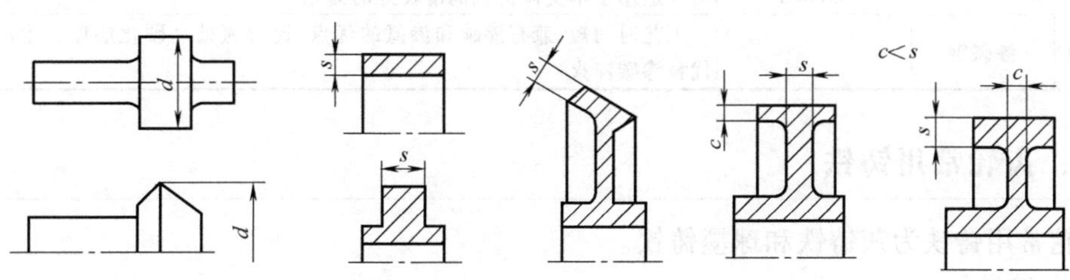

钢号	热处理	截面尺寸 直径 d/mm	截面尺寸 壁厚 s/mm	力学性能 R_m/MPa	力学性能 R_{eL}/MPa	硬度 调质或正火 HBW	硬度 表面淬火 HRC
45	正火	≤100	≤50	590	300	169~217	40~50
		101~300	51~150	570	290	162~217	
	调质	≤100	≤50	650	380	229~286	
		101~300	51~150	630	350	217~255	
42SiMn	调质	≤100	≤50	790	510	229~286	45~55
		101~200	51~100	740	460	217~269	
		201~300	101~150	690	440	217~255	
40MnB	调质	≤200	≤100	740	490	241~286	45~55
		101~300	101~150	690	440		
38SiMnMo	调质	≤100	≤50	740	590	229~286	45~55
		101~300	51~150	690	540	217~269	
35CrMo	调质	≤100	≤50	740	540	207~269	40~45
		101~300	51~150	690	490		
40Cr	调质	≤100	≤50	740	540	241~286	48~55
		101~300	51~150	690	490		
20Cr	渗碳淬火	≤60		640	390		56~62
20CrMnTi	渗碳淬火	15		1080	840	—	56~62
	渗氮						57~63
38CrMoAlA	调质、渗氮	30		980	840	229	渗氮 65 以上
ZG310-570	正火			570	320	163~207	
ZG340-640	正火			640	350	179~207	
ZG35CrMnSi	正火、回火			690	350	163~217	
	调质			790	590	197~269	

表 8-2 齿轮常用热处理方法、适用钢种、主要特点和适用场合

热处理	适用钢种	可达硬度	主要特点和适用场合
调质	中碳钢及中碳合金钢	整体 220~280HBW	硬度适中，具有一定强度、韧度，综合性能好。热处理后可由滚齿或插齿进行精加工，适于单件、小批量生产，或对传动尺寸无严格限制的场合
正火	中碳钢及铸钢	整体 160~210HBW	工艺简单，易于实现，可代替调质处理。适用于因条件限制不便进行调质的大尺寸齿轮及不太重要的齿轮
整体淬火	中碳钢及中碳合金钢	整体 45~55HRC	工艺简单，轮齿变形大，需要磨齿。因心部与齿面同硬度，韧性差，不能承受冲击载荷
表面淬火	中碳钢及中碳合金钢	齿面 48~54HRC	通常在调质或正火后进行。齿面承载能力较高，心部韧性好。轮齿变形小，可不磨齿。齿面硬度难以保证均匀一致。可用于承受中等冲击的齿轮
渗碳淬火	多为低碳合金钢	齿面 58~62HRC	渗碳深度一般取 $0.3m$(模数)，但不小于 1.5~1.8mm。齿面硬度较高，耐磨损，承载能力较高。心部韧性好、耐冲击。轮齿变形大，需要磨齿。适用于重载、高速及受冲击载荷的齿轮
渗氮	渗氮钢	齿面 65HRC	齿面硬，变形小，可不磨齿。工艺时间长，硬化层薄(0.05~0.3mm)，不耐冲击。适用于不受冲击且润滑良好的齿轮
碳氮共渗	渗碳钢		工艺时间短，兼有渗碳和渗氮的优点，比渗氮处理硬化层厚。生产率高，可代替渗碳淬火

二、齿轮常用铸铁

齿轮常用铸铁为灰铸铁和球墨铸铁。

1. 灰铸铁

灰铸铁的铸造性能和切削性能好，价廉，抗点蚀和抗胶合能力强，但弯曲强度低、冲击韧性差，因此常用于工作平稳、速度较低、功率不大及尺寸不受限制的场合。灰铸铁内的石墨可以起自润滑作用，尤其适用于制造润滑条件较差的开式传动齿轮。

2. 球墨铸铁

球墨铸铁的耐冲击等力学性能比灰铸铁高得多，具有良好的韧性和塑性。在冲击不大的情况下，可代替钢制齿轮。但由于生产工艺比较复杂，目前使用尚不够普遍。

齿轮常用灰铸铁及球墨铸铁的力学性能见表 8-3。

表 8-3 灰铸铁和球墨铸铁的力学性能

灰铸铁	壁厚 /mm	抗拉强度 R_m/MPa	硬度 HBW	球墨铸铁	抗拉强度 R_m/MPa	屈服强度 $R_{p0.2}$/MPa	硬度 HBW
HT250	5~40	250	180~250	QT500-7	500	320	170~230
HT275	10~40	275	190~260	QT600-3	600	370	190~270
HT300	10~40	300	200~275	QT700-2	700	420	225~305
HT350	10~40	350	220~290	QT800-2	800	480	245~335

三、其他齿轮材料

有色金属如铜、铝、铜合金、铝合金等常用于制造有特殊要求的齿轮。

对高速、轻载、噪声小及精度不高的齿轮传动，可采用夹布塑胶、尼龙等非金属材料制造小齿轮。非金属材料的弹性模量较小，可减轻因制造和安装不精确所带来的不利影响，传动时的噪声小。由于非金属材料的导热性和耐热性差，与其啮合的配对大齿轮仍采用钢或铸铁制造，以利于散热。为使大齿轮具有足够的抗磨损及抗点蚀的能力，齿面的硬度应

为250～350HBW。

四、齿轮传动中材料的搭配

一对齿轮中材料的搭配很重要，通常小齿轮应选择比大齿轮更好的材料。

对于大、小齿轮都是软齿面的齿轮传动，考虑到小齿轮的齿根较薄，弯曲强度较低，且啮合次数较多，为使大、小齿轮寿命比较接近，一般应使小齿轮齿面硬度比大齿轮高 30～50HBW，且传动比越大，其硬度差也应越大。当小齿轮与大齿轮的齿面具有较大的硬度差（如小齿轮为硬齿面，大齿轮为软齿面），且速度又较高时，较硬的小齿轮齿面对较软的大齿轮齿面将会产生较显著的冷作硬化效应，从而可使大齿轮的齿面接触疲劳强度提高约20%。但应注意硬度高的齿面，表面粗糙度值要相应地减小，以避免对配对齿轮的齿面造成过大磨损。

当大、小齿轮都是硬齿面时，小齿轮的硬度应略高，也可和大齿轮相等。

一般认为，提高齿面硬度差有利于防止胶合发生，而一对齿轮材料的硬度、成分和内部组织越接近，越易发生胶合。因此，为了提高抗胶合性能，建议小齿轮和大齿轮采用不同牌号的钢来制作。

第四节　圆柱齿轮传动的受力分析和计算载荷

为了计算齿轮的强度，并为设计支承齿轮的轴和轴承做准备，必须先分析计算齿轮轮齿上的作用力。

一、圆柱齿轮传动的受力分析

1. 直齿圆柱齿轮传动

如图 8-6a 所示，为便于分析计算，常将齿轮轮齿实际所受的沿接触线分布的分布力，简化为作用于齿轮分度圆柱上齿宽中点处的集中力，在忽略摩擦力（齿轮传动一般均加以润滑，摩擦力较小）的情况下，该集中力为沿齿面法线方向并指向齿面的法向力 F_n。

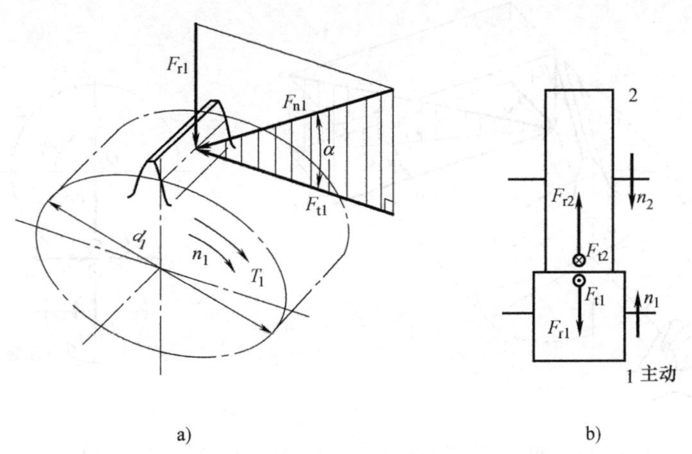

图 8-6　直齿圆柱齿轮传动受力分析

为了明确力的作用效果，将法向力 F_n 分解为两个相互垂直的分力：切向力 F_t（切于分度圆的圆周力）和径向力 F_r（沿直径方向的力）。

各力的大小按下式计算：

$$\left.\begin{aligned}&\text{切向力} \quad F_t=\frac{2T_1}{d_1}\\&\text{径向力} \quad F_r=F_t\tan\alpha\\&\text{法向力} \quad F_n=\frac{F_t}{\cos\alpha}\end{aligned}\right\} \tag{8-1}$$

式中 d_1——小齿轮的分度圆直径（mm）；

α——分度圆压力角；

T_1——小齿轮的名义转矩（N·mm），可根据小齿轮传递的功率 P_1（kW）和小齿轮的转速 n_1（r/min）按下式计算：

$$T_1=9.55\times10^6\frac{P_1}{n_1}$$

力的方向判断：切向力 F_t 对于主动轮为工作阻力，而对于从动轮则为驱动力。因此，主动轮的切向力方向与受力点的运动方向相反，而从动轮的切向力方向与受力点的运动方向相同；外齿轮的径向力 F_r 指向各自的轮心，而内齿轮的径向力则背离各自的轮心。

根据作用力与反作用力关系可知：主动轮和从动轮的同名力（均构成作用力与反作用力，见图 8-6b）大小相等、方向相反，即

$$F_{t1}=-F_{t2}，F_{r1}=-F_{r2}，F_{n1}=-F_{n2}$$

2. 斜齿圆柱齿轮传动

斜齿圆柱齿轮传动中齿轮受力分析如图 8-7 所示。与直齿圆柱齿轮传动的受力分析一样，忽略齿间的摩擦，将轮齿所受的分布力简化为作用于分度圆柱上齿宽中点处的法向力 F_n。将 F_n 分解为三个互相垂直的分力：切向力 F_t、径向力 F_r、轴向力 F_x。

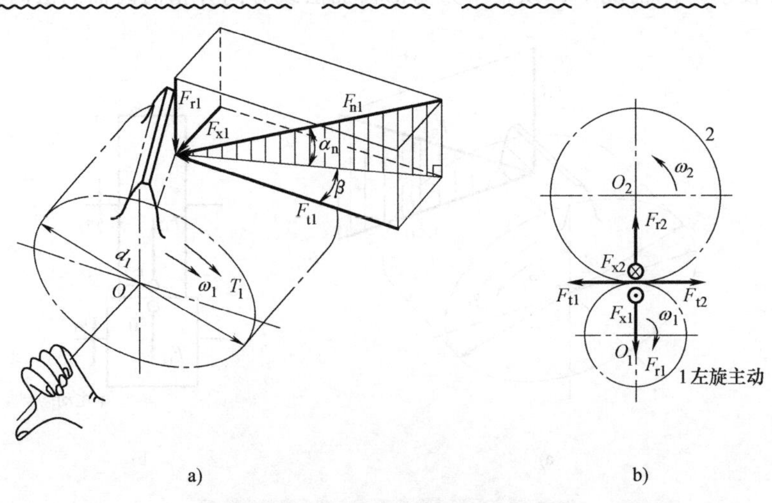

图 8-7 斜齿圆柱齿轮传动受力分析

各力的大小按下列公式计算：

$$\left.\begin{aligned}&\text{切向力} && F_t=\frac{2T_1}{d_1}\\&\text{径向力} && F_r=F_t\tan\alpha_t=F_t\frac{\tan\alpha_n}{\cos\beta}\\&\text{轴向力} && F_x=F_t\tan\beta\\&\text{法向力} && F_n=\frac{F_t}{\cos\beta\cos\alpha_n}\end{aligned}\right\}\tag{8-2}$$

式中　α_t、α_n——分别为齿轮的端面压力角和法向压力角，其中后者为标准值 $\alpha_n=20°$；

β——齿轮的分度圆螺旋角。

各分力的方向判断：斜齿圆柱齿轮的切向力 F_t、径向力 F_r 方向的判断方法与直齿圆柱齿轮相同。两轮轴向力的方向与齿轮轴线方向平行且指向各自的受力齿面，具体方向可用主动轮左右手定则判断：主动轮左旋用左手，主动轮右旋用右手，握住主动轮的轴线，四指弯曲指向齿轮的转动方向，则大拇指伸直的方向即为主动轮轴向力的方向。从动轮轴向力的方向则与主动轮轴向力方向相反。

两轮所受各力之间的关系为：主动轮和从动轮的同名力（均构成作用力与反作用力，见图 8-7b）大小相等、方向相反，即

$$F_{t1}=-F_{t2},\ F_{r1}=-F_{r2},\ F_{x1}=-F_{x2},\ F_{n1}=-F_{n2}$$

由式（8-2）可知，轴向力 F_x 随螺旋角的增大而增大。当 F_x 过大时，将给轴承的组合设计带来一定困难。因此，斜齿圆柱齿轮传动的螺旋角 β 不宜过大，通常 $\beta=8°\sim20°$。

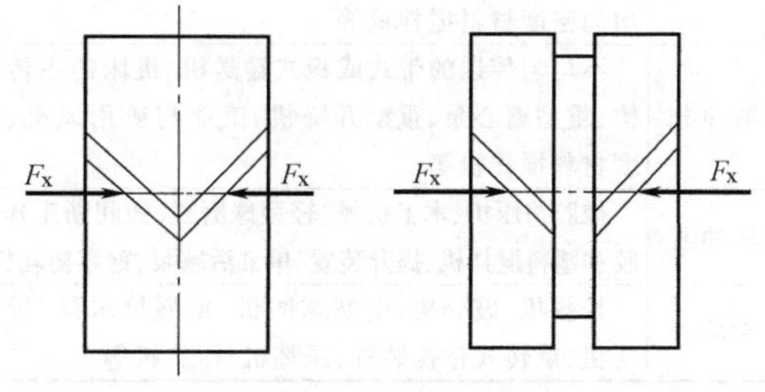

图 8-8　人字齿轮

如图 8-8 所示，在人字齿轮中，由于旋向相反的两部分齿轮上的轴向力大小相等，方向相反，相互抵消。因此，轴承不必承受轴向力，则人字齿轮的螺旋角可取得大一些，通常 $\beta=27°\sim45°$。

例 8-1　如图8-9a所示，在二级展开式斜齿圆柱齿轮减速器中，已知输入轴Ⅰ的转向和

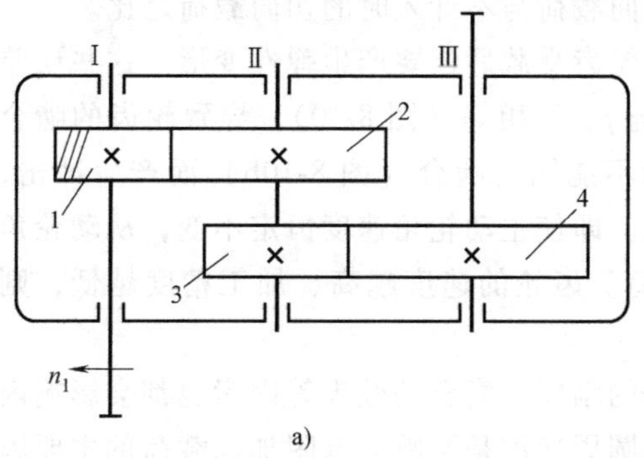

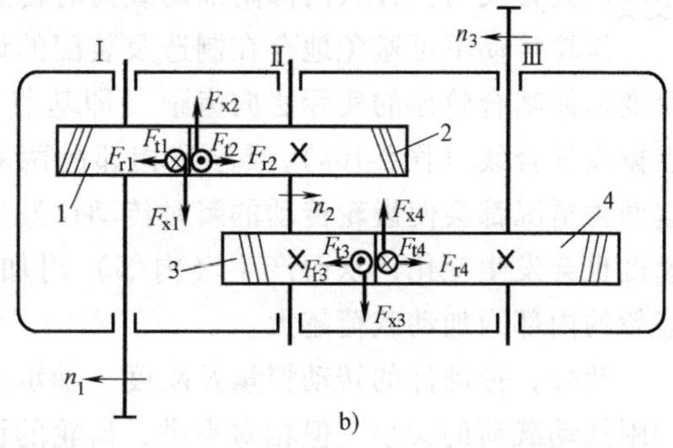

图 8-9　例 8-1 图

齿轮1的旋向，欲使中间轴Ⅱ上的齿轮2和齿轮3的轴向力互相抵消一部分，试确定齿轮2、3、4的旋向，并在图中标出各轴转向及各齿轮在啮合点处所受各力。

解 如图8-9b所示。

二、计算载荷

前面讨论的各力 F_t、F_r、F_n 以及转矩 T_1、T_2 等均为齿轮的所谓名义载荷（又称标称载荷），而实际工作时，由于受原动机和工作机的特性、齿轮制造和安装误差、齿轮及其支承件变形等因素的影响，使得齿轮所受的实际载荷要比名义载荷大。为此，在进行强度计算时，引入载荷系数 K 来考虑上述因素的影响。以齿轮的法向力 F_n 为例，其计算载荷 F_{nc} 为

$$F_{nc}=KF_n$$

齿轮传动的载荷系数 K 由四个系数组成，即

$$K=K_AK_vK_\beta K_\alpha \tag{8-3}$$

（1）使用系数 K_A　该系数用于考虑原动机和工作机的特性、联轴器的缓冲能力等齿轮外部因素引起的附加动载荷的影响，其值大小查表8-4。

表8-4　使用系数 K_A

工作机		原动机			
工作特性	举　例	均匀平稳	轻微冲击	中等冲击	严重冲击
		电动机、汽轮机		多缸内燃机	单缸内燃机
均匀平稳	发电机、均匀传送的带式或板式输送机、螺旋输送机、轻型升降机、通风机、机床进给机构、轻型离心机、均匀密度材料搅拌机等	1.00	1.10	1.25	1.50
轻微冲击	不均匀传送的带式或板式输送机、机床的主传动机构、重型离心泵、重型升降机、工业与矿用风机、变密度材料搅拌机等	1.25	1.35	1.50	1.75
中等冲击	橡胶挤压机、木工机械、轻型球磨机、做间断工作的橡胶和塑料搅拌机、提升装置、单缸活塞泵、钢坯初轧机等	1.50	1.60	1.75	2.00
严重冲击	挖掘机、破碎机、重型球磨机、重型给水泵、带材冷轧机、旋转式钻探装置、压坯机、压砖机等	1.75	1.85	2.00	≥2.25

注：1. 表中所列 K_A 值仅适用于减速传动，对增速传动，K_A 值应取为表值的1.1倍。
2. 非经常起动或起动转矩不大的电动机、小型汽轮机按均匀平稳考虑。
3. 当外部机械与齿轮装置间有挠性连接时，K_A 可适当减小。

（2）动载系数 K_v　该系数用于考虑齿轮副自身的啮合误差等引起的内部附加动载荷的影响。其含义为：计入内部附加动载荷时传递的切向载荷与不计入时的切向载荷之比。

齿轮传动不可避免地存在制造及装配的误差，轮齿受载后还要产生弹性变形。这些误差及变形使啮合轮齿的实际法向齿距（即基节）p_{b1} 与 p_{b2} 不相等（图8-10），导致轮齿的啮合点偏离啮合线（图8-10a），或导致相邻的两对轮齿不能同时啮合（图8-10b）而产生冲击，这两种情况都会使齿轮传动的瞬时传动比发生变化。即使主动轮角速度恒定不变，从动轮角速度也会发生变化，从而产生（内部）附加动载荷。齿轮的速度越高、加工精度越低，则齿轮的内部附加动载荷越大。

此外，传动件的转动惯量及刚度、轴承及箱体的刚度、磨合的效果等因素也都会影响内部附加动载荷的大小。但相对来讲，齿轮的误差和圆周速度是影响内部附加动载荷的主要因素。所以，设计中根据齿轮的精度等级和圆周速度确定 K_v 的值，如图8-11所示。

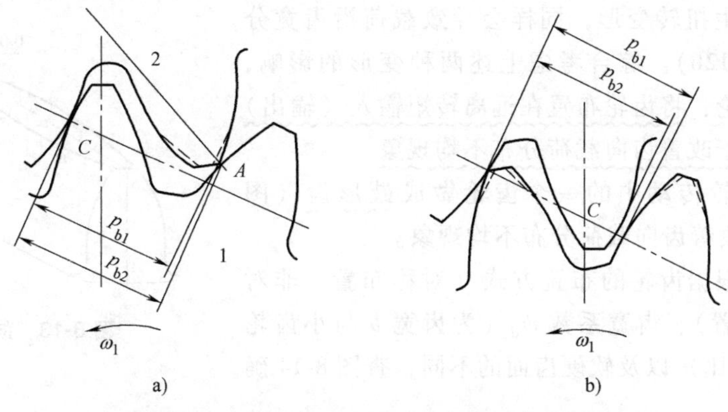

图 8-10 法向齿距（基节）误差对传动平稳性的影响

提高齿轮的制造精度，减小齿轮直径以降低圆周速度，对齿轮进行适当的齿顶修形（图 8-10 中虚线部分）等，都可以有效地减小内部附加动载荷。

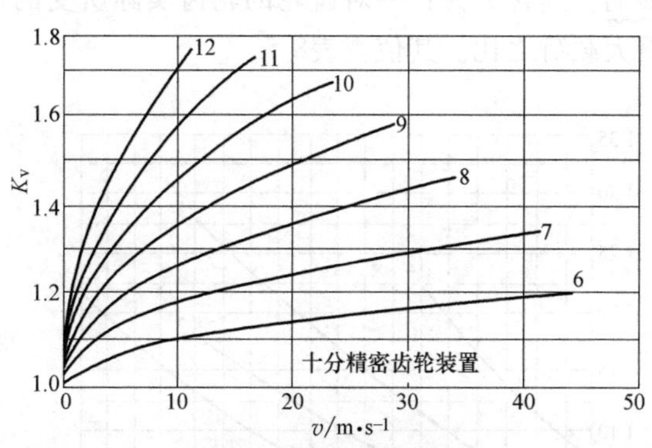

图 8-11 动载系数 K_v

注：图中 6~12 为精度等级。

（3）齿向载荷分布系数K_β　该系数用以考虑沿齿宽方向载荷分布不均对轮齿受载的影响。其含义为：单位齿宽最大载荷与单位齿宽平均载荷之比。影响齿向载荷分布的因素有：齿轮相对于轴承的布置方式、齿面硬度、齿宽、支承刚度以及齿轮的制造与安装误差等。

当轴承相对于齿轮为不对称布置时，齿轮受载后，轴产生弯曲变形，引起轴上的齿轮偏斜，导致作用在齿面上的载荷沿齿宽方向分布不均匀而产生偏载（图 8-12a）。轴承相对于齿轮布置越不对称，偏载越严重。另外，

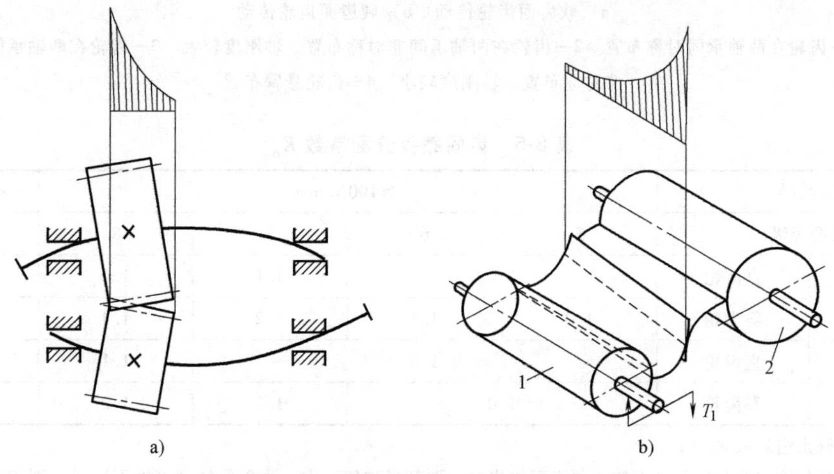

图 8-12 轴的变形对齿向载荷分布的影响

a）弯曲变形造成的载荷集中　b）扭转变形造成的载荷集中

轴受转矩作用发生扭转变形，同样会导致载荷沿齿宽分布不均匀（图 8-12b）。综合考虑上述两种变形的影响，不难得出如下结论：将齿轮布置在远离转矩输入（输出）端的位置，有利于改善齿向载荷分布不均现象。

此外，将齿轮传动中的一个齿轮做成鼓形齿（图 8-13），也可有效改善齿向载荷分布不均现象。

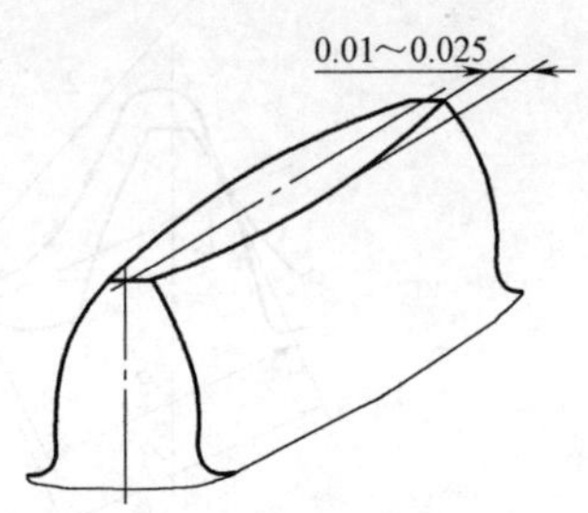

图 8-13 鼓形齿

设计中，可根据齿轮的布置方式（对称布置、非对称布置和悬臂布置）、齿宽系数 ψ_d（为齿宽 b 与小齿轮分度圆直径 d_1 之比）以及软硬齿面的不同，查图 8-14 确定 K_β。

（4）齿间载荷分配系数 K_α　该系数用于考虑载荷在同时啮合的各对轮齿之间分配不均的影响。其含义为：一对齿轮的轮齿实际所受的最大载荷与相同的一对精确齿轮的轮齿所受的最大载荷之比。其值查表8-5。

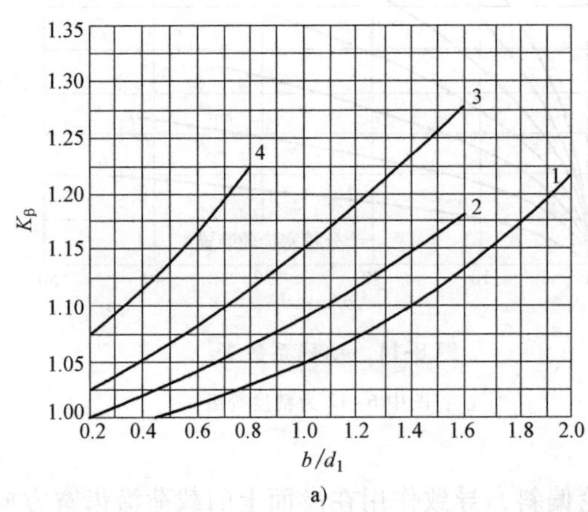

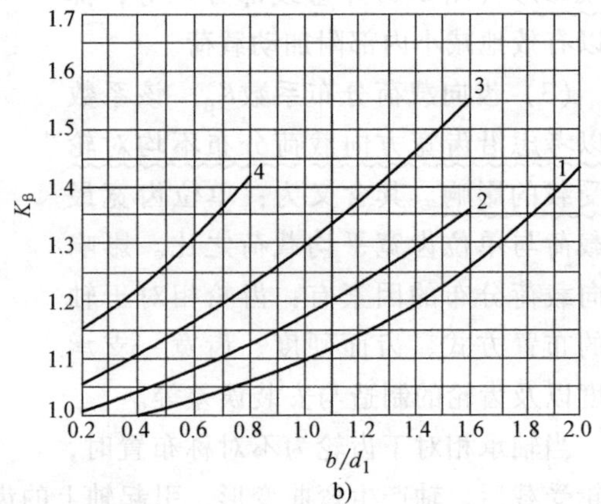

图 8-14 齿向载荷分布系数 K_β

a）软齿面齿轮传动　b）硬齿面齿轮传动

1—齿轮在两轴承间对称布置　2—齿轮在两轴承间非对称布置，轴刚度较大　3—齿轮在两轴承间非对称布置，轴刚度较小　4—齿轮悬臂布置

表 8-5　齿间载荷分配系数 K_α

$K_A F_t/b$		≥100N/mm				<100N/mm
精度等级		5	6	7	8	5~9
表面硬化	直齿轮	1.0		1.1	1.2	≥1.2
	斜齿轮	1.0	1.1	1.2	1.4	≥1.4
非表面硬化	直齿轮	1.0			1.1	≥1.2
	斜齿轮	1.0		1.1	1.2	≥1.4

注：1. 对修形齿轮取 $K_\alpha=1$。

2. 当齿轮副中两齿轮分别由软、硬齿面构成时，取其平均值；大、小齿轮精度等级不同时，则按精度等级较低的取值。

影响齿间载荷分配的因素有：受载后轮齿的变形、轮齿的制造误差、齿廓修形以及磨合效果等。齿轮精度越低，则齿间载荷分配不均匀越严重。齿轮硬度越高，越难以磨合，则改善载荷分配不均的效果越差。

第五节　直齿圆柱齿轮传动的强度计算

为避免齿轮传动的失效，设计中需进行相应的强度计算。

一、齿面接触疲劳强度计算

为防止齿面发生疲劳点蚀，应满足的强度条件为：$\sigma_H \leqslant [\sigma_H]$。

一对轮齿在不同位置啮合时，齿面上产生的接触应力各不相同。基于“点蚀多发生在轮齿节线附近靠齿根的一侧”的基本事实，又考虑到一对轮齿在节点附近啮合时，往往只有一对轮齿啮合。因此，通常以节点为计算点，计算齿面上产生的最大接触应力 σ_H。

如前所述，由于两齿轮之间为线接触，故可将在节点 C 处啮合的一对轮齿，简化为半径分别等于两轮齿廓在节点处的曲率半径 ρ_1、ρ_2（mm）的两个圆柱体接触的模型，如图 8-15 所示。图中 d_1'、d_2'是两齿轮的节圆直径，α'是啮合角。以式（1-8）为基础建立计算齿面接触应力 σ_H 的公式。用齿轮的法向计算载荷 F_{nc} 代替式（1-8）中的载荷 F，则可得

$$\sigma_H = \sqrt{\frac{F_{nc}}{\pi L} \frac{\frac{1}{\rho}}{\frac{1-\mu_1^2}{E_1}+\frac{1-\mu_2^2}{E_2}}} \tag{8-4}$$

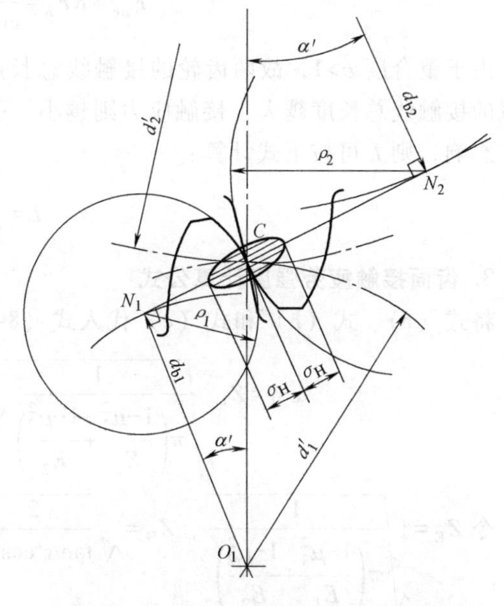

图 8-15　节点啮合及其齿廓的曲率半径

式中　F_{nc}、L——齿轮的法向计算载荷（N）和接触线总长度（mm）；

E_1、E_2——两齿轮材料的弹性模量（MPa）；

μ_1、μ_2——两齿轮材料的泊松比；

ρ——综合曲率半径（mm），$\frac{1}{\rho}=\frac{1}{\rho_1}\pm\frac{1}{\rho_2}$，正号用于外啮合，负号用于内啮合。

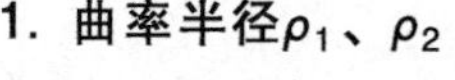

1. 曲率半径ρ_1、ρ_2

由图 8-15 可知，两轮齿廓在节点处的曲率半径为

$$\rho_1 = N_1C = \frac{d_1'}{2}\sin\alpha', \quad \rho_2 = N_2C = \frac{d_2'}{2}\sin\alpha'$$

由于 $d_1'=d_1\dfrac{\cos\alpha}{\cos\alpha'}$，于是

$$\rho_1=\frac{d_1}{2}\frac{\cos\alpha}{\cos\alpha'}\sin\alpha'=\frac{d_1}{2}\cos\alpha\tan\alpha'$$

在此，设齿轮 1 为小轮，齿轮 2 为大轮。将大轮齿数与小轮齿数之比 $u=\dfrac{z_2}{z_1}$ 称为齿数比。对于减速齿轮传动，$u=i$；对于增速齿轮传动，$u=\dfrac{1}{i}$。

显然有 $\dfrac{\rho_2}{\rho_1}=\dfrac{d_2'}{d_1'}=\dfrac{d_2}{d_1}=\dfrac{z_2}{z_1}=u$，则 $\rho_2=u\rho_1$，由此可得

$$\frac{1}{\rho}=\frac{1}{\rho_1}\pm\frac{1}{\rho_2}=\frac{\rho_2\pm\rho_1}{\rho_1\rho_2}=\frac{2}{d_1\cos\alpha\tan\alpha'}\cdot\frac{u\pm1}{u}\tag{a}$$

2. 齿轮的法向计算载荷 F_{nc} 和接触线总长度 L

$$F_{nc}=KF_n=\frac{KF_t}{\cos\alpha}=\frac{2KT_1}{d_1\cos\alpha}\tag{b}$$

由于重合度 $\varepsilon>1$，故两齿轮的接触线总长度 L 大于齿宽 b。可以认为：重合度 ε 越大，承载的接触线总长度越大，接触应力则越小。引入重合度系数 Z_ε 考虑重合度对接触线总长度 L 影响，则 L 可按下式计算：

$$L=\frac{b}{Z_\varepsilon^2}\tag{c}$$

3. 齿面接触疲劳强度计算公式

将式（a）、式（b）和式（c）代入式（8-4），整理后得

$$\sigma_H=Z_\varepsilon\sqrt{\frac{1}{\pi\left(\dfrac{1-\mu_1^2}{E_1}+\dfrac{1-\mu_2^2}{E_2}\right)}}\sqrt{\frac{2}{\tan\alpha'\cos^2\alpha}}\sqrt{\frac{2KT_1}{bd_1^2}\cdot\frac{u\pm1}{u}}$$

令 $Z_E=\sqrt{\dfrac{1}{\pi\left(\dfrac{1-\mu_1^2}{E_1}+\dfrac{1-\mu_2^2}{E_2}\right)}}$、$Z_H=\sqrt{\dfrac{2}{\tan\alpha'\cos^2\alpha}}$ 化简上式，并代入强度条件 $\sigma_H\leqslant[\sigma_H]$，可得直齿圆柱齿轮传动的齿面接触疲劳强度校核式

$$\sigma_H=Z_HZ_EZ_\varepsilon\sqrt{\frac{2KT_1}{bd_1^2}\cdot\frac{u\pm1}{u}}\leqslant[\sigma_H]\tag{8-5}$$

引入齿宽系数 $\psi_d=\dfrac{b}{d_1}$，则齿宽 $b=\psi_d d_1$，代入式（8-5），可得齿面接触疲劳强度的设计式为

$$d_1\geqslant\sqrt[3]{\frac{2KT_1}{\psi_d}\cdot\frac{u\pm1}{u}\left(\frac{Z_HZ_EZ_\varepsilon}{[\sigma_H]}\right)^2}\tag{8-6}$$

式中 Z_E——弹性系数，由表 8-6 确定；

Z_H——节点区域系数，由图 8-16 确定；

Z_ε——重合度系数，按下式计算：

$$Z_\varepsilon=\sqrt{\frac{4-\varepsilon}{3}} \tag{8-7}$$

式中　ε——重合度，对标准直齿圆柱齿轮传动，ε 可根据两轮齿数 z_1、z_2 按下式近似计算：

$$\varepsilon=1.88-3.2\left(\frac{1}{z_1}\pm\frac{1}{z_2}\right) \tag{8-8}$$

表 8-6　弹性系数 Z_E　（单位：$\sqrt{\text{MPa}}$）

轮 2 材料 / 轮 1 材料	钢	铸钢	球墨铸铁	灰铸铁	锡青铜	铸锡青铜	铸铝青铜	尼龙
钢	190	189	182	164	160	155	156	56.4
铸钢		188	181	162				
球墨铸铁			174	157				
灰铸铁				145				

由式（8-5）可知：影响齿面接触应力 σ_H 的尺寸只有小齿轮的分度圆直径 d_1 和齿宽 b。而当齿数比 u 一定时，中心距 $a\left(=\frac{1}{2}d_1(u\pm1)\right)$ 与 d_1 成正比。由此可得如下结论：当齿轮的载荷、材质及齿数比等其他条件一定时，齿轮传动的齿面接触疲劳强度取决于传动的外廓尺寸（中心距 a 和齿宽 b），而与模数 m 无关。

4. 应注意的问题

1）设计时，应按两齿轮许用应力［σ_{H1}］和［σ_{H2}］中的较小者进行计算。这主要是因为两齿轮的齿面接触应力 $\sigma_{H1}=\sigma_{H2}$，而［σ_H］小的齿轮，其齿面接触疲劳强度较低，显然应按两轮中强度较低者进行强度计算。

2）式（8-5）和式（8-6）是齿面接触疲劳强度计算公式的两种不同形式，使用中根据具体情况选其一计算即可。式中“+”用于外啮合，“-”用于内啮合。

3）公式中各参数的单位应保持一致性。小齿轮转矩 T_1 的单位为 N · mm；d_1 和 b 的单位为 mm；应力的单位为 MPa；Z_E 的单位为 $\sqrt{\text{MPa}}$。

4）由上述强度计算公式可知，提高齿面接触疲劳强度的主要措施有：增大传动的外廓尺寸 a（或 d_1）和 b；通过选择好的材质和高的齿面硬度提高许用应力［σ_H］；此外，由图 8-16 可知，采用正变位或采用斜齿轮传动可使 Z_H 减小，从而提高传动的齿面接触疲劳强度。

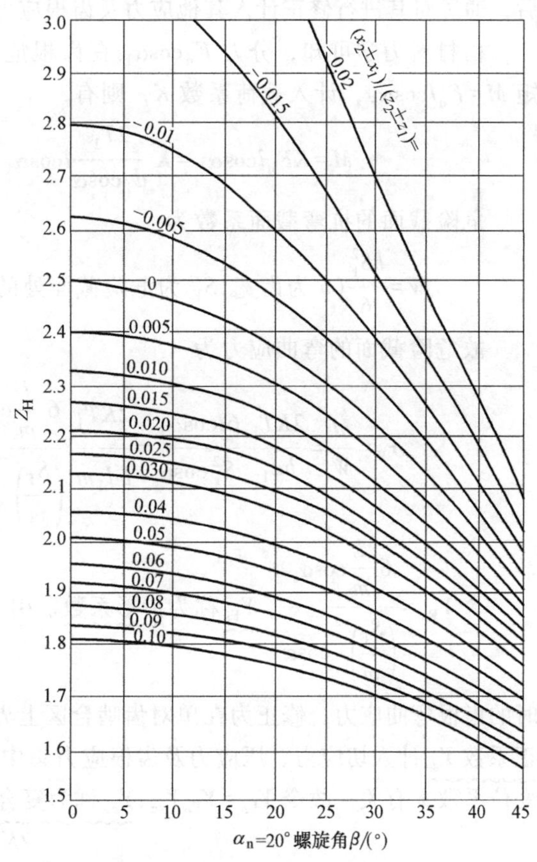

图 8-16　节点区域系数 Z_H

二、齿根弯曲疲劳强度计算

为防止轮齿的弯曲疲劳折断，需计算齿根的弯曲疲劳强度，应满足的强度条件为：齿根的最大弯曲应力 σ_F 不超过许用弯曲应力 $[\sigma_F]$，即 $\sigma_F \leqslant [\sigma_F]$。

1. 强度计算公式

计算轮齿弯曲应力时，通常将轮齿看作悬臂梁（图 8-17）。齿根危险截面的位置可用30°切线法确定，即作与轮齿对称线夹 30°角的两直线与齿根过渡曲线相切，以通过两切点并平行于齿轮轴线的截面作为齿根的危险截面。

一般情况下，一对轮齿在单对齿啮合区上界点啮合时，齿根的弯曲应力达到最大。这里需计算此情况下的最大弯曲应力，并据此判断是否满足强度条件。为简化计算，通常先按全部载荷由一对齿承担，且在齿顶啮合（此时有一对以上的齿对同时啮合）来分析齿根的弯曲应力，然后通过对其进行修正，得到在单对齿啮合区上界点啮合时的最大齿根弯曲应力。

如图 8-17 所示，为便于分析，将作用于齿顶的法向力 F_n 沿其作用线移至轮齿对称中心线上点 O 处，并将 F_n 分解为相互垂直的两个分力 $F_n\cos\alpha_F$ 和 $F_n\sin\alpha_F$。$F_n\cos\alpha_F$ 在齿根产生弯曲应力 σ_F 和切应力 τ，$F_n\sin\alpha_F$ 则产生压应力 σ。显然，对轮齿的弯曲折断起主要作用的是弯曲应力。为简化计算，暂且先只分析齿根的最大弯曲应力 σ_F。然后，通过对其进行修正计入其他应力及齿根应力集中的影响。

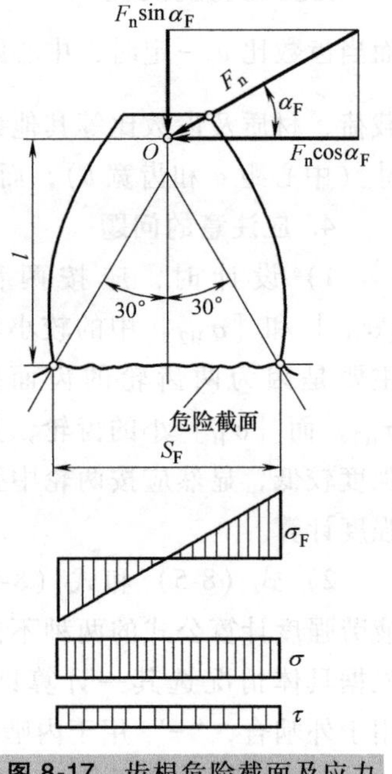

图 8-17 齿根危险截面及应力

由材料力学可知，分力 $F_n\cos\alpha_F$ 在齿根危险截面产生的弯矩 $M=F_n l\cos\alpha_F$，计入载荷系数 K，则有

$$M=KF_n l\cos\alpha_F=K\frac{2T_1}{d_1\cos\alpha}l\cos\alpha_F$$

危险截面的抗弯截面系数为

$$W=\frac{bS_F^2}{6}\text{（}b\text{ 为齿宽，}S_F\text{ 为危险截面处的齿厚）}$$

故危险截面的弯曲应力为

$$\sigma_F=\frac{M}{W}=\frac{2KT_1}{bd_1}\frac{6l\cos\alpha_F}{S_F^2\cos\alpha}=\frac{2KT_1}{bd_1 m}\frac{6\dfrac{l}{m}\cos\alpha_F}{\left(\dfrac{S_F}{m}\right)^2\cos\alpha}$$

令 $Y_{Fa}=\dfrac{6\dfrac{l}{m}\cos\alpha_F}{\left(\dfrac{S_F}{m}\right)^2\cos\alpha}$，$Y_{Fa}$ 称为齿形系数。引入重合度系数 Y_ε，将由上式计算的在齿顶啮合时的齿根弯曲应力，修正为在单对齿啮合区上界点啮合时的齿根弯曲应力。另外，引入应力修正系数 Y_{sa} 计入切应力、压应力及齿根应力集中的影响。由于 Y_{Fa} 和 Y_{sa} 都只与齿轮的齿数 z 和变位系数 x 有关，故令 $Y_{Fs}=Y_{Fa}Y_{sa}$，Y_{Fs} 称为复合齿形系数。则修正后的齿根应力计算式为

$$\sigma_F=\frac{2KT_1}{bd_1 m}Y_{Fs}Y_\varepsilon$$

将上式代入强度条件 $\sigma_F \leqslant [\sigma_F]$，得齿根弯曲疲劳强度的校核式为

$$\sigma_F = \frac{2KT_1}{bd_1 m} Y_{Fs} Y_\varepsilon \leqslant [\sigma_F] \tag{8-9}$$

引入齿宽系数 $\psi_d = \frac{b}{d_1}$，则 $b = \psi_d d_1$，和 $d_1 = mz_1$ 一起代入式（8-9），可得齿根弯曲疲劳强度的设计式为

$$m \geqslant \sqrt[3]{\frac{2KT_1}{\psi_d z_1^2 [\sigma_F]} Y_{Fs} Y_\varepsilon} \tag{8-10}$$

由式（8-10）可知：当齿轮的载荷、材质及齿数等其他条件一定时，齿轮传动的齿根弯曲疲劳强度主要取决于齿轮的模数 m 和齿宽 b（或 ψ_d）。

2. 系数 Y_{Fs} 和 Y_ε 的确定

（1）复合齿形系数 Y_{Fs}　齿形系数 Y_{Fa} 是用于考虑轮齿形状对齿根弯曲应力影响的系数。由于其表达式中的轮齿尺寸 l 和 S_F 均与模数 m 成正比，故 Y_{Fa} 只与齿轮的齿形有关，与模数无关。而齿轮的齿形主要取决于齿轮的齿数 z 和变位系数 x，可见 Y_{Fa} 只与 z 和 x 有关。

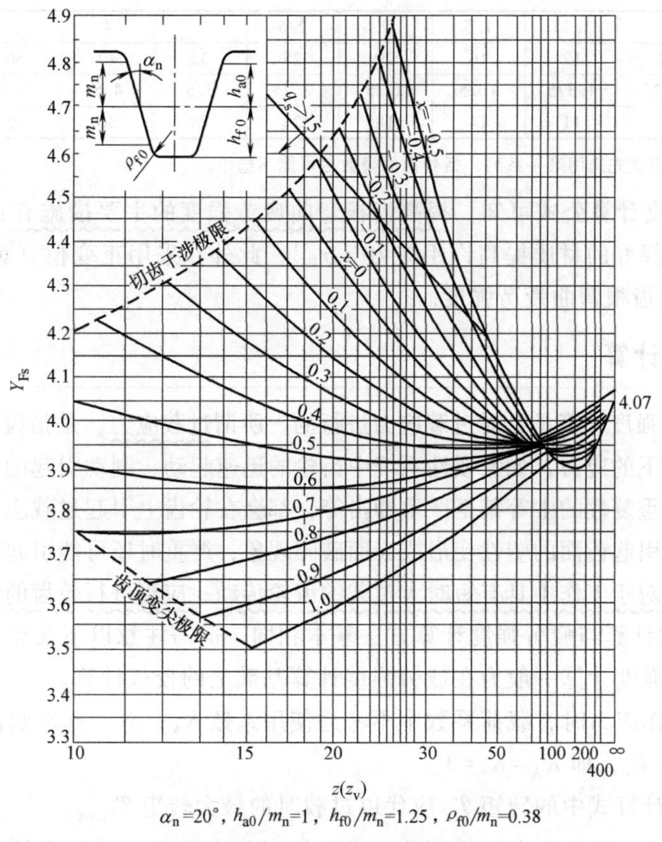

图 8-18　外齿轮复合齿形系数 Y_{Fs}

由于应力修正系数 Y_{sa} 也只与 z 和 x 有关，所以复合齿形系数 Y_{Fs} 主要取决于齿轮的齿数和变位系数。外齿轮的 Y_{Fs} 如图 8-18 所示；内齿轮的 $Y_{Fs}=5.10$。

（2）重合度系数 Y_ε 其含义可理解为载荷作用于单对齿啮合区上界点与载荷作用于齿顶时引起的齿根弯曲应力之比，其计算式为

$$Y_\varepsilon = 0.25 + \frac{0.75}{\varepsilon} \tag{8-11}$$

式中 ε——重合度，按式（8-8）计算。

3. 需注意的问题

1）一般情况下，配对齿轮的齿数、材料和热处理方法不尽相同，所以两齿轮的齿根弯曲应力和许用弯曲应力往往各不相等，故应按式（8-9）分别校核两齿轮的强度。

应注意：不论计算 σ_{F1} 还是 σ_{F2}，式中均代入小齿轮的转矩 T_1 和小齿轮的分度圆直径 d_1，但须根据两齿轮的齿数和变位系数分别确定各自的 Y_{Fs}，式中 b 为两齿轮之间的实际接触宽度。

2）设计时，应将两齿轮的 $Y_{Fs1}/[\sigma_{F1}]$ 和 $Y_{Fs2}/[\sigma_{F2}]$ 中较大者代入式（8-10）进行计算。

3）由式（8-10）求得模数后，应将模数 m 取为标准值（见表 8-7）。另外，为防止轮齿太小引起意外断齿，动力传动的齿轮模数一般不小于 1.5~2mm。

表 8-7 圆柱齿轮的标准模数 m（摘自 GB/T 1357—2008） （单位：mm）

第一系列	1	1.25	1.5	2	2.5	3	4	5	6	8
	10	12	16	20	25	32	40	50		
第二系列	1.125	1.375	1.75	2.25	2.75	3.5	4.5	5.5	(6.5)	7
	9	11	14	18	22	28	36	45		

注：选用模数时，应优先选用第一系列，括号内的模数尽可能不选用。

4）由上述强度计算公式可知，提高齿根弯曲疲劳强度的主要措施有：适当增大模数 m 和齿宽 b；通过选择好的材质提高许用应力 $[\sigma_F]$；此外，采用正变位（齿根厚度大）或斜齿轮传动也可提高齿根弯曲疲劳强度。

三、静强度计算

齿轮传动的静强度计算是针对过载应力进行的。所谓过载应力，是指齿轮在超过额定载荷的短时大载荷作用下的应力，如大惯性系统中齿轮的迅速起动、制动引起的冲击，运行中出现异常的重载荷或者重复性的中等甚至严重冲击等，都会在轮齿上引起过载应力。过载应力即使只有一次，也可能引起齿面的塑性变形或齿面破碎现象，严重时还可能引起轮齿的整体塑性变形或折断。因此，对于工作中具有短时大过载的齿轮传动，应当进行轮齿的静强度计算。

轮齿的静强度计算与疲劳强度计算方法基本相同，但需注意以下几点：

1）轮齿的静强度计算一般为在疲劳强度计算基础上的校核计算。

2）在计算工作应力时，载荷系数中不考虑使用系数 K_A；对于起动阶段或低速工作的齿轮不考虑动载系数 K_v，即 $K_A=K_v=1$。

3）疲劳强度计算式中的转矩 T_1 应代以过载时的最大转矩 T_{1max}。

4）对于齿轮在设计寿命期间受到非经常性的（总次数 $N<10^2$）大的瞬时过载，只校核轮齿材料的抗屈服能力。

考虑上述几点，由前面的齿面接触疲劳强度的校核式和齿根弯曲疲劳强度的校核式可得齿面静强度的校核式

$$\sigma_{Hmax} \approx \sigma_H \sqrt{\frac{T_{1max}}{T_1} \frac{1}{K_A K_v}} \leqslant [\sigma_H]_{max} \tag{8-12}$$

式中　σ_{Hmax}——过载时齿面最大接触应力（MPa）；

$[\sigma_H]_{max}$——静强度许用接触应力（MPa）。

齿根弯曲静强度的校核式

$$\sigma_{Fmax} \approx \sigma_F \frac{T_{1max}}{T_1} \frac{1}{K_A K_v} \leqslant [\sigma_F]_{max} \tag{8-13}$$

式中　σ_{Fmax}——过载时齿根最大弯曲应力（MPa）；

$[\sigma_F]_{max}$——静强度许用弯曲应力（MPa）。

四、齿轮传动主要参数和齿轮精度的选择

在齿轮传动设计中，齿宽系数、齿轮齿数和齿轮精度等级选择得如何，将直接影响到齿轮传动的外廓尺寸及传动质量。

1. 齿宽系数$\psi_d(b/d_1)$

由齿轮的强度计算公式可知，在保证具有一定强度的前提下，增大齿宽系数 ψ_d 可减小齿轮直径，使传动外廓尺寸减小，圆周速度降低。但由于制造误差、安装误差及受力时的弹性变形等原因，载荷沿齿向分布不均现象随齿宽的增大而加剧，从而导致齿轮的承载能力降低。因此，齿宽系数 ψ_d 的选择要适当。

表 8-8　齿宽系数 ψ_d

齿面硬度 齿轮相对于轴承的位置	软 齿 面	硬 齿 面
对称布置	0.8~1.4	0.4~0.9
非对称布置	0.6~1.2	0.3~0.6
悬臂布置	0.3~0.4	0.2~0.25

对于一般用途的齿轮，可按表 8-8 选取 ψ_d。直齿轮取较小值，斜齿轮取较大值；载荷平稳、支承刚度大时取较大值，否则取较小值。

对于多级齿轮传动，由于从高速级到低速级转矩是逐渐增大的，为使各级传动尺寸趋于协调，故一般低速级的齿宽系数适当取大些。

根据 d_1 和 ψ_d 可计算出齿轮的工作齿宽 $b=\psi_d d_1$，并圆整。对于圆柱齿轮，考虑到装配时的安装误差，为保证齿轮传动有足够的实际啮合宽度，通常，取大齿轮的齿宽 b_2 等于圆整后的齿宽 b，取小齿轮的齿宽 b_1 比 b_2 大 5~10mm，即

$$b_2=b(=\psi_d d_1)\quad(\text{圆整}),\quad b_1=b_2+(5\sim10)\ \text{mm}$$

2. 齿数 z

齿轮齿数越多，齿轮传动的重合度越大，传动的平稳性越好；中心距 a 一定时，齿数多，则模数小，齿顶圆直径小，降低齿高，可节省材料、减轻重量；模数小则齿槽小，可减少切削加工量，降低成本；此外，降低齿高还可减小齿面的滑动速度，减小磨损及胶合的危险性；但模数过小，轮齿弯曲强度可能不足。

对于闭式软齿面齿轮传动，由于其承载能力主要取决于齿面接触疲劳强度，即使模数小

一些，往往也具有足够的齿根弯曲疲劳强度，故宜选取较多的齿数，通常取 $z_1=20\sim40$。

对于硬齿面或开式齿轮传动，由于其承载能力主要取决于轮齿的抗弯强度，需要有较大的模数，故应适当取较小的齿数，一般可取 $z_1=17\sim20$。对于开式齿轮传动，载荷平稳、不重要的或手动机械中，甚至可取 $z_1=13\sim14$（有轻微切齿干涉）。

对于高速齿轮传动，不论闭式还是开式，是软齿面还是硬齿面，为保证传动的平稳性，均取 $z_1\geqslant25$。

大齿轮齿数 $z_2=iz_1$。对于载荷平稳的齿轮传动，为利于磨合，两齿轮齿数 z_1 和 z_2 取为简单的整数比；对于载荷不稳定的齿轮传动，两齿轮齿数 z_1 和 z_2 应互为质数，以防止轮齿失效集中发生在几个齿上。齿数圆整或调整后，一般允许传动比 i 有不超过±(3%~5%）的误差。

3. 中心距 a

根据强度计算求得的 d_1 计算出中心距 a 后，如不为整数，应通过调整齿数或模数，将中心距（单位为 mm）调整为整数，最好是以 0 或 5 结尾的整数。大批量生产时，中心距按有关的推荐值选用；单件或小批量生产时不受推荐值限制。a 数值不得小于满足齿面接触疲劳强度所需的中心距值，否则齿面接触承载能力可能不足。

4. 齿轮精度

国家标准（GB/T 10095.1—2008）对渐开线圆柱齿轮规定了 13 个精度等级，其中 0 级为最高，12 级为最低，常用的是 5~9 级精度。齿轮精度等级应根据传动的用途、使用条件、传动功率、运动精度和圆周速度等确定。一般，在传递功率大、圆周速度高、要求传动平稳、噪声低等场合，应选用较高的精度等级；反之，为降低制造成本，选用低些的精度等级。表 8-9 给出了常用 5~9 级精度齿轮的允许最大圆周速度，可供选择时参考。

表 8-9 动力齿轮传动的最大圆周速度 （单位：m/s）

精度等级	圆柱齿轮传动		锥齿轮传动	
	直齿	斜齿	直齿	斜齿
5 级及其以上	≥15	≥30	≥12	≥20
6 级	>10~15	>15~30	<12	<20
7 级	>6~10	>8~15	<8	<10
8 级	<6	<8	<4	<7
9 级	用于没有传动精度要求的手动齿轮		<1.5	<3

注：锥齿轮传动的圆周速度按平均直径计算。

第六节 齿轮的许用应力

一、疲劳强度许用接触应力 $[\sigma_H]$

对于普通用途的齿轮，其许用接触应力计算式为

$$[\sigma_H]=\frac{Z_N\sigma_{Hlim}}{S_H} \tag{8-14}$$

式中 σ_{Hlim}——试验齿轮的齿面接触疲劳极限（MPa）；

Z_N——齿面接触疲劳强度计算的寿命系数；

S_H——齿面接触疲劳强度计算的安全系数。

（1）试验齿轮的接触疲劳极限 σ_{Hlim}　它是指某种材料的齿轮，在特定试验条件下经长期持续的载荷作用，齿面不出现疲劳点蚀的极限应力。

图 8-19~图 8-22 给出了失效概率为1%的各种材料齿轮的接触疲劳极限 σ_{Hlim}。图中 ML、MQ、ME 分别表示当齿轮材料和热处理质量达到最低、中等、很高要求时的疲劳极限取值线。若齿面硬度超出图中推荐的范围，可按外插法取相应的极限应力值。

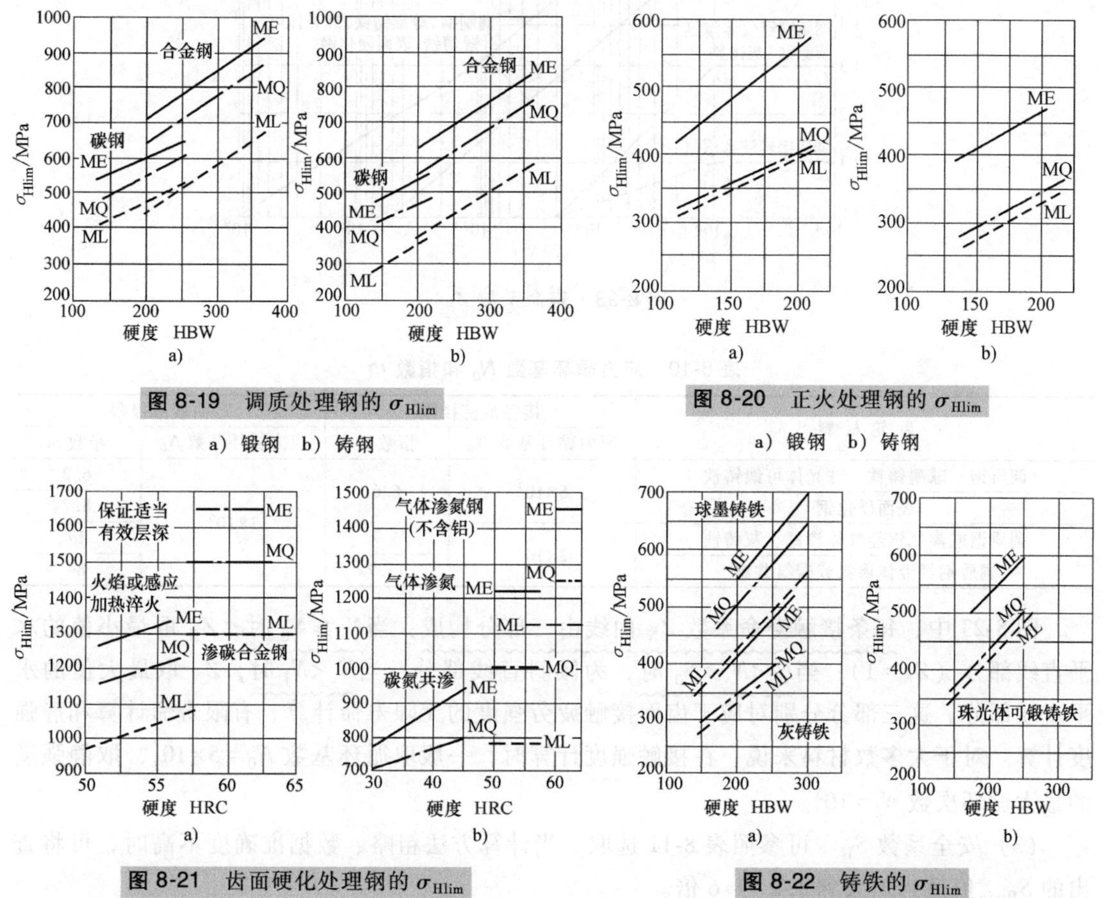

图 8-19　调质处理钢的 σ_{Hlim}

a）锻钢　b）铸钢

图 8-20　正火处理钢的 σ_{Hlim}

a）锻钢　b）铸钢

图 8-21　齿面硬化处理钢的 σ_{Hlim}

a）渗碳和表面硬化钢　b）渗氮和碳氮共渗钢

图 8-22　铸铁的 σ_{Hlim}

a）球墨铸铁、灰铸铁　b）珠光体可锻铸铁

（2）寿命系数 Z_{N}　它是考虑当齿轮只要求有限寿命时，其许用应力可提高的系数，可由图 8-23 查得。

图 8-23 中横坐标应力循环次数 N 或当量循环次数 N_{v} 的计算有两种情况：

$$\left.\begin{aligned}&\text{载荷稳定时} && N=60\gamma n t_{\mathrm{h}}\\ &\text{载荷不稳定时} && N=N_{\mathrm{v}}=60\gamma\sum_{i=1}^{k}n_i t_{\mathrm{h}i}\left(\frac{T_i}{T_{\max}}\right)^{m}\end{aligned}\right\}\tag{8-15}$$

式中　γ——齿轮每转一周同一侧齿面的啮合次数；

n——齿轮转速（r/min）；

t_{h}——齿轮的设计寿命（h）；

$T_{\max}$——较长期作用的最大转矩；

T_i、n_i、t_{hi}——第 i 个循环的转矩、转速和工作小时数；

m——指数，查表 8-10。

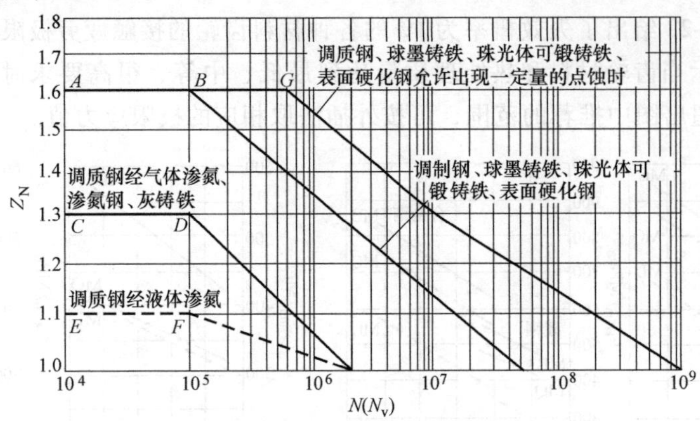

图 8-23 寿命系数 Z_N

表 8-10 应力循环基数 N_0 和指数 m

齿轮材料	接触疲劳极限		弯曲疲劳极限	
	应力循环基数 N_0	指数 m	应力循环基数 N_0	指数 m
调质钢、球墨铸铁、珠光体可锻铸铁	5×10^7	6.6	3×10^6	6.2
表面硬化钢				8.7
调质钢或渗氮钢经气体渗氮、灰铸铁	2×10^6	5.7		17
调质钢经液体渗氮或碳氮共渗		15.7		84

图 8-23 中，每条接触寿命系数 Z_N 曲线由三部分构成：当 $N_v \geqslant N_0$ 时，Z_N 取最小值的水平直线部分（$Z_N=1$）；当 $N_j<N_v<N_0$ 时，为倾斜直线部分；当 $N_v<N_j$ 时，Z_N 取最大值的水平直线部分。这三部分分别对应于齿面接触疲劳强度的无限寿命计算、有限寿命计算和静强度计算。对于大多数材料来说，在接触强度计算时，一般取循环基数 $N_0=5\times10^7$，取静强度的最大循环次数 $N_j=10^5$。

（3）安全系数 S_H 可参照表 8-11 选取。当计算方法粗略、数据准确度不高时，可将查出的 S_{Hmin} 值适当增大到 1.2~1.6 倍。

表 8-11 最小安全系数 S_{Hmin} 和 S_{Fmin}

使用要求	失效概率	S_{Hmin}	S_{Fmin}	说明
高可靠度	≤1/10000	1.5~1.6	2	1）一般齿轮传动不推荐采用低可靠度设计 2）当取 $S_{Hmin}=0.85$ 时，齿面可能在点蚀前先出现塑性变形
较高可靠度	≤1/1000	1.25~1.3	1.6	
一般可靠度	≤1/100	1.0~1.1	1.25	
低可靠度	≤1/10	0.85	1	

二、疲劳强度许用弯曲应力

对于普通用途的齿轮，其许用弯曲应力计算式为

$$[\sigma_F]=\frac{2\sigma_{Flim}Y_N Y_x}{S_F} \tag{8-16}$$

式中 σ_{Flim}——试验齿轮的齿根弯曲疲劳极限（MPa）；

Y_N——齿根弯曲疲劳强度计算的寿命系数；

Y_x——尺寸系数；

S_F——齿根弯曲疲劳安全系数。

（1）齿根弯曲疲劳安全系数 S_F 可按表 8-11 查取。当计算方法粗略、数据准确性不高时，可将查出的 S_{Fmin} 值适当增大到 1.3～3 倍。

（2）试验齿轮的齿根弯曲疲劳极限 σ_{Flim} 它是指某种材料的齿轮，在特定试验条件下经长期持续的脉动载荷作用，齿根保持不破坏的极限应力。

图 8-24～图 8-27 给出了齿轮轮齿单向弯曲时，失效概率为 1%的各种材料齿轮的齿根弯曲疲劳极限 σ_{Flim}。

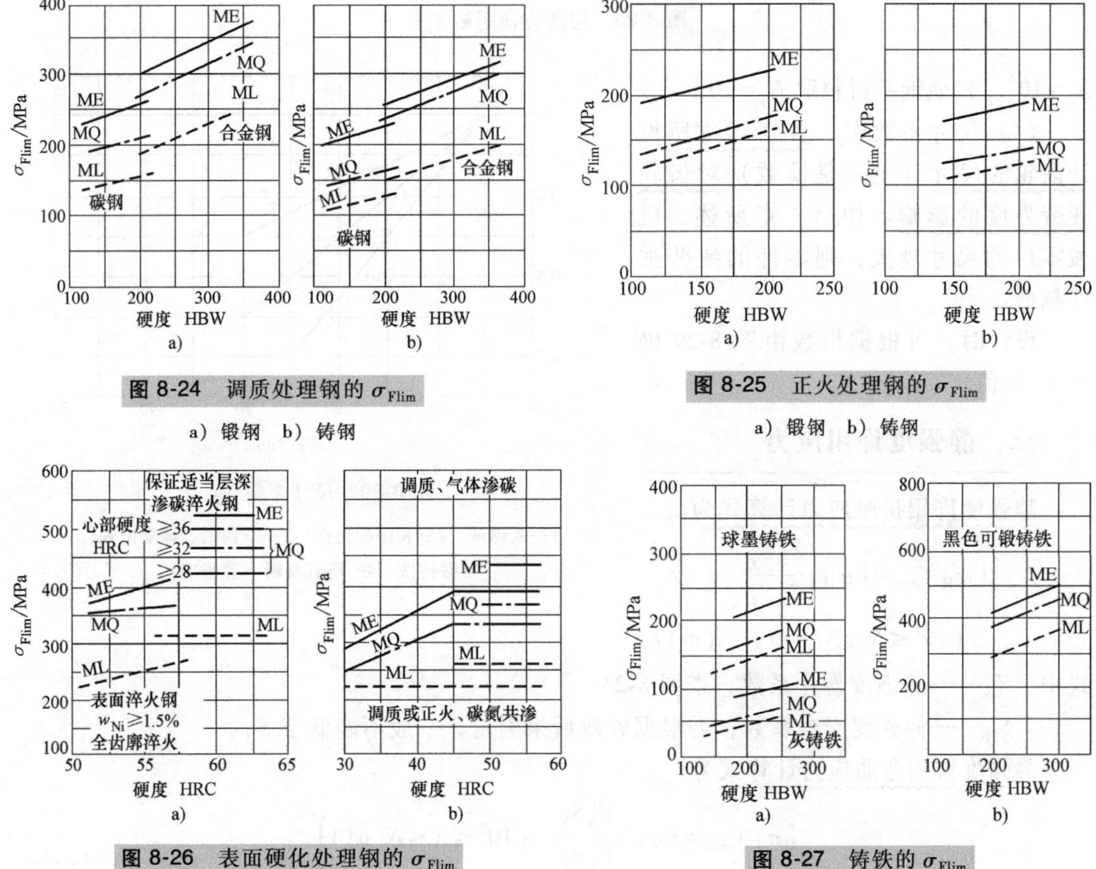

图 8-24 调质处理钢的 σ_{Flim}

a）锻钢 b）铸钢

图 8-25 正火处理钢的 σ_{Flim}

a）锻钢 b）铸钢

图 8-26 表面硬化处理钢的 σ_{Flim}

a）渗碳和表面硬化钢 b）渗氮和碳氮共渗钢

图 8-27 铸铁的 σ_{Flim}

a）球墨铸铁和灰铸铁 b）珠光体可锻铸铁

注意：当齿轮轮齿双向弯曲（如行星轮、惰轮等）时，齿根弯曲应力为对称循环应力，应将图中 σ_{Flim} 的数据乘以 0.7。

（3）寿命系数 Y_N 这是考虑齿轮要求按有限寿命设计的，其许用弯曲应力可以提高的系数，可由图 8-28 查取。图 8-28 中横坐标应力循环次数 N 或当量循环次数 N_v 仍按式（8-15）计算。

在计算齿根弯曲疲劳强度时，通常取循环基数 $N_0=3\times10^6$，而静强度的最大循环基数 N_j 则按不同材料分为两类：对于调质钢、珠光体或贝氏体球墨铸铁以及珠光体可锻铸铁，取

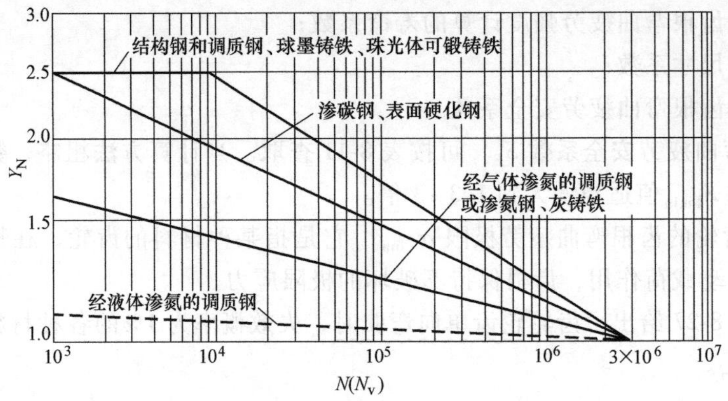

图 8-28　弯曲寿命系数 Y_N

$N_j=10^4$，其他钢铁材料取 $N_j=10^3$。

（4）尺寸系数 Y_x　用于考虑所设计齿轮的尺寸（主要是模数）对齿轮疲劳强度的影响。如第二章所述，机械零件的尺寸越大，则零件的疲劳强度越低。

设计时，可根据模数由图 8-29 确定 Y_x 的值。

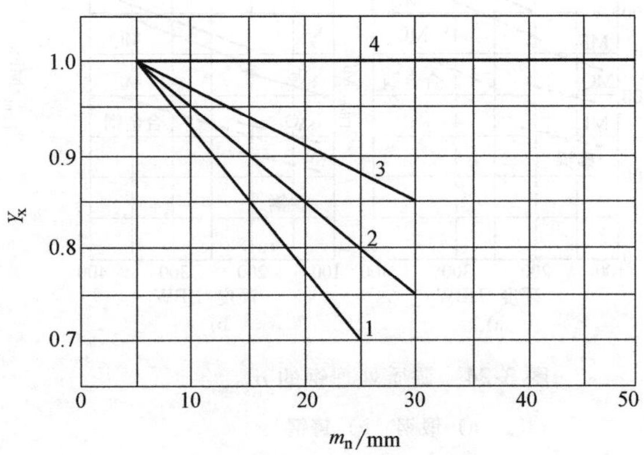

图 8-29　尺寸系数 Y_x

1—灰铸铁　2—表面硬化钢　3—结构钢、球墨铸铁、可锻铸铁　4—所有材料（静强度）

三、静强度许用应力

静强度许用接触应力计算式为

$$[\sigma_H]_{max}=[\sigma_H]\frac{Z'_N S_H}{Z_N S'_H}\quad (10^2\leqslant N\leqslant N_j \text{ 时})\qquad (8\text{-}17)$$

式中　Z'_N——静强度寿命系数，查图 8-23；

S'_H——静强度安全系数，需根据失效后果确定，一般不能低于 S_H。

静强度许用弯曲应力计算式为

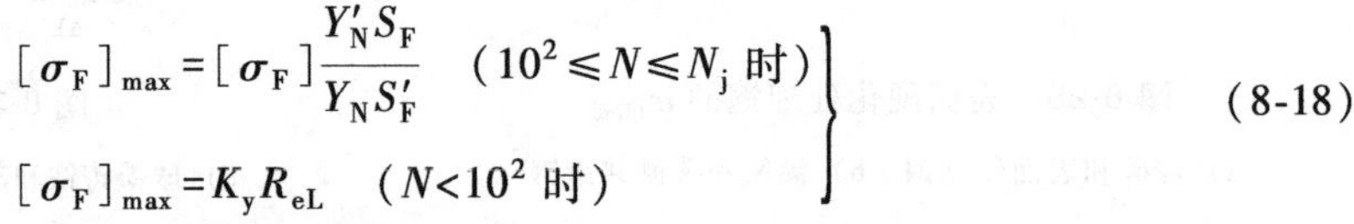

$$\left.\begin{aligned}&[\sigma_F]_{max}=[\sigma_F]\frac{Y'_N S_F}{Y_N S'_F}\quad (10^2\leqslant N\leqslant N_j \text{ 时})\\&[\sigma_F]_{max}=K_y R_{eL}\quad (N<10^2 \text{ 时})\end{aligned}\right\}\qquad (8\text{-}18)$$

式中　Y'_N——静强度寿命系数，查图 8-28；

S'_F——静强度安全系数，参照表 8-11 选取；

K_y——屈服强度系数，一般工业齿轮取 $K_y=0.75$，重要齿轮取 $K_y=0.5$；

R_{eL}——材料屈服强度，查表 8-1。

例 8-2　设计某二级直齿圆柱齿轮减速器低速级齿轮传动。动力机为电动机，单向传动，载荷平稳。已知：低速级传递功率 $P=32\text{kW}$，传动比 $i=4$，小轮轮速 $n_1=300\text{r/min}$，单班工作，预期寿命为 10 年（每年按 250 天计）。

解

计算与说明	主要结果
1. 选择齿轮材料并确定初步参数	
(1) 选择齿轮材料及其热处理　由表 8-1 选取	
小齿轮：40Cr，调质处理，齿面硬度为 260HBW	小齿轮 40Cr 调质
大齿轮：45 钢，调质处理，齿面硬度为 230HBW	大齿轮 45 钢调质
(2) 初选齿数　取小齿轮齿数 $z_1=30$，则大齿轮齿数　$z_2=iz=4\times30=120$	$z_1=30$，$z_2=120$
(3) 选择齿宽系数 ψ_d 和精度等级　初估小齿轮直径 $d_{1估}=120\text{mm}$	$d_{1估}=120\text{mm}$
参照表 8-8 取齿宽系数 $\psi_d=1$，则 $b_{估}=\psi_d d_{1估}=1\times120\text{mm}=120\text{mm}$	$\psi_d=1$，$b_{估}=120\text{mm}$
齿轮圆周速度　$v_{估}=\dfrac{\pi d_1 n_1}{60\times1000}=\dfrac{\pi\times120\times300}{60\times1000}\text{m/s}=1.88\text{m/s}$	
参照表 8-9，齿轮精度选为 8 级	齿轮精度为 8 级
(4) 计算两齿轮应力循环次数 N	
小齿轮　$N_1=60\gamma n_1 t_h=60\times1\times300\times(10\times250\times8)=3.6\times10^8$	
大齿轮　$N_2=\dfrac{N_1}{i}=\dfrac{3.6\times10^8}{4}=9\times10^7$	
(5) 寿命系数 Z_N　由图 8-23 得　$Z_{N1}=1$，$Z_{N2}=1$（不允许出现点蚀）	
(6) 接触疲劳极限 σ_{Hlim}　由图 8-19a，查 MQ 线得 $\sigma_{Hlim1}=720\text{MPa}$，$\sigma_{Hlim2}=580\text{MPa}$	
(7) 安全系数 S_H　参照表 8-11，取 $S_H=1$	
(8) 许用接触应力$[\sigma_H]$　根据式(8-14)得	
$[\sigma_{H1}]=\dfrac{\sigma_{Hlim1}Z_{N1}}{S_H}=\dfrac{720\times1}{1}\text{MPa}=720\text{MPa}$	$[\sigma_{H1}]=720\text{MPa}$
$[\sigma_{H2}]=\dfrac{\sigma_{Hlim2}Z_{N2}}{S_H}=\dfrac{580\times1}{1}\text{MPa}=580\text{MPa}$	$[\sigma_{H2}]=580\text{MPa}$
2. 按齿面接触疲劳强度设计齿轮的主要参数	
(1) 确定各相关的参数值	
1) 计算小齿轮转矩 T_1	
$T_1=9.55\times10^6\dfrac{P}{n_1}=9.55\times10^6\times\dfrac{32}{300}\text{N}\cdot\text{mm}=1.02\times10^6\text{N}\cdot\text{mm}$	$T_1=1.02\times10^6\text{N}\cdot\text{mm}$
2) 确定载荷系数 K	
使用系数 K_A　按电动机驱动，载荷平稳，查表 8-4 取 $K_A=1$	
动载系数 K_v　按 8 级精度和速度，查图 8-11，取 $K_v=1.12$	
齿间载荷分配系数 K_α	
$\dfrac{K_A F_t}{b}=\dfrac{2K_A T_1}{bd_1}=\dfrac{2\times1\times1.02\times10^6}{120\times120}\text{N/mm}=141.7\text{N/mm}>100\text{N/mm}$	
由表 8-5，取 $K_\alpha=1.1$	
齿向载荷分布系数 K_β　由图 8-14a，取 $K_\beta=1.09$	
载荷系数　$K=K_A K_v K_\alpha K_\beta=1\times1.12\times1.1\times1.09=1.34$	$K=1.34$
3) 确定弹性系数 Z_E。由表 8-6 得　$Z_E=190\sqrt{\text{MPa}}$	$Z_E=190\sqrt{\text{MPa}}$
4) 确定节点区域系数 Z_H。由图 8-16 得　$Z_H=2.5$	$Z_H=2.5$
5) 确定重合度系数 Z_ε。由式（8-8），重合度	
$\varepsilon=1.88-3.2\left(\dfrac{1}{z_1}+\dfrac{1}{z_2}\right)=1.88-3.2\left(\dfrac{1}{30}+\dfrac{1}{120}\right)=1.75$	
由式（8-7），重合度系数	
$Z_\varepsilon=\sqrt{\dfrac{4-\varepsilon}{3}}=\sqrt{\dfrac{4-1.75}{3}}=0.866$	$Z_\varepsilon=0.866$
(2) 求所需小齿轮直径 d_1　由式（8-6）得	
$d_1\geqslant\sqrt[3]{\dfrac{2KT_1}{\psi_d}\cdot\dfrac{u\pm1}{u}\left(\dfrac{Z_H Z_E Z_\varepsilon}{[\sigma_H]}\right)^2}$	
$=\sqrt[3]{\dfrac{2\times1.34\times1.02\times10^6}{1}\times\dfrac{4+1}{4}\times\left(\dfrac{190\times2.5\times0.866}{580}\right)^2}\text{mm}=119.8\text{mm}$	$d_1\geqslant119.8\text{mm}$

(续)

计算与说明	主要结果
与初估 d_1 基本相符（若与初估值相差较大，则应重新初估小齿轮直径）	
(3) 确定中心距 a、模数 m 等主要几何参数	
1) 模数 m	
$$m=\frac{d_1}{z_1}=\frac{119.8}{30}\text{mm}=3.99\text{mm}$$	$m=4\text{mm}$
由表 8-7 取标准模数 $m=4\text{mm}$	
2) 中心距 a	
$$a=\frac{m(z_1+z_2)}{2}=\frac{4\times(30+120)}{2}\text{mm}=300\text{mm}$$	$a=300\text{mm}$
（注意：若计算出的中心距不是整数，需调整 m、z_1、z_2 使 a 为整数，最好是以 0 或 5 结尾的整数）	
3) 分度圆直径 d_1、d_2	
$$d_1=mz_1=4\times30\text{mm}=120\text{mm}$$	$d_1=120\text{mm}$
$$d_2=mz_2=4\times120\text{mm}=480\text{mm}$$	$d_2=480\text{mm}$
4) 确定齿宽 b　　$b=\psi_d d_1=1\times120\text{mm}=120\text{mm}$	
大齿轮齿宽　　$b_2=b=120\text{mm}$	$b_2=120\text{mm}$
小齿轮齿宽　　$b_1=125\text{mm}$	$b_1=125\text{mm}$
3. 校核齿根弯曲疲劳强度	
(1) 计算许用弯曲应力	
1) 寿命系数 Y_{N1}。由图 8-28 取 $Y_{N1}=Y_{N2}=1$	
2) 极限应力 σ_{Flim}。由图 8-24a 取 $\sigma_{Flim1}=300\text{MPa}$，$\sigma_{Flim2}=220\text{MPa}$	
3) 尺寸系数 Y_x。由图 8-29，取 $Y_{x1}=Y_{x2}=1$	
4) 安全系数 S_F。参照表 8-11，取 $S_F=1.6$	
5) 许用弯曲应力 $[\sigma_F]$。由式(8-16)得	
$$[\sigma_{F1}]=\frac{2\sigma_{Flim1}Y_{N1}Y_{x1}}{S_F}=\frac{2\times300\times1\times1}{1.6}\text{MPa}=375\text{MPa}$$	$[\sigma_{F1}]=375\text{MPa}$
$$[\sigma_{F2}]=\frac{2\sigma_{Flim2}Y_{N2}Y_{x2}}{S_F}=\frac{2\times220\times1\times1}{1.6}\text{MPa}=275\text{MPa}$$	$[\sigma_{F2}]=275\text{MPa}$
(2) 计算齿根弯曲应力	
1) 复合齿形系数 Y_{Fs}。由图 8-18，取 $Y_{Fs1}=4.12$，$Y_{Fs2}=3.95$	
2) 重合度系数 Y_ε。由式 (8-11) 得	
$$Y_\varepsilon=0.25+\frac{0.75}{\varepsilon}=0.25+\frac{0.75}{1.75}=0.68$$	
3) 齿根弯曲应力。由式 (8-9) 得	
$$\sigma_{F1}=\frac{2KT_1Y_{Fs1}Y_\varepsilon}{bd_1m}=\frac{2\times1.34\times1.02\times10^6\times4.12\times0.68}{120\times120\times4}\text{MPa}$$	
$$=133\text{MPa}<[\sigma_{F1}]=375\text{MPa}$$	$\sigma_{F1}=133\text{MPa}$
$$\sigma_{F2}=\sigma_{F1}\frac{Y_{Fs2}}{Y_{Fs1}}=133\times\frac{3.95}{4.12}\text{MPa}=127.5\text{MPa}<[\sigma_{F2}]=275\text{MPa}$$	$\sigma_{F2}=127.5\text{MPa}$
结论：齿根弯曲疲劳强度足够	

第七节　斜齿圆柱齿轮传动的强度计算

由于斜齿圆柱齿轮传动的轮齿接触线是倾斜的，重合度大，同时啮合的轮齿多，故具有传动平稳、噪声小、承载能力较高的特点，常用于速度较高、载荷较大的传动中。

斜齿圆柱齿轮传动的强度计算与直齿圆柱齿轮传动基本相同，但稍有区别。主要区别如下：斜齿圆柱齿轮轮齿的接触线是倾斜的，引入螺旋角系数 Z_β、Y_β 考虑接触线倾斜对齿轮强度的影响；接触线总长度不仅受端面重合度 ε_α 的影响，还受纵向重合度 ε_β 的影响，因此，重合度系数 Z_ε 的计算与直齿圆柱齿轮有所不同。除此之外，公式的形式和式中各参数的确定方法与直齿轮基本相同。这里对公式不做推导，如有兴趣，可查阅有关资料。

一、齿面接触疲劳强度计算

校核式
$$\sigma_H = Z_H Z_E Z_\varepsilon Z_\beta \sqrt{\frac{2KT_1}{bd_1^2}\frac{u\pm1}{u}} \leqslant [\sigma_H] \tag{8-19}$$

设计式
$$d_1 \geqslant \sqrt[3]{\frac{2KT_1}{\psi_d}\frac{u\pm1}{u}\left(\frac{Z_H Z_E Z_\varepsilon Z_\beta}{[\sigma_H]}\right)^2} \tag{8-20}$$

式中 Z_β——螺旋角系数，按下式计算：

$$Z_\beta = \sqrt{\cos\beta} \tag{8-21}$$

Z_ε——重合度系数，按下式计算：

$$\varepsilon_\beta < 1,\quad Z_\varepsilon = \sqrt{\frac{4-\varepsilon_\alpha}{3}(1-\varepsilon_\beta)+\frac{\varepsilon_\beta}{\varepsilon_\alpha}} \tag{8-22}$$

$$\varepsilon_\beta \geqslant 1,\quad Z_\varepsilon = \sqrt{\frac{1}{\varepsilon_\alpha}} \tag{8-23}$$

对于标准和未修缘的斜齿轮传动，重合度可按下式近似计算：

$$\left.\begin{aligned} &\text{端面重合度} \quad \varepsilon_\alpha = \left[1.88-3.2\left(\frac{1}{z_1}\pm\frac{1}{z_2}\right)\right]\cos\beta \\ &\text{纵向重合度} \quad \varepsilon_\beta = \frac{b\sin\beta}{\pi m_n} = \frac{\psi_d z_1}{\pi}\tan\beta \end{aligned}\right\} \tag{8-24}$$

其他参数的意义和确定方法以及计算中应注意的问题，与直齿圆柱齿轮传动相同。

按式（8-20）求出小齿轮直径 d_1 后，可根据选定的齿数 z_1、z_2 和初选的螺旋角 β，按下列公式依次计算确定中心距 a、模数 m_n 和螺旋角 β：

$$a = \frac{d_1(u+1)}{2},\quad m_n = \frac{2a\cos\beta}{z_1+z_2},\quad \beta = \arccos\frac{m_n(z_1+z_2)}{2a}$$

需注意：中心距应圆整（最好为以 0 或 5 结尾的整数），模数应取为标准值（表 8-7），螺旋角的计算应精确到“秒”。

二、齿根弯曲疲劳强度计算

斜齿圆柱齿轮传动的齿根弯曲疲劳强度是按其当量齿轮分析的。因此，强度计算公式中的模数为法向模数 m_n，各相关系数也都按其当量齿轮的参数确定。

校核式
$$\sigma_F = \frac{2KT_1 Y_{Fs} Y_\varepsilon Y_\beta}{bd_1 m_n} \leqslant [\sigma_F] \tag{8-25}$$

将 $b=\psi_d d_1$ 和 $d_1 = \dfrac{m_n z_1}{\cos\beta}$ 代入式（8-25），可得

设计式 $$m_n \geqslant \sqrt[3]{\frac{2KT_1\cos^2\beta}{\psi_d z_1^2[\sigma_F]}Y_{Fs}Y_\varepsilon Y_\beta} \tag{8-26}$$

式中 m_n——法向模数；

Y_{Fs}——复合齿形系数，应根据当量齿数 $z_v=\frac{z}{\cos^3\beta}$ 和变位系数 x 查图 8-18；

Y_β——螺旋角系数，查图 8-30；

Y_ε——重合度系数，按下式计算：

$$Y_\varepsilon=0.25+\frac{0.75}{\varepsilon_{\alpha n}} \tag{8-27}$$

$$\varepsilon_{\alpha n}=\frac{\varepsilon_\alpha}{\cos^2\beta_b} \tag{8-28}$$

式中 $\varepsilon_{\alpha n}$——当量齿轮的端面重合度；

β_b——基圆螺旋角，$\beta_b=\arctan(\tan\beta\mathrm{con}\alpha_t)$，其中 $\alpha_t=\arctan\frac{\tan\alpha_n}{\cos\beta}$。

式中其他参数的意义和确定方法以及计算中应注意的问题，与直齿圆柱齿轮相同。

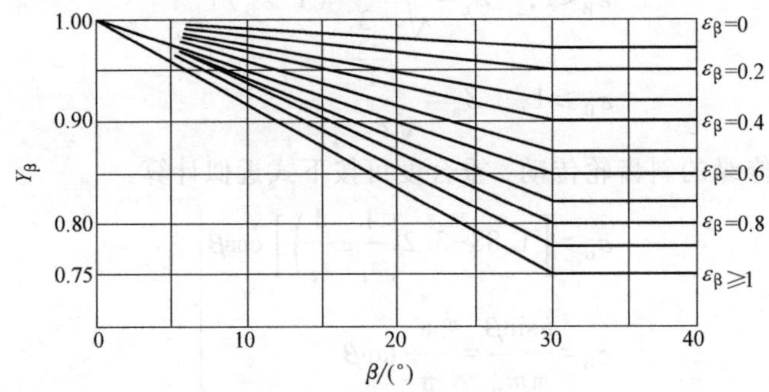

图 8-30 螺旋角系数 Y_β

例 8-3 若例 8-2 中的条件不变，改用斜齿圆柱齿轮传动，试重新设计此传动。

解

计算与说明	主要结果
1. 选择齿轮材料并确定初步参数	
(1) 选择齿轮材料及其热处理 由表 8-1 选取	
小齿轮：40Cr，调质处理，齿面硬度为 260HBW	小齿轮：40Cr 调质
大齿轮：45 钢，调质处理，齿面硬度为 230HBW	大齿轮：45 钢调质
(2) 初选齿数 取小齿轮齿数 $z_1=28$，则大齿轮齿数 $z_2=iz=4\times28=112$	$z_1=28$，$z_2=112$
(3) 选择齿宽系数 ψ_d 和传动精度等级	
初估小齿轮直径 $d_{1估}=110\text{mm}$，初选螺旋角 $\beta=15°$	$d_{1估}=110\text{mm}$，初选 $\beta=15°$
照表 8-8 取齿宽系数 $\psi_d=1$，则 $b_估=\psi_d d_{1估}=1\times110\text{mm}=110\text{mm}$	$\psi_d=1$，$b_估=110\text{mm}$
齿轮圆周速度 $v_估=\frac{\pi d_1 n_1}{60\times1000}=\frac{\pi\times110\times300}{60\times1000}\text{m/s}=1.73\text{m/s}$	
参照表 8-9，齿轮精度选为 8 级	齿轮精度为 8 级
(4) 计算许用接触应力	
1) 计算两齿轮应力循环次数 N_1、N_2。同例 8-2，小齿轮 $N_1=3.6\times10^8$，大齿轮 $N_2=9\times10^7$	
2) 寿命系数 Z_N。同例 8-2，$Z_{N1}=1$，$Z_{N2}=1$	

（续）

计算与说明	主要结果
3）接触疲劳极限 σ_{Hlim}。同例 8-2，$\sigma_{Hlim1}=720MPa$，$\sigma_{Hlim2}=580MPa$	
4）安全系数 S_H。同例 8-2，$S_H=1$	
5）许用接触应力 $[\sigma_H]$。同例 8-2，$[\sigma_{H1}]=720MPa$，$[\sigma_{H2}]=580MPa$	$[\sigma_{H1}]=720MPa$，$[\sigma_{H2}]=580MPa$
2. 按齿面接触疲劳强度设计齿轮的主要参数	
（1）确定各相关的参数值	
1）计算小齿轮转矩 T_1。同例 8-2，$T_1=1.02\times10^6N\cdot mm$	$T_1=1.02\times10^6N\cdot mm$
2）确定载荷系数 K	
使用系数 K_A　同例 8-2，$K_A=1$	
动载系数 K_V　按 8 级精度和速度，查图 8-11，取 $K_V=1.11$	
齿间载荷分配系数 K_α	
$$\frac{K_A F_t}{b}=\frac{2K_A T_1}{bd_1}=\frac{2\times1\times1.02\times10^6}{110\times110}N/mm=168.6N/mm>100N/mm$$	
由表 8-5，取 $K_\alpha=1.2$	
齿向载荷分布系数 K_β　由图 8-14a，取 $K_\beta=1.08$	
载荷系数　$K=K_AK_vK_\alpha K_\beta=1\times1.11\times1.2\times1.08=1.44$	$K=1.44$
3）确定弹性系数 Z_E。由表 8-7 得　$Z_E=190\sqrt{MPa}$	$Z_E=190\sqrt{MPa}$
4）确定节点区域系数 Z_H。由图 8-16 得　$Z_H=2.43$	$Z_H=2.43$
5）确定重合度系数 Z_ε。由式（8-24）计算得	
端面重合度　$\varepsilon_\alpha=\left[1.88-3.2\left(\frac{1}{z_1}+\frac{1}{z_2}\right)\right]\cos\beta$ $=\left[1.88-3.2\times\left(\frac{1}{28}+\frac{1}{112}\right)\right]\times\cos15°=1.68$	
纵向重合度　$\varepsilon_\beta=\frac{\psi_d z_1}{\pi}\tan\beta=\frac{1\times28}{\pi}\times\tan15°=2.39$	
重合度系数　因 $\varepsilon_\beta>1$，由式（8-23）得　$Z_\varepsilon=\sqrt{\frac{1}{\varepsilon_\alpha}}=\sqrt{\frac{1}{1.68}}=0.77$	$Z_\varepsilon=0.77$
6）确定螺旋角系数。由式（8-21）得　$Z_\beta=\sqrt{\cos\beta}=\sqrt{\cos15°}=0.98$	$Z_\beta=0.98$
（2）求所需小齿轮直径 d_1　由式（8-20）得	
$$d_1\geqslant\sqrt[3]{\frac{2KT_1}{\psi_d}\frac{u+1}{u}\left(\frac{Z_HZ_EZ_\varepsilon Z_\beta}{[\sigma_H]}\right)^2}$$ $$=\sqrt[3]{\frac{2\times1.44\times1.02\times10^6}{1}\times\frac{4+1}{4}\times\left(\frac{2.43\times190\times0.77\times0.98}{580}\right)^2}mm$$ $=109.8mm$	$d_1\geqslant109.8mm$
与初估大小基本相符	
（3）确定模数 m_n、中心距 a 等主要几何参数	
1）模数 m_n	
$$m_n=\frac{d_1\cos\beta}{z_1}=\frac{109.8\times\cos15°}{28}mm=3.79mm$$	$m_n=4mm$
由表 8-7 取标准模数 $m_n=4mm$	
2）中心距 a	
$$a=\frac{m_n(z_1+z_2)}{2\cos\beta}=\frac{4\times(28+112)}{2\times\cos15°}mm=289.88mm$$	$a=290mm$
圆整中心距，取 $a=290mm$	
3）螺旋角 β	
$$\beta=\arccos\frac{m_n(z_1+z_2)}{2a}=\arccos\frac{4\times(28+112)}{2\times290}=15.0902°=15°5'24''$$	$\beta=15°5'24''$
4）分度圆直径 d_1、d_2	
$$d_1=\frac{m_nz_1}{\cos\beta}=\frac{4\times28}{\cos15.0902°}mm=116.000mm$$	$d_1=116.000mm$

（续）

计算与说明	主要结果
$d_2=\dfrac{m_n z_2}{\cos\beta}=\dfrac{4\times112}{\cos15.0902°}\text{mm}=464.000\text{mm}$	$d_2=464.000\text{mm}$
（注意：齿轮直径应精确到三位小数）	
5）确定齿宽 b。$b=\psi_d d_1=1\times116\text{mm}=116\text{mm}$	
大齿轮齿宽　$b_2=b=116\text{mm}$	$b_2=116\text{mm}$
小齿轮齿宽　$b_1=b_2+6=(116+6)\text{mm}=122\text{mm}$	$b_1=122\text{mm}$
3. 按齿根弯曲疲劳强度校核	
（1）计算许用弯曲应力　同例 8-2	
$[\sigma_{F1}]=375\text{MPa}$，$[\sigma_{F2}]=275\text{MPa}$	$[\sigma_{F1}]=375\text{MPa}$，$[\sigma_{F2}]=275\text{MPa}$
（2）计算齿根弯曲应力	
1）复合齿形系数 Y_{Fs}	
当量齿数　$z_{v1}=\dfrac{z_1}{\cos^3\beta}=\dfrac{28}{\cos^3 15.0902°}=31.1$，$z_{v2}=\dfrac{z_2}{\cos^3\beta}=\dfrac{112}{\cos^3 15.0902°}=124.4$	
由图 8-18 查得　$Y_{Fs1}=4.10$，$Y_{Fs2}=3.93$	$Y_{Fs1}=4.10$，$Y_{Fs2}=3.93$
2）重合度系数 Y_ε	
端面压力角　$\alpha_t=\arctan\dfrac{\tan\alpha_n}{\cos\beta}=\arctan\dfrac{\tan20°}{\cos15.0902°}=20.65°$	$\alpha_t=20.65°$
基圆螺旋角　$\beta_b=\arctan(\tan\beta\cos\alpha_t)=\arctan(\tan15.0902°\times\cos20.65°)=14.16°$	$\beta_b=14.16°$
当量齿轮端面重合度	
由式(8-28)　$\varepsilon_{\alpha n}=\dfrac{\varepsilon_\alpha}{\cos^2\beta_b}=\dfrac{1.7}{\cos^2 14.16°}=1.81$	
由式(8-27)　$Y_\varepsilon=0.25+\dfrac{0.75}{\varepsilon_{\alpha n}}=0.25+\dfrac{0.75}{1.81}=0.664$	$Y_\varepsilon=0.664$
3）螺旋角系数 Y_β。查图 8-30 得　$Y_\beta=0.87$	$Y_\beta=0.87$
4）齿根弯曲应力。由式(8-25)得	
$\sigma_{F1}=\dfrac{2KT_1Y_{Fs1}Y_\varepsilon Y_\beta}{bd_1m_n}=\dfrac{2\times1.44\times1.02\times10^6\times4.10\times0.664\times0.87}{116\times116\times4}\text{MPa}=129.3\text{MPa}<[\sigma_{F1}]=375\text{MPa}$	$\sigma_{F1}=129.3\text{MPa}$
$\sigma_{F2}=\sigma_{F1}\dfrac{Y_{Fs2}}{Y_{Fs1}}=129.3\times\dfrac{3.93}{4.10}\text{MPa}=123.9\text{MPa}<[\sigma_{F2}]=275\text{MPa}$	$\sigma_{F2}=123.9\text{MPa}$
结论：齿根弯曲疲劳强度足够	

比较例 8-2 和例 8-3 的计算结果可知：在工作条件完全相同的情况下，采用斜齿轮传动比直齿轮传动结构较为紧凑；换言之，传动的几何尺寸相同时，斜齿轮传动比直齿轮传动具有较大的承载能力。

例 8-4　某闭式二级斜齿圆柱齿轮减速器传递功率 $P=20\text{kW}$，电动机驱动，输入轴转速 $n=1470\text{r/min}$，双向传动，载荷有中等冲击，高速级传动比 $i=3.5$，要求结构紧凑，两班工作，预期寿命 10 年，每年按 250 天计算。试设计此高速级齿轮传动。

解

计算与说明	主要结果
1. 选择齿轮材料并确定初步参数	
（1）选择材料及其热处理　要求结构紧凑，采用硬齿面，由表 8-1 选齿轮材料	
小齿轮用 20Cr 渗碳淬火，齿面硬度为 60HRC	小齿轮：20Cr 渗碳淬火
大齿轮用 40Cr 表面淬火，齿面硬度为 54HRC	大齿轮：40Cr 表面淬火
（2）初选齿数　取小齿轮齿数 $z_1=20$，则大齿轮齿数 $z_2=iz=3.5\times20=70$	$z_1=20$，$z_2=70$

（续）

计算与说明	主要结果
（3）选择齿宽系数 ψ_d 和精度等级	
初估小齿轮直径　$d_{1估}=70\text{mm}$	$d_{1估}=70\text{mm}$
初选螺旋角　$\beta=15°$	初选 $\beta=15°$
参照表 8-8 取齿宽系数 $\psi_d=0.5$，则 $b_{估}=\psi_d d_{1估}=0.5\times70\text{mm}=35\text{mm}$	$\psi_d=0.5$，$b_{估}=35\text{mm}$
齿轮圆周速度　$v_{估}=\dfrac{\pi d_1 n_1}{60\times1000}=\dfrac{\pi\times70\times1470}{60\times1000}\text{m/s}=5.39\text{m/s}$	
参照表 8-9，齿轮精度选为 8 级	齿轮精度为 8 级
（4）计算许用弯曲应力	
1）计算两齿轮的应力循环次数 N_1、N_2	
小齿轮　$N_1=60\gamma n_1 t_h=60\times1\times1470\times(10\times250\times16)=3.5\times10^9$	
大齿轮　$N_2=\dfrac{N_1}{i}=\dfrac{3.5\times10^9}{3.5}=1\times10^9$	
2）寿命系数 Y_{N1}、Y_{N2}。由图 8-28 得　$Y_{N1}=1$，$Y_{N2}=1$	
3）尺寸系数 Y_{x1}、Y_{x2}。由图 8-29 得　$Y_{x1}=Y_{x2}=1$	
4）弯曲疲劳极限 σ_{Flim1}、σ_{Flim2}。由图 8-26a 查 MQ 线得 $\sigma_{Flim1}=470\text{MPa}$，$\sigma_{Flim2}=370\text{MPa}$	
5）安全系数 S_F。参照表 8-11，取 $S_F=1.6$	
6）许用弯曲应力 $[\sigma_{F1}]$、$[\sigma_{F2}]$。由于是双向传动，故根据式（8-16）得	
$[\sigma_{F1}]=\dfrac{2\times0.7\sigma_{Flim1}Y_{N1}Y_{x1}}{S_F}=\dfrac{2\times0.7\times470\times1\times1}{1.6}\text{MPa}=411\text{MPa}$	$[\sigma_{F1}]=411\text{MPa}$
$[\sigma_{F2}]=\dfrac{2\times0.7\sigma_{Flim2}Y_{N2}Y_{x2}}{S_F}=\dfrac{2\times0.7\times370\times1\times1}{1.6}\text{MPa}=324\text{MPa}$	$[\sigma_{F2}]=324\text{MPa}$
2. 按齿根弯曲疲劳强度设计齿轮的主要参数	
（1）确定公式中的各参数值	
1）计算小齿轮转矩 T_1	
$T_1=9.55\times10^6\dfrac{P}{n}=9.55\times10^6\times\dfrac{20}{1470}\text{N}\cdot\text{mm}=1.3\times10^5\text{N}\cdot\text{mm}$	$T_1=1.3\times10^5\text{N}\cdot\text{mm}$
2）确定载荷系数 K	
使用系数 K_A　按电动机驱动，载荷有中等冲击，查表 8-4 得 $K_A=1.5$	
动载系数 K_v　按 8 级精度和速度，查图 8-11 取 $K_v=1.21$	
齿向载荷分布系数 K_β　由图 8-14b 取 $K_\beta=1.06$	
齿间载荷分配系数 K_α	
$\dfrac{K_A F_t}{b}=\dfrac{2K_A T_1}{bd_1}=\dfrac{2\times1.5\times1.3\times10^5}{35\times70}\text{N/mm}=159.18\text{N/mm}>100\text{N/mm}$	
查表 8-5，取 $K_\alpha=1.4$	
载荷系数　$K=K_A K_v K_\alpha K_\beta=1.5\times1.21\times1.4\times1.06=2.69$	$K=2.69$
3）确定复合齿形系数 Y_{Fs}	
$z_{v1}=\dfrac{z_1}{\cos^3\beta}=\dfrac{20}{\cos^3 15°}=22.2$，$z_{v2}=\dfrac{z_2}{\cos^3\beta}=\dfrac{70}{\cos^3 15°}=77.7$	
由图 8-18 查得　$Y_{Fs1}=4.29$，$Y_{Fs2}=3.96$	$Y_{Fs1}=4.29$，$Y_{Fs2}=3.96$
4）重合度系数 Y_ε	
端面重合度	
$\varepsilon_\alpha=\left[1.88-3.2\left(\dfrac{1}{z_1}+\dfrac{1}{z_2}\right)\right]\cos\beta=\left[1.88-3.2\times\left(\dfrac{1}{20}+\dfrac{1}{70}\right)\right]\times\cos15°=1.62$	$\varepsilon_\alpha=1.62$
纵向重合度　$\varepsilon_\beta=\dfrac{\psi_d z_1}{\pi}\tan\beta=\dfrac{0.5\times20}{\pi}\times\tan15°=0.85$	$\varepsilon_\beta=0.85$
端面压力角　$\alpha_t=\arctan\dfrac{\tan\alpha_n}{\cos\beta}=\arctan\dfrac{\tan20°}{\cos15°}=20.65°$	$\alpha_t=20.65°$

（续）

计算与说明	主要结果
基圆螺旋角 $\beta_b=\arctan(\tan\beta\cos\alpha_t)=\arctan(\tan15°\times\cos20.65°)=14.08°$	$\beta_b=14.08°$
当量齿轮的端面重合度	
由式（8-28）得 $\varepsilon_{\alpha n}=\dfrac{\varepsilon_\alpha}{\cos^2\beta_b}=\dfrac{1.62}{\cos^2 14.08°}=1.72$	$\varepsilon_{\alpha n}=1.72$
由式（8-27）得 $Y_\varepsilon=0.25+\dfrac{0.75}{\varepsilon_{\alpha n}}=0.25+\dfrac{0.75}{1.72}=0.686$	$Y_\varepsilon=0.686$
5）螺旋角系数 Y_β。查图 8-30 得 $Y_\beta=0.91$	$Y_\beta=0.91$
6）比较$\dfrac{Y_{Fs1}}{[\sigma_{F1}]}$与$\dfrac{Y_{Fs2}}{[\sigma_{F2}]}$的大小，有	
$\dfrac{Y_{Fs1}}{[\sigma_{F1}]}=\dfrac{4.29}{411}=0.0104<\dfrac{Y_{Fs2}}{[\sigma_{F2}]}=\dfrac{3.96}{324}=0.0122$	$\dfrac{Y_{Fs1}}{[\sigma_{F1}]}<\dfrac{Y_{Fs2}}{[\sigma_{F2}]}$
应按大齿轮计算弯曲疲劳强度	
（2）确定所需模数 m_n 由式（8-26）得	
$m_n\geqslant\sqrt[3]{\dfrac{2KT_1\cos^2\beta}{\psi_d z_1^2\,[\sigma_F]}Y_{Fs}Y_\varepsilon Y_\beta}$	
$=\sqrt[3]{\dfrac{2\times2.69\times1.3\times10^5\times\cos^2 15°}{0.5\times20^2\times324}\times3.96\times0.686\times0.91}\text{ mm}=2.92\text{mm}$	
由表 8-7 取标准模数 $m_n=3\text{mm}$	$m_n=3\text{mm}$
（3）确定齿轮的主要几何参数	
1）中心距 $a=\dfrac{m_n\ (z_1+z_2)}{2\cos\beta}=\dfrac{3\times\ (20+70)}{2\times\cos15°}\text{mm}=139.76\text{mm}$	
圆整为 $a=140\text{mm}$	$a=140\text{mm}$
2）螺旋角	
$\beta=\arccos\dfrac{(z_1+z_2)\ m_n}{2a}=\arccos\dfrac{(20+70)\ \times3}{2\times140}=15.3589°=15°21'32''$	$\beta=15°21'32''$
与初设 $\beta=15°$相差不大	
3）分度圆直径 d_1、d_2	
$d_1=\dfrac{m_n z_1}{\cos\beta}=\dfrac{3\times20}{\cos15.3589°}\text{mm}=62.222\text{mm}$	$d_1=62.222\text{mm}$
$d_2=\dfrac{m_n z_2}{\cos\beta}=\dfrac{3\times70}{\cos15.3589°}\text{mm}=217.778\text{mm}$	$d_2=217.778\text{mm}$
4）齿宽 b。$b=\psi_d d_1=0.5\times62.222\text{mm}=31.111\text{mm}$，圆整为 $b=32\text{mm}$	
大齿轮齿宽 $b_2=b=32\text{mm}$	$b_2=32\text{mm}$
小齿轮齿宽 $b_1=b_2+8\text{mm}=(32+8)\text{ mm}=40\text{mm}$	$b_1=40\text{mm}$
3. 校核齿面接触疲劳强度	
（1）确定公式中的各参数	
1）计算许用接触应力	
寿命系数 Z_{N1}、Z_{N2} 由图 8-23 得 $Z_{N1}=1$，$Z_{N2}=1$（不允许出现点蚀）	
接触疲劳极限 σ_{Hlim1}、σ_{Hlim2} 由图 8-21a，查 MQ 线得	
$\sigma_{Hlim1}=1500\text{MPa}$，$\sigma_{Hlim2}=1200\text{MPa}$	
安全系数 S_H 参照表 8-11，取 $S_H=1.2$	
许用接触应力 由式（8-14）得	
$[\sigma_{H1}]=\dfrac{\sigma_{Hlim1}Z_{N1}}{S_H}=\dfrac{1500\times1}{1.2}\text{MPa}=1250\text{MPa}$	$[\sigma_{H1}]=1250\text{MPa}$
$[\sigma_{H2}]=\dfrac{\sigma_{Hlim2}Z_{N2}}{S_H}=\dfrac{1200\times1}{1.2}\text{MPa}=1000\text{MPa}$	$[\sigma_{H2}]=1000\text{MPa}$
2）节点区域系数 Z_H。由图 8-16 取 $Z_H=2.42$	$Z_H=2.42$
3）材料弹性系数 Z_E。由表 8-6 取 $Z_E=190\sqrt{\text{MPa}}$	$Z_E=190\sqrt{\text{MPa}}$

（续）

计 算 与 说 明	主 要 结 果
4）重合度系数 Z_ε。根据式（8-22），由于 $\varepsilon_\beta<1$，故 $$Z_\varepsilon=\sqrt{\frac{4-\varepsilon_\alpha}{3}(1-\varepsilon_\beta)+\frac{\varepsilon_\beta}{\varepsilon_\varepsilon}}=\sqrt{\frac{4-1.62}{3}\times(1-0.85)+\frac{0.85}{1.62}}=0.802$$	$Z_\varepsilon=0.802$
5）螺旋角系数 Z_β。由式（8-21）得 $Z_\beta=\sqrt{\cos\beta}=\sqrt{\cos15.3589°}=0.982$	$Z_\beta=0.982$
（2）计算齿面接触应力　由式（8-19）得 $$\sigma_H=Z_HZ_EZ_\varepsilon Z_\beta\sqrt{\frac{2KT_1}{bd_1^2}\frac{u+1}{u}}$$ $$=2.42\times190\times0.802\times0.982\times\sqrt{\frac{2\times2.69\times1.3\times10^5}{32\times62.222^2}\times\frac{3.5+1}{3.5}}\ \text{MPa}$$ $$=975.59\text{MPa}<[\sigma_{H2}]=1000\text{MPa}$$	$\sigma_H=975.59\text{MPa}$
结论：齿面接触疲劳强度足够	

第八节　直齿锥齿轮传动

锥齿轮传动用于传递两相交轴之间的运动和动力，分为直齿锥齿轮、斜齿锥齿轮和曲线齿锥齿轮（又称为螺旋锥齿轮）三种类型。由于直齿锥齿轮传动的设计和制造比较简单，故在实际中应用最广；与直齿锥齿轮传动相比较，曲线齿锥齿轮传动具有重合度大、传动平稳、承载能力大、传动效率高等特点，但制造比较困难，成本高，因而一般场合不便推广；斜齿锥齿轮传动实际中应用较少。本节主要讨论轴交角 $\Sigma=90°$ 的直齿锥齿轮传动设计中的主要问题。

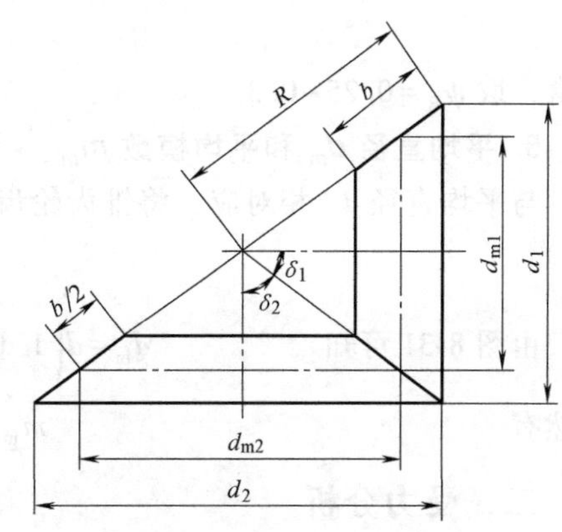

图 8-31　直齿锥齿轮的几何关系

一、主要几何参数

直齿锥齿轮传动的几何关系如图 8-31 所示，图中 R 为锥距，b 为齿宽，d_1、d_2 分别为小齿轮和大齿轮的大端分度圆直径，d_{m1}、d_{m2} 分别为两轮的平均直径（即齿宽中点处的分度圆直径）、δ_1、δ_2 分别为两轮的分度圆锥角。

直齿锥齿轮传动的主要参数有：

1. 模数 m 和压力角 α

直齿锥齿轮的轮齿大小沿齿宽方向是变化的，越靠近锥顶轮齿越小，越远离锥顶轮齿越大。为了便于测量和计算，便于确定锥齿轮传动的外廓尺寸，计算其几何参数时，通常以大端尺寸为准，并取大端模数和压力角为标准值。其标准模数系列见表 8-12，压力角的标准值 $\alpha=20°$。

表 8-12　直齿锥齿轮的标准模数 m（摘自 GB/T 12368—1990）　（单位：mm）

1	1.125	1.25	1.375	1.5	1.75	2	2.25	2.5	2.75
3	3.25	3.5	3.75	4	4.5	5	5.5	6	6.5
7	8	9	10	11	12	14	16	18	20
22	25	28	30	32	36	40			

2. 分度圆直径 d_1、d_2 和齿数比 u

$$d_1 = mz_1,\ d_2 = mz_2 \tag{8-29}$$

$$u = \frac{z_2}{z_1} = \frac{d_2}{d_1} = \cot\delta_1 = \tan\delta_2 \tag{8-30}$$

由于锥齿轮的加工难以获得较高精度，尤其是大直径锥齿轮的精度更难以保证，因此，锥齿轮的齿数比不宜过大，常取 $u = 1 \sim 3$。

3. 锥距 R

锥距 R 是锥齿轮传动的特征尺寸，其大小能够反映锥齿轮传动的外廓尺寸和承载能力。由图 8-31 可知

$$R = \frac{1}{2}\sqrt{d_1^2 + d_2^2} = \frac{d_1}{2}\sqrt{1+u^2} = \frac{m}{2}\sqrt{z_1^2 + z_2^2} = \frac{d_1}{2\sin\delta_1} = \frac{d_2}{2\sin\delta_2} \tag{8-31}$$

4. 齿宽系数 ψ_R

锥齿轮的齿宽系数 ψ_R 为其齿宽 b 与锥距 R 之比，即

$$\psi_R = \frac{b}{R} \tag{8-32}$$

通常，取 $\psi_R = 0.25 \sim 0.3$。

5. 平均直径 d_m 和平均模数 m_m

与平均直径 d_m 相对应，将锥齿轮齿宽中点处的模数称为平均模数 m_m。

$$d_m = zm_m \tag{8-33}$$

由图 8-31 可知

$$d_m = d\left(1 - 0.5\frac{b}{R}\right) = d(1 - 0.5\psi_R)$$

显然有

$$m_m = m(1 - 0.5\psi_R) \tag{8-34}$$

二、受力分析

锥齿轮轮齿的刚度从大端到小端逐渐减小，导致载荷沿齿宽分布不均匀。但为了便于计算，可忽略载荷集中和摩擦力的影响，将轮齿所受的分布载荷简化为作用于齿宽中点处分度圆上的法向力 F_n，如图 8-32 所示。F_n 可分解为三个相互垂直的分力：切向力 F_t、径向力 F_r 和轴向力 F_x。

各力的大小按下式计算：

$$\left.\begin{aligned} &\text{切向力} && F_{t1} = \frac{2T_1}{d_{m1}} \\ &\text{径向力} && F_{r1} = F_{t1}\tan\alpha\cos\delta_1 \\ &\text{轴向力} && F_{x1} = F_{t1}\tan\alpha\sin\delta_1 \\ &\text{法向力} && F_n = \frac{F_{t1}}{\cos\alpha} \end{aligned}\right\} \tag{8-35}$$

式中 T_1——小锥齿轮的转矩（N·mm）；

d_{m1}——小锥齿轮的平均直径（mm）；

δ_1——小锥齿轮的分度圆锥角。

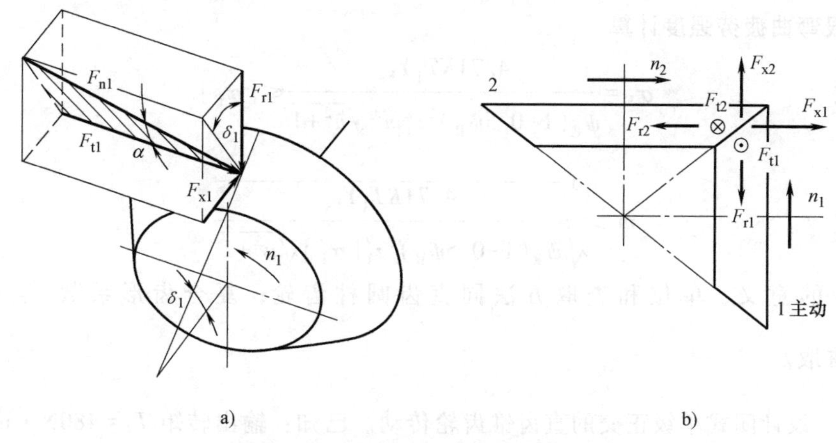

图 8-32 直齿锥齿轮传动的受力分析

各力方向的判断：主动轮的切向力方向与受力点的运动方向相反，而从动轮的切向力方向与受力点的运动方向相同；径向力分别指向各自的轮心；轴向力分别指向各轮的大端。

主动轮与从动轮所受各力之间的关系为（负号表示方向相反）

$$F_{t1}=-F_{t2},\quad F_{r1}=-F_{x2},\quad F_{x1}=-F_{r2},\quad F_{n1}=-F_{n2}$$

三、强度计算

由于锥齿轮在轴向各截面的刚度大小不同，且制造精度较低，受载后轮齿变形复杂，轮齿间载荷分配情况难以确定，因此，直齿锥齿轮传动的强度计算比较复杂。为便于计算，通常做以下简化处理：一对直齿锥齿轮传动的强度近似按其齿宽中点处的当量直齿圆柱齿轮进行计算；整个啮合过程中，载荷由一对齿承担（即忽略了重合度的影响）；强度计算的有效齿宽 $b_e=0.85b$（b 为锥齿轮的齿宽）。按上述简化思路，引用直齿圆柱齿轮传动的强度计算公式，经推导整理即可得到直齿锥齿轮传动的强度计算公式，这里略去推导过程。

1. 齿面接触疲劳强度计算

校核式
$$\sigma_H=Z_E Z_H\sqrt{\frac{4.71KT_1}{(1-0.5\psi_R)^2\psi_R d_1^3 u}}\leqslant[\sigma_H] \tag{8-36}$$

设计式
$$d_1\geqslant\sqrt[3]{\frac{4.71KT_1}{(1-0.5\psi_R)^2\psi_R u}\left(\frac{Z_E Z_H}{[\sigma_H]}\right)^2} \tag{8-37}$$

式中 K——载荷系数，按下式计算：

$$K=K_A K_v K_\beta$$

式中 K_A——使用系数，查表 8-4。

K_v——动载系数，按平均直径 d_m 处的圆周速度 v_m 查图 8-11。

K_β——齿向载荷分布系数。当两轮都为两端支承时，取 $K_\beta=1.5\sim1.65$；当两轮均为悬臂时，取 $K_\beta=1.88\sim2.25$；当两轮一个为两端支承，另一个为悬臂时，取 $K_\beta=1.65\sim1.88$。

式中其余各符号意义及单位同直齿圆柱齿轮。

2. 齿根弯曲疲劳强度计算

校核式
$$\sigma_F=\frac{4.71KT_1Y_{Fs}}{\psi_R(1-0.5\psi_R)^2z_1^2m^3\sqrt{u^2+1}}\leqslant[\sigma_F] \tag{8-38}$$

设计式
$$m\geqslant\sqrt[3]{\frac{4.71KT_1Y_{Fs}}{\psi_R(1-0.5\psi_R)^2z_1^2[\sigma_F]\sqrt{u^2+1}}} \tag{8-39}$$

式中各符号的意义、单位和查取方法同直齿圆柱齿轮；复合齿形系数 Y_{Fs} 按当量齿数$z_v=\frac{z}{\cos\delta}$查取。

例 8-5 设计闭式单级正交的直齿锥齿轮传动。已知：输出转矩 $T_2=480\text{N}\cdot\text{m}$，高速轴转速 $n_1=960\text{r/min}$，传动比 $i=3$，小齿轮悬臂布置，电动机驱动，单向传动，载荷平稳，按无限寿命计算。

解

计算与说明	主要结果
1. 选择齿轮材料并确定初步参数	
(1) 选材料及热处理　由表 8-1 选择	
小齿轮：40Cr 调质处理，齿面硬度为 260HBW	小齿轮：40Cr 调质处理
大齿轮：45 钢调质处理，齿面硬度为 230HBW	大齿轮：45 钢调质处理
(2) 初选齿轮齿数	
小齿轮的齿数　$z_1=27$	$z_1=27$
大齿轮的齿数　$z_2=iz_1=3\times27=81$	$z_2=81$
(3) 选择齿宽系数 ψ_R 和精度等级	
取齿宽系数　$\psi_R=0.3$	$\psi_R=0.3$
初估齿轮的平均圆周速度　$v_{m估}=5.2\text{m/s}$	$v_{m估}=5.2\text{m/s}$
参照表 8-9，可选齿轮精度为 7 级	齿轮精度为 7 级
(4) 计算许用接触应力$[\sigma_{H1}]$、$[\sigma_{H2}]$	
1) 寿命系数 Z_{N1}、Z_{N2}。按无限寿命设计，取 $Z_{N1}=1$，$Z_{N2}=1$	
2) 接触疲劳极限 σ_{Hlim1}、σ_{Hlim2}。由图 8-19a，查 MQ 线得	
$\sigma_{Hlim1}=700\text{MPa}$，$\sigma_{Hlim2}=560\text{MPa}$	
3) 安全系数 S_H。参照表 8-11，取　$S_H=1$	
4) 许用接触应力。由式(8-14)得	
$[\sigma_{H1}]=\frac{\sigma_{Hlim1}Z_{N1}}{S_H}=\frac{700\times1}{1}\text{MPa}=700\text{MPa}$	$[\sigma_{H1}]=700\text{MPa}$
$[\sigma_{H2}]=\frac{\sigma_{Hlim2}Z_{N2}}{S_H}=\frac{560\times1}{1}\text{MPa}=560\text{MPa}$	$[\sigma_{H2}]=560\text{MPa}$
2. 按齿面接触疲劳强度设计	
(1) 确定公式中的各参数值	
1) 计算小齿轮转矩 T_1	
$T_1=\frac{T_2}{i}=\frac{480}{3}\text{N}\cdot\text{m}=160\text{N}\cdot\text{m}=1.6\times10^5\text{N}\cdot\text{mm}$	$T_1=1.6\times10^5\text{N}\cdot\text{mm}$
2) 确定载荷系数 K	
使用系数 K_A　按电动机驱动，载荷平稳，查表 8-4 得 $K_A=1$	
动载系数 K_v　按 7 级精度和速度，查图 8-11，取 $K_v=1.17$	
齿向载荷分布系数 K_β　由小齿轮悬臂布置，取 $K_\beta=1.75$	
载荷系数　$K=K_AK_vK_\beta=1\times1.17\times1.75=2.05$	$K=2.05$
3) 确定弹性系数 Z_E　查表 8-6 得 $Z_E=190\sqrt{\text{MPa}}$	$Z_E=190\sqrt{\text{MPa}}$

（续）

计算与说明	主要结果
4）确定节点区域系数 Z_H　　由图 8-16 得 $Z_H=2.5$	$Z_H=2.5$
（2）求所需小齿轮直径 d_1　由式(8-37)得	
$$d_1 \geqslant \sqrt[3]{\frac{4.71KT_1}{(1-0.5\psi_R)^2\psi_R u}\left(\frac{Z_E Z_H}{[\sigma_H]}\right)^2}$$	
$$=\sqrt[3]{\frac{4.71\times2.05\times1.6\times10^5}{(1-0.5\times0.3)^2\times0.3\times3}\times\left(\frac{190\times2.5}{560}\right)^2}\ \text{mm}=120.5\text{mm}$$	$d_1 \geqslant 120.5\text{mm}$
（3）验算平均圆周速度 v_m	
$$v_m=\frac{\pi d_{m1}n_1}{60\times1000}=\frac{\pi d_1(1-0.5\psi_R)n_1}{60\times1000}$$	
$$=\frac{\pi\times120.5\times(1-0.5\times0.3)\times960}{60\times1000}\text{m/s}=5.15\text{m/s}$$	$v_m=5.15\text{m/s}$
与初估 v_m 基本相符	
（4）确定模数 m　$m=\dfrac{d_1}{z_1}=\dfrac{120.5}{27}\text{mm}=4.46\text{mm}$	
由表 8-12 取标准模数　$m=4.5\text{mm}$	$m=4.5\text{mm}$
3. 按齿根弯曲疲劳强度校核	
（1）计算许用弯曲应力	
1）寿命系数 Y_N。按无限寿命设计，取 $Y_{N1}=Y_{N2}=1$	
2）极限应力 σ_{Flim}。由图 8-24a 得 $\sigma_{Flim1}=290\text{MPa}$，$\sigma_{Flim2}=220\text{MPa}$	
3）尺寸系数 Y_x。由图 8-29 得 $Y_{x1}=Y_{x2}=1$	
4）安全系数 S_F。参照表 8-11 取 $S_F=1.4$	
5）许用弯曲应力 $[\sigma_F]$。由式(8-16)得	
$$[\sigma_{F1}]=\frac{2\sigma_{Flim1}Y_{N1}Y_{x1}}{S_F}=\frac{2\times290\times1\times1}{1.4}\text{MPa}=414.29\text{MPa}$$	$[\sigma_{F1}]=414.29\text{MPa}$
$$[\sigma_{F2}]=\frac{2\sigma_{Flim2}Y_{N2}Y_{x2}}{S_F}=\frac{2\times220\times1\times1}{1.4}\text{MPa}=314.29\text{MPa}$$	$[\sigma_{F2}]=314.29\text{MPa}$
（2）计算齿根弯曲应力	
1）确定复合齿形系数	
分度圆锥角　$\delta_1=\text{arccot}u=\text{arccot}3=18.4349°$，　$\delta_2=\arctan u=\arctan3=71.5651°$	
当量齿数　$z_{v1}=\dfrac{z_1}{\cos\delta_1}=\dfrac{27}{\cos18.4349°}=28.5$，　$z_{v2}=\dfrac{z_2}{\cos\delta_2}=\dfrac{81}{\cos71.5651°}=256.2$	$z_{v1}=28.5, z_{v2}=256.2$
复合齿形系数 Y_{Fs}　　由图 8-18 查得 $Y_{Fs1}=4.15$，$Y_{Fs2}=3.97$	$Y_{Fs1}=4.15, Y_{Fs2}=3.97$
2）计算齿根弯曲应力。由式(8-38)得	
$$\sigma_{F1}=\frac{4.71KT_1Y_{Fs1}}{\psi_R(1-0.5\psi_R)^2z_1^2m^3\sqrt{u^2+1}}$$	
$$=\frac{4.71\times2.1\times1.6\times10^5\times4.15}{0.3\times(1-0.5\times0.3)^2\times27^2\times4.5^3\times\sqrt{3^2+1}}\text{MPa}$$	
$=144.14\text{MPa}<[\sigma_{F1}]=414.29\text{MPa}$	$\sigma_{F1}=144.14\text{MPa}$
$$\sigma_{F2}=\sigma_{F1}\frac{Y_{Fs2}}{Y_{Fs1}}=144.14\times\frac{3.97}{4.15}\text{MPa}$$	
$=137.83\text{MPa}<[\sigma_{F2}]=314.29\text{MPa}$	$\sigma_{F2}=137.83\text{MPa}$
结论：齿根弯曲疲劳强度足够	
4. 计算齿轮的主要参数	
（1）大端分度圆直径　$d_1=mz_1=4.5\times27\text{mm}=121.5\text{mm}$	$d_1=121.5\text{mm}$
$d_2=mz_2=4.5\times81\text{mm}=364.5\text{mm}$	$d_2=364.5\text{mm}$

（续）

计算与说明		主要结果
（2）分度圆锥角	$\delta_1 = \text{arccot}u = \text{arccot}3 = 18.4349° = 18°26'6''$ $\delta_2 = \arctan u = \arctan 3 = 71.5651° = 71°33'54''$	$\delta_1 = 18°26'6''$ $\delta_2 = 71°33'54''$
（3）锥距 R	$R = \dfrac{d_1}{2}\sqrt{1+u^2} = \dfrac{121.5}{2}\sqrt{1+3^2}\text{mm} = 192.108\text{mm}$	$R = 192.108\text{mm}$
（4）齿宽 b 取齿宽 $b = 58\text{mm}$	$b = \psi_R R = 0.3\times192.108\text{mm} = 57.63\text{mm}$	$b = 58\text{mm}$

第九节 齿轮传动的润滑与效率

齿轮传动为啮合传动，工作中相啮合的齿面间有相对滑动，便产生摩擦和磨损，从而增加动力消耗，降低传动效率。润滑则是改善摩擦、减缓磨损、提高传动效率的有效方法。

一、齿轮传动的润滑

对齿轮传动进行有效的润滑，可减小齿面之间的摩擦，减缓磨损，同时还兼有散热、防锈和缓冲等作用。

1. 润滑方式

对于开式齿轮传动，或速度较低的闭式齿轮传动，因圆周速度低，通常采用人工定期加油（或脂）润滑及油杯滴油润滑。

一般的闭式齿轮传动的润滑方式常根据齿轮的圆周速度大小而定。

（1）浸油润滑　当齿轮的圆周速度 $v \leqslant 12\text{m/s}$ 时，多采用浸油润滑（图 8-33），将大齿轮浸入油池中一定的深度，齿轮运转时把润滑油带入啮合区，对啮合齿面进行润滑。圆柱齿轮的浸油深度以约等于一个齿高为宜，但一般不小于 10mm；锥齿轮应将全齿宽浸入油中，至少应浸入齿宽的一半。当齿轮圆周速度很低时，浸油深度可达齿顶圆半径的 1/3。

对于闭式多级齿轮传动，当高速级和低速级大齿轮直径相差较大时，可以采用惰轮蘸油润滑（图 8-34）。

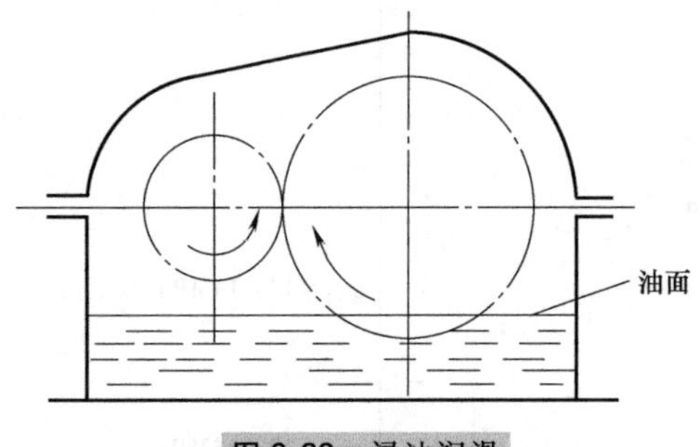

图 8-33　浸油润滑

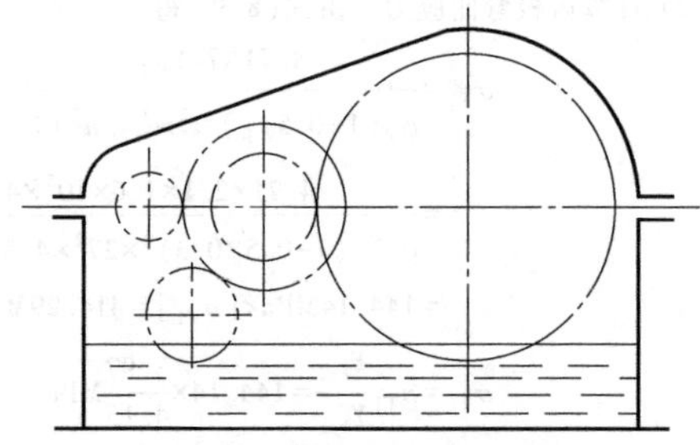
图 8-34　惰轮蘸油润滑

（2）喷油润滑　当齿轮圆周速度 $v>12\text{m/s}$ 时，过大的离心力使粘在齿轮上的油大多被甩掉，而到不了啮合区；同时，搅油过于激烈，使油温升高，降低了润滑效果，并会搅起箱底沉淀的杂质，加速齿轮的磨损。故此时最好采用喷油润滑（图 8-35），用油泵将一定压力的润滑油直接喷到啮合区。

当 $v \leq 25\mathrm{m/s}$ 时，喷油嘴位于啮合点（啮入边或啮出边均可）；当 $v > 25\mathrm{m/s}$ 时，喷油嘴位于啮出边，以便同时借助润滑油及时冷却刚啮合过的轮齿。

喷油润滑也常用于速度不是很高，但工作较繁重且散热条件不好的重要闭式齿轮传动中。

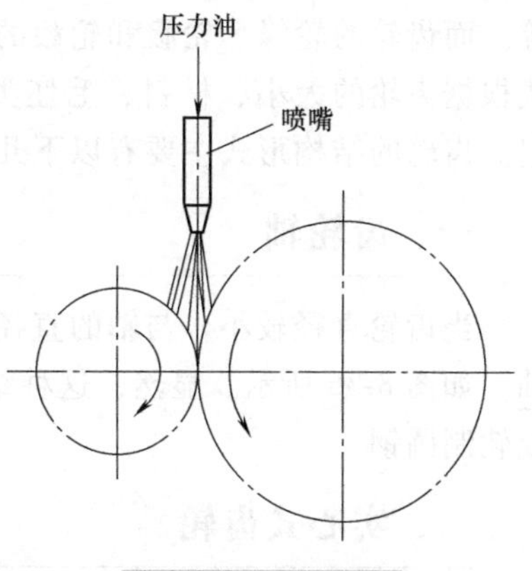

图 8-35　喷油润滑

2. 润滑剂的选择

开式齿轮传动主要采用润滑脂润滑。

闭式齿轮传动一般用润滑油润滑。黏度是润滑油最重要的性能指标，也是选用润滑油的主要依据。黏度越高，润滑效果越好，同时还可提高齿面的抗点蚀和抗胶合的能力。但黏度过高时，会增大动力损耗，温升高，油易氧化。一般根据齿轮的圆周速度选择润滑油的黏度，见表 8-13。然后，根据查得的黏度选定润滑油的牌号。

表 8-13　齿轮传动润滑油黏度荐用值

齿轮材料	抗拉强度 R_m/MPa	圆周速度 v/mm·s^{-1}						
		0.5	0.5~1	1~2.5	2.5~5	5~12.5	12.5~25	>25
		运动黏度 ν/mm^2·s^{-1}　(40°C)						
塑料、铸铁、青铜	—	350	220	150	100	80	55	—
钢	450~1000	500	350	220	150	100	80	55
	1000~1250	500	500	350	220	150	100	80
渗碳或表面淬火钢	1250~1580	900	500	500	350	220	150	100

注：对于多级齿轮传动，按各级传动圆周速度的平均值选其润滑油黏度。

二、齿轮传动的效率

闭式齿轮传动的功率损耗一般包括三个部分，即啮合摩擦损失、搅动润滑油的油阻损失和轴承中的摩擦损失。因此总效率为

$$\eta = \eta_1 \eta_2 \eta_3 \tag{8-40}$$

式中　η_1——考虑齿轮啮合损失的效率；

η_2——考虑搅油损失的效率；

η_3——轴承的效率。

当齿轮速度不高且采用滚动轴承时，计入上述三种损失后的传动效率可由表 8-14 查取。

表 8-14　采用滚动轴承时齿轮传动的效率

传动类型	闭式传动(油润滑)		开式传动(脂润滑)
	6 级或 7 级精度	8 级精度	
圆柱齿轮传动	0.98	0.97	0.95
锥齿轮传动	0.97	0.96	0.94

第十节　齿轮的结构

通过齿轮传动的强度计算，只能确定出齿轮的主要参数，如齿数、模数、齿宽、螺旋角

等。而齿轮的轮缘、轮腹和轮毂的结构形式及其尺寸大小都由结构设计而定。齿轮的结构形式根据齿轮的大小、材料、毛坯类型、生产批量、加工方法、使用要求和经济性等因素确定。齿轮的结构形式主要有以下几种。

一、齿轮轴

当齿轮直径较小，与轴的直径相差不大时，应将齿轮与轴设计成一体的结构，称为齿轮轴，如图 8-36 所示。显然，这种结构中的轴与齿轮需采用相同的材料。一般采用锻造毛坯或轧制圆钢。

二、实心式齿轮

如齿轮直径与轴的直径相差较大，应将齿轮设计成与轴分开制造的结构。

对于单独制造的齿轮，当轮毂与轮缘直径比较接近时，应设计成实心式齿轮，如图 8-37 所示。另外，当顶圆直径 $d_a \leqslant 200\text{mm}$ 或高速传动要求噪声低时，即使轮毂与轮缘直径相差较大，也可设计成实心式齿轮。这种结构形式可采用锻造毛坯，也可采用铸造毛坯。

如果圆柱齿轮的齿槽底面到键槽底面的距离 e（图 8-37）$\leqslant 2.5m_n$（m_n 为模数），或锥齿轮的小端齿根到其键槽底面的距离 $e \leqslant 1.6m$（m 为大端模数），则需设计成齿轮轴。

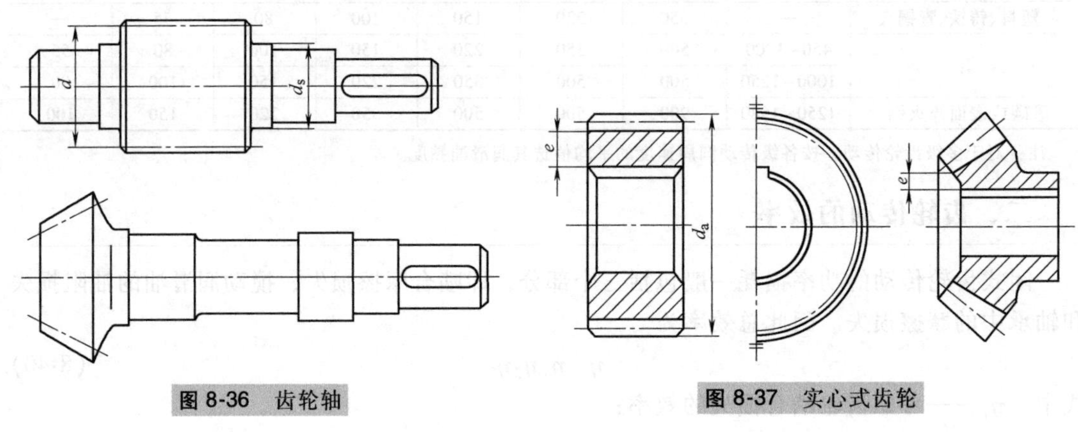

图 8-36 齿轮轴

图 8-37 实心式齿轮

三、腹板式齿轮

当齿顶圆直径 $d_a \leqslant 500\text{mm}$ 时，为减轻重量，通常设计成腹板式齿轮（图 8-38）。为便于吊装，常在腹板上开孔，孔的数目按结构尺寸大小及实际需要而定。可采用锻造毛坯，也可采用铸造毛坯。

四、轮辐式齿轮

当齿顶圆直径 $d_a \geqslant 400\text{mm}$ 时，常设计成轮辐式齿轮（图 8-39）。常用的轮辐剖面形状有椭圆形（轻载）、十字形（中载）、工字形（重载）等形式。这种结构不宜采用锻造毛坯，常用于铸造齿轮，材料可以是铸铁也可以是铸钢。

为了节约优质钢材，大型齿轮可采用镶套式结构。如用优质锻钢制作轮缘，用铸钢或铸铁制作轮芯，两者之间采用过盈连接，并在配合接缝上设置 4~8 个紧定螺钉（图 8-40），以防连接松动。

单件生产的大型齿轮，不便于铸造时，可采用焊接式结构（图 8-41）。

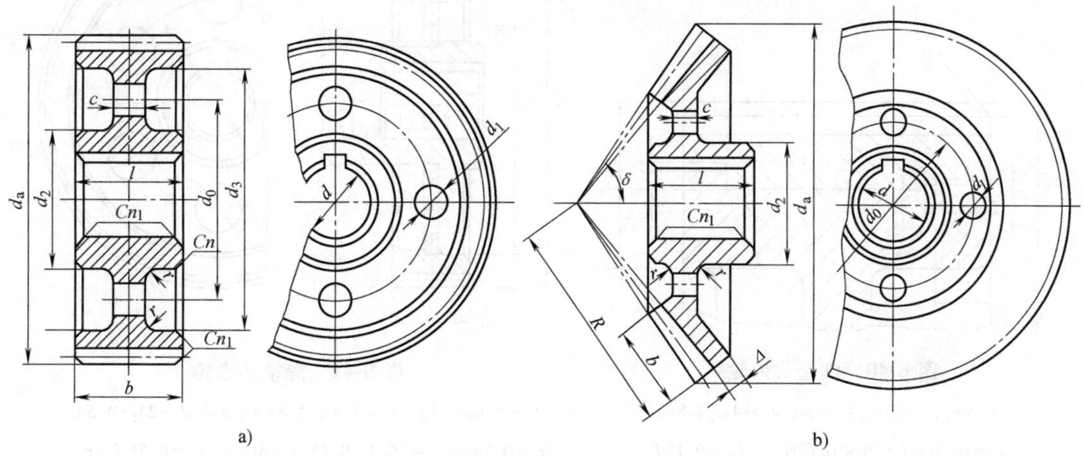

图 8-38　腹板式齿轮

$d_2 \approx 1.6d$（钢）；$d_2 \approx 1.7d$（铸铁）；n_1 根据轴的过渡圆角确定。圆柱齿轮：$d_0 \approx 0.5(d_2+d_3)$；$d_1 \approx 0.25(d_3-d_2) \geqslant 10\text{mm}$；$d_3 \approx d_a-(10\sim14)m_n$；$c \approx (0.2\sim0.3)b$；$n \approx 0.5m_n$；$r \approx 5\text{mm}$；$l \approx (1.2\sim1.5)d \geqslant b$；锥齿轮：$\Delta \approx (3\sim4)m \geqslant 10\text{mm}$；$l \approx (1\sim1.2)d$；$c \approx (0.1\sim0.7)R \geqslant 10\text{mm}$；$d_0$、$d_1$、$r$ 根据结构确定

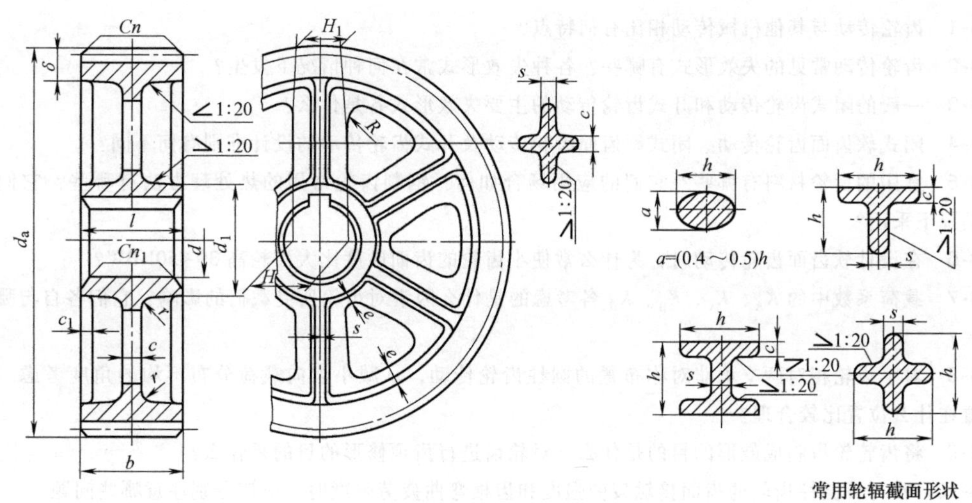

图 8-39　轮辐式齿轮

$c \approx 0.2H$；$H \approx 0.8d$；$s \approx H/6 \geqslant 10\text{mm}$；$e \approx 0.2d$；$H_1 \approx 0.8H$；$d_1 \approx (1.6\sim1.8)d$；$l \approx (1.2\sim1.5)d \geqslant b$；$R \approx 0.5H$；$r \approx 5\text{mm}$；$c_1 \approx 0.8c$；$n \approx 0.5m_n$；$n_1$ 根据轴的过渡圆角确定

齿轮和轴通常采用单键连接。当齿轮转速较高时，考虑轮心的平衡和对中性，这时齿轮和轴的连接应采用双键或花键连接。对于沿轴滑移的齿轮，为了操作灵活，齿轮和轴的连接也应采用双键或花键连接。

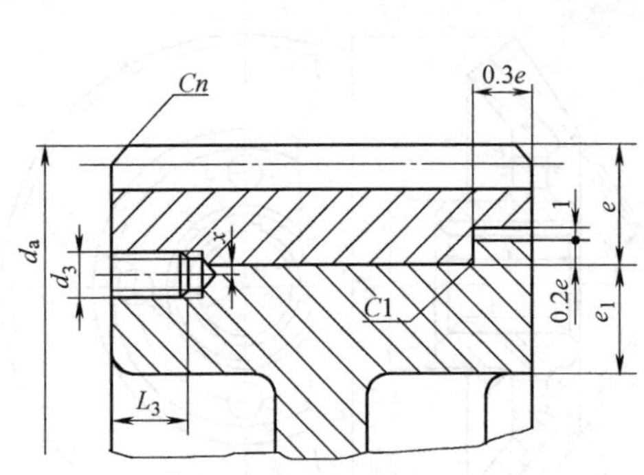

图 8-40 镶套式齿轮

$n\approx0.5m_n$；$e\approx5m_n\geqslant8\text{mm}$；$e_1\approx4m_n\geqslant8\text{mm}$；

$d_3\approx0.05d$（d 为轴孔直径）；$L_3\approx0.15d$

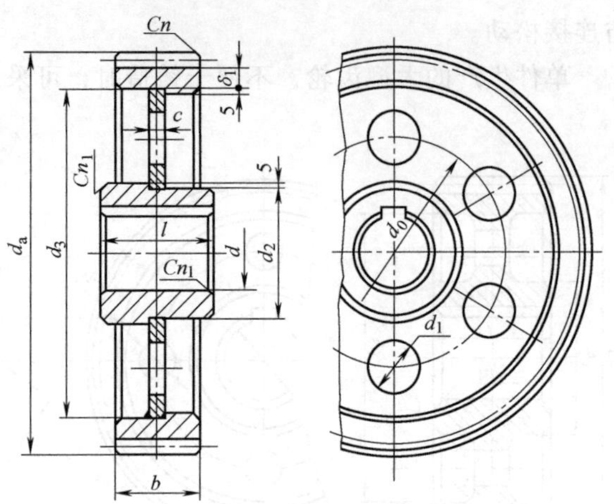

图 8-41 焊接式齿轮

$d_2\approx1.6d$（钢）；$\delta_1\approx2.5m_n\geqslant8\text{mm}$；$d_3\approx d_a-2\delta_1-4.5m_n$；

$n\approx0.5m_n$；$c\approx(0.1\sim0.15)b\geqslant8\text{mm}$；$d_0\approx0.5(d_2+d_3)$；

$l\approx(1.2\sim1.8)d\geqslant b$；$d_1\approx0.2(d_3-d_2)$；

n_1 根据轴的过渡圆角确定；其余倒角为 C2

思 考 题

8-1 齿轮传动与其他机械传动相比有何特点？

8-2 齿轮传动常见的失效形式有哪些？各种失效形式常在何种情况下发生？

8-3 一般的闭式齿轮传动和开式齿轮传动的主要失效形式各是什么？

8-4 闭式软齿面齿轮传动、闭式硬齿面齿轮传动及开式齿轮传动的设计准则有何不同？

8-5 常用的齿轮材料有哪些？它们的应用场合如何？钢制齿轮常用的热处理方法有哪些？它们各在何种情况下采用？

8-6 在设计软齿面齿轮传动时，为什么常使小齿轮的齿面硬度比大齿轮高 30~50HBW？

8-7 载荷系数中的 K_A、K_v、K_β、K_α 各考虑的是什么因素对齿轮所受载荷的影响？它们各自与哪些因素有关？

8-8 对于齿轮相对两支承非对称布置的圆柱齿轮传动，从减小齿向载荷分布不均的角度考虑，齿轮应布置在什么位置比较合理？

8-9 将齿轮轮齿制成鼓形的目的是什么？对轮齿进行齿顶修形的目的是什么？

8-10 在计算圆柱齿轮的齿面接触疲劳强度和齿根弯曲疲劳强度时，应该分别注意哪些问题？

8-11 影响齿轮传动齿面接触疲劳强度的主要因素有哪些？影响齿根弯曲疲劳强度的因素有哪些？

8-12 一对圆柱齿轮传动，两齿轮的齿面接触应力是否相等？齿根弯曲应力又如何？

8-13 在圆柱齿轮传动设计中，应如何选择小齿轮的齿数？如何设计两齿轮的齿宽？

8-14 如何确定齿轮传动的润滑方法？如何确定齿轮传动的效率？

8-15 齿轮主要有哪几种结构形式？设计中如何选择？

8-16 在二级圆柱齿轮传动中，如其中有一级为斜齿圆柱齿轮传动，它一般是安排在高速级还是低速级？为什么？在布置锥齿轮-圆柱齿轮减速器的方案时，锥齿轮传动是布置在高速级还是低速级？为什么？

8-17 在由V带传动和齿轮传动组成的传动系统中，齿轮传动适宜布置在高速级还是低速级？为什么？

习 题

8-1 有一直齿圆柱齿轮传动，原设计传递功率为P，主动轴转速为n_1。若其他条件不变，当主动轴转速提高一倍，即$n_1'=2n_1$时，在保证轮齿工作应力不变的前提下，该齿轮传动能传递的功率P'应为多少？

8-2 在图8-42所示的二级展开式斜齿圆柱齿轮减速器中，已知Ⅰ轴为输入轴，其转动方向如图所示，齿轮4为右旋。欲使齿轮2和齿轮3的轴向力互相抵消一部分，试：

1）确定并在图中标出其他三个齿轮的旋向。

2）在图8-42a中标出各齿轮在啮合点处所受各分力的方向。

3）在图8-42b中画出Ⅱ轴上齿轮2和齿轮3的空间受力图。

4）若输入功率P=7kW，Ⅰ轴的转速$n_1=1450\mathrm{r/min}$，各齿轮的齿数$z_1=20$、$z_2=50$、$z_3=18$、$z_4=62$，模数$m_{n12}=3\mathrm{mm}$、$m_{n34}=5\mathrm{mm}$，计算两对齿轮所受各分力的大小。

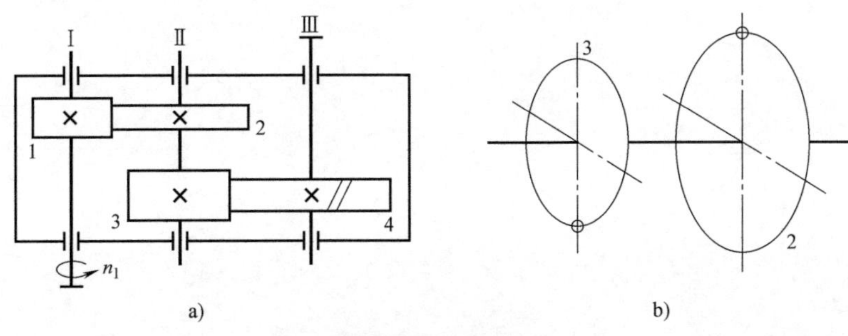

图8-42 习题8-2图

8-3 图8-43所示二级斜齿圆柱齿轮减速器和一对开式直齿锥齿轮所组成的传动系统。已知动力由轴Ⅰ输入，转动方向如图示。为使轴Ⅱ和轴Ⅲ上的轴向力尽可能小，试确定图中各斜齿轮的轮齿旋向，并标出各轮在啮合点处所受切向力F_t、径向力F_r、轴向力F_x的方向。

8-4 已知直齿锥齿轮-斜齿圆柱齿轮减速器的布置和转向如图8-44所示，欲使中间轴Ⅱ上的轴向力尽可能小，试画出作用在斜齿轮3、4和锥齿轮1、2上的切向力F_t、径向力F_r、轴向力F_x的方向。

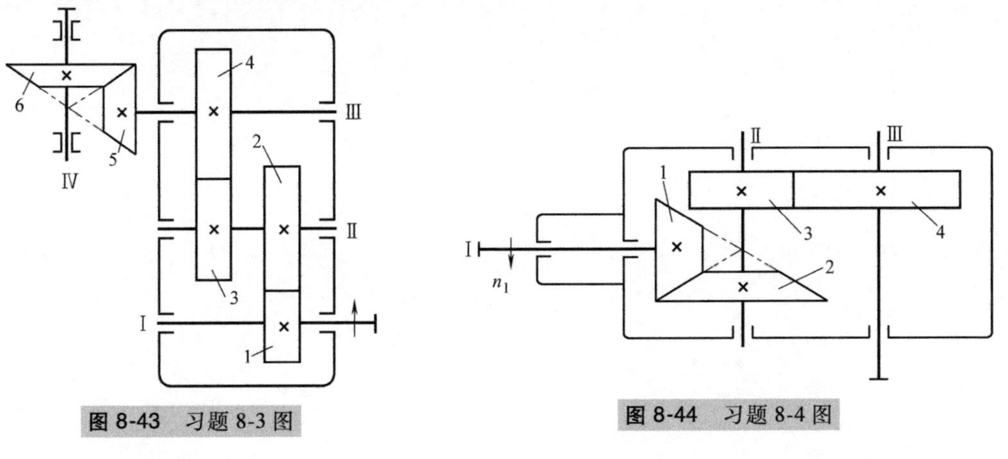

图8-43 习题8-3图

图8-44 习题8-4图

8-5　试设计某单级闭式直齿圆柱齿轮传动。已知：电动机驱动，$P=30\text{kW}$，$n_1=720\text{r/min}$，传动比 $i=4.5$，长期双向转动，载荷有中等冲击，$z_1=27$，大、小齿轮的材料均为40Cr表面淬火。

8-6　已知某单级闭式斜齿圆柱齿轮传动，传递功率 $P=10\text{kW}$，转速 $n_1=1240\text{r/min}$，传动比 $i=4.3$，电动机驱动，双向转动，中等冲击，小齿轮材料为40MnB调质，大齿轮材料为45钢调质，$z_1=21$，试设计此斜齿轮传动。

8-7　某开式直齿锥齿轮传动，载荷均匀，原动机为电动机，单向转动，传递功率 $P=19\text{kW}$，转速 $n_1=10\text{r/min}$，$z_1=26$，$z_2=83$，$m=8\text{mm}$，$b=90\text{mm}$，小齿轮材料为45钢调质，大齿轮材料为ZG310-570正火，试校核其强度。

扫码看视频

第九章

蜗杆传动

第一节 概　述

一、蜗杆传动的特点和应用

蜗杆传动用于传递空间两交错轴间的运动和动力，两轴交错角一般为90°。

蜗杆传动的优点有：①能实现很大的单级传动比，在传递动力时一般传动比 $i=10\sim80$，在传递运动时最大可达1000；②由于利用很少的零件就实现了较大的传动比，故结构紧凑；③重合度大，传动平稳，噪声小；④能够实现反行程自锁。由于上述优点，它广泛用于各类机床及冶金、矿山、起重设备的传动系统中。

蜗杆传动的缺点有：①啮合齿面间的相对滑动速度大，摩擦大，发热量大，传动效率低。因此，蜗杆传动主要用于中小功率（一般小于50kW）的场合。不过随着圆弧圆柱蜗杆等新型蜗杆传动的应用，效率低的问题正得到改进，传递的功率可高达750kW。②制造成本较高，主要是因为为了减小啮合齿面间的摩擦，提高耐磨性，蜗轮齿圈常用较贵重的青铜制造。

二、蜗杆传动的类型

根据蜗杆的形状不同，蜗杆传动可分为圆柱蜗杆传动（图9-1a）、环面蜗杆传动（图9-1b）和锥蜗杆传动（图9-1c）。其中圆柱蜗杆传动又分为普通圆柱蜗杆传动和圆弧圆柱蜗杆传动。

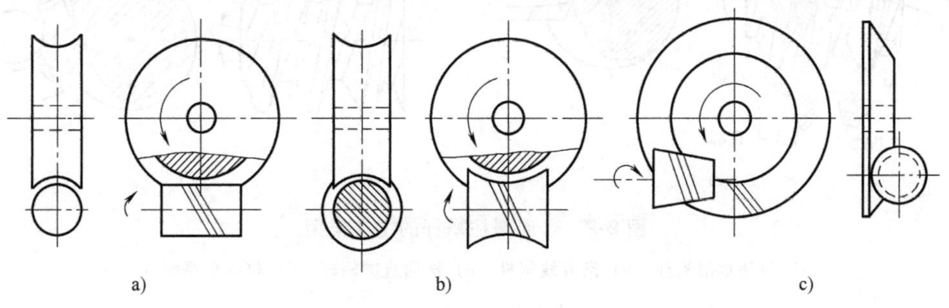

图9-1　蜗杆传动的类型

a）圆柱蜗杆传动　b）环面蜗杆传动　c）锥蜗杆传动

(一) 圆柱蜗杆传动

1. 普通圆柱蜗杆传动

普通圆柱蜗杆传动按蜗杆齿廓形状的不同可分为阿基米德蜗杆传动、渐开线蜗杆传动、法向直廓蜗杆传动和锥面包络蜗杆传动等，如图 9-2 所示。前三种形式的蜗杆，均可用切削刃呈直线形（类似齿条的齿形）的成形车刀车削，只是刀具的安装位置有所不同。

（1）阿基米德蜗杆（ZA 蜗杆，图 9-2a） 阿基米德蜗杆的端面（垂直蜗杆轴线的截面）齿形为阿基米德螺旋线，轴面（通过蜗杆轴线的截面）齿形为等腰梯形，如同渐开线齿条的齿廓。在车床上用成形车刀加工时，刀具的切削刃顶面需通过蜗杆的轴线。阿基米德蜗杆加工容易，但难以做到精确磨削，因此精度低，传动的啮合特性差，只用于中小载荷、中低速度及间歇工作的场合。

（2）渐开线蜗杆（ZI 蜗杆，图 9-2b） 渐开线蜗杆的端面齿形为渐开线，在与基圆柱相切的剖面内，齿廓一侧为直线，一侧为曲线。渐开线蜗杆的轴面齿形两侧齿廓均为曲线。可用车床车削也可用齿轮滚刀滚削。车削时需用两把直刃车刀分别加工左右两个齿廓曲面，刀具的切削刃应位于与蜗杆基圆柱相切的平面内。ZI 蜗杆可在专用机床上用平面砂轮磨削，因此容易得到高精度、承载能力高于其他齿廓的圆柱蜗杆，效率可达 95%，故适用于传递载荷较大的场合。

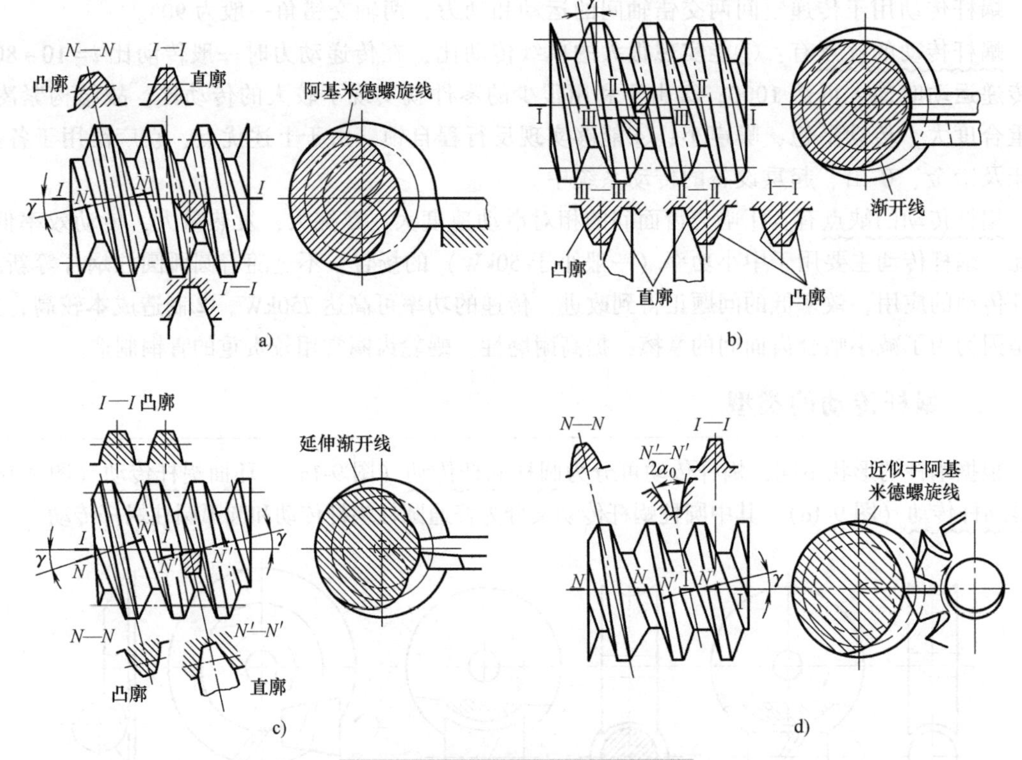

图 9-2 普通圆柱蜗杆的主要类型

a）阿基米德蜗杆 b）渐开线蜗杆 c）法向直廓蜗杆 d）锥面包络蜗杆

（3）法向直廓蜗杆（ZN 蜗杆，图 9-2c） 法向直廓蜗杆的端面齿形是延伸渐开线，在法面内，两侧齿廓均为直线。在车床上用成形刀具加工时，刀具的切削刃顶面位于蜗杆法面内（垂直于蜗杆分度圆柱螺旋线的平面）。车削的 ZN 型蜗杆精度低，但可用小的梯形圆盘砂轮在普通螺纹磨床上进行磨削，磨削后可得到极接近于法向直廓蜗杆的齿廓，相应的切制蜗轮的滚刀也可用同样的方法磨削。ZN 型蜗杆多用于分度机构中。

(4) 锥面包络蜗杆（ZK 蜗杆，图 9-2d） 这种蜗杆的齿面由锥面盘状铣刀或砂轮包络加工而成。不能车削，只能用铣床和磨床加工。由于可以磨削，故制造精度较高。

2. 圆弧圆柱蜗杆传动（ZC 蜗杆）

圆弧圆柱蜗杆的轴面齿廓为凹弧形，其螺旋面需用切削刃为凸圆弧形的成形刀具加工。与之相配的蜗轮齿廓则为凸弧形。其主要特点有：效率高，可达 90%以上；承载能力大，一般比普通圆柱蜗杆传动高出 50%以上；结构紧凑等。详细内容请查阅有关文献。

（二）环面（弧面）蜗杆传动

环面蜗杆的外形是圆弧回转面，蜗杆沿蜗轮的节圆包着蜗轮。其特点是：同时啮合的轮齿对数多，轮齿间易于形成油膜，承载能力高，效率可达 0.8~0.9。但是，需要较高的制造、安装精度。

（三）锥蜗杆传动

锥蜗杆的外形为圆锥形，其特点是：同时啮合的齿数多，承载能力高，效率高，传动平稳；侧隙便于调整，制造安装简便；传动比范围大（10~360）；蜗轮可用淬火钢制成，节约有色金属。但正、反转时受力不同，承载能力和效率也不同。

扫码看视频

本章着重介绍普通圆柱蜗杆传动及其设计方法。

三、蜗杆传动的精度等级及其选择

由于蜗杆传动轮齿的刚度比齿轮传动大，所以制造精度对传动的影响比齿轮传动更显著。国家标准为蜗杆传动规定了 12 个精度等级，常用的为 5~9 级。蜗杆传动精度等级的选择，主要取决于传递功率、使用条件及蜗轮圆周速度等，可参考表 9-1。

表 9-1 蜗杆传动的常用精度及其应用

精度等级	5 级	6 级	7 级	8 级	9 级
应用	齿轮机床分度副读数装置的精密传动、电动机调速传动等	齿轮机床或高精度机床的进给系统、工业用高速或重载调速器、一般读数装置	一般机床进给传动系统、工业用一般调速器及动力传动装置	圆周速度较小、每天工作时间较短的传动	低速、不重要的传动或手动机构
蜗轮圆周速度 v_2	≥7.5m/s	≥5m/s	≤7.5m/s	≤3m/s	≤1.5m/s

注：蜗轮圆周速度仅供参考，它还受材料、润滑、散热等其他条件的限制。

第二节 普通圆柱蜗杆传动的主要参数与几何尺寸

通过蜗杆轴线并与蜗轮轴线垂直的平面称为主平面（也称为中间平面）。蜗杆传动的主要参数和尺寸大多在主平面内确定。显然，主平面是蜗杆的轴面，是蜗轮的端面。

就普通圆柱蜗杆传动而言，蜗杆与蜗轮在主平面内相当于齿条与齿轮的啮合，其主要参数和尺寸大多以该平面内的为准。

一、普通圆柱蜗杆传动的主要参数

1. 模数 m 和压力角 α

为保证蜗杆与蜗轮的正确啮合，两者在主平面内的模数和压力角应分别相等，即蜗杆的轴面模数 m_{x1} 和轴面压力角 α_{x1} 应分别等于蜗轮的端面模数 m_{t2} 和端面压力角 α_{t2}。即

$$m_{x1}=m_{t2}=m,\ \alpha_{x1}=\alpha_{t2}=\alpha \tag{9-1}$$

普通圆柱蜗杆传动在主平面内的模数 m 须为标准值，见表 9-2。

国家标准规定，ZA 蜗杆的轴面压力角为标准值，即 $\alpha_x=20°$；ZI、ZN、ZK 蜗杆的法面压力角为标准值，即 $\alpha_n=20°$。蜗杆的轴面压力角 α_x 和法面压力角 α_n 之间的关系为

$$\tan\alpha_x=\frac{\tan\alpha_n}{\cos\gamma}\text{（}\gamma\text{ 为蜗杆导程角）} \tag{9-2}$$

2. 蜗杆的分度圆直径 d_1 和直径系数 q

为保证蜗杆与蜗轮的正确啮合，加工蜗轮的滚刀应与蜗杆的几何参数相同，如果随意设计蜗杆直径的话，则加工蜗轮的滚刀数量将会很多。为了限制滚刀的数目，便于刀具的标准化，对应于每个标准模数，国家标准都只给蜗杆分度圆直径 d_1 规定了有限的几个标准值，见表 9-2。设计时，d_1 必须取标准值。d_1 与模数 m 的比值称为蜗杆的直径系数，用 q 表示，即

$$q=\frac{d_1}{m}$$

表 9-2 普通圆柱蜗杆的基本参数（轴交角 90°）

模数 m/mm	蜗杆直径 d_1/mm	蜗杆头数 z_1	直径系数 q	m^2d_1 /mm³	模数 m/mm	蜗杆直径 d_1/mm	蜗杆头数 z_1	直径系数 q	m^2d_1 /mm³
1	18	1	18.000	18	6.3	(80)	1，2，4	12.698	3175
1.25	20	1	16.000	31		112	1	17.778	4445
	22.4	1	17.920	35	8	(63)	1，2，4	7.875	4032
1.6	20	1，2，4	12.500	51		80	1，2，4，6	10.000	5120
	28	1	17.500	72		(100)	1，2，4	12.500	6400
2	(18)	1，2，4	9.000	72		140	1	17.500	8960
	22.4	1，2，4	11.200	90	10	(71)	1，2，4	7.100	7100
	(28)	1，2，4	14.000	112		90	1，2，4，6	9.000	9000
	35.5	1	17.750	142		(112)	1，2，4	11.200	11200
2.5	(22.4)	1，2，4	8.960	140		160	1	16.000	16000
	28	1，2，4，6	11.200	175	12.5	(90)	1，2，4	7.200	14062
	(35.5)	1，2，4	14.200	222		112	1，2，4	8.960	17500
	45	1	18.000	281		(140)	1，2，4	11.200	21875
3.15	(28)	1，2，4	8.889	278		200	1	16.000	31250
	35.5	1，2，4，6	11.270	352	16	(112)	1，2，4	7.000	28672
	(45)	1，2，4	14.286	447		140	1，2，4	8.750	35840
	56	1	17.778	556		(180)	1，2，4	11.250	46080
4	(31.5)	1，2，4	7.875	504		250	1	15.625	64000
	40	1，2，4，6	10.000	640	20	(140)	1，2，4	7.000	56000
	(50)	1，2，4	12.500	800		160	1，2，4	8.000	64000
	71	1	17.750	1136		(224)	1，2，4	11.200	89600
5	(40)	1，2，4	8.000	1000		315	1	15.750	126000
	50	1，2，4，6	10.000	1250	25	(180)	1，2，4	7.200	112500
	(63)	1，2，4	12.600	1575		200	1，2，4	8.000	125000
	90	1	18.000	2250		(280)	1，2，4	11.200	175000
6.3	(50)	1，2，4	7.936	1984		400	1	16.000	250000
	63	1，2，4，6	10.000	2500					

注：带括号的蜗杆直径尽可能不用。

由于 m、d_1 都是标准值，所以 q 是导出值，不一定是整数。

选择较小的蜗杆分度圆直径 d_1，可使其导程角［参见式（9-3）］增大，传动效率［参见式（9-14）］提高。但蜗杆的刚度小，工作中的弯曲变形大。此外，导程角大的蜗杆加工比较困难。选用较大的分度圆直径 d_1，则可提高蜗杆的刚度，增大其圆周速度，容易形成润滑油膜。但同时使蜗杆导程角较小，导致传动效率降低。

3. 蜗杆导程角 γ

蜗杆导程角 γ 是指蜗杆分度圆柱螺旋线上任一点的切线与其端面之间所夹的锐角（参见图 9-4）。按下式计算

$$\tan\gamma=\frac{z_1 p_x}{\pi d_1}=\frac{z_1\pi m}{\pi d_1}=\frac{z_1 m}{d_1}=\frac{z_1}{q} \tag{9-3}$$

式中 p_x——蜗杆的轴向齿距；

z_1——蜗杆头数，即蜗杆上螺旋齿的条数。

蜗杆导程角小，则传动效率低，易自锁；导程角大，则传动效率高，但加工困难。

此外，蜗杆螺旋方向（旋向）也有左旋和右旋之分，常用右旋，判断方法与螺纹相同。

为保证蜗杆与蜗轮的正确啮合，除了要满足式（9-1）以外，还要求蜗轮的螺旋角 β 等于蜗杆的导程角 γ，且两者旋向应相同（参见图 9-8）。则蜗杆传动的正确啮合条件为：$m_{x1}=m_{t2}=m$，$\alpha_{x1}=\alpha_{t2}=\alpha$；$\gamma=\beta$（旋向相同）。

4. 蜗杆头数 z_1 和蜗轮齿数 z_2

蜗杆头数少（如单头蜗杆）可以实现较大的传动比，易实现自锁，但传动效率较低；蜗杆头数越多，传动效率越高，但制造困难。因此，传递功率不大及要求蜗杆传动实现反行程自锁时，取 $z_1=1$；需要传递功率较大时，常取 $z_1\geqslant 2$。

常用的蜗杆头数为 1、2、4、6。设计时，通常根据传动比选择蜗杆头数 z_1，参见表9-3。

表 9-3 蜗杆头数 z_1 的荐用值

传动比 i	5~8	7~16	15~32	30~80
z_1	6	4	2	1

蜗轮齿数 $z_2=iz_1$。当 $z_2<26$ 时，传动的啮合区将急剧减小。当 $z_2\geqslant 30$ 时，蜗杆传动可实现两对齿同时啮合。如 z_2 过大，由于蜗轮直径增大，将导致蜗杆的支承间距加大，刚度下降，影响蜗轮与蜗杆的啮合。故为保证传动的平稳性和蜗杆具有足够的刚度，一般取 $z_2=28\sim80$。

5. 传动比 i

与齿轮传动相同，蜗杆传动的传动比也等于齿数的反比，但不等于分度圆直径的反比，即

$$i=\frac{n_1}{n_2}=\frac{z_2}{z_1}\quad\left(\neq\frac{d_2}{d_1}\right) \tag{9-4}$$

式中 n_1、n_2——蜗杆和蜗轮的转速（r/min）；

z_1、z_2——蜗杆头数和蜗轮齿数；

d_1、d_2——蜗杆和蜗轮分度圆直径（mm）。

6. 中心距

蜗杆传动的标准中心距（蜗杆、蜗轮分度圆相切时的中心距）计算式为

$$a=\frac{1}{2}(d_1+d_2)=\frac{1}{2}m(q+z_2) \tag{9-5}$$

标准蜗杆减速装置中心距的常用值为：40，50，63，80，100，125，160，180，200，225，250，280，315，355，400，450，500mm。

二、蜗杆传动的变位

蜗杆传动的变位主要是蜗轮变位。如图 9-3 所示，与加工变位齿轮相同，在滚切蜗轮时，把刀具相对蜗轮毛坯径向移位，使刀具的分度线不再与被加工蜗轮的分度圆相切，这样加工出的即为变位蜗轮。由于滚刀的尺寸是不变的，而蜗杆相当于滚刀（除了蜗杆的顶圆直径稍小以外，两者的其他尺寸均相同），所以变位的蜗杆传动中，蜗杆尺寸不变，改变的只是蜗轮尺寸。由于蜗杆传动具有与齿条传动一样的啮合特性，而蜗杆相当于齿条，蜗轮相当于齿轮，所以变位以后，只是蜗杆节圆有所改变，而蜗轮节圆仍与分度圆重合。

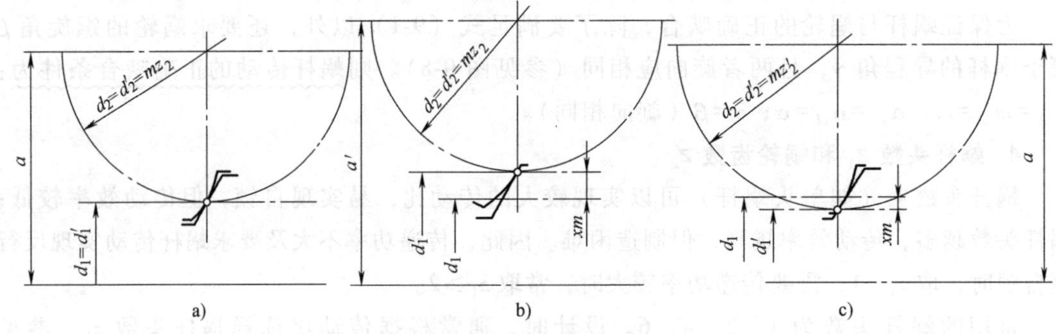

图 9-3 蜗杆传动的变位

a）未变位，$x=0$ b）正变位，$x>0$ c）负变位，$x<0$

蜗杆传动变位的目的主要是调整中心距或调整传动比，而强度方面的考虑是次要的。如采用正变位，可提高蜗轮轮齿的强度；采用负变位，可改善啮合齿面间的摩擦磨损状况。蜗轮变位系数的推荐值为$-0.5\leqslant x\leqslant 0.5$。

未变位蜗杆传动的中心距 $a=\frac{1}{2}(d_1+d_2)=\frac{1}{2}m(q+z_2)$

变位蜗杆传动的中心距 $a'=a+xm=\frac{1}{2}(d_1+2xm+d_2)=\frac{1}{2}m(q+2x+z_2)$

由此可求出，为了将中心距由 a 调整为 a'所需的变位系数 x 为

$$x=\frac{a'-a}{m}=\frac{a'}{m}-\frac{1}{2}(q+z_2) \tag{9-6}$$

在保证蜗杆传动中心距不变的情况下，可通过将蜗轮齿数由 z_2 调整为 z_2'实现对传动比的微调，调整后采用变位蜗轮，所需变位系数为 x，则有

$$\frac{1}{2}m(q+z_2)=\frac{1}{2}m(q+2x+z_2')$$

则
$$x=\frac{1}{2}(z_2-z_2') \tag{9-7}$$

当蜗轮齿数增加或减少一个时，$z_2-z_2'=\pm1$，$x=\mp0.5$；当蜗轮齿数增加或减少两个时，$z_2-z_2'=\pm2$，$x=\mp1$；由于变位系数的取值范围受到限制，蜗轮齿数只能微调，所以，传动比的调整范围极为有限。

三、蜗杆传动的几何尺寸计算

普通圆柱蜗杆传动的基本几何尺寸如图 9-4 所示，其计算公式见表 9-4。

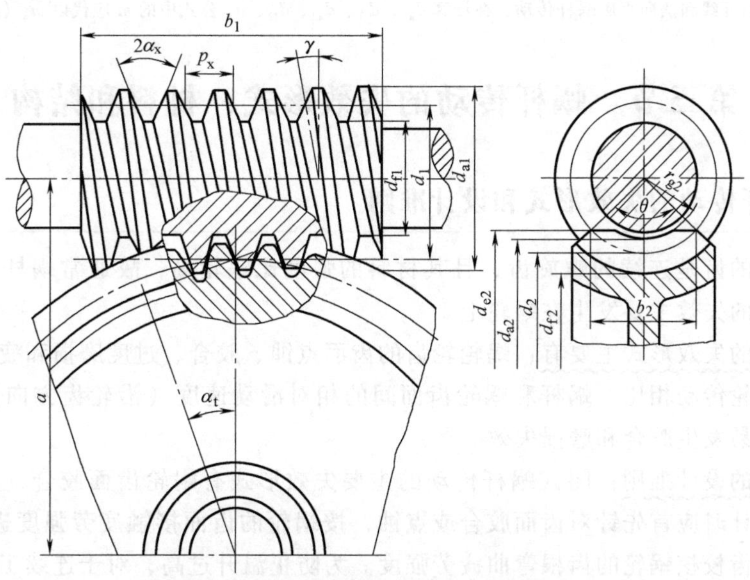

图 9-4 普通圆柱蜗杆传动的基本几何尺寸

表 9-4 普通圆柱蜗杆传动的基本几何尺寸计算公式（轴交角 90°）

基本尺寸	计算公式
蜗杆轴向齿距	$p_x=\pi m$
蜗杆导程	$p_z=\pi m z_1$
中心距	$a=\frac{1}{2}(d_1+d_2)=\frac{1}{2}m(q+z_2)$，$a'=\frac{1}{2}(d_1+2xm+d_2)=\frac{1}{2}m(q+2x+z_2)$
蜗杆分度圆直径	d_1 为标准值，见表 9-2
蜗杆直径系数	$q=\frac{d_1}{m}$
蜗杆齿顶圆直径	$d_{a1}=d_1+2h_a^* m$，其中齿顶高系数 $h_a^*=1$
蜗杆齿根圆直径	$d_{f1}=d_1-2m(h_a^*+c^*)$，其中顶隙系数 $c^*=0.2$
蜗杆节圆直径	$d_1'=d_1+2xm=m(q+2x)$
蜗杆分度圆柱导程角 γ	$\tan\gamma=mz_1/d_1=z_1/q$
蜗杆节圆柱导程角 γ'	$\tan\gamma'=z_1/(q+2x)$
蜗杆齿宽	建议取 $b_1\approx2m\sqrt{z_2+1}$
渐开线蜗杆基圆直径	$d_{b1}=d_1\tan\gamma/\tan\gamma_b=mz_1/\tan\gamma_b$
渐开线蜗杆基圆柱导程角 γ_b	$\cos\gamma_b=\cos\alpha_n\cos\gamma$
蜗轮分度圆直径	$d_2=mz_2=2a'-d_1-2xm$
蜗轮喉圆直径	$d_{a2}=d_2+2m(h_a^*+x)$

（续）

基本尺寸	计算公式
蜗轮齿根圆直径	$d_{f2}=d_2-2m(h_a^*-x+c^*)$
蜗轮外径	$d_{e2}\approx d_{a2}+m$
蜗轮咽喉母圆半径	$r_{g2}=a'-\dfrac{d_{a2}}{2}$
蜗轮节圆直径	$d_2'=d_2$
蜗轮齿宽	建议取 $b_2\approx 2m(0.5+\sqrt{q+1})$
蜗轮齿宽角	$\theta=2\arcsin\dfrac{b_2}{d_1}$

注：$\gamma>15°$的渐开线和法向直廓蜗杆传动，在计算 d_{a1}、d_{f1}、d_{a2}、d_{f2}、d_{e2}公式中的 m 应代以 m_n（$m_n=m\cos\gamma$）。

第三节　蜗杆传动的失效形式、材料和结构

一、蜗杆传动的失效形式和设计准则

由于蜗杆的齿是连续的螺旋齿，且其材料的强度比蜗轮高，故通常蜗杆不会失效。因此，蜗杆传动的失效主要发生在蜗轮上。

蜗杆传动的失效形式主要有：蜗轮轮齿的齿面点蚀、胶合、过度磨损和疲劳断齿等。与平行轴圆柱齿轮传动相比，蜗杆和蜗轮齿面间的相对滑动速度（沿轮齿方向）大，发热量大，因而更容易发生胶合和磨损失效。

蜗杆传动的设计准则：闭式蜗杆传动的主要失效形式有蜗轮齿面胶合、点蚀和疲劳断齿。所以，设计时应首先针对齿面胶合或点蚀，按蜗轮的齿面接触疲劳强度进行设计计算，再针对疲劳断齿校核蜗轮的齿根弯曲疲劳强度。为防止温升过高，对于连续工作的闭式蜗杆传动，还应进行热平衡计算。开式蜗杆传动的主要失效形式有蜗轮齿面磨损和轮齿折断。但由于针对磨损失效还没有一个完善的计算方法，所以通常只计算蜗轮的齿根弯曲疲劳强度。

另外，对于工作中有短期过载或尖峰载荷的蜗杆传动，还需进行静强度计算。

二、蜗杆传动的常用材料

蜗杆和蜗轮的材料不仅要求有足够的强度，更重要的是配对的材料应具有较好的减摩、耐磨、抗胶合、易磨合等性能。

蜗杆的常用材料为优质碳钢和合金钢。为了提高耐磨性和抗胶合能力，蜗杆齿面与蜗轮齿面要有一定的硬度差，故常对蜗杆齿面进行调质或淬火处理而获得较高的硬度，并经抛光或磨削。高速重载的蜗杆常用材料为20Cr、20CrMnTi渗碳淬火或45钢、40Cr表面淬火；低速、中轻载蜗杆的材料可选用45钢调质。具体可参照表9-5。

表9-5　蜗杆常用材料及热处理

蜗杆材料	热处理	硬度	表面粗糙度 Ra 值/μm
40、45、40Cr、40CrNi、42SiMn	表面淬火	(45～55)HRC	1.60～0.80
20Cr、20CrMnTi、12CrNi3A	表面渗碳淬火	(58～63)HRC	1.60～0.80
45	调质	≤270HBW	6.3

蜗轮常用材料有铸造锡青铜（ZCuSn10P1、ZCuSn5Pb5Zn5）、铝青铜（ZCuAl10Fe3）、灰

铸铁（HT200、HT150）等。锡青铜易磨合，耐磨性好，抗胶合能力强，但抗点蚀能力差，且价格较高，用于齿面相对滑动速度高的重要场合；铝青铜的硬度比锡青铜高，强度高，价格便宜，抗点蚀能力较强，但抗胶合能力和耐磨性较差，用于相对滑动速度 $v_s \leqslant 8\text{m/s}$ 的场合；在低速（$v_s \leqslant 2\text{m/s}$）、轻载的场合，蜗轮材料也可选用灰铸铁。常用材料见表 9-6。从表中可以看出蜗轮材料的力学性能与铸造工艺有关。

表 9-6　常用的蜗轮材料及其力学性能　　（单位：MPa）

材料强度极限	ZCuSn10P1		ZCuSn5Pb5Zn5			ZCuAl10Fe3 ZCuAl10Fe3Mn2			HT200	HT150
	砂型	金属型	砂型	金属型	离心铸	砂型	金属型	离心铸	砂型	砂型
抗拉强度 R_m	220	250	180	200	200	400	500	500	200	150
屈服强度 R_{eL}	140	200	80	80	90	200	200			
抗弯强度 R_{bb}									400	330
适用滑动速度 $v_s/\text{m}\cdot\text{s}^{-1}$	≤12	≤26	≤10	≤12		≤8			≤2	

三、蜗杆和蜗轮的结构

1. 蜗杆的结构

蜗杆螺旋部分的直径不大，所以常和轴做成一个整体，称为蜗杆轴。常见的蜗杆轴结构如图 9-5 所示。图 9-5a 所示的结构既可以车制，也可以铣制。图 9-5b 所示的结构由于齿根圆直径小于相邻轴段直径，因此只能铣制。两者相比较，显然图 9-5b 所示蜗杆轴的刚度较大。当蜗杆螺旋部分的直径大到允许与轴分开时，则蜗杆与轴做成装配式比较合理。

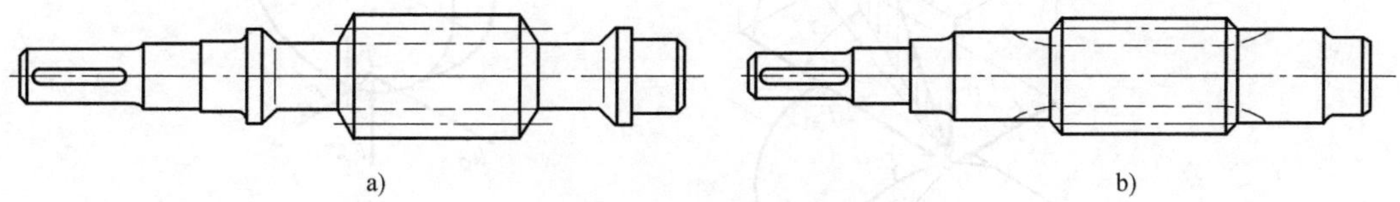

图 9-5　常见的蜗杆轴结构

2. 蜗轮的结构

蜗轮结构有整体式和组合式两种。铸铁蜗轮和小尺寸的青铜蜗轮常采用整体式结构（图 9-6a）。对于较大尺寸的蜗轮，为了节省有色金属，采用组合式结构，齿圈用青铜制作，轮芯用铸铁或碳素钢制作。轮芯与齿圈常用的连接方式如图 9-6b、c、d 所示。图 9-6b 所示

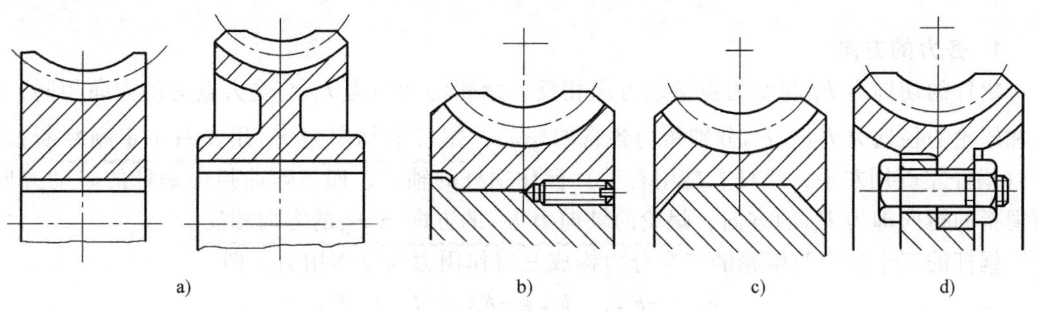

图 9-6　蜗轮的结构

a）整体式蜗轮　b）配合式蜗轮　c）拼铸式蜗轮　d）螺栓连接式蜗轮

是利用过盈配合将齿圈装在轮芯上，为了提高连接的可靠性，常在接合缝处拧上螺钉，螺钉孔中心线应偏向较硬的轮芯一侧，以便于钻孔；图 9-6c 所示是在轮芯上加铸青铜齿圈，然后切齿，常用于成批制造的蜗轮；当蜗轮直径较大或容易磨损时，齿圈和轮芯可采用螺栓连接（图 9-6d）。

蜗轮各部分的结构尺寸可参阅机械设计手册。

第四节　蜗杆传动的受力分析、效率和润滑

一、蜗杆传动的受力分析

蜗杆传动的受力分析和斜齿轮传动相似，由于蜗杆传动的摩擦损失大，在进行受力分析时，本应考虑齿面间的摩擦力。但为了简化分析和计算，常略去摩擦力的影响，并把作用在轮齿上的分布力简化为集中作用于主平面内节点上的法向力 F_n。蜗杆和蜗轮轮齿所受的法向力 F_n 均可以分解为三个相互垂直的分力：切向力、径向力和轴向力。图 9-7 所示为右旋蜗杆为主动件，并沿图示方向回转时蜗杆和蜗轮的受力情况。

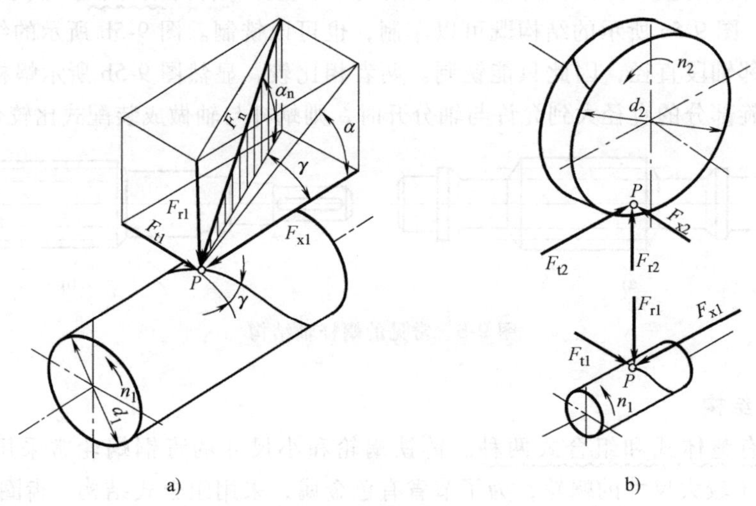

图 9-7　蜗杆传动的受力分析

1. 各力的方向

蜗杆的切向力 F_{t1} 与受力点运动方向相反，蜗轮的切向力 F_{t2} 与受力点运动方向相同；蜗杆和蜗轮的径向力 F_{r1}、F_{r2} 分别指向各自的轮心；蜗杆的轴向力 F_{x1} 用左右手定则判断：用手（蜗杆左旋用左手，蜗杆右旋用右手）握住蜗杆的轴线，四指弯曲指向蜗杆的转动方向，则拇指的指向即为 F_{x1} 的方向；蜗轮的轴向力 F_{x2} 的方向与 F_{t1} 的方向相反。

蜗杆的三个分力与蜗轮的三个分力构成三对作用力与反作用力，即

$$F_{x1}=-F_{t2},\quad F_{x2}=-F_{t1},\quad F_{r1}=-F_{r2}$$

记住它们的关系，有助于判断各力的方向。

需要注意以下两点：①灵活运用左右手定则，只要已知蜗杆的转向、旋向和轴向力 F_{x1}

的方向这三个要素中的任意两个，就可以判断出第三个；②只要知道蜗杆和蜗轮的转动方向，就可以确定蜗杆、蜗轮的切向力方向。

2. 各力的大小

通常可按下列公式简化计算各力的大小：

$$\left.\begin{aligned}F_{t1}&=F_{x2}=\frac{2T_1}{d_1}\\F_{t2}&=F_{x1}=\frac{2T_2}{d_2}\\F_{r1}&=F_{r2}\approx F_{t2}\tan\alpha\\F_n&\approx\frac{2T_2}{d_2\cos\alpha_n\cos\gamma}\end{aligned}\right\}\tag{9-8}$$

式中　T_1——蜗杆的工作转矩（N·mm）；

T_2——蜗轮的工作转矩（N·mm），$T_2=T_1 i\eta_1$（η_1 为啮合效率）；

α、α_n——蜗杆的轴面压力角和法面压力角，$\tan\alpha_n=\tan\alpha\cos\gamma$；

d_1、d_2——蜗杆、蜗轮的分度圆直径（mm）；

γ——蜗杆导程角。

3. 蜗杆传动的计算载荷

与齿轮传动一样，由式（9-8）计算的 F_t、F_n 等各力为名义载荷。用载荷系数 K 考虑附加动载荷等因素的影响，则蜗杆传动齿面单位接触线长度上的计算载荷为

$$\left.\begin{aligned}\frac{F_{nc}}{L}&=\frac{KF_n}{L}\\K&=K_AK_VK_\beta\end{aligned}\right\}\tag{9-9}$$

式中　K_A——工作情况系数，见表 9-7。

K_V——动载荷系数。由于蜗杆传动比齿轮传动运转平稳，所以 K_V 值较小。当蜗轮圆周速度 $v_2\leqslant 3$m/s 时，$K_V=1\sim1.1$；当 $v_2>3$m/s 时，$K_V=1.1\sim1.2$。

K_β——齿向载荷分布系数。载荷平稳时，载荷分布不均匀现象将由于工作表面良好的磨合得到改善，取 $K_\beta=1$；载荷不稳定时，由于蜗杆的变形不确定，难以用磨合方法使载荷分布均匀，取 $K_\beta=1\sim1.3$，刚度大的蜗杆取小值，反之取大值；当有冲击振动载荷时，$K_\beta=1.3\sim1.6$。

L——蜗轮齿面的接触线长度。

表 9-7　工作情况系数 K_A

动力机	工作机		
	载荷均匀	中等冲击	严重冲击
电动机、汽轮机	0.8~1.25	0.9~1.5	1.0~1.75
多缸内燃机	0.9~1.50	1.0~1.75	1.25~2.0
单缸内燃机	1.0~1.75	1.25~2.0	1.5~2.25

注：小值用于每日偶尔工作，大值用于长期连续工作。

蜗轮轮齿的弧长为 $\pi d_1\theta/(360°\cos\gamma)$。考虑到重合度和接触线长度变化的影响，最小接

触线长度可近似按下式计算：

$$L=\chi\varepsilon_{\alpha}\frac{\pi d_1\theta}{360°\cos\gamma} \tag{9-10}$$

式中 χ——接触线长度变化系数，可取$\chi=0.75$；

ε_{α}——端面重合度，设计蜗杆传动时，一般要保证至少有两对齿同时啮合，故取$\varepsilon_{\alpha}=2$；

θ——蜗轮齿宽角（参见图9-4），通常取$\theta=100°$。

将上述各参数的取值代入式（9-10）可得$L=\frac{1.31d_1}{\cos\gamma}$，将其代入式（9-9）则得

$$\frac{F_{nc}}{L}=\frac{KF_n}{L}=\frac{2KT_2}{d_2\cos\gamma\cos\alpha_n}\frac{\cos\gamma}{1.31d_1}=\frac{1.62KT_2}{d_1d_2} \tag{9-11}$$

二、蜗杆传动的相对滑动速度

如图9-8所示，圆柱蜗杆传动的齿面相对滑动速度v_s必然沿着齿面螺旋线的方向。设v_1和v_2分别为蜗杆与蜗轮在节点处的圆周速度，由于蜗杆与蜗轮两轴轴交角为90°，因此蜗杆与蜗轮齿面的相对滑动速度为

$$v_s=\frac{v_1}{\cos\gamma}=\frac{v_2}{\sin\gamma}=\sqrt{v_1^2+v_2^2} \tag{9-12}$$

由式（9-12）可知相对滑动速度v_s比v_1和v_2都大，这导致啮合齿面之间的摩擦大，传动效率低，发热量大。另外，v_s对齿面的磨损、胶合以及润滑情况也有很大影响，一般应限制$v_s\leqslant15\text{m/s}$。

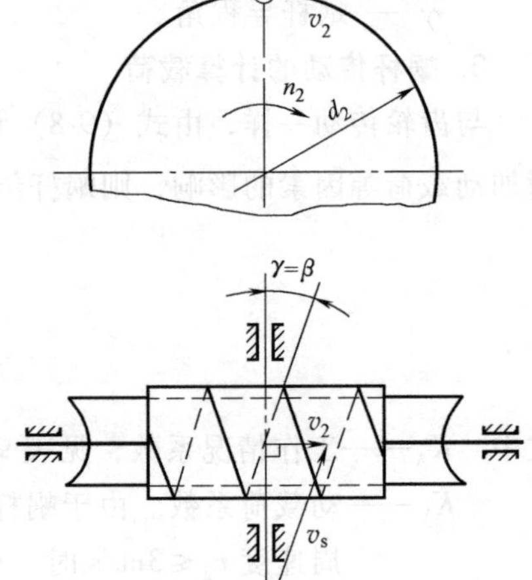

图9-8 蜗杆传动的相对滑动速度

三、蜗杆传动的效率

与齿轮传动一样，闭式蜗杆传动的功率损耗一般包括三个部分，即啮合摩擦损耗、轴承摩擦损耗及浸入油池中的零件搅油损耗。因此蜗杆传动的效率为

$$\eta=\eta_1\eta_2\eta_3 \tag{9-13}$$

$$\eta_1=\frac{\tan\gamma}{\tan(\gamma+\rho')}\text{（蜗杆主动）} \tag{9-14}$$

式中 η_1——啮合效率；

η_2——蜗杆传动中轴承的效率，滚动轴承$\eta_2=0.99$，滑动轴承$\eta_2=0.98$；

η_3——考虑搅油损耗的效率，一般取$\eta_3=0.96\sim0.99$；

γ——蜗杆导程角；

ρ'——当量摩擦角，根据相对滑动速度v_s查表9-8确定。由于v_s越大，齿面之间越容易形成润滑油膜（即动压油膜），故ρ'随v_s的增大而逐渐减小。

初步计算时，可根据蜗杆头数z_1近似确定蜗杆传动的啮合效率η_1，见表9-9。

表 9-8 圆柱蜗杆传动的当量摩擦角 ρ′

蜗轮齿圈材料	锡青铜		无锡青铜	灰铸铁	
蜗杆齿面硬度	≥45HRC	<45HRC	≥45HRC	≥45HRC	<45HRC
滑动速度 v_s/m·s^{-1}	当量摩擦角 ρ′				
0.25	3°43′	4°17′	5°43′	5°43′	6°51′
0.50	3°09′	3°43′	5°09′	5°09′	5°43′
1.0	2°35′	3°09′	4°00′	4°00′	5°09′
1.5	2°17′	2°52′	3°43′	3°43′	4°34′
2.0	2°00′	2°35′	3°09′	3°09′	4°00′
2.5	1°43′	2°17′	2°52′		
3.0	1°36′	2°00′	2°35′		
4.0	1°22′	1°47′	2°17′		
5.0	1°16′	1°40′	2°00′		
8.0	1°02′	1°29′	1°43′		
10	0°55′	1°22′			
15	0°48′	1°09′			
24	0°45′				

注：1. 中间值可用插入法求得。

2. 硬度≥45HRC 的蜗杆其 ρ′值是指齿面表面粗糙度 Ra 值为 0.2~0.8μm，经磨合并有充分润滑的情况。

表 9-9 η_1 的近似值

z_1	1	2	4，6
η_1	0.66~0.77	0.77~0.87	0.87~0.94

四、蜗杆传动的润滑

蜗杆传动润滑的主要目的在于减轻摩擦、磨损并散热。良好的润滑对于防止齿面的过大磨损、胶合和点蚀，提高传动的承载能力和效率，延长使用寿命等，都具有重要的意义。

1. 润滑油及给油方法的选择

一般根据相对滑动速度及载荷类型选择润滑油及给油方法。由于蜗杆传动齿面承受的压力大，大多处于边界摩擦状态，传动效率低，温升高，因此蜗杆传动的润滑油必须具有较高的黏度和足够的极压性，推荐使用复合型齿轮油或适宜的中等级极压齿轮油。对于不重要的或低速的蜗杆传动，可选用黏度较高的矿物油。为提高抗胶合能力，通常在润滑油中加入相应的添加剂。但应注意，当蜗轮材料为青铜时，添加剂中不能含有对青铜有腐蚀作用的硫、磷等物质。

蜗杆传动的荐用润滑油黏度和给油方法见表 9-10。

表 9-10 蜗杆传动的荐用润滑油黏度和给油方法

滑动速度 v_s/m·s^{-1}	0~1	1~2.5	2.5~5	>5~10	>10~15	>15~25	>25
润滑油黏度 ν_{40}/mm^2·s^{-1}	1000	580	270	220	130	90	68
给油方法	油池润滑			喷油或油池润滑	喷油润滑		

蜗杆传动的润滑方法主要有油池润滑和喷油润滑。齿面的相对滑动速度较低时，采用油池润滑；速度较高时，应采用压力喷油润滑，喷油嘴应对准蜗杆啮入端，而且要控制一定的油压，以防止粘到齿面上的油由于离心力的作用被甩出去而到不了啮合区。

2. 蜗杆的布置及浸油深度

蜗杆传动有蜗杆上置和蜗杆下置两种布置方式。当采用浸油润滑时，如蜗杆的圆周速度

v_1 比较低，一般采用蜗杆下置的方式；如 $v_1>4\sim5\text{m/s}$，为避免搅油损失过大，应采用蜗杆上置的方式；当蜗杆下置结构有困难时，也可采用蜗杆上置的方式。

闭式蜗杆传动采用油池润滑时，油池应有适当的深度，确保有适当的油量，以免油很快老化和泛起沉积物，而且也有利于散热。蜗杆下置时，浸油量至少为一个齿高，但不能超过滚动轴承最低滚动体的中心。蜗杆上置时，浸油深度为蜗轮半径的 1/6~1/3。

第五节　普通圆柱蜗杆传动的承载能力计算

由于失效主要发生在蜗轮的轮齿上，所以，蜗杆传动的承载能力计算主要包括蜗轮的齿面接触疲劳强度计算（防止点蚀或胶合）、齿根弯曲疲劳强度计算（防止疲劳断齿）和静强度计算（防止过载破坏），此外还包括蜗杆的刚度计算和传动系统的热平衡计算（防止温度过高）。

一、蜗轮齿面的接触疲劳强度计算

齿面接触疲劳强度计算应满足的强度条件仍为

$$\sigma_H \leqslant [\sigma_H] \tag{9-15}$$

与齿轮传动相同，也以节点为计算点，即计算蜗杆与蜗轮的轮齿在节点啮合时的齿面接触应力 σ_H，并以此为依据判定是否满足强度条件。

仍以赫兹公式［见第八章式（8-4）］为基础建立蜗轮齿面接触应力 σ_H 的计算公式。

在主平面上，普通圆柱蜗杆相当于齿条，取蜗杆的曲率半径 $\rho_1=\infty$；而蜗轮相当于斜齿圆柱齿轮，故可按斜齿圆柱齿轮确定蜗轮的曲率半径 ρ_2，则有

$$\rho_2=\frac{d_2\sin\alpha}{2\cos\beta}=\frac{d_2\sin\alpha}{2\cos\gamma}$$

于是

$$\frac{1}{\rho}=\frac{1}{\rho_1}+\frac{1}{\rho_2}=\frac{2\cos\gamma}{d_2\sin\alpha} \tag{9-16}$$

将式（9-11）和式（9-16）代入式（8-4）整理可得 σ_H 的计算式，再将其代入式（9-15）可得蜗轮齿面的接触疲劳强度校核式为

$$\sigma_H=Z_E\sqrt{\frac{9.47KT_2}{d_1d_2^2}\cos\gamma}\leqslant[\sigma_H] \tag{9-17}$$

式中　Z_E——弹性系数（$\sqrt{\text{MPa}}$），查表 8-6；

T_2——蜗轮的工作转矩（N·mm）；

d_1、d_2——蜗杆和蜗轮的分度圆直径（mm）；

$[\sigma_H]$——蜗轮许用接触应力（MPa），见表 9-11。

关于表 9-11 中蜗轮许用应力 $[\sigma_H]$ 的说明：对于铸造锡青铜蜗轮，其 $[\sigma_H]$ 与应力循环次数有关，可见，$[\sigma_H]$ 是根据抗点蚀能力制定的，故其齿面接触疲劳强度计算的出发点是防止“点蚀”失效；对于铸造铝青铜和铸铁蜗轮，其 $[\sigma_H]$ 与齿面相对滑动速度 v_s 有关，可见，$[\sigma_H]$ 是根据抗胶合能力制定的，故其齿面接触疲劳强度计算的出发点是防止“胶合”失效。

表 9-11 蜗轮的许用应力 （单位：MPa）

蜗轮材料	许用接触应力$[\sigma_H]$	许用弯曲应力$[\sigma_F]$
ZCuSn10P1 ZCuSn5Pb5Zn5 其他类似青铜 （钢蜗杆）	$[\sigma_H]=(0.75\sim0.9)R_m\sqrt[8]{\frac{10^7}{N_V}}$ $N_V=60\sum_i\left(\frac{T_{2i}}{T_{2max}}\right)^4 n_{2i}t_i$ 若$N_V>25\times10^7$，取$N_V=25\times10^7$。当v_s较小时，$[\sigma_H]$可稍增大 硬度≥45HRC磨削并抛光的钢蜗杆，可用较大的系数	轮齿单面受力 $[\sigma_F]=(0.25R_{eL}+0.08R_m)\sqrt[9]{\frac{10^6}{N_V}}$ 轮齿双面受力 $[\sigma_F]=0.16R_m\sqrt[9]{\frac{10^6}{N_V}}$ $N_V=60\sum_i\left(\frac{T_{2i}}{T_{2max}}\right)^9 n_{2i}t_i$ 若$N_V\leqslant10^6$，取$N_V=10^6$ 若$N_V>25\times10^7$，取$N_V=25\times10^7$
ZCuAl10Fe3 ZCuAl10Fe3Mn2 （钢蜗杆，淬硬）	$[\sigma_H]=300-25v_s$ v_s—滑动速度(m/s)	
HT200、HT150 （钢蜗杆）	$[\sigma_H]=210-35v_s$	单面受力 $[\sigma_F]=0.12R_{bb}$ 双面受力 $[\sigma_F]=0.075R_{bb}$

注：1. T_{2max}—在1~K个循环中较长期作用的最大转矩；T_{2i}、n_{2i}、t_i—转矩循环图中第i个蜗轮转矩及其相应的转速（r/min）和工作时数（h）。

2. R_m、R_{eL}、R_{bb}——蜗轮材料的抗拉强度、屈服强度和抗弯强度，见表9-6。

3. 与表面硬度>45HRC、磨制蜗杆相配的蜗轮，由于磨损减小，故$[\sigma_F]$值允许提高25%。

将$d_2=mz_2$代入式（9-17），整理可得

$$m^2d_1\geqslant9.47\cos\gamma KT_2\left(\frac{Z_E}{z_2[\sigma_H]}\right)^2 \tag{9-18}$$

由于$\tan\gamma=z_1/q$，选定z_1后，q值不同则γ值不同，所以，在q值未确定的情况下，可按γ的平均值近似计算$9.47\cos\gamma$的值，见表9-12。

表 9-12 $9.47\cos\gamma$的值

z_1	1	2	4	6
γ	3°~8°	8°~16°	16°~30°	28°~33.5°
$9.47\cos\gamma$	9.42	9.26	8.71	8.13

设计时，根据z_1的大小查表9-12得到$9.47\cos\gamma$的值，代入设计式（9-18）计算出m^2d_1的值后，由表9-2可具体确定m和d_1的值。

二、蜗轮齿根弯曲疲劳强度计算

由于蜗轮的齿形复杂，在主平面和平行于主平面的其他截面内，蜗轮的齿厚不同，要精确计算齿根的弯曲应力比较困难，一般把蜗轮近似按斜齿圆柱齿轮来考虑，进行弯曲疲劳强度计算。考虑到在与主平面平行的各截面内，蜗轮的齿厚加大使其弯曲疲劳强度比斜齿轮约高40%，故计算中引入增强系数1.4；又考虑到工作中允许齿厚有一定磨损，在设计时预留磨损量，需将齿厚加大20%，因此，引入补偿系数1.5。将这两个系数计入斜齿圆柱齿轮的强度计算公式，可得

$$\sigma_F = \frac{2KT_2}{b_2 d_2 m_n} Y_F Y_{s2} Y_\varepsilon Y_\beta \frac{1.5}{1.4} \leqslant [\sigma_F] \tag{9-19}$$

式中蜗轮轮齿的弧长 $b_2=\pi d_1\theta/(360°\cos\gamma)$，通常取蜗轮齿宽角 $\theta\approx100°$；蜗轮的法向模数 $m_n=m\cos\gamma$（m 为端面模数，即主平面内的模数）；对于蜗杆传动，重合度系数 $Y_\varepsilon=1/(\chi\varepsilon_\alpha)$，如前所述，取接触线长度变化系数 $\chi=0.75$，端面重合度 $\varepsilon_\alpha=2$，则 $Y_\varepsilon=1/(0.75\times2)=0.667$；而齿根应力修正系数 Y_{s2} 在许用应力 $[\sigma_F]$ 中考虑。

将上述各关系式和取值代入式（9-19），整理可得蜗轮的齿根弯曲疲劳强度校核式为

$$\sigma_F = \frac{1.64KT_2}{d_1 d_2 m} Y_F Y_\beta \leqslant [\sigma_F] \tag{9-20}$$

式中 Y_F——蜗轮齿形系数，按蜗轮的当量齿数 $z_v=\dfrac{z_2}{\cos^3\beta}$（注：$\beta=\gamma$）由表 9-13 查取；

Y_β——螺旋角系数，$Y_\beta=1-\dfrac{\beta}{140°}$；

$[\sigma_F]$——许用弯曲应力（MPa），见表 9-11。

式中其他参数的含义同前。

表 9-13 蜗轮齿形系数 Y_F

Z_v	20	24	26	28	30	32	35	37
Y_F	2.24	2.12	2.10	2.04	1.99	1.94	1.86	1.82
Z_v	40	45	50	60	80	100	150	300
Y_F	1.76	1.68	1.64	1.59	1.52	1.47	1.44	1.40

将 $d_2=mz_2$ 代入式（9-20），整理可得

$$m^2 d_1 \geqslant \frac{1.64KT_2}{z_2[\sigma_F]} Y_F Y_\beta \tag{9-21}$$

同样，根据计算出的 m^2d_1 值，查表 9-2 确定 m 和 d_1 的具体值。

三、蜗杆轴的刚度计算

如果蜗杆轴的刚度不足，工作中则会产生较大的弹性变形，引起轮齿上的载荷集中，加剧齿面磨损，影响轮齿的正常啮合。所以，对蜗杆轴进行刚度计算是很有必要的。

蜗杆轴应满足的刚度条件为

$$y = \frac{\sqrt{F_{t1}^2+F_{r1}^2}}{48EI} l^3 \leqslant [y] \tag{9-22}$$

式中，y——蜗杆轴的最大挠度（mm）；

$[y]$——蜗杆轴的许用最大挠度（mm）；$[y]=\dfrac{d_1}{1000}$，其中 d_1 是蜗杆分度圆直径；

F_{t1}、F_{r1}——蜗杆的切向力和径向力（N）；

E——蜗杆材料的弹性模量（MPa），钢制蜗杆 $E=2.06\times10^5$MPa；

I——蜗杆轴危险截面的惯性矩（mm^4），$I=\dfrac{\pi d_{f1}^4}{64}$，其中 d_{f1} 是蜗杆的齿根圆直

径（mm）；

l——蜗杆轴两轴承间的跨距（mm），初步计算时可取 $l=0.9d_2$，其中 d_2 是蜗轮的分度圆直径（mm）。

四、热平衡计算

由于蜗杆传动效率较低，工作中产生的热量多，对闭式蜗杆传动，如果产生的热量不能及时散出去，则系统的温度将过高，进而导致润滑失效，甚至产生胶合。所以，对闭式蜗杆传动，必须进行热平衡计算。

达到热平衡时，在单位时间内摩擦产生的热量等于散发出去的热量。即

$$1000(1-\eta)P_1=hA(t_1-t_0)$$

则

$$t_1=t_0+\frac{1000(1-\eta)P_1}{hA} \tag{9-23}$$

式中　P_1——蜗杆轴的输入功率（kW）；

η——蜗杆传动的效率；

t_1——润滑油的工作温度（°C），一般应低于 60~70°C，最高不超过 80°C；

t_0——环境空气温度，通常取 $t_0=20°C$；

h——表面的散热系数，一般取 $h=12\sim18\text{W}/(\text{m}^2\cdot\text{K})$；

A——箱体的可散热面积（m^2），指内表面能被润滑油飞溅到，且外表面能被周围空气所冷却的箱体面积，对于箱体有散热片的蜗杆传动，其散热面积为

$$A=0.33\left(\frac{a}{100}\right)^{1.75}\quad(a\text{ 为中心距}) \tag{9-24}$$

当 t_1 超过允许值时，可采取下列措施：

1）增加散热片以增大散热面积。

2）在蜗杆轴端安装风扇，加强通风（图 9-9a)。可使散热系数 h 增大为 $18\sim35\text{W}/(\text{m}^2\cdot\text{K})$，蜗杆转速高时取大值，转速低时取小值。

3）在油池内安装蛇形水管，采用循环水冷却（图 9-9b)。

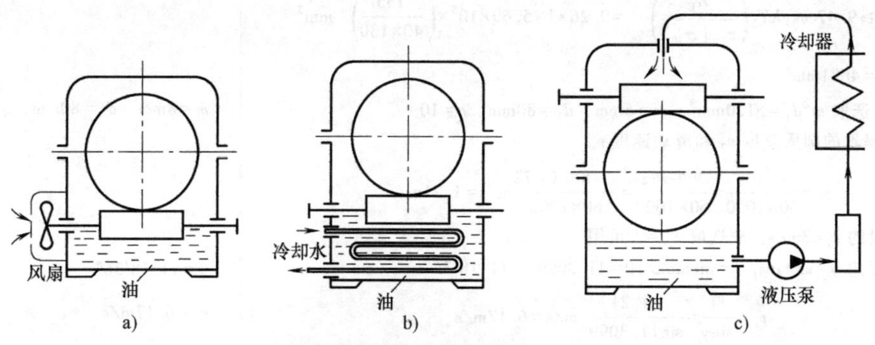

图 9-9　蜗杆传动的冷却方法

a）风扇冷却　b）冷却水冷却　c）压力喷油润滑

4）采用压力喷油润滑，并安装冷却器对润滑油进行冷却（图 9-9c)。

例 9-1 设计一带式输送机用闭式圆柱蜗杆减速传动。已知输入功率 $P_1=5.5\text{kW}$，电动机驱动，蜗杆转速 $n_1=1440\text{r/min}$，传动比 $i=20$。载荷平稳，预计使用寿命 10 年，每天工作 8h。

解

计算与说明	主要结果
1. 选择材料	
由表 9-5 和表 9-6，蜗杆选用 45 钢表面淬火，表面硬度为 45~55HRC；	蜗杆：45 钢表面淬火
蜗轮选 ZCuSn10P1 砂型铸造，$R_m=220\text{MPa}$、$R_{eL}=140\text{MPa}$	蜗轮：ZCuSn10P1 砂型铸造
2. 确定 z_1、z_2、n_2	
由表 9-3 确定蜗杆头数 $z_1=2$	$z_1=2$
$z_2=iz_1=20\times2=40$	$z_2=40$
$n_2=\dfrac{n_1}{i}=\dfrac{1440}{20}\text{r/min}=72\text{r/min}$	$n_2=72\text{r/min}$
3. 按蜗轮的齿面接触疲劳强度设计	
(1) 计算蜗轮工作转矩 T_2　由表 9-9 估计啮合效率 $\eta_1=0.82$，选用滚动轴承，取轴承效率 $\eta_2=0.99$，搅油效率 $\eta_3=0.96$	
$T_1=9.55\times10^6\dfrac{P_1\eta_2\eta_3}{n_1}=9.55\times10^6\times\dfrac{5.5\times0.99\times0.96}{1440}\text{N}\cdot\text{mm}$	
$=3.47\times10^4\text{N}\cdot\text{mm}$	$T_1=3.47\times10^4\text{N}\cdot\text{mm}$
$T_2=T_1\eta_1 i=3.47\times10^4\times0.82\times20\text{N}\cdot\text{mm}=5.69\times10^5\text{N}\cdot\text{mm}$	$T_2=5.69\times10^5\text{N}\cdot\text{mm}$
(2) 确定载荷系数 K　由表 9-7 查取工作情况系数 $K_A=1$	
初设蜗轮圆周速度 $v_2\leqslant3\text{m/s}$，取动载荷系数 $K_V=1$	
因载荷平稳，取齿向载荷分布系数 $K_\beta=1$	
故　$K=K_AK_VK_\beta=1\times1\times1=1$	
(3) 确定许用接触应力 $[\sigma_H]$　应力循环次数	
$N=60n_2t=60\times72\times10\times250\times8=8.64\times10^7$	
由表 9-11 得	
$[\sigma_H]=(0.75\sim0.9)R_m\sqrt[8]{\dfrac{10^7}{N}}=(0.75\sim0.9)\times220\times\sqrt[8]{\dfrac{10^7}{8.64\times10^7}}\text{MPa}$	
$=126\sim151\text{MPa}$	
取 $[\sigma_H]=130\text{MPa}$	$[\sigma_H]=130\text{MPa}$
(4) 设计确定蜗杆传动的主要参数　由于 $z_1=2$，查表 9-12 得 $9.47\cos\gamma=9.26$	
由表 8-6 查得弹性系数 $Z_E=155\sqrt{\text{MPa}}$	
将各有关参数代入式 (9-18) 得	
$m^2d_1\geqslant9.47\cos\gamma KT_2\left(\dfrac{Z_E}{z_2[\sigma_H]}\right)^2=9.26\times1\times5.69\times10^5\times\left(\dfrac{155}{40\times130}\right)^2\text{mm}^3$	
$=4681\text{mm}^3$	
由表 9-2 选取 $m^2d_1=5120\text{mm}^3$、$m=8\text{mm}$、$d_1=80\text{mm}$、$q=10$	$m=8\text{mm}$，$d_1=80\text{mm}$，$q=10$
4. 验算蜗轮的圆周速度 v_2 和滑动速度 v_s	
$v_2=\dfrac{\pi d_2n_2}{60\times1000}=\dfrac{\pi mz_2n_2}{60\times1000}=\dfrac{\pi\times8\times40\times72}{60\times1000}\text{m/s}=1.21\text{m/s}$	
符合初设的 $v_2<3\text{m/s}$，故选取 $K_v=1$ 可用	
蜗杆导程角 $\gamma=\arctan z_1/q=\arctan2/10=11.3099°=11°18'36''$	$\gamma=11°18'36''$
$v_s=\dfrac{v_2}{\sin\gamma}=\dfrac{1.21}{\sin11.3099°}\text{m/s}=6.17\text{m/s}$	$v_s=6.17\text{m/s}$
由于 $v_s<12\text{m/s}$，故蜗轮材料选 ZCuSn10P1 砂型铸造可用	
5. 计算传动效率	
根据 $v_s=6.17\text{m/s}$ 查表 9-8 可知，当量摩擦角 $\rho'=1°10'=1.167°$	
啮合效率　$\eta_1=\dfrac{\tan\gamma}{\tan(\gamma+\rho')}=\dfrac{\tan11.3099°}{\tan(11.3099°+1.167°)}=0.90$	

（续）

计算与说明	主要结果
蜗杆传动的效率　$\eta=\eta_1\eta_2\eta_3=0.9\times0.99\times0.96=0.855$	$\eta=0.855$
实际效率与初定效率比较接近，前面确定的参数可用	
6. 蜗杆传动的主要几何尺寸计算	
中心距　$a=\dfrac{1}{2}(d_1+mz_2)=\dfrac{1}{2}\times(80+8\times40)\text{mm}=200\text{mm}$	$a=200\text{mm}$
蜗轮分度圆直径　$d_2=mz_2=8\times40\text{mm}=320\text{mm}$	$d_2=320\text{mm}$
蜗杆齿顶圆直径 d_{a1} 和蜗轮喉圆直径 d_{a2}	
$d_{a1}=d_1+2h_a^*m=(80+2\times1\times8)\text{mm}=96\text{mm}$	$d_{a1}=96\text{mm}$
$d_{a2}=d_2+2h_a^*m=(320+2\times1\times8)\text{mm}=336\text{mm}$	$d_{a2}=336\text{mm}$
蜗杆齿根圆直径　$d_{f1}=d_1-2m(h_a^*+c^*)=[80-2\times8\times(1+0.2)]\text{mm}=60.8\text{mm}$	$d_{f1}=60.8\text{mm}$
7. 校核蜗轮轮齿的弯曲疲劳强度	
(1)计算齿根弯曲应力 σ_F	
蜗轮螺旋角 $\beta=\gamma=11.3099°$	$\beta=\gamma=11.3099°$
当量齿数　$z_v=z_2/\cos^3\beta=40/\cos^3 11.3099°=42.42$	
齿形系数 Y_F　由表 9-13 选取 $Y_F=1.72$	
螺旋角系数 Y_β　$Y_\beta=1-\dfrac{\beta}{140°}=1-\dfrac{11.3099°}{140°}=0.92$	
由式(9-20)可得	
$\sigma_F=\dfrac{1.64KT_2}{d_1d_2m}Y_FY_\beta=\dfrac{1.64\times1\times5.69\times10^5}{80\times320\times8}\times1.72\times0.92\text{MPa}=7.21\text{MPa}$	$\sigma_F=7.21\text{MPa}$
(2) 计算许用弯曲应力$[\sigma_F]$　由表 9-11 得	
$[\sigma_F]=(0.25R_{eL}+0.08R_m)\sqrt[9]{\dfrac{10^6}{N}}$	
$=(0.25\times140+0.08\times220)\times\sqrt[9]{\dfrac{10^6}{8.64\times10^7}}\text{MPa}=32.0\text{MPa}$	$[\sigma_F]=32.0\text{MPa}$
结论：满足强度条件　$\sigma_F\leqslant[\sigma_F]$	
8. 蜗杆轴的刚度计算	
许用挠度　$[y]=\dfrac{d_1}{1000}=\dfrac{80}{1000}\text{mm}=0.08\text{mm}$	$[y]=0.08\text{mm}$
蜗杆的切向力　$F_{t1}=\dfrac{2T_1}{d_1}=\dfrac{2\times3.47\times10^4}{80}\text{N}=867.5\text{N}$	
蜗杆的径向力　$F_{r1}\approx F_{t2}\tan\alpha=\dfrac{2T_2}{d_2}\tan\alpha=\dfrac{2\times5.69\times10^5}{320}\times\tan20°\text{N}$ $=1294.4\text{N}$	
蜗杆材料的弹性模量　$E=2.06\times10^5\text{MPa}$	
蜗杆轴的惯性矩　$I=\dfrac{\pi d_{f1}^4}{64}=\dfrac{3.14\times60.8^4}{64}\text{mm}^4=670444\text{mm}^4$	
跨距　$l=0.9d_2=0.9\times320\text{mm}=288\text{mm}$	
蜗杆轴的挠度　$y=\dfrac{\sqrt{F_{t1}^2+F_{r1}^2}}{48EI}l^3=\dfrac{\sqrt{867.5^2+1294.4^2}}{48\times2.06\times10^5\times670444}\times288^3\text{mm}$	
$=0.0056\text{mm}<[y]=0.08\text{mm}$	$y=0.0056\text{mm}<[y]=0.08\text{mm}$
结论：满足刚度条件	
9. 热平衡计算	
箱体散热面积 A　按式(9-24)估算	

（续）

计算与说明	主要结果
$A=0.33\left(\frac{a}{100}\right)^{1.75}=0.33\times\left(\frac{200}{100}\right)^{1.75}\text{m}^2=1.11\text{m}^2$ 表面传热系数 h　　箱体通风条件适中，取 $h=15\text{W}/(\text{m}^2\cdot\text{K})$ 由式(9-23)可得 $t_1=t_0+\frac{1000(1-\eta)P_1}{hA}=20+\frac{1000\times(1-0.855)\times5.5}{15\times1.11}℃=67.9℃$ 结论：$t_1=67.9°\text{C}<70℃$，满足要求	$t_1=67.9℃<70℃$

思　考　题

9-1　蜗杆传动有哪些主要特点？

9-2　按蜗杆的外形不同，蜗杆传动有哪些类型？圆柱蜗杆又有哪些主要类型？

9-3　为了提高蜗轮的转速，可否改用分度直径和模数相同的双头蜗杆来代替单头蜗杆与原来的蜗轮相啮合？为什么？

9-4　蜗杆传动有哪些主要参数？其中哪些参数是标准值？

9-5　蜗杆传动如何变位？变位的目的是什么？

9-6　蜗杆传动的可能失效形式有哪些？常用材料有哪些？如何确定蜗轮的结构形式？

9-7　影响蜗杆传动啮合效率的几何因素有哪些？

9-8　如何确定闭式蜗杆传动的给油方法和润滑油黏度？

9-9　为什么连续工作的闭式蜗杆传动必须进行热平衡计算？可采用哪些措施来改善散热条件？

9-10　一把模数为 $m=5\text{mm}$、齿形角 $\alpha=20°$、分度圆直径 $d=40\text{mm}$、头数 $z=2$ 的右旋蜗轮滚刀，能否加工模数 $m=5\text{mm}$、压力角 $\alpha=20°$ 的各种螺旋角、各种齿数的蜗轮？为什么？

习　　题

9-1　一阿基米德蜗杆传动，已知模数 $m=5\text{mm}$，分度圆直径 $d_1=50\text{mm}$，蜗杆头数 $z_1=4$，蜗杆右旋，蜗轮齿数 $z_2=53$。试：（1）求传动比 i 和标准中心距 a；（2）其他参数不变，使中心距改为 $a_1=160\text{mm}$，求变位系数；（3）计算变位后的蜗杆分度圆直径、节圆直径、齿顶圆直径和齿根圆直径；（4）计算变位后的蜗轮分度圆直径、节圆直径、喉圆直径和齿根圆直径。

9-2　电动机驱动的普通圆柱蜗杆传动，如图 9-10 所示。已知模数 $m=6\text{mm}$，蜗杆直径系数 $q=9$，蜗杆头数 $z_1=2$，蜗轮齿数 $z_2=60$，蜗杆轴输入功率 $P_1=5.5\text{kW}$，转速 $n_1=2920\text{r/min}$，载荷平稳，单向转动，两班制工作，选用滚子轴承。试完成下列工作：（1）选择蜗轮、蜗杆材料；（2）确定蜗杆的旋向、蜗轮的转向；（3）求出作用在蜗杆和蜗轮轮齿上各分力的大小并在图中标出各分力的方向；（4）确定传动的啮合效率和总效率。

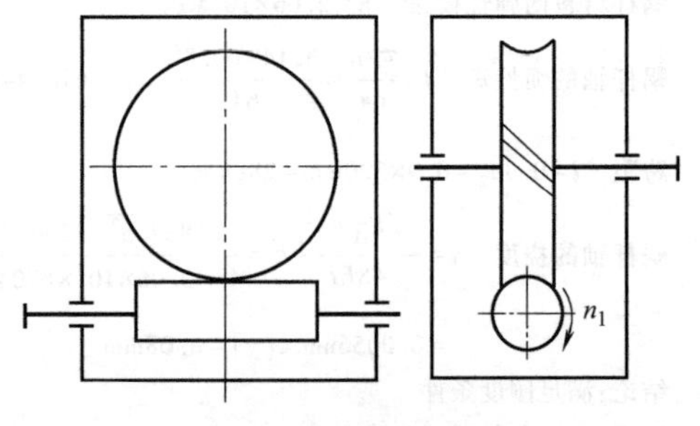

图 9-10　习题 9-2 图

9-3　设计一用于带式运输机的普通圆柱蜗杆传动，已知蜗轮转矩 $T_2=350\text{N}\cdot\text{m}$，传动比 $i=21.5$，蜗杆转速

$n_1=950\mathrm{r/min}$，传动平稳，无冲击，每天工作 8h，工作寿命为 8 年（每年工作 260 日）。

9-4　如图 9-11 所示，由斜齿圆柱齿轮和蜗杆传动及卷筒组成的起重装置正在提升重物。已知：齿轮 1 主动，蜗杆 3 为右旋，要求轴Ⅱ上两传动件 2、3 的轴向力方向相反。试：(1) 在图中标出各传动件的螺旋方向；(2) 在图中画出齿轮 2 和蜗杆 3 的各分力方向；(3) 在图中画出轴Ⅰ的转动方向。

9-5　图 9-12 所示为蜗杆传动和锥齿轮组成的传动系统。已知蜗杆 1 为主动件，要求锥齿轮 4 的转向如图所示。(1) 为使蜗轮 2 和锥齿轮 3 的轴向力相互抵消，请确定蜗杆 1 的旋向和转向；(2) 标出蜗轮 2 和锥齿轮 3 的轴向力、切向力和径向力的方向。

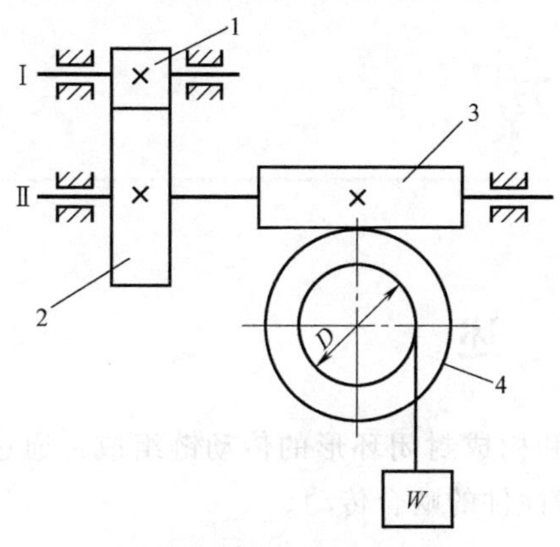

图 9-11　习题 9-4 图

1、2—齿轮　3—蜗杆　4—蜗轮

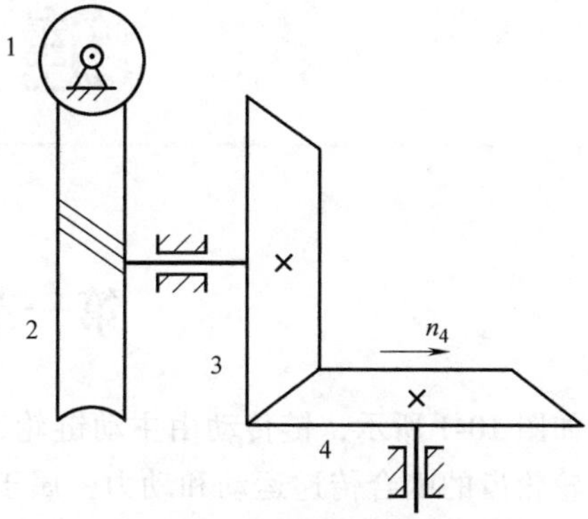

图 9-12　习题 9-5 图

1—蜗杆　2—蜗轮　3、4—锥齿轮

第十章 链传动

第一节 概　　述

如图 10-1 所示，链传动由主动链轮、从动链轮和构成封闭环形的传动链组成，通过链与链轮轮齿的啮合传递运动和动力，属于具有中间挠性件的啮合传动。

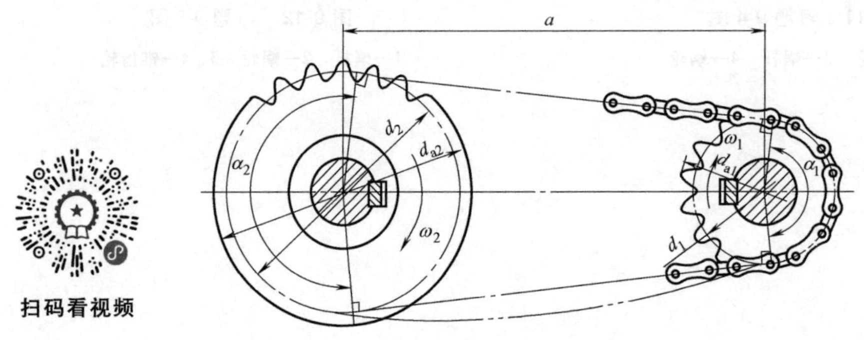

图 10-1　链传动简图

链传动既不同于摩擦带传动，也不同于齿轮传动。与带传动相比，链传动的优点有：①链和链轮之间没有滑动，能保证准确的平均传动比；②低速时可传递较大的载荷，传动效率较高；③不需要很大的张紧力，作用在轴及轴承上的载荷较小；④在油污、温度较高等恶劣环境中仍能正常工作；⑤在工作条件相同的情况下，结构比较紧凑。与齿轮传动相比，链传动的优点有：①结构简单；②对制造和安装的精度要求较低；③适用于中心距较大的传动。

链传动的主要缺点有：①只能用于平行轴之间的传动；②瞬时链速不稳定，瞬时传动比不准确，因此传动平稳性较差，冲击和噪声较大；③不宜在载荷变化很大和急速反向的传动中应用；④制造费用比带传动高。

通常，链传动的传动比 $i\leqslant 7$，传递的功率 $P\leqslant 100\text{kW}$，链速 $v\leqslant 15\text{m/s}$，传动效率 $\eta=0.94\sim0.97$。链传动主要用于两轴中心距较大，且不要求瞬时传动比准确的场合，广泛应用于农业、矿山、化工、起重、运输等机械中。

按结构的不同，传动链分为滚子链和齿形链等类型，其中滚子链应用较广，在多级传动系统中，通常将其布置在低速级。本章主要讨论滚子链传动的结构、工作原理和设计方法等。

第二节 传动链和链轮

一、滚子链

滚子链由多个链节组成，链节的结构如图 10-2 所示，由内链板、外链板、销轴、套筒和滚子组成。销轴与外链板通过过盈连接构成外链节，套筒与内链板通过过盈连接构成内链节。销轴与套筒之间采用间隙配合，以便传动链绕上或脱出链轮时，内、外链节之间能够顺利屈伸。套筒与滚子之间也采用间隙配合，当链与链轮啮合时，滚子与链轮轮齿之间为滚动摩擦，从而有效减轻链与轮齿之间的磨损。为了减小链的质量，且使链板各横截面的强度近似相等，内、外链板均制成“∞”形。

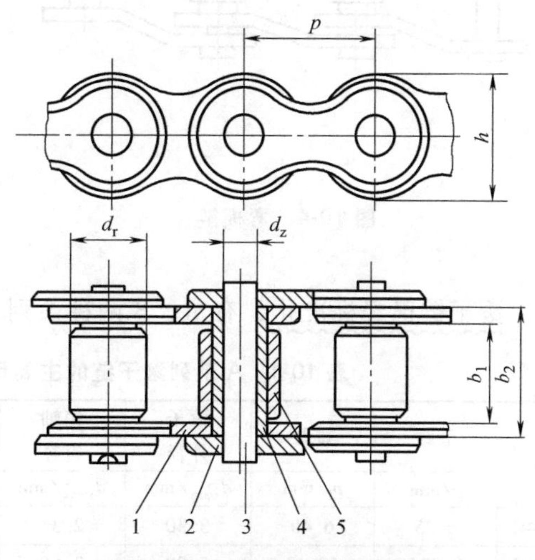

图 10-2 滚子链的链节结构

1—内链板 2—外链板 3—销轴 4—套筒 5—滚子

链上相邻两销轴轴线之间的距离称为链节距，用p 表示，它是滚子链的重要参数。链节距越大，则其各部尺寸就越大，所能传递的功率也越大。

链的长度用链节数 L_p 表示。链节数最好为偶数，以便在将链闭合成环形时，接头处恰好为内链板与外链板相搭接。接头处可用开口锁销（图 10-3a）或弹簧卡片（图 10-3b）将销轴与连接链板固定。

当链节数为奇数时，需要用过渡链节闭合链条（图 10-3c）。过渡链节在工作中不仅受拉力，而且受附加弯矩的作用，一般尽量不用。但是，这种链节的弹性较好，可以缓冲和吸振，在重载、有冲击、经常正反转条件下工作时，可采用全部由过渡链节组成的弯板链（图 10-4）。

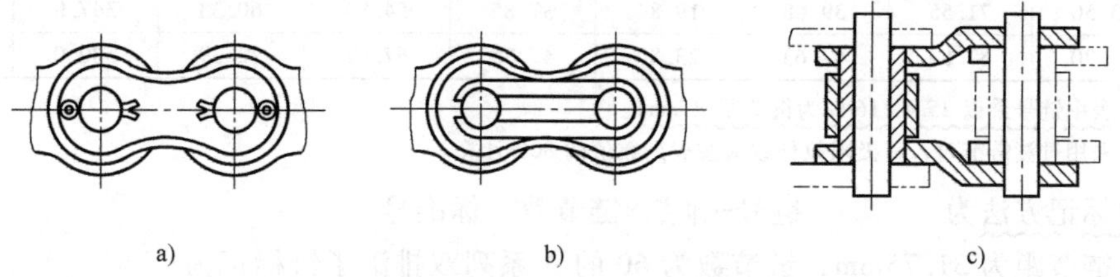

图 10-3 滚子链的接头形式

a）开口锁销 b）弹簧卡片 c）过渡链节

需要传递较大功率时，可采用多排链，如双排链（图 10-5）或三排链等。多排链可视为由几条单排链用长销轴连接构成。通常，排数越多承载能力越大，但各排链受载不均现象越严重，故排数一般不超过4。

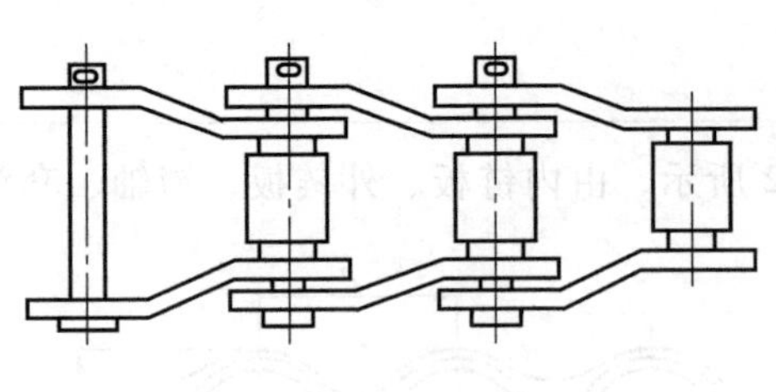

图 10-4 弯板链

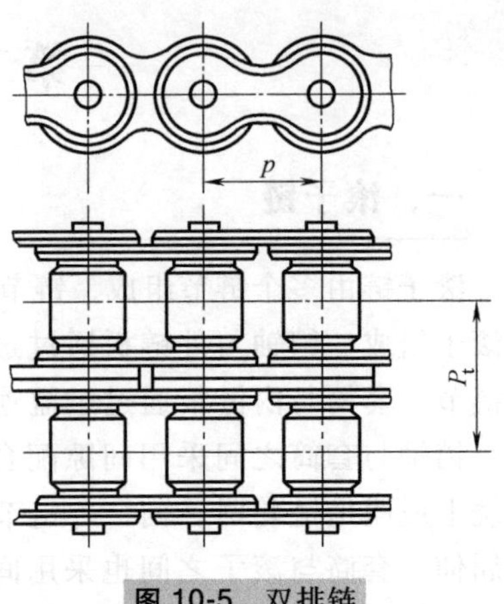

图 10-5 双排链

滚子链已经标准化，有 A、B 两种系列，常用 A 系列，其主要尺寸及参数见表 10-1。

表 10-1 A系列滚子链的主要尺寸及参数（摘自 GB/T 1243—2006）

链号	节距	排距	滚子外径	销轴直径	内链节内宽	内链节外宽	内链板高度	单排极限拉伸载荷	单排每米质量
	p/mm	p_t/mm	d_{rmax}/mm	d_{zmax}/mm	b_{1min}/mm	b_{2max}/mm	h_{max}/mm	F_{umin}/kN	q/kg·m^{-1}
04C	6.35	6.40	3.30	2.31	3.10	4.80	6.02	3.5	
06C	9.525	10.13	5.08	3.60	4.68	7.46	9.05	7.9	
085	12.70	—	7.77	3.60	6.25	9.06	11.15	6.7	0.5
08A	12.70	14.38	7.92	3.98	7.85	11.17	12.07	13.9	0.60
10A	15.875	18.11	10.16	5.09	9.40	13.84	15.09	21.8	1.00
12A	19.05	22.78	11.91	5.94	12.57	17.75	18.08	31.3	1.50
16A	25.40	29.29	15.88	7.94	15.75	22.60	24.13	55.6	2.60
20A	31.75	35.76	19.05	9.54	18.90	27.45	30.17	87.0	3.80
24A	38.10	45.44	22.23	11.11	25.22	35.45	36.20	125.0	5.60
28A	44.45	48.87	25.40	12.71	25.22	37.18	42.23	170.0	7.50
32A	50.80	58.55	28.58	14.29	31.55	45.21	48.26	223.0	10.10
36A	57.15	65.84	35.71	17.46	35.48	50.86	54.30	281.0	13.5
40A	63.50	71.55	39.68	19.84	37.85	54.89	60.33	347.0	16.10
48A	76.20	87.83	47.63	23.80	47.35	67.82	72.39	500.0	22.60

注：1. 表中链号乘以 25.4/16 即为链节距（mm）。
2. 采用过渡链节时，其极限拉伸载荷按表列数值的 80%计算。

链的标记方法为　　　链号-排数×链节数　标准号

例：链节距为 31.75mm，链节数为 60 的 A 系列双排滚子链标记为

20A-2×60　GB/T 1243—2006

二、齿形链

如图 10-6 所示，齿形链由成组的齿形链板左右交错排列，并用铰链连接而成。链板两

侧为直边，夹角一般为60°。与滚子链相比，其特点是传动平稳，耐冲击性能好，噪声小，但结构复杂，质量较大，制造成本较高，多用于高速（链速可达40m/s）和运动精度要求较高的场合。一般场合不如滚子链应用广泛。

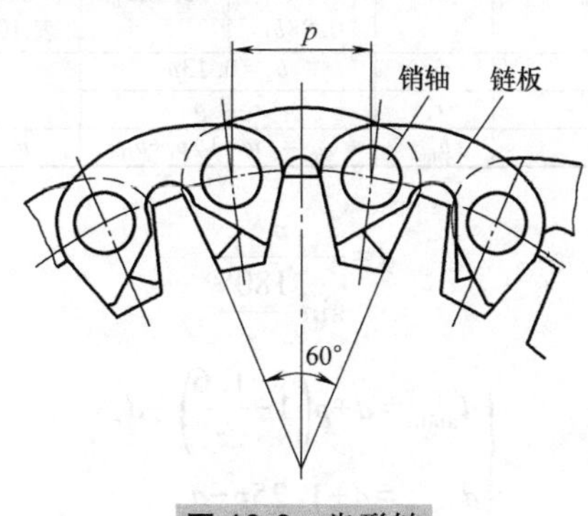

图 10-6　齿形链

三、滚子链链轮

1. 链轮的齿形和尺寸

链轮的齿形必须使链节能够平稳地进入和退出啮合，尽量减小啮合时链节的冲击和接触应力，而且要求齿形简单、便于加工。滚子链与链轮轮齿的啮合属于非共轭啮合，因此链轮齿形的设计有较大的灵活性。GB/T 1243—2006 中没有对滚子链链轮规定具体的端面齿形参数，仅规定了最大与最小齿槽形状的齿形参数，处于两者之间的各种标准齿形均可采用。

图 10-7 所示为 GB/T 1243—2006 中规定的滚子链链轮的端面齿形，由两段圆弧（$\widehat{aa}$、$\widehat{ab}$）组成，具有较好的啮合性能。由于链轮齿形用成形刀具加工，故在链轮零件图上不必画出轮齿的端面齿形，只需注明“齿形按 GB/T 1243—2006 规定制造”即可。但必须画出轮齿的轴向齿形，且其轴向齿形和尺寸应符合 GB/T 1243—2006 的规定（图 10-8，表 10-2）。

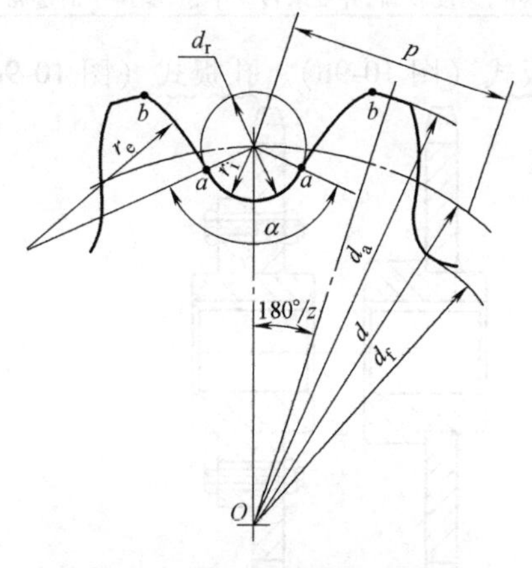

图 10-7　滚子链链轮的端面齿形

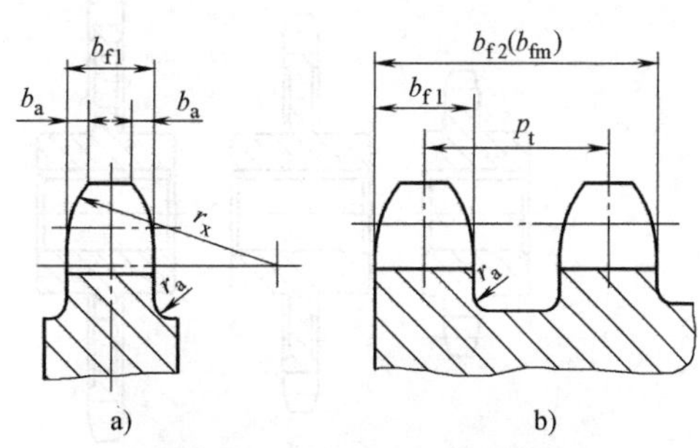

图 10-8　滚子链链轮的轴向齿廓

绕在链轮上的各链节销轴中心所在的圆称为链轮的分度圆，其直径用d表示。链轮的主要尺寸（图 10-7）计算公式如下：

表 10-2 滚子链链轮轴向齿廓尺寸（摘自 GB/T 1243—2006） （单位：mm）

名称		代号	计算公式		备注
			$p\leqslant 12.7$	$p>12.7$	
齿宽	单排 双排、三排 四排以上	b_{f1}	$0.93b_1$ $0.91b_1$ $0.88b_1$	$0.95b_1$ $0.93b_1$	$p>12.7$ 时，经制造厂家同意，也可使用 $p\leqslant 12.7$ 时的齿宽，b_1 是内链节内宽，见表 10-1
齿侧倒角（倒圆）宽度		b_a	$b_a=0.13p$		
齿侧倒角半径		r_x	$r_x=p$		
链轮齿总宽		b_{fm}	$b_{fm}=(m-1)p_t+b_{f1}$		m 为排数；p_t 为多排链排距，见表 10-1

分度圆直径（mm）

$$d=\frac{p}{\sin\dfrac{180^\circ}{z}} \tag{10-1}$$

齿顶圆直径（mm）

$$\begin{cases} d_{amin}=d+p\left(1-\dfrac{1.6}{z}\right)-d_r \\ d_{amax}=d+1.25p-d_r \end{cases} \tag{10-2}$$

齿根圆直径（mm）

$$d_f=d-d_r \tag{10-3}$$

式中 d_r——滚子外径（mm）。

2. 链轮的材料和结构

由于链轮的轮齿应具有足够的强度和耐磨性，所以链轮的材料通常多用优质碳素钢或合金钢并进行热处理，对于尺寸较大的链轮也可用碳素钢焊接而成。此外，由于小链轮轮齿的啮合次数比大链轮多，故小链轮的材料应优于大链轮。常用的链轮材料见表 10-3。

表 10-3 链轮的常用材料及应用

材料	热处理	齿面硬度	应用
15、20	渗碳+淬火+回火	50~60HRC	$z\leqslant 25$、有冲击载荷的链轮
35	正火	160~200HBW	$z>25$ 的链轮
45、50、ZG310-570	淬火+回火	40~50HRC	无剧烈冲击的链轮
15Cr、20Cr	渗碳+淬火+回火	50~60HRC	$z<25$、有动载荷的大功率重要链轮
40Cr、35SiMn、35CrMo	淬火+回火	40~50HRC	使用 A 系列滚子链的重要链轮
Q235、Q255	焊接后退火	≈140HBW	中低速、中等功率、直径较大的链轮
不低于 HT200 的灰铸铁	淬火、回火	260~280HBW	$z>25$ 的从动链轮
夹布胶木	—	—	$P<6$kW，速度较高，并要求传动平稳、噪声小的链轮

链轮可根据直径大小制成实心式（图 10-9a）、腹板式（图 10-9b）、孔板式（图 10-9c）

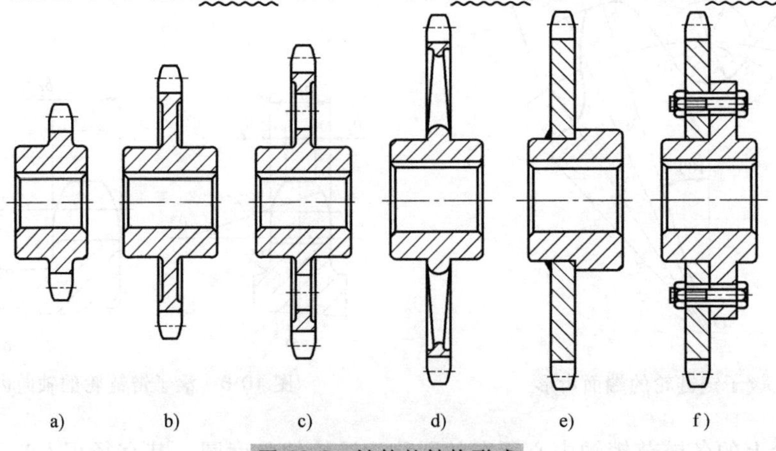

图 10-9 链轮的结构形式

a）实心式 b）腹板式 c）孔板式 d）轮辐式 e）、f）组合式

和轮辐式（图 10-9d）等结构形式。大直径链轮也可制成组合式结构（图 10-9e、f），齿圈和轮毂用不同材料制造，通过焊接或螺栓连接进行固定。

第三节 链传动的运动特性与受力分析

一、链传动的运动不均匀性

链传动工作时，滚子链的结构特点决定了绕上链轮的链节呈折线包在链轮上，形成一个局部正多边形（图 10-10）。该正多边形的边长为链节距 p，边数等于链轮齿数 z。链轮每转动一周，链便随之转过定长 zp，所以链的平均速度 v（m/s）为

$$v=\frac{n_1z_1p}{60\times1000}=\frac{n_2z_2p}{60\times1000} \tag{10-4}$$

式中 p——链节距（mm）；

z_1、z_2——主、从动链轮的齿数；

n_1、n_2——主、从动链轮的转速（r/min）。

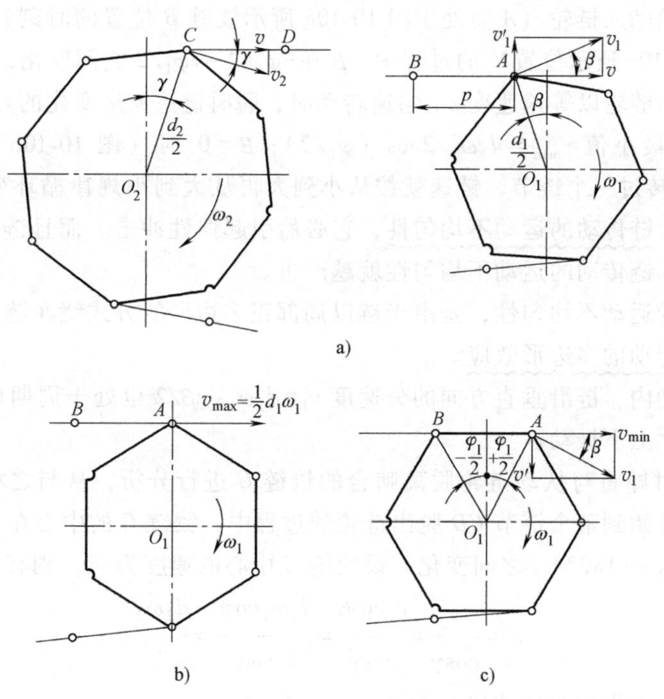

图 10-10 链传动的运动分析

由式（10-4）可得链传动的平均传动比

$$i=\frac{n_1}{n_2}=\frac{z_2}{z_1} \tag{10-5}$$

当主动链轮以等角速度 ω_1（相应 n_1 保持恒定不变）匀速转动时，由式（10-4）、式（10-5）可知链传动的平均链速和平均传动比均为常数。但应注意，它反映的是某一运动周期（如链轮转动一周）内的平均值。事实上，链传动的瞬时链速和瞬时传动比都是变化的。

图 10-10a 所示为链传动在工作中主、从动链轮的一个任意位置。为便于分析，假设链的紧边（即将绕上主动链轮的一边）在工作中始终处于水平位置，并设主动链轮以角速度 ω_1 匀速转动。显然，在链轮转动时，绕上链轮的链节中只有各铰链中心的运动轨迹在链轮的分度圆上。实际上，某个瞬时的链速，总是取决于在该瞬时最后一个绕进主动轮的铰链中心（如图 10-10 中的 A 点）的速度。铰链 A 中心的速度 v_1 等于链轮上该点的圆周速度，即 $v_1=d_1\omega_1/2$。将 v_1 分解为沿链紧边前进方向的水平分速度（即链速）v 和与之垂直的分速度 v_1'，则

$$\left.\begin{aligned} v&=v_1\cos\beta=\frac{d_1}{2}\omega_1\cos\beta \\ v_1'&=v_1\sin\beta=\frac{d_1}{2}\omega_1\sin\beta \end{aligned}\right\} \tag{10-6}$$

式中 β——铰链 A 中心在主动链轮上的相位角，亦即该点的速度 v_1 与水平线的夹角。

从铰链 A 开始啮入链轮（A 尚处于图 10-10c 所示铰链 B 位置的时刻）到下一铰链 B 啮入链轮（即图 10-10c 所示位置）的过程中，β 在 $-\varphi_1/2\sim+\varphi_1/2$ 之间变化，$\varphi_1=360°/z_1$。

显然，当主动链轮以等角速度 ω_1 匀速转动时，瞬时链速 v 是变化的。$\beta=\pm\varphi_1/2$ 时（图 10-10c），链速达最小值 $v_{\min}=d_1\omega_1/2\cos(\varphi_1/2)$；$\beta=0°$时（图 10-10b），链速达最大值 $v_{\max}=d_1\omega_1/2$。每转过一个链节，链速就按从小到大再从大到小规律循环变化一次。瞬时链速的周期变化称为链传动的运动不均匀性，它必然引起惯性冲击。而且链轮齿数越少，β 角变化范围就越大，链传动的运动不均匀性就越严重。

上述链传动的运动不均匀性，是由于链以局部正多边形的方式绕在链轮上造成的，故将这一特性称为链传动的多边形效应。

在相同的周期内，链沿垂直方向的分速度 $v_1'=d_1\omega_1\sin\beta/2$ 也处于周期性变化中，从而导致链在传动中产生上下振动。

同样道理，对即将与从动链轮脱离啮合的铰链 C 进行分析，从与之相邻的前一铰链 D 脱出链轮的时刻开始到整个链节 CD 脱出链轮的过程中，铰链 C 的中心在从动链轮上的相位角 γ 将在 $-180°/z_2\sim+180°/z_2$ 之间变化。设铰链 C 中心的速度为 v_2，则有

$$v_2=\frac{v}{\cos\gamma}=\frac{v_1\cos\beta}{\cos\gamma}=\frac{d_1\omega_1\cos\beta}{2\cos\gamma}=\frac{d_2\omega_2}{2} \tag{10-7}$$

由式（10-7）可得瞬时传动比 i_t 为

$$i_t=\frac{\omega_1}{\omega_2}=\frac{d_2\cos\gamma}{d_1\cos\beta} \tag{10-8}$$

一般情况下，虽然主动链轮角速度 ω_1 为常数，但由于 β 和 γ 大小不等，且分别处于变化范围不同的周期性变化中，因而使瞬时传动比 i_t 和从动链轮的瞬时角速度 ω_2 均做周期性变化。只有当 $z_1=z_2$，且传动的中心距恰好是链节距的整数倍时，瞬时传动比才是常数，且

有 $\omega_2=\omega_1$。尽管如此，由于不能从根本上消除多边形效应，瞬时链速仍然是周期变化的，所以链传动的运动不均匀性是其不可避免的固有特性。

二、链传动的动载荷

链传动产生动载荷的原因有以下几个方面：

1）链传动工作时，瞬时链速和从动链轮瞬时角速度的周期性变化必然引起动载荷，加速度越大，动载荷越大。链的加速度为

$$a=\frac{\mathrm{d}v}{\mathrm{d}t}=-\frac{d_1}{2}\omega_1\sin\beta\frac{\mathrm{d}\beta}{\mathrm{d}t}=-\frac{d_1}{2}\omega_1^2\sin\beta$$

当 $\beta=\pm\frac{\varphi_1}{2}$时，其最大加速度为

$$a_{\max}=\pm\frac{d_1}{2}\omega_1^2\sin\frac{\varphi_1}{2}=\pm\frac{d_1}{2}\omega_1^2\sin\frac{180°}{z_1}=\pm\frac{\omega_1^2 p}{2} \tag{10-9}$$

由此可见，链轮转速越高、链节距越大，链的加速度也越大，传动中产生的动载荷就越大。

同理，v_1'的变化使链产生上下抖动，也将产生动载荷。

2）链节完全啮入链轮的瞬时，链节与链轮轮齿以一定的相对速度发生碰撞接触，使链节和轮齿受到一定冲击，并产生附加动载荷。链轮转速越高、链节距越大，冲击越严重，动载荷越大。

由于链传动的动载荷效应，链传动不宜用于高速传动。在多级传动中，链传动应布置在低速级。

三、链传动的受力分析

链传动工作时也有紧边和松边。如果链的松边过松，传动中容易产生振动，甚至产生跳齿和脱链现象，而且对于水平链传动，松边在上时还会影响链从链轮上正常退出，甚至卡死。因此链传动在安装时也应使链受到一定的初拉力，但链传动的初拉力比带传动要小得多。链传动的初拉力一般是通过适当地控制松边垂度所产生的悬垂拉力获得的，必要时可采用张紧轮。

1. 链的受力分析

若不考虑动载荷，链传动在工作时作用于链上的力主要有：

1）工作拉力 F。工作拉力 F(N) 只作用在链的紧边，大小为

$$F=\frac{1000P}{v} \tag{10-10}$$

式中 P——传递的功率（kW）；

v——链速（m/s）。

2）离心拉力 F_c。离心拉力 F_c(N) 是由绕在链轮上的链做圆周运动所产生的离心力引起的，它作用于链的全长。大小为

$$F_c = qv^2$$

式中 q——单位长度链的质量（kg/m）。

当 $v<7\text{m/s}$ 时，F_c 可以忽略。

3）悬垂拉力 F_y。悬垂拉力是由于链的松边在自重下产生一定的垂度 y（图 10-11），从而产生作用在链全长的拉力。其值的近似计算为

$$F_y \approx K_y qga$$

式中 K_y——垂度系数，根据两链轮中心连线与水平面夹角 α 按表 10-4 确定；

g——重力加速度（m/s^2）；

a——链传动的中心距（m）。

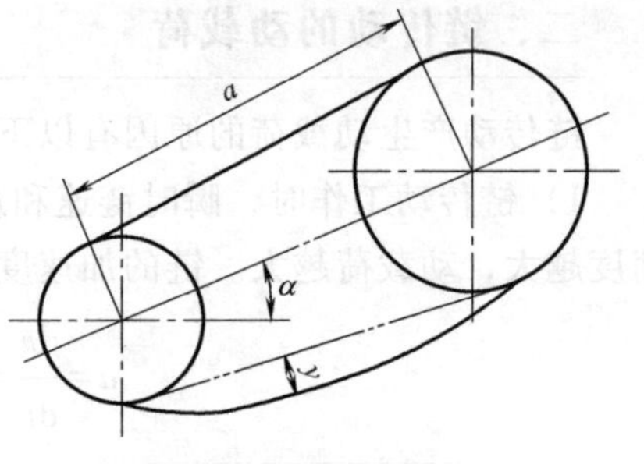

图 10-11 链的垂度

表 10-4 垂度系数 K_y

α	0°	20°	40°	60°	80°	90°
K_y	6.0	5.9	5.2	3.6	1.6	1.0

综上所述，紧边拉力 F_1 和松边拉力 F_2 大小分别为

$$\left.\begin{aligned} F_1 &= F+F_c+F_y \\ F_2 &= F_c+F_y \end{aligned}\right\} \tag{10-11}$$

2. 链传动作用在轴上的载荷 F_Q

链传动工作时，链绕上链轮后产生的离心力有使链和链轮放松的趋势，所以由此引起的链的离心拉力并不作用在链轮和轴上。链传动作用在轴上的载荷近似等于链的工作拉力和两边悬垂拉力之和。即

$$F_Q = F+2F_y$$

一般情况下，悬垂拉力 F_y 并不大，为（0.1~0.15）F，链传动在不同场合可能有不同的结构形式和尺寸，实际工作情况也存在差别。综合考虑上述因素，链传动作用在轴上载荷 F_Q 的近似计算式为

$$F_Q \approx 1.2K_A F \tag{10-12}$$

式中 K_A——链传动的工作情况系数，参见表 10-6。

对于接近垂直布置的链传动，式（10-12）中的 1.2 以 1.05 替代。

第四节 滚子链传动的设计计算

一、滚子链传动的主要失效形式

正常使用条件下，滚子链传动的失效主要发生在强度、刚度相对较弱的滚子链上。滚子链常见的失效形式有以下几种：

（1）链板疲劳破坏 链在工作中承受变载荷，使链板承受变应力的作用，从而导致链

板的疲劳破坏。

（2）铰链磨损　首先，滚子链的结构特点使其不具备液体润滑的条件。链节在进入、退出链轮时，销轴与套筒的接触表面产生相对滑动，不可避免地使铰链产生磨损，导致链节距 p 加大，从而使链节在链轮轮齿上的啮合位置逐渐移向齿顶（图 10-12），磨损严重时常会出现跳齿和脱链现象。

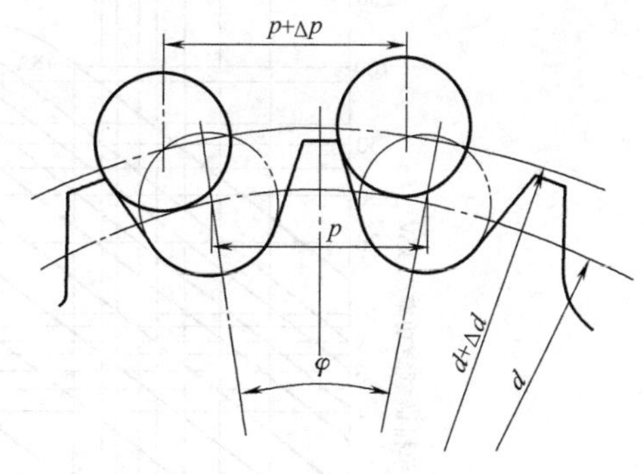

图 10-12　铰链磨损的后果

（3）滚子和套筒的冲击疲劳破坏　对于经常起动、反转、制动的链传动，链节承受着较大的冲击载荷，常会发生滚子和套筒的冲击疲劳破坏。

（4）销轴和套筒的胶合　对于高速链传动，当润滑不良时，销轴与套筒的接触表面常会发生胶合失效。

（5）过载拉断　这种失效多发生在低速重载链传动中。当链速 $v<0.6\text{m/s}$ 时，通常需要校核链的静强度。

二、滚子链传动的额定功率曲线

链传动的每种失效形式都会限定其承载能力。在润滑良好的条件下，由各种失效形式限定的滚子链传动的极限功率曲线如图 10-13 所示。各条曲线的下方区域为不发生失效的安全区。图中阴影区域为在润滑良好的情况下，保证链传动不发生任何失效而能正常工作的公共安全区，将该区域的边界线称为滚子链传动的额定功率曲线。

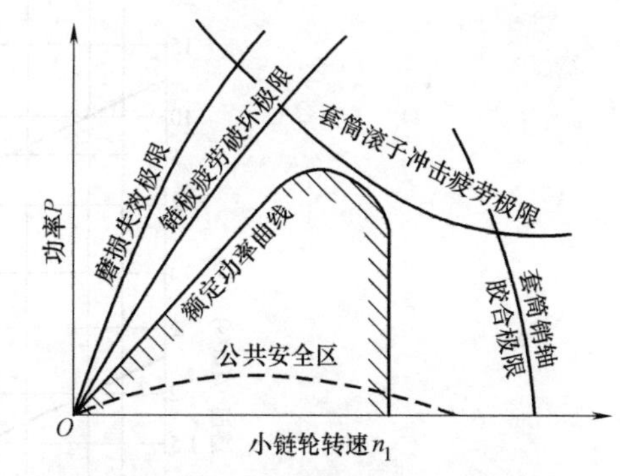

图 10-13　滚子链传动的极限功率曲线

根据图中各极限功率曲线的位置及形状，可以得出两个结论：一方面，在保证良好的润滑条件下，随转速升高，滚子链传动的主要失效形式依次为链板疲劳破坏、滚子和套筒的冲击疲劳破坏、销轴与套筒的胶合。另一方面，润滑对于链传动是非常重要的。在润滑良好的条件下一般不会发生铰链磨损失效。当润滑条件得不到保证时，特别是工作环境恶劣的链传动，铰链磨损剧烈，传递功率急剧降低，极限功率曲线将如图 10-13 中虚线所示。显然，这种情况下不能充分发挥链传动的工作能力。

通过在特定条件下做实验，可得 A 系列单排滚子链的额定功率曲线，如图 10-14 所示。特定实验条件为：单排滚子链，两轴水平布置，小链轮齿数 $z_1=19$、链长 $L_p=120$，按图 10-15推荐使用的润滑方式润滑，链的工作寿命为 15000h，载荷平稳等。

设计滚子链传动时，可根据额定功率 P_0 和小链轮转速 n_1，由图 10-14 确定所需的链号。

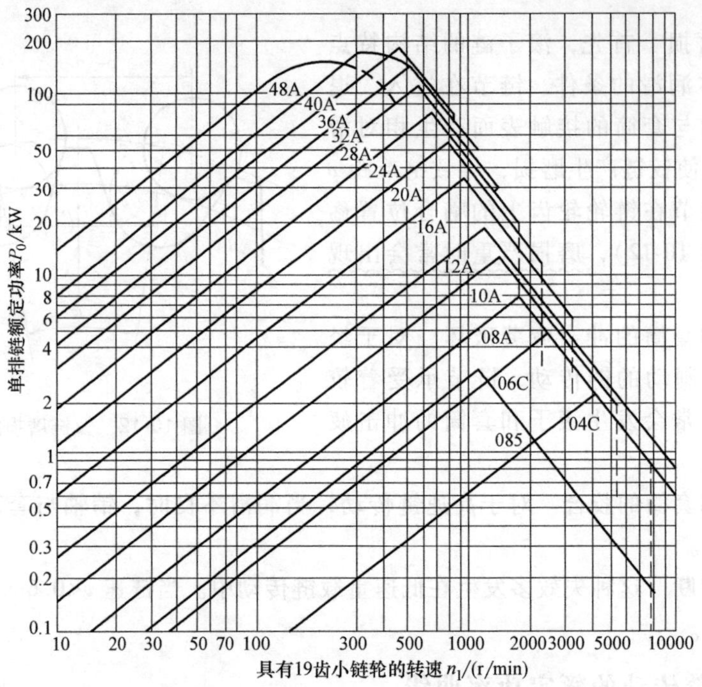

图 10-14 A系列滚子链的额定功率曲线

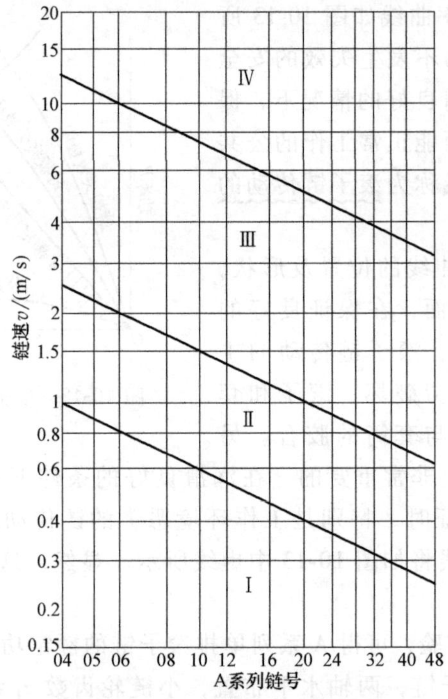

图 10-15 推荐使用的润滑方式

Ⅰ—人工定期润滑 Ⅱ—滴油润滑

Ⅲ—油浴或飞溅润滑 Ⅳ—压力喷油润滑

三、链传动的设计计算和主要参数选择

设计链传动之前，需事先确定以下内容：①传动的用途、工作机的载荷性质及原动机的类型；②传递的功率 P；③小链轮转速 n_1、大链轮转速 n_2（或传动比 i）等。

对于一般的链传动，通常取传动比 $i \leqslant 7$，最好为 3 左右。若传动比过大，将会使小链轮包角过小，啮合的链轮齿数过少，从而加速轮齿的磨损。但对于载荷平稳的低速传动，传动比可以达到 10。

当链速 $v \geqslant 0.6\text{m/s}$ 时，滚子链传动设计计算的一般步骤如下：

1. 确定链轮齿数

链轮齿数对传动的平稳性和使用寿命有直接的影响。齿数过少时，将增大传动的运动不均匀性和动载荷，增大链的工作拉力（传递功率和链节距一定时，链轮齿数越少，其分度圆直径越小，则链承受的工作拉力就越大），增大链节在进入、退出链轮时的相对转角，从而加速链节的磨损。因此，链轮齿数不宜过少。

设计时，可先初设链速 v，之后根据初设链速由表 10-5 确定小链轮齿数。对于链速很低（$v<0.6\text{m/s}$）的大传动比链传动，为了减小大链轮齿数，允许小链轮齿数 z_1 最小取为 9。

表 10-5 小链轮齿数

链速 $v/\text{m}\cdot\text{s}^{-1}$	<0.6	0.6~3	3~8	>8
齿数 z_1	≥13	≥15~17	≥19~21	≥23

大链轮齿数 $z_2 = iz_1$，通常取 $z_2 \leqslant 120$。这主要是因为链轮齿数过多时，不但会增大传动的外廓尺寸，而且链节磨损后容易产生脱链现象。由图 10-12 可知，链节磨损引起的链节距增量 Δp 与链轮分度圆直径的增量 Δd 之间有如下关系：

$$\Delta d = \frac{\Delta p}{\sin \dfrac{180°}{z}}$$

由上式可见，当 Δp 一定时，链轮齿数 z 越多，Δd 就越大，链节就越靠近齿顶，越容易产生脱链现象。

为使各链节磨损均匀，当链节数 L_p 取偶数时，链轮齿数最好取为与链节数互为质数的奇数。

2. 确定链节数

通常，在初定中心距以后确定链节数 L_p。一般情况下初选中心距 $a_0=(30\sim50)p$，之后按式（10-13）计算所需的链节数（即链长）并取整，为了避免采用过度链节，L_p 应取为偶数。

$$L_p = \frac{z_1+z_2}{2} + \frac{2a_0}{p} + \frac{p}{a_0}\left(\frac{z_2-z_1}{2\pi}\right)^2 \tag{10-13}$$

3. 选择链号确定链节距

要想确定链节距 p，需首先计算所需的额定功率 P_0。如前所述，图 10-14 中的 P_0 是单排滚子链在特定条件下的额定功率，当实际工作条件与特定条件不同时，需对 P_0 加以修正，且应满足如下条件：

$$K_z K_m P_0 \geqslant K_A P$$

则

$$P_0 \geqslant \frac{K_A P}{K_z K_m} \tag{10-14}$$

式中 P——传递的名义功率（kW）；

K_A——工况系数，见表 10-6；

K_z——小链轮齿数系数，见表 10-7；

K_m——多排链排数系数，见表 10-8。

由式（10-14）计算出所需的额定功率 P_0 之后，以小链轮转速 n_1 和 P_0 为坐标在图 10-14 中描点，根据该点所在的区域确定所需的链号，进而确定链节距 p（查表 10-1）。

表 10-6 工况系数 K_A

工作机机械特性		原动机机械特性		
		平稳运转	轻微振动	中等振动
		例如：电动机、汽轮机和燃气轮机、带液力变矩器的内燃机	例如：带机械联轴器的六缸或六缸以上内燃机、频繁起动的电动机（每天多于两次）	例如：带机械联轴器的六缸以下内燃机
平稳运转	例如：离心式的泵和压缩机、平稳载荷的皮带运输机、纸张压光机、自动扶梯、液体搅拌机和混料机、旋转干燥机、风机等	1.0	1.1	1.3
中等振动	例如：三缸或三缸以上往复式泵和压缩机、混凝土搅拌机、载荷不均匀的输送机、固体搅拌机和混合机等	1.4	1.5	1.7
严重振动	例如：电铲、轧机和球磨机、橡胶加工机械、刨床、压床和剪床、单缸或双缸泵和压缩机、石油钻采设备等	1.8	1.9	2.1

表 10-7 小链轮齿数系数 K_z

在图 10-14 中，n_1 与 P_0 交点的位置	位于功率曲线顶点左侧（链板疲劳）	位于功率曲线顶点右侧（冲击疲劳）
K_z	$K_z=\left(\frac{z_1}{19}\right)^{1.08}$	$K_z=\left(\frac{z_1}{19}\right)^{1.5}$

表 10-8 多排链排数系数 K_m

链排数 m	1	2	3	4	5
K_m	1	1.7	2.5	3.3	4.0

链节距 p 越大，承载能力越高，但运动不均匀性和动载荷也越大。所以，在满足承载能力的前提下，宜选取较小的链节距。高速重载时宜选用小节距多排链；如载荷和传动比较大，而中心距较小，也宜选用小节距多排链；当传动比较小，速度不太高，而中心距较大时，宜选用大节距单排链。

4. 计算实际中心距

设计时，可根据之前确定的链轮齿数、链节数和链节距，由下式计算理论中心距

$$a=\frac{p}{4}\left[L_p-\frac{z_1+z_2}{2}+\sqrt{\left(L_p-\frac{z_1+z_2}{2}\right)^2-8\left(\frac{z_2-z_1}{2\pi}\right)^2}\right] \tag{10-15}$$

中心距越小，结构就越紧凑，但同时小轮包角越小，参加啮合的链轮齿数越少，而且当链速一定时，单位时间内链节与链轮的啮合次数增加，从而加速链节的磨损。为了避免参加啮合的链轮齿数过少，通常应使小链轮包角 $\alpha_1 \geqslant 120°$，故需限制最小中心距

当 $i \leqslant 3$ 时 $$a_{min}=\frac{1}{2}(d_{a1}+d_{a2})+(30\sim50)\text{mm}$$

当 $i>3$ 时 $$a_{min}=\frac{1}{2}(d_{a1}+d_{a2})\frac{9+i}{10} \tag{10-16}$$

在链传动的设计中，通常不必计算最小中心距，而只是将上列原则作为保证小链轮包角满足要求的条件。

中心距过大时，在运转中链容易颤抖，所以，一般限制 $a_{max}=80p$。

为使链传动始终保持一定的张紧状态，应保证链松边具有适当的安装垂度。链的松边垂度是通过适当减小中心距实现的，一般取链传动的中心距调节量 $\Delta a=(0.002\sim0.004)a$，故实际中心距 a' 为

$$a'=a-\Delta a \tag{10-17}$$

5. 验算链速

链速是影响链传动运动平稳性的一个重要运动参数，也是确定链传动润滑方式的依据。链速过大会引起较大的动载荷，降低链传动的使用寿命。故一般限制 $v \leqslant 12\text{m/s}$，采用优质滚子链或高精度的链传动时，允许链速 $v=20\sim30\text{m/s}$。

由式（10-4）计算链速 v，检验链速是否与选取 z_1 时初设的链速符合。若不相符，应重新选取小链轮齿数，重复上述计算过程，直到相符为止。

6. 计算作用在轴上的载荷

作用在轴上的载荷 F_Q 由式（10-12）计算。

7. 确定润滑方式和张紧装置

需根据链速 v 和链节距 p 由图 10-15 确定滚子链传动的润滑方式。张紧装置见第五节。

经过上述设计计算确定出链传动的主要参数和尺寸以后，还需绘制链轮的工作图。链轮的结构和各部尺寸确定，参见第二节和有关机械设计手册。

四、滚子链传动的静强度计算

当链速 $v<0.6\text{m/s}$ 时，链的主要失效形式是静力拉断，需进行静强度计算。

滚子链传动的静强度计算应满足的条件为

$$S=\frac{mF_u}{K_A F_1}\geqslant 4\sim8 \tag{10-18}$$

式中 S——链传动的静强度安全系数；

m——链排数；

F_u——单排链的极限拉伸载荷（N），见表 10-1；

K_A——工况系数，见表 10-6；

F_1——链的紧边总拉力（N），由式（10-11）计算。

例 10-1 设计一锅炉清渣链传动装置。已知电动机功率 $P=5.5\text{kW}$，转速 $n_1=750\text{r/min}$，工作机转速 $n_2=260\text{r/min}$，传动布置倾角 $\alpha=40°$，有中等冲击。

解

计算与说明		主要结果
1. 确定链轮齿数		
小链轮齿数	设链速 $v=3\sim8\text{m/s}$，由表 10-5 取 $z_1=21$	$z_1=21$
传动比	$i=\dfrac{n_1}{n_2}=\dfrac{750}{260}=2.88$	$i=2.88$
大链轮齿数	$z_2=i\,z_1=2.88\times21=60.48$，取 $z_2=61$	$z_2=61$
2. 确定链节数		
初定中心距	$a_0=40p$	
计算链节数	$L_p=\dfrac{z_1+z_2}{2}+\dfrac{2a_0}{p}+\dfrac{p}{a_0}\left(\dfrac{z_2-z_1}{2\pi}\right)^2=\dfrac{21+61}{2}+\dfrac{2\times40p}{p}+\dfrac{p}{40p}\times\left(\dfrac{61-21}{2\times3.14}\right)^2=122.01$	
取	$L_p=122$	$L_p=122$
3. 选择链号确定链节距		
工况系数	由表 10-6 查得 $K_A=1.4$	
小链轮齿数系数	由表 10-7 查得 $K_z=\left(\dfrac{z_1}{19}\right)^{1.08}=\left(\dfrac{21}{19}\right)^{1.08}=1.11$（设链板疲劳）	
多排链排数系数	由表 10-8（单排链），取 $K_m=1$	
额定功率	$P_0\geqslant\dfrac{K_AP}{K_zK_m}=\dfrac{1.4\times5.5}{1.11\times1}\text{kW}=6.94\text{kW}$	$P_0\geqslant6.94\text{kW}$
确定链号	根据 P_0 及 n_1 由图 10-14 选 10A 滚子链（与链板疲劳假设相符）	链号：10A
链节距	由表 10-1 查得 $p=15.875\text{mm}$	$p=15.875\text{mm}$
4. 计算实际中心距		
理论中心距	$a=\dfrac{p}{4}\left[L_p-\dfrac{z_1+z_2}{2}+\sqrt{\left(L_p-\dfrac{z_1+z_2}{2}\right)^2-8\left(\dfrac{z_2-z_1}{2\pi}\right)^2}\right]$ $=\dfrac{15.875}{4}\times\left[122-\dfrac{21+61}{2}+\sqrt{\left(122-\dfrac{21+61}{2}\right)^2-8\times\left(\dfrac{61-21}{2\times3.14}\right)^2}\right]\text{mm}$ $=635\text{mm}$	$a=635\text{mm}$
中心距调节量	$\Delta a=(0.002\sim0.004)a=(0.002\sim0.004)\times635\text{mm}=1.27\sim2.54\text{mm}$	
实际中心距	$a'=a-\Delta a=[635-(1.27\sim2.54)]\text{mm}=633.73\sim632.46\text{mm}$	
5. 验算链速	$v=\dfrac{z_1n_1p}{60\times1000}=\dfrac{21\times750\times15.875}{60\times1000}\text{m/s}=4.17\text{m/s}$	$v=4.17\text{m/s}$，与初设相符
6. 计算作用在轴上的载荷		
工作拉力	$F=\dfrac{1000P}{v}=\dfrac{1000\times5.5}{4.17}\text{N}=1319\text{N}$	
轴上载荷	$F_Q\approx1.2K_AF=1.2\times1.3\times1319\text{N}=2058\text{N}$	$F_Q=2058\text{N}$
7. 确定润滑方式	由图 10-15 确定采用油浴或飞溅润滑	油浴或飞溅润滑

第五节 链传动的正确使用和维护

一、链传动的合理布置

链传动布置的一般原则是：两链轮的回转平面位于同一铅垂面内；两链轮中心连线与水平面夹角 $\alpha<45°$，最好为水平线（$\alpha=0°$）；必要时应设置张紧轮或托板等张紧装置。

在确定链传动的总体结构方案时，根据具体的设计参数，可参考表 10-9 选择合适的传动布置形式。

表 10-9 链传动的布置

传动参数	正确布置	不正确布置	说　明
$i=2\sim3$ $a=(30\sim50)p$	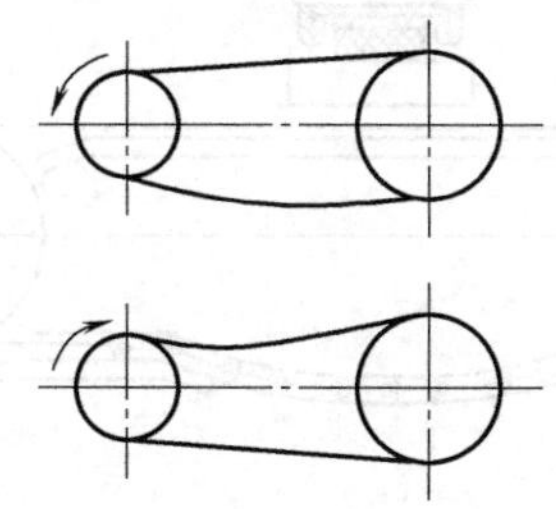		传动比和中心距大小均比较适中 两链轮轴线在同一水平面上，紧边在上较好，但也允许紧边在下
$i>2$ $a<30p$	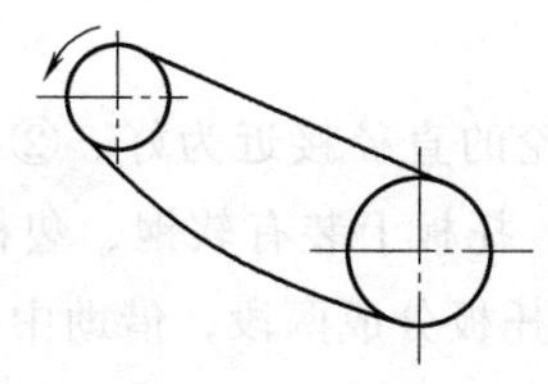	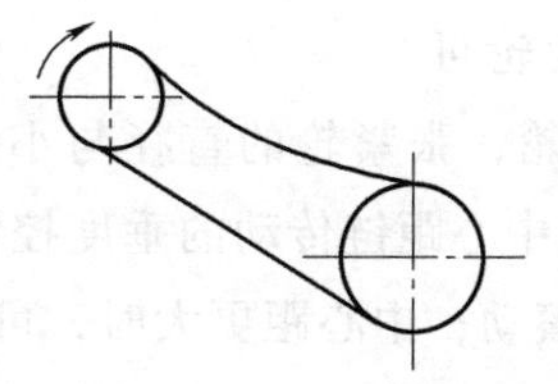	传动比较大而中心距较小 两链轮轴线不在同一水平面上，松边应在下面，否则松边下垂量增大后，容易导致链节与链轮卡死
$i<1.5$ $a>60p$	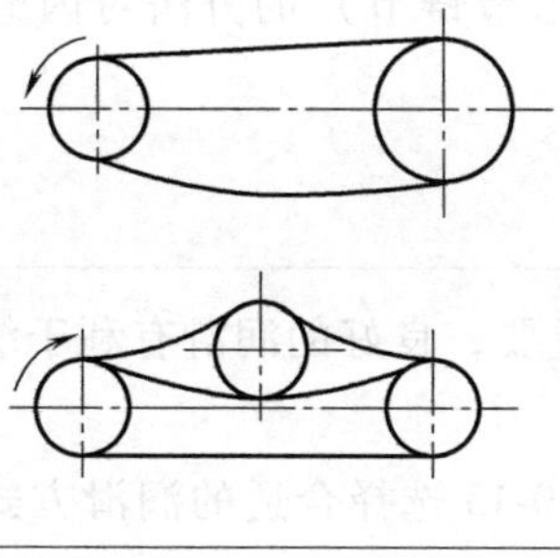	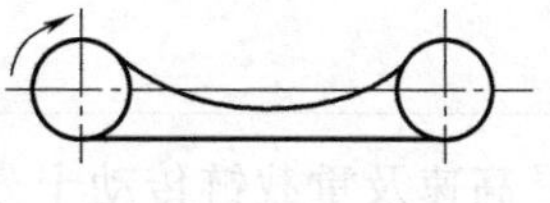	传动比较小而中心距较大 两链轮轴线在同一水平面上，松边应在下面，否则松边容易因下垂量增大而与紧边相碰，需经常调整中心距
i、a 为任意值 （垂直传动）	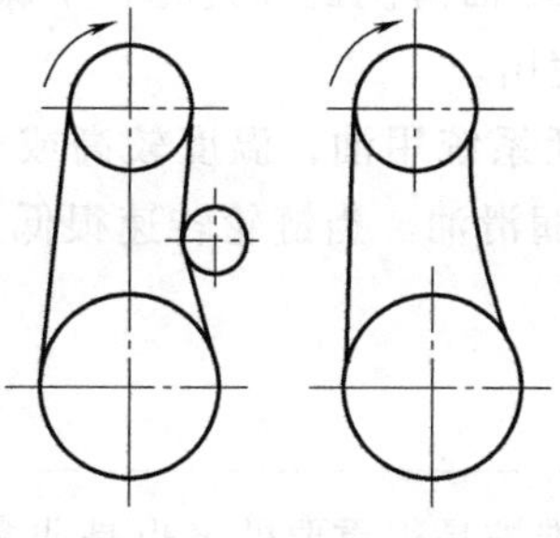	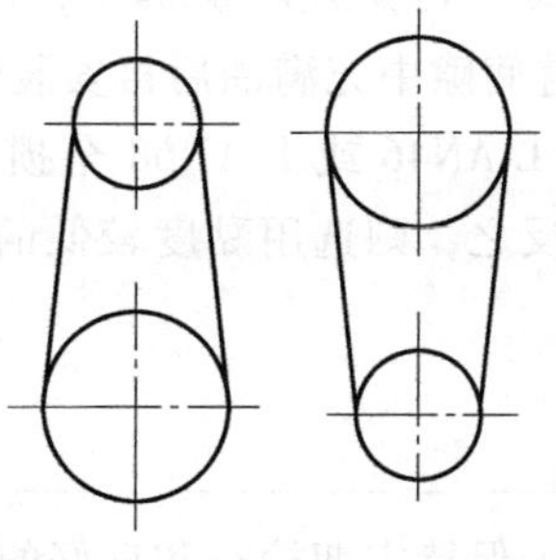	两链轮轴线在同一铅垂面内，下垂量增大后，会减少下链轮的有效啮合齿数，从而降低传动能力 可采取的措施有： 1）使中心距可调 2）设置张紧轮 3）上、下链轮偏置，使两轮轴线不在同一铅垂面内

二、链传动的张紧

链传动的安装初拉力是通过控制松边垂度 y 的大小获得的，一般取 $y=(0.01\sim0.02)a$。垂度太小会增大链的拉力，加速链的磨损，并使轴和轴承所受载荷增大；但如果垂度过大，链过于松弛，链传动工作中则极易产生啮合不良和链的振动现象。链传动张紧的主要目的就是尽量消除松边垂度过大对链传动的不利影响。

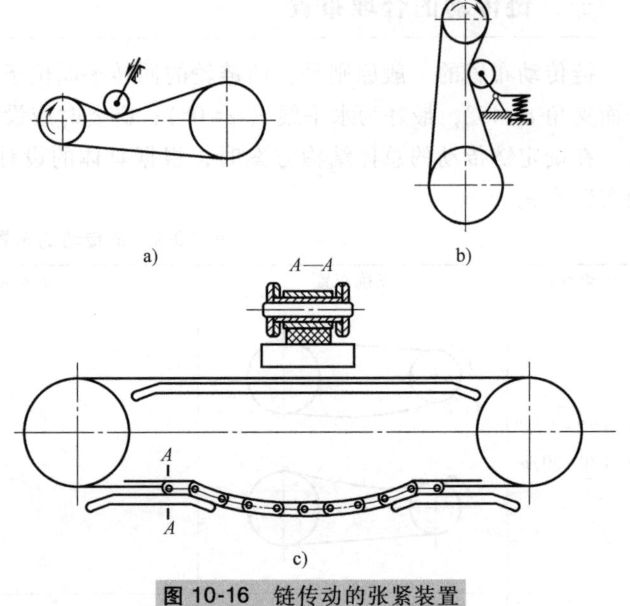

图 10-16 链传动的张紧装置

链传动的张紧方法很多，最常用的是通过调节两链轮的中心距实现张紧。当中心距不可调时，常用的张紧装置有：①张紧轮（图10-16a、b），通过定期或自动调整张紧轮的位置使链张紧，一般宜将张紧轮安装在链的松边且靠近主动轮的位置上。张紧轮可以是有齿的链轮或无齿的滚轮，张紧轮的直径与小链轮的直径接近为好。②托板（图 10-16c）或压板，托板适用于大中心距链传动的垂度控制，托板上装有软钢、塑料或耐油橡胶衬轨，工作时滚子在衬轨上滚动；中心距更大时，可将托板分成两段，借助中间 6~10 节链的自重下垂张紧；压板多用于多排链，一般压在松边外侧。另外，对于中心距不可调且没有张紧装置的链传动，可采用缩短链长（即拆掉部分偶数节链节）的方法对因磨损而变长的链重新张紧。

三、链传动的润滑

润滑对于链传动，尤其是高速及重载链传动十分重要，良好的润滑有利于缓和冲击、减轻磨损、延长链传动的使用寿命。

对于闭式链传动，应根据其动力及运动参数按图 10-15 选择合适的润滑方式。而对于开式链传动及润滑不便的链传动，可定期将链拆下，用煤油清洗链和链轮，干燥后将链浸入 70~80℃的润滑油中，待铰链间隙中充满油后再安装使用。

润滑油可选用 L-AN32、L-AN46 或 L-AN68 全损耗系统用油，温度较高或载荷较大时，宜选用黏度较高的润滑油；反之，则选用黏度较低的润滑油。当链轮转速很低无法供油时，可采用脂润滑。

四、链传动的维护

在链传动的使用过程中，保持定期检查和良好的维护是很重要的，也是非常必要的。一方面可以保证链传动的正常工作，充分发挥链传动的工作能力；另一方面又可有效地延长其使用寿命。在链传动的使用和维护中应采取的措施有：定期清洗链与链轮以保持其良好的工作状态，及时更换损坏的链节等。为了保证工作安全，可为链传动设置护罩，护罩同时还可以起到防尘和降噪作用。

思 考 题

10-1 与带传动和齿轮传动相比，链传动有什么优、缺点？

10-2 链传动的运动不均匀性是如何引起的？对传动有什么影响？能否避免？

10-3 正常润滑条件下，链传动主要失效形式是什么？试说明失效机理。

10-4 链发生铰链磨损后，会导致什么结果？为什么？

10-5 在链传动设计中，链轮齿数的选择主要考虑了哪些因素的影响？

10-6 在确定链节距时，主要考虑了哪些因素？是如何考虑的？

10-7 链传动既然属于啮合传动，为什么也要张紧？又是如何实现张紧的？

10-8 良好的润滑措施对链传动有什么积极意义？在链传动的使用维护中应注意哪些问题？

10-9 在设计链传动的总体布置时，应如何考虑传动比和中心距的影响？有什么针对性措施？

10-10 齿形链传动有什么优点？主要用于什么场合？

10-11 在由带传动、齿轮传动和链传动组成的传动系统中，链传动适宜布置在高速级、低速级，还是中间级？

习 题

10-1 试设计一用于往复式压气机主轴驱动的链传动，动力由电动机输入。已知传递功率 $P=3\text{kW}$，电动机转速 $n_1=960\text{r/min}$，压气机主轴转速 $n_2=300\text{r/min}$，中心距不可调。

10-2 试设计一带式输送机用的链传动。已知传递功率 $P=7.5\text{kW}$，主动链轮转速 $n_1=1460\text{r/min}$，从动链轮转速 $n_2=430\text{r/min}$，电动机驱动，要求传动中心距 $a\leqslant 800\text{mm}$。

10-3 试设计一压气机用的链传动。已知电动机额定功率 $P=22\text{kW}$，转速 $n_1=730\text{r/min}$，压气机主轴转速 $n_2=250\text{r/min}$。要求中心距 $a\leqslant 650\text{mm}$，每天工作 16h，载荷平稳，水平布置。

10-4 一由电动机驱动的滚子链传动，已知链轮齿数 $z_1=15$，$z_2=49$，采用单排 12A 滚子链，中心距 $a=650\text{mm}$，水平布置。传递功率 $P=2.2\text{kW}$，主动轮转速 $n_1=960\text{r/min}$，工作时有中等冲击，采用滴油润滑。试验算该链传动的工作能力（提示：首先确定链传动其他参数，然后根据实际工作条件验算其工作能力是否满足要求，注意润滑条件对传动能力的影响）。

第十一章

轴

第一节　概　述

轴是机械设备中的重要零件之一，其主要功用有两个：①支承转动件（如齿轮、带轮、凸轮、车轮等）；②传递转矩。

一、轴的分类

1. 按轴的形状分类

按轴线的形状不同，轴可分为直轴、曲轴和钢丝软轴。

直轴是指轴线为一条直线的轴，如图 11-1 所示支承滑轮的轴就是直轴。根据外形的不同，直轴分为光轴（图 11-1a）和阶梯轴（图 11-1b）。光轴的直径没有变化，形状简单，加工容易，应力集中源少，但不便于轴上零件的定位和固定；阶梯轴由若干个直径不同的轴段构成，大体呈中间粗两端细的形状。虽然形状较为复杂，但便于轴上零件的装拆、定位和固定，而且各截面接近于等强度，在实际中应用广泛。

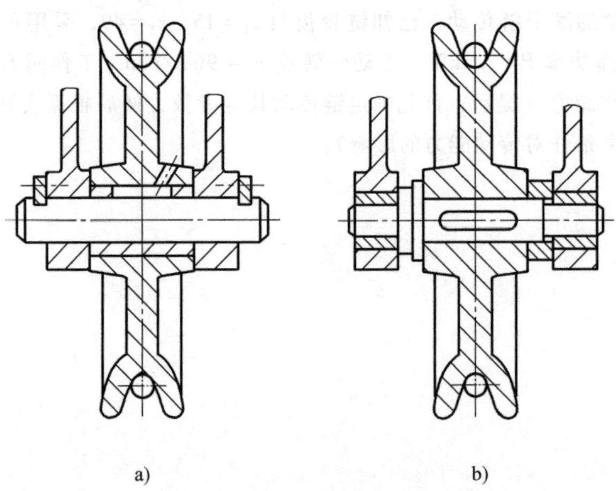

图 11-1　支承滑轮的轴

直轴又有实心轴和空心轴两种形式。一般场合多采用实心轴。若工作需要（如输送润滑油、切削液、安放其他零件等）或为减轻重量，则可制成空心轴。

曲轴（图 11-2）常用于往复式机械（如内燃机）中，和连杆、滑块等构成连杆机构，用于实现运动形式的转换。

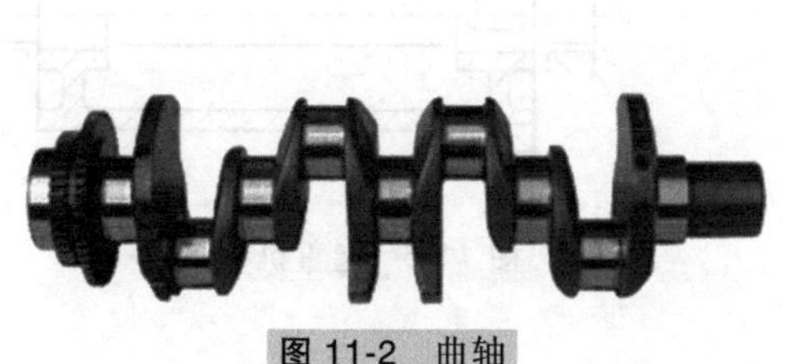

图 11-2　曲轴

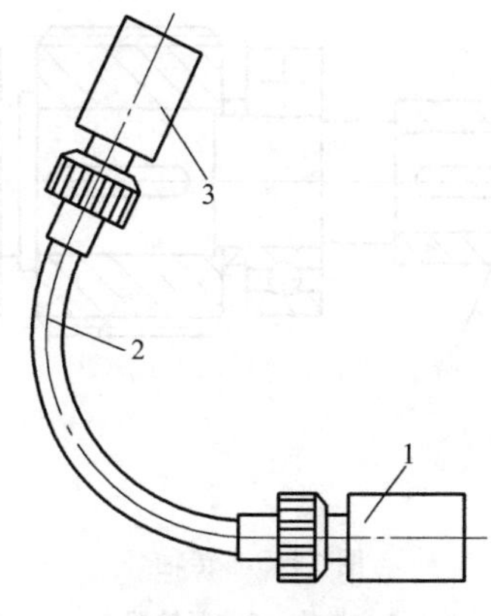

图 11-3　钢丝软轴

1—动力机　2—软轴　3—工作机

钢丝软轴（图 11-3）由几层紧贴在一起的钢丝卷绕而成，可以沿任意方向弯曲，故可把转矩和回转运动灵活地传递到空间任意位置，但传递运动的准确性较差。

曲轴属于专用零件，而钢丝软轴在一般机器中较少应用，故本章只讨论直轴。

2. 按承载情况分类

轴的载荷主要是弯矩和转矩，按承载情况不同，轴分为心轴、传动轴和转轴。

心轴是指工作时只承受弯矩而不传递转矩的轴，如图 11-1 所示的支承滑轮的轴。按照工作中是否转动，心轴分为固定心轴（图 11-1a）和转动心轴（图 11-1b）。由于固定心轴不转动，故其所受弯曲应力为静应力。而转动心轴的弯曲应力则为对称循环变应力。

传动轴是指工作时只传递转矩而不承受弯矩或承受弯矩很小的轴，如图 11-4 所示的汽车的传动轴，通过两个万向联轴器分别与变速器轴和后桥轴相连，工作中只传递转矩。

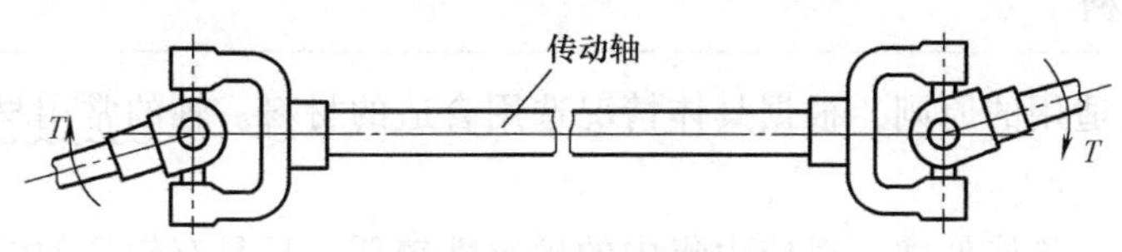

图 11-4　汽车的传动轴

转轴是指工作时既承受弯矩又传递转矩的轴，如图 11-5 所示用于支承齿轮的轴，在齿轮力的作用下将受弯矩，同时它又在联轴器与齿轮之间传递转矩。这类轴在各类机器中最常见。

图 11-6 所示为一台起重机的起重机构，分析轴Ⅰ～Ⅴ的工作情况得知：轴Ⅰ只传递转矩，不受弯矩的作用（轴自身重量很轻，可忽略），故为传动轴。轴Ⅱ～Ⅳ同时承受转矩和弯矩的作用，均为转轴。轴Ⅴ支承着卷筒，但驱动卷筒的动力由与之过盈配合的大齿轮直接

传给它，因此轴V只承受弯矩，为转动心轴。

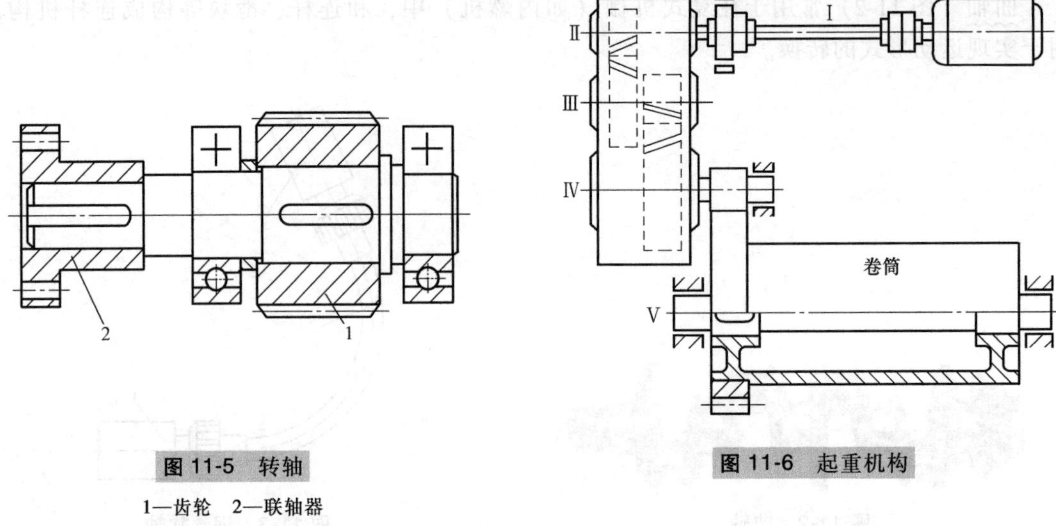

图 11-5 转轴

1—齿轮 2—联轴器

图 11-6 起重机构

二、轴的设计过程

下面以受载相对复杂的转轴为例，讨论轴的设计过程和设计中要解决的主要问题。

轴的设计过程大体为：选择材料→初估轴径→结构设计→校核强度、刚度和振动稳定性。

为了防止轴的断裂或塑性变形，设计轴时，都必须进行强度计算。对于机床主轴等对刚度有要求的轴，还要进行刚度计算，以防轴产生过大的弹性变形。对于高速转动的轴（如汽轮机轴等），还需进行振动稳定性计算，以防产生共振现象。

强度、刚度和振动稳定性计算均属于工作能力计算的内容。可见，除了合理选择材料以外，设计轴时要解决的主要问题就是进行结构设计和工作能力计算。一般情况下，轴的工作能力主要取决于轴的强度。

三、轴的材料

遵循既经济又适用的原则，根据具体情况选用合适的材料。轴的常用材料主要是碳素钢和合金钢。

碳素钢比合金钢价格低廉，对应力集中的敏感性较低，且具有较高的综合力学性能，故应用较广。一般机器中的轴常用优质中碳钢制造，其中最常用的是 45 钢。为了提高材料的力学性能，通常进行正火或调质处理。对于受力较小或不重要的轴，可采用 Q235、Q275 等普通碳钢制造。

合金钢比碳素钢具有更高的机械强度和更好的淬火性能，但其价格较贵，且对应力集中较敏感。因此，对于重要的轴，大功率机器中要求尺寸小、重量轻、耐磨性高的轴以及处于高温或低温环境下工作的轴，常采用合金钢制造，如 20Cr、20CrMnTi、40Cr、40MnB 等。设计合金钢轴时，更应从结构上避免或减小应力集中，并减小其表面粗糙度值。

必须注意：在一般工作温度（低于 200°C）下，各种碳钢和合金钢的弹性模量 E 的数值相差不多，因此用合金钢代替碳素钢不能提高轴的刚度，只能提高轴的强度和耐磨性。

钢轴常用轧制圆钢或锻造毛坯经切削加工制成，对于直径较小的轴，可直接利用冷拔圆钢加工。形状复杂的轴，也可采用铸钢或球墨铸铁铸造。球墨铸铁具有良好的吸振性、耐磨性以及对应力集中不敏感和价廉等优点，便于制成复杂的形状。有的生产部门已经用它代替钢来制造大型曲轴等。其缺点是铸造品质不容易控制，冲击韧性较差。

表 11-1 列出了轴的常用材料、主要力学性能及许用应力，供设计时参考。

表 11-1　轴的常用材料、主要力学性能及许用应力

材料	热处理	毛坯直径 /mm	硬度 (HBW)	力学性能				许用弯曲应力			应用说明
				抗拉强度 R_m	屈服强度 R_{eL}	弯曲疲劳极限 σ_{-1}	扭转疲劳极限 τ_{-1}	静应力 $[\sigma_{+1w}]$	脉动循环应力 $[\sigma_{0w}]$	对称循环应力 $[\sigma_{-1w}]$	
				MPa							
20	正火	≤100	103~156	390	215	170	95	125	70	40	用于载荷不大，要求韧性较高的轴
	正火回火	>100~300		375	195		90				
35	正火	≤100	149~187	510	265	240	120	165	75	45	用于要求有一定强度和加工塑性的轴，可制作一般转轴，曲轴等
	正火回火	>100~300		490	255		115				
	调质	≤100	156~207	550	295	230	130	175	85	50	
		>100~300		530	275		125				
45	正火	≤100	170~217	590	295	255	140	195	95	55	用于较重要的轴，应用最为广泛
	正火回火	>100~300	162~217	570	285	245	135				
	调质	≤200	217~255	640	355	275	155	215	100	60	
40Cr	调质	≤100	241~286	735	540	355	200	245	120	70	用于载荷较大，而无很大冲击的重要轴
		>100~300		685	490	335	185				
40MnB	调质	≤200	241~286	735	490	345	195	245	120	70	性能接近 40Cr，用于重要的轴
40CrNi	调质	≤100	270~300	900	735	430	260	285	130	75	用于很重要的轴
		>100~300	240~270	785	570	370	210				
38SiMnMo	调质	≤100	229~286	735	590	365	210	275	120	70	用于受重载荷的轴
		>100~300	217~269	685	540	345	195				
38CrMoAlA	调质	≤60	293~321	930	785	440	280	275	125	75	用于要求高强度、高耐磨性且热处理（渗氮）变形小的轴
		>60~100	277~302	835	685	410	270				
		>100~160	241~277	785	590	375	220				
20Cr	渗碳淬火回火	≤100	表面 56~62HRC	640	390	305	160	215	100	60	用于要求强度和韧性均较高的轴
QT400-15	—	—	156~197	400	300	145	125	100	—	—	用于制造形状复杂的曲轴、凸轮轴等
QT600-3	—	—	197~269	600	420	215	185	150	—	—	

注：1. 表中所列弯曲疲劳极限值，均按下列各式计算：碳钢 $\sigma_{-1}\approx 0.43R_m$；合金钢 $\sigma_{-1}\approx 0.2(R_m+R_{eL})+100$；不锈钢 $\sigma_{-1}\approx 0.27(R_m+R_{eL})$；各种钢 $\tau_{-1}\approx 0.156(R_m+R_{eL})$；球墨铸铁 $\sigma_{-1}\approx 0.36R_m$，$\tau_{-1}\approx 0.31R_m$。

2. 球墨铸铁的屈服强度为 $R_{p0.2}$。

3. 其他力学性能，一般可取 $\tau_s\approx(0.55\sim0.62)R_{eL}$，$\sigma_0\approx 1.4\sigma_{-1}$，$\tau_0\approx 1.5\tau_{-1}$。

第二节 轴的结构设计

轴的结构设计就是合理确定轴的形状和全部结构尺寸。由于影响轴结构的因素很多，所以，与齿轮、带轮等零件不同，轴（主要是指阶梯轴）没有固定的结构形式，其结构设计比较灵活。但是，设计时需要考虑的问题和应该遵循的原则是基本相同的。轴的结构设计大都应该满足以下几个方面的要求：

1）轴的结构要便于加工制造，便于轴上零件的装拆。

2）轴及轴上零件有确定的工作位置，且轴上各零件与轴能可靠地相对固定。

3）有利于提高轴的强度和刚度，力求轴的受力合理，尽量减小应力集中等。

下面，结合图 11-7 所示的轴系结构，讨论轴的结构设计问题。

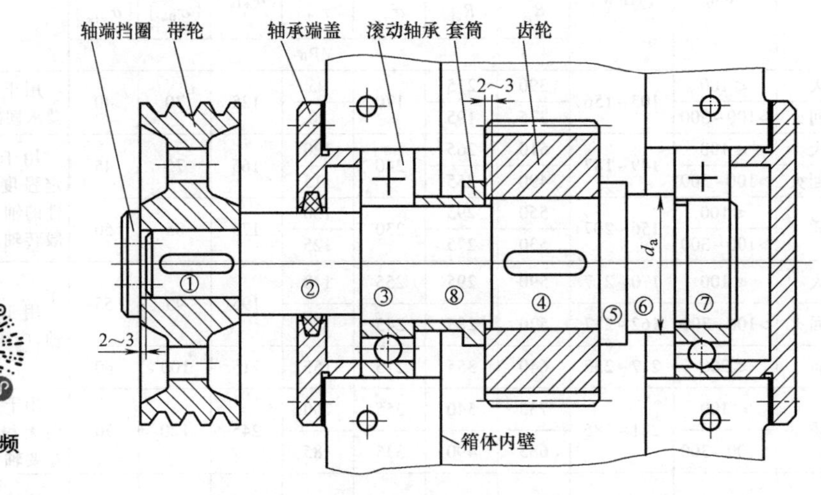

扫码看视频

图 11-7 轴的结构示例

轴上与传动件（带轮、齿轮、联轴器等）轮毂相配合的轴段称为轴头，如图 11-7 中的①、④轴段；与轴承相配合的轴段称为轴颈，如图 11-7 中的③、⑦轴段；除了轴颈和轴头以外的其他轴段均称为轴身，如图 11-7 中的②、⑧、⑤、⑥轴段；相邻两轴段间的阶梯称为轴肩；直径比左右相邻轴段都大的短轴段称为轴环，如图 11-7 中的⑤轴段。

轴肩大体分为两类：装配时用于确定轴上零件位置的轴肩为定位轴肩，如①和②、④和⑤、⑥和⑦之间的轴肩，分别用于确定带轮、齿轮和右端轴承的位置；为了便于轴上零件的装拆而设计的轴肩为非定位轴肩，如②和③、⑧和④轴段之间的轴肩，其作用分别是便于左端轴承的装拆和齿轮的装拆。

在进行轴的结构设计时，主要需考虑以下几个方面的问题。

一、便于制造和装配

轴的结构应便于轴的加工制造，便于轴上零件的装配。

1）在满足使用要求的前提下，轴的结构应尽量简单，轴段数应尽可能少，且相邻轴段的直径差不宜过大。

2）为了便于轴上零件的装拆与固定，通常将阶梯轴设计成中间粗、两端细的形状。轴上的各零件可分别从轴的左右两端装拆。例如：在图 11-7 所示的轴系中，齿轮、套筒、左端滚动轴承、左轴承端盖和带轮依次从轴的左端装拆；右端滚动轴承则从右端装拆。显然，轴上零件的装拆方向必然影响轴的结构，所以，在进行轴的结构设计时，应考虑好轴上零件的装拆方案。

3）为了在铣床工作台上一次装夹即可加工出轴上的所有键槽，应将不同轴段上的多个键槽布置在轴的同一素线上（如图 11-7 中①、④轴段的两个键槽）。

4）需要磨削的轴段应设计砂轮越程槽（图11-8a），需要切制螺纹的部位应设计退刀槽（图11-8b）。为了减少车削时的换刀次数，同一轴上的多个砂轮越程槽、螺纹退刀槽最好设计为相同的宽度。

5）为了便于装配，在轴端以及轴头和轴颈的端部应设计出倒角或导向锥（图 11-9）。

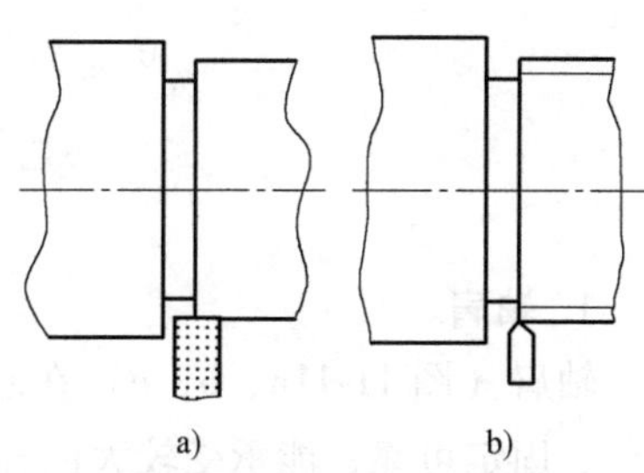

图 11-8 越程槽和退刀槽

a）砂轮越程槽 b）螺纹退刀槽

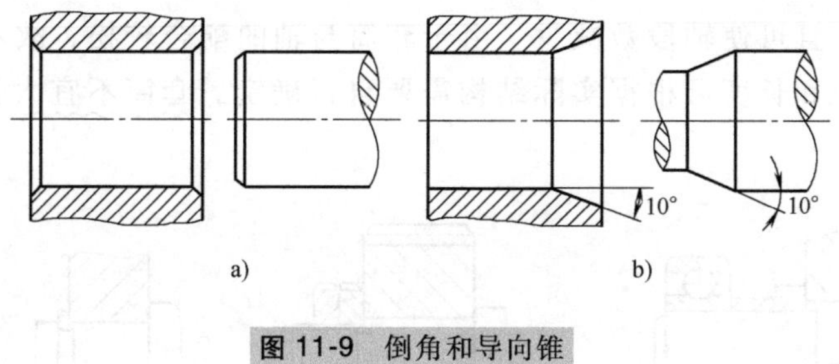

图 11-9 倒角和导向锥

a）倒角 b）导向锥

二、轴上零件的定位和固定

定位是指装配时保证轴上零件有准确的轴向位置。常用的定位方法有：轴肩和套筒。例如：在图 11-7 中，齿轮和带轮靠它们右侧的轴肩定位，右端滚动轴承靠其左侧的轴肩定位，而左端滚动轴承则靠套筒定位（套筒需靠紧在齿轮上）。

进行轴的结构设计时，应正确设计定位轴肩的位置、尺寸和套筒的长度，以保证只要零件紧靠在其定位轴肩或套筒上，即可获得准确的轴向位置。

为了使零件端面与轴肩紧密贴合，以保证定位准确，定位轴肩的圆角半径 r、零件轮毂孔倒角 C（或圆角半径 R）及轴肩高度 h 之间的关系（图 11-10）为

$$r<C(\text{或 } R)<h$$

固定是指消除轴上零件与轴之间的相对运动，工作时保证零件位置不变。按消除的相对运动方向不同，分为轴向固定（消除轴向的相对移动）和周向固定（消除相对转动）。

（一）轴上零件的轴向固定

轴上零件的常用轴向固定方法主要有以下几种：

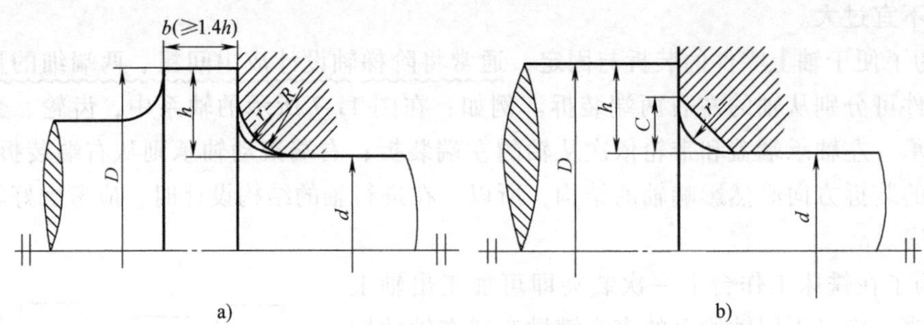

图 11-10 定位轴肩及其圆角设计

1. 轴肩

轴肩（图 11-11a、b、c）在起定位作用的同时，还可起轴向固定作用。其特点是结构简单，固定可靠，能承受较大的轴向载荷，但采用轴肩就必然会使轴的直径加大，且由于直径突变而导致产生应力集中。

2. 套筒

当两零件相隔距离不大时，可用套筒对两个相邻零件进行轴向固定（图 11-11a）。套筒固定结构简单，且可使轴段数减少。由于套筒与轴的配合较松，故不宜用在转速高的轴上。套筒的直径和长度可根据实际结构需要自行确定。套筒不宜太长，否则加工制造比较困难。

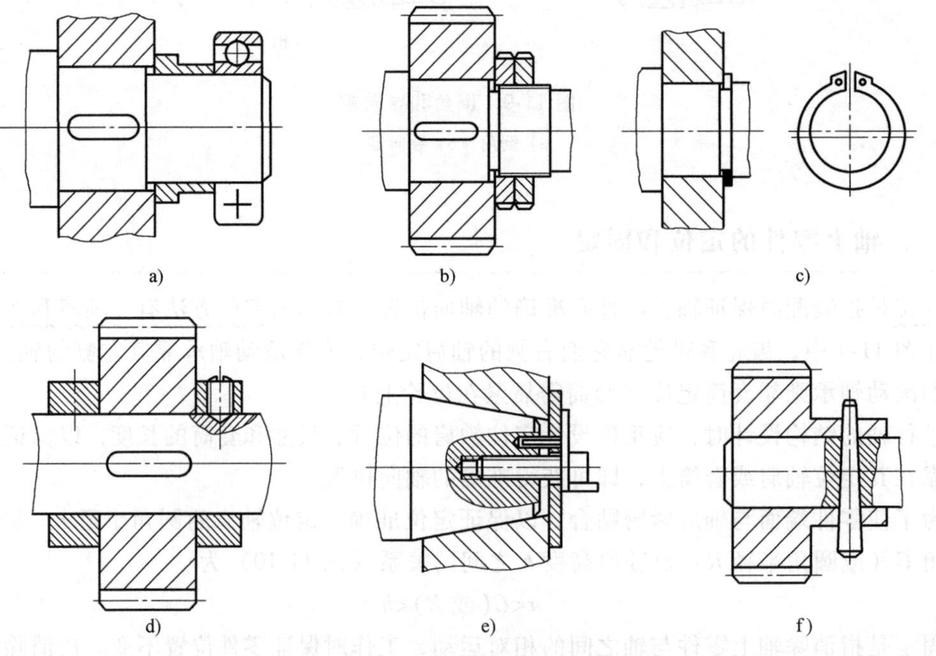

图 11-11 零件的轴向固定方法

a）轴肩-套筒 b）轴肩-圆螺母 c）轴肩-弹性挡圈 d）锁紧挡圈 e）圆锥面-轴端挡圈 f）销连接

3. 圆螺母

当轴上两个零件相距较远不宜采用套筒固定时，常采用圆螺母固定（图 11-11b）。这种方法固定可靠，能承受大的轴向力。但轴上需车制螺纹，因而会产生应力集中，为了减小应力集中，一般用细牙螺纹。为防止圆螺母松动，常使用两个圆螺母或加止动垫片。

4. 弹性挡圈

轴向力很小或不受轴向力时，可采用弹性挡圈（图 11-11c）。这种固定方法结构简单、紧凑，但可靠性差，且对轴的强度削弱较大。

5. 锁紧挡圈

轴向力很小或不受轴向力时，也可采用锁紧挡圈（图 11-11d）。这种固定方法采用挡圈和紧定螺钉。两端都采用锁紧挡圈时，便于调整零件在轴上的位置。

6. 轴端挡圈

轴端挡圈又称压板（图 11-11e），用于轴端零件的固定，可承受较大的轴向力。

7. 圆锥面

当要求被定位零件的对中性好或承受冲击载荷时，可用圆锥面固定（图 11-11e），这种结构拆卸容易，但圆锥配合面的加工比较困难。

8. 销连接

销连接（图 11-11f）结构简单，但轴的应力集中较大，主要用于受力不大、同时需要进行周向固定的场合。

注意：圆螺母、弹性挡圈和销均为标准件，设计时，需从标准中选取它们的尺寸规格。

（二）轴上零件的周向固定

轴上零件的周向固定可采用键连接、花键连接、销连接、过盈连接、型面连接等形式（图 11-12）。

键连接应用广泛，其中平键连接（图 11-12a）定心性好，可用于较高精度、高转速及受冲击或变载荷作用的场合。楔键连接能承受单方向的轴向力，但不适用于要求严格对中、有冲击载荷或高速回转的场合。

花键连接（图 11-12b）承载能力高，对中性和导向性好，但制造比较困难，成本高。

销连接主要用来固定零件的相互位置，也可传递不大的载荷。

型面连接（图 11-12c）是利用非圆截面的轴与相同形状的轮毂孔配合构成的连接。这种连接对中性好，工作可靠，承载能力大，无应力集中，但加工困难，故应用较少。

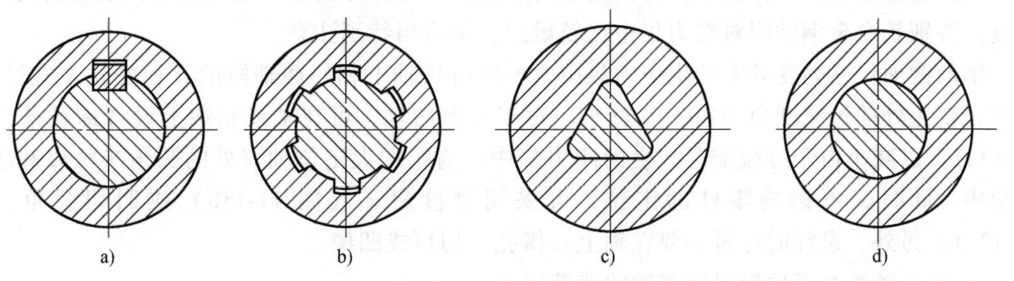

图 11-12 零件周向固定的形式

a）平键连接 b）花键连接 c）型面连接 d）过盈连接

过盈连接（图 11-12d）是利用轴和毂孔间的过盈配合构成的连接，它结构简单，能同时实现周向和轴向固定，对轴的削弱小，但装拆不便，且对配合面的加工精度要求较高。常与平键连接联合使用，以承受大的循环变化载荷、振动和冲击载荷。

三、轴的长度和直径确定

1. 长度的确定

确定各轴段长度时，应尽可能使轴的结构紧凑，同时还要保证轴上零件所需的装配或调整空间。确定各轴段的长度时应遵循以下原则：

1）轴头的长度应比轮毂宽度短 2~3mm（参见图 11-7 中①、④轴段），以使套筒、圆螺母或轴端挡圈等能靠紧轮毂端面，确保固定可靠。

2）轴颈的长度一般等于轴承的宽度（参见图 11-7 中③、⑦轴段）。

3）轴上回转零件与机体等具有相对运动的零件之间（如图 11-7 中齿轮和箱体内壁间），沿轴向要留有适当的距离，以免旋转时相碰。

2. 直径的确定

进行轴的结构设计时，通常首先估算最细处的直径（估算方法见第三节），然后从最细处（一般是轴的某一端最细）开始，考虑轴上零件的定位、固定和装拆方便，从端部向中间逐一设置轴肩并确定各轴段的直径。确定各轴段的直径时应遵循以下原则：

1）为了便于加工和检验，轴的直径一般应取圆整值。

2）与标准件相配合的轴段直径，应与标准件的孔径匹配。例如：与标准滚动轴承相配合的轴颈直径（图 11-7 中③、⑦轴段）应符合滚动轴承的内径标准值；与圆螺母配合的轴段直径应符合圆螺母的螺纹孔直径标准系列等。

3）通常取定位轴肩的高度 $h\approx(0.07\sim0.1)d$，d 为定位轴肩的小径，参见图 11-10。应注意，滚动轴承的定位轴肩高度须低于轴承内圈的厚度，以便于轴承的拆卸，轴肩大径 d_a（参见图 11-7 第⑥轴段）的值可查轴承标准确定。

4）为便于轴上零件的装拆而设计的非定位轴肩，其高度一般很小，直径相差 2~3mm 即可。

四、提高轴强度的常用措施

1. 改进轴或轮毂的结构以减小应力集中

大多数轴在变应力作用下工作，在轴的结构设计时应尽量减少应力集中，以提高其疲劳强度，特别是合金钢轴因对应力集中比较敏感，更应当特别注意。

轴的截面尺寸突变处会产生应力集中，所以阶梯轴上相邻两轴段的直径变化不宜过大，在轴径变化处的过渡圆角半径不宜过小。对于重要的轴，可在轴或轮毂上设计卸载槽（图 11-13a），以减小由于过盈配合产生的应力集中；为了增大定位轴肩处的圆角半径以减小应力集中，同时又不影响零件的定位，可采用过渡肩环（图 11-13b）或凹切圆角（图 11-13c）。另外，设计时尽量不要在轴上开横孔、切口或凹槽。

2. 改善轴的表面质量以提高轴的疲劳强度

轴的表面越粗糙，疲劳强度越低。因此，应合理减小轴的表面及圆角处的表面粗糙度值。

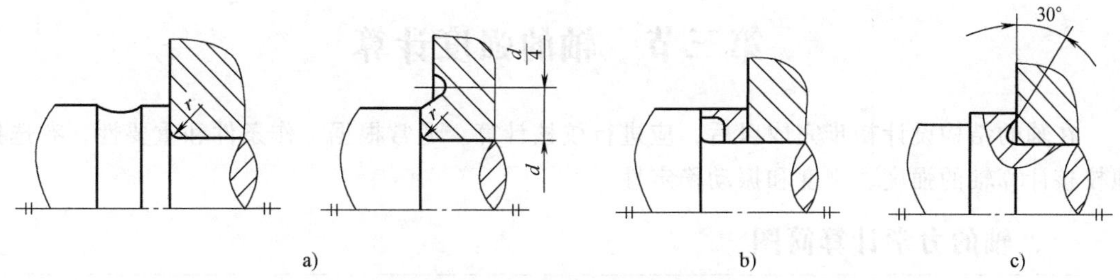

图 11-13　减小应力集中的措施

a）卸载槽　b）过渡肩环　c）凹切圆角

对轴的表面进行碾压、喷丸等强化处理，可使轴的表层产生预压应力，从而提高轴的疲劳强度。

3. 改进轴上零件的结构以减轻轴所受的载荷

在图 11-14 所示的起重机卷筒的两种不同方案中，图 11-14a 所示结构是大齿轮和卷筒分别与轴连接在一起，轴既受弯矩又传递转矩；图 11-14b 所示结构是大齿轮和卷筒连成一体，转矩经大齿轮直接传给卷筒，轴只受弯矩而不受转矩。当起吊同样载荷时，图 11-14b 中轴的直径可小于图 11-14a 中轴的直径。

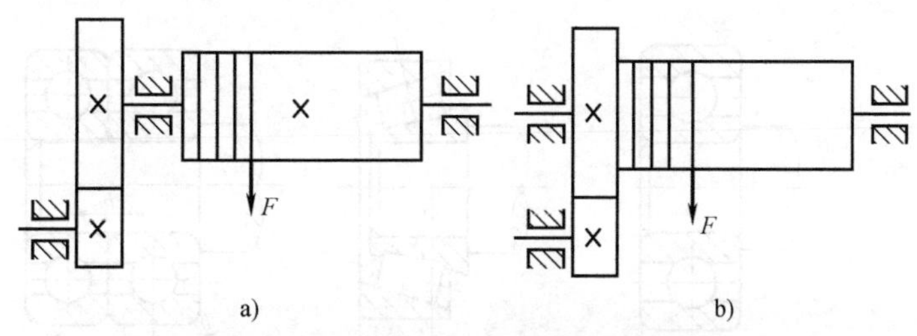

图 11-14　零件的结构对轴所受载荷的影响

a）大齿轮和卷筒非一体　b）大齿轮和卷筒为一体

4. 合理布置轴上零件以减小轴所受的载荷

当转矩由一个传动件输入，而由几个传动件输出时，为了减小轴所受的转矩，应尽量将输入件布置在中间，而不要置于一端。如在图 11-15a 中，输入轮布置在两个输出轮的一侧，轴传递的最大转矩为 T_1+T_2；而在图 11-15b 中，输入轮布置在中间，当输入转矩为 T_1+T_2 时，轴传递的最大转矩为 T_1 或 T_2。

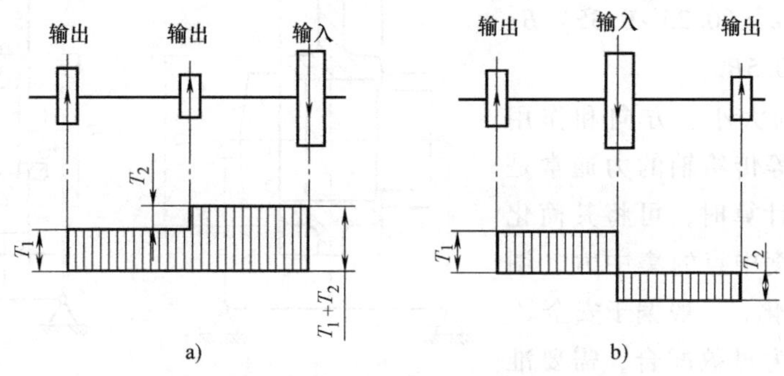

图 11-15　零件的布置对轴所受载荷的影响

第三节 轴的强度计算

在轴的结构设计初步完成以后，应进行校核计算。通常根据工作条件和重要性，有选择地校核计算轴的强度、刚度和振动稳定性。

一、轴的力学计算简图

要进行轴的强度和刚度计算，首先要把实际受载情况简化为轴的力学计算简图。对于一般转轴，可简化如下：

1）将轴简化为一简支梁。

2）确定轴上支承反力作用点的位置。轴上支承反力的作用点视轴承类型和安装方式按图 11-16 确定。深沟球轴承的支点在轴承宽度的中点（图 11-16a），圆锥滚子轴承和角接触球轴承的支点偏离了宽度中点，支点到轴承外圈宽边的距离 a（图 11-16b）可查轴承标准。

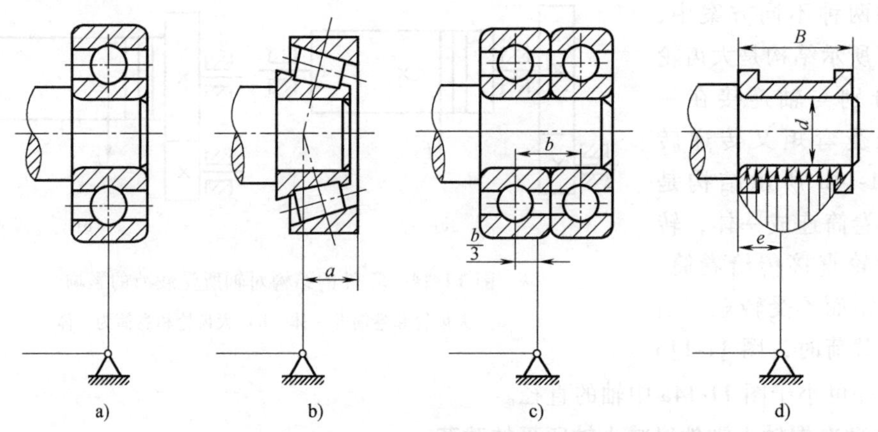

图 11-16 轴承支点的位置

a）深沟球轴承 b）圆锥滚子轴承 c）并列滚动轴承 d）滑动轴承

对于图 11-16d 所示的滑动轴承：当 $B/d \leqslant 1$ 时，$e=0.5B$；当 $B/d>1$ 时，$e=0.5d$，但 $e \geqslant (0.25 \sim 0.35)B$；对调心轴承，$e=0.5B$。

3）确定力的大小、方向和作用点。齿轮、带轮等传给轴的力通常是分布力，在一般计算时，可将其简化为作用于轮缘宽度中点的集中力（图 11-17a）。这种简化，一般偏于安全。

若轴和轮毂为过盈配合，需要准确计算轴的应力或变形时，可将总载

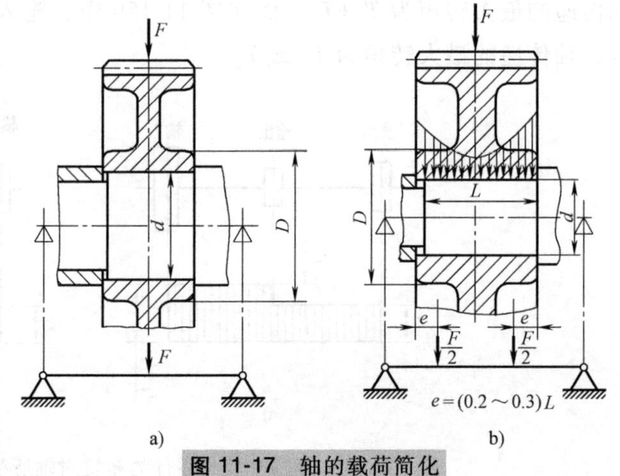

图 11-17 轴的载荷简化

荷一分为二，均等地作用在两个位置上（图 11-17b）。

4）确定作用在轴上的转矩位置。作用在轴上的转矩，一般从传动件轮毂宽度的中点算起。

二、轴的强度计算

轴的强度计算应根据轴的承载情况和重要程度，采用相应的计算方法。在工程设计中，轴的强度计算有三种方法：转矩法（按扭转强度计算）、当量弯矩法（按弯扭合成强度计算）和安全系数校核法。

（一）转矩法

转矩法是按轴所受的转矩计算其抗扭强度。主要用于：①传动轴的强度校核或设计计算；②在转轴的结构设计之前，初步估算轴的直径。

在转矩 T 作用下，轴的抗扭强度条件为

$$\tau_T = \frac{T}{W_T} \leqslant [\tau_T] \tag{11-1}$$

式中　τ_T——轴的扭切应力（MPa）；

T——轴传递的转矩（N · mm）；

W_T——轴的抗扭截面系数（mm^3），见表 11-2；

$[\tau_T]$——轴材料的许用扭切应力（MPa），见表 11-3。

表 11-2　抗弯、抗扭截面系数 W、W_T 的计算公式

截　面	W	W_T
d	$\frac{\pi d^3}{32} \approx 0.1d^3$	$\frac{\pi d^3}{16} \approx 0.2d^3$
d_1, d	$\frac{\pi d^3}{32}(1-r^4) \approx d^3(1-r^4)/10$ $r=d_1/d$	$\frac{\pi d^3}{16}(1-r^4) \approx d^3(1-r^4)/5$ $r=d_1/d$
b, t, d	$\frac{\pi d^3}{32}-\frac{bt(d-t)^2}{2d}$	$\frac{\pi d^3}{16}-\frac{bt(d-t)^2}{2d}$

（续）

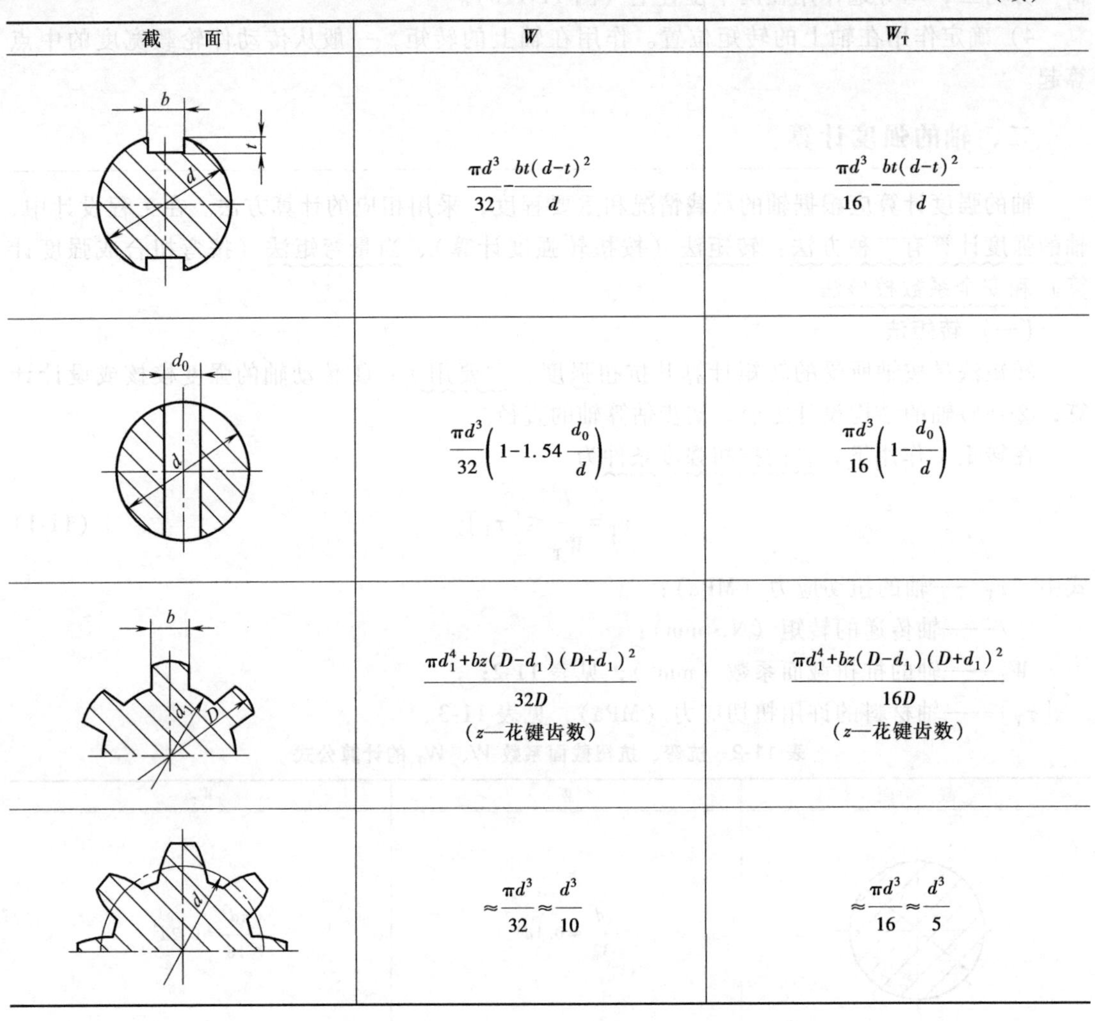

截　面	W	W_T
	$\dfrac{\pi d^3}{32}-\dfrac{bt(d-t)^2}{d}$	$\dfrac{\pi d^3}{16}-\dfrac{bt(d-t)^2}{d}$
	$\dfrac{\pi d^3}{32}\left(1-1.54\dfrac{d_0}{d}\right)$	$\dfrac{\pi d^3}{16}\left(1-\dfrac{d_0}{d}\right)$
	$\dfrac{\pi d_1^4+bz(D-d_1)(D+d_1)^2}{32D}$（$z$—花键齿数）	$\dfrac{\pi d_1^4+bz(D-d_1)(D+d_1)^2}{16D}$（$z$—花键齿数）
	$\approx\dfrac{\pi d^3}{32}\approx\dfrac{d^3}{10}$	$\approx\dfrac{\pi d^3}{16}\approx\dfrac{d^3}{5}$

对于实心圆轴，当已知传递的功率 P(kW) 和转速 n(r/min) 时，式（11-1）可写为

$$\tau_T=\frac{T}{W_T}\approx\frac{9.55\times10^6 P}{0.2d^3 n}\leqslant[\tau_T] \tag{11-2}$$

式中　d——轴的直径（mm）。

由式（11-2）可得实心圆轴直径的设计式为

$$d\geqslant\sqrt[3]{\frac{9.55\times10^6}{0.2[\tau_T]}}\sqrt[3]{\frac{P}{n}}=C\sqrt[3]{\frac{P}{n}} \tag{11-3}$$

式中　C——用于估算转轴直径的系数，由轴的材料和承载情况确定，见表 11-3。

表 11-3　常用材料的 $[\tau_T]$ 值和 C 值

轴的材料	Q235、20	35	45	40Cr、35SiMn、40MnB、38SiMnMo、20CrMnTi
$[\tau_T]$/MPa	12～20	20～30	30～40	40～52
C	160～135	135～118	118～106	106～98

注：当作用在轴上的弯矩较小或只传递转矩时，C 取较小值；否则取较大值。

对于转轴，在轴的尺寸尚未确定时，轴上载荷的作用点位置以及支点位置均不确定，故而无法计算轴的弯矩，无法准确计算所需轴径。所以在转轴的结构设计之前，只能根据所受转矩按式（11-3）估算轴上受扭段最细处的直径。当最细轴段上有键槽时，会削弱轴的强度，应将估算的 d 值适当加大。对于直径小于 100mm 的轴，当截面上有一个键槽时，轴径加大 4%；有两个键槽时，轴径加大 7%，然后取整。

（二）当量弯矩法

当量弯矩法主要用于一般转轴和心轴的强度计算。

轴的结构设计初步完成后，轴的支点位置及轴上所受载荷的大小、方向和作用点均已确定。此时，即可求得轴的支点反力，绘制弯矩图和转矩图，根据弯矩 M 和转矩 T 初步判断出轴的危险截面，按弯扭合成强度计算危险截面的直径。对于一般的转轴，用这种方法计算足够安全。

在危险截面上，同时承受由弯矩 M 产生的弯曲应力 $\sigma_w=\dfrac{M}{W}$ 和由转矩 T 产生的扭切应力 $\sigma_T=\dfrac{T}{W_T}$。通常按第三强度理论计算当量弯曲应力 σ_{ew}，即

$$\sigma_{ew}=\sqrt{\sigma_w^2+4\tau_T^2} \tag{11-4}$$

由于转轴的弯曲应力 σ_w 为对称循环变应力。而其扭切应力 τ_T 的循环特性则由转矩 T 的性质而定，有时为对称循环，有时则不是对称循环。如果 τ_T 与 σ_w 的循环特性不相同，则必须将 τ_T 乘以应力校正系数 α，将其折算为与 σ_w 特性相同的对称循环应力。然后，按第三强度理论计算当量弯曲应力 σ_{ew}，且应保证 σ_{ew} 不超过对称循环许用弯曲应力 $[\sigma_{-1w}]$，即

$$\sigma_{ew}=\sqrt{\sigma_w^2+4(\alpha\tau_T)^2}=\sqrt{\left(\frac{M}{W}\right)^2+4\left(\frac{\alpha T}{W_T}\right)^2}\leqslant[\sigma_{-1w}] \tag{11-5}$$

对不变的转矩（轴连续单向转动），$\alpha=\dfrac{[\sigma_{-1w}]}{[\sigma_{+1w}]}\approx0.3$；对于脉动变化的转矩（轴单向断续转动），$\alpha=\dfrac{[\sigma_{-1w}]}{[\sigma_{0w}]}\approx0.6$；对于对称循环的转矩（轴频繁正反转），$\alpha=\dfrac{[\sigma_{-1w}]}{[\sigma_{-1w}]}=1$；当转矩的变化规律不清楚时，一般可按脉动循环处理。

$[\sigma_{-1w}]$、$[\sigma_{+1w}]$、$[\sigma_{0w}]$ 分别为材料在对称循环、静应力、脉动循环状态下的许用弯曲应力，其值见表 11-1。

对于实心圆轴，$W=\dfrac{\pi}{32}d^3\approx0.1d^3$，$W_T=2W$。代入式（11-5）并整理，可得转轴的弯扭合成强度条件为

$$\sigma_{ew}=\frac{\sqrt{M^2+(\alpha T)^2}}{W}\approx\frac{M_e}{0.1d^3}\leqslant[\sigma_{-1w}] \tag{11-6}$$

或

$$d\geqslant\sqrt[3]{\frac{M_e}{0.1[\sigma_{-1w}]}} \tag{11-7}$$

式中 M_e——当量弯矩（N·mm），$M_e=\sqrt{M^2+(\alpha T)^2}$；

d——轴的直径（mm）。

如校核的危险截面上有键槽，则轴的直径也应适当加大。同样，有一个键槽时，轴径加大4%；有两个键槽时，轴径加大7%，然后取整。

按当量弯矩法计算转轴强度的主要步骤（参见图11-18）：①在完成轴的结构设计之后，将轴简化为梁，画出轴的空间受力简图；②绘出轴的铅垂面受力图和水平面受力图，并计算两面内的支点反力；③绘出铅垂面弯矩（M_V）图和水平面弯矩（M_H）图；④绘出合成弯矩（$M=\sqrt{M_H^2+M_V^2}$）图；⑤绘出转矩（T）图；⑥绘出当量弯矩［$M_e=\sqrt{M^2+(\alpha T)^2}$］图；⑦确定危险截面，按式（11-7）校核危险截面的直径。

若初定的轴径小于计算出的轴径，说明强度不够，需要修改结构设计；若计算出的轴径较小，除非相差很大，一般不做修改。

在上述当量弯矩法中，只要取转矩$T=0$，则式（11-6）和式（11-7）即可用于计算心轴的强度。但需注意，许用应力的性质应与轴所受弯曲应力的性质一致。

（三）安全系数校核法

对于一般用途的转轴，按当量弯矩法计算已足够精确，但对于一些重要的轴，应考虑应力集中、尺寸、表面质量、应力循环特性等因素的影响，对轴的危险截面进行疲劳强度安全系数校核。对于有瞬时尖峰载荷作用的轴，还要进行静强度的安全系数校核。

1. 疲劳强度的安全系数校核

这项校核是根据轴上作用的循环应力对轴的各危险截面处的疲劳强度安全系数进行校核计算。其步骤为：

1）作出轴的合成弯矩M图和转矩T图（同当量弯矩法）。

2）确定危险截面，计算危险截面的平均应力σ_m、τ_m和应力幅σ_a、τ_a。

对于一般转轴，弯曲应力按对称循环变化，故$\sigma_a=\dfrac{M}{W}$，$\sigma_m=0$；通常转矩的变化规律往往不易确定，故对一般单向运转的轴，常把扭切应力当作脉动循环变化来考虑，即$\tau_a=\tau_m=\dfrac{T}{2W_T}$；当轴经常正反转时，则看作对称循环变化，故$\tau_a=\dfrac{T}{W_T}$，$\tau_m=0$。

3）按式（11-8）~式（11-10）分别计算弯矩作用下的安全系数S_σ、转矩作用下的安全系数S_τ以及综合安全系数S，有

$$S_\sigma=\frac{K_N\sigma_{-1}}{\dfrac{K_\sigma}{\beta\varepsilon_\sigma}\sigma_a+\psi_\sigma\sigma_m} \tag{11-8}$$

$$S_\tau=\frac{K_N\tau_{-1}}{\dfrac{K_\tau}{\beta\varepsilon_\tau}\tau_a+\psi_\tau\tau_m} \tag{11-9}$$

$$S=\frac{S_\sigma S_\tau}{\sqrt{S_\sigma^2+S_\tau^2}}\geqslant[S] \tag{11-10}$$

式中 σ_{-1}、τ_{-1}——对称循环下的弯曲疲劳极限和扭转疲劳极限，见表 11-1；

ψ_σ、ψ_τ——弯曲等效系数和扭转等效系数，碳素钢 $\psi_\sigma=0.1\sim0.2$，合金钢 $\psi_\sigma=0.2\sim0.3$，碳素钢 $\psi_\tau=0.05\sim0.1$，合金钢 $\psi_\tau=0.1\sim0.15$；

K_σ、K_τ——弯曲疲劳缺口系数和扭转疲劳缺口系数，见第二章；

ε_σ、ε_τ——弯曲时的尺寸系数和扭转时的尺寸系数，见第二章；

β——表面状态系数，见第二章；

K_N——寿命系数，见式（2-2）；

$[S]$——疲劳强度计算的许用安全系数，见表 11-4。

表 11-4 疲劳强度计算的许用安全系数 [S]

材 质	载 荷 计 算	[S]
均匀	精确	1.3~1.5
不够均匀	不够精确	1.5~1.8
均匀性较差	精确性较差	1.8~2.5

2. 静强度的安全系数校核

静强度校核的目的是防止轴在峰值载荷作用下产生塑性变形。轴所受的峰值载荷虽然作用时间很短，作用次数很少，不足于引起疲劳，但却可能使轴产生塑性变形。静强度校核的强度条件为

$$S_{s\sigma}=\frac{R_{eL}}{\sigma_{max}} \tag{11-11}$$

$$S_{s\tau}=\frac{\tau_s}{\tau_{max}} \tag{11-12}$$

$$S_s=\frac{S_{s\sigma}S_{s\tau}}{\sqrt{S_{s\sigma}^2+S_{s\tau}^2}}\geqslant[S_s] \tag{11-13}$$

式中 σ_{max}、τ_{max}——峰值载荷产生的弯曲应力和扭切应力（MPa）；

R_{eL}、τ_s——材料的抗拉和抗剪屈服强度（MPa）；

$S_{s\sigma}$、$S_{s\tau}$——只考虑弯矩时和只考虑转矩时的静强度安全系数；

$[S_s]$——静强度计算的许用安全系数，见表 11-5。

表 11-5 静强度计算的许用安全系数 $[S_s]$

许用安全系数	峰值载荷作用时间极短，其数值可精确求得时				峰值载荷很难准确计算时
	高塑性钢 $R_{eL}/R_m\leqslant0.6$	中塑性钢 $R_{eL}/R_m=0.6\sim0.8$	低塑性钢 $R_{eL}/R_m\geqslant0.8$	铸铁	
$[S_s]$	1.2~1.4	1.4~1.8	1.8~2	2~3	3~4

例 11-1 试分别按当量弯矩法和安全系数法，校核图 11-18a 所示的二级直齿圆柱齿轮减速器中间轴的强度。已知条件：轴的转矩 $T=850\text{N}\cdot\text{m}$，齿轮 2 的分度圆直径 $d_2=280\text{mm}$，齿轮 3 的分度直径 $d_3=85\text{mm}$，两对齿轮的啮合角均为 20°，轴的材料为 45 钢调质，寿命系数 $K_N=1$。

解

（1）按当量弯矩法校核

计算与说明	主要结果
1. 画轴的空间受力图(图 11-18b)	
2. 画铅垂面受力图,求出轴上铅垂面的载荷,求得铅垂面支反力(图 11-18c)	
齿轮 3 的切向力 $F_{t3}=\frac{2T}{d_3}=\frac{2\times850\times10^3}{85}\text{N}=2.0\times10^4\text{N}$	$F_{t3}=2.0\times10^4\text{N}$
齿轮 2 的切向力 $F_{t2}=\frac{2T}{d_2}=\frac{2\times850\times10^3}{280}\text{N}=6071\text{N}$	$F_{t2}=6071\text{N}$
由 $\sum M_A=0$,得 $F_{BV}\times295-F_{t3}\times230-F_{t2}\times94.5=0$, $F_{BV}=17538\text{N}$	$F_{BV}=17538\text{N}$
由 $\sum F_Y=0$,得 $F_{AV}=F_{t3}+F_{t2}-F_{BV}=(2.0\times10^4+6071-17538)\text{N}$, $F_{AV}=8533\text{N}$	$F_{AV}=8533\text{N}$
3. 画水平面受力图,求出轴上水平面的载荷,求得水平面支反力(图 11-18c)	
齿轮 3 的径向力 $F_{r3}=F_{t3}\tan\alpha=2.0\times10^4\times\tan20°\text{N}=7279\text{N}$	$F_{r3}=7279\text{N}$
齿轮 2 的径向力 $F_{r2}=F_{t2}\tan\alpha=6071\times\tan20°\text{N}=2210\text{N}$	$F_{r2}=2210\text{N}$
由 $\sum M_A=0$,得 $F_{r3}\times230-F_{r2}\times94.5-F_{BH}\times295=0$, $F_{BH}=4967\text{N}$	$F_{BH}=4967\text{N}$
由 $\sum F_Y=0$,得 $F_{AH}=F_{r3}-F_{r2}-F_{BH}=(7279-2210-4967)\text{N}=102\text{N}$	$F_{AH}=102\text{N}$
4. 绘制铅垂面弯矩 M_V 图(图 11-18d)	
$M_{\text{I}V}=F_{AV}\times94.5=8533\times94.5\text{N}\cdot\text{mm}=806369\text{N}\cdot\text{mm}$	$M_{\text{I}V}=806369\text{N}\cdot\text{mm}$
$M_{\text{III}V}=F_{BV}\times65=17538\times65\text{N}\cdot\text{mm}=1139970\text{N}\cdot\text{mm}$	$M_{\text{III}V}=1139970\text{N}\cdot\text{mm}$
$M_{\text{II}V}=F_{AV}\times(16+36+85)-F_{t2}\times42.5=911004\text{N}\cdot\text{mm}$	$M_{\text{II}V}=911004\text{N}\cdot\text{mm}$
5. 绘制水平面弯矩 M_H 图(图 11-18d)	
$M_{\text{I}H}=-F_{AH}\times94.5=-102\times94.5\text{N}\cdot\text{mm}=-9639\text{N}\cdot\text{mm}$	$M_{\text{I}H}=-9639\text{N}\cdot\text{mm}$
$M_{\text{III}H}=-F_{BH}\times65=-4967\times65\text{N}\cdot\text{mm}=-322855\text{N}\cdot\text{mm}$	$M_{\text{III}H}=-322855\text{N}\cdot\text{mm}$
$M_{\text{II}H}=-F_{AH}\times(16+36+85)-F_{r2}\times42.5$ $=[-102\times(16+36+85)-2210\times42.5]\text{N}\cdot\text{mm}=-107899\text{N}\cdot\text{mm}$	$M_{\text{II}H}=-107899\text{N}\cdot\text{mm}$
6. 绘制合成弯矩 M 图(图 11-18e)	
截面Ⅰ合成弯矩 $M_{\text{I}}=\sqrt{M_{\text{I}H}^2+M_{\text{I}V}^2}=\sqrt{(-9639)^2+806369^2}\ \text{N}\cdot\text{mm}=806427\text{N}\cdot\text{mm}$	$M_{\text{I}}=806427\text{N}\cdot\text{mm}$
截面Ⅱ合成弯矩 $M_{\text{II}}=\sqrt{M_{\text{II}H}^2+M_{\text{II}V}^2}=\sqrt{(-107899)^2+911004^2}\ \text{N}\cdot\text{mm}=917372\text{N}\cdot\text{mm}$	$M_{\text{II}}=917372\text{N}\cdot\text{mm}$
截面Ⅲ合成弯矩 $M_{\text{III}}=\sqrt{M_{\text{III}H}^2+M_{\text{III}V}^2}=\sqrt{(-322855)^2+1139970^2}\ \text{N}\cdot\text{mm}=1184807\text{N}\cdot\text{mm}$	$M_{\text{III}}=1184807\text{N}\cdot\text{mm}$
7. 绘制转矩 T 图(图 11-18f) $T=850\times10^3\text{N}\cdot\text{mm}$	$T=8.50\times10^5\text{N}\cdot\text{mm}$
8. 绘制当量弯矩 M_e 图(图 11-18g)	
轴的转矩可按脉动循环考虑,已知轴材料为 45 钢调质,由表 11-1 查得 $[\sigma_{-1w}]=60\text{MPa}$, $[\sigma_{0w}]=100\text{MPa}$ $\alpha=\frac{[\sigma_{-1w}]}{[\sigma_{0w}]}=0.6$	
截面Ⅰ $M_{e\text{I}右}=\sqrt{M_{\text{I}}^2+(\alpha T)^2}=\sqrt{(806427)^2+(0.6\times8.50\times10^5)^2}\ \text{N}\cdot\text{mm}=954161\text{N}\cdot\text{mm}$	$M_{e\text{I}右}=954161\text{N}\cdot\text{mm}$
$M_{e\text{I}左}=\sqrt{M_{\text{I}}^2+(\alpha T)^2}=\sqrt{(806427)^2+0^2}\ \text{N}\cdot\text{mm}=806427\text{N}\cdot\text{mm}$	$M_{e\text{I}左}=806427\text{N}\cdot\text{mm}$
截面Ⅱ $M_{e\text{II}}=\sqrt{M_{\text{II}}^2+(\alpha T)^2}=\sqrt{(917372)^2+(0.6\times8.50\times10^5)^2}\ \text{N}\cdot\text{mm}=1049605\text{N}\cdot\text{mm}$	$M_{e\text{II}}=1049605\text{N}\cdot\text{mm}$
截面Ⅲ $M_{e\text{III}左}=\sqrt{M_{\text{III}}^2+(\alpha T)^2}=\sqrt{(1184807)^2+(0.6\times8.50\times10^5)^2}\ \text{N}\cdot\text{mm}=1289909\text{N}\cdot\text{mm}$	$M_{e\text{III}左}=1289909\text{N}\cdot\text{mm}$
$M_{e\text{III}右}=\sqrt{M_{\text{III}}^2+(\alpha T)^2}=\sqrt{(1184807)^2+0^2}\ \text{N}\cdot\text{mm}=1184807\text{N}\cdot\text{mm}$	$M_{e\text{III}右}=1184807\text{N}\cdot\text{mm}$
9. 校核危险截面处轴的直径	
由轴的结构图和当量弯矩图可知,Ⅰ、Ⅱ、Ⅲ处有可能是危险截面	
由式(11-7)得	
截面Ⅰ $d_{\text{I}}\geqslant\sqrt[3]{\frac{M_{e\text{I}}}{0.1[\sigma_{-1w}]}}=\sqrt[3]{\frac{954161}{0.1\times60}}\ \text{mm}=54.2\text{mm}$	
计入键槽的影响 $d_{\text{I}}=54.2\times1.04\text{mm}=56.37\text{mm}$	$d_{\text{I}}=56.37\text{mm}<70\text{mm}$
截面Ⅱ $d_{\text{II}}\geqslant\sqrt[3]{\frac{M_{e\text{II}}}{0.1[\sigma_{-1w}]}}=\sqrt[3]{\frac{1049605}{0.1\times60}}\ \text{mm}=55.9\text{mm}$	$d_{\text{II}}=55.9\text{mm}<70\text{mm}$
截面Ⅲ $d_{\text{III}}\geqslant\sqrt[3]{\frac{M_{e\text{III}}}{0.1[\sigma_{-1w}]}}=\sqrt[3]{\frac{1289909}{0.1\times60}}\ \text{mm}=59.9\text{mm}$	$d_{\text{III}}=59.9\text{mm}<85\text{mm}$
10. 结论	
经与图 11-18a 所示尺寸比较,各截面的计算直径分别小于由其结构设计确定的直径	当量弯矩法校核,轴的强度足够

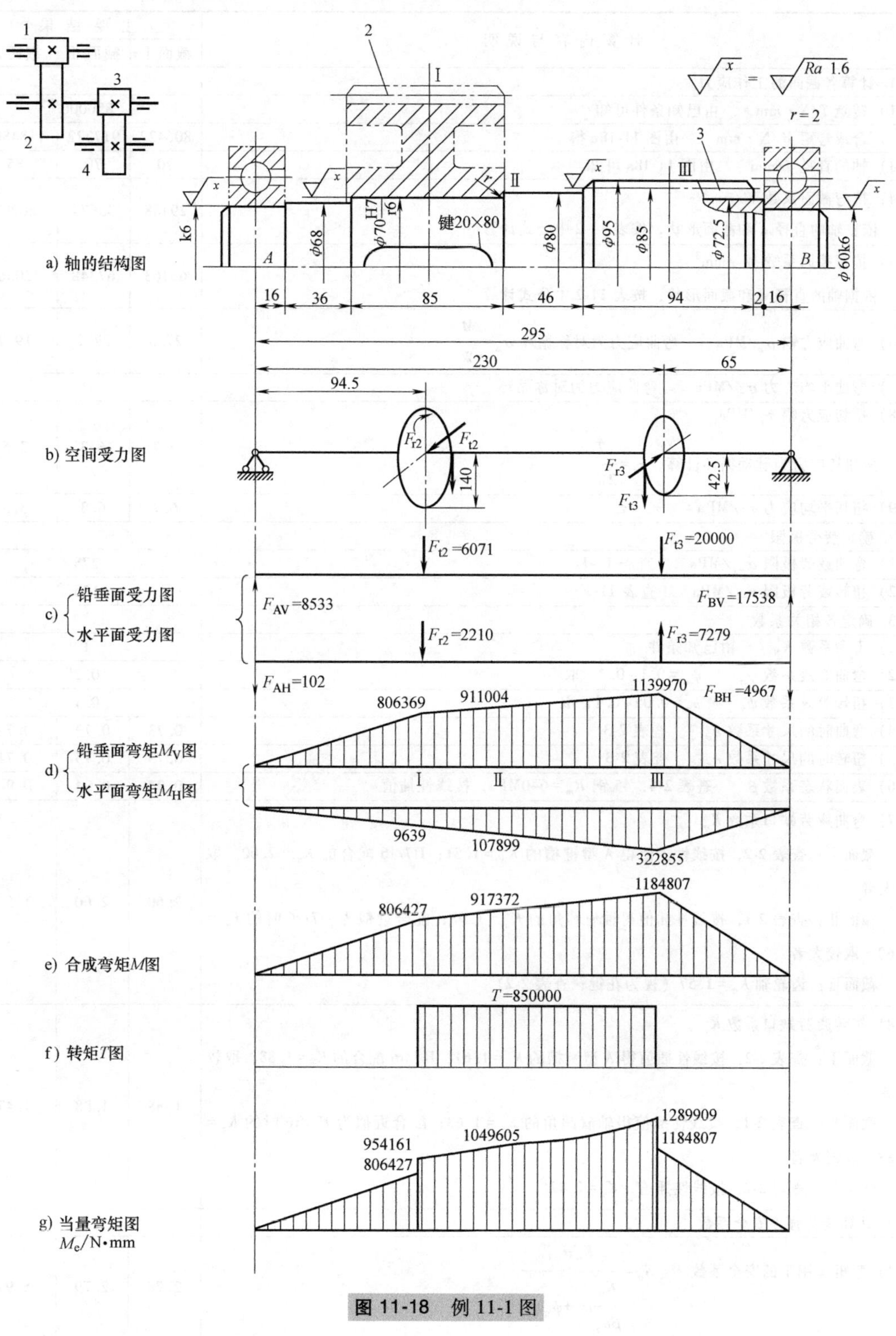

图 11-18　例 11-1 图

（2）按安全系数法校核　在上述当量弯矩法的基础上，校核危险截面Ⅰ、Ⅱ、Ⅲ处的安全系数，简略计算过程和主要结果如下：

计算内容与说明	主要结果		
	截面Ⅰ	截面Ⅱ	截面Ⅲ
1. 计算各截面的工作应力			
1）转矩 T/N·mm　由已知条件可知	850000		
2）合成弯矩 M/N·mm　由图 11-18e 得	806427	917372	1184807
3）轴的直径 d/mm　由图 11-18a 可知	70	70	85
4）抗弯截面系数 W/mm^3 依据轴的直径 d 和截面形状，按表 11-2 中公式计算	29488	33674	60292
5）抗扭截面系数 W_T/mm^3 依据轴的直径 d 和截面形状，按表 11-2 中公式计算	63163	67348	120583
6）弯曲应力幅 σ_a/MPa　弯曲应力为对称循环 $\sigma_a=\dfrac{M}{W}$	27.3	27.2	19.7
7）弯曲平均应力 σ_m/MPa　弯曲应力为对称循环	0		
8）扭切应力幅 τ_a/MPa 按扭切应力为脉动循环计算，$\tau_a=\dfrac{T}{2W_T}$	6.7	6.3	3.5
9）扭切平均应力 τ_m/MPa　$\tau_m=\tau_a$	6.7	6.3	3.5
2. 确定疲劳极限			
1）弯曲疲劳极限 σ_{-1}/MPa　查表 11-1	275		
2）扭转疲劳极限 τ_{-1}/MPa　查表 11-1	155		
3. 确定各相关系数			
1）寿命系数 K_N　由已知条件	1		
2）弯曲等效系数 ψ_σ　$\psi_\sigma=0.1\sim0.2$，取	0.2		
3）扭转等效系数 ψ_τ　$\psi_\tau=0.05\sim0.1$，取	0.1		
4）弯曲时的尺寸系数 ε_σ　查表 2-3	0.73	0.73	0.70
5）扭转时的尺寸系数 ε_τ　查表 2-3	0.73	0.73	0.71
6）表面状态系数 β　查表 2-4，45 钢 $R_m=640$MPa，按线性插值	0.94	0.94	0.94
7）弯曲疲劳缺口系数 K_σ 截面Ⅰ：查表 2-2，按线性插值得 A 型键槽的 $K_\sigma=1.81$；H7/r6 配合的 $K_\sigma=2.60$。取较大者 截面Ⅱ：查表 2-1，按线性插值得轴肩圆角的 $K_\sigma=1.98$；配合近似为 H7/r6 时的 $K_\sigma=2.60$。取较大者 截面Ⅲ：齿轮轴 $K_\sigma=1.57$（视为花键；查表 2-2）	2.60	2.60	1.57
8）扭转疲劳缺口系数 K_τ 截面Ⅰ：查表 2-2，按线性插值得 A 型键槽的 $K_\tau=1.61$；H7/r6 配合的 $K_\tau=1.88$。取较大者 截面Ⅱ：查表 2-1，按线性插值得轴肩圆角的 $K_\tau=1.63$；配合近似为 H7/r6 时的 $K_\tau=1.88$。取较大者 截面Ⅲ：查表 2-2，按线性插值，$K_\tau=1.47$	1.88	1.88	1.47
4. 计算疲劳强度安全系数			
1）弯矩作用下的安全系数　$S_\sigma=\dfrac{K_N\sigma_{-1}}{\dfrac{K_\sigma}{\beta\varepsilon_\sigma}\sigma_a+\psi_\sigma\sigma_m}$	2.78	2.79	5.97
2）转矩作用下的安全系数　$S_\tau=\dfrac{K_N\tau_{-1}}{\dfrac{K_\tau}{\beta\varepsilon_\tau}\tau_a+\psi_\tau\tau_m}$	8.08	8.60	19.10

（续）

计算内容与说明	主要结果		
	截面Ⅰ	截面Ⅱ	截面Ⅲ
3）综合安全系数 $S=\dfrac{S_\sigma S_\tau}{\sqrt{S_\sigma^2+S_\tau^2}}$	2.63	2.65	5.70
4）许用安全系数［S］ 45钢调质，材料均匀性一般，计算属于一般精度，查表11-4	1.5~1.8		
5. 结论 经比较，各截面的安全系数S均大于许用安全系数［S］，故按安全系数法校核，轴的强度足够			

第四节 轴的刚度计算

轴的刚度计算，通常是计算轴受载荷时的弹性变形量，并将它控制在允许的范围内。

轴受弯矩作用会产生弯曲变形。弯曲变形用挠度 y 和转角 θ 来度量（参见图1-5b）。受转矩作用会产生扭转变形。扭转变形用单位长度的扭角 φ 来度量（参见图1-5c）。若轴的刚度不足，变形过大，会影响轴上零件的正常工作。例如：机床主轴的弯曲变形会影响机床的加工精度；安装齿轮的轴的弯曲变形，会使齿轮啮合发生偏载；滚动轴承支承的轴的弯曲变形，会使轴承内、外圈相互倾斜，当超过允许值时，会大大降低轴承的寿命；电动机轴产生过大的挠度，就会改变电动机转子和定子间的间隙，使电动机的性能下降。因此，在设计有刚度要求的轴时，还必须进行刚度计算。

一、扭转刚度校核计算

轴受转矩 T(N·mm) 作用时，对于光轴，其扭转刚度条件为

$$\varphi=5.73\times10^4\frac{T}{GI_p}\leqslant[\varphi] \qquad (11\text{-}14)$$

对于阶梯轴，其扭转刚度条件为

$$\varphi=5.73\times10^4\frac{1}{Gl}\sum\frac{T_il_i}{I_{pi}}\leqslant[\varphi] \qquad (11\text{-}15)$$

式中 φ——轴单位长度的扭角［(°)/m］；

G——轴材料的切变模量（MPa），对于钢，$G=8.1\times10^4$MPa；

I_p——轴截面的极惯性矩（mm^4），对于实心圆轴，$I_p=\dfrac{\pi d^4}{32}$；

l——阶梯轴受转矩作用的总长度（mm）；

T_i——阶梯轴第 i 段的转矩（N·mm）；

l_i——阶梯轴第 i 段的长度（mm）；

I_{pi}——阶梯轴第 i 段的极惯性矩（mm^4）；

$[\varphi]$——轴的许用扭角［(°)/m］，见表11-6。

表 11-6 轴的许用挠度 [y]、许用转角 [θ] 和许用扭角 [φ]

变形种类		应用场合	许用值
弯曲变形	许用挠度[y]/mm	一般用途的轴	$(0.0003\sim0.0005)l$
		机床主轴	$0.0002l$
		感应电动机轴	0.1Δ
		安装齿轮的轴	$(0.01\sim0.03)m_n$
		安装蜗轮的轴	$(0.02\sim0.05)m_t$
		蜗杆轴	$0.0025d_1$
	许用转角[θ]/rad	滑动轴承	0.001
		深沟球轴承	0.005
		调心球轴承	0.05
		圆柱滚子轴承	0.0025
		圆锥滚子轴承	0.0016
		安装齿轮处	0.001~0.002
扭转变形	许用扭角[φ]/[(°)/m]	一般传动	0.5~1
		较精密传动	0.25~0.5
		重要传动	<0.25

注：l 为轴的跨距；Δ 为电动机定子与转子的间隙；m_n 为齿轮法向模数；m_t 为蜗轮端面模数；d_1 为蜗杆分度圆直径。

二、弯曲刚度校核计算

轴受弯矩 M（N·mm）作用时，其弯曲刚度条件是轴的挠度 y 和转角 θ 都在许用范围内。即

$$y\leqslant[y],\ \theta\leqslant[\theta] \tag{11-16}$$

式中 [y]——轴的许用挠度（mm），见表 11-6；

[θ]——轴的许用转角（rad），见表 11-6。

将轴简化为简支梁后，对于光轴，可直接按材料力学中的方法计算其挠度 y 和转角 θ（具体公式请查阅教材《材料力学》）。

对于阶梯轴，如果计算精度要求不高，通常可用当量轴径法近似计算其弯曲变形量。具体方法是将阶梯轴等效转化为一个弯曲变形与其相等的假想光轴，之后按该假想光轴计算阶梯轴的挠度和转角。将假想光轴的直径称为当量轴径，用 d_e 表示，其计算式为

$$d_e=\frac{\sum d_il_i}{\sum l_i} \tag{11-17}$$

式中 l_i、d_i——第 i 轴段的长度和直径。

对于阶梯轴的弯曲变形计算，除了当量轴径法以外，还有计算精度更高的能量法和图解法，详见《材料力学》等有关书籍。

计算弯曲变形时，对于有过盈配合的轴段，可将轮毂作为轴的一部分来考虑，即取零件轮毂的外径作为轴段的直径。当轴上承受几个位于同一平面的载荷时，可分别算出每个载荷单独作用时各截面处的挠度，再用叠加法求出总的挠度。如轴上载荷不在同一平面内，则可将各载荷分解为互相垂直的两个平面分力，分别算出这两个平面内该截面处的挠度，然后几何相加求合成挠度。

第五节　轴的振动与临界转速简介

轴的转速达到某一定值时，其运转将出现不稳定状态，并产生显著的反复变形，这种现象称为轴的振动。轴的振动有弯曲振动（又称横向振动）、扭转振动和纵向振动三类。

轴及轴上零件材质分布不均匀、制造和安装误差等会导致轴系零件的质心偏离其回转轴线，使轴系转动时受到以离心惯性力为主的周期性强迫力的作用，从而引起轴的弯曲振动。如果轴的转速致使强迫力的角频率与轴的弯曲固有频率相等，就会出现弯曲共振现象；当轴因外载变化或因齿轮啮合冲击等因素产生转矩变化时，轴就会产生扭转振动。如果转矩的变化频率与轴的扭转固有频率相等，就会出现扭转共振现象；若轴受到周期性的轴向干扰力，则会产生纵向振动。在一般机械中，经常发生的是轴的弯曲共振，扭转共振和纵向共振则比较少见。故对于高速转动的轴，主要是防止发生弯曲共振。

轴发生弯曲共振时的转速称为轴的临界转速。同一根轴的弯曲振动，往往有若干个临界转速，按转速从低到高排列，最低的为一阶临界转速 n_{c1}，次低的为二阶临界转速 n_{c2}，依次还有三阶临界转速 n_{c3} 等。

如果轴的转速停滞在临界转速附近，轴的变形将迅速增大，以致达到使轴甚至整台机器破坏的程度。因此，对于重要的尤其是高转速轴，必须进行轴的振动稳定性计算，也就是计算其临界转速，使轴的工作转速 n 避开其各阶临界转速。

工作转速 n 低于一阶临界转速 n_{c1} 的轴称为刚性轴，其转速的设计原则是 $n \leqslant 0.75n_{c1}$；工作转速 n 超过一阶临界转速 n_{c1} 的轴称为挠性轴，其转速的设计原则是 $1.4n_{c1} < n < 0.75n_{c2}$。

在一阶临界转速下，共振最严重、最危险，所以通常主要是计算一阶临界转速。只是在某些转速很高的情况下，才需计算高阶临界转速。弯曲振动临界转速的计算方法很多，需要时请查阅有关文献。

思　考　题

11-1　按承载情况，轴分为哪三种类型？各举 2~3 个实例。

11-2　轴的常用材料有哪些？若优质碳素钢轴的刚度不足，改用合金钢能否解决问题？为什么？

11-3　轴的结构设计要满足哪些基本要求？说明轴的结构设计步骤。

11-4　轴上零件的周向和轴向固定方法有哪些？各适用于什么场合？

11-5　在齿轮减速器中，为什么低速轴的直径要比高速轴大得多？

11-6　转轴所受弯曲应力的性质如何？其所受扭切应力的性质又怎样考虑？

11-7　为什么一般将轴设计成阶梯形？确定阶梯轴各段直径和长度的原则和依据是什么？

11-8　轴的强度计算常见的有哪几种方法？各在什么情况下使用？

11-9　怎样确定轴的危险截面？

11-10　按疲劳强度精确校核轴时，主要考虑哪些因素？其校核计算的主要步骤是什么？

11-11　在进行轴的疲劳强度计算时，若同一截面上有几个应力集中源，应如何确定疲劳缺口系数？

11-12　什么是轴的共振？什么是轴的临界转速？什么是刚性轴？什么是挠性轴？设计高速运转的轴时，如何考虑轴的转速范围？

习 题

11-1 已知一传动轴传递的功率为40kW，转速 $n=1000\text{r/min}$，如果轴上的扭切应力不能超过40MPa，求该轴的直径。

11-2 齿轮减速器输入轴的功率为5kW，转速为350r/min，当选择该轴的材料分别为45钢或40Cr时，试分别确定该输入轴的最小直径。

11-3 有一空心传动轴，传递最大功率 $P=50\text{kW}$，转速 $n=400\text{r/min}$，内径 $d_1=55\text{mm}$，外径 $d_2=70\text{mm}$，材料为45钢，许用应力 $[\tau_T]=30\text{MPa}$。(1) 校核该传动轴的强度；(2) 若材料不变，改为实心轴，计算所需轴径；(3) 若长度相同，空心轴与实心轴的质量相差多少？

11-4 在图11-19所示斜齿圆柱齿轮传动中，$z_1=19$，$z_2=56$，$z_3=80$，$m_n=4\text{mm}$，中心距 $a_{12}=155\text{mm}$，输入轴转矩 $T_1=1.28\times10^4\text{N}\cdot\text{mm}$。试分析齿轮2的受力，画出中间轴的弯矩图、转矩图，并计算弯矩最大处所需轴径。

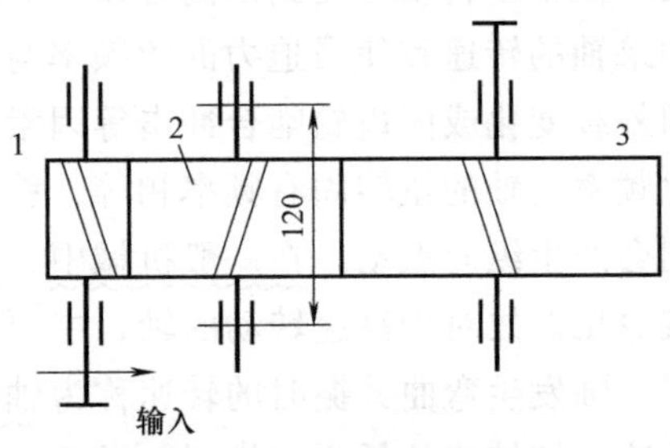

图 11-19 习题 11-4 图

11-5 指出图11-20中各轴系结构的不合理之处，并画出改进后的结构图。

扫码看视频

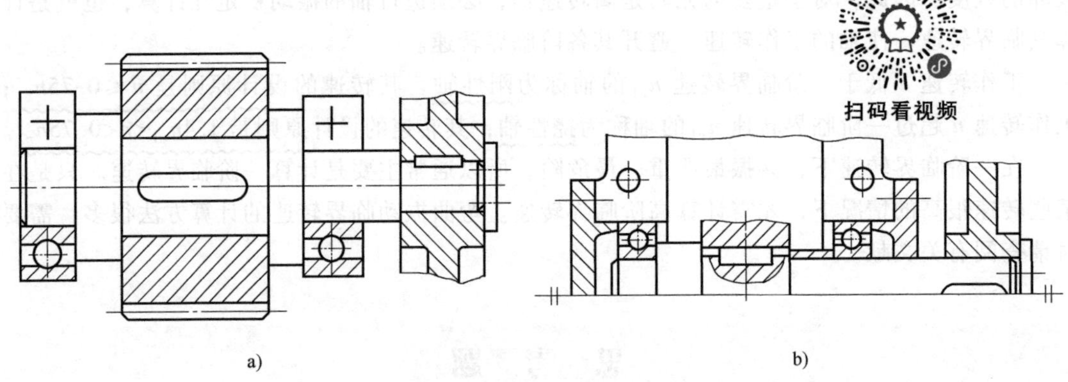

图 11-20 习题 11-5 图

11-6 完成图11-21所示的带传动和直齿圆柱齿轮传动中Ⅰ轴的结构设计，并按当量弯矩法校核其强度。已知Ⅰ轴的材料为45钢，调质处理，输入功率 $P_1=10\text{kW}$，转速 $n_1=450\text{r/min}$，转向如图所示，小齿轮分度圆直径 $d_1=100\text{mm}$，小齿轮宽度 $b_1=60\text{mm}$，大带轮轮毂宽度为50mm，载荷平稳，传动不反转。设计时，参考表11-7选择滚动轴承的型号。

表 11-7 习题 11-6 表

轴承代号	轴承内径 d/mm	轴承宽度 B/mm
6306	30	19
6307	35	21
6308	40	23

11-7 某单级斜齿圆柱齿轮减速器（图11-22a）的输出轴Ⅱ传递的功率 $P=5\text{kW}$，转速 $n=60\text{r/min}$。轴的部分尺寸如图11-22b所示，轴头、轴颈表面粗糙度 Ra 值均为1.6μm。已知轴上斜齿轮2的法向模数 $m_n=4\text{mm}$，法向压力角 $\alpha_n=20°$，齿数 $z_2=112$，螺旋角 $\beta=9°22'$（左旋），轴的材料为45钢调质。试分别用当量弯矩法和安全系数法校核该轴的强度。

图 11-21 习题 11-6 图

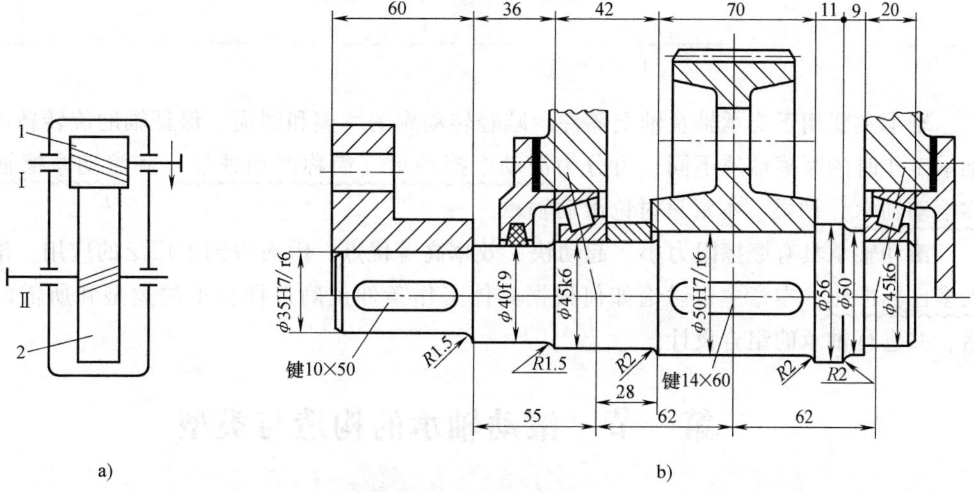

图 11-22 习题 11-7 图

11-8 一蜗杆轴如图 11-23 所示，试计算其当量轴径 d_e。

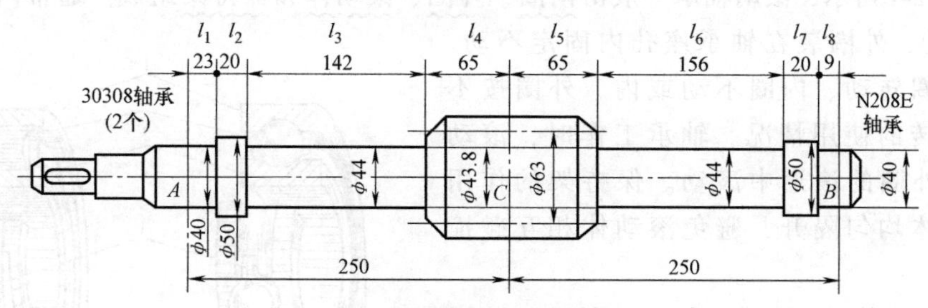

图 11-23 习题 11-8 图

扫码看视频

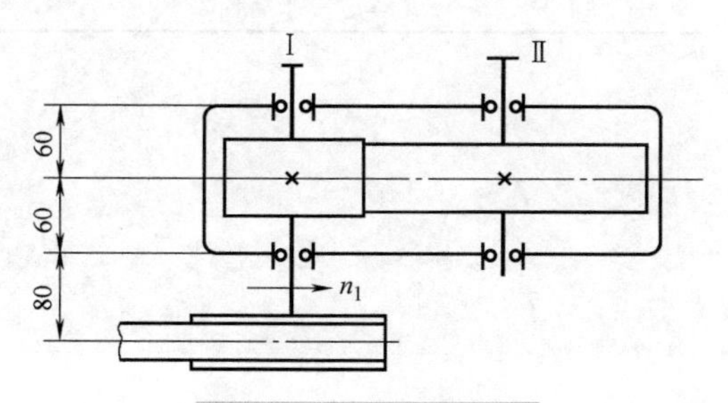

第十二章

滚动轴承

轴承主要用于支承轴及轴上零件，减轻转动副的摩擦和磨损，保证轴的旋转精度。根据轴承工作时的摩擦性质不同，可分为滑动摩擦轴承（简称滑动轴承）和滚动摩擦轴承（简称滚动轴承）两类。本章只讨论滚动轴承。

滚动轴承具有摩擦阻力小、起动快、效率高等优点，因而得到了广泛的应用。滚动轴承大多已标准化，本章主要讨论如何根据具体工作条件正确选择轴承的类型和所需的尺寸规格，并进行轴承的组合设计。

第一节　滚动轴承的构造与类型

一、滚动轴承的构造和材料

如图 12-1 所示，滚动轴承一般由内圈、外圈、滚动体和保持架组成。通常内圈装在轴上随轴转动，外圈装在轴承座孔内固定不动。但也有外圈转动、内圈不动或内、外圈按不同转速回转的使用情况。轴承工作时，滚动体在内、外圈的滚道中滚动。保持架的作用是将滚动体均匀隔开，避免滚动体相互碰撞和摩擦。

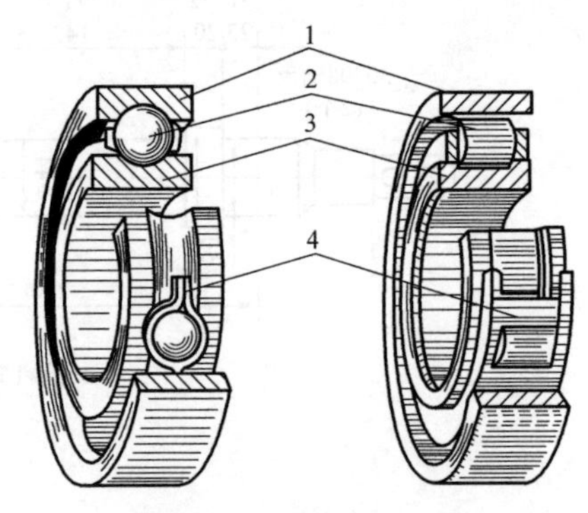

图 12-1　滚动轴承的构造

1—外圈　2—滚动体　3—内圈　4—保持架

常用滚动体的形状如图 12-2 所示。除了球形以外的滚动体可统称为滚子，如圆柱滚子、圆锥滚子、鼓形滚子（球面滚子）和滚针等。

滚动轴承的内圈、外圈和滚动体均采用强度高、耐磨性好的铬钢和铬锰硅钢制造，前者适宜于制造尺寸较小的轴承，后者适宜于制造尺寸较大的轴承。常用牌号有 GCr9、GCr15 和 GCr15SiMn 等（G 表示专用的滚动轴承钢），经淬火后硬度达到60~65HRC，工作表面需磨削抛光。保持架多用低碳钢钢板冲压制成，也可采用铜合金、铝材或塑料。

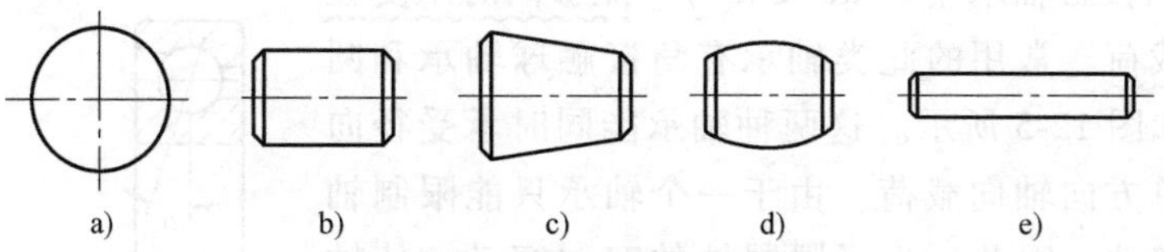

图 12-2 常用滚动体的形状

a）球 b）圆柱滚子 c）圆锥滚子 d）鼓形滚子（球面滚子） e）滚针

二、滚动轴承的类型

按滚动体不同，滚动轴承分为球轴承和滚子轴承。两者相比较，在其他条件相同时，球轴承运转灵活，适用的转速高，但承载能力比较低；滚子轴承运转不如球轴承灵活，但承载能力高，抗冲击能力强。

允许内、外圈轴线的偏转角 θ（图 12-3a）较大的轴承称为调心轴承。常用的此类轴承有调心球轴承（图 12-3b）和调心滚子轴承（图 12-3c）。它们的外圈滚道为内球面，因而能自动适应由于安装误差以及轴的变形等引起的内、外圈轴线的相对倾斜。

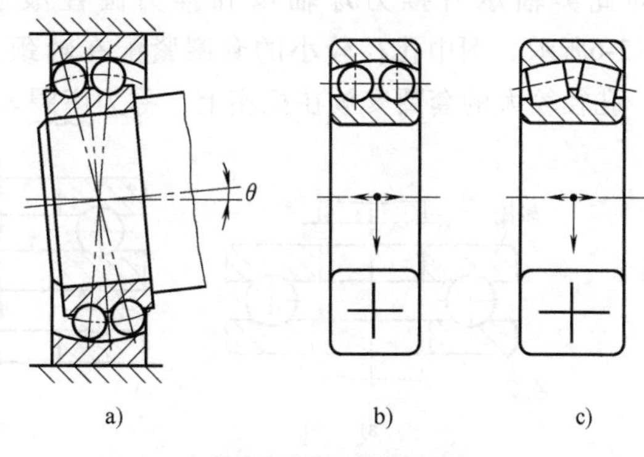

图 12-3 调心轴承

a）偏转角 θ b）调心球轴承 c）调心滚子轴承

允许偏转角 θ 较小的轴承称为刚性轴承。

需说明，轴承的载荷主要是其所受的径向力 F_R 和轴向力 F_A。在图 12-3 和后续的各图中，轴承中心处的箭头表示轴承所能承受载荷的方向，箭头的长短表示该方向承载能力的大小。可见上述两种调心轴承都主要承受径向载荷，同时也能承受少量的双向轴向载荷。

具有可分离部件的轴承称为可分离型轴承。

滚动体所受合力作用线与轴承径向平面（垂直于轴线的平面）之间的夹角 α 称为接触角。α 越大，则轴承的轴向承载能力越大。

按所能承受的载荷方向和接触角的不同，滚动轴承分类如下。

1. 向心轴承（$0° \leqslant \alpha \leqslant 45°$）

按接触角 α 的不同，向心轴承又分为两类：

（1）径向接触轴承（$\alpha = 0°$）。主要用于承受径向载荷。此类轴承有深沟球轴承、圆柱滚子轴承和滚针轴承等，如图 12-4 所示。其中深沟球轴承还能承受较小的轴向载荷。

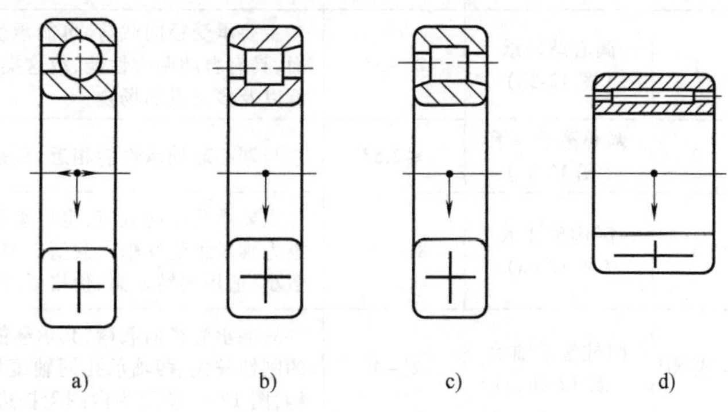

图 12-4 径向接触轴承

a）深沟球轴承 b）圆柱滚子轴承（外圈无挡边）
c）圆柱滚子轴承（内圈无挡边） d）滚针轴承

(2) 向心角接触轴承 ($0°<\alpha \leqslant 45°$) 能够同时承受径向载荷和轴向载荷。常用的此类轴承有角接触球轴承和圆锥滚子轴承，如图 12-5 所示。这两种轴承能同时承受径向载荷和较大的单方向轴向载荷。由于一个轴承只能限制轴的单方向轴向窜动。因此，为了限制轴的双向窜动，使轴和轴上零件在机器中有确切的位置，通常角接触球轴承和圆锥滚子轴承应成对使用，反向安装。

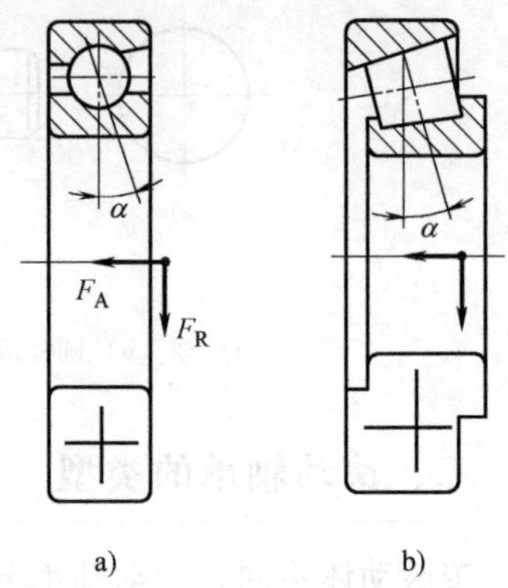

图 12-5 向心角接触轴承

a) 角接触球轴承 b) 圆锥滚子轴承

2. 推力轴承 ($45°<\alpha \leqslant 90°$)

按接触角 α 的不同，推力轴承也分为两类：

(1) 轴向接触轴承 ($\alpha=90°$) 只能承受轴向载荷。常用的此类轴承有推力球轴承和推力圆柱滚子轴承，如图 12-6所示。图中孔径较小的套圈紧配在轴颈上，称为轴圈；孔径较大的套圈安放在机座上，称为座圈。

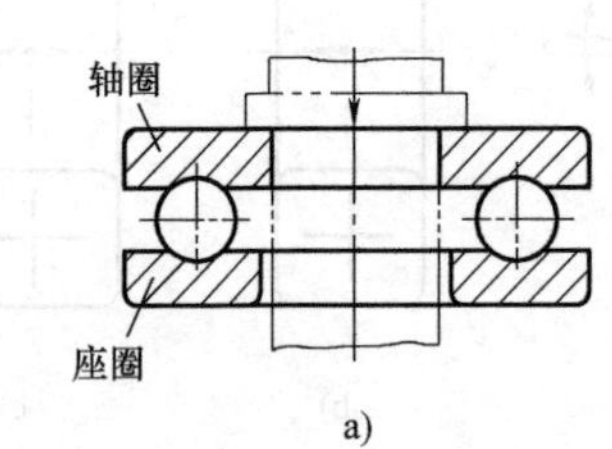

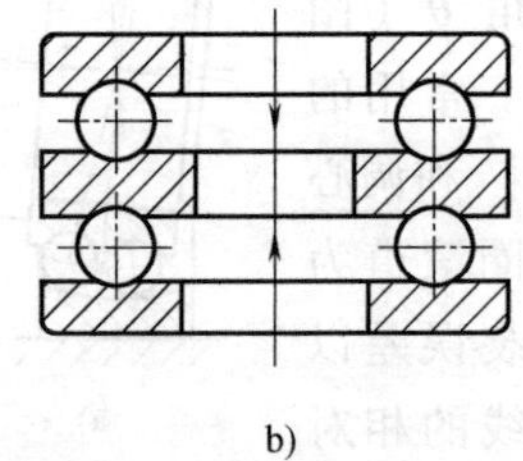

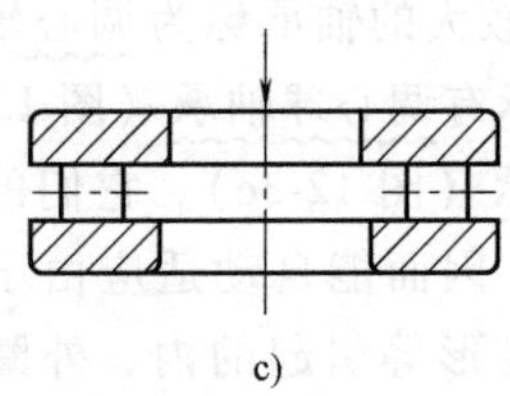

图 12-6 轴向接触轴承

a) 推力球轴承 b) 双向推力球轴承 c) 推力圆柱滚子轴承

(2) 推力角接触轴承 ($45°<\alpha<90°$) 能够同时承受轴向载荷和径向载荷。此类轴承有推力角接触球轴承、推力圆锥滚子轴承和推力调心滚子轴承等。

常用滚动轴承的性能及特点见表 12-1。

表 12-1 常用滚动轴承的性能及特点

类型代号	轴承名称	允许偏转角 θ	性 能 与 特 点
1	调心球轴承(图 12-3b)	2°~3°	主要承受径向载荷,也能承受少量的双向轴向载荷。轴承外圈滚道为内球面,具有自动调心性能,故这类轴承适用于轴的刚度较小、两轴承孔同轴度较低以及多支点的场合
2	调心滚子轴承(图 12-3c)	≤2.5°	与调心球轴承性能相近,只是适用的转速较低,承载能力较高
6	深沟球轴承(图 12-4a)	8′~16′	主要承受径向载荷,也可承受相对较小的双向轴向载荷。高转速时可代替推力轴承承受纯轴向载荷。与外形尺寸相同的其他类型轴承比较,其摩擦因数小,适用的转速高,价格低廉,故应用广泛
N 或 NU	圆柱滚子轴承(图 12-4b、c)	2′~4′	只能承受径向载荷,其承载能力比相同尺寸的球轴承约大 1.7 倍。适用于轴的刚性较大、两轴承孔同轴度好的场合。图 12-4b 所示为外圈无挡边(N)结构,图 12-4c 所示为内圈无挡边(NU)结构。属可分离型轴承
NA	滚针轴承(图 12-4d)	不允许	通常由内、外圈和一组滚针组成,有时滚针也带保持架。这类轴承的径向尺寸小,能承受很大的径向载荷,但不能承受轴向载荷,对轴的偏斜非常敏感,摩擦力也较大。适用于低速、重载和径向尺寸受限制的场合

（续）

类型代号	轴承名称	允许偏转角 θ	性能与特点
7	角接触球轴承（图 12-5a）	2′~10′	能同时承受径向载荷和单向轴向载荷，但不宜用来承受纯径向载荷。接触角 α 有 15°、25°和 40°三种。通常需成对使用，反向安装。当轴向载荷较大时，也可采用两个轴承同向排列在同一支点上。适用于要求旋转精度和转速较高的场合
3	圆锥滚子轴承（图 12-5b）	≤2′	能同时承受较大的径向载荷和单向轴向载荷，但一般不用来承受纯径向载荷。通常也需成对使用，反向安装。属可分离型轴承，安装时需调整游隙。适用于轴的刚性较大、两轴承孔同轴度较高的场合
5	推力球轴承（图 12-6a、b）	不允许	推力球轴承只能承受单向轴向载荷；双向推力球轴承能承受双向轴向载荷。由于套圈上滚道较浅，当转速较高时，滚动体的离心力大，轴承对滚动体的约束力不够，故允许的转速很低
8	推力圆柱滚子轴承（图 12-6c）	不允许	与推力球轴承性能相近，只是滚动体为滚子，承载能力较推力球轴承大

三、滚动轴承类型的选择

选择轴承类型时，首先应明确各类轴承的特点，然后考虑轴承的工作条件选择适当的类型。通常主要考虑以下几方面的问题：

1）考虑轴承所受载荷的大小、性质和方向。对于载荷较小、平稳性较好的场合应优选球轴承，对于载荷较大或有冲击振动的场合宜选用滚子轴承。

承受纯径向载荷时，可选用径向接触轴承，如深沟球轴承（6 类）、圆柱滚子轴承（N 类）、滚针轴承（NA 类）等。承受纯轴向载荷时，可选用轴向接触轴承，如推力轴承（5 类）。同时承受径向与轴向载荷时可选用向心角接触轴承，当轴向载荷较小时也可选用深沟球轴承；当轴向载荷较大时可选用角接触球轴承（7 类）或圆锥滚子轴承（3 类）；当轴向载荷很大时，可将径向接触轴承和轴向接触轴承组合使用，分别承担径向和轴向载荷，如深沟球轴承（6 类）或圆柱滚子轴承（N 类）与推力轴承（5 类）的组合等。

2）考虑轴承的转速。球轴承允许的极限转速高于滚子轴承，因此在高速、要求有较高的旋转精度时宜选用球轴承；转速较低、载荷较大或有冲击时宜选用滚子轴承。

推力球轴承允许的极限转速很低，故高速、轴向载荷不大时可选用深沟球轴承或角接触球轴承。

3）考虑轴承的调心性能。对于轴的弯曲变形较大或两轴孔同轴度较低时，应选用允许内、外圈轴线偏转角较大的调心轴承，如调心球轴承（1 类）、调心滚子轴承（2 类）。应注意，调心轴承不能与其他轴承混合使用。

4）考虑轴承的安装和拆卸。对要求安装和拆卸方便的场合，应优先选择可分离型轴承。

5）考虑经济性要求。公差等级越高的轴承，价格越高。当公差等级相同时，球轴承的价格比滚子轴承低。

第二节 滚动轴承的代号

滚动轴承应用广泛，种类繁多。为了便于组织生产和选用，GB/T 272—2017 中规定了滚动轴承的代号，用以表示轴承的类型、尺寸等相关内容，并将代号标印在轴承的端面上。滚动轴承代号的构成和排列顺序见表 12-2。

表 12-2 滚动轴承代号的构成和排列顺序

前置代号	基本代号				后置代号(组)								
表示轴承分部件	类型代号	尺寸系列代号		内径代号	内部结构代号	密封、防尘与外部形状代号	保持架及其材料代号	轴承零件材料代号	公差等级代号	游隙代号	配置代号	振动及噪声代号	其他
		宽度(或高度)系列代号	直径系列代号										

一、基本代号

基本代号是轴承代号的核心，用以表示轴承的类型和尺寸。基本代号由类型代号、尺寸系列代号和内径代号组成。但滚针轴承的基本代号另有规定，见 GB/T 272—2017。

1. 类型代号

类型代号用数字或字母表示，见表 12-3。

2. 尺寸系列代号

尺寸系列是轴承宽度系列（或高度系列）与直径系列的总称。

宽度系列是指径向接触轴承或向心角接触轴承的内径相同时，轴承宽度有一个递增的系列尺寸。按轴承宽度依次递增排列，宽度系列代号为 8、0、1、…、6。

高度系列是指轴向接触轴承的内径相同时，轴承高度有一个递增的系列尺寸。按轴承高度依次递增排列，高度系列代号为 7、9、1、2。

直径系列是指同一类型、内径相同的轴承，其外径有一个递增的系列尺寸。按轴承外径依次递增排列，直径系列代号为 7、8、9、0、1、…、5。不同直径系列深沟球轴承的尺寸对比情况如图 12-7 所示。

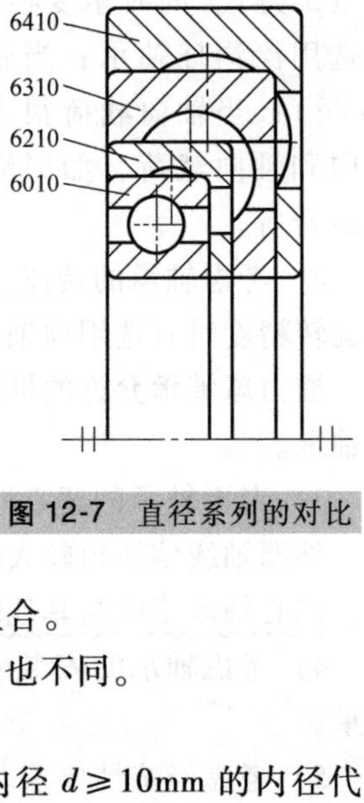

6410
6310
6210
6010

图 12-7 直径系列的对比

尺寸系列代号是宽度系列代号（或高度系列代号）与直径系列代号的组合。当尺寸系列代号为两位数字时，左侧数字为宽度系列代号，右侧数字为直径系列代号。有时宽度系列代号省略不标。常用滚动轴承类型代号、尺寸系列代号和轴承系列代号见表 12-3，表中轴承系列代号是类型代号与尺寸系列代号的组合。

尺寸系列代号不同，则轴承的外廓尺寸不同，轴承的承载能力也不同。

3. 内径代号

内径代号通常为两位数字，用以表示轴承的内径大小。轴承内径 $d \geqslant 10\text{mm}$ 的内径代号见表 12-4。

表 12-3 常用滚动轴承类型代号、尺寸系列代号和轴承系列代号

轴承类型	类型代号	尺寸系列代号	轴承系列代号	轴承类型	类型代号	尺寸系列代号	轴承系列代号
调心球轴承	1 (1) 1 (1)	(0) 2 22 (0) 3 23	12 22 13 23	深沟球轴承	6	(1) 0 (0) 2 (0) 3 (0) 4	60 62 63 64
调心滚子轴承	2	22 23 30 31 32	222 223 230 231 232	角接触球轴承	7	(1) 0 (0) 2 (0) 3 (0) 4	70 72 73 74
				推力圆柱滚子轴承	8	11 12	811 812
圆锥滚子轴承	3	02 03 13 20 22 23	302 303 313 320 322 323	外圈无挡边圆柱滚子轴承	N	10 (0) 2 22 (0) 3 23 (0) 4	N10 N2 N22 N3 N23 N4
推力球轴承	5	11 12 13 14 22 23 24	511 512 513 514 522 523 524	内圈无挡边圆柱滚子轴承	NU	10 (0) 2 22 (0) 3 23 (0) 4	NU10 NU2 NU22 NU3 NU23 NU4
深沟球轴承	6	18 19	618 619	滚针轴承	NA	48 49 69	NA48 NA49 NA69

注：1. 表中括号内的数字在轴承系列代号中省略。

2. 类型代号为 5，尺寸系列代号 11~14 为单向推力球轴承；尺寸系列代号 22~24 为双向推力球轴承。

表 12-4 滚动轴承的内径代号

内径代号	00	01	02	03	04-99
轴承内径/mm	10	12	15	17	代号数×5

注：1. 内径为 22、28、32 和大于或等于 500mm 的轴承，代号直接用内径毫米数表示，但与组合代号之间需用“/”分开，如深沟球轴承 62/22，轴承内径 $d=22$mm。

2. 内径小于 10mm 的轴承内径代号另有规定，见 GB/T 272—2017。

二、前置代号与后置代号

前置代号和后置代号是当轴承在结构、材料、公差等级、技术要求等方面有特殊要求时，在基本代号左右增加的补充代号。当上述各方面没有特殊要求时，在轴承代号中则没有前置代号和后置代号，而只有基本代号。

1. 前置代号

前置代号主要用来表示成套轴承的分部件，具体代号及含义见 GB/T 272—2017。

2. 后置代号

后置代号有多项内容时，按表 12-2 中顺序排列。常见的后置代号主要有以下几部分：

（1）内部结构代号　内部结构代号用于表示轴承内部结构的变化，见表 12-5。

表 12-5 内部结构代号

代 号	含 义
C	角接触球轴承，公称接触角 α = 15°
AC	角接触球轴承，公称接触角 α = 25°
B	角接触球轴承，公称接触角 α = 40°；或圆锥滚子轴承接触角加大
E	加强型，即改进轴承内部结构设计，提高承载能力，如 NU207E

（2）公差等级代号　公差等级代号用于表示轴承的精度。GB/T 272—2017 中对滚动轴承规定了 6 个公差等级，见表 12-6。其中普通级在代号中省略不标。

表 12-6 公差等级代号

代 号	省略	/P6	/P6X	/P5	/P4	/P2
公差等级及其含义	普通级	6 级 高于普通级	6X 级 高于普通级，适用于圆锥滚子轴承	5 级 高于 6、6X 级	4 级 高于 5 级	2 级 高于 4 级

（3）游隙代号　游隙是指一个套圈固定时，另一个套圈沿径向或轴向的最大移动量。游隙是滚动轴承的重要技术参数，它直接影响轴承的载荷分布、振动、噪声、使用寿命和机械的运转精度等。

GB/T 272—2017 对滚动轴承的径向游隙规定了 5 个组别，按游隙从小到大排列分别为 2 组、N 组、3 组、4 组、5 组。相应的代号依次为/C 2、N 组代号省略、/C3、/C4、/C5。其中 N 组为常用的基本游隙，在轴承代号中省略不标。

（4）配置代号　配置代号表示成对向心角接触轴承的安装方式。如图 12-8 所示，向心角接触轴承的安装方式有三种：①面对面安装（代号为/DF），是指两轴承外圈的窄端面都

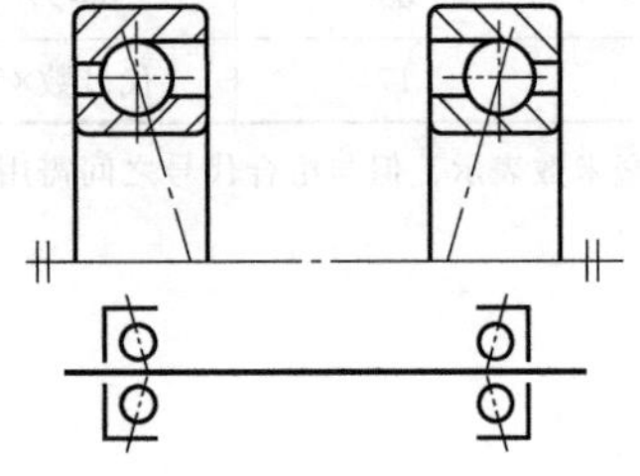
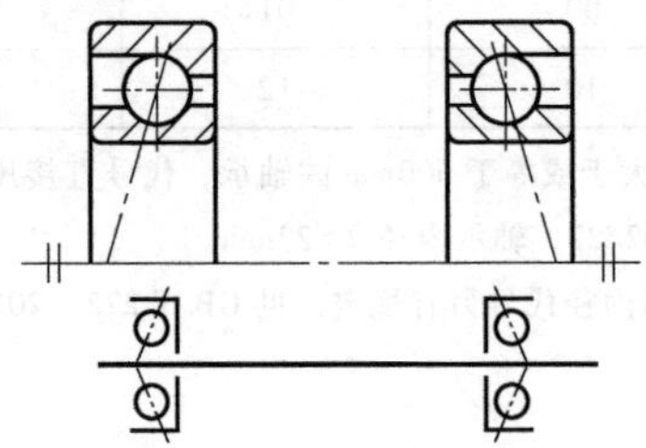
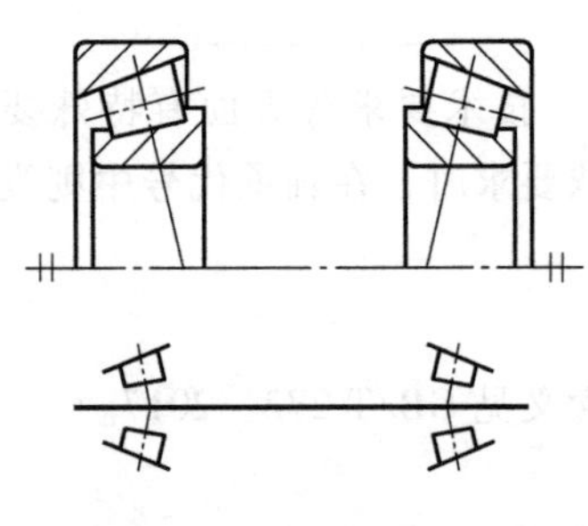
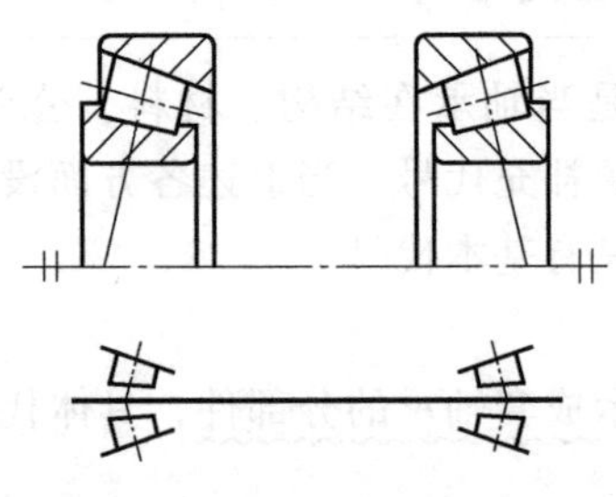
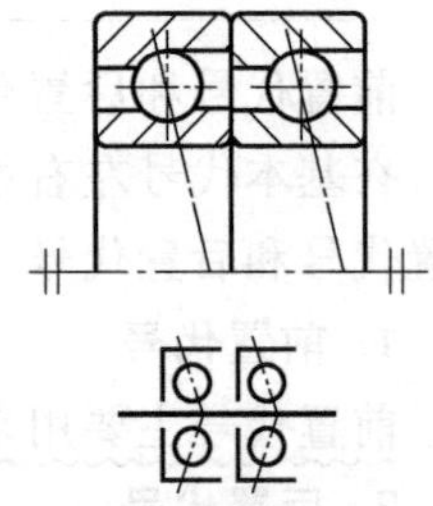

a)　b)　c)

图 12-8 成对向心角接触轴承的安装方式

a) 面对面（正装） b) 背对背（反装） c) 串联

在内侧的安装方式，也称为正装；②背对背安装（代号为/DB），是指两轴承外圈的宽端面在内侧的安装方式，也称为反装；③串联安装（代号为/DT），是指两轴承同向排列安装在同一支点上的安装方式。

上述未涉及的其他代号及其含义可查 GB/T 272—2017。

例 12-1　说明轴承代号 6208 和 7024AC/P4/DB 的含义。

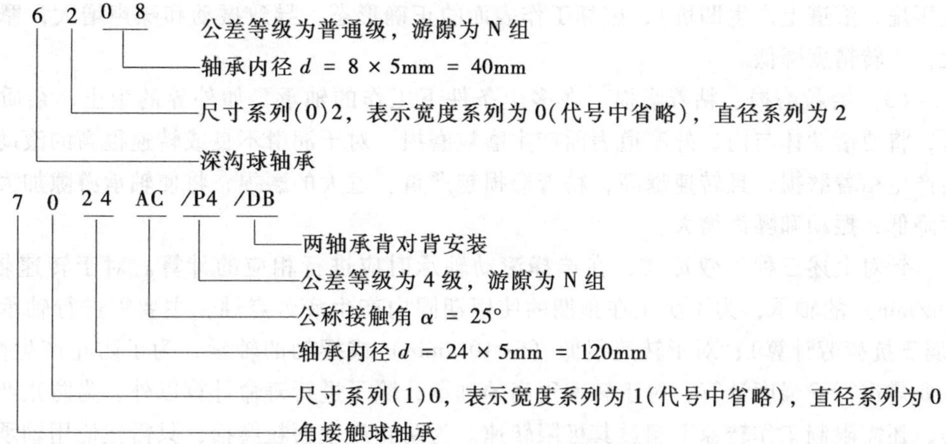

第三节　滚动轴承的载荷分布、失效形式和计算准则

一、滚动轴承的载荷分布

如图 12-9 所示，以深沟球轴承为例，轴承在径向载荷 F_R 作用下，对于径向游隙为零的轴承，整个下半周的滚动体都承受载荷。假设内、外圈不变形，滚动体产生弹性变形，使内圈中心相对外圈中心下移了 δ。由于各滚动体的径向变形量不同，其所受的载荷也不相同，沿 F_R 作用线上的滚动体的径向变形量最大，其所受的载荷也最大。根据受力的平衡条件并考虑径向游隙的影响，滚动体所受最大载荷的近似计算式为

$$F_{max}=\frac{5}{Z}F_R\ (\text{球轴承}) \tag{12-1}$$

$$F_{max}=\frac{4.6}{Z}F_R\ (\text{滚子轴承}) \tag{12-2}$$

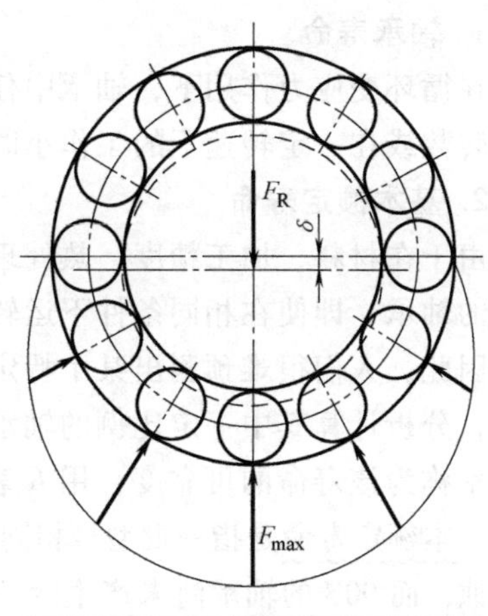

图 12-9　滚动轴承径向载荷分布

式中　Z——滚动体的个数。

每个滚动体在运转中所受的载荷都是变化的。

二、滚动轴承的失效形式和计算准则

滚动轴承的主要失效形式有以下几种：

(1) 疲劳点蚀 滚动轴承在载荷作用下，滚动体及内、外圈滚道表面上将产生循环变化的接触应力。工作一定时间后，在滚动体或内、外圈滚道的表面将会产生疲劳点蚀，从而使轴承在运转中产生的振动和噪声增大而失效。

(2) 塑性变形 当轴承的转速很低或间歇摆动时，轴承一般不会发生疲劳点蚀。但轴承往往因受到过大的载荷或冲击载荷，使滚动体或内、外圈滚道上产生塑性变形（滚动体被压扁，滚道上产生凹坑），破坏工作表面的正确形态，导致振动和噪声增大，摩擦力矩加大，运转精度降低。

(3) 磨粒磨损、粘着磨损 在多尘条件下工作的轴承，如外界的尘土、杂质等进入轴承，将使滚动体与内、外滚道表面产生磨粒磨损。对于润滑不良或转速很高的滚动轴承，还会产生粘着磨损，且转速越高，粘着磨损越严重。过大的磨损，将使轴承游隙加大，运转精度降低，振动和噪声增大。

针对上述三种失效形式，在选择滚动轴承时应进行相应的计算。对于转速较高（$n\geqslant10\text{r/min}$）的轴承，为了防止在预期的使用期限内产生疲劳点蚀，主要需进行轴承寿命计算（属于抗疲劳计算）；对于转速很低（$n<10\text{r/min}$）或摆动的轴承，为了防止产生塑性变形，主要需进行静强度计算；对于转速很高的轴承，除了进行寿命计算以外，为防止产生粘着磨损，还需限制工作转速不超过其极限转速。为防止产生磨粒磨损，只需在使用轴承时进行可靠的密封并保持润滑剂的清洁即可。

第四节 滚动轴承的寿命计算

一、基本概念

1. 轴承寿命

在循环变应力作用下，轴承中任何一个滚动体或套圈出现疲劳点蚀前，两套圈之间的相对总转数或在一定转速下的工作小时数称为轴承寿命。

2. 基本额定寿命

由于在材料、加工精度、热处理及装配质量等各方面不可能完全相同，一批类型、尺寸相同的轴承，即使在相同条件下运转，各个轴承的寿命也是不同的，寿命最大相差可达几十倍。因此，人们很难预测出某个特定轴承的具体寿命。但对于一批轴承，可以用数理统计的方法，分析计算其中一定比例的轴承产生疲劳点蚀时的寿命。将轴承达到某个寿命而不失效的概率称为该寿命的可靠度，用 R 表示。

基本额定寿命是指一批型号相同的轴承，在相同的条件下运转，其中有10%的轴承产生疲劳点蚀，而90%的轴承尚未产生疲劳点蚀时的寿命。显然，基本额定寿命的可靠度 $R=90\%$，其失效概率为10%。故用 L_{10}（转数）或 L_{h10}（运转小时数）表示轴承的基本额定寿命。

3. 基本额定动载荷

基本额定寿命恰好等于 $1\times10^6\text{r}$ 时，轴承所能承受的最大载荷称为轴承的基本额定动载荷，用 C 表示。C 值越大，则轴承的抗点蚀能力越强，承载能力越高。基本额定动载荷 C 对径向接触轴承是径向载荷；对向心角接触轴承是载荷的径向分量；对轴向接触轴承是中心轴向载荷。某个具体轴承的 C 值大小可查轴承手册或机械设计手册。

4. 当量动载荷

如果轴承实际所受的载荷与其基本额定动载荷 C 的性质不同，那么，在计算轴承寿命时，为了将轴承的实际载荷与 C 在相同条件下进行比较，需将实际载荷等效地转化为与 C 性质相同的假想载荷。所谓“等效”，是指在这个假想载荷作用下，轴承的寿命与实际载荷作用下的寿命相同，将该假想载荷称为当量动载荷，用 P 表示。

二、轴承寿命计算

研究表明，滚动轴承的载荷与寿命的关系曲线如图 12-10 所示，曲线方程为

$$P^{\varepsilon}L_{10}=\text{常量}$$

式中　L_{10}——基本额定寿命（10^6r）；

P——当量动载荷（N）；

ε——寿命指数，球轴承 $\varepsilon=3$，滚子轴承 $\varepsilon=10/3$。

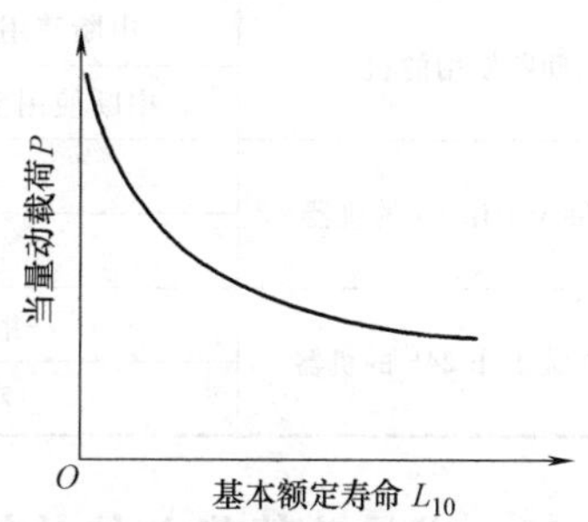

图 12-10　滚动轴承的 P-L_{10} 曲线

由基本额定动载荷的定义可知，当 $L_{10}=1$（$\times 10^6$r）时，轴承所能承受的载荷为基本额定动载荷 C，故

$$P^{\varepsilon}L_{10}=C^{\varepsilon}\times 1=\text{常量}$$

则

$$L_{10}=\left(\frac{C}{P}\right)^{\varepsilon} \tag{12-3}$$

在实际计算时，人们习惯用运转小时数 L_{h10} 表示轴承的基本额定寿命。若轴承转速为 n（r/min），则将式（12-3）的 L_{10} 转化为运转小时数 L_{h10}，可得

$$L_{h10}=\frac{10^6}{60n}L_{10}=\frac{10^6}{60n}\left(\frac{C}{P}\right)^{\varepsilon}$$

基本额定动载荷 C 是在工作温度低于 120℃ 的条件下确定的。考虑到温度过高，将使金属组织、硬度和润滑条件发生变化，导致 C 值下降，故引入温度系数 f_T 计入温度对 C 值的影响，见表 12-7。考虑轴承实际工作条件下的冲击和振动会使轴承所受载荷增大，引入载荷性质系数 f_P，见表 12-8。故轴承的寿命计算公式为

$$L_{h10}=\frac{10^6}{60n}\left(\frac{f_T C}{f_P P}\right)^{\varepsilon} \tag{12-4}$$

表 12-7　温度系数 f_T

轴承工作温度/℃	<120	125	150	175	200	225	250	300	350
f_T	1.0	0.95	0.9	0.85	0.8	0.75	0.7	0.6	0.5

表 12-8　载荷性质系数 f_P

载荷性质	机械举例	f_P
平稳运转或轻微冲击	电动机、空调机、水泵等	1.0~1.2
中等冲击	机床、起重机、传动装置、风机、造纸机等	1.2~1.8
严重冲击	破碎机、轧钢机、振动筛、工程机械等	1.8~3.0

在机械设计中常以设备的中修或大修年限作为轴承的设计寿命。表 12-9 给出了各种类型机器中滚动轴承预期寿命的推荐值，可供设计时参考。

如先确定出轴承的预期寿命，可按式（12-5）计算满足预期寿命要求所需的基本额定动载荷 C。所选轴承的基本额定动载荷应大于或等于按式（12-5）计算的 C 值。

$$C=\frac{f_P P}{f_T}\sqrt[\varepsilon]{\frac{60nL_{h10}}{10^6}} \tag{12-5}$$

表 12-9 荐用的轴承预期寿命

机器种类		预期寿命/h
不经常使用的仪器及设备		500
航空发动机		500~2000
间断使用的机器	中断使用不致引起严重后果的手动机械、农业机械等	4000~8000
	中断使用会引起严重后果，如升降机、输送机、起重机等	8000~12000
每天工作 8h 的机器	利用率不高的齿轮传动、电动机等	12000~20000
	利用率较高的通风设备、机床等	20000~30000
连续工作 24h 的机器	一般可靠性的空气压缩机、电动机、水泵等	50000~60000
	高可靠性的电站设备、给排水装置等	>100000

三、当量动载荷 P 的计算

按式（12-4）或式（12-5）进行计算时，需要先计算当量动载荷 P。

对于同时承受径向载荷和轴向载荷的轴承（如 1、2、3、6、7 类轴承），其当量动载荷的计算式为

$$P=XF_R+YF_A \tag{12-6}$$

式中 F_R、F_A——轴承的径向载荷和轴向载荷（N）；

X、Y——径向载荷系数和轴向载荷系数，查表 12-10。

对于只承受径向载荷的轴承（如 1、2、6、N、NA 类轴承）

$$P=F_R \tag{12-7}$$

对于只承受轴向载荷的轴承（如 5、8 类轴承）

$$P=F_A \tag{12-8}$$

表 12-10 径向载荷系数 X 和轴向载荷系数 Y

轴承类型	iF_A/C_0 ①	e ②	单列轴承				双列轴承			
			$F_A/F_R\leqslant e$		$F_A/F_R>e$		$F_A/F_R\leqslant e$		$F_A/F_R>e$	
			X	Y	X	Y	X	Y	X	Y
深沟球轴承（60000）	0.014 0.028 0.056 0.084 0.11 0.17 0.28 0.42 0.56	0.19 0.22 0.26 0.28 0.30 0.34 0.38 0.42 0.44	1	0	0.56	2.30 1.99 1.71 1.55 1.45 1.31 1.15 1.04 1.00				
调心球轴承（10000）	—	1.5tanα ③					1	0.42cotα ③	0.65	0.65cotα ③

（续）

轴承类型		$iF_A/C_0$①	e②	单列轴承				双列轴承			
				$F_A/F_R \leqslant e$		$F_A/F_R > e$		$F_A/F_R \leqslant e$		$F_A/F_R > e$	
				X	Y	X	Y	X	Y	X	Y
调心滚子轴承（20000）		—	1.5tanα③					1	0.45cotα③	0.67	0.67cotα③
角接触球轴承	α=15°（7000C）	0.015 0.029 0.058 0.087 0.12 0.17 0.29 0.44 0.58	0.38 0.40 0.43 0.46 0.47 0.50 0.55 0.56 0.56	1	0	0.44	1.47 1.40 1.30 1.23 1.19 1.12 1.02 1.00 1.00	1	1.65 1.57 1.46 1.38 1.34 1.26 1.14 1.12 1.12	0.72	2.39 2.28 2.11 2.00 1.93 1.82 1.66 1.63 1.63
	α=25°（7000AC）	—	0.68	1	0	0.41	0.87	1	0.92	0.67	1.41
	α=40°（7000B）	—	1.14	1	0	0.35	0.57	1	0.55	0.57	0.93
圆锥滚子轴承（30000）		—	1.5tanα③	1	0	0.4	0.4cotα③	1	0.45cotα③	0.67	0.67cotα③

① i 为滚动体列数，C_0 为基本额定静载荷，由轴承手册查出。
② e 为确定系数 X 和 Y 不同值时 F_A/F_R 适用范围的界限值。
③ 具体数值按不同型号的轴承由轴承手册查出。

应当指出，轴承的径向载荷 F_R 实际上就是轴上轴颈处所受的径向支反力，在一个支点处如有多个径向支反力，F_R 则为它们的合力。

表 12-10 中的 e 为判断因子，用以判断计算当量动载荷时是否计入轴向载荷 F_A 的影响，其值由实验确定。当 $F_A/F_R \leqslant e$ 时，说明轴向载荷 F_A 相对较小，可忽略其影响，故 $Y=0$；当 $F_A/F_R > e$ 时，说明轴向载荷 F_A 相对较大，应计入其影响，故 $Y \neq 0$。

对于深沟球轴承和 7000C 型角接触球轴承，其 e 值与 iF_A/C_0 成正比。iF_A/C_0 表示轴承所受轴向载荷的相对大小，它将通过实际接触角的变化而影响 e 值；对于 7000AC 型和 7000B 型角接触球轴承，由于公称接触角 α 较大，在承受不同的轴向载荷 F_A 时，其实际接触角变化很小，故其 e 值近似按某一常数处理；而圆锥滚子轴承的实际接触角不随轴向载荷的变化而变化，故其 e 值为常数。

四、向心角接触轴承的轴向载荷计算

1. 内部轴向力

对于向心角接触轴承（7、3 类），由于存在接触角 α，当受到径向载荷 F_R 作用时，承载区内每一个滚动体所受的合力方向与轴承径向平面之间的夹角均为 α，如图 12-11 所示。设第 i 个滚动体所受的合力为 F_{ni}，将其分解为径向分力 F_{ri} 和轴向分力 F_{si}。各受载滚动体的径向分力的合力与外载荷 F_R 相平衡。而各受载滚动体的轴向分力之和即为轴承的内部轴向力，用F_s 表示。F_s 是向心角接触轴承在径向载荷 F_R 的作用下产生的，其大小与 F_R 成正比，计算公式见表12-11。

F_s 通过轴承内圈作用在轴上，其方向总是沿轴线方向从轴承外圈的宽边指向窄边。

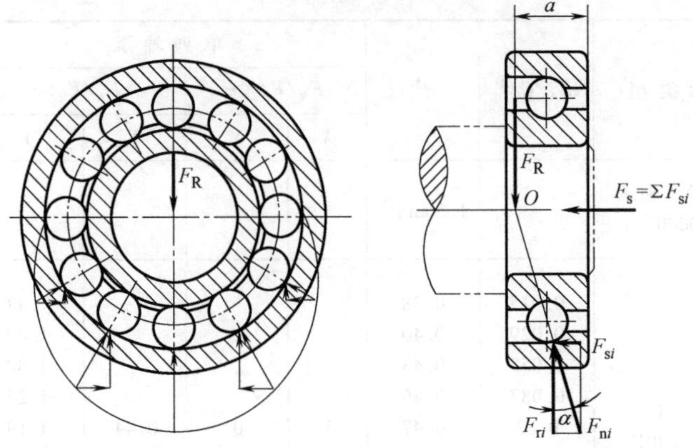

图 12-11 向心角接触轴承的载荷作用中心和内部轴向力

表 12-11 向心角接触轴承的内部轴向力 F_s

轴承类型	角接触球轴承			圆锥滚子轴承
	7000C（$\alpha=15°$）	7000AC（$\alpha=25°$）	7000B（$\alpha=40°$）	30000
内部轴向力 F_s	eF_R	$0.68F_R$	$1.14F_R$	$F_R/2Y$

注：表中 e 值查表 12-10，初算时可取 $e\approx0.4$；Y 值为表 12-10 中 $F_A/F_R>e$ 时的数值。

2. 支反力的作用点

计算轴的支反力时，需首先确定支反力的位置。对于角接触球轴承和圆锥滚子轴承，应以各滚动体的合力作用线与轴线的交点 O 作为支反力的作用点（图 12-11）。该点到轴承外圈宽边的距离 a 可从轴承手册中查出。

简化计算时，可近似以轴承宽度中点作为支反力的作用点。但对跨距较小的轴，不宜做此简化。

3. 轴向载荷 F_A 的计算

对于用两个反向安装的向心角接触轴承支承的轴，将除了两轴承的内部轴向力 F_{s1} 和 F_{s2} 以外的其他轴向力的合力 F_x 称为外部轴向力。在已知 F_{s1}、F_{s2} 和 F_x 的情况下，即可计算两个轴承的轴向载荷 F_{A1} 和 F_{A2}。

下面以角接触球轴承为例，说明轴向载荷的计算方法。图 12-12 所示为角接触球轴承面对面（图 12-12a）与背对背（图 12-12b）的两种安装方式。在轴上作用有径向力 F_r 和外部轴向力 F_x。首先，根据 F_r 计算出两轴承的径向载荷 F_{R1} 和 F_{R2}，进而计算出内部轴向力 F_{s1} 和 F_{s2}，并正确判断 F_{s1} 和 F_{s2} 的方向。将方向相同的两个轴向力的合力（$F_{s1}+F_x$）与另一轴向力（F_{s2}）进行比较后，按下面两种情况分析计算轴承的轴向载荷：

1）若 $F_{s1}+F_x>F_{s2}$，轴有向右移动的趋势，由图中轴承 2（其外圈宽边一侧被固定）限制轴向右移动，轴承 2 被“压紧”并在外圈宽边一侧受到一个向左的平衡反力 F'_{s2}，此时，轴沿轴向受力处于平衡状态，平衡条件为

$$F_{s1}+F_x=F_{s2}+F'_{s2}$$

则轴承 2 所受轴向载荷为 $F_{A2}=F_{s2}+F'_{s2}=F_{s1}+F_x$

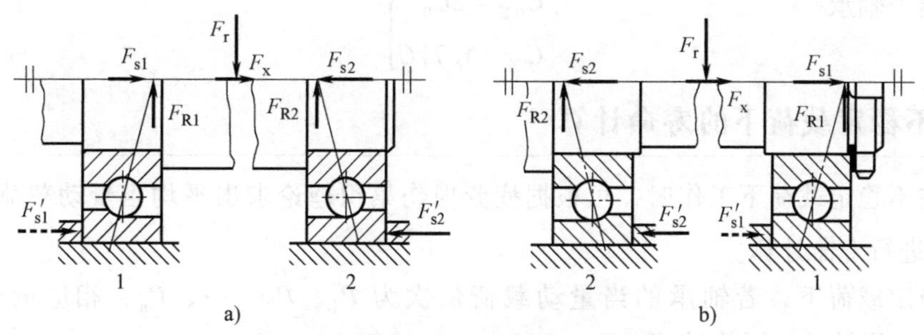

图 12-12 角接触球轴承的轴向载荷

轴承 1 则处于“放松”状态，其所受轴向载荷只有自身的内部轴向力，故有

$$F_{A1}=F_{s1}$$

2）若 $F_{s1}+F_x<F_{s2}$，轴有向左移动的趋势，此时，轴承 1 被“压紧”并在外圈宽边一侧受到一个向右的平衡反力 F'_{s1}，使轴处于受力平衡状态，平衡条件为

$$F_{s1}+F_x+F'_{s1}=F_{s2}$$

则轴承 1 所受轴向载荷为 $$F_{A1}=F_{s1}+F'_{s1}=F_{s2}-F_x$$

而轴承 2 处于“放松”状态，所受轴向载荷为其自身的内部轴向力，即

$$F_{A2}=F_{s2}$$

综上所述，可将向心角接触轴承的轴向载荷计算方法归纳如下：①根据轴上的全部轴向力（F_{s1}、F_{s2} 和 F_x）判断哪一端轴承处于“压紧”状态，哪一端轴承处于“放松”状态；②“压紧”状态轴承所受轴向载荷等于除自身内部轴向力以外其余轴向力的代数和；③“放松”状态轴承所受轴向载荷等于自身的内部轴向力。

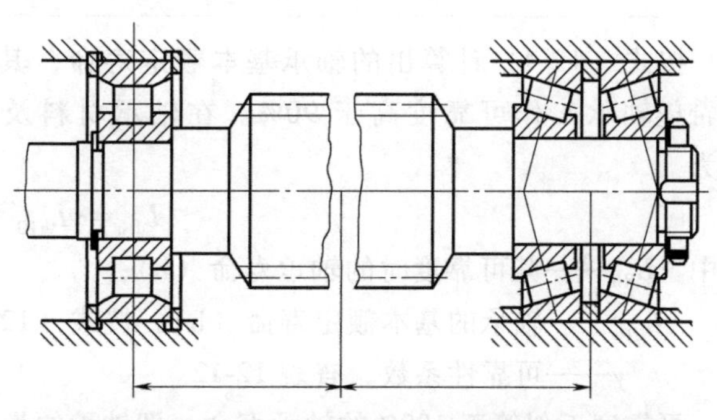

图 12-13 同一支点成对安装同型号圆锥滚子轴承

应注意：如 F_{s1}、F_{s2} 和 F_x 三力的合力为零，则两轴承的轴向载荷均等于自身的内部轴向力。

五、同一支点成对安装同型号向心角接触轴承的计算

当轴系中的同一支点上成对安装同型号向心角接触轴承时，可近似认为其载荷中心（即轴承反力的作用点）在这一对轴承宽度的中点（图12-13），并按双列轴承进行计算。计算当量动载荷时的径向载荷系数 X 和轴向载荷系数 Y 按表 12-10 选取。基本额定动载荷 C_Σ 与基本额定静载荷 $C_{0\Sigma}$ 可根据单个轴承的基本额定动载荷 C 和基本额定静载荷 C_0 按下列公式计算：

角接触球轴承

$$\left.\begin{aligned}C_{0\Sigma}&=2C_0\\C_\Sigma&=1.625C\end{aligned}\right\}\qquad(12\text{-}9)$$

圆锥滚子轴承
$$\left.\begin{aligned}C_{0\Sigma}&=2C_0\\C_{\Sigma}&=1.71C\end{aligned}\right\}\tag{12-10}$$

六、不稳定载荷下的寿命计算

轴承在不稳定载荷下工作时，可根据疲劳损伤累积理论求出平均当量动载荷 P_m 和平均转速 n_m 来进行寿命计算。

在不稳定载荷下，若轴承的当量动载荷依次为 P_1、P_2、…、P_n，相应的转速为 n_1、n_2、…、n_n，则轴承的平均转速

$$n_m=n_1b_1+n_2b_2+\cdots+n_nb_n\tag{12-11}$$

平均当量动载荷
$$P_m=\sqrt[\varepsilon]{\frac{n_1b_1F_{P1}{}^{\varepsilon}+n_2b_2F_{P2}{}^{\varepsilon}+\cdots+n_nb_nF_{pn}{}^{\varepsilon}}{n_m}}\tag{12-12}$$

式中　b_1、b_2、…、b_n——不同工况下轴承工作时间与总工作时间的比值。

将 P_m、n_m 代入式（12-4）得轴承在不稳定载荷下的寿命计算公式

$$L_{h10}=\frac{10^6}{60n_m}\left(\frac{f_TC}{f_pP_m}\right)^{\varepsilon}\tag{12-13}$$

七、不同可靠度的轴承寿命计算

按式（12-4）计算出的轴承基本额定寿命，其工作可靠度是90%，但许多重要机器都希望轴承工作可靠度高于90%。在轴承材料及使用条件不变的情况下，寿命计算公式为

$$L_{Rh}=\gamma L_{h10}\tag{12-14}$$

式中　L_{Rh}——某可靠度时的轴承寿命（h）；

L_{h10}——轴承的基本额定寿命（h），按式（12-4）计算；

γ——可靠性系数，查表12-12。

可靠度近似等于100%的轴承寿命，即轴承的最小寿命为

$$L_{Rmin}\approx0.05L_{h10}\tag{12-15}$$

表 12-12　可靠性系数 γ

可　靠　度（%）	90	95	96	97	98	99
γ	1.0	0.62	0.53	0.44	0.33	0.21

第五节　滚动轴承的静强度计算

对于转速很低或间歇摆动的轴承，为防止在重载条件下其滚动体或套圈滚道产生塑性变形，需进行静强度计算。

1. 基本额定静载荷

滚动轴承受载后，使受载最大的滚动体与套圈滚道产生的接触应力达到规定值（调心球轴承为4600MPa，其他球轴承为4200MPa，滚子轴承为4000MPa）的载荷称为基本额定

静载荷，用 C_0 表示。对于径向接触轴承，C_0 是径向载荷；对于向心角接触轴承，C_0 是载荷的径向分量；对于轴向接触轴承，C_0 是中心轴向载荷。

可将 C_0 理解为轴承正常工作所能承受的最大静载荷，其值反映了轴承抗塑性变形的能力，是轴承静强度计算的依据。

2. 当量静载荷

在计算轴承的静强度时，如果轴承同时承受径向和轴向载荷，应将实际所受的径向和轴向载荷折算成与 C_0 性质相同的当量静载荷 P_0。与当量动载荷类似，当量静载荷也是一个假想的载荷，在这个假想载荷作用下，受载最大的滚动体与套圈滚道接触处产生的塑性变形量与实际载荷作用下相同。

当量静载荷与实际载荷的关系为

$$P_0 = X_0 F_R + Y_0 F_A \tag{12-16}$$

式中　F_R、F_A——轴承所受的径向载荷和轴向载荷（N）；

X_0、Y_0——静径向载荷系数和静轴向载荷系数，查表 12-13。

若计算结果 $P_0 < F_R$，取 $P_0 = F_R$。

表 12-13　静径向载荷系数 X_0 和静轴向载荷系数 Y_0

轴承类型	代　　号	单列轴承		双列轴承(或成对使用)	
		X_0	Y_0	X_0	Y_0
深沟球轴承	60000	0.6	0.5		
调心球轴承	10000			1	$0.44\cot\alpha$①
调心滚子轴承	20000C			1	$0.44\cot\alpha$①
角接触球轴承	7000C	0.5	0.4	1	0.8
	7000AC	0.5	0.3	1	0.6
	7000B	0.5	0.2	1	0.4
圆锥滚子轴承	30000	0.5	$0.22\cot\alpha$①	1	$0.44\cot\alpha$①
圆柱滚子轴承	N0000 NU0000	1	0	1	0
滚针轴承	NA0000	1	0	1	0
推力球轴承	50000	0	1	0	1

① 具体数值按轴承型号由轴承手册查出。

3. 静强度条件

$$P_0 \leqslant \frac{C_0}{S_0} \tag{12-17}$$

式中　C_0——基本额定静载荷，查轴承手册或设计手册；

S_0——安全系数，查表 12-14。

表 12-14　安全系数 S_0

工作条件	S_0
旋转精度和平稳性要求高或受冲击载荷强烈	1.2~2.5
一般情况	0.8~1.2
旋转精度低，允许摩擦力矩较大，没有冲击振动	0.5~0.8

例 12-2　某单级齿轮减速器的输入轴由一对深沟球轴承支承，如图 12-14 所示。已知齿轮所受切向力 $F_t = 3000\text{N}$，径向力 $F_r = 1200\text{N}$，轴向力 $F_x = 650\text{N}$（由轴承 2 承受），方向如

图所示。齿轮分度圆直径 $d=40\text{mm}$，轴颈直径为 30mm，$l=50\text{mm}$。轴的转速 $n=960\text{r/min}$，载荷平稳，常温工作，要求轴承寿命不低于 9000h，试选轴承型号。

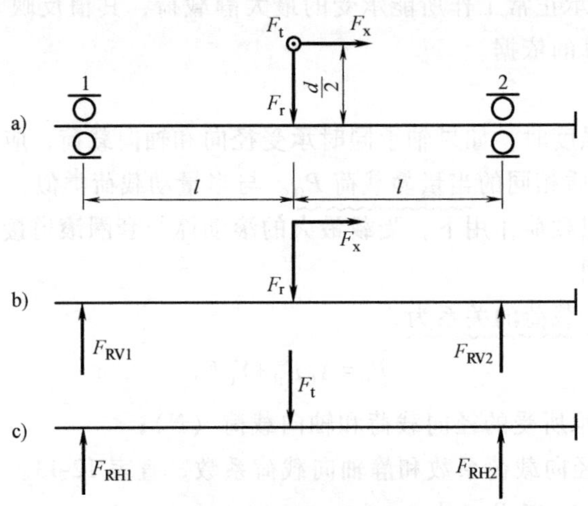

图 12-14 例 12-2 图

解

计 算 及 说 明	主 要 结 果
1. 求轴承所受径向载荷 F_{R1}、F_{R2} 对整个轴系进行受力分析，将空间力系分解为铅垂面(12-14b)和水平面(12-14c)两个平面力系。 (1)求铅垂面支反力 F_{RV1}、F_{RV2} $F_{RV1}=\dfrac{F_r l-F_x\times\dfrac{d}{2}}{2l}=\dfrac{1200\times50-650\times\dfrac{40}{2}}{2\times50}\text{N}=470\text{N}$ $F_{RV2}=F_r-F_{RV1}=(1200-470)\text{N}=730\text{N}$	$F_{RV1}=470\text{N}$ $F_{RV2}=730\text{N}$
(2)求水平面支反力 F_{RH1}、F_{RH2} $F_{RH1}=F_{RH2}=\dfrac{F_t}{2}=\dfrac{3000}{2}\text{N}=1500\text{N}$	$F_{RH1}=F_{RH2}=1500\text{N}$
(3)求总支反力，即轴承所受径向载荷 F_{R1}、F_{R2} $F_{R1}=\sqrt{F_{RV1}{}^2+F_{RH1}{}^2}=\sqrt{470^2+1500^2}\ \text{N}=1572\text{N}$ $F_{R2}=\sqrt{F_{RV2}{}^2+F_{RH2}{}^2}=\sqrt{730^2+1500^2}\ \text{N}=1668\text{N}$	$F_{R1}=1572\text{N}$ $F_{R2}=1668\text{N}$
2. 求轴承所受轴向载荷 F_{A1}、F_{A2} 由于深沟球轴承接触角 $\alpha=0°$，不存在内部轴向力，故 轴承 1 所受轴向载荷 $F_{A1}=0$ 轴承 2 所受轴向载荷 $F_{A2}=F_X=650\text{N}$	
3. 计算轴承的当量动载荷 P_1、P_2 (1)初选轴承型号　根据题意，试选 6206 轴承。由机械设计手册查得：$C=19500\text{N}$；$C_0=11500\text{N}$；极限转速为 9500r/min(脂润滑) (2)计算当量动载荷 P_1、P_2 轴承 1　$P_1=F_{R1}=1572\text{N}$	$P_1=1572\text{N}$

（续）

计算及说明	主要结果
轴承 2　$\frac{iF_{A2}}{C_0}=\frac{1\times650}{11500}=0.056$，由表 12-10 查得 $e=0.26$	
$\frac{F_{A2}}{F_{R2}}=\frac{650}{1668}=0.39>e$，由表 12-10 查得 $X_2=0.56, Y_1=0.71$	
$P_2=X_2F_{R2}+Y_2F_{A2}=(0.56\times1668+1.71\times650)\text{N}=2046\text{N}$	$P_2=2046\text{N}$
4. 轴承的寿命计算	
两端轴承选择相同的型号，由于 $P_2>P_1$，故应按 P_2 进行计算	
球轴承 $\varepsilon=3$；查表 12-7，温度系数 $f_T=1.0$；查表 12-8，载荷性质系数 $f_P=1.1$	
$L_{h10}=\frac{10^6}{60n}\left(\frac{f_TC}{f_PP}\right)^{\varepsilon}=\frac{10^6}{60\times960}\times\left(\frac{1\times19500}{1.1\times2046}\right)^3\text{h}=11299\text{h}>9000\text{h}$	$L_{h10}=11299\text{h}$
所选 6206 轴承满足寿命要求	
由于载荷平稳，转速不是很低，不必校核静强度。该轴承转速只有 960r/min，远低于极限转速 9500r/min	所选轴承型号：6206，脂润滑

例 12-3　如图 12-15 所示，二级圆柱齿轮减速器的中间轴用一对 7212AC 轴承支承，试计算两轴承的当量动载荷 P_1、P_2

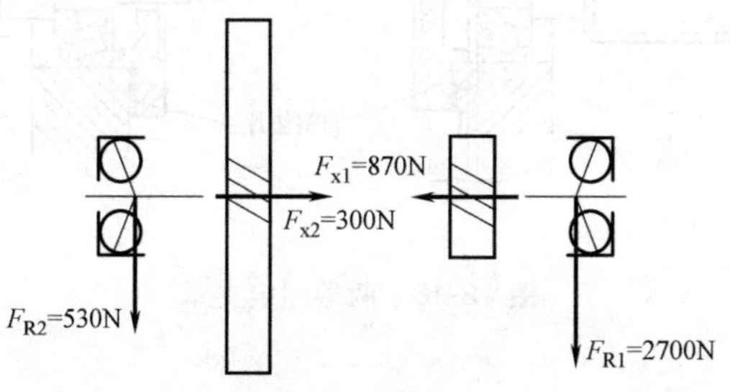

图 12-15　例 12-3 图

解

计算及说明	主要结果
1. 计算轴承的内部轴向力 F_{s1}、F_{s2}	
由表 12-11 知，7212AC 轴承的内部轴向力 $F_s=0.68F_R$，则	
$F_{s1}=0.68F_{R1}=(0.68\times2700)\text{N}=1836\text{N}$　　方向←	$F_{s1}=1836\text{N}$
$F_{s2}=0.68F_{R2}=(0.68\times530)\text{N}=360\text{N}$　　方向→	$F_{s2}=360\text{N}$
2. 计算轴承所受轴向载荷 F_{A1}、F_{A2}	
外部轴向力　$F_x=F_{x1}-F_{x2}=(870-300)\text{N}=570\text{N}$　方向←	
因为 $F_{s1}+F_x=(1836+570)\text{N}=2406\text{N}>F_{s2}=360\text{N}$	
所以，轴有向左移动的趋势，轴承 2 被"压紧"，轴承 1 被"放松"	
$F_{A2}=F_{s1}+F_x=(1836+570)\text{N}=2406\text{N}$	$F_{A2}=2406\text{N}$
$F_{A1}=F_{s1}=1836\text{N}$	$F_{A1}=1836\text{N}$
3. 计算轴承的当量动载荷 P_1、P_2	
轴承 1　$\frac{F_{A1}}{F_{R1}}=\frac{1836}{2700}=0.68=e, X_1=1, Y_1=0$	
$P_1=X_1F_{R1}+Y_1F_{A1}=(1\times2700+0\times1836)\text{N}=2700\text{N}$	$P_1=2700\text{N}$
轴承 2　$\frac{F_{A2}}{F_{R2}}=\frac{2406}{530}=4.54>e$，由表 12-10 查得 $X_2=0.41, Y_1=0.87$	
$P_2=X_2F_{R2}+Y_2F_{A2}=(0.41\times530+0.87\times2406)\text{N}=2311\text{N}$	$P_2=2311\text{N}$

第六节 滚动轴承的组合设计

为保证轴承正常工作，除了合理选择轴承的类型和尺寸规格外，还必须正确进行轴承的组合设计，包括轴系的固定、轴系的位置及轴承游隙的调整、轴承配合、轴承的润滑与密封等问题。

一、轴系的固定

轴系固定是指通过对轴上轴承的固定，防止轴发生轴向移动，保证轴上零件有正确的工作位置，并能将轴上受到的外载荷，通过滚动轴承可靠地传递到机架上去。当轴受热伸长时，应使滚动轴承具有一定的轴向游动量，以避免轴承卡死。轴系的固定方法有以下三种。

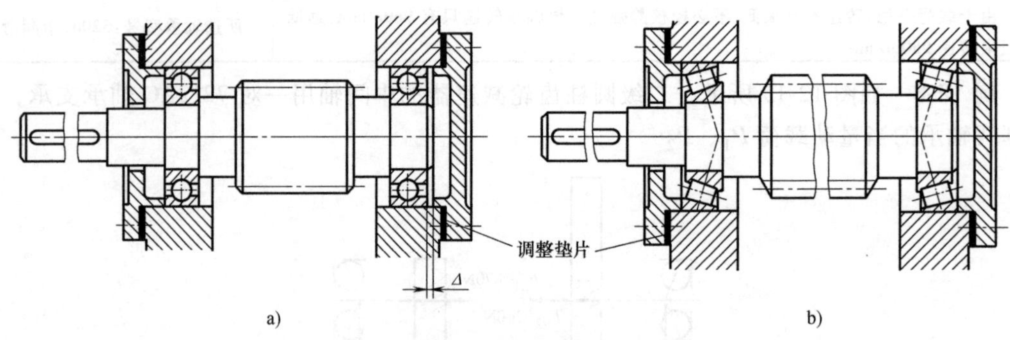

图 12-16 两端固定支承

1. 两端固定支承

如图 12-16 所示，利用轴承盖从外侧对两轴承进行固定，左端轴承的固定限制轴系向左移动，右端轴承的固定限制轴系由右移动，两轴承合起来共同限制轴的双向移动。为了补偿轴的受热伸长，对于游隙不可调的深沟球轴承（图 12-16a)，应在轴承外圈与轴承端盖之间预留补偿间隙 $\Delta=0.25\sim0.4$mm；对于游隙可调的圆锥滚子轴承（图12-16b）和角接触球轴承（图 12-19)，安装时应在轴承内留出适当的轴向游隙。

这种固定方式结构简单，安装调整容易，但由于 Δ 不能太大（否则轴的轴向位置不准确），允许轴的热伸长量较小，故只适用于工作温度变化小的短轴（跨距≤400mm）。

2. 一端固定一端游动支承

一端轴承的固定即限制轴的双向移动（固定支承），另一端轴承沿轴向可自由移动（游动支承）。这种固定方式结构较复杂，但轴的工作位置准确，允许轴的热伸长量大，适用于温度变化大的长轴。

如图 12-17a 所示，左端轴承的内、外圈两侧均固定，从而限制了轴的双向移动。右端轴承外圈两侧均不固定，当轴伸缩时可沿轴向游动。但为了防止轴承从轴上脱落，游动端轴承内圈两侧均需固定。

图 12-17b 所示为另一种结构形式。固定端采用一对角接触球轴承（或圆锥滚子轴承）面对面安装，游动端采用深沟球轴承。游动端也可采用可分离型的圆柱滚子轴承（图 12-13)，此时轴承内、外圈两侧均应固定。

轴向载荷很大时，可采用图 12-17c 所示的结构形式。固定端由深沟球轴承和双向推力球轴承组合而成，分别承受径向载荷和轴向载荷，游动端为深沟球轴承。

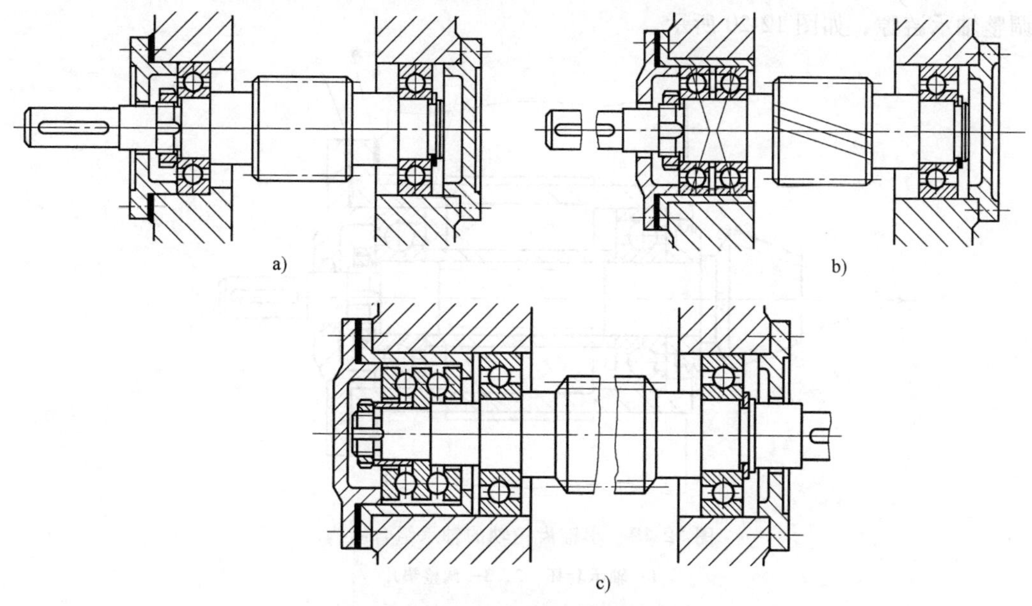

图 12-17 一端固定一端游动支承

3. 两端游动支承

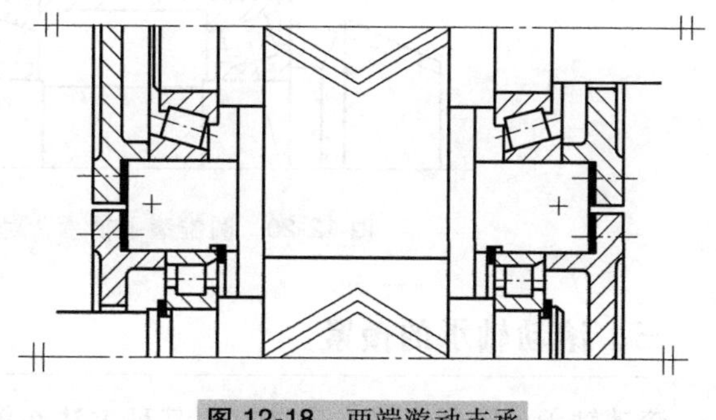
图 12-18 两端游动支承

两端轴承均不限制轴的移动。图 12-18 所示为人字齿圆柱齿轮传动轴系的轴承组合结构，其中大齿轮轴的轴向位置已由一对圆锥滚子轴承限定，小齿轮的轴向位置则由人字齿轮啮合时产生的左右两个方向的轴向力自动限定。这时小齿轮的轴必须采用两端游动支承（通常选用圆柱滚子轴承），以避免因齿轮制造误差（人字齿两侧不对称）和安装误差造成轮齿受力不均。

二、轴系的轴向位置调整和轴承游隙调整

1. 轴系的轴向位置调整

轴系轴向位置调整的目的是使轴上零件有准确的工作位置。如蜗杆传动，要求蜗轮的中间平面必须通过蜗杆轴线；锥齿轮传动，要求两锥齿轮的锥顶必须重合。图 12-19 所示为小锥齿轮轴的轴承组合结构，一对角接触球轴承面对面安装，轴承装在轴承套杯 1 内，利用增减垫片 2 的厚度来调整套杯的轴向位置，从而调整锥齿轮的轴向位置。

2. 轴承游隙的调整

向心角接触轴承需在安装时通过调整得到适当的游隙；虽然径向接触轴承的游隙在制造时已经确定，安装时不需调整其游隙大小（可根据使用要求选择合适的游隙组别），但在两端固定的支承方式中，需通过调整获得适当的补偿间隙 Δ。

对于面对面安装的角接触轴承，常通过增减轴承端盖处的垫片厚度来调整轴承游隙，见图 12-16b 和图 12-19 中的调整垫片 3。背对背安装的角接触轴承，常用轴承内圈处的锁紧螺母调整轴承游隙，如图 12-20 所示。

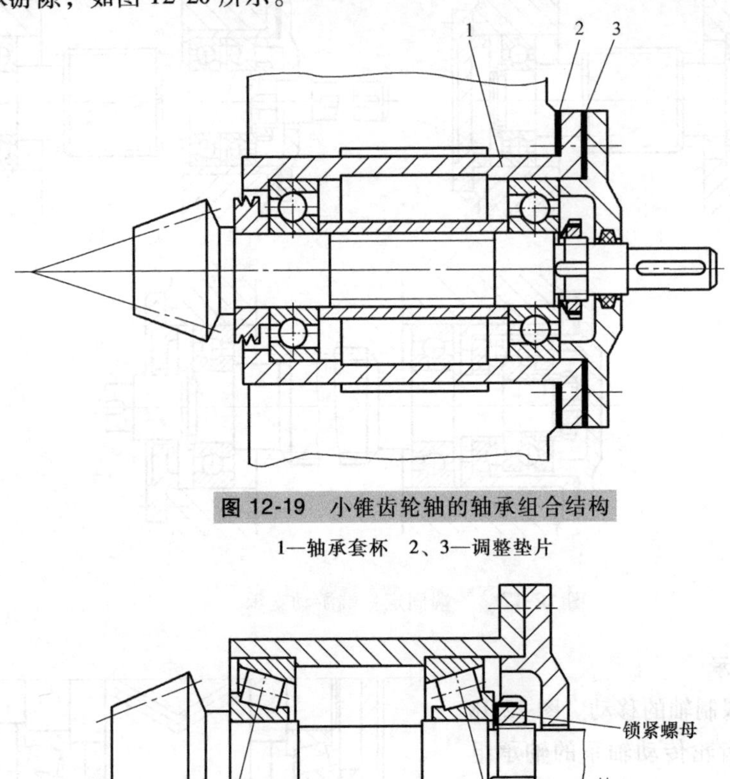

图 12-19　小锥齿轮轴的轴承组合结构

1—轴承套杯　2、3—调整垫片

图 12-20　圆锥滚子轴承背对背安装时游隙的调整

三、滚动轴承的预紧

滚动轴承的预紧是指在安装时用某种方法在轴承中产生并保持一定轴向力，使滚动体和内、外圈接触处产生预变形，以消除轴承中的原始游隙。分析结果表明，轴承经过预紧后，受到工作载荷作用时产生的变形增量减小，轴承刚度相对增加，从而可提高轴的旋转精度，减小机器的振动和噪声。例如机床主轴的轴承需要有高的刚度，常需预紧。

轴承的预紧常采取以下几种方法：

（1）磨窄套圈（图 12-21）　对于同一支点处两个反向安装的角接触球轴承，可由轴承生产厂根据预紧所需的变形量，磨窄内圈或外圈，并在安装时施加外力使内圈或外圈压紧（使图中 $\Delta=0$），使轴承得到预紧。

（2）采用衬垫（图 12-22）　对于同一支点处两个反向安装的角接触球轴承，也可在两轴承的内圈或外圈之间加厚度适当的衬垫，并通过施加外力使内圈或外圈压紧（使图中 $\Delta=0$），从而使轴承预紧。

（3）加间隔套（图 12-23）　当两轴承相距一定距离时，可通过在内、外圈之间加装不同长度的间隔套达到预紧的目的。

图 12-21　磨窄套圈预紧

图 12-22　加衬垫预紧

a)

b)

c)

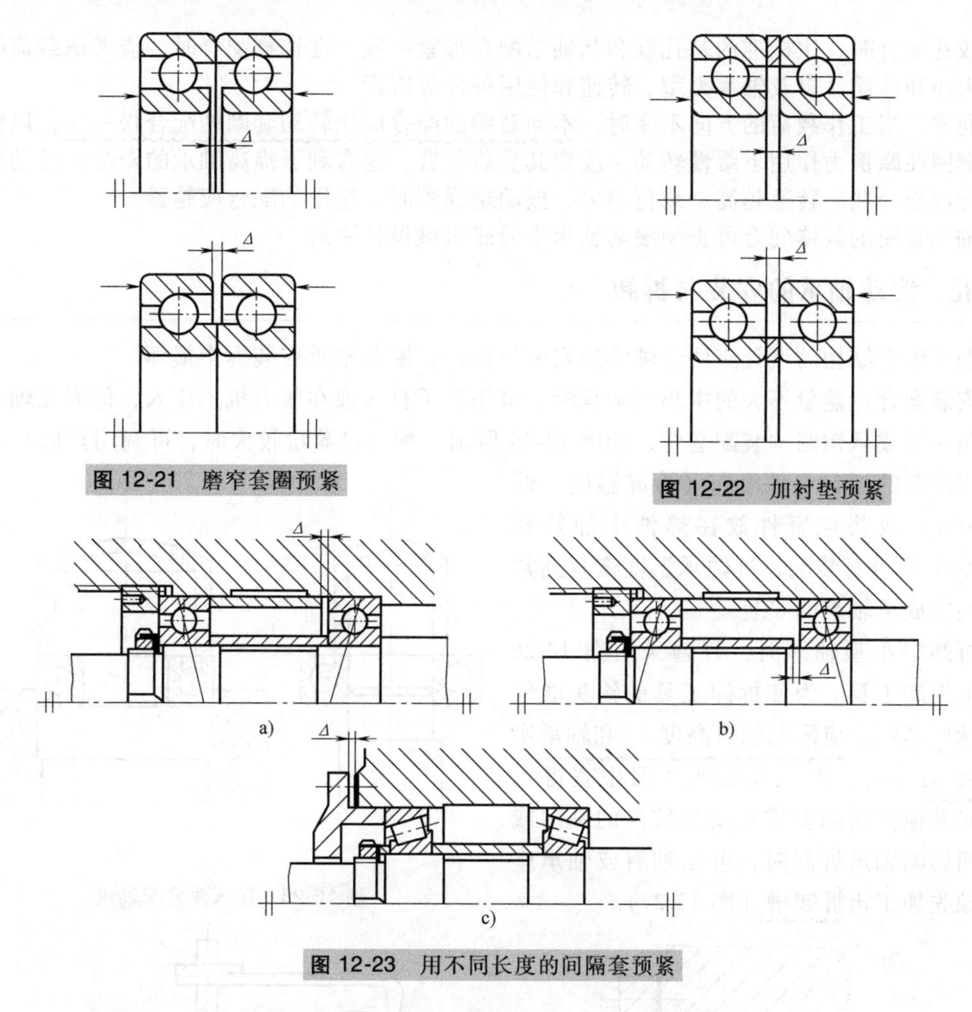

图 12-23　用不同长度的间隔套预紧

（4）加弹簧　安装时用圆柱螺旋压缩弹簧（图 12-24a）或碟形弹簧（图 12-24b）始终顶住不转动的轴承外圈使轴承预紧。弹簧预紧能得到稳定的预紧载荷，但轴承刚度增加不明显，常用于高速运转的轴承。

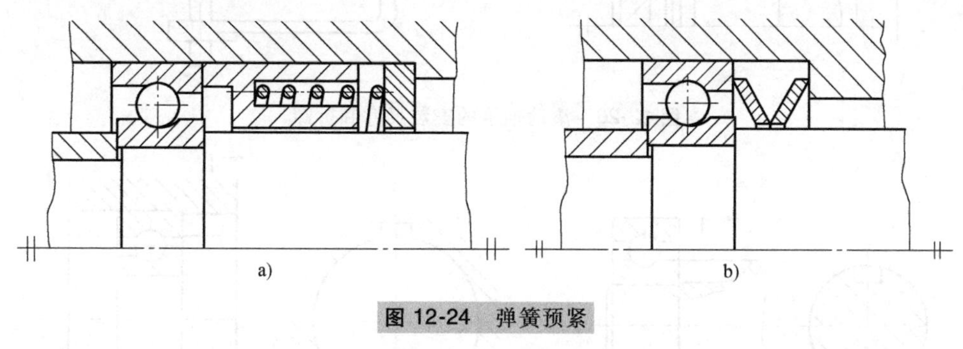

图 12-24　弹簧预紧

四、滚动轴承的配合

由于滚动轴承是标准件，所以其内圈与轴颈的配合为基孔制，外圈与轴承座孔的配合为基轴制。由于滚动轴承内径和外径的公差带均为较小的负偏差，所以，轴承与具有相同偏差的轴或孔配合时，比标准的基孔制和基轴制配合都紧一些。在选择配合时，应考虑载荷的方向、大小和性质，以及轴承类型、转速和使用条件等因素。

通常，当工作载荷的方向不变时，不动套圈的配合应比转动套圈的配合松一些，以便使不动套圈在摩擦力作用下缓慢转动，改变其受载位置，这有利于提高轴承的寿命；游动套圈的配合应松一些。转速越高、载荷越大、振动越强烈时，选用的配合应越紧。

轴承套圈的具体配合可查阅滚动轴承手册或机械设计手册。

五、滚动轴承的安装与拆卸

轴承组合结构的设计应便于轴承的安装与拆卸，避免轴承在装拆中损坏。

安装配合过盈量不大的中小型轴承时，可用锤子打入或在压力机上压入，但需在轴承套圈上垫一铜或软钢制的装配套管，如图 12-25 所示。配合过盈量较大时，可利用热胀冷缩原理，将配合的被包容件冷冻（冷冻温度不低于-50℃）或将包容件放在热油中加热到 80~100℃后进行装配，待轴承温度恢复到常温，便完成了轴承的安装。

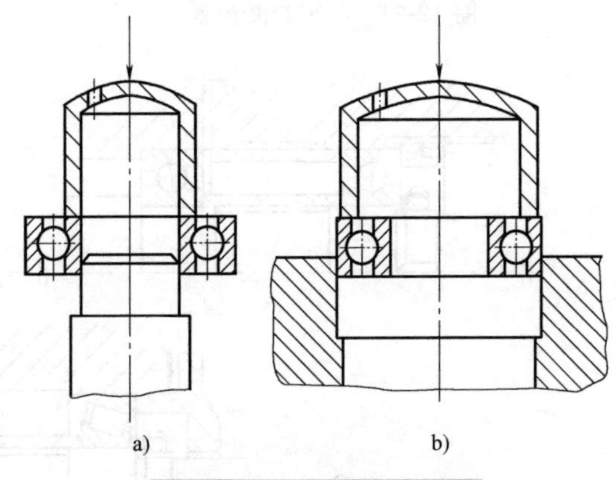

图 12-25 压入法装配轴承

拆卸中小型轴承时，普遍采用图 12-26 所示的拆卸工具。为使拆卸工具的钩头能钩住轴承的套圈，应限制轴肩高度 h_1 和轴承座肩高度 h_2（d_a、D_a 可从轴承手册中查得）。为满足其他方面的要求需要有较高的轴肩或座肩而影响轴承拆卸时，可在轴肩或轴承座肩上预先加工出拆卸槽（图 12-27）。

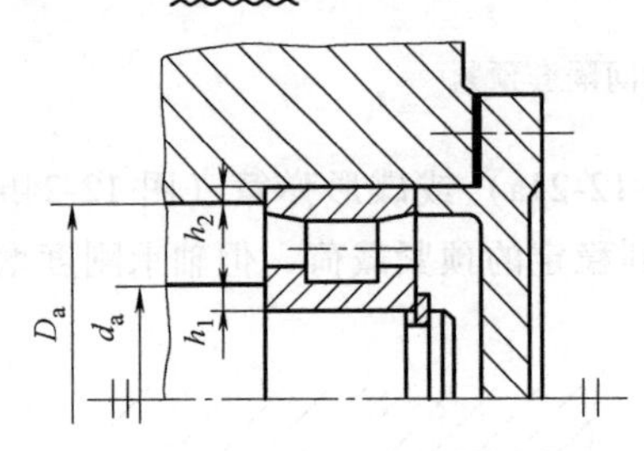

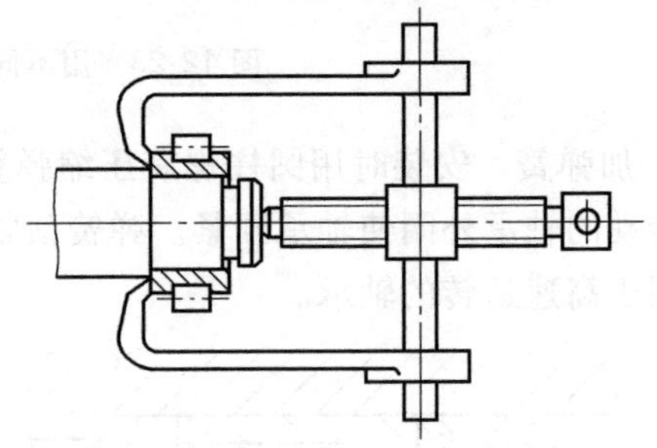
图 12-26 滚动轴承的安装尺寸和拆卸

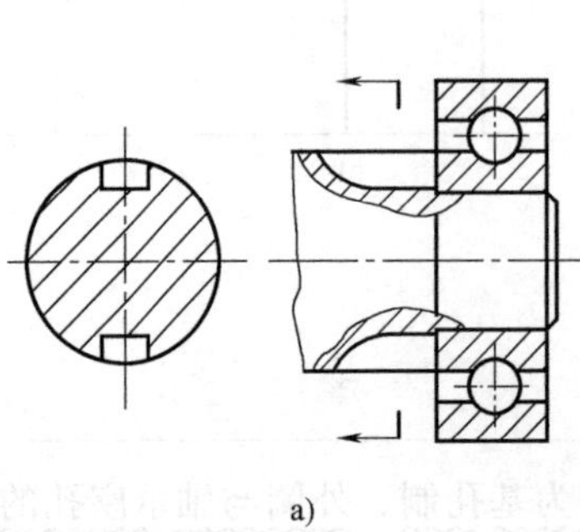

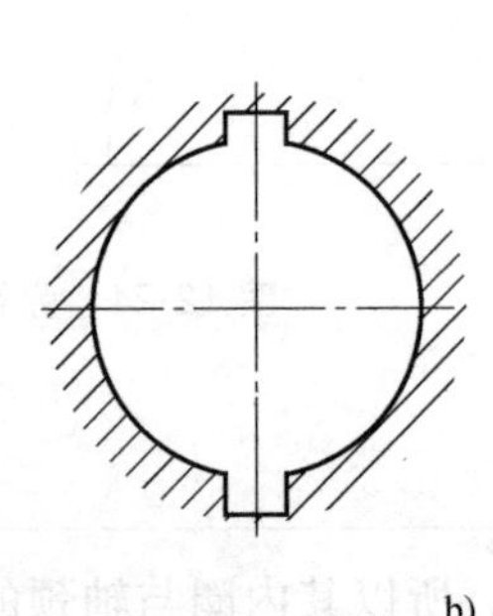

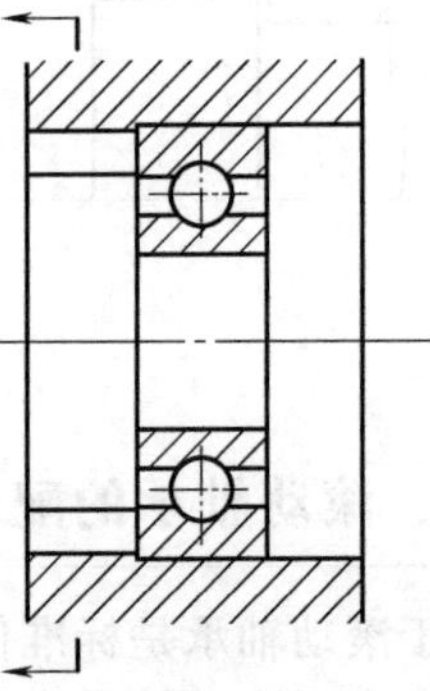
图 12-27 拆卸槽

第七节 滚动轴承的润滑与密封

一、滚动轴承的润滑

滚动轴承润滑的主要目的是降低摩擦阻力、减轻磨损，同时也兼有散热、吸振和防锈的作用。

滚动轴承大多采用脂润滑或油润滑。具体可根据轴承内径与转速的乘积 *dn* 值选取滚动轴承的润滑方法，见表 12-15。油雾润滑是利用弥漫于轴承工作空间的油雾（通常由油雾发生器产生）实现润滑，适用于速度很高的轴承。其他润滑方法参见表 13-7。

表 12-15 各种润滑方法下轴承的 *dn* 值 （单位：mm · r/min）

轴承类型	脂润滑	油润滑			
		油浴、飞溅润滑	滴油润滑	循环润滑	油雾润滑
深沟球轴承 调心球轴承 圆柱滚子轴承 角接触球轴承	$\leqslant(2\sim3)\times10^5$	2.5×10^5	4×10^5	6×10^5	$>6\times10^5$
圆锥滚子轴承		1.6×10^5	2.3×10^5	3×10^5	—
推力球轴承		0.6×10^5	1.2×10^5	1.5×10^5	—
调心滚子轴承		1.2×10^5	—	2.5×10^5	—

脂润滑的特点是承载能力大，润滑脂不易流失，便于密封和维护，能防止灰尘、潮气及其他杂物侵入。但转速较高时，功率损失大。主要用于速度较低的场合。润滑脂的填充量一般不超过轴承与机座空间的 1/3～1/2，否则轴承容易过热。

油润滑的特点是摩擦阻力小，润滑可靠，散热效果好，并对轴承有清洗作用。但需要复杂的密封装置和供油设备。常用于高速、高温的场合。当采用油浴润滑时，油面高度不要超过轴承中最低滚动体的中心，否则搅油损失大，轴承容易过热。

润滑油和润滑脂黏度的选择，请参阅 GB/T 6391—2010。

二、滚动轴承的密封

密封的目的是为了防止灰尘、水分及其他杂质进入轴承，同时阻止轴承内润滑剂流失。例如机器的外伸轴从轴承透盖的孔中伸出，为保证轴转动灵活，轴与轴承盖之间不能直接接触，需留出适当的间隙，此处应设计密封装置。

轴承的密封方法很多，通常可归纳为三类：接触式密封、非接触式密封和组合式密封。

1. 接触式密封

这类密封的密封件与轴接触。工作时轴旋转，密封件与轴之间有摩擦和磨损，故轴的转速较高时不宜采用。

（1）毡圈式密封（图 12-28） 将矩形截面毡圈安装在轴承端盖的梯形槽内，利用毡圈与轴接触起密封作用。适用于环境清洁、轴的圆周速度 $v<5\text{m/s}$、工作温度低于 90℃ 的脂润滑轴承。

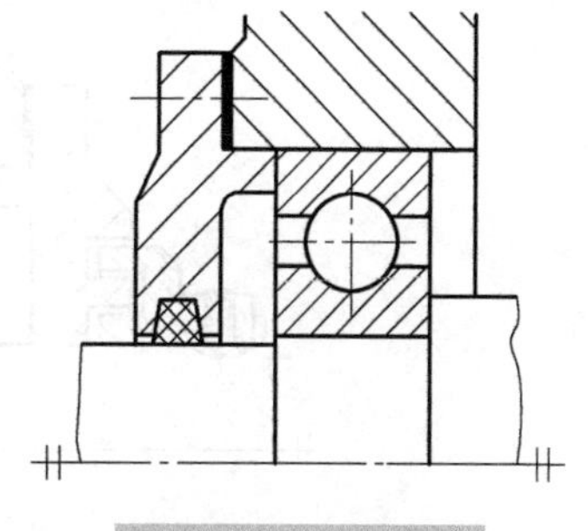

图 12-28 毡圈密封

（2）密封圈式密封（图 12-29） 密封圈用耐油橡胶、皮革或塑料制成。安装时用螺旋弹簧把密封唇口箍紧在轴上，有较好的密封效果，适用于轴的圆周速度 $v<7\mathrm{m/s}$、工作温度在 $-40\sim100$℃范围内的脂润滑或油润滑轴承。

图 12-29a 所示为密封圈唇口朝里，封油效果好。图 12-29b 所示为密封圈的唇口朝外，防尘效果好。

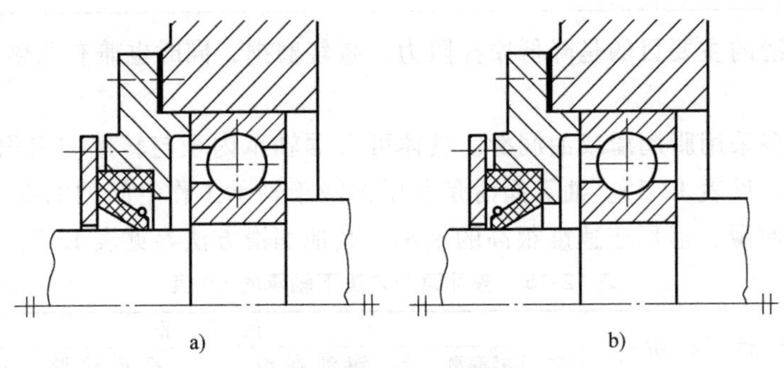

图 12-29 密封圈式密封

2. 非接触式密封

这类密封是利用小的间隙（或加甩油环）进行密封，转动件与固定件不接触，故允许轴有很高的速度。

（1）间隙密封（图 12-30） 通过在轴承端盖与轴间留有小的间隙（0.1~0.3mm）而获得密封。间隙越小，轴向宽度越大，则密封效果越好。若在轴承端盖上制出几个环形槽（图 12-30b），并填充润滑脂，可提高密封效果。这种密封适用于环境干燥、清洁的脂润滑轴承。

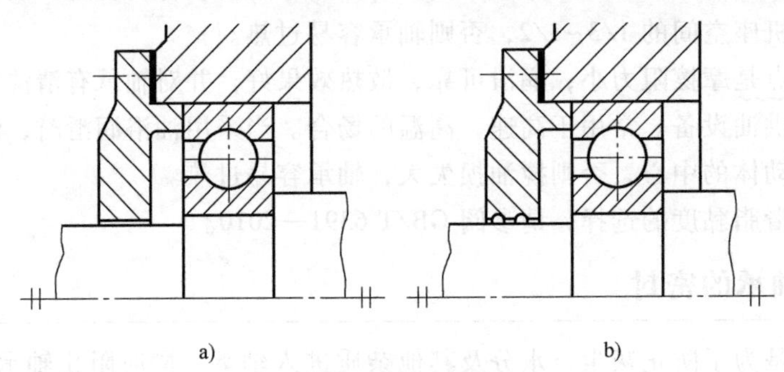

图 12-30 间隙密封

（2）迷宫式密封（图 12-31） 通过在轴承端盖和固定于轴上的密封零件之间制出曲路

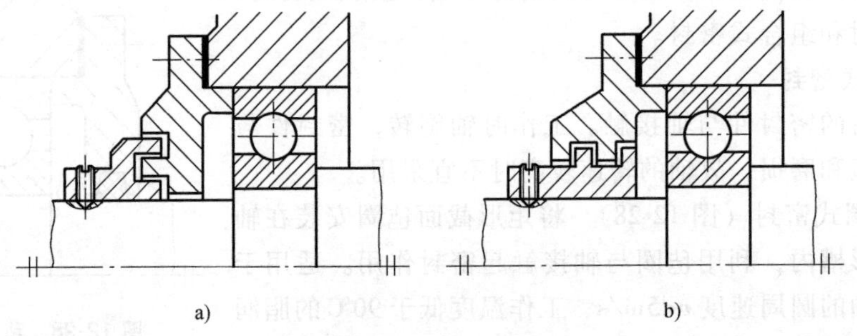

图 12-31 迷宫式密封

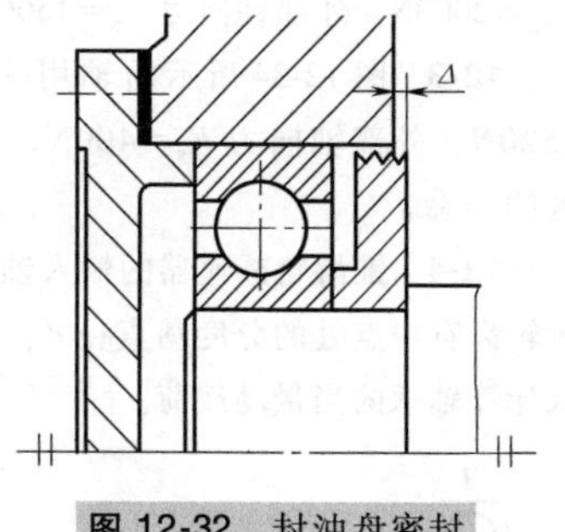

图 12-32 封油盘密封

间隙而获得密封。按曲路的方向不同分为径向迷宫式（图12-31a）和轴向迷宫式（图12-31b）两种。通常，曲路中的径向间隙取0.1~0.2mm，轴向间隙取1.5~2mm。为了提高密封效果，可在曲路中填充润滑脂。这种密封方式密封可靠，适用于油或脂润滑的轴承，最高允许轴的圆周速度可达30m/s。

（3）封油盘密封（图12-32） 常用于减速器中的齿轮采用油润滑，而轴承采用脂润滑的场合。封油盘与轴承座孔间有小的径向间隙，工作时封油盘随轴一同转动，利用离心力甩去落在其上的油和杂物。为避免甩下的油和杂物进入轴承，应使封油盘突出轴承座孔端面$\Delta=2\sim3$mm。

3. 组合式密封

将不同密封方式组合在一起使用，以提高整体密封效果，如毡圈密封与间隙密封的组合、间隙密封和迷宫密封的组合等。

思 考 题

12-1 轴承的功用是什么？

12-2 与滑动轴承相比，滚动轴承有何优缺点？

12-3 滚动轴承有哪些主要类型？如何选择滚动轴承类型？

12-4 球轴承与滚子轴承相比，哪一种承载大？哪一种更适合高速？哪一种价更廉？

12-5 什么是接触角α？接触角α的大小意味着什么？

12-6 滚动轴承的代号由哪几部分组成？其中基本代号表示哪些内容？

12-7 说明轴承代号30207、6209/P2、7305AC、N308的含义。

12-8 滚动轴承的主要失效形式和计算准则是什么？

12-9 什么是基本额定寿命？什么是基本额定动载荷？什么是当量动载荷？

12-10 向心角接触轴承的内部轴向力是怎样产生的？

12-11 轴系在什么情况下采用两端固定支承？在什么情况下采用一端固定、一端游动支承？

12-12 什么是滚动轴承的预紧？预紧的目的是什么？预紧方法有哪些？

12-13 应如何选择滚动轴承的配合？

12-14 滚动轴承润滑和密封的目的分别是什么？如何选择润滑方式？

习 题

12-1 以下各轴承受径向载荷F_R、轴向载荷F_A作用，试计算各轴承的当量动载荷。

（1）N207轴承：$F_R=3500$N，$F_A=0$；（2）51306轴承：$F_R=0$N，$F_A=5000$N；

（3）6008轴承：$F_R=2000$N，$F_A=500$；（4）30212轴承：$F_R=2450$N，$F_A=780$N；

（5）7309AC轴承：$F_R=1000$N，$F_A=1650$N。

12-2 图12-33所示为用两个深沟球轴承支承的轴，采用两端固定支承。已知轴的转速$n=1000$r/min，轴颈直径$d=40$mm，载荷平稳，温度低于100℃，预期寿命为5000h，两支点的径向反力$F_{R1}=4000$N，

$F_{R2}=2000N$，外部轴向力 $F_x=1500N$，方向如图所示。试选择这对轴承的型号。

12-3 图 12-34 所示的轴用一对 7207AC 轴承支承。已知：支点处的径向反力 $F_{R1}=875N$，$F_{R2}=1520N$，外部轴向力 $F_x=400N$，轴的转速 $n=520r/min$，运转中有中等冲击，常温下工作，试计算轴承的寿命。

12-4 锥齿轮减速器的输入轴由一对代号为 30205 的圆锥滚子轴承支承，尺寸如图 12-35 所示。已知齿轮齿宽中点处的分度圆直径 $d_m=56mm$，齿轮的切向力 $F_t=1240N$，径向力 $F_r=400N$，轴向力 $F_x=240N$。试计算轴承的当量动载荷。

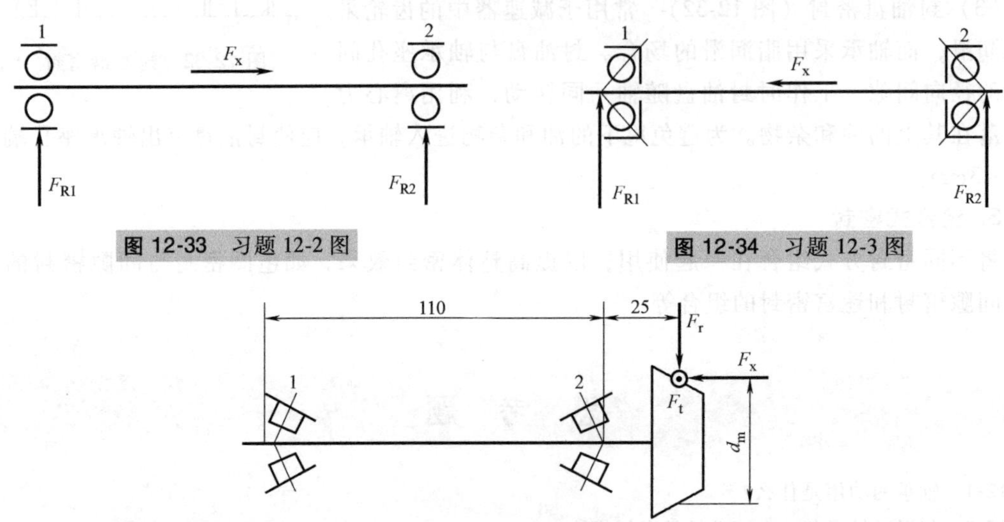

图 12-33 习题 12-2 图

图 12-34 习题 12-3 图

图 12-35 习题 12-4 图

12-5 如图 12-36 所示，某轴上安装有两个斜齿圆柱齿轮，两齿轮的轴向力分别为 $F_{x1}=3000N$、$F_{x2}=5000N$。已求出两轴承所受径向载荷分别为 $F_{R1}=8600N$、$F_{R2}=12500N$，若选一对 7210B 轴承支承该轴，哪个轴承的寿命短？

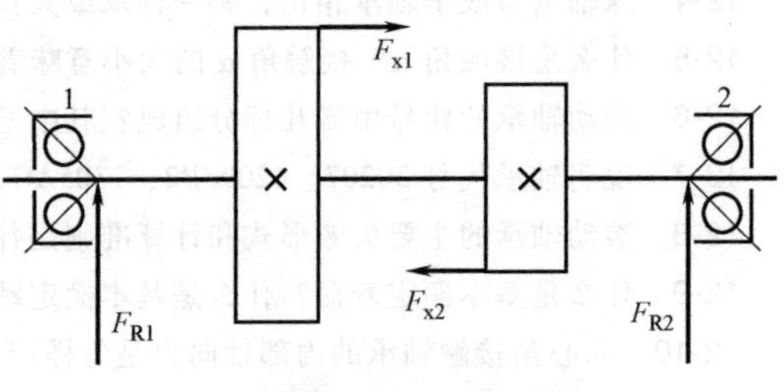

图 12-36 习题 12-5 图

12-6 指出轴系结构图中的错误，错误处依次用 1、2、3…标出，然后说明理由。

12-7 指出轴系结构图中的错误，说明原因，并画出正确的轴系结构图。

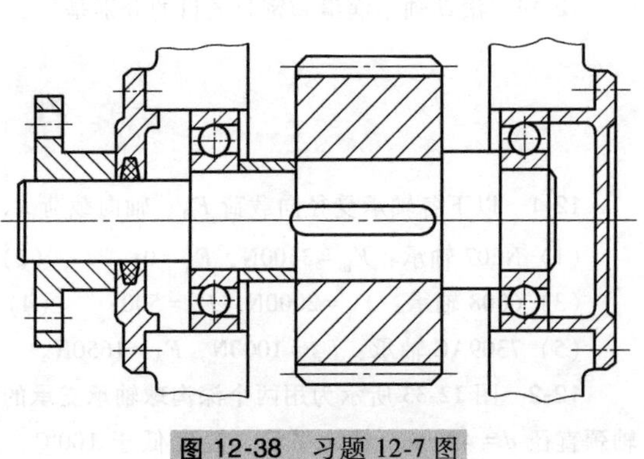

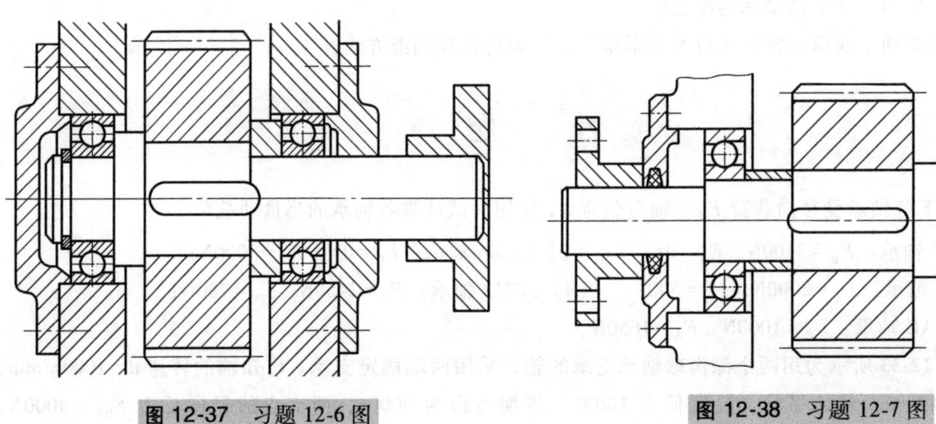

图 12-37 习题 12-6 图

图 12-38 习题 12-7 图

13 第十三章 滑动轴承

第一节 概 述

在滑动摩擦下运转的轴承称为滑动轴承，其最基本的结构要素是轴瓦和轴颈。

一、滑动轴承的分类

滑动轴承按其润滑状态可以分为液体润滑轴承和非液体润滑轴承两类。

（1）液体润滑轴承 轴承中，轴颈和轴承的工作表面被一层润滑油膜隔开，两零件之间不直接接触，轴承的阻力只是润滑油分子之间的摩擦，所以摩擦因数很小，一般仅为0.001~0.008。这种轴承的寿命长、效率高。但是制造精度要求也高，并需要在一定的条件下才能实现液体润滑。

（2）非液体润滑轴承 轴承的轴颈与轴承工作表面之间虽有润滑油的存在，但表面的微观凸峰仍会直接接触。因此摩擦因数较大，一般为0.1~0.3，容易磨损。但结构简单，对制造精度和工作条件的要求不高。

按照轴承承受的载荷方向不同分为：①径向滑动轴承，主要承受径向载荷；②止推滑动轴承，主要承受轴向载荷。

二、滑动轴承的特点及应用

滑动轴承的主要优点是：①承载能力高；②结构简单，制造、加工、拆装方便；③具有良好的耐冲击性和良好的吸振性能，运转平稳，旋转精度高。主要缺点是：①维护复杂，对润滑条件要求较高；②非液体润滑轴承，摩擦磨损较大。

在机械中，虽然广泛采用滚动轴承，但在高速、高精度、重载、结构上要求剖分等场合下，滑动轴承就体现出它的优异性能，因而在汽轮机、离心式压缩机、内燃机、大型发电机中多采用滑动轴承。此外，在低速而带有冲击的机器中，如水泥搅拌机、滚筒清砂机、破碎机等也多采用滑动轴承。

第二节 滑动轴承的结构

滑动轴承的结构与其摩擦状态、承受载荷的方向、制造安装方法等有关，一般由轴承座

(壳体)、轴瓦（轴套)、润滑和密封装置组成。许多常用的滑动轴承，其结构尺寸已经标准化，可根据工作条件和使用要求从有关手册中合理选用。下面介绍几种典型的结构。

一、径向滑动轴承

径向滑动轴承主要用来承受径向载荷。常用的结构形式主要有以下几种：

(1) 整体式轴承 图 13-1 所示为在机器的机架上直接镗出孔，孔内镶入轴套的整体式轴承。图 13-2 所示为和机架分离的整体式轴承。它由轴承座 1、轴套 2、骑缝螺钉 3 组成。轴承座上设有螺栓孔，用螺栓与机架连接，顶部有用于安装油杯的螺纹孔。

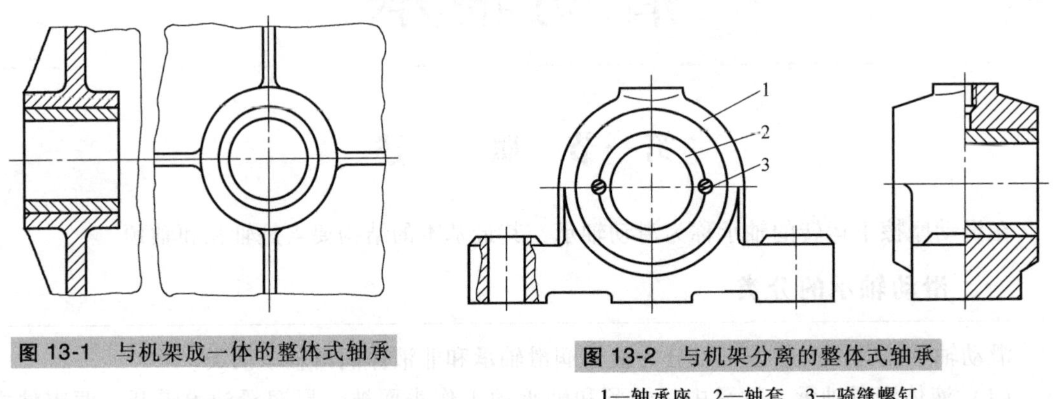

图 13-1 与机架成一体的整体式轴承

图 13-2 与机架分离的整体式轴承

1—轴承座 2—轴套 3—骑缝螺钉

整体式轴承结构简单、成本低廉，但轴套磨损后轴颈与轴套的间隙无法调整。由于这种轴承必须从轴端部装入或取出，装拆很不方便。因此，整体式轴承一般用于低速、轻载或间歇工作的简单机械中。

(2) 剖分式轴承 图 13-3 所示的剖分式轴承由轴承座 1、轴承盖 3、轴瓦 2 组成，并用螺栓将轴承座和轴承盖连接固定起来。轴承盖顶部的螺纹孔用于安装油杯。

轴承座和轴承盖的剖分面常做出止口，以便安装时进行定位，防止工作时错动。在剖分面间可装调整垫片，用以调整轴颈与轴瓦间由于磨损而变化的间隙。

剖分面通常布置在水平方向。径向载荷的方向与剖分面垂线的夹角一般不得大于 35°，否则应采用 45°倾斜剖分式轴承，如图 13-4 所示。

剖分式轴承装拆和修理方便，轴瓦磨损后除了通过减少垫片来调整间隙外，还可修刮轴瓦内孔，因此使用比较广泛。

(3) 调隙式轴承 为了调整轴承间隙，可采用调隙式轴承。图 13-5 所示为这种轴承的一种结构。它是在外表面为圆锥面的轴套 1 上开一个缝，另在圆周上开三条槽，轴套两端各装一个调节螺母 3、5。松开螺母 5，拧紧螺母 3 时，轴套由锥形大端移向小端，轴承间隙变小；反之，则间隙加大。其缺点是轴承受力时内表面会变形。这种轴承常用在一般用途的机床主轴上。

(4) 调心式轴承 当轴承宽度 B 与轴颈直径 d 的比值（即宽径比）$B/d>1.5$ 时，或轴的弯曲变形、安装误差较大时，很难保证轴颈与轴承孔的轴心线重合。轴颈偏斜使其与轴承的端部发生局部接触，如图 13-6 所示，造成载荷集中，轴承很快磨损，降低使用寿命。为此，可使用图 13-7 所示的调心式轴承。

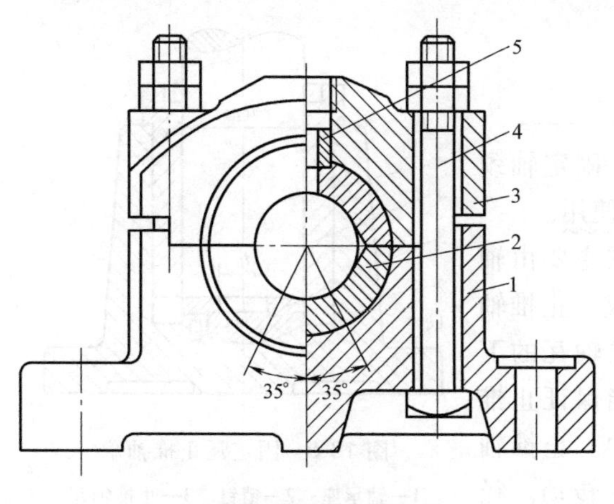

图 13-3　剖分式轴承

1—轴承座　2—轴瓦　3—轴承盖
4—连接螺栓　5—套筒

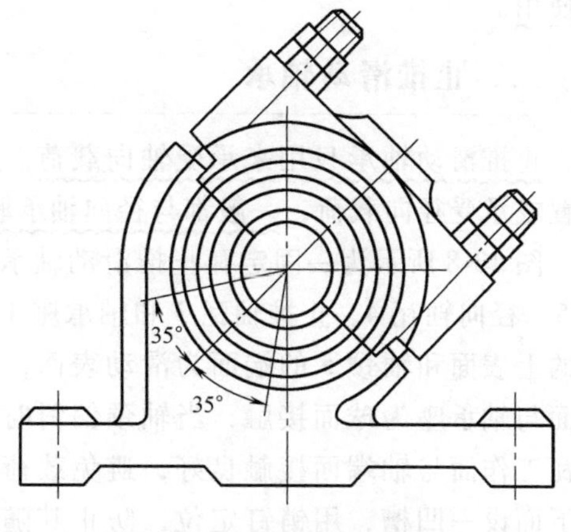

图 13-4　倾斜剖分式轴承

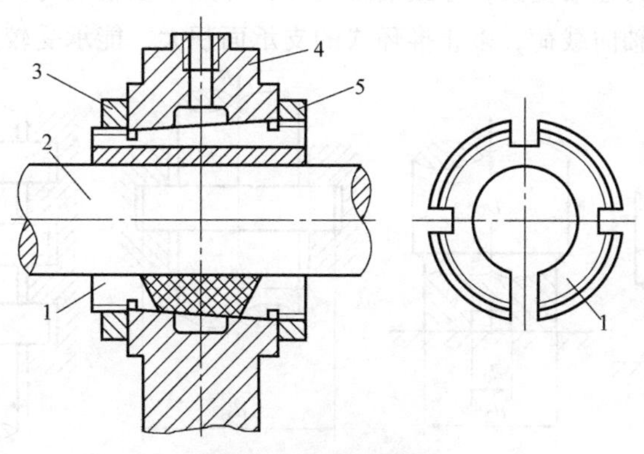

图 13-5　调隙式轴承

1—轴套　2—轴　3、5—调节螺母　4—轴承座

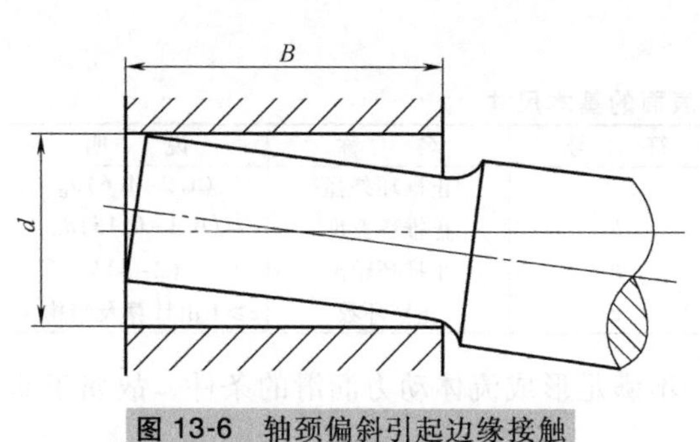

图 13-6　轴颈偏斜引起边缘接触

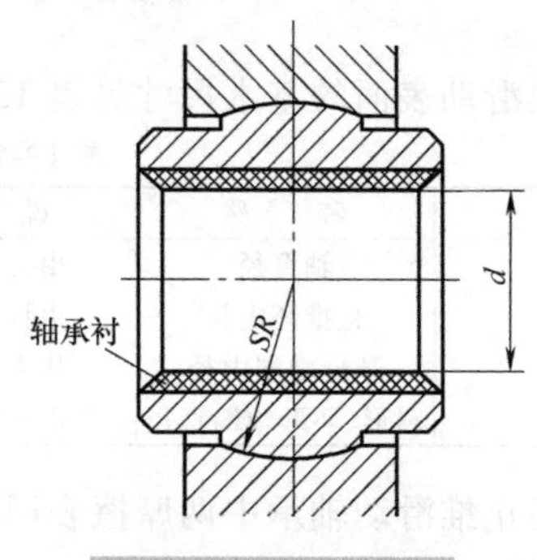

图 13-7　调心式轴承

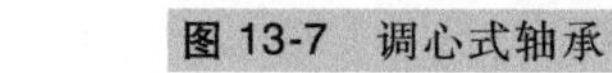

调心式轴承又称自位轴承。其轴套外表面制成球面，与轴承盖及轴承座的球形内表面相配合，球面中心位于轴颈轴线上，轴瓦可自动调位，以适应轴颈的偏斜。调心式轴承必须成

对使用。

二、止推滑动轴承

止推滑动轴承只用来承受轴向载荷。为了固定轴颈位置或承受径向载荷，一般都与径向轴承联合使用。

图 13-8 所示为一固定瓦止推滑动轴承，它主要由轴颈 5、径向轴瓦 4、止推轴瓦 3 和轴承座 1 组成。止推轴瓦的上表面和轴颈 5 的端面为滑动表面，止推轴瓦的下表面与轴承座为球面接触，当轴颈偏斜时，能保证止推轴瓦工作面与轴端面接触良好，避免载荷集中。止推轴瓦下面设一凹槽，用销钉定位，防止其随轴颈转动。径向轴瓦用作轴的径向支承。

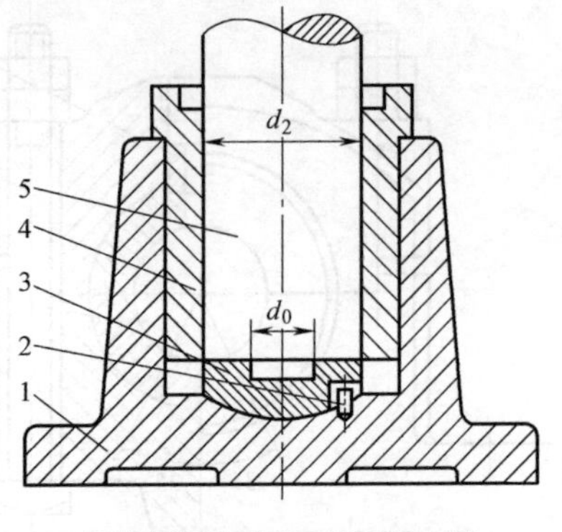

图 13-8 固定瓦止推轴承

1—轴承座 2—销钉 3—止推轴瓦 4—径向轴瓦 5—轴颈

轴颈上止推滑动表面的基本结构形式如图 13-9 所示。当轴端为圆形平面时，由于工作中滑动速度与半径成正比，圆的中心处滑动速度为零，造成磨损不均匀，使中心处压力逐渐变大，导致油膜破坏；环形平面轴端可以克服上述缺点；止推环式滑动表面可承受双向轴向载荷，多止推环式的支承面积大，能承受较大的轴向载荷。

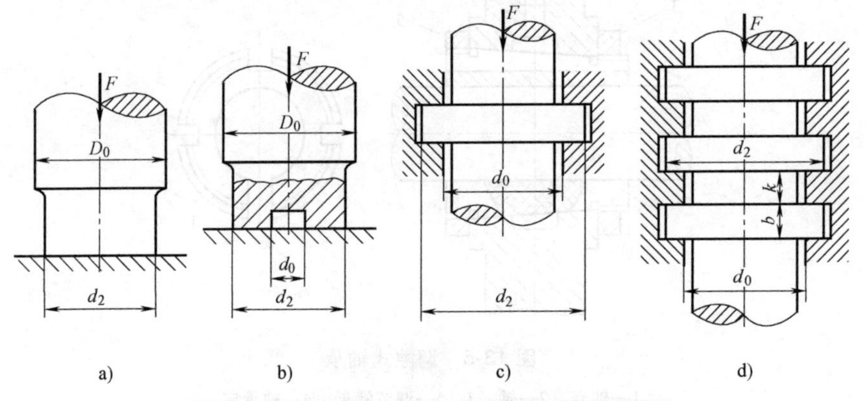

图 13-9 轴颈上止推滑动表面的基本结构形式

a）圆形轴端 b）环形轴端 c）单止推环式 d）多止推环式

止推滑动表面的基本尺寸见表 13-1。

表 13-1 止推滑动表面的基本尺寸

符 号	名 称	说 明	符 号	名 称	说 明
D_0	轴直径	由计算决定		止推环外径	$(1.2\sim1.6)d_0$
d_0	止推环内径	由计算决定	b	止推环宽度	$(0.1\sim0.15)d_0$
	环形轴端内径	$(0.4\sim0.6)d_2$	k	止推环距离	$(2\sim3)b$
d_2	圆形、环形轴端直径	由计算决定	z	止推环数	$z\geqslant1$ 由计算及结构定

上述止推滑动轴承中两摩擦表面相互平行，不满足形成流体动力润滑的条件，故属于非液体润滑轴承。

三、轴瓦

轴瓦是轴承中与轴颈直接接触的重要部分，其结构设计是否合理对轴承性能影响很大。

轴瓦也分为整体式（又称轴套）和剖分式两种。

轴套的结构如图 13-10 所示。光滑轴套（图 13-10a）的构造简单，用于轻载、低速或不经常转动和不重要的场合；带纵向油槽的轴套（图 13-10b、c），便于向工作面供油，故应用比较广泛；端部有凸缘的轴套（图 13-10c），其凸缘表面可作为止推滑动轴承的承载面。

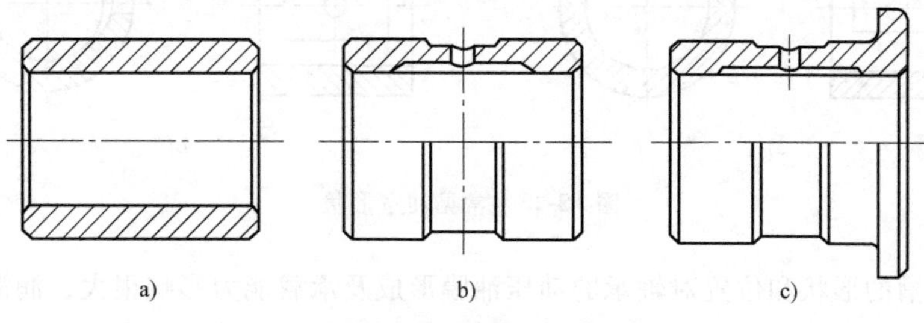

图 13-10 轴套的结构

为保证轴套在座孔中不游动，孔和套之间可采用过盈配合。若载荷不稳定，还可用紧定螺钉或销钉固定轴套。

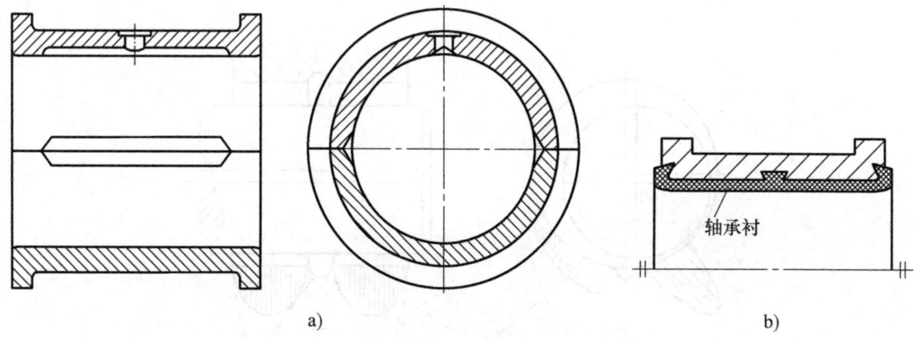

图 13-11 剖分式轴瓦的结构

剖分式轴瓦的结构如图 13-11a 所示，它由两半瓦组成，通常由半个瓦承载。

为节省减摩材料和满足多方面要求，常将轴瓦制成双金属或三金属结构（图 13-11b），以钢、铸铁或青铜作瓦背，在其内表面浇注一层或两层很薄的减摩材料（如锡锑合金），称为轴承衬。轴瓦两端的凸缘用作轴向定位，防止沿轴向移动。

为了润滑轴承的工作表面，一般都在轴瓦上开设油孔、油槽和油室。油孔用来供应润滑油，油槽用来输送和分布润滑油，而油室既可使润滑油沿轴向均匀分布，兼有储油和稳定供油的作用。图 13-12 所示为几种常见的油孔和油槽。图 13-13 所示为常见油室形状。

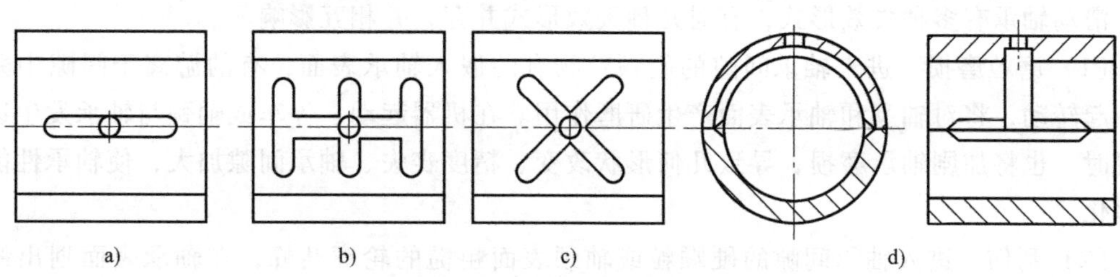

图 13-12 几种常见的油孔和油槽

轴向油槽不应开通，其长度可为轴瓦宽度的4/5，以防止润滑油从端部大量流失。轴向油槽也可开在轴瓦剖分面上（图13-12d）。

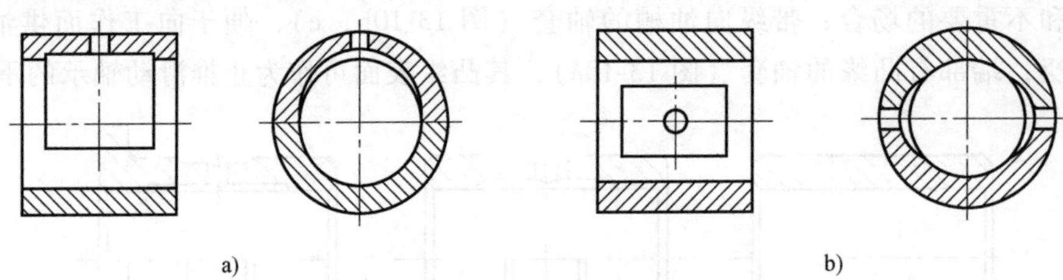

图13-13　常见油室形状

油孔、油槽的形状和位置对轴承的动压油膜形成及承载能力影响很大，润滑油应从压力最小的地方输入轴承。对于非液体润滑轴承，应使油槽尽量延伸到最大压力区附近，以便向承载区充分供油。对于液体润滑轴承，油孔和油槽应开在非承载区的最大间隙处附近，不允许安排在油膜承载区内，否则会破坏油膜的连续，降低承载能力。如图13-14所示，图中的虚线为承载区内无油槽时油膜压力的分布情况，实线是承载区开设油槽后的油膜压力分布情况。

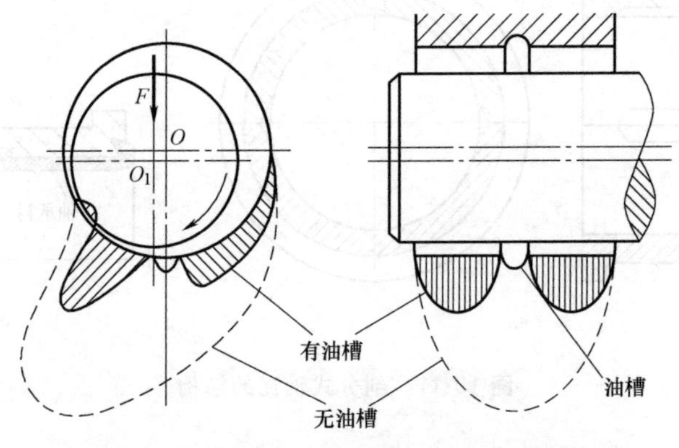

图13-14　不正确的油槽布置降低油膜承载能力

第三节　滑动轴承的失效形式及材料

一、滑动轴承的失效形式

滑动轴承有多种失效形式，有时几种失效形式并存，并相互影响。

（1）磨粒磨损　进入轴承间隙的硬颗粒物有的嵌入轴承表面，有的游离于间隙中并随轴一起转动，将对轴颈和轴承表面产生研磨作用。在机器起动、停车或轴颈与轴承发生边缘接触时，也将加剧轴承磨损，导致几何形状改变、精度丧失、轴承间隙加大，使轴承性能急剧恶化。

（2）刮伤　进入轴承间隙的硬颗粒或轴颈表面粗糙的轮廓凸峰，在轴承表面划出线状伤痕，导致轴承因刮伤而失效。

(3) 胶合（也称为烧瓦） 当轴承温升过高，载荷过大，油膜破裂时，或在润滑油供应不足的条件下，轴颈和轴承相对运动表面的材料发生粘着和迁移，从而造成轴承损伤，有时甚至可能导致相对运动的终止。

(4) 疲劳剥落 在载荷反复作用下，轴承表面出现与滑动方向垂直的疲劳裂纹，当裂纹向轴承衬与衬背接合面扩展后，造成轴承衬材料的剥落。

(5) 腐蚀 润滑剂在使用中不断氧化，所生成的酸性物质对轴承材料有腐蚀性。

由于工作条件不同，滑动轴承还可出现气蚀、流体侵蚀、电侵蚀和微动磨损等损伤。表13-2所列为从美国、英国和日本三家汽车厂统计的汽车用滑动轴承故障原因的平均比率，从表13-2来看，因不干净或由异物进入而导致故障的比率较大，占38.3%。

表13-2 汽车用滑动轴承故障原因的平均比率

故障原因	不干净	润滑油不足	安装误差	对中不良	超载	腐蚀	制造精度低	气蚀	其 他
比率(%)	38.3	11.1	15.9	8.1	6.0	5.6	5.5	2.8	6.7

二、对轴承材料性能的要求

轴瓦与轴承衬的材料统称为轴承材料。针对以上所述的失效形式，轴承材料性能应满足以下要求：

1) 良好的减摩性、耐磨性和抗胶合性。减摩性是指材料副具有低的摩擦系数。耐磨性是指材料的抗磨损性能。抗胶合性是指材料的耐热性和抗粘着性。

2) 良好的摩擦顺应性、嵌入性和磨合性。摩擦顺应性是指材料通过表层弹塑性变形来补偿轴承滑动表面初始配合不良的能力。嵌入性是指材料容纳硬质颗粒嵌入，从而减轻轴承滑动表面发生刮伤或磨粒磨损的性能。磨合性是指轴瓦与轴颈表面经过短期轻载运转后，易于形成相互吻合的表面粗糙度。

3) 足够的强度和抗腐蚀能力。

4) 良好的导热性、工艺性、经济性等。

应该指出的是，没有一种轴承材料全面具备上述性能，因而必须根据各种具体情况，针对其主要的要求选用适宜的材料。较常见的是制成双层金属的轴瓦，以便性能上取长补短。

三、常用的轴承材料

轴承材料可以分为三大类：①金属材料，如轴承合金、铜合金、铝基合金和铸铁等；②多孔质金属材料；③非金属材料，如工程塑料、碳-石墨等。

常用轴承材料简介如下。

1. 轴承合金（通称巴氏合金或白合金）

轴承合金是锡、铅、锑、铜的合金，它以锡或铅作为基体，其内含有锑锡（Sb-Sn）或铜锡（Cu-Sn）的硬晶粒。硬晶粒起抗磨作用，软基体则增加材料的塑性。轴承合金的弹性模量和弹性极限都很低，在所有轴承材料中，它的嵌入性及摩擦顺应性最好，很容易和轴颈磨合，而且不易与轴颈发生胶合。但轴承合金的强度很低，不能单独制作轴瓦，只能贴附在青铜、钢或铸铁轴瓦上作为轴承衬材料。轴承合金适用于重载、中高速场合，价格较贵。

2. 铜合金

铜合金具有较高的强度，较好的减摩性和耐磨性。由于青铜的减摩性和耐磨性比黄铜好，故青铜是最常用的材料。青铜有锡青铜、铅青铜和铝青铜等几种，其中锡青铜的减摩性和耐磨性最好，应用广泛。但锡青铜比轴承合金硬度高，磨合性及嵌入性差，适用于重载及中速场合。铅青铜抗胶合能力强，适用于高速、重载轴承。铝青铜的强度及硬度较高，抗胶合能力较差，适用于低速、重载轴承。在一般机械中，约有50%的滑动轴承采用青铜材料。

3. 铝基轴承合金

铝基轴承合金已得到广泛的应用。它有相当好的耐蚀性和较高的疲劳强度，摩擦性也较好。这些品质使铝基轴承合金在部分领域取代了较贵的轴承合金和青铜。铝基轴承合金可以制成单金属零件（如轴套、轴承等），也可以作为轴承衬材料制成双金属轴瓦。

4. 灰铸铁和耐磨铸铁

普通灰铸铁或加有镍、铬、钛等合金成分的耐磨灰铸铁，或球墨铸铁，都可以用作轴承材料。这类材料中的片状或球状石墨在材料表面上覆盖后，可以形成一层起润滑作用的石墨层，故具有一定的减摩性和耐磨性。此外石墨能吸附碳氢化合物，有助于提高边界润滑性能，故采用灰铸铁作轴承材料时应加润滑油。由于铸铁性脆、磨合性能差，故只适用于轻载、低速和不受冲击载荷的场合。

5. 多孔质金属材料

这是由金属粉与石墨粉经压制、烧结而成的轴承材料。这种材料是多孔结构，孔隙占体积的10%~35%。使用前先把轴瓦在加热的油中浸渍数小时，使孔隙中充满润滑油，因而通常把用这种材料制成的轴承称为含油轴承。它具有自润滑性。工作时，由于轴颈转动的抽吸作用及轴承发热时油的膨胀作用，油便从孔隙中溢出进入摩擦表面间起润滑作用；不工作时，因毛细管作用，油又被吸回到孔隙中，故在相当长的时间内，即使不加润滑油仍能很好地工作。但由于其韧性较小，宜用于平稳、无冲击载荷及中低速场合。常用的有多孔质铁和多孔质青铜材料。多孔质铁材料常用来制作磨粉机轴套、机床油泵衬套、内燃机凸轮轴衬套等，多孔质青铜材料常用来制作电唱机、电风扇、纺织机械及汽车发电机的轴承。

6. 非金属材料

非金属材料中应用最广的是各种塑料，如酚醛树脂、尼龙、聚四氟乙烯等。塑料的特性是与许多化学物质不起反应，抗腐蚀性好。

碳-石墨是电动机电刷的常用材料，也是不良环境中的轴承材料。碳-石墨是由不同量的碳和石墨构成的人造材料，石墨含量越多，材料越软，摩擦因数越小。

橡胶主要用于以水作润滑剂或环境较脏污之处。橡胶轴承内壁上带有纵向沟槽，便于润滑剂的流通、加强冷却效果并冲走脏物。

木材具有多孔质结构，可用填充剂来改善其性能。填充聚合物能提高木材的尺寸稳定性和减少吸湿量，并能提高强度。采用木材（以溶于润滑油的聚乙烯作填充剂）制成的轴承，可在灰尘极多的条件下工作，例如用作建筑、农业中使用的带式输送机支承滚子的滑动轴承。

常用轴承材料的牌号、性能和应用见表13-3。

表 13-3 常用轴承材料的牌号、性能和应用

名称	代号	最大许用值			最高工作温度/℃	轴颈硬度(HBW)	应用范围
		[p]/MPa	[v]/$m \cdot s^{-1}$	[pv]/$MPa \cdot m \cdot s^{-1}$			
锡基轴承合金	ZSnSb11Cu6	平稳载荷			150	130~170	用于高速、重载下工作的重要轴承。变载荷下易于疲劳，价高
		25	80	20			
	ZSnSb8Cu4	冲击载荷					
		20	60	15			
铅基轴承合金	ZPbSb16Sn16Cu2	15	12	10	150	150	用于中速、中等载荷的轴承，不宜受显著的冲击载荷。可作为锡锑合金的代用品
	ZPbSb15Sn5Cu3Cd2	5	8	5			
锡青铜	ZCuSn10P1	15	10	15	280	300~400	用于中速、重载及承受变载荷的轴承
	ZCuSn5Pb5Zn5	8	3	15			用于中速、中等载荷的轴承
铅青铜	ZCuPb30	25	12	30	250~280	300	用于高速、重载轴承，能承受变载荷和冲击载荷
黄铜	ZCuZn16Si4	12	2	10	200	200	用于低速、中等载荷的轴承
	ZCuZn38Mn2Pb2	10	1	10	200	200	
铝基轴承合金	AlSn20Cu AlSi4Cd	28~35	14				用于高速、中载的变载荷轴承
灰铸铁	HT150 HT200 HT250	1~4	0.5~2		150	200~230	用于低速、轻载的不重要轴承。价廉、需良好对中

第四节 滑动轴承的润滑

一、润滑剂的选择

滑动轴承常用的润滑剂是润滑油和润滑脂，有的特殊场合用固体或气体作润滑剂。

1. 润滑油的选择

选择轴承用润滑油的主要依据是油的黏度。轴承转速高、压力小、温度低时，油的黏度应低一些；反之，黏度应高一些。

参照表 13-4、表 13-5，根据轴承的压强、轴颈圆周速度及工作温度确定油的牌号。

表 13-4 轻、中载荷滑动轴承用油选择

轴颈的圆周速度/$m \cdot s^{-1}$	工作温度(10~60℃)			
	$p \leqslant 3MPa$			
	润滑方式	黏度	适用油	
		$\nu_{40℃}/mm^2 \cdot s^{-1}$	名称	牌号
>9	压力、油浴	5~22	F组主轴轴承和有关离合器用油	L-FD7、L-FD10、L-FD15、L-FD22

（续）

轴颈的圆周速度 /m·s^{-1}	工作温度（10~60℃） p≤3MPa			
	润滑方式	黏度 $\nu_{40℃}$/mm^2·s^{-1}	适用油 名称	牌号
5~9	压力、油杯	15~46	F组主轴轴承和有关离合器用油、汽轮机油	L-FD15、L-FD22、L-FD32、L-FD46、L-TSA32、L-TSA46
2.5~5	压力、油浴、油杯、滴油	40~60	F组主轴轴承和有关离合器用油、汽轮机油	L-FD32、L-FD46、L-TSA46
1.0~2.5	压力、油浴、油环、滴油	40~75	F组主轴轴承和有关离合器用油、液压油	L-FD46、L-FD68、L-HL46
0.3~1.0	压力、油浴、油环、滴油	46~75	F组主轴轴承和有关离合器用油、液压油	L-FD46、L-FD68、L-HL68
0.1~0.3	压力、油浴、油环、滴油	65~120	F组主轴轴承和有关离合器用油、工业齿轮用油	L-FD68、L-FD100、L-CKC100
<0.1	压力、油浴、油环、滴油	85~180	F组主轴轴承和有关离合器用油、工业齿轮用油	L-FD100、L-FD150、L-CKC100、L-CKC150

表 13-5　中、重载荷滑动轴承用油选择

轴颈的圆周速度 /m·s^{-1}	工作温度（10~60℃） p=3.0~7.5MPa			
	润滑方式	黏度 $\nu_{40℃}$/mm^2·s^{-1}	适用油 名称	牌号
2.0~1.2	压力、油浴、油环、滴油	65~90	F组主轴轴承和有关离合器用油	L-FD68、L-FD100
1.2~0.6	压力、油浴、油环、滴油	65~120	F组主轴轴承和有关离合器用油、工业齿轮用油	L-FD68、L-FD100、L-FD150、L-CKC68、L-CKC100
0.6~0.3	压力、油浴、油环、滴油	110~120	F组主轴轴承和有关离合器用油、工业齿轮用油	L-FD100、L-FD150、L-CKC100
0.3~0.1	压力、油浴、油环、滴油	115~180	F组主轴轴承和有关离合器用油、工业齿轮用油	L-FD150、L-CKC100 L-CKC150
<0.1	压力、油浴、油环、滴油	130~220	F组主轴轴承和有关离合器用油、工业齿轮用油	L-FD150、L-CKC150、L-CKC220

润滑油黏度的选择可根据经验或实验方法确定。实验时，同一机器，在相同的条件下工作，功耗小、温升低的润滑油，其黏度大小较合适。

2. 润滑脂的选择

选择轴承用润滑脂的主要依据是其锥入度。当压力高和滑动速度低时，选择锥入度小的润滑脂；反之，选择锥入度大的润滑脂。

选择润滑脂时注意：所用润滑脂的滴点一般应较轴承的工作温度高20~30℃，以免工作时润滑脂液化导致过多地流失。

润滑脂通常用于轴颈圆周速度 v<1~2m/s 的场合。

可根据轴承的压强、轴颈圆周速度及工作温度选用，参照表 13-6。

表 13-6 滑动轴承润滑脂的选用

压强 p/MPa	圆周速度 v/m·s^{-1}	工作温度/℃	建议选用的牌号
≤1.0	≤1.0	75	钙基润滑脂 ZG-3
1.0~6.5	0.5~5	55	钙基润滑脂 ZG-2
1.0~6.5	≤0.1	−20~120	通用锂基润滑脂 1 号、2 号、3 号
≤6.5	0.5~5	−10~110	钠基润滑脂 2 号
>6.5	≤0.5	75	钙基润滑脂 ZG-3
>6.5	≤0.5	80~100	钙钠基润滑脂 ZGN-1

3. 其他润滑剂

（1）固体润滑剂 常用的有二硫化钼、碳-石墨、聚四氟乙烯等。用于有特殊要求（如要求环境清洁、真空或高温等）的场合。

固体润滑剂的使用方法一般有三种：涂敷、粘结或烧结在轴瓦表面；调配到润滑油和润滑脂中使用；渗入轴承材料中或成形后镶嵌在轴承中使用。

（2）水 主要用于橡胶轴承或塑料轴承。

（3）液态金属润滑剂 如液态钠、钾、锂等，主要用于宇航器中的某些轴承。

（4）气体润滑剂 主要是空气，只适用于轻载、高速轴承。

二、润滑方法

当润滑剂选定后，还需要采用适当的方法及装置将其送入润滑部位。常用润滑方法如图13-15 所示，其特点见表 13-7。滑动轴承的润滑方法也可根据系数 K 选定，见表13-8。系数

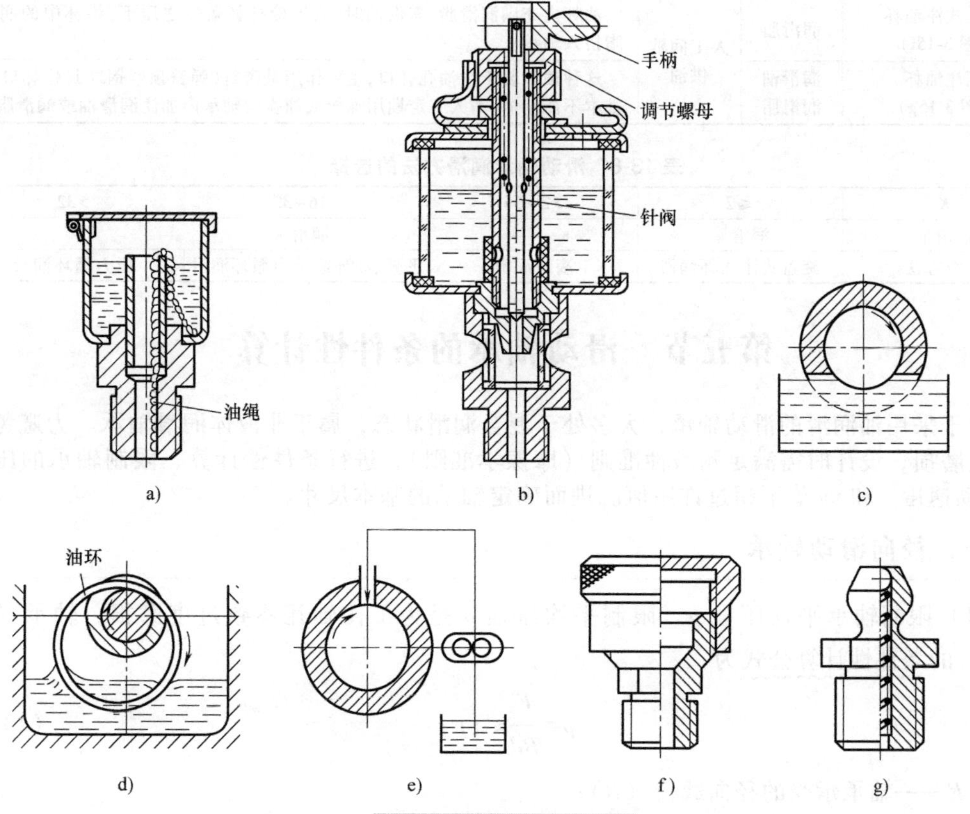

图 13-15 常用润滑方法

K 的计算式为

$$K=\sqrt{pv^3}$$
$$p=F/Bd \qquad (13\text{-}1)$$

式中 p——轴承压强（MPa）；

F——轴承所受的径向载荷（N）；

B——轴承的有效宽度（mm）；

d——轴颈直径（mm）；

v——轴颈的圆周速度（m/s）。

表 13-7 常用润滑方法及其特点

润滑方法		适用润滑剂	供油方式	说明及特点
滴油润滑	油绳式油杯（图 3-15a）	润滑油	自动连续供油	利用油的重力向轴承中连续滴油，供油量小，且需定期向油杯中加油。主要用于速度不高的轻、中载轴承。 油绳式油杯不易调节供油量，且不工作时也滴油，造成无用的消耗。 针阀式油杯的供油量可调，不工作时放倒手柄，关闭针阀，以停止供油。
	针阀式油杯（图 3-15b）			
油浴飞溅润滑（图 3-15c）				利用浸入油中的旋转零件造成油的飞溅，油直接溅入轴承或汇集到油沟中流入轴承。适用于中速、中载及变载轴承。
油环润滑（图 3-15d）				套在轴颈上的油环下部浸在油中，借助摩擦力随轴转动，把油带上来对轴承进行润滑。供油充分、可靠，适用于连续运转、水平放置的轴承。
压力循环润滑（图 3-15e）				利用油泵压力循环供油，油压、油量可调，供油充分。用于高速、精密、重载轴承。
旋盖式注油杯（图 3-15f）		润滑脂	人工间歇供油	油杯内充满润滑脂，需供油时，人工旋拧杯盖使之压下，将杯中的润滑脂挤入轴承。
压注油杯（图 3-15g）		润滑油 润滑脂		这种油杯装于注油孔孔口，主要作用是密封（弹簧顶紧钢球封住杯口），基本不能储油，需人工定期用油枪或油壶向轴承内加注润滑油或润滑脂。

表 13-8 滑动轴承润滑方法的选择

K	≤2	>2~16	>16~32	>32
润滑剂	润滑脂	润滑油		
润滑方法	旋盖式注油杯润滑	滴油润滑	飞溅、油环或压力循环润滑	压力循环润滑

第五节 滑动轴承的条件性计算

对于采用油润滑的滑动轴承，大多处于混合润滑状态，属于非液体润滑轴承。为避免产生过度磨损，设计时需满足耐磨性准则（摩擦学准则），进行条件性计算，限制轴承的压强 p、滑动速度 v 和 pv 值不超过许用值。进而确定轴承的基本尺寸。

一、径向滑动轴承

（1）限制轴承平均压强 p　限制平均压强 p 是为了使轴瓦不致过度磨损，轴承（图 13-16）的条件性计算公式为

$$p=\frac{F}{Bd}\leqslant[p] \qquad (13\text{-}2)$$

式中 F——轴承承受的径向载荷（N）；

B、d——轴承有效宽度和直径（mm）；

[p]——平均压强许用值（MPa），按表13-3选取。

（2）限制轴承 pv 值　pv 值反映单位面积上的摩擦功耗与发热。pv 值越高，轴承温升越高，容易引起边界膜的破裂。限制 pv 值就是防止轴承过热，其条件性计算公式为

$$pv=\frac{F}{Bd}\frac{\pi dn}{60\times1000}\approx\frac{Fn}{19100B}\leqslant[pv] \quad (13\text{-}3)$$

式中　n——轴颈转速（r/min）；

[pv]——轴承材料的许用值（MPa·m/s），按表13-3选取。

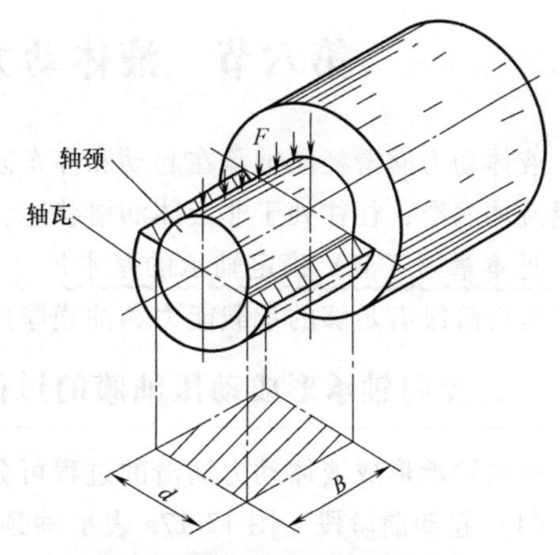

图13-16　径向滑动轴承条件性计算

（3）限制速度 v　当平均压强 p 较小时，即使 p 和 pv 都在许用范围内，也可能由于速度过快而加速磨损，因而要求

$$v=\frac{\pi dn}{60\times1000}\leqslant[v] \quad (13\text{-}4)$$

式中　[v]——速度许用值（m/s），可按表13-3选取。

二、止推滑动轴承

止推轴承的计算方法与径向轴承基本相同。

（1）限制平均压强 p　对于图13-9d所示的多止推环式止推滑动轴承，其条件性计算公式为

$$p=\frac{F}{\frac{\pi}{4}(d_2^2-d_0^2)\xi Z}\leqslant[p] \quad (13\text{-}5)$$

式中　d_2、d_0——止推轴承环形接触面的外径和内径（mm）；

ξ——考虑承载面积因油槽而减小的系数，通常取0.85~0.95；

Z——止推环数目；

[p]——压强许用值（MPa），如果 $Z=1$，可直接按表13-3选取；若 $Z>1$，则由于各环受力不均，[p] 应降低50%。

（2）限制 pv_m 值　对于多止推环式止推轴承，其条件性计算公式为

$$pv_m=\frac{F}{\frac{\pi}{4}(d_2^2-d_0^2)\xi Z}\frac{\pi d_m n}{60\times1000}\leqslant[pv_m] \quad (13\text{-}6)$$

式中　v_m——止推环平均直径处的圆周速度（m/s）；

d_m——止推环平均直径（mm），$d_m=\frac{d_2+d_0}{2}$；

$[pv_m]$——许用值，对多环止推轴承的 $[pv_m]$ 值，应比表13-3中的值降低50%。

第六节 液体动力润滑径向轴承的计算

液体动力润滑径向轴承在起动和停车阶段，轴的转速较低，动压油膜的压力较低，不能实现流体润滑，往往处于非液体润滑状态。为避免过度磨损，设计时，需首先通过条件性计算（见本章第五节）确定轴承的基本尺寸。之后，还需进行动力润滑计算，以保证轴承在稳定运行阶段有足够的承载能力和油膜厚度，可靠地实现流体润滑。

一、径向轴承形成动压油膜的过程

径向轴承形成液体动力润滑的过程可分为下述三个阶段。

（1）起动前阶段　图 13-17a 表示轴颈静止，处于轴承孔的最下方，在 e 点接触。由于轴承孔与轴颈间存在间隙，此时两表面间即形成一个楔形间隙，这是产生液体动力润滑的必备条件。

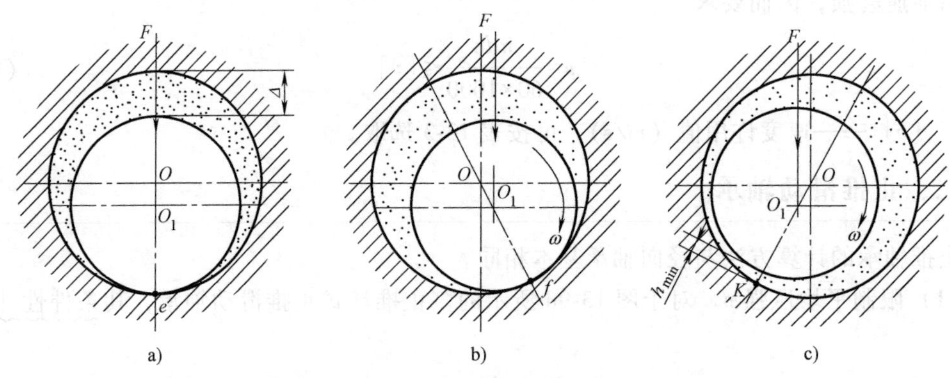

图 13-17　径向轴承形成液体润滑的过程

（2）起动阶段　如图 13-17b 所示，轴颈开始转动时因速度较低，带入轴承间隙中的油量较少，所以表面处于混合摩擦状态，轴颈在摩擦力作用下沿轴瓦内壁向上滚动而偏移。随着转速的不断上升，轴颈的带油量不断增加，摩擦表面间的液体摩擦面积逐渐增加，当增加到一定程度时，右侧的楔形油膜产生的动压力将轴颈向左上方托起。

（3）液体润滑阶段　图 13-17c 表示当达到某一转速时，摩擦面间的油膜压力足够高，使轴颈中心抬起并停留在某一平衡位置，轴承处于液体润滑稳定运行阶段。这时油膜中的压力与外载荷 F 相平衡。

二、液体动力润滑径向轴承的计算

1. 轴心位置与油膜厚度

轴颈旋转将润滑油带入收敛油楔而产生流体动压，油膜压力的合力与轴颈上的载荷 F 下相平衡，其平衡位置偏于一侧，如图 13-18 所示。

轴心 O_1 的平衡位置通过两个参数可以完全确定，即偏位角 θ 和偏心率 ε。偏位角 θ 为轴承与轴颈的连心线 OO_1 与载荷 F 的作用线之间的夹角。而偏心率 $\varepsilon=\dfrac{e}{\delta}$，这里，$e$ 为偏心距，δ 为半径间隙，$\delta=R-r$，R 为轴承孔半径，r 为轴颈半径。相对间隙 $\psi=\dfrac{\delta}{r}$。

由图 13-18 可知，油膜厚度 h 是位置角 φ 的函数，在 $\triangle OO_1M$ 中，根据余弦定理可得

$$R^2=e^2+(r+h)^2-2e(r+h)\cos\varphi$$

经整理后得 $r+h=e\cos\varphi+R$，任意 φ 角处的油膜厚度为

$$h\approx R-r+e\cos\varphi=\psi r(1+\varepsilon\cos\varphi) \tag{13-7}$$

同理可得油膜压力最大处 $\varphi=\varphi_0$ 的油膜厚度，即

$$h_0=\psi r(1+\varepsilon\cos\varphi_0) \tag{13-8}$$

式中　φ_0——最大油膜压力处的位置角。

最小油膜厚度（$\varphi=180°$位置）为

$$h_{\min}=\psi r(1-\varepsilon) \tag{13-9}$$

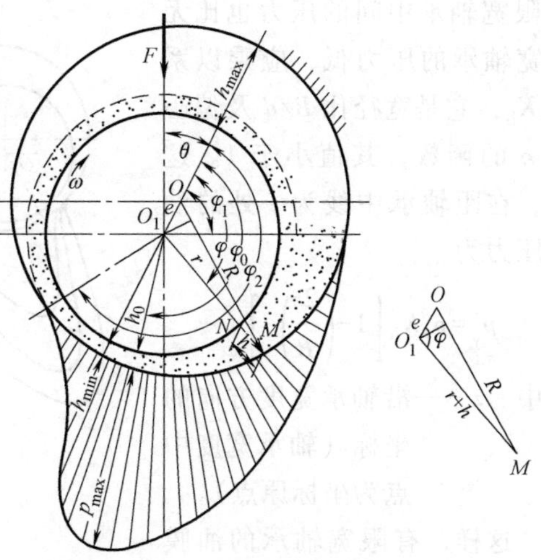

图 13-18　径向轴承工作时轴颈的位置和油膜压力分布

2. 承载量系数 C_F

假设轴承为无限宽，则可以不考虑润滑油沿轴向流动。表示油膜压力分布的雷诺方程用极坐标参数表达，将式（13-7）、式（13-8）及 $v=r\omega$、$dx=rd\varphi$ 代入式（3-3）得

$$dp=\frac{6\eta\omega}{\psi^2}\frac{\varepsilon(\cos\varphi-\cos\varphi_0)}{(1+\varepsilon\cos\varphi)^3}d\varphi \tag{13-10}$$

油膜具有压力的区域，起始于角 φ_1 而终止于角 φ_2，欲求任意角 φ 处的压力 p_φ，只需对式（13-10）进行积分，积分区域从 φ_1 到 φ，于是

$$p_\varphi=\int_{\varphi_1}^{\varphi}dp=\frac{6\eta\omega}{\psi^2}\int_{\varphi_1}^{\varphi}\frac{\varepsilon(\cos\varphi-\cos\varphi_0)}{(1+\varepsilon\cos\varphi)^3}d\varphi \tag{13-11}$$

作用在单位轴承宽度微弧 $rd\varphi$ 上的油膜压力为

$$p'_\varphi=p_\varphi rd\varphi$$

它在垂直方向（外载荷方向）上的分力为

$$p_{\varphi y}=p_\varphi\cos[\pi-(\theta+\varphi)]rd\varphi$$

所以，单位宽度上所有垂直分力的总和为

$$p_y=\int_{\varphi_1}^{\varphi_2}p_{\varphi y}d\varphi=\int_{\varphi_1}^{\varphi_2}\left[\int_{\varphi_1}^{\varphi}\frac{6\eta\omega}{\psi^2}\frac{\varepsilon(\cos\varphi-\cos\varphi_0)}{(1+\varepsilon\cos\varphi)^3}d\varphi\right][-\cos(\theta+\varphi)]rd\varphi$$

将 p_y 乘以轴承宽度 B，即可得到不考虑端泄的有限宽轴承的油膜承载力。实际上有限宽的轴承，润滑油会从轴承两端泄漏出去，从而影响了油膜压力沿宽度方向的分布。当计及端泄时，油膜压力沿宽度方向的分布为中部高、两端低，呈抛物线分布（图 13-19）。另外，

有限宽轴承中间的压力也比无限宽轴承的压力低，应乘以系数 K_b，它是宽径比 B/d 及偏心率 ε 的函数，其值小于 1。这样，在距轴承中线为 z 处的油膜压力为

$$p'_y = p_y K_b \left[1-\left(\frac{2z}{B}\right)^2\right]$$

式中 z——沿轴承宽度方向的坐标（轴承宽度中点为坐标原点）。

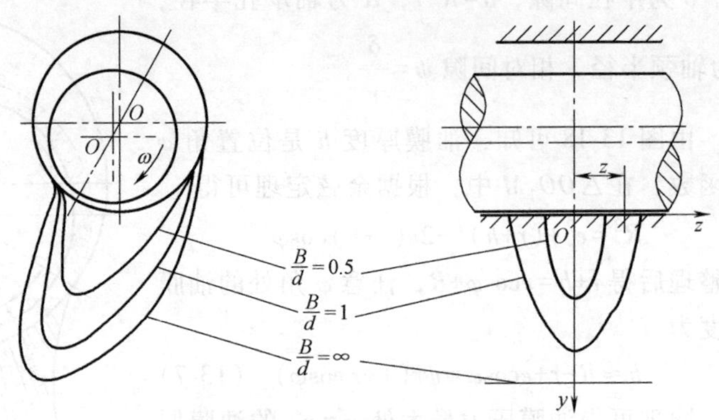

图 13-19 端泄对承载能力的影响

这样，有限宽轴承的油膜承载能力为

$$F = \int_{-B/2}^{+B/2} p'_y \mathrm{d}z = \frac{6\eta\omega r}{\psi^2}\int_{-B/2}^{+B/2}\int_{\varphi_1}^{\varphi_2}\int_{\varphi_1}^{\varphi}\left[\frac{\varepsilon(\cos\varphi-\cos\varphi_0)}{(1+\varepsilon\cos\varphi)^3}\mathrm{d}\varphi\right.$$

$$\left.\times[-\cos(\theta+\varphi)\mathrm{d}\varphi]K_b\left[1-\left(\frac{2z}{B}\right)^2\right]\mathrm{d}z \right. \tag{13-12}$$

令

$$C_F = 3\int_{-B/2}^{B/2}\int_{\varphi_1}^{\varphi_2}\int_{\varphi_1}^{\varphi}\frac{K_b}{B}\left[\frac{\varepsilon(\cos\varphi-\cos\varphi_0)}{(1+\varepsilon\cos\varphi)^3}\mathrm{d}\varphi\right]$$

$$\times[-\cos(\theta+\varphi)\mathrm{d}\varphi]\left[1-\left(\frac{2z}{B}\right)^2\right]\mathrm{d}z$$

所以

$$F=\frac{\eta\omega dB}{\psi^2}C_F \tag{13-13}$$

$$C_F=\frac{F\psi^2}{\eta\omega dB}=\frac{F\psi^2}{2\eta vB} \tag{13-14}$$

式中 C_F——承载量系数，量纲为 1。通常根据二维雷诺方程，用数值计算求出 C_F 值，其值与轴瓦包角 α、偏心率 ε 和宽径比 B/d 等参数有关。

由式（13-13）可知，已知尺寸的轴承，在给定 ε 的条件下，轴承的承载能力与润滑油黏度、轴颈转速成正比，与相对间隙的平方成反比。

为了便于设计，将 C_F 的数值计算结果制成表格或线图，表 13-9 所列为 180°轴承承载量系数 C_F，非 180°轴承可查阅有关资料。

从表 13-9 可以看到，C_F 随偏心率 ε 的增加而迅速增大。这时，相应的最小油膜厚度将减小。最小油膜厚度的极限值受两摩擦表面的表面粗糙度的限制。因此，提高加工精度，降低表面粗糙度值，可以增加轴承承载能力。

表 13-9 180°轴承承载量系数 C_F

$\frac{B}{d}$	ε													
	0.3	0.4	0.5	0.6	0.65	0.7	0.75	0.8	0.85	0.9	0.925	0.95	0.975	0.99
0.4	0.089	0.141	0.216	0.339	0.431	0.573	0.776	1.079	1.775	3.195	5.055	8.39	21.00	65.26
0.5	0.133	0.209	0.317	0.493	0.622	0.819	1.098	1.572	2.428	4.261	6.615	10.71	25.62	75.86
0.6	0.182	0.283	0.427	0.655	0.819	1.070	1.418	2.001	3.036	5.214	7.956	12.64	29.17	83.21
0.7	0.234	0.361	0.538	0.816	1.014	1.312	1.720	2.399	3.580	6.029	9.072	14.14	31.88	88.90
0.8	0.287	0.439	0.647	0.972	1.199	1.538	1.965	2.754	4.053	6.721	9.992	15.37	33.99	92.89
0.9	0.339	0.515	0.754	1.118	1.371	1.745	2.248	3.067	4.459	7.294	10.75	16.37	35.66	96.35
1.0	0.391	0.589	0.853	1.263	1.528	1.929	2.469	3.372	4.808	7.772	11.38	17.18	37.00	98.95
1.1	0.440	0.658	0.947	1.377	1.669	2.097	2.664	3.580	5.106	8.186	11.91	17.86	38.12	101.15
1.2	0.487	0.723	1.033	1.489	1.796	2.247	2.838	3.787	5.364	8.533	12.35	18.43	39.04	102.90
1.3	0.529	0.784	1.111	1.590	1.912	2.379	2.990	3.968	5.586	8.831	12.73	18.91	39.51	104.42
1.5	0.610	0.891	1.248	1.763	2.099	2.600	3.242	4.266	5.947	9.304	13.34	19.68	41.07	106.84
2.0	0.763	1.091	1.483	2.070	2.446	2.981	3.671	4.778	6.545	10.091	14.34	20.97	43.11	110.79

3. 热平衡计算

热平衡计算的目的是为了控制润滑油的温升和工作温度。轴承在液体摩擦状态下仍然存在着因液体内摩擦而造成的摩擦功耗，摩擦功将转化为热量，其一部分由流动的润滑油带走，另一部分则需通过轴承座而散发到四周空气中。当轴承单位时间内所产生的热量与散逸的热量相等时，轴承就处于热平衡状态。

热平衡状态的条件：轴承在单位时间内摩擦功耗所产生的热量应等于同时间内由润滑油带走的热量和经轴承散发的热量之和，即

$$P_{\mu}=\mu Fv=c_p\rho q_V\Delta t+\pi Bdh\Delta t' \tag{13-15}$$

式中 μ——轴承的摩擦因数；

F——轴承的径向载荷（N）；

v——轴颈的圆周速度（m/s）；

c_p——润滑油的比定压热容，一般为 1680~2100J/(kg·K)；

ρ——润滑油的密度，一般为 850~900kg/m^3；

q_V——润滑油的体积流量（m^3/s）；

Δt——润滑油出油平均温度 t_2 与进油温度 t_1 之差（°C）；

$\Delta t'$——轴承座表面与环境的温度差；

h——轴承座的表面传热系数[W/(m^2·K)]；

P_{μ}——摩擦功耗（W）。

经轴承散发的热量很难严格计算，通常，工程计算时认为它散去20%的热量已足够准确，故式（13-15）可改写为

$$0.8\mu Fv=c_p\rho q_V\Delta t \tag{13-16}$$

对供油充分的轴承，q_V 为轴承的端泄体积流量，其计算式为

$$q_V=C_q\psi vBd$$

式中 C_q——流量系数，见表 13-10；

B、d——轴承宽度和直径（m）。

对供油不充分的轴承，q_V 为供油量。因此，对供油充分的轴承则有

$$\Delta t=\frac{0.8C_{\mu}p}{c_p\rho C_q} \tag{13-17}$$

式中　C_{μ}——摩擦特性系数，$C_{\mu}=\frac{\mu}{\psi}$。

C_{μ} 和 C_q 的量纲也为1，它们与宽径比 B/d 和偏心率 ε 有关，其值可分别由表13-11和表13-10查出。

表13-10　180°轴承流量系数 C_q

B/d	ε													
	0.3	0.4	0.5	0.6	0.65	0.70	0.75	0.80	0.85	0.90	0.925	0.95	0.975	0.99
0.4	0.114	0.141	0.174	0.206	0.220	0.232	0.240	0.247	0.242	0.235	0.223	0.207	0.074	0.135
0.5	0.109	0.135	0.166	0.194	0.206	0.217	0.222	0.224	0.218	0.208	0.194	0.178	0.145	0.110
0.6	0.105	0.129	0.156	0.182	0.192	0.200	0.203	0.203	0.196	0.184	0.170	0.153	0.123	0.093
0.7	0.100	0.122	0.147	0.169	0.178	0.185	0.186	0.185	0.176	0.163	0.150	0.134	0.107	0.089
0.8	0.095	0.115	0.138	0.158	0.165	0.170	0.172	0.168	0.158	0.146	0.133	0.118	0.099	0.070
0.9	0.090	0.107	0.129	0.146	0.153	0.157	0.156	0.153	0.143	0.131	0.119	0.106	0.084	0.062
1.0	0.085	0.102	0.121	0.136	0.141	0.145	0.143	0.138	0.130	0.119	0.108	0.096	0.075	0.056
1.1	0.081	0.096	0.113	0.127	0.131	0.139	0.132	0.128	0.119	0.109	0.098	0.087	0.068	0.050
1.2	0.076	0.091	0.106	0.118	0.122	0.124	0.122	0.119	0.110	0.100	0.090	0.080	0.063	0.046
1.3	0.072	0.086	0.100	0.111	0.114	0.117	0.114	0.110	0.102	0.092	0.084	0.074	0.058	0.043
1.5	0.065	0.076	0.088	0.098	0.101	0.101	0.099	0.096	0.088	0.080	0.072	0.064	0.050	0.037
2.0	0.051	0.059	0.069	0.074	0.076	0.077	0.075	0.072	0.067	0.060	0.054	0.048	0.038	0.028

表13-11　180°轴承摩擦特性系数 C_{μ}

B/d	ε													
	0.3	0.4	0.5	0.6	0.65	0.7	0.75	0.8	0.85	0.90	0.925	0.95	0.975	0.99
0.4	36.95	24.45	16.95	11.78	9.80	7.90	6.34	5.07	3.57	2.48	1.802	1.357	0.795	0.423
0.5	24.85	16.55	11.61	8.18	6.87	5.59	4.54	3.55	2.67	1.88	1.421	1.096	0.672	0.376
0.6	18.28	12.25	8.69	6.21	5.26	4.32	3.57	2.83	2.18	1.57	1.121	0.953	0.606	0.350
0.7	14.19	9.66	6.94	5.02	4.30	3.57	2.98	2.41	1.88	1.390	1.073	0.869	0.664	0.334
0.8	11.61	7.97	5.79	4.25	3.66	3.08	2.64	2.12	1.68	1.270	0.997	0.812	0.536	0.323
0.9	9.85	6.81	4.98	3.72	3.23	2.74	2.33	1.95	1.55	1.182	0.938	3.773	0.523	0.314
1.0	8.54	5.97	4.44	3.28	2.92	2.49	2.14	1.77	1.45	1.122	0.898	0.743	0.503	0.308
1.1	7.62	5.36	4.02	3.05	2.69	2.32	2.01	1.68	1.375	1.075	0.865	0.721	0.493	0.303
1.2	6.88	4.98	3.70	2.84	2.51	2.17	1.89	1.60	1.321	1.038	0.839	0.703	0.483	0.299
1.3	6.34	4.52	3.44	2.67	2.37	2.07	1.81	1.54	1.277	1.008	0.819	0.689	0.477	0.296
1.5	5.53	4.01	3.09	2.44	2.18	1.97	1.69	1.44	1.212	0.968	0.790	0.668	0.466	0.291
2.0	4.44	3.30	2.63	2.10	1.90	1.70	1.51	1.32	1.12	0.908	0.746	0.637	0.449	0.284

实际上轴承各点的温度是不相同的，润滑油从进入轴承到流出轴承，温度逐渐升高。轴承中不同处的润滑油黏度也不相同。因此，在计算轴承的承载能力时，一般采用润滑油平均温度时的黏度。润滑油的平均温度 $t_m=\frac{1}{2}(t_1+t_2)$，而温升 $\Delta t=t_2-t_1$，由此可得

$$t_m=t_1+\Delta t/2 \tag{13-18}$$

轴承的平均温度一般不应超过75℃，初定时可取为50~75℃。润滑油进油温度 t_1 常大于工作环境温度，依供油装置而定，通常取 $t_1=35\sim45$℃。

如果轴承达到热平衡时的平均温度 t_m 超过 75℃，或选择润滑油黏度时假定的温度与计算得出的温度相差较大（>3~5℃），则必须改变其他参数重新进行设计，直到符合要求为止。此外，也可采用冷却设备进行降温，保证温度不大于许用值。

若靠非压力供油而温升过高，则应采用压力供油，用增大流量来提高冷却效果。

4. 保证液体动力润滑的条件

为获得液体动力润滑，除了必须有连续而充分的供油，使相对滑动表面能自动形成收敛油楔外，还应使最小油膜厚度 h_{min} 处的表面不平度的微观凸峰之间不直接接触，则最小油膜厚度 h_{min} 必须满足如下条件

$$h_{min} \geqslant 4S(Ra_1+Ra_2) \tag{13-19}$$

式中 S——考虑表面几何形状误差、零件的变形及安装误差等因素而取的安全系数，通常取 $S \geqslant 2$；

Ra_1、Ra_2——轴颈和轴承孔的表面粗糙度，对一般轴承可取 $Ra_1=0.8\mu m$、$Ra_2=1.6\mu m$ 或 $Ra_1=0.4\mu m$、$Ra_2=0.8\mu m$，对重要轴承可取 $Ra_1=0.2\mu m$、$Ra_2=0.4\mu m$ 或 $Ra_1=0.05\mu m$、$Ra_2=0.1\mu m$。

5. 参数选择

（1）宽径比 B/d 一般推荐 $B/d=0.5\sim1.5$。宽径比小，轴承的轴向尺寸小，占用空间小，有利于增大轴承压强，提高运转平稳性，增大端泄流量，减少摩擦功耗和降低温升，减轻轴颈端部与轴承的边缘接触。纵观滑动轴承的发展，推荐用宽径比正在逐渐减小。但宽径比小，承载能力也相应降低。目前，一般机器的 B/d 值可参考表 13-12。

表 13-12 轴承的宽径比 B/d 值

机器种类	汽轮机及风机	离心机	机床	轧钢机	离心泵	电动机齿轮减速器 蜗轮减速器
B/d	0.3~0.8	0.5~0.8	0.5~1.5	0.6~1.5	0.7~1.5	0.8~1.2

（2）相对间隙 ψ 这是个重要参数，它影响轴承的承载能力、摩擦功耗、耗油量、温升、抗振性和回转精度等性能。一般说来，轴承间隙越小，承载能力和回转精度越高，但润滑油流量越小，摩擦功耗增大，温升提高。若间隙过小，反而使最小油膜厚度变小，难以形成液体润滑。

通常 ψ 值可按轴颈圆周速度 v（m/s）参照下列经验公式计算，即

$$\psi=(0.6\sim1.0)\times10^{-3}\sqrt[4]{v} \tag{13-20}$$

ψ 值也可按轴颈直径选取，$d=100\sim500$mm 时，$\psi=0.001\sim0.002$；500mm$<d\leqslant$2000mm 时，$\psi=0.0003\sim0.0015$。一般机器中常用的 ψ 值为：电动机、发电机、汽轮机、离心泵、鼓风机等，$\psi=0.0015\sim0.0025$；齿轮或蜗轮变速装置、压气机等，$\psi=0.001\sim0.002$；机床、内燃机等，$\psi=0.0002\sim0.001$；轧钢机、铁路车辆等，$\psi=0.0003\sim0.001$。

考虑到若按标准配合公差设计制造轴颈和轴瓦孔，则形成的轴承间隙往往相差过大，导致承载能力偏差很大，难以保证轴承安全稳定运转。建议按相对间隙 ψ 的偏差范围为 $^{+0.0185\psi}_{-0.0125\psi}$ 设计轴承。

（3）平均压强 p 为使轴承运转平稳并减小轴承尺寸，在保证一定油膜厚度及温升不太

高的条件下，平均压强 p 宜取大一些。但是，p 不能过高，否则油膜厚度太薄，对油质要求将更高，容易破坏液体润滑膜，损伤轴承表面。

常用的平均压强 p 值：汽轮机、电动机、机床等，$p=0.6\sim2.0\text{MPa}$；齿轮减速器、拖拉机等，$p=0.5\sim3.5\text{MPa}$；风机等，$p=0.2\sim4.0\text{MPa}$；轧钢机等，$p=5.0\sim20\text{MPa}$。

例 13-1 设计一离心泵用液体动力润滑径向滑动轴承。已知工作载荷 $F=22000\text{N}$，轴颈转速 $n=600\text{r/min}$，轴颈直径 $d=100\text{mm}$，工作情况稳定。

解

计算与说明	主要结果
1. 条件性计算	
(1)选择轴承结构为圆柱形孔，剖分式，由水平剖分面两侧供油，轴承包角按 $\alpha=180°$ 计算	
(2)按表 13-12 选宽径比 $B/d=1$，则轴承宽度 $B=d=100\text{mm}$	$B/d=1, B=100\text{mm}$
(3)按表 13-3 选轴瓦材料为 ZSnSb11Cu6，查出 $[p]=25\text{MPa}$，$[v]=80\text{m/s}$，$[pv]=20\text{MPa}\cdot\text{m/s}$	轴瓦材料为 ZSnSb11Cu6
(4)按式(13-2)验算轴承平均压强 p $p=\dfrac{F}{Bd}=\dfrac{22000}{100\times100}\text{MPa}=2.2\text{MPa}<[p]$	$p=2.2\text{MPa}$
按式(13-4)验算轴承速度 v $v=\dfrac{\pi dn}{60\times1000}=\dfrac{3.14\times100\times600}{60\times1000}\text{m/s}=3.14\text{m/s}<[v]$	$v=3.14\text{m/s}$
按式(13-3)验算 pv $pv=2.2\times3.14\text{MPa}\cdot\text{m/s}=6.9\text{MPa}\cdot\text{m/s}<[pv]$	$pv=6.9\text{MPa}\cdot\text{m/s}$
计算结果表明所选轴承材料可用	
2. 承载能力计算	
(1)按式(13-20)选取相对间隙 ψ $\psi=(0.6\sim1.0)\times10^{-3}\sqrt[4]{v}=(0.6\sim1.0)\times10^{-3}\sqrt[4]{3.14}=0.0008\sim0.0013$ 取 $\psi=0.001$	取 $\psi=0.001$
(2)按表 13-4 选择润滑油牌号 L-FD46，其密度 $\rho=900\text{kg/m}^3$，比定压热容 $c_p\approx1900\text{J/(kg}\cdot\text{k)}$	润滑油 L-FD46，$\rho=900\text{kg/m}^3$，$c_p\approx1900\text{J/(kg}\cdot\text{k)}$
(3) 设轴承工作平均温度 $t_m=50℃$，油的运动黏度参考图 3-7 按 L-AN46 近似查得 $\nu_{50}=30\text{mm}^2/\text{s}$，计算油在 50℃ 时的动力黏度 $\eta=\nu\rho=30\times10^{-6}\times900\text{Pa}\cdot\text{s}=0.027\text{Pa}\cdot\text{s}$	$\eta=0.027\text{Pa}\cdot\text{s}$
(4) 按式 (13-14) 计算承载量系数 C_F $C_F=\dfrac{F\psi^2}{2\eta vB}=\dfrac{22000\times0.001^2}{2\times0.027\times3.14\times0.1}=1.3$	$C_F=1.3$
根据 C_F 和 B/d，由表 13-9 确定偏心率 $\varepsilon=0.62$	$\varepsilon=0.62$
(5) 按式 (13-9) 计算最小油膜厚度 $h_{min}=\psi r(1-\varepsilon)=0.001\times50(1-0.62)\text{mm}=0.019\text{mm}=19\mu\text{m}$	$h_{min}=19\mu\text{m}$
取 $S=2$，取轴颈、轴瓦表面粗糙度 $Ra_1=0.4\mu\text{m}$，$Ra_2=0.8\mu\text{m}$	$Ra_1=0.4\mu\text{m}$，$Ra_2=0.8\mu\text{m}$
(6) 按式 (13-19) 验算 $h_{min}\geqslant4S(Ra_1+Ra_2)$ $4S(Ra_1+Ra_2)=4\times2\times(0.4+0.8)\mu\text{m}=9.6\mu\text{m}$ 故 $h_{min}=19\mu\text{m}>9.6\mu\text{m}$，可实现液体动力润滑	
3. 热平衡计算	
(1) 由表 13-10 确定轴承流量系数 $C_q=0.138$ 由表 13-11 确定轴承摩擦特性系数 $C_\mu=3.14$	$C_q=0.138$ $C_\mu=3.14$
(2) 按式 (13-17) 计算润滑油温升 Δt $\Delta t=\dfrac{0.8C_\mu p}{c_p\rho C_q}=\dfrac{0.8\times3.14\times2.2\times10^6}{1900\times900\times0.138}℃=23.42℃$	$\Delta t=23.42℃$

（续）

计 算 与 说 明	主 要 结 果
（3）按式（13-18）求进油温度 t_1 $$t_1=t_m-\frac{\Delta t}{2}=\left(50-\frac{23.42}{2}\right)℃=38.3℃$$ 符合 $35℃\leqslant t_1\leqslant 45℃$	$t_1=38.3℃$
4. 摩擦功耗计算 （1）求摩擦因数 $$\mu=C_\mu\psi=3.14\times0.001=0.00314$$	$\mu=0.00314$
（2）按式（13-15）计算摩擦功耗 $$P_\mu=\mu Fv=0.00314\times22000\times3.14\text{W}=217\text{W}=0.217\text{kW}$$	$P_\mu=0.217\text{kW}$
5. 轴承流量计算 $$q_V=C_q\psi vBd=0.138\times0.001\times3.14\times0.1\times0.1\text{m}^3/\text{s}=4.3\times10^{-6}\text{m}^3/\text{s}$$	$q_V=4.3\times10^{-6}\text{m}^3/\text{s}$
6. 间隙的偏差 轴承直径间隙 $\Delta=\psi d=0.001\times100\text{mm}=0.1\text{mm}$，取相对间隙 ψ 的偏差范围为 $^{+0.185\psi}_{-0.125\psi}$，因此制造保证间隙范围为 $$\Delta_{max}=1.185\times0.1\text{mm}=0.1185\text{mm}$$ $$\Delta_{min}=0.875\times0.1\text{mm}=0.0875\text{mm}$$	制造时应控制轴承直径间隙在 0.0875 ~ 0.1185mm 之间

第七节 其他滑动轴承简介

一、液体动力润滑止推轴承简介

止推滑动轴承是平面支承，故必须具备多个（3 个以上）能形成液体动压力的油楔，方能支承轴向载荷。如图 13-20 所示的止推滑动轴承，不能像径向轴承那样，依靠自然偏心形成油楔以支承载荷。必须将止推轴瓦 b 分割成 3 块或 3 块以上的扇形瓦块（图中为 6 块），每个瓦块都必须有一定的倾斜面以构成油楔。

沿止推轴瓦圆周方向展开，瓦块倾斜线形状有许多种，图 13-21 给出常用 4 种形状，其中图13-21a 所示为斜面式，是基本形式，其主要缺点是静止时支承面极小；图 13-21b 所示为斜-平面式，为克服上述缺点而设计；图 13-21c 所示为阶梯式，在工艺上有优越性；图 13-21d 所示为曲线式。

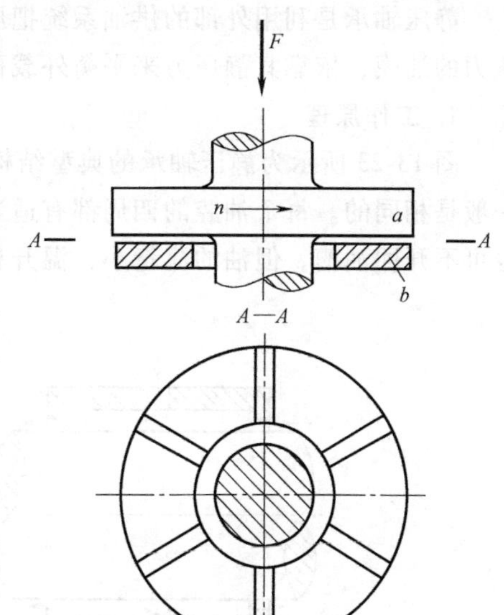

图 13-20 固定瓦止推轴承

扇形瓦块的数目常取成偶数，一般为 6~24 块。瓦块数目越多，承载能力降低越多；而瓦块数目减少，则轴承温升增高。

上述扇形瓦块是固定的，其倾斜线形状及参数加工好后就确定了，不能随工作条件改变参数以维持最佳工作状态。因此，它主要用于工况比较稳定的中、小型轴承。

图 13-22 所示为可倾瓦块止推轴承示意图。扇形瓦块支承在圆柱面或球面上，可绕其轴线摆动。扇形块用钢板制作，其滑动表面敷有减摩材料。轴承工作时，扇形块可以根据工况自动调节其倾斜角度，以适应载荷、转速和润滑油黏度等工作条件的变化，使之在全部工况范围内维持最佳工作状态，能容易地得到较大的油膜厚度和较好的运动稳定性。可倾瓦块止推轴承主要用于工况经常变化的大、中、小型轴承，如水轮机轴承。

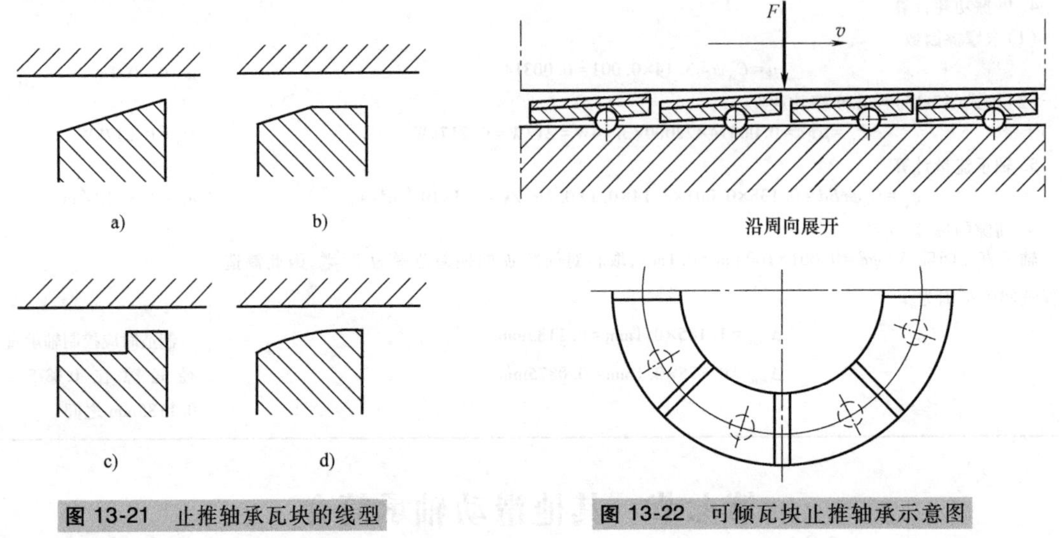

图 13-21 止推轴承瓦块的线型

图 13-22 可倾瓦块止推轴承示意图

液体动力润滑止推轴承的计算以单块瓦块作为基础，其方法和步骤与径向轴承的计算基本相近。

二、静压轴承简介

静压轴承是利用外部的供油系统把压力油输送到轴承的间隙中，强制形成一层具有一定压力的油膜，依靠其静压力来平衡外载荷，从而实现液体摩擦。

1. 工作原理

图 13-23 所示为静压轴承的典型结构。在轴瓦的内表面上开有几个油腔，各油腔的尺寸一般是相同的。每个油腔的四周都有适当宽度的封油面，油腔之间用回油槽隔开。有的轴承也可不开回油槽，但油的流量小，温升相应增加。

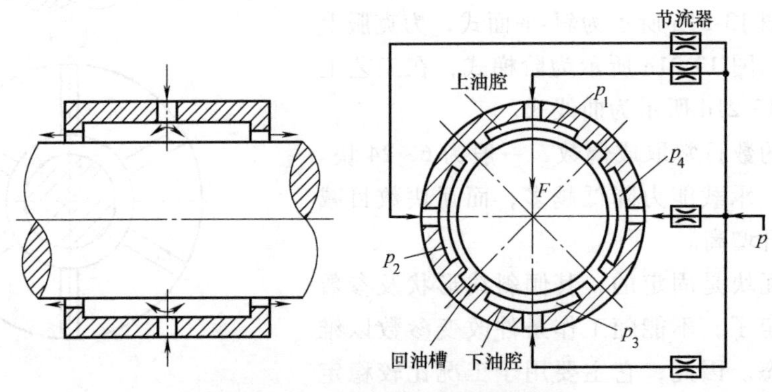

图 13-23 静压轴承的典型结构

油泵供给压力为 p 的润滑油，流经节流器进入各油腔，依靠油的静压力将轴浮起来。在没有外载荷的情况下，轴颈与轴承孔同心，各油腔的油压相等，即 $p_1=p_2=p_3=p_4$。

轴在外载荷 F 作用下，其中心沿载荷方向偏移，由于节流器的作用，上下两个油腔形成压差而产生向上的作用力，以此来平衡外载荷 F，即

$$A(p_3-p_1)=F$$

式中 A——一个油腔的承载面积（mm^2）；

p_3——下油腔的压力（MPa）；

p_1——上油腔的压力（MPa）。

节流器限制流入每个油腔的流量，使油腔压力随着外载荷的变动而改变，它是静压轴承系统中的重要元件。常见的节流器有毛细管、小孔、滑阀和薄膜四种。

2. 主要特点

1）静压轴承的油膜建立不像动压轴承那样受到速度的限制，即使轴颈不旋转仍能形成油膜。因此，静压轴承在转速极低的条件下（如巨型天文望远镜的主轴承），也可以获得液体润滑，且起动功率小，能克服大型设备的低速爬行现象。静压轴承也可以在极高的转速下工作。

2）在正常使用情况下，起动、工作和停止时，轴颈与轴承始终不会直接接触，处于完全液体摩擦状态，摩擦因数很小，一般 $\mu=0.0001\sim0.0004$；轴承不会磨损，起动力矩小，效率高，能长期保持精度，使用寿命长。

3）轴的旋转精度高，油膜刚度大，且有良好的吸振性，运转平稳。因此，静压轴承在高精度机床上的应用越来越多。

4）静压轴承的承载能力决定于油泵供油压力和承载面积，因此，在重载条件下（如球磨机和轧钢机轴承），也能获得液体润滑。

5）对轴承材料的要求不像动压轴承那样高，对间隙和表面粗糙度也不像动压轴承那样严，可以采用较大的间隙和表面粗糙度值。例如在要求回转精度相同的情况下，静压轴承的轴承孔和轴颈的加工精度均比动压轴承降低 1~2 级，表面粗糙度可提高 1~2 级。

6）需要一套供油装置，在重要场合下还必须另有一套备用装置。设备费用高、体积大、维护和管理比较麻烦，因而它的应用也受到了一定的限制。

思考题

13-1 滑动轴承的性能特点有哪些？主要应用在什么场合？

13-2 滑动轴承的主要结构形式有哪几种？各有什么特点？

13-3 为什么滑动轴承要分成轴承座和轴瓦？为什么有时要在轴瓦上敷上一层轴承衬？

13-4 在滑动轴承上开设油孔和油槽时应注意哪些问题？

13-5 滑动轴承常见的失效形式有哪些？

13-6 对滑动轴承材料的性能有哪几方面的要求？

13-7 常用轴瓦材料有哪些？适用于何处？

13-8 非液体润滑轴承的设计依据是什么？限制 p 和 pv 的目的是什么？

13-9 滑动轴承润滑的目的是什么（分别从液体润滑和非液体润滑两类轴承分析）？

13-10 滑动轴承常用的润滑剂种类有哪些？选用时应考虑哪些因素？

13-11 形成液体动压润滑的必要条件是什么？叙述向心滑动轴承形成动压油膜的过程。

13-12 在设计滑动轴承时，相对间隙 ψ 的选取与速度和载荷的大小有何关系？

13-13 对已设计好的液体动力润滑径向滑动轴承，试分析在仅改动下列参数之一时，将如何影响该轴承的承载能力：(1) 转速由 $n=500\text{r/min}$ 改为 $n=700\text{r/min}$；(2) 宽径比 B/d 由 1.0 改为 0.8；(3) 润滑油由 46 号全损耗系统用油改为 68 号全损耗系统用油；(4) 轴承孔表面粗糙度 Ra 值由 1.6μm 改为 0.8μm。

13-14 在设计液体润滑轴承时，当出现下列情况之一后，可考虑采取什么改进措施（对每种情况提出两种改进措施）？(1) 当 $h_{\min}<[h]$ 时；(2) 当条件 $p<[p]$、$v<[v]$、$pv<[pv]$ 不满足时；(3) 当计算入口温度 t_1 偏低时。

13-15 液体动力润滑轴承承载能力验算合格的基本依据是什么？

习 题

13-1 有一径向滑动轴承，轴转速 $n=650\text{r/min}$，轴颈直径 $d=120\text{mm}$，轴承上受径向载荷 $F=5000\text{N}$，轴瓦宽度 $B=150\text{mm}$，试选择轴承材料，并按非液体润滑滑动轴承校核。

13-2 现有一非液体润滑径向滑动轴承，轴颈直径 $d=100\text{mm}$，轴瓦宽度 $B=100\text{mm}$，转速 $n=1200\text{r/min}$，轴承材料为 ZSnSb8Cu4，试问该轴承能承受多大的径向载荷？

13-3 已知一止推滑动轴承，其轴颈结构为空心，外径 $d_2=120\text{mm}$，内径 $d_0=90\text{mm}$，转速 $n=300\text{r/min}$，轴瓦材料为 ZCuSn10P1，试求该轴承能承受多大轴向载荷？

13-4 一起重用滑动轴承，轴颈直径 $d=70\text{mm}$，轴瓦工作宽度 $B=70\text{mm}$，径向载荷 $F=3000\text{N}$，轴的转速 $n=200\text{r/min}$，试选择合适的润滑剂和润滑方法。

13-5 已知一支承起重机卷筒的非液体润滑的滑动轴承所受的径向载荷 $F=25000\text{N}$，轴颈直径 $d=90\text{mm}$，宽径比 $B/d=1$，轴颈转速 $n=8\text{r/min}$，试选择该滑动轴承的材料。

13-6 起重机卷筒轴采用两个非液体润滑径向滑动轴承支承，已知每个轴承上的径向载荷 $F=100\text{kN}$，轴颈直径 $d=90\text{mm}$，转速 $n=90\text{r/min}$。拟采用整体式轴瓦，试设计此轴承，并选择润滑剂牌号。

13-7 一液体动力润滑径向滑动轴承，承受径向载荷 $F=70\text{kN}$，转速 $n=1500\text{r/min}$，轴颈直径 $d=200\text{mm}$，宽径比 $B/d=0.8$，相对间隙 $\psi=0.0015$，包角 $\alpha=180°$，采用 32 号全损耗系统用油（无压供油），假设轴承中平均油温 $t_m=50℃$，油的黏度 $\eta=0.018\text{Pa}\cdot\text{s}$，求最小油膜厚度 $h_{\min}$。

13-8 某汽轮机用动力润滑径向滑动轴承，轴承直径 $d=80\text{mm}$，转速 $n=1000\text{r/min}$，轴承上的径向载荷 $F=10\text{kN}$，载荷平稳，试确定轴瓦材料、轴承宽度 B、润滑油牌号、流量、最小油膜厚度、轴与孔的配合公差及表面粗糙度值，并进行轴承热平衡计算。

第十四章 联轴器和离合器

联轴器和离合器都是用来实现轴与轴之间的连接，以传递运动和转矩。联轴器和离合器的主要区别在于：用联轴器连接的两根轴，只有在机器停车后，经过拆装才能把它们分离或接合，而离合器通常可使工作中的两轴随时实现分离或接合。

本章主要介绍联轴器和离合器的工作原理、分类、典型结构及使用场合。

第一节 联 轴 器

一、联轴器的分类

由于制造、安装的误差以及工作时零件的变形等原因，一般无法保证被连接两轴的轴线很好地重合，两轴间常会出现相对位移（图 14-1）。相对位移的基本形式有三种：轴向位移 x、径向位移 y 和角位移 α。两种或三种基本位移形式的组合称为综合位移。

按照是否能够补偿两轴之间的相对位移，联轴器分为两大类：

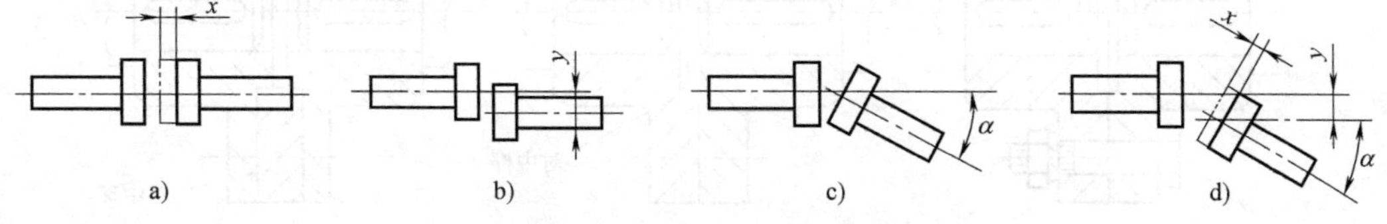

图 14-1 两轴间的相对位移

a）轴向位移 x b）径向位移 y c）角位移 α d）综合位移

1. 刚性联轴器

不能补偿被连接两轴之间任何相对位移的联轴器称为刚性联轴器。这类联轴器全部由刚性零件组成，且零件之间均构成固定连接，没有缓冲、减振能力。刚性联轴器只适用于两轴能严格对中、载荷平稳、运转稳定的场合。常用的此类联轴器有：凸缘联轴器、套筒联轴器和夹壳联轴器。

2. 挠性联轴器

能补偿被连接两轴之间相对位移的联轴器称为挠性联轴器。按是否含有弹性元件，挠性联轴器分为两类：

1）无弹性元件挠性联轴器。这种联轴器靠零件之间构成的可动连接补偿两轴之间的相对位移，由于无弹性元件，故没有缓冲、减振能力。无弹性元件挠性联轴器主要用于两轴在工作中有相对位移，且运转平稳的场合。属于此种类型的常用联轴器主要有：齿式联轴器、万向联轴器、滑块联轴器和滚子链联轴器等。

2）有弹性元件挠性联轴器（简称弹性联轴器）。这种联轴器中含有弹性元件，除了靠其弹性变形补偿两轴之间的相对位移以外，还使联轴器具有缓冲、减振能力。有弹性元件挠性联轴器适用于两轴在工作中有相对位移，载荷、转速有变化的场合。

按弹性元件材料的不同，弹性联轴器又分为两类：金属弹性元件挠性联轴器和非金属弹性元件挠性联轴器。属于前者的有：蛇形弹簧联轴器、膜片联轴器、径向簧片联轴器和波纹管联轴器等；属于后者的有：弹性套柱销联轴器、弹性柱销联轴器、弹性柱销齿式联轴器、轮胎式联轴器、梅花型弹性联轴器和芯型弹性联轴器等。

金属弹性元件适用的工作温度较高，承载能力也较高。非金属弹性元件主要用尼龙、橡胶等材料制造，适用的工作温度较低，承载能力也较低。

二、几种常用的联轴器

1. 凸缘联轴器

凸缘联轴器是应用最广泛的刚性联轴器，其结构如图 14-2 所示。凸缘联轴器由分别安装在主动轴和从动轴上的两个半联轴器组成。半联轴器与轴之间采用键连接，两个半联轴器的凸缘之间采用螺栓连接。这种联轴器结构简单，使用方便，成本低，可传递较大的转矩，但没有缓冲、减振能力。凸缘联轴器主要用于载荷平稳、两轴能严格对中的场合。

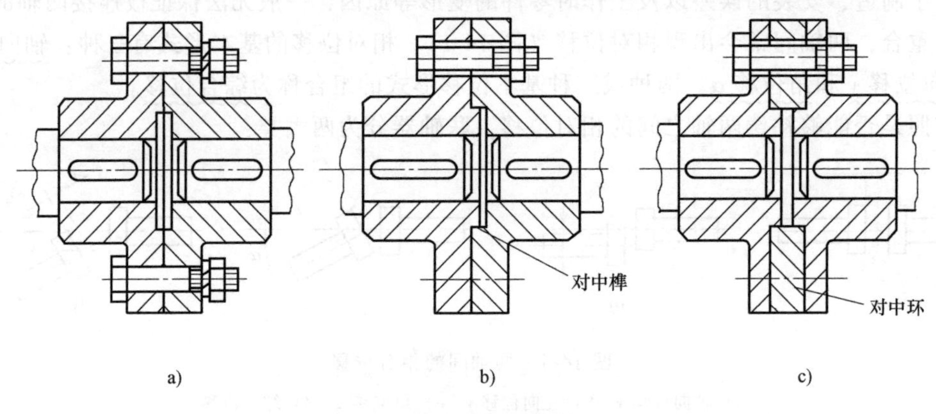

图 14-2 凸缘联轴器

a）用加强杆螺栓连接对中 b）用对中榫对中 c）用对中环对中

凸缘联轴器有三种对中方式：

1）用加强杆螺栓连接对中（图 14-2a）。联轴器的凸缘采用加强杆螺栓连接，靠螺栓杆与螺栓孔的配合实现对中。

2）用对中榫对中（图 14-2b）。在两个半联轴器的接触端面上分别制出凸榫头与凹榫槽，靠它们之间构成的圆柱面配合保证两轴的轴线重合，凸缘处采用普通螺栓连接。

3）用对中环对中（图 14-2c）。在两个半联轴器的端面上制出凸榫头，分别与对中环构成圆柱面配合，从而保证被连接两轴的轴线重合，凸缘处采用的也是普通螺栓连接。

2. 十字滑块联轴器和滑块联轴器

十字滑块联轴器属于无弹性元件挠性联轴器，其结构如图 14-3 所示。这种联轴器主要由两个端面具有凹槽的半联轴器 1、3 和一个两端面各有一个凸牙的十字滑块 2 组成。十字滑块两端面的凸牙互相垂直，分别嵌装在两个半联轴器的凹槽中，工作时凸牙可在槽中滑动。这种联轴器能够补偿的径向位移一般不超过轴径的 1/25，同时能补偿不大的角位移。

十字滑块联轴器的零件材料常用 45 钢，凹槽和凸牙的工作表面需进行热处理，以提高表面硬度。为了减小摩擦和磨损，工作中需对工作面进行润滑。

当两轴之间产生径向位移时，十字滑块的质心做圆周运动，由此产生的离心力使轴和轴承承受附加载荷，导致运动副中的正压力增大，磨损加剧。所以，这种联轴器只适用于转速不高（一般不超过 300r/min），且无剧烈冲击、载荷变化不大的场合。

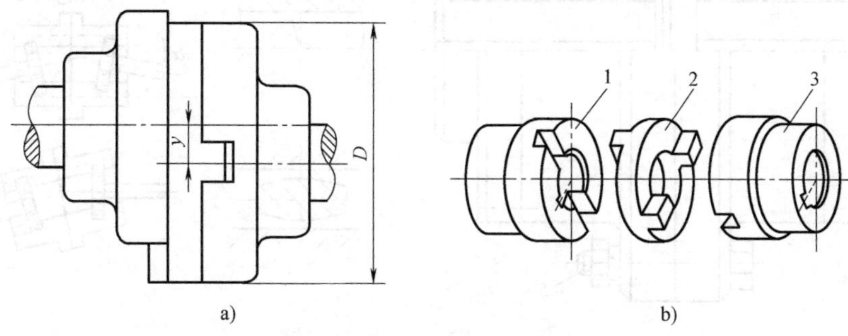

图 14-3　十字滑块联轴器

1、3—半联轴器　2—十字滑块

如将十字滑块制成正方形滑块，嵌装在两半联轴器端面上宽度与之相等的滑槽中，则构成图 14-4 所示的滑块联轴器。滑块材料通常为尼龙或夹布胶木，质量较小，故适应的转速高。这种联轴器结构简单，尺寸紧凑，适用于转速高、转矩较小的场合。

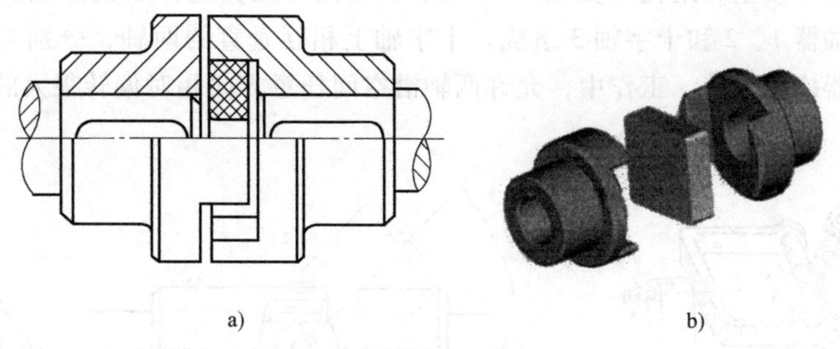

图 14-4　滑块联轴器

3. 齿式联轴器

齿式联轴器也属于无弹性元件挠性联轴器，其结构如图 14-5a 所示。它由两个具有外齿轮的半联轴器 1、4 和两个具有内齿轮的外壳 2、3 组成，内、外齿轮均为渐开线齿轮，且具有相同的模数和齿数。半联轴器与外壳之间靠内、外齿轮的啮合传递转矩，两个外壳凸缘处采用普通螺栓连接。

如图 14-5b 所示，半联轴器上外齿轮的轮齿可制成鼓形齿，轮齿顶面制成球面。这样的特殊结构，使得齿式联轴器能够补偿两轴之间任何形式的相对位移（图 14-5c）。

齿式联轴器的外壳中储有润滑油，使齿轮得以润滑，从而减小轮齿间的摩擦。为防止润滑油泄漏，在联轴器的两侧装有密封圈。

因为是多个轮齿同时工作，故齿式联轴器工作可靠，传递转矩大，但其结构复杂，质量较大，制造成本高。齿式联轴器主要用于起动频繁、经常正反转工作的重型机械中。

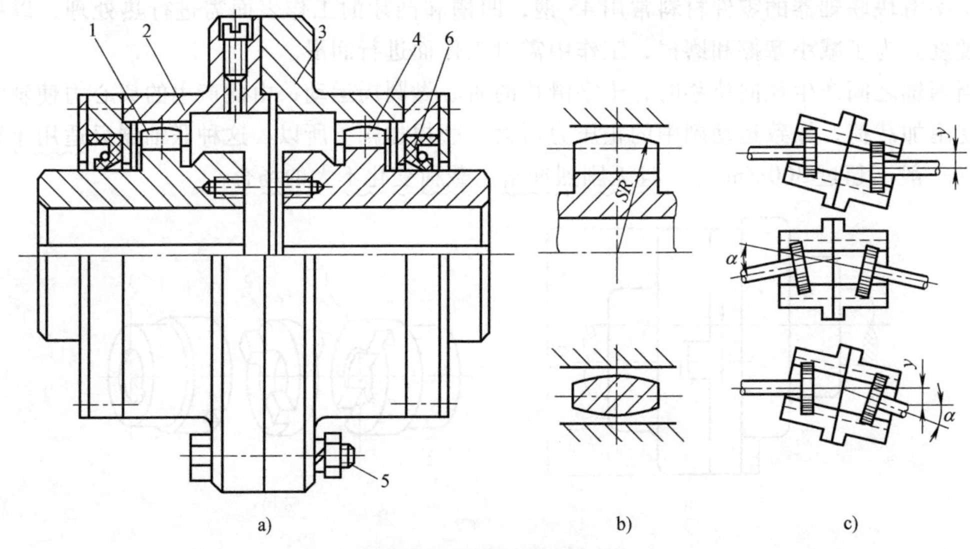

图 14-5　齿式联轴器

1、4—半联轴器　2、3—外壳　5—螺栓　6—密封圈

4. 万向联轴器

万向联轴器也属于无弹性元件挠性联轴器，有多种不同类型。实际中常用的是十字轴万向联轴器，其简化模型和结构图如图 14-6 所示。由图可见，这种联轴器主要由主、从动轴上的叉形半联轴器 1、2 和十字轴 3 组成。十字轴上相互垂直的两轴，分别与主、从动轴上的叉形半联轴器构成铰链。工作中，允许两轴沿空间任意方向相对偏转很大的角度，角位移 α 最大可达 45°。

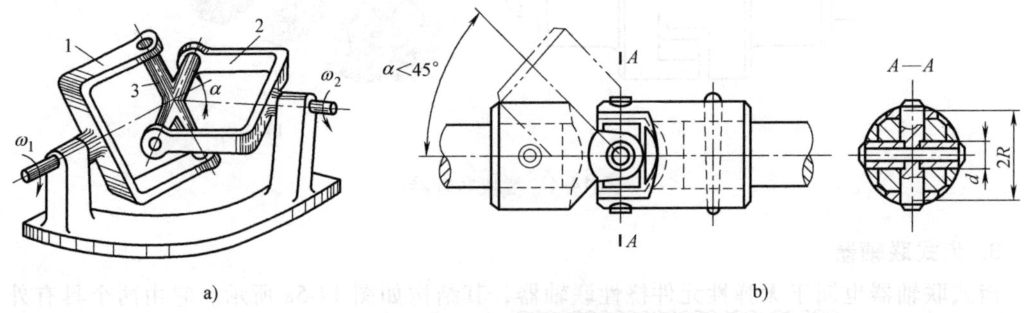

图 14-6　十字轴万向联轴器

a）简化模型　b）结构图

1、2—叉形半联轴器　3—十字轴

在两轴之间产生角位移的情况下，单万向联轴器中两轴不能同步转动。当主动轴匀速转动时，从动轴做变速转动。这个缺点使得单万向联轴器在实际中应用较少。

为了克服上述缺点，常将万向联轴器成对使用，称为双万向联轴器（图 14-7a）。这种联轴器能够保证主、从动轴始终同步转动（即两轴的角速度始终相等），但必须满足如下条件（图 14-7b）：①中间轴两端的叉形接头位于同一平面内；②中间轴与主、从动轴之间的夹角相等。

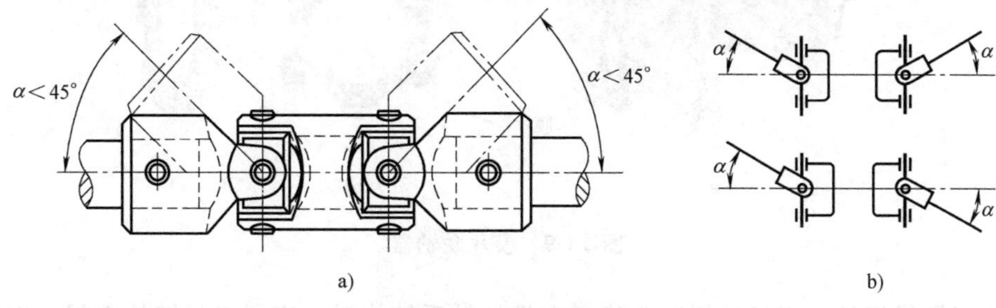

图 14-7　双万向联轴器

a）结构图　b）安装示意图

万向联轴器结构紧凑、维护方便，适用于两轴有较大角位移的场合，广泛应用于汽车、拖拉机、轧钢机和金属切削机床等机械中。

5. 蛇形弹簧联轴器

蛇形弹簧联轴器是一种金属弹性元件挠性联轴器，如图 14-8 所示。它由两个半联轴器 1、3 和蛇形弹簧 2 组成，两个半联轴器的凸缘上有 50~100 个齿，通过嵌装在齿间的蛇形片弹簧传递转矩。弹簧被外壳罩住，既可防止弹簧脱出，又可储存润滑油。

这种联轴器能够补偿被连接两轴之间任何形式的相对位移，缓冲、吸振能力强，承载能力大，结构紧凑，工作安全，使用寿命长，可在温度较高、有灰尘等环境下工作，常用于载荷变化较大的场合。

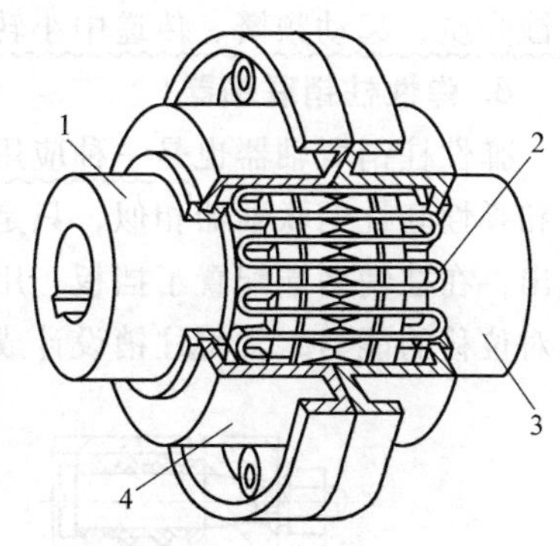

图 14-8　蛇形弹簧联轴器

1、3—半联轴器　2—蛇形弹簧　4—外壳

6. 膜片联轴器

膜片联轴器的结构如图 14-9a 所示，在两个半联轴器之间有一组金属膜片，通过布置在同一圆周上的若干个加强杆螺栓（铰制孔螺栓），交错地与主、从动端半联轴器相连接。膜片结构主要有两种：整体式（图 14-9b）和连杆式（图 14-9c），通常用金属薄片制成。传递转矩时，通过膜片的弹性变形能够补偿被连接两轴之间任何形式的相对位移。

这种联轴器的特点是无工作间隙，无相对滑动，工作无噪声，不需要润滑，承载能力大，工作寿命长。但缓冲减震性能较差，主要用于载荷比较平稳的高速传动。

7. 弹性套柱销联轴器

弹性套柱销联轴器是应用非常广泛的一种弹性联轴器，其结构如图 14-10 所示。与凸缘联轴器相似，它也由两个半联轴器组成，只是用带有弹性套的柱销代替了螺栓，来连接两个半联轴器的凸缘。柱销一端的圆锥面与一个半联轴器上的圆锥孔相配合，另一端通过弹性套（其材料为橡胶）与另一个半联轴器的圆柱孔相配合，靠弹性套的弹性变形来补偿两轴之间的径向位移和角位移，通过安装时留出的间隙 C 来补偿轴向位移。

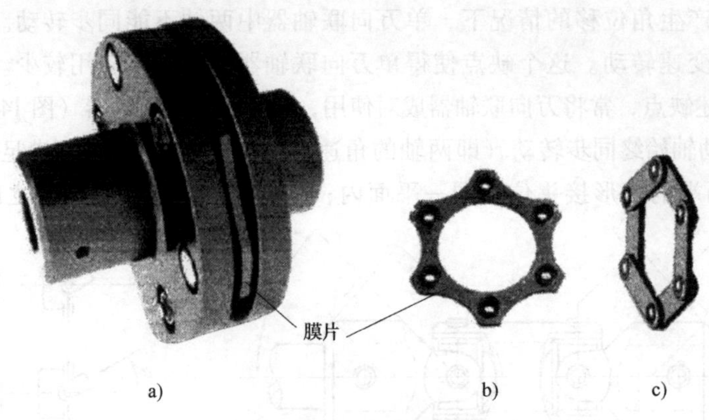

图 14-9 膜片联轴器

弹性套是易损件，损坏后需要更换。在设计轴系结构时，应留出足够的空间，以便在不拆移机器其他部分的情况下即可更换弹性套。

这种联轴器结构简单，制造容易，装拆方便，成本较低，具有较好的缓冲、吸振能力。但弹性套容易损坏且对工作环境有一定要求。它主要用于工作温度在-20~70℃、无油污等腐蚀介质、起动频繁、传递中小转矩的场合。

8. 弹性柱销联轴器

弹性柱销联轴器也是一种应用广泛的弹性联轴器，如图 14-11 所示。这种联轴器在结构上和弹性套柱销联轴器相似，只是用尼龙制造的弹性柱销代替了弹性套柱销。为了防止柱销脱出，在柱销两端配置了挡板，用螺钉将挡板固定在半联轴器上。为了增大联轴器补偿两轴相对位移的能力，常将柱销设计成一端为鼓形、另一端为圆柱体的形状。

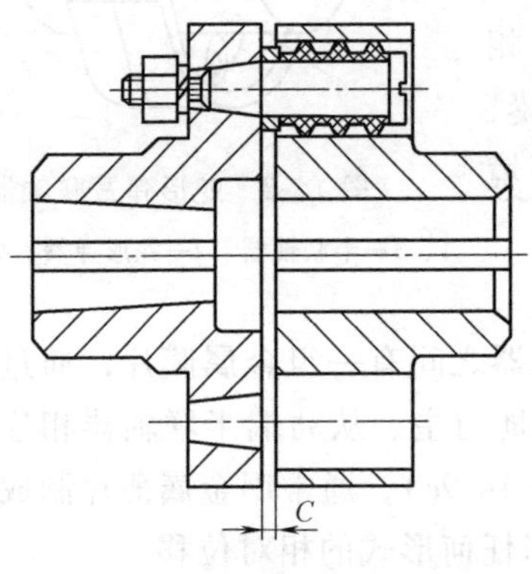

图 14-10 弹性套柱销联轴器

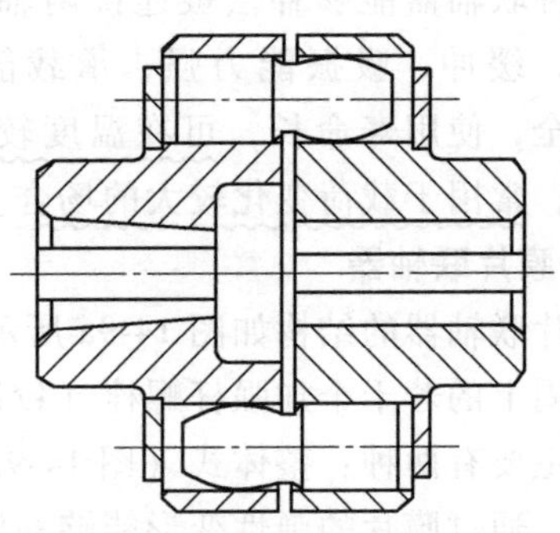

图 14-11 弹性柱销联轴器

弹性柱销联轴器比弹性套柱销联轴器的结构更简单，尼龙柱销比弹性套具有更高的强度和更好的耐磨性，所以传递转矩更大；也具有一定的缓冲、吸振能力，但补偿两轴相对位移量稍小些。它主要用于冲击载荷不大、正反转变化较多、起动频繁、转速高的场合。由于尼龙柱销对温度较敏感，所以使用时工作温度应控制在-20~60℃。

9. 轮胎式联轴器

轮胎式联轴器由主动半联轴器 1、从动半联轴器 5、轮胎环 3、内压板 4（或外压板）及紧固螺栓 2 组成，如图 14-12 所示。通过紧固螺栓和内压板（或外压板）将轮胎环与两个半联轴器连接在一起，其中，轮胎环是弹性元件，由橡胶及帘线制成。

轮胎式联轴器具有良好的缓冲、减振和补偿两轴相对位移的能力，并且具有结构简单，不需要润滑，使用、安装、拆卸和维修都比较方便以及运转无噪声等优点。缺点是径向尺寸较大。这种联轴器一般较适用于潮湿、多尘、起动频繁、正反转多变、冲击载荷大及同轴度误差较大的场合。

10. 梅花形弹性联轴器

梅花形弹性联轴器如图 14-13 所示，主要由两个端部具有凸爪的半联轴器和梅花形弹性元件组成。将梅花形弹性元件置于两个半联轴器的凸爪之间，靠凸爪与弹性元件之间的相互挤压传递转矩。

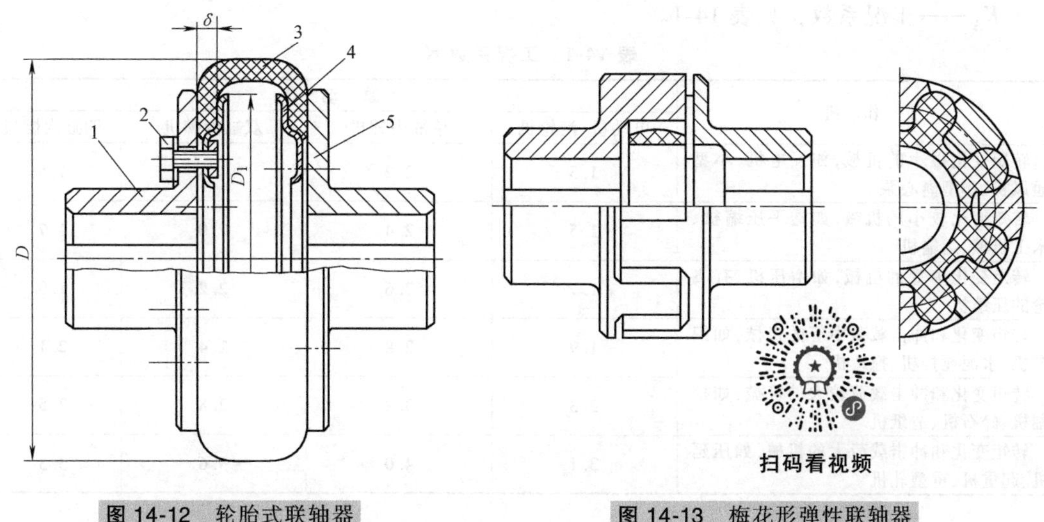

图 14-12　轮胎式联轴器

1—主动半联轴器　2—紧固螺栓
3—轮胎环　4—内压板　5—从动半联轴器

图 14-13　梅花形弹性联轴器

这种联轴器零件数量少，结构简单，尺寸紧凑，不需要润滑，承载能力较高，但更换弹性元件时需要沿轴向移动半联轴器，这使零件的更换工作有所不便。

三、联轴器的选择

1. 选择联轴器的类型

联轴器类型很多，大部分已经标准化。使用时，根据载荷性质、转速、被连接两轴的相对位移、传动精度等选择联轴器的类型。从大的类型来讲，对于载荷平稳且两轴之间无相对位移的场合，可选用刚性联轴器；对于载荷平稳且两轴间有相对位移的场合，可选无弹性元件挠性联轴器，也可选弹性联轴器；对于载荷不平稳且两轴之间有相对位移的场合，应选弹性联轴器。

在选择联轴器的具体类型时，还需考虑被连接两轴的实际工作情况和联轴器的应用特点。例如，对于传递转矩大的重型机械，可选用齿式联轴器；对于相对角位移较大的两轴应选用万向联轴器；对于传递转矩不大、工作温度不高，但冲击振动较大、转速高、两轴之间有相对位移的场合，则可选用弹性套柱销联轴器或弹性柱销联轴器等。

2. 选择联轴器的型号

在选定联轴器的类型以后，对于已经标准化的联轴器，还需选择其规格型号。在选择联轴器的型号时，主要应考虑三个方面的要求：

1）所选的联轴器应具有足够的承载能力，应保证联轴器的公称转矩 $T_n \geqslant$ 计算转矩 T_C。T_C 按式（14-1）计算。

2）联轴器的许用转速 $[n] \geqslant$ 轴的工作转速 n。

3）联轴器的轴孔直径应与被连接两轴的轴端直径相匹配。

计算转矩
$$T_C = K_A T \tag{14-1}$$

式中　T——联轴器传递的名义转矩（N·m）；

K_A——工况系数，见表 14-1。

表 14-1　工况系数 K_A

工　作　机	原　动　机			
	电动机、汽轮机	单缸内燃机	双缸内燃机	四缸内燃机
转矩变化很小的机械，如发电机、小型通风机、小型离心泵	1.3	2.2	1.8	1.5
转矩变化较小的机械，如透平压缩机、木工机械、运输机	1.5	2.4	2.0	1.7
转矩变化中等的机械，如增压机、有飞轮的压缩机	1.7	2.6	2.2	1.9
转矩变化和冲击载荷中等的机械，如织布机、水泥搅拌机、拖拉机	1.9	2.8	2.4	2.1
转矩变化和冲击载荷较大的机械，如挖掘机、碎石机、造纸机	2.3	3.2	2.8	2.5
转矩变化和冲击载荷大的机械，如压延机、起重机、重型轧机	3.1	4.0	3.6	3.3

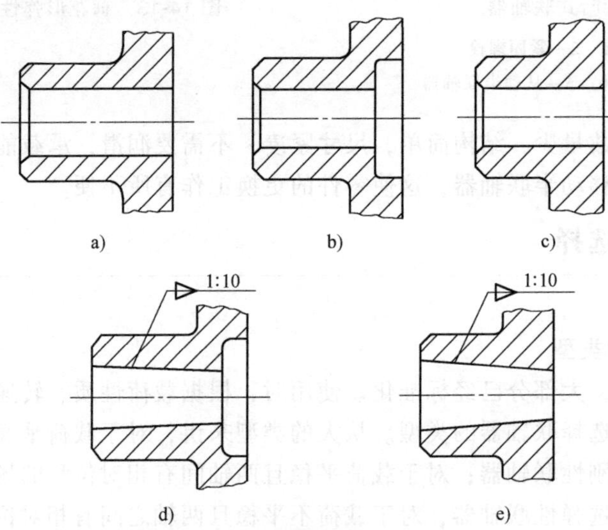

图 14-14　联轴器的常用轴孔形式

a）长圆柱形轴孔（Y 型）　b）有沉孔的短圆柱形轴孔（J 型）　c）无沉孔的短圆柱形轴孔（J_1 型）
d）有沉孔的圆锥形轴孔（Z 型）　e）无沉孔的圆锥形轴孔（Z_1 型）

注：J_1 型轴孔已在 GB/T 3852—2008 中删除。

选择联轴器时，还需确定联轴器的轴孔形式及键槽形式。常用轴孔形式如图 14-14 所示，常用键槽形式见表 14-2。

表 14-2　联轴器轴孔的常用键槽形式及代号

轴孔形式	键槽形式	键槽代号
圆柱形轴孔	平键单键槽	A
	120°布置的平键双键槽	B
	180°布置的平键双键槽	B_1
圆锥形轴孔	平键单键槽	C

例 14-1　试选择水泥搅拌机中用于连接电动机轴与减速器输入轴的联轴器。已知：电动机功率 $P=11\text{kW}$，转速 $n=970\text{r/min}$，伸出端轴径为 42mm，长度为 110mm，减速器输入轴的直径为 35mm。

解

计算与说明	主要结果
1. 选择类型 为了缓和冲击、减轻振动，选用弹性套柱销联轴器 2. 计算转矩 T_C 名义转矩　$T=9550\dfrac{P}{n}=9550\times\dfrac{11}{970}\text{N}\cdot\text{m}=108.3\text{N}\cdot\text{m}$ 工况系数　由表 14-1 确定，工作机为水泥搅拌机时，$K_A=1.9$ 计算转矩　$T_C=K_AT=1.9\times108.3\text{N}\cdot\text{m}=205.7\text{N}\cdot\text{m}$	弹性套柱销联轴器 $T_C=205.7\text{N}\cdot\text{m}$
3. 选择联轴器的型号 查冯立艳主编《机械设计课程设计》表 18-2，选取型号为 LT6 的弹性套柱销联轴器，其公称转矩 $T_n=250\text{N}\cdot\text{m}$，材料为钢时，其轴孔直径为 32~42mm，许用转速 $[n]=3800\text{r/min}$。主动端选择 Y 型轴孔，轴孔直径为 42mm，长度为 112mm；从动端选择 J 型轴孔，轴孔直径为 35mm，长度为 60mm 联轴器型号标记为（参见《机械设计课程设计》表 18-2 中的标记示例） LT6 联轴器 $\dfrac{42\times112}{\text{J}35\times60}$　GB 4323—2017 因 $T_n=250\text{N}\cdot\text{m}>T_C=205.7\text{N}\cdot\text{m}$，且转速、直径均满足要求	$T_n=250\text{N}\cdot\text{m}$ $[n]=3800\text{r/min}$ 所选联轴器合适

注：在联轴器的标记中，Y 型轴孔及 A 型键槽省略不标；如主、从动端完全相同，则只标记一端，另一端省略不标。

第二节　离　合　器

离合器主要用于主、从动轴需要经常接合、分离的机械中。由于大多数离合器已经标准化，所以一般无需自行设计离合器，只需选择合适的类型和型号，并合理使用。首先，根据机器的具体工作情况，并结合各种离合器的性能特点，选择合适的离合器类型。然后根据被联接两轴的直径、计算转矩 T_C（一般也按式（14-1）计算）和转速 n，从标准化的离合器产品中选择适当的规格型号。

一、离合器的分类

离合器的种类很多，按照实现离合动作的方式不同，可分为操纵式离合器和自动式离合器两大类。

操纵式离合器有操纵机构，必须人为操纵才能实现两轴的接合或分离。按操纵机构的不同，操纵离合器分为机械离合器、电磁离合器、液压离合器和气动离合器。实现离合的方式主要有两种：啮合式和摩擦式。

自动式离合器不需要专门的操纵装置，而是依靠工作中的某些参数（如转向、转矩、转速等）的变化来实现自动接合或分离。

离合器的分类：

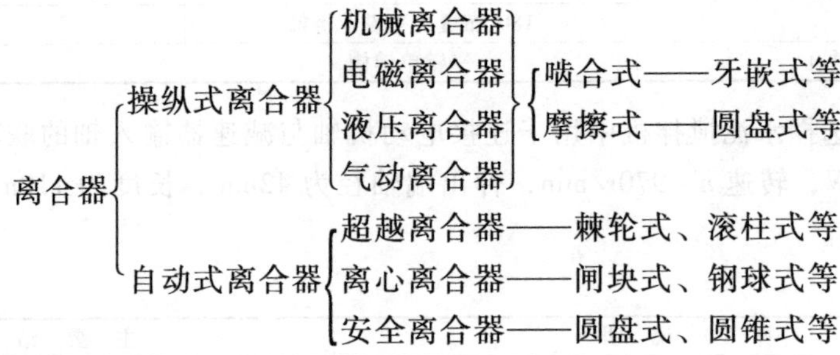

二、常用的离合器

1. 牙嵌离合器

牙嵌离合器由两个端面有牙的半离合器组成，见图 14-15a。一个半离合器 1 固定在主动轴上，另一个半离合器 2 用导向平键或花键与从动轴相连接。通过操纵机构使半离合器 2 在从动轴上移动，从而实现两轴的接合与分离。对中环 5 的作用是保证两轴能够对中。

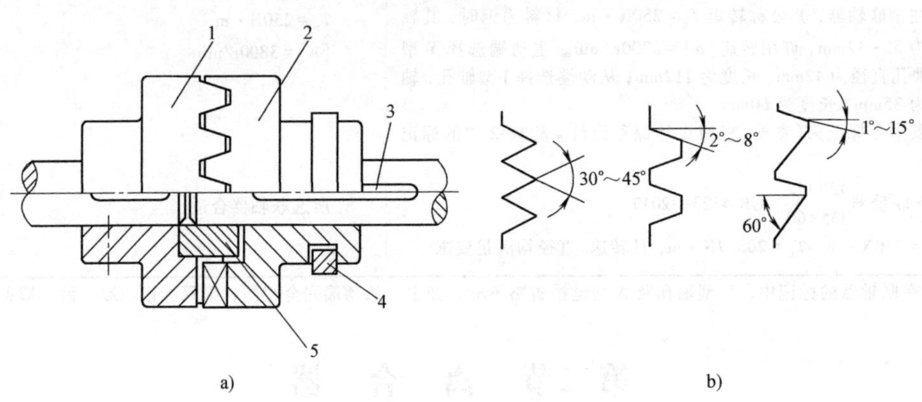

图 14-15 牙嵌离合器

1、2—半离合器 3—导向键 4—操纵滑环 5—对中环

牙嵌离合器常用的牙形有三角形、梯形、锯齿形等，见图 14-15b。三角形牙传递转矩小；梯形牙强度高，可传递较大的转矩，能自动补偿牙的磨损与间隙，应用广泛；锯齿形牙的强度更高，能传递的转矩也更大，但只能传递单向转矩。

牙嵌离合器的优点是结构简单、尺寸小、接合可靠，能传递较大的转矩，故应用较多。但只能在两轴不转动或转速差很小时进行接合，否则，接合时牙齿之间必将产生剧烈的冲击。

牙嵌离合器的规格型号和主要尺寸可查阅《机械设计手册》。

2. 圆盘摩擦离合器

圆盘摩擦离合器有单盘式（图 14-16）和多盘式（图 14-17）两种类型。圆盘摩擦离合器的主动摩擦盘固定在主动轴上，从动摩擦盘安装在从动轴上。工作时，依靠主、从动盘接触面之间的摩擦力实现两轴的接合并传递转矩。

在图 14-16 所示的单盘式摩擦离合器中，摩擦盘 3 用平键安装在主动轴上，摩擦盘 4 用导向平键安装在从动轴上。通过操纵机构将从动摩擦盘 4 推向主动摩擦盘 3，并施加轴向力 F_Q，使主、从动摩擦盘相互压紧，靠由此产生的摩擦力实现两轴的接合；如撤掉轴向力 F_Q，则两轴分离。单盘式摩擦离合器的承载能力较小，多用于轻型机械（如包装机械、纺织机械）中。

图 14-17 所示为多盘式摩擦离合器。其中主动轴套筒 2 固定在主动轴上，套筒 5 固定在从动轴上。外摩擦盘 3（图 14-17b）的外圆上有凸牙，与主动轴套筒 2 孔内的凹槽构成类似花键的连接。内摩擦盘 4（图 14-17c）的内孔中也有凸牙，与从动轴套筒 5 外圆上的凹槽也构成类似花键的连接。安装时将内、外摩擦盘间隔布置。当操纵装置向左推动滑套环 7 时，通过杠杆 6 给摩擦盘施加轴向力 F_Q，使内、外摩擦盘之间的各结合面都产生正压力，靠由此产生的摩擦力实现两轴的接合。向右推动滑套环时，轴向力 F_Q 被撤掉，实现两轴的分离。

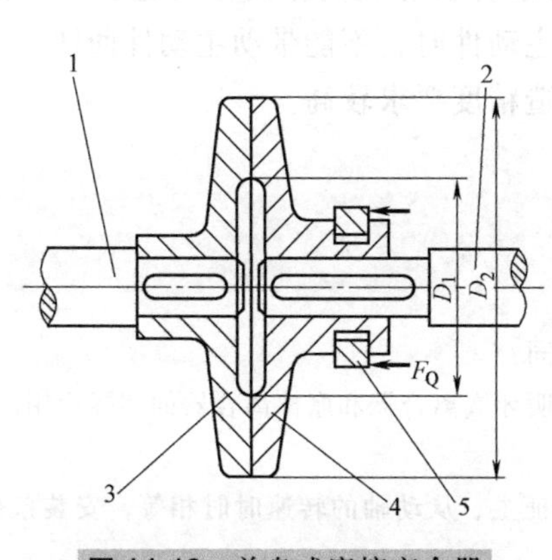

图 14-16　单盘式摩擦离合器

1—主动轴　2—从动轴　3、4—摩擦盘　5—操纵环

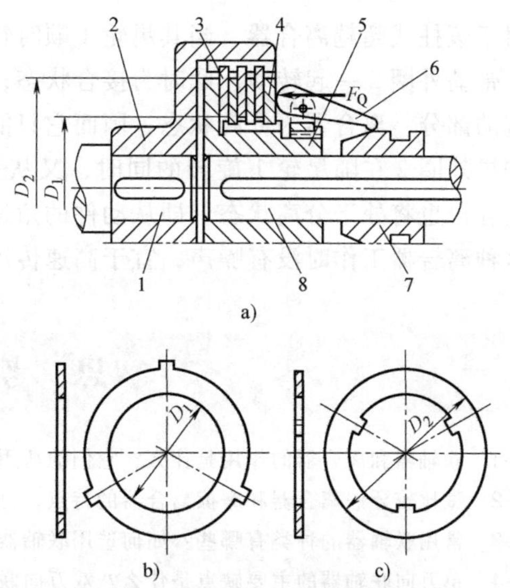

图 14-17　多盘式摩擦离合器

1—主动轴　2—主动轴套筒　3—外摩擦盘　4—内摩擦盘　5—从动轴套筒　6—杠杆　7—滑套环　8—从动轴

除了圆盘式以外，摩擦离合器还有圆锥式、闸带式、闸块式等形式。

与牙嵌离合器比较，摩擦离合器具有下列优点：①在任何不同转速下两轴都可以进行接合；②过载时摩擦面间将发生打滑，可以防止损坏其他零件；⑧接合较平稳，冲击和振动较小。但是，在正常接合过程中，从动轴转速从零逐渐加速到主动轴的转速，因而两摩擦面间不可避免地会发生相对滑动，产生摩擦，导致温度升高，并引起摩擦片的磨损。

3. 超越离合器

超越离合器利用主从动轴的相对转动方向，实现两轴的接合与分离。常用的超越离合器有棘轮超越离合器和滚柱式超越离合器，分别如图 14-18 和图 14-19 所示。棘轮超越离合器构造简单，对制造精度要求低，在速度较低的传动中应用广泛。

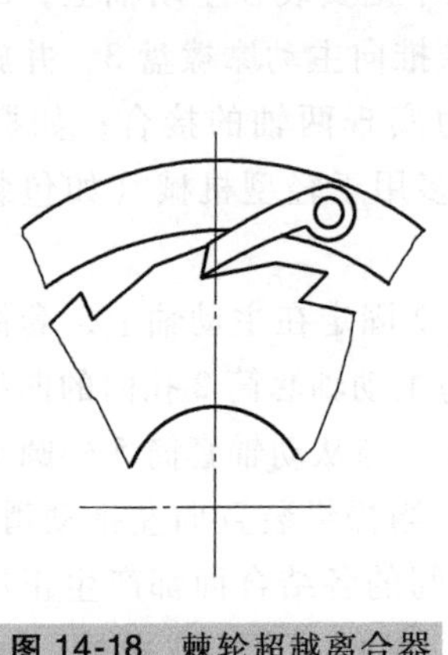

图 14-18 棘轮超越离合器

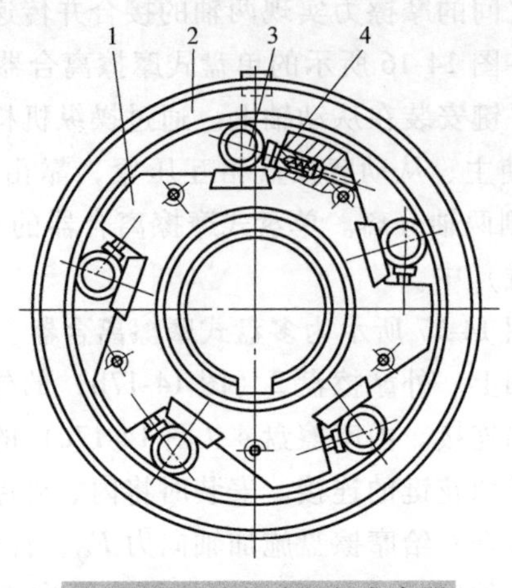

图 14-19 滚柱式超越离合器

1—星轮 2—外圈 3—滚柱 4—弹簧柱

对于滚柱式超越离合器，当其星轮 1 顺时针方向转动时，滚柱 3 受摩擦力作用被楔紧在槽内，带动外圈 2 一起转动，此时为接合状态；当星轮 1 逆时针方向转动时，滚柱 3 处在槽中较宽的部分，离合器为分离状态，因而它只能传递单向的转矩。

如果外圈 2 在随星轮 1 旋转的同时，又从另一运动系统获得旋向相同但转速较大的运动，离合器也将处于分离状态，即从动件的角速度超过主动件时，不能带动主动件回转。

这种离合器工作时没有噪声，宜于高速传动，但制造精度要求较高。

思 考 题

14-1 联轴器和离合器的作用是什么？它们的功用有什么不同？

14-2 试比较牙嵌离合器和摩擦离合器的特点，分别举例说明牙嵌离合器和摩擦离合器的实际应用。

14-3 常用联轴器的种类有哪些？如何选用联轴器？

14-4 单万向联轴器的主要缺点是什么？双万向联轴器要保证主、从动轴的转速时时相等，安装条件是什么？

习 题

14-1 离心式水泵与电动机之间用凸缘联轴器相连。已知：电动机功率 $P=22\text{kW}$，转速 $n=1470\text{r/min}$，外伸端轴径 $d=48\text{mm}$，水泵外伸端轴径 $d=42\text{mm}$。试选择联轴器的型号。

14-2 试选择某运输机中连接电动机与齿轮减速器输入轴的联轴器。已知电动机外伸端轴径 $d=38\text{mm}$，长度 $L=80\text{mm}$，转速 $n=960\text{r/min}$，实际最大输出功率 $P=4\text{kW}$，减速器输入轴端的直径 $d=40\text{mm}$。

第十五章

弹　簧

第一节　概　　述

一、弹簧的功用

弹簧是一种用途很广的弹性元件，它在机械设备、电器、仪表、交通运输工具等方面得到了广泛的应用。弹簧在外载荷作用下产生较大的弹性变形，撤掉载荷后又恢复原状，并在变形、恢复过程中储存、释放能量。

弹簧的主要功用有：①控制机构的运动，如内燃机气门、制动器、离合器上的弹簧等；②减振和缓冲，如各种车辆上的悬挂弹簧、联轴器中的弹簧等；③储存及输出能量，如钟表中的弹簧；④测量力或力矩的大小，如弹簧秤、测力器中的弹簧等。

二、弹簧的类型

按承受的载荷不同，弹簧可分为压缩弹簧、拉伸弹簧、扭转弹簧和弯曲弹簧；按弹簧外形的不同可分为螺旋弹簧、碟形弹簧、环形弹簧、板弹簧等；按材料的不同可分为金属弹簧和非金属弹簧等。表 15-1 列出了几种常用的弹簧。本章主要介绍拉伸、压缩圆柱螺旋弹簧及其设计方法，其他弹簧的设计请查阅有关文献。

三、弹簧特性线和刚度

弹簧载荷 F 和变形量 λ 之间的关系曲线称为弹簧特性线，如图 15-1 所示。对受压或受拉弹簧，图中的载荷是指压力或拉力，变形是指弹簧的压缩量或伸长量；对受扭转的弹簧，

表 15-1　几种常用弹簧

形状 载荷	螺　旋	其　他
拉伸	（图）	

（续）

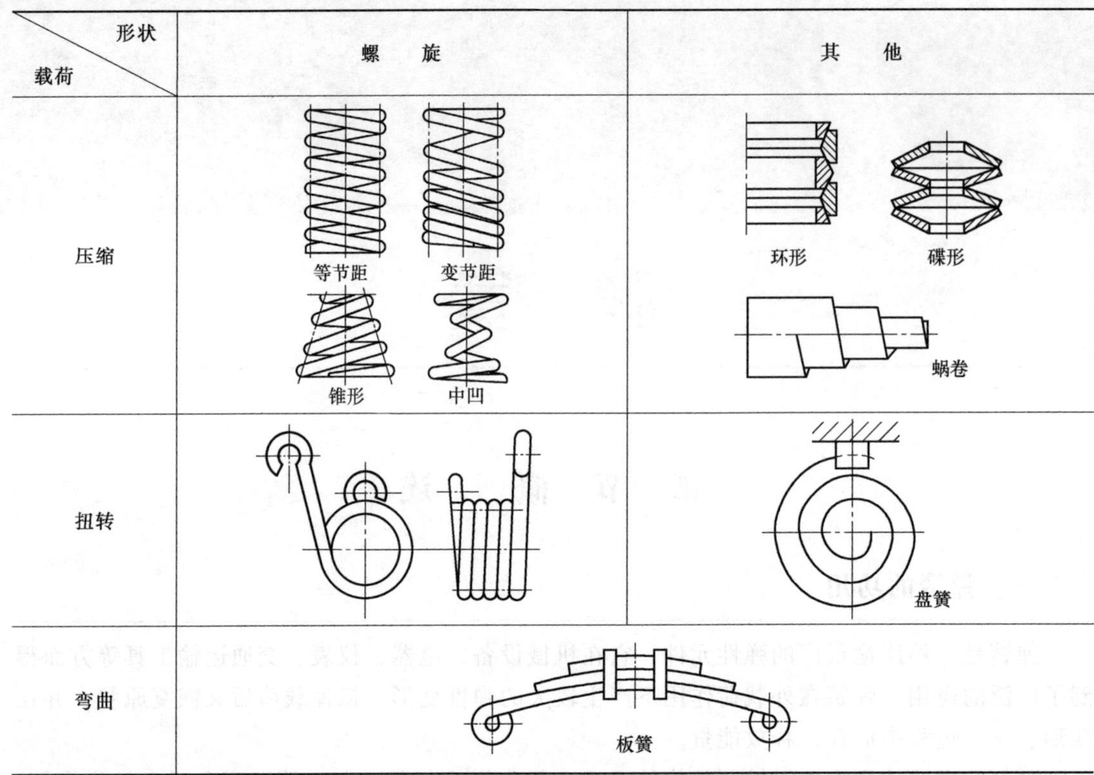

载荷＼形状	螺旋	其他
压缩	等节距 变节距 锥形 中凹	环形 碟形 蜗卷
扭转		盘簧
弯曲	板簧	

载荷是指转矩，变形是指扭转角。弹簧特性线有直线型、刚度渐增型、刚度渐减型或以上几种的组合。

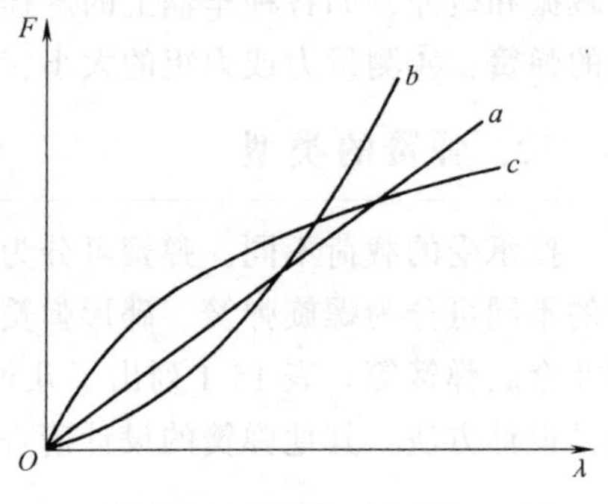

图 15-1 弹簧特性线

a—直线型 *b*—刚度渐增型 *c*—刚度渐减型

使弹簧产生单位变形所需要的载荷称为弹簧刚度，用c表示，即

$$c=\frac{\mathrm{d}F}{\mathrm{d}\lambda} \tag{15-1}$$

式中 F——压力或拉力（N）；

λ——弹簧的压缩量或伸长量（mm）。

弹簧特性线和刚度对选择弹簧类型和弹簧设计具有重要的作用。弹簧刚度在数值上就等于弹簧特性线上某点处切线的斜率。斜率越大，刚度也越大，弹簧越硬。反之弹簧越软。具有直线型特性线的弹簧，刚度值为一常数，称为定刚度弹簧；特性线为曲线或折线的弹簧，其刚度是变化的，称为变刚度弹簧。对于刚度渐增型特性线，其弹簧受载越大，弹簧刚度越大；对于刚度渐减型特性线，其弹簧受载越大，弹簧刚度越小。

非圆柱螺旋弹簧和变节距圆柱螺旋弹簧的特性线均为非线性特性线，为变刚度弹簧。

四、弹簧变形能

弹簧受载变形后所储存的能量称为变形能。当弹簧复原时，将其能量以弹簧功的形式释放出来。若加载曲线与卸载曲线重合（图 15-2a），表示弹簧变形能全部以做功的形式放出；若加载曲线与卸载曲线不重合（图 15-2b），则表示只有部分能量以做功形式放出，而另一部分能量因摩擦等原因而消耗。图 15-2b 中横竖线交叉的部分即为摩擦等消耗的能量。

显然，若需要弹簧的变形能做功，应选择两曲线尽可能重合的弹簧；若用弹簧来吸收振动，应选择加载曲线与卸载曲线所围面积大的弹簧，因为两曲线所围的面积越大，吸振能力越强。

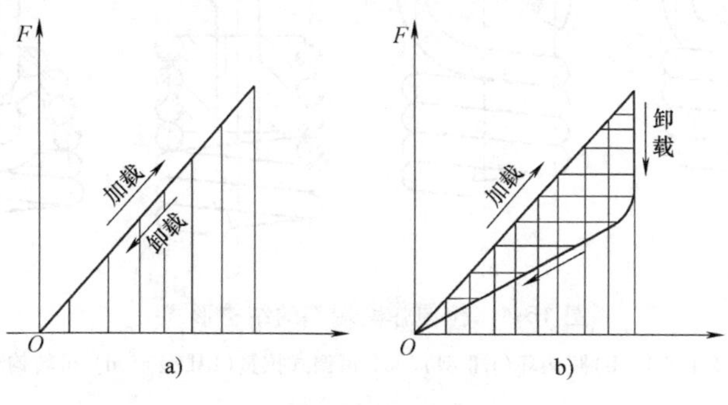

图 15-2 弹簧的变形能

第二节 圆柱螺旋弹簧的结构、材料、许用应力及制造

一、圆柱螺旋弹簧的结构

由于圆截面圆柱螺旋压缩弹簧和拉伸弹簧应用最广，所以下面主要介绍这两种弹簧的基本结构特点。

1. 压缩弹簧

压缩弹簧各圈之间留有一定的间距，以便受载后弹簧能够产生变形。为保证弹簧工作时轴线垂直于支承面，弹簧两端各有 0.75~1.25 圈的支承圈，支承圈不参与变形，其常见结构形式如图 15-3 所示。图 15-3a 所示为支承圈并紧磨平的结构形式，其支承圈与弹簧轴线的垂直性好，与支承座的接触好，因此对于受变载荷的重要弹簧，应采用这种形式。

a) b)

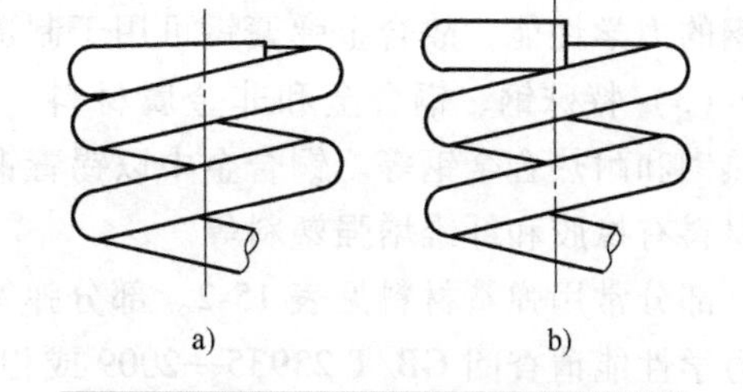

图 15-3 压缩弹簧支承圈的结构形式

a）并紧磨平端（YⅠ型） b）并紧不磨平端（YⅡ型）

2. 拉伸弹簧

拉伸弹簧在自由状态下各圈相互并紧，分为有初切应力和无初切应力两种。初切应力是由于卷制弹簧时扭转簧丝而产生的。有初切应力的拉伸弹簧，只有在外载荷产生的切应力大于初切应力后，弹簧才能产生变形。使弹簧产生变形的最小外载荷称为初拉力，用F_0 表示。

拉伸弹簧的端部做有挂钩，以便安装和加载。常见的端部结构形式如图 15-4 所示。图 15-4a、b 所示两种结构制造简单，但受载后钩环根部内侧会产生较大的应力，所以这种结构适用于簧丝直径 $d \leqslant 10$mm 及载荷不大的场合。图 15-4c、d 所示两种结构的成本较高，但克服了钩环根部应力较大的缺点，适用于变载荷的场合。

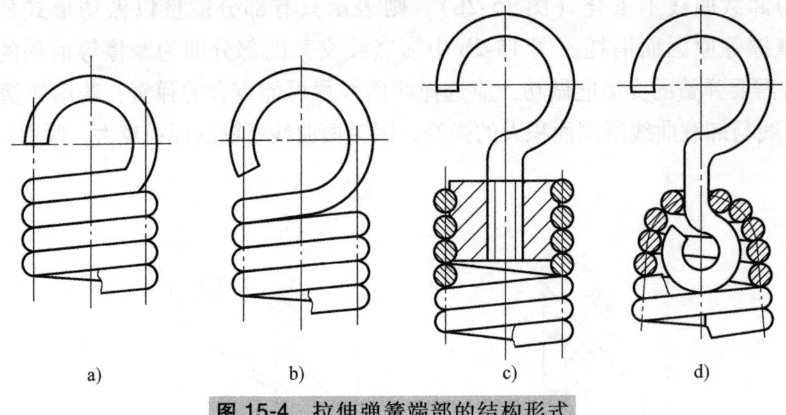

图 15-4 拉伸弹簧端部的结构形式

a)半圆钩环(LⅠ型) b)圆钩环(LⅡ型) c)可调式拉簧(LⅦ型) d)可转钩环(LⅧ型)

二、弹簧材料和许用应力

弹簧的性能和寿命在很大程度上取决于弹簧的材料。由于弹簧主要在动载荷作用下工作，因此要求弹簧材料有较高的抗拉强度、屈服强度、疲劳强度和足够的冲击韧性和塑性。对于特定的工作环境，还可能要求耐蚀性和耐热性，此外还应具有良好的热处理性能。

弹簧材料的选取应考虑弹簧的功用和工作情况（载荷性质、工作环境、重要程度）。弹簧常用的材料主要有以下几种：

（1）碳素弹簧钢　这种钢的优点是价格低廉。缺点是弹性极限较低，当簧丝直径（>15mm）较大时，弹簧不易淬透。碳素弹簧钢多用于制造尺寸较小和一般用途的弹簧。

（2）合金弹簧钢　常用的合金弹簧钢有：硅锰弹簧钢（如 60Si2MnA）、铬钒钢（50CrVA）等。由于在材料中加入了锰、硅、铬、钒等元素，大大提高了钢的淬透性，改善了钢的力学性能，故合金弹簧钢可用于制造在变载荷和冲击载荷作用下的弹簧。

（3）特殊钢、铜合金和非金属材料　弹簧常用的特殊钢有不锈弹簧钢、不锈耐酸钢、耐热钢和耐热合金钢等。铜合金中以锡青铜、硅青铜和铍青铜应用最普遍。弹簧常用的非金属材料有橡胶和纤维增强塑料等。

部分常用弹簧材料见表 15-2。部分弹簧钢丝的抗拉强度 R_m 见表 15-3。其他弹簧材料及其力学性能请查阅 GB/T 23935—2009 或相关资料。弹簧材料的许用应力与弹簧的类型、材料的力学性能、簧丝直径和载荷性质等有关，见表 15-4。

表 15-2 部分常用弹簧材料（摘自 GB/T 23935—2009）

弹簧材料	牌号或组别	切变模量 $G/10^3$MPa	弹性模量 $E/10^3$MPa	推荐温度 /℃	特性及用途
碳素弹簧钢丝	B、C、D 级	78.5	206	-40~150	强度高，性能好。B 级用于低应力弹簧；C 级用于中等应力弹簧；D 级用于高应力弹簧
重要用途碳素弹簧钢丝	E、F、G 组				强度高，韧性好，用于重要用途的弹簧

（续）

弹簧材料	牌号或组别	切变模量 $G/10^3$ MPa	弹性模量 $E/10^3$ MPa	推荐温度 /℃	特性及用途
弹簧钢	50CrVA 60CrMnA	78.5	206	-40~210	强度高，耐高温，用于承受较重载荷的弹簧
	60Si2Mn 60Si2MnA			-40~250	较高的疲劳强度，广泛用于各种机械用弹簧
	55CrSiA 60Si2CrA				较高的疲劳性能，耐高温，用于较高工作温度下的弹簧
弹簧用不锈钢丝	A 组： 1Cr18Ni9 0Cr19Ni10	70	185	-200~290	耐腐蚀，耐高、低温，用于腐蚀或高、低温工作条件下的弹簧
	B 组： 1Cr18Ni9 0Cr18Ni10 C 组： 0Cr17Ni8Al	73	195		
铜及铜合金线材	QSi3-1 QSn4-3	40.2 39.2	93.1	-40~120 -250~120	有较高的耐腐蚀和防磁性能，用于机械或仪表等用弹性元件

表 15-3 部分弹簧钢丝的抗拉强度 R_m（摘自 GB/T 23935—2009） （MPa）

钢丝直径 d/mm	碳素弹簧钢丝			重要用途碳素弹簧钢丝			钢丝直径 d/mm	弹簧用不锈钢丝		
	B 级	C 级	D 级	E 组	F 组	G 组		A 组	B 组	C 组
1	1660	1960	2300	2020	2350	1850	1	1471	1863	1765
1.2	1620	1910	2250	1920	2270	1820	1.2	1373	1765	1667
1.4	1620	1860	2150	1870	2200	1780	1.4	1373	1765	1667
1.6	1570	1810	2110	1830	2160	1750	1.6	1324	1765	1569
1.8	1520	1760	2010	1800	2060	1700	1.8	1324	1667	1569
2	1470	1710	1910	17600	1970	1670	2	1324	1667	1569
2.2	1420	1660	1810	1720	1870	1620	2.2	—	1667	—
2.5	1420	1660	1760	1680	1770	1620	2.3	1275	—	1471
2.8	1370	1620	1710	1630	1720	1570	2.5	—	1569	—
3	1370	1570	1710	1610	1690	1570	6	1275	—	1471
3.2	1320	1570	1660	1560	1670	1570	2.9	1177	1569	1373
3.5	1320	1570	1660	1520	1620	1470	3	—	1471	—
4	1320	1520	1620	1480	1570	1470	3.2	1177		1373
4.5	1320	1520	1620	1410	1500	1470	3.5	1177	1471	1373
5	1320	1470	1570	1380	1480	1420	4	1177	1471	1373
5.5	1270	1740	1570	1330	1440	1400	4.5	1079	1471	1275
6	1270	1420	1520	1320	1420	1350	5	1079	1373	1275
6.3	1220	1420					5.5	1079	1373	1275
7	1170	1370					6	1079	1373	1275
8	1170	1370					6.5	981	1373	—
9	1130	1320					7	981	1275	—
10	1130	1320					8	981	1275	—
11	1080	1270					9		1275	—
12	1080	1270					10	—	1128	—
13	1030	1220					11	—	981	—
							12	—	883	—

注：表列抗拉强度 R_m 为材料标准的下限值。

表 15-4 圆柱螺旋弹簧的许用切应力 [τ]（摘自 GB/T 23935—2009）

（单位：MPa）

<table>
<tr><th rowspan="2">弹簧类型</th><th rowspan="2" colspan="2">载荷类型</th><th colspan="3">冷卷弹簧</th><th>热卷弹簧</th></tr>
<tr><th>碳素弹簧钢丝、重要用途碳素弹簧钢丝</th><th>弹簧用不锈钢丝</th><th>铜及铜合金线材</th><th>50CrVA、60CrMnA
60Si2Mn、60Si2MnA
55CrSiA、60Si2CrA</th></tr>
<tr><td rowspan="3">压缩弹簧</td><td colspan="2">静载荷</td><td>$0.45R_m$</td><td>$0.38R_m$</td><td>$0.36R_m$</td><td>710~890</td></tr>
<tr><td rowspan="2">动载荷</td><td>有限疲劳寿命</td><td>$(0.38 \sim 0.45)R_m$</td><td>$(0.34 \sim 0.38)R_m$</td><td>$(0.33 \sim 0.36)R_m$</td><td>568~712</td></tr>
<tr><td>无限疲劳寿命</td><td>$(0.33 \sim 0.38)R_m$</td><td>$(0.30 \sim 0.34)R_m$</td><td>$(0.30 \sim 0.33)R_m$</td><td>426~534</td></tr>
<tr><td rowspan="3">拉伸弹簧</td><td colspan="2">静载荷</td><td colspan="3" rowspan="3">[τ]取为压缩弹簧的 80%</td><td>475~596</td></tr>
<tr><td rowspan="2">动载荷</td><td>有限疲劳寿命</td><td>405~507</td></tr>
<tr><td>无限疲劳寿命</td><td>356~447</td></tr>
</table>

注：1. R_m为材料的抗拉强度，取材料标准的下限值。

2. 当应力比（循环特性）r值大（亦即应力幅小）时，许用应力取大值；当r值小（亦即应力幅大）时，许用应力取小值。

3. 静载荷：恒定不变的或循环次数 $N<10^4$ 的载荷；动载荷：有变化且循环次数 $N \geqslant 10^4$ 的载荷；有限疲劳寿命：冷卷弹簧 $N \geqslant 10^4 \sim 10^6$ 或热卷弹簧 $N \geqslant 10^4 \sim 10^5$；无限疲劳寿命：冷卷弹簧 $N \geqslant 10^7$ 或热卷弹簧 $N \geqslant 2 \times 10^6$。当冷卷弹簧 $N=10^6 \sim 10^7$ 或热卷弹簧 $N=10^5 \sim 2 \times 10^6$ 时，可根据使用情况参照有限或无限疲劳寿命设计。

三、弹簧的制造

螺旋弹簧的制造要经过卷制、钩环制造、端部加工、热处理、工艺试验等过程，重要的弹簧还要进行强压处理等。

卷制分冷卷和热卷两种。簧丝直径 $d<8 \sim 10$mm 的弹簧，直接使用经过预先热处理（等温淬火、油淬火回火）的簧丝在常温下卷制，称为冷卷。冷卷弹簧一般需经低温回火消除内应力。对于直径较大的簧丝，要在 800~1000℃ 的温度下卷制，称为热卷。热卷采用退火状态的钢丝，卷成后必须进行淬火、中温回火等处理。

对于重要的压缩弹簧，还要将两端的支承圈在专用磨床上磨平，以保证两端的承压面与轴线垂直。拉伸弹簧为便于安装及加载，两端应制有挂钩。

为了提高弹簧的承载能力，可以对弹簧进行强压和喷丸处理。强压处理是将弹簧预先压缩到超过材料的屈服点并保持 6~48h 后卸载，使簧丝产生塑性变形，同时其表层产生与工作应力方向相反的剩余应力，从而抵消一部分工作应力，进而可提高弹簧的承载能力。经强压处理后的弹簧一般可提高承载能力约 20%。为了保持有益的剩余应力，强压处理后的弹簧不允许再进行任何热处理，也不宜在较高温度（150~450℃）、变载荷及有腐蚀性介质的条件下应用。受变载荷的弹簧，可用喷丸处理提高其疲劳寿命。对于重要的弹簧，还要进行工艺检验和冲击疲劳等试验。

第三节 圆柱螺旋弹簧的几何参数和承载过程

本章只介绍圆柱螺旋拉伸、压缩弹簧的设计，扭转弹簧的设计请查阅 GB/T 23935—2009。

一、几何参数

如图 15-5 所示，圆截面圆柱螺旋弹簧的主要几何尺寸有：簧丝直径 d、弹簧的内径 D_1、

外径 D_2、中径 D（内、外径的平均值）、节距 t、螺旋升角 α、自由高度（压缩弹簧）或长度（拉伸弹簧）H_0、总圈数 n_1、有效圈数 n、旋绕比（也称弹簧指数）C（$C=D/d$）等。圆柱螺旋弹簧的几何尺寸计算见表 15-5。设计时，按表 15-6 所列尺寸系列确定簧丝直径 d、中径 D 和有效圈数 n 等。

螺旋弹簧的旋向有左旋和右旋之分，无特殊要求时用右旋。

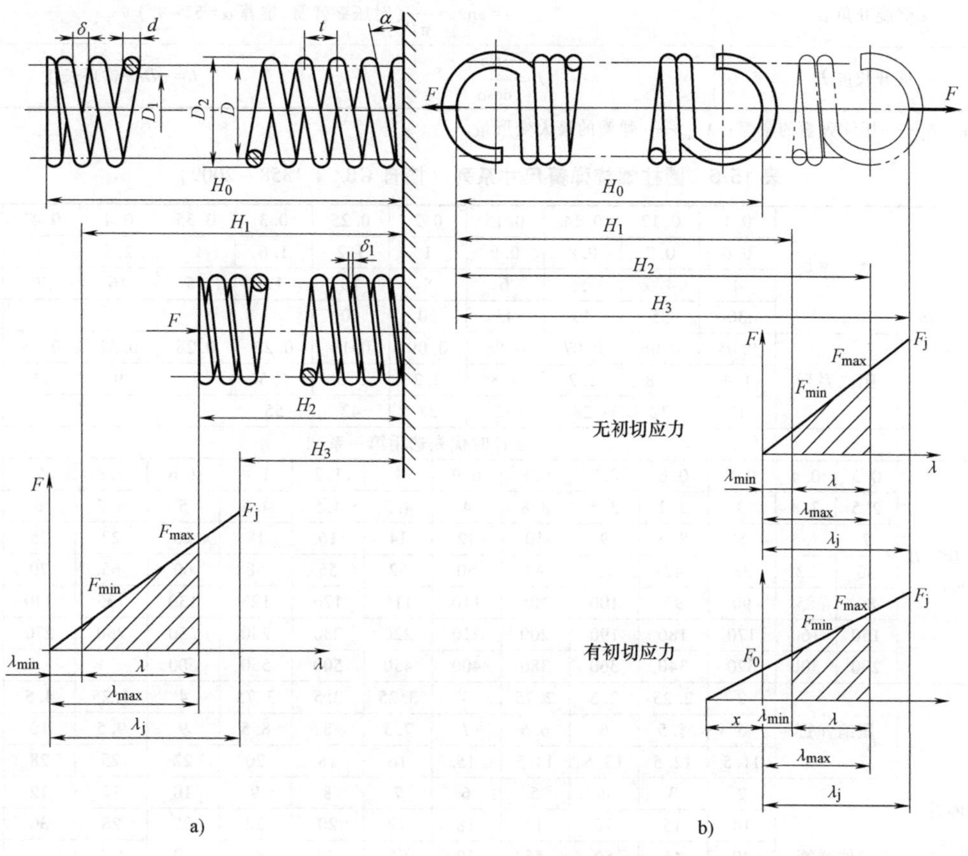

图 15-5　圆柱螺旋弹簧及其特性线

a）压缩弹簧　b）拉伸弹簧

表 15-5　圆柱螺旋弹簧的几何尺寸

几何参数	压缩弹簧	拉伸弹簧
簧丝直径 d	由强度计算确定	
旋绕比 C	$C=D/d$,根据设计要求选取	
弹簧中径 D	$D=Cd$	
弹簧外径 D_2	$D_2=D+d$	
弹簧内径 D_1	$D_1=D-d$	
间距 δ	$\delta=t-d$	$\delta=0$
节距 t	$t\geqslant\delta_1+d+\dfrac{\lambda_{max}}{n}\approx(0.28\sim0.5)D(\delta_1\geqslant0.1d)$	$t=d$
有效圈数 n	由刚度计算确定	
总圈数 n_1	$n_1=n+(1.5\sim2.5)$	$n_1=n$

（续）

几何参数	压缩弹簧	拉伸弹簧
弹簧自由高度 H_0	两端并紧磨平（YⅠ型） $H_0=nt+(n_1-n-0.5)d$ 两端并紧不磨平（YⅡ型） $H_0=nt+(n_1-n+1)d$	$H_0=nt+$钩环尺寸
螺旋升角 α	$\alpha=\arctan\dfrac{t}{\pi D}$（对压缩弹簧，推荐 $\alpha=5°\sim9°$）	
展开长度 L	$L=\dfrac{\pi D n_1}{\cos\alpha}$	$L=\pi Dn+$钩环长度

注：δ_1——压缩弹簧的余隙；λ_{max}——弹簧的最大变形量。

表 15-6 圆柱螺旋弹簧尺寸系列（摘自 GB/ T 1358—2009）

簧丝直径 d/mm												
簧丝直径 d/mm	第一系列	0.1	0.12	0.14	0.16	0.2	0.25	0.3	0.35	0.4	0.45	0.5
		0.6	0.7	0.8	0.9	1	1.2	1.6	2	2.5	3	3.5
		4	4.5	5	6	8	10	12	15	16	20	25
		30	35	40	45	50	60					
	第二系列	0.05	0.06	0.07	0.08	0.09	0.18	0.22	0.28	0.32	0.55	0.65
		1.4	1.8	2.2	2.8	3.2	5.5	6.5	7	9	11	14
		18	22	28	32	38	42	55				
	设计时优先选用第一系列											

弹簧中径 D /mm														
弹簧中径 D /mm	0.3	0.4	0.5	0.6	0.7	0.8	0.9	1	1.2	1.4	1.6	1.8	2	2.2
	2.5	2.8	3	3.2	3.5	3.8	4	4.2	4.5	4.8	5	5.5	6	6.5
	7	7.5	8	8.5	9	10	12	14	16	18	20	22	25	28
	30	32	38	42	45	48	50	52	55	58	60	65	70	75
	80	85	90	95	100	105	110	115	120	125	130	135	140	145
	150	160	170	180	190	200	210	220	230	240	250	260	270	280
	290	300	320	340	360	380	400	450	500	550	600			

有效圈数 n													
有效圈数 n	压缩弹簧	2	2.25	2.5	2.75	3	3.25	3.5	3.75	4	4.25	4.5	4.75
		5	5.5	6	6.5	7	7.5	8	8.5	9	9.5	10	10.5
		11.5	12.5	13.5	14.5	15	16	18	20	22	25	28	30
	拉伸弹簧	2	3	4	5	6	7	8	9	10	11	12	13
		14	15	16	17	18	19	20	22	25	28	30	35
		40	45	50	55	60	65	70	80	90	100		
		拉伸弹簧有效圈数除按表中规定外，由于两钩环相对位置不同，其尾数还可为 0.25、0.5、0.75											

压缩弹簧自由高度 H_0 /mm														
压缩弹簧自由高度 H_0 /mm	2	3	4	5	6	7	8	9	10	11	12	13	14	15
	16	17	18	19	20	22	24	26	28	30	32	35	38	40
	42	45	48	50	52	55	58	60	65	70	75	80	85	90
	95	100	105	110	115	120	130	140	150	160	170	180	190	200
	220	240	260	280	300	320	340	380	400	420	450	480	500	520
	550	580	600	620	650	680	700	720	750	780	800	850	900	950
	1000													

二、圆柱螺旋弹簧的承载过程

图 15-5a 中，H_0 是压缩弹簧在不受外载时的自由高度。压缩弹簧在安装时通常给弹簧一个预压力F_{min}，称为弹簧的最小载荷，与之相应，弹簧将产生最小变形 λ_{min}，此时弹簧的高度由 H_0 被压缩到 H_1。当弹簧承受最大工作载荷 F_{max}时，弹簧的最大变形量为 λ_{max}，此时

弹簧由 H_1 被压缩到 H_2。显然，$H_1-H_2=\lambda_{max}-\lambda_{min}=\lambda$，$\lambda$ 为弹簧的工作行程。F_j 为弹簧的极限载荷，在它的作用下，簧丝内的应力达到其材料的弹性极限，此时弹簧被压缩到 H_3，相应的变形量为 λ_j。描述这一承载过程的图线（图15-5a）即为弹簧的特性线。显然有

$$\frac{F_{min}}{\lambda_{min}}=\frac{F_{max}}{\lambda_{max}}=\frac{F_j}{\lambda_j}=\text{常量} \tag{15-2}$$

通常取 $F_{min}=(0.1\sim0.5)F_{max}$。$F_{max}$ 由机构的工作条件决定。为不失去直线型的特性关系，通常取 $F_{max}\leqslant 0.8F_j$。

图 15-5b 所示为拉伸弹簧的特性线，上图为无初切应力的弹簧特性线，下图为有初切应力的弹簧特性线。由于弹簧都是在弹性范围内工作，故可将有初切应力弹簧的特性线延长至与横轴相交（即增加一段假想的变形量 x），则其特性线类似于无初切应力的弹簧。图 15-6 给出了推荐的拉伸弹簧的初切应力 τ_c，则初拉力 F_0 的计算式为

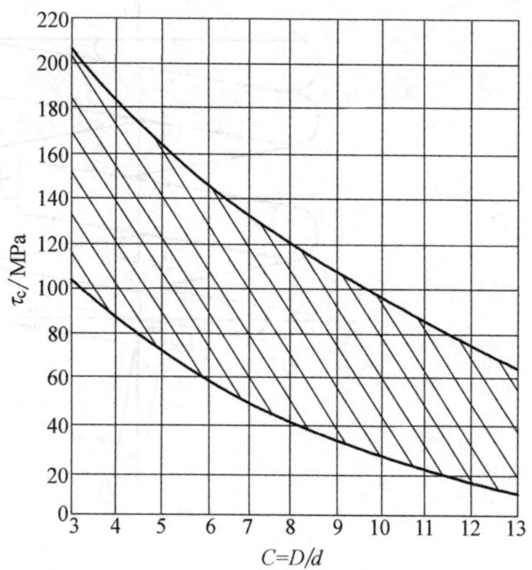

图 15-6　推荐的拉伸弹簧初切应力 τ_c

$$F_0=\frac{\pi d^3}{8D}\tau_c \tag{15-3}$$

式中　d——簧丝直径（mm）；

　　　D——弹簧中径（mm）。

第四节　圆柱螺旋弹簧的设计计算

一、强度计算

1. 弹簧的受力分析

圆柱螺旋拉伸、压缩弹簧均沿其轴线方向受载和变形，两者工作情况相似，下边以压缩弹簧为例进行受力分析。

如图 15-7 所示，在外载荷（轴向力）F 作用下，弹簧簧丝的受力可以视为一曲梁的受力。在过弹簧轴线的 A—A 截面上，作用有剪力 F 和转矩 $T=F\dfrac{D}{2}$。由于垂直于簧丝轴线的 B—B 截面与 A—A 截面的夹角等于螺旋升角 α，故在截面 B—B 上作用有转矩 $T'=T\cos\alpha$，切向力 $F_Q=F\cos\alpha$，法向力 $F_N=F\sin\alpha$ 和弯矩 $M=T\sin\alpha$。因螺旋升角 $\alpha<10°$，可近似取 $\sin\alpha=0$，$\cos\alpha=1$。这样，在 α 较小时簧丝截面上主要承受转矩 T'（$\approx T$）和切向力 F_Q（$\approx F$）。

当拉伸弹簧受轴向拉力 F 时，簧丝截面上的受载情况和压缩弹簧相同，只是转矩 T' 和切向力 F_Q 的方向均与压缩弹簧相反。

2. 簧丝的应力分析

簧丝截面上的应力主要是由转矩 T 引起的扭切应力和剪力 F 引起的剪切应力。假定簧

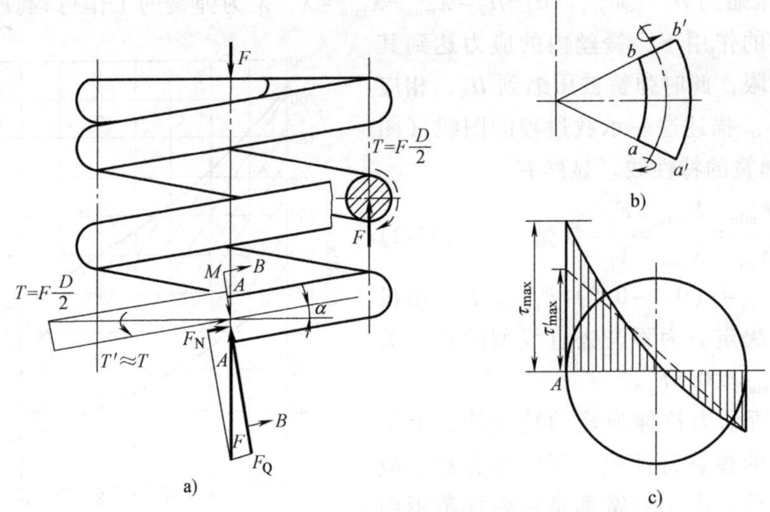

图 15-7 圆柱螺旋弹簧的受力分析

丝为直杆，则簧丝截面上的应力分布如图 15-7c 中虚线所示，在簧丝内侧（图中 A 点）产生的最大应力为

$$\tau'_{\max}=\frac{T}{W_{\mathrm{T}}}+\frac{F}{A}$$

式中 W_{T}——簧丝截面抗扭截面系数（mm^3）；

A——簧丝截面面积（mm^2）。

将圆形截面的有关参数代入上式可得

$$\tau'_{\max}=\frac{FD/2}{\pi d^3/16}+\frac{F}{\pi d^2/4}=\frac{8FD}{\pi d^3}\left(1+\frac{d}{2D}\right)=\frac{8FD}{\pi d^3}\left(1+\frac{1}{2C}\right)$$

式中 $C=\dfrac{D}{d}$ ——旋绕比（又称弹簧指数）。

考虑实际螺旋弹簧的簧丝是曲杆（图 15-7b），簧丝内外侧长度不等（$\overline{a'b'}>\overline{ab}$），在转矩 T 的作用下，内侧应变大于外侧，故内侧应力大于式（15-4）的计算值，并且簧丝截面上的应力不再是线性分布，而是如图 15-7c 中实线所示的曲线分布。根据理论推导，发生在 A 点的最大切应力为

$$\tau_{\max}=K\frac{8FD}{\pi d^3}=K\frac{8FC}{\pi d^2} \tag{15-4}$$

式中

$$K=\frac{4C-1}{4C-4}+\frac{0.615}{C} \tag{15-5}$$

K 称为曲度系数。由于$\dfrac{8FD}{\pi d^3}$是直杆受纯转矩 T 时的扭切应力，故可把 K 理解为考虑簧丝曲率和剪切应力对扭切应力影响的修正系数。

旋绕比 C 越小，曲率越大，簧丝中应力分布越不均匀，且卷制困难，同时弹簧的刚度［参见式（15-13）］增大，弹簧变硬。反之，弹簧较软，易颤动。综合考虑，可按表 15-7 选

取 C 值。

表 15-7　旋绕比 C 的推荐值

d/mm	0.2~0.5	0.5~1.1	1.1~2.5	2.5~7	7~16	>16
C	7~14	5~12	5~10	4~9	4~8	4~6

3. 强度计算

簧丝强度计算的目的是确定防止破坏所需的簧丝直径 d。

根据式（15-4）建立强度条件为

$$\tau_{\max}=K\frac{8FD}{\pi d^3}\leqslant[\tau] \tag{15-6}$$

将旋绕比 $C=\frac{D}{d}$ 代入式（15-6），可得簧丝直径的设计计算式为

$$d\geqslant 1.6\sqrt{\frac{KFC}{[\tau]}} \tag{15-7}$$

式中　K——曲度系数，由式（15-5）计算；

C——旋绕比，查表 15-7 确定；

F——外载荷（N）；

$[\tau]$——许用切应力（MPa），由表 15-4 查取。

应当注意，需将弹簧的最大工作载荷 $F_{\max}$ 代入式（15-7）进行计算。

在应用式（15-7）时，因旋绕比 C 和许用切应力 $[\tau]$ 均与簧丝直径 d 有关，所以需要初设簧丝直径（用 d_0 表示），根据 d_0 确定 C 和 $[\tau]$ 后，按式（15-7）计算簧丝直径 d。如 d 与初设的 d_0 相等或很接近，则可从簧丝直径系列（表 15-6）中确定 d 值；若两者相差较大，则应参考计算的 d 重设 d_0 值，重新计算，直到两者比较接近为止。但是，当簧丝直径对所选弹簧材料的 R_m 值影响不大时（如 50CrVA），则可直接由式（15-7）计算簧丝直径 d。

二、刚度计算

刚度计算的目的在于确定弹簧圈数。如图 15-8 所示，弹簧受载后，长度为 dS 的簧丝将因转矩的作用而产生扭转变形 dφ，从而使弹簧产生相应的微小轴向变形 dλ。扭转变形 dφ 为

$$\mathrm{d}\varphi=\frac{T\mathrm{d}S}{GI_{\mathrm{p}}}=\frac{F\frac{D}{2}\mathrm{d}S}{G\frac{\pi}{32}d^4}$$

式中　G——簧丝材料的切变模量（MPa）；

I_{p}——簧丝截面的极惯性矩（mm^4）。

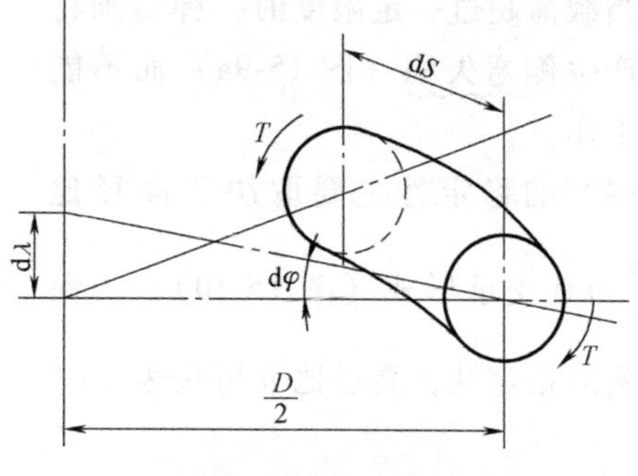

图 15-8　弹簧丝的变形

而
$$\mathrm{d}\lambda=\mathrm{d}\varphi\,\frac{D}{2}=\frac{F\frac{D}{2}\mathrm{d}S}{G\frac{\pi}{32}d^4}\,\frac{D}{2}$$

将上式积分，可得圆截面簧丝弹簧在外载荷 F 作用下所产生的变形量

$$\lambda=\frac{8FD^3n}{Gd^4}=\frac{8FC^3n}{Gd} \tag{15-8}$$

在最大载荷 F_{max} 作用下，弹簧将产生最大变形量 λ_{max}：

压缩弹簧和无初切应力的拉伸弹簧

$$\lambda_{max}=\frac{8F_{max}C^3n}{Gd} \tag{15-9}$$

有初切应力的拉伸弹簧

$$\lambda_{max}=\frac{8(F_{max}-F_0)C^3n}{Gd} \tag{15-10}$$

式中 F_{max}——最大工作载荷（N）；

F_0——初拉力（N）；

d——簧丝直径（mm）；

n——弹簧圈数。

根据式（15-9）和式（15-10），可求得所需弹簧的有效圈数：

压缩弹簧和无初切应力的拉伸弹簧

$$n=\frac{Gd\lambda_{max}}{8F_{max}C^3} \tag{15-11}$$

有初切应力的拉伸弹簧

$$n=\frac{Gd\lambda_{max}}{8(F_{max}-F_0)C^3} \tag{15-12}$$

如果 $n\leqslant15$，则取 n 为0.5的倍数；如果 $n>15$，则取 n 为整数。弹簧的有效圈数最少为2。

由式（15-8）得弹簧刚度

$$c=\frac{F}{\lambda}=\frac{Gd}{8C^3n} \tag{15-13}$$

三、稳定性计算

对于压缩弹簧，如其高度较大，当载荷超过一定限度时，弹簧则将由于产生侧弯失稳（图15-9a）而不能正常工作。

弹簧的稳定性主要取决于高径比 $b=\frac{H_0}{D}$ 和其支承形式（图15-10）。为保持弹簧的稳定性，高径比 b 可按表15-8取值。

若高径比 b 值超出表15-8所列范围，则必须进行稳定性验算，应满足的条件为

$$F_c=C_bcH_0>F_{max} \tag{15-14}$$

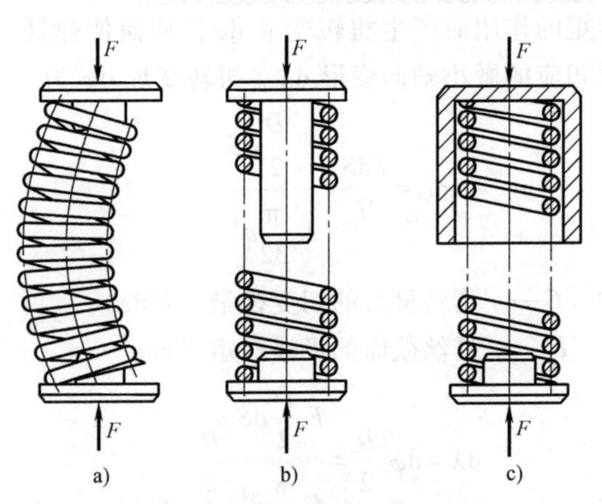

图15-9 受压弹簧的稳定性

a）侧弯失稳 b）加装导向杆 c）加装导向套

式中　F_c——不失稳的临界载荷（N）；

C_b——不稳定系数（图 15-11）；

c——弹簧刚度（N/mm）；

H_0——弹簧自由高度（mm）；

F_{max}——弹簧的最大载荷（N）。

表 15-8　高径比 b

弹簧的支承形式	两 端 固 定	一端固定，一端回转	两 端 回 转
b	≤5.3	≤3.7	≤2.6

如果不满足 $F_c>F_{max}$ 的要求，应重新选取参数，改变 b 值，提高 F_c 值，使其满足式（15-14），以保证弹簧的稳定性。若受结构限制不能改变参数，可在弹簧内加装导向杆（图 15-9b）或在弹簧外加装导向套（图 15-9c），以免弹簧受载时产生侧弯失稳。

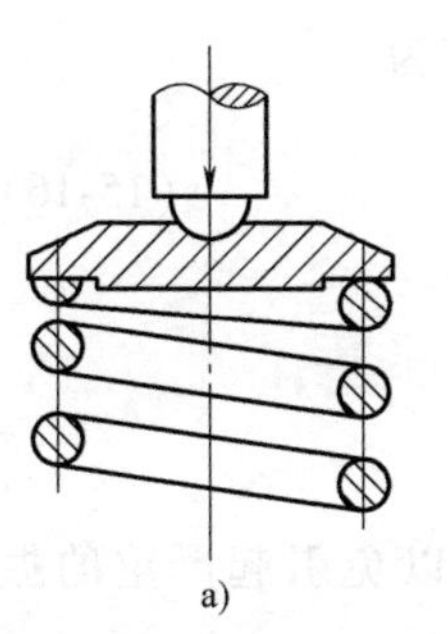

a)

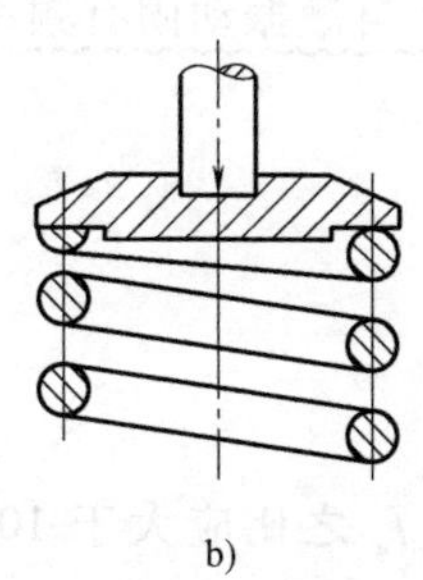

b)

图 15-10　压缩弹簧的支承形式

a）回转支承　b）固定支承

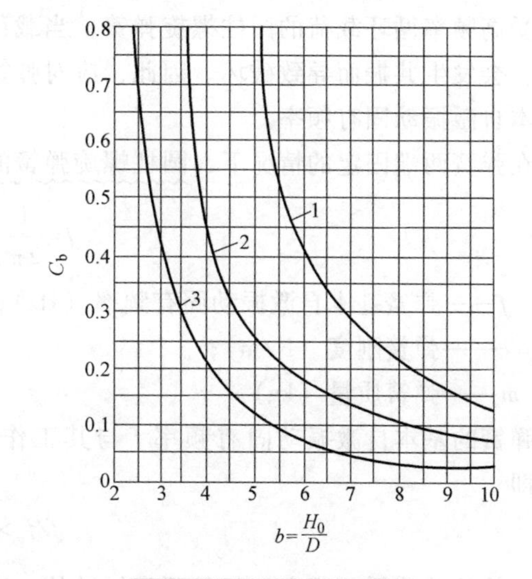

图 15-11　不稳定系数 C_b

1—两端固定　2— 一端固定，一端回转　3—两端回转

四、疲劳强度验算

弹簧承受变载荷时，除根据最大工作载荷 F_{max} 及最大变形量 λ_{max} 计算簧丝直径和弹簧圈数外，通常还要验算其疲劳强度。

根据弹簧的实际工作情况，工作应力多数为最小应力（安装应力）保持不变的循环变应力，与此对应的疲劳强度安全系数 S 计算式为

$$S=\frac{\tau_0+0.75\tau_{min}}{\tau_{max}}\geqslant S_{min} \tag{15-15}$$

$$\tau_{min}=\frac{8KCF_{min}}{\pi d^2},\quad \tau_{max}=\frac{8KCF_{max}}{\pi d^2}$$

式中 τ_{min}、τ_{max}——弹簧的最小切应力和最大切应力（MPa）；

F_{min}、F_{max}——弹簧的最小工作载荷和最大工作载荷（N）；

τ_0——弹簧材料的脉动循环剪切疲劳极限（MPa），由表 15-9 查取；

S_{min}——最小安全系数，$S_{min}=1.1\sim1.3$。

表 15-9 弹簧材料的脉动循环剪切疲劳极限τ_0

载荷循环次数 N	10^4	10^5	10^6	10^7
τ_0/MPa	$0.45R_m$	$0.35R_m$	$0.33R_m$	$0.30R_m$

注：1. 此表适用于重要用途碳素弹簧钢丝、油淬火退火弹簧钢丝、弹簧用不锈钢丝和铍青铜线。

2. R_m 为材料的抗拉强度（MPa）。

3. 对硅青铜丝和不锈钢丝，$N=10^4$ 时的 τ_0 值取为 $0.35R_m$。

五、振动验算

受高频率循环载荷的圆柱螺旋弹簧，当载荷循环频率接近或等于弹簧的自激振动固有频率时，会发生共振而导致破坏。因此，应对弹簧进行振动验算，以保证载荷激振频率远低于其基本自激振动固有频率。

在弹簧两端固定的情况下，圆柱螺旋弹簧的基本自激振动固有频率 f 为

$$f=\frac{1}{2\pi}\sqrt{\frac{c}{m}} \tag{15-16}$$

式中 f——弹簧基本自激振动固有频率（Hz）；

c——弹簧刚度（N/m）；

m——弹簧质量（kg）。

弹簧的基本自激振动固有频率 f 与其工作频率 f_g 之比应大于 10，以免引起严重的振动，即

$$f/f_g>10 \tag{15-17}$$

弹簧的载荷循环频率一般是预先知道的，当弹簧的自激振动固有频率不能满足上述条件时，可增大弹簧的刚度 c 或减小弹簧的质量 m，重新进行验算。

例 设计某纺织机械上的压缩弹簧，工作时最小载荷为 200N，最大载荷为 700N，要求弹簧工作行程 $\lambda=14$mm，弹簧安装后两端固定。

解

计算与说明	主要结果
1. 选择材料	
由于载荷不大，属于中、小弹簧，故选用 C 级碳素弹簧钢丝，纺织机工作时间长，按无限疲劳寿命设计。初取簧丝直径 $d_0=5$mm，由表 15-3 查得，$R_m=1470$MPa，由表 15-4 取$[\tau]=0.35R_m$，所以许用切应力$[\tau]=0.35\times1470\text{MPa}=514.5\text{MPa}$	C 级 $d_0=5$mm $[\tau]=514.5$MPa
2. 计算曲度系数 K	
由表 15-7 依据 $d_0=5$mm，取旋绕比 $C=5.5$	$C=5.5$
由式(15-5)得 $K=\frac{4C-1}{4C-4}+\frac{0.615}{C}=\frac{4\times5.5-1}{4\times5.5-4}+\frac{0.615}{5.5}=1.28$	$K=1.28$

（续）

计 算 与 说 明	主 要 结 果
3. 计算簧丝直径 d 由式(15-7)得 $$d\geqslant 1.6\sqrt{\frac{KFC}{[\tau]}}=1.6\sqrt{\frac{1.28\times700\times5.5}{514.5}}\text{mm}=4.95\text{mm}$$ 与所选 $d_0=5\text{mm}$ 相近，由表 15-6 取 $d=5\text{mm}$（符合直径系列且与计算值 4.95 仅差 1%，可用）	$d=5\text{mm}$
4. 计算弹簧中径 D 和旋绕比 C $D=Cd=5.5\times5\text{mm}=27.5\text{mm}$，由表 15-6 取 $D=28\text{mm}$	取 $D=28\text{mm}$
$$C=\frac{D}{d}=\frac{28}{5}=5.6$$	$C=5.6$
5. 求所需弹簧圈数 n 1）计算弹簧的最大变形量 λ_{max} 由于 $\frac{F_{max}}{\lambda_{max}}=\frac{F_{max}-F_{min}}{\lambda}$ 所以 $\lambda_{max}=\frac{\lambda F_{max}}{F_{max}-F_{min}}=\frac{14\times700}{700-200}\text{mm}=19.6\text{mm}$	$\lambda_{max}=19.6\text{mm}$
由表 15-2 查得切变模量 $G=78500\text{MPa}$	$G=78500\text{MPa}$
2）确定弹簧圈数　由式(15-11)得 $$n=\frac{Gd\lambda_{max}}{8F_{max}C^3}=\frac{78500\times5\times19.6}{8\times700\times5.6^3}=7.82$$	$n=8$
由表 15-6 取 $n=8$，取端部结构形式为 YⅠ，两端各有 1 圈为支承圈，则 总圈数　$n_1=n+2=8+2=10$	$n_1=10$
6. 验算稳定性 1）确定弹簧节距 t 取弹簧的余隙 $\delta_1=0.1d=0.1\times5\text{mm}=0.5\text{mm}$ $$t\geqslant\left(\delta_1+d+\frac{\lambda_{max}}{n}\right)=\left(0.5+5+\frac{19.6}{8}\right)\text{mm}=7.95\text{mm}$$ 取 $t=10\text{mm}$	$t=10\text{mm}$
2）计算弹簧的自由高度 H_0 $H_0=nt+(n_1-n-0.5)d=[8\times10+(10-8-0.5)\times5]\text{mm}=87.5\text{mm}$ 由表 15-6 取 $H_0=90\text{mm}$	$H_0=90\text{mm}$
3）判断稳定性 高径比　$b=\frac{H_0}{D}=\frac{90}{28}=3.21$	$b=3.21$
由表 15-8 可知，对于两端固定支承，$b<5.3$ 弹簧不会失稳，故此弹簧稳定	结论：此弹簧稳定
7. 弹簧结构设计（略）	

思 考 题

15-1 金属弹簧按形状和承受载荷的不同，有哪些主要类型？哪种弹簧应用最广？

15-2 什么是弹簧的特性曲线？什么是定刚度弹簧？什么是变刚度弹簧？

15-3 什么样的弹簧吸振能力强？

15-4 对制造弹簧的材料有哪些主要要求？常用金属材料有哪些？

15-5 旋绕比 C 的大小对圆柱螺旋拉伸、压缩弹簧的性能有怎样的影响？

15-6 为什么要考虑弹簧的稳定性？稳定性和哪些因素有关？为了保证弹簧的稳定，可以采用哪些措施？

习 题

15-1 有两个圆柱螺旋压缩（拉伸）弹簧，一个的有效圈数是另一个的 2/3，其他参数相同。问：(1) 若长弹簧在载荷 F 作用下弹簧丝内最大切应力为 τ，则短弹簧在同样载荷作用下弹簧丝内最大切应力 τ_1 是多少？(2) 若长弹簧的极限载荷是 F_j，则短弹簧的极限载荷 F_{j1} 是多少？(3) 若长弹簧在载荷 F 作用下的变形量为 λ，则短弹簧在同样载荷作用下的变性量 λ_1 是多少？(4) 若长弹簧的刚度为 c，则短弹簧的刚度 c_1 是多少？

15-2 一圆柱螺旋压缩弹簧，外径 $D_2=33\text{mm}$，簧丝直径 $d=3\text{mm}$，有效圈数 $n=5$，弹簧材料为 C 级碳素弹簧钢丝，最大工作载荷 $F_{max}=100\text{N}$，载荷有冲击。试校核该弹簧的强度并计算在最大工作载荷下弹簧的变形量 λ_{max}。

15-3 设计一圆柱螺旋压缩弹簧。已知其最小工作载荷 $F_{min}=150\text{N}$，最大工作载荷 $F_{max}=250\text{N}$，工作行程 $\lambda=5\text{mm}$，要求弹簧外径 $D_2<16\text{mm}$，该弹簧为不经常工作的一般用途弹簧，两端均为固定端。

15-4 设计一有初切应力的圆柱螺旋拉伸弹簧。已知工作行程 $\lambda=10\text{mm}$，在最大工作载荷 $F_{max}=340\text{N}$ 作用下的变形量 $\lambda_{max}=17\text{mm}$，该弹簧为不经常工作的一般用途弹簧，要求弹簧外径 $D_2<24\text{mm}$。

参考文献

[1] 濮良贵，等. 机械设计［M］. 9 版. 北京：高等教育出版社，2013.
[2] 邱宣怀. 机械设计［M］. 4 版. 北京：高等教育出版社，1997.
[3] 吴宗泽，等. 机械设计［M］. 2 版. 北京：高等教育出版社，2009.
[4] 吴克坚，等. 机械设计［M］. 北京：高等教育出版社，2003.
[5] 朱文坚，等. 机械设计［M］. 3 版. 北京：高等教育出版社，2015.
[6] 张策. 机械原理与机械设计［M］. 2 版. 北京：机械工业出版社，2011.
[7] 李良军. 机械设计［M］. 北京：高等教育出版社，2010.
[8] 刘莹，等. 机械设计教程［M］. 2 版. 北京：机械工业出版社，2007.
[9] 王德伦，等. 机械设计［M］. 北京：机械工业出版社，2015.
[10] 龙振宇. 机械设计［M］. 北京：高等教育出版社，2002.
[11] D·慕斯. 机械设计［M］. 孔建益，译. 北京：机械工业出版社，2015.
[12] Shigley J E, Mischke C R. Mechanical Engineering Design［M］. 6 版. 北京：机械工业出版社，2002.
[13] Spotts M F, Shoup T E. Design of Machine Elements［M］. 7 版. 北京：机械工业出版社，2002.
[14] Mott R L. Machine Elementsin Mechanical Design［M］. 3 版. 北京：机械工业出版社，2002.
[15] 《机械设计手册》编委会. 机械设计手册. 齿轮传动［M］. 北京：机械工业出版社，2007.
[16] 罗伯特·诺顿. 机械设计［M］. 黄平，等译. 北京：机械工业出版社，2016.
[17] 孙志礼，等. 机械设计［M］. 2 版. 北京：科学出版社，2015.
[18] 濮良贵，等. 机械设计学习指南［M］. 4 版. 北京：高等教育出版社，2001.
[19] 吴宗泽，等. 机械设计习题集［M］. 3 版. 北京：高等教育出版社，2002.
[20] 冯立艳，等. 机械设计课程设计［M］. 5 版. 北京：机械工业出版社，2015.
[21] 杨可桢，等. 机械设计基础［M］. 6 版. 北京：高等教育出版社，2013.
[22] 李建功. 机械设计基础［M］. 北京：机械工业出版社，2012.
[23] 李秀珍. 机械设计基础［M］. 4 版. 北京：机械工业出版社，2005.
[24] 吴宗泽. 机械零件设计手册［M］. 北京：机械工业出版社，2003.
[25] 闻邦椿. 机械设计手册 1~6 卷［M］. 5 版. 北京：机械工业出版社，2009.
[26] 成大先. 机械设计手册 1~5 卷［M］. 6 版. 北京：化学工业出版社，2016.
[27] 温诗铸，等. 摩擦学原理［M］. 4 版. 北京：清华大学出版社，2012.
[28] 赵韩，等. 机械系统设计［M］. 北京：高等教育出版社，2005.